W0375827

MATHEMATIK NEUE WEGE

ARBEITSBUCH FÜR GYMNASIEN

9. Schuljahr

Herausgegeben von
Arno Lergenmüller
Günter Schmidt

Schroedel

MATHEMATIK NEUE WEGE 9
ARBEITSBUCH FÜR GYMNASIEN

Herausgegeben von:
Arno Lergenmüller, Prof. Günter Schmidt

erarbeitet von:
Armin Baeger, Lehmen
Ellen Ebbes, Nieder-Olm
Aloisius Görg, Frechen
Dr. Nicola Haas, Essen
Johanna Heitzer, Aachen
Arianie Keil, Neustadt
Elke Kuhnert, Berlin
Arno Lergenmüller, Roxheim
Hellen Ossmann, Bingen
Peter Ossmann, Bingen
Kerstin Peuser, Roetgen
Michael Rüsing, Essen
Prof. Günter Schmidt, Stromberg
Thomas Vogt, Hargesheim
Martin Zacharias, Molfsee

© 2009 Bildungshaus Schulbuchverlage
Westermann Schroedel Diesterweg Schöningh Winklers GmbH, Braunschweig
www.schroedel.de

Das Werk und seine Teile sind urheberrechtlich geschützt. Jede Nutzung in anderen als den gesetzlich zugelassenen Fällen bedarf der vorherigen schriftlichen Einwilligung des Verlages. Hinweis zu § 52a UrhG: Weder das Werk noch seine Teile dürfen ohne eine solche Einwilligung gescannt und in ein Netzwerk eingestellt werden. Dieses gilt auch für Intranets von Schulen und sonstigen Bildungseinrichtungen.

Auf verschiedenen Seiten dieses Buches befinden sich Verweise (Links) auf Internet-Adressen. Haftungshinweis: Trotz sorgfältiger inhaltlicher Kontrolle wird die Haftung für die Inhalte der externen Seiten ausgeschlossen. Für den Inhalt dieser externen Seiten sind ausschließlich deren Betreiber verantwortlich. Sollten Sie bei dem angegebenen Inhalt des Anbieters dieser Seite auf kostenpflichtige, illegale oder anstößige Inhalte treffen, so bedauern wir dies ausdrücklich und bitten Sie, uns umgehend per E-Mail davon in Kenntnis zu setzen, damit beim Nachdruck der Verweis gelöscht wird.

Druck A [1] / Jahr 2009
Alle Drucke der Serie A sind im Unterricht parallel verwendbar.

Redaktion: Dr. Klaus-Peter Schrage
Herstellung: Reinhard Hörner
Umschlagentwurf: Janssen Kahlert Design & Kommunikation GmbH, Hannover
Illustrationen: M. Pawle, München
techn. Zeichnungen: M. Wojczak, Butjadingen
Satz: Cross Media Solutions GmbH, Würzburg
Druck und Bindung: westermann druck GmbH, Braunschweig

ISBN 978-3-507-**85479**-6

Inhalt

■ Zusatzstoff

■ Zusatzstoff

Kapitel 8 **Trigonometrie**

Zum Erinnern und Wiederholen

■ Zusatzstoff

Zum Aufbau dieses Buches

Grün – Weiß – Grün: Jeder Lernabschnitt ist in drei Ebenen unterteilt.

Die erste grüne Ebene

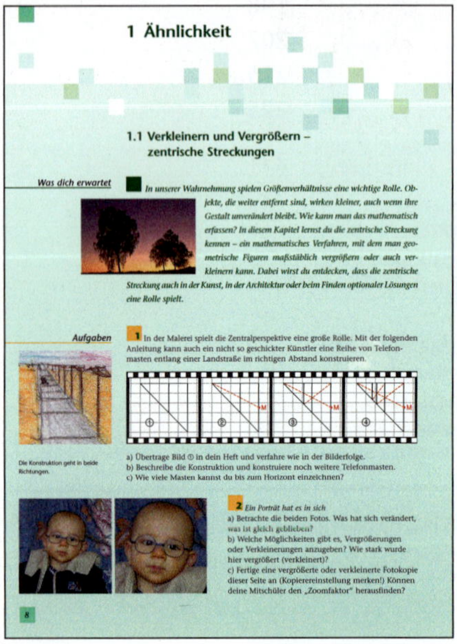

Was dich erwartet

„Das Ziel vor Augen"

In wenigen Sätzen, Bildern und Fragen erfährst du, worum es in diesem Abschnitt geht.

Einführende Aufgaben

In vertrauten Alltagsproblemen ist bereits viel Mathematik versteckt. Mit diesen Aufgaben kannst du interessante Zusammenhänge des Themas selbst entdecken und verstehen.

Dies gelingt besonders gut in der Zusammenarbeit mit einem oder mehreren Partnern.

In dem vielfältigen Angebot könnt ihr nach euren Erfahrungen und Interessen auswählen.

Die weiße Ebene

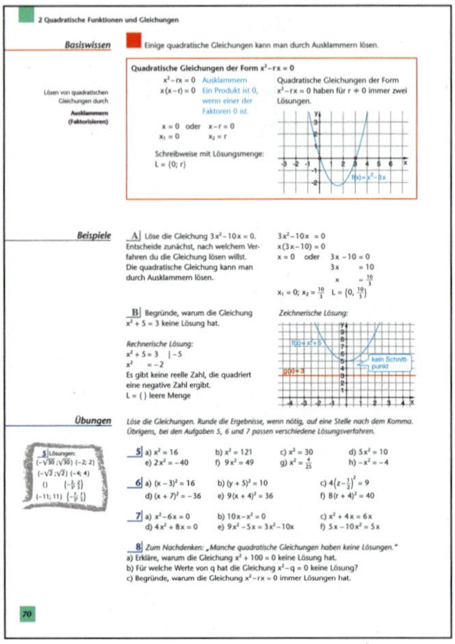

Basiswissen

Im roten Kasten findest du das Wissen und die grundlegenden Strategien kurz und bündig zusammengefasst.

Beispiele

Die durchgerechneten Musteraufgaben helfen dir beim eigenständigen Lösen der Übungen.

Übungen

„Mathematik lernt man weniger durch Zuschauen als durch eigenes Tun".

Die Übungen bieten reichlich Gelegenheit zu eigenen Aktivitäten zum Verstehen und Anwenden. Zusätzliche „Trainingsangebote" führen zur Sicherheit.

Bei vielen Aufgaben findest du

hilfreiche Tipps und Lösungshinweise

Möglichkeiten zur Selbstkontrolle

Die zweite grüne Ebene

Aufgaben

„Mathematik ist überall"

Hier findest du Anregungen zum Entdecken überraschender Zusammenhänge der Mathematik mit vielen Bereichen deiner Lebenswelt und anderer Fächer.

Die Aufgaben hier sind meist etwas umfangreicher, deshalb ist oft Teamarbeit angesagt.

In eigenen Projekten gibt es Anregungen zu mathematischen Exkursionen oder zum Erstellen eigener Produkte. Dies führt auch zu Präsentationen der Ergebnisse in größerem Rahmen.

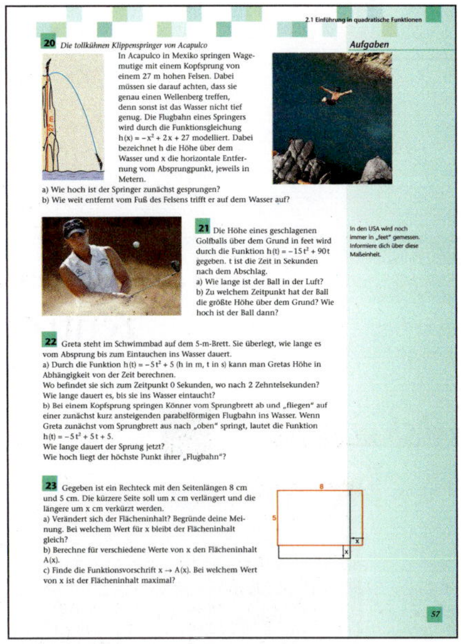
2.1 Einführung in quadratische Funktionen

Aufgaben

20 *Die tollkühnen Klippenspringer von Acapulco*
In Acapulco in Mexiko springen Wagemutige mit einem Kopfsprung von einem 27 m hohen Felsen. Dabei müssen sie darauf achten, dass sie genau einen Wellenberg treffen, denn sonst ist das Wasser nicht tief genug. Die Flugbahn eines Springers wird durch die Funktionsgleichung $h(x) = -x^2 + 2x + 27$ modelliert. Dabei bezeichnet h die Höhe über dem Wasser und x die horizontale Entfernung vom Absprungpunkt, jeweils in Metern.
a) Wie hoch ist der Springer zunächst gesprungen?
b) Wie weit entfernt vom Fuß des Felsens trifft er auf dem Wasser auf?

21 Die Höhe eines geschlagenen Golfballs über dem Grund in feet wird durch die Funktion $h(t) = -15t^2 + 90t$ gegeben. t ist die Zeit in Sekunden nach dem Abschlag.
a) Wie lange ist der Ball in der Luft?
b) Zu welchem Zeitpunkt hat der Ball die größte Höhe über dem Grund? Wie hoch ist der Ball dann?

In den USA wird noch immer in „feet" gemessen. Informiere dich über diese Maßeinheit.

22 Greta steht im Schwimmbad auf dem 5-m-Brett. Sie überlegt, wie lange es vom Absprung bis zum Eintauchen ins Wasser dauert.
a) Durch die Funktion $h(t) = -5t^2 + 5$ (h in m, t in s) kann man Gretas Höhe in Abhängigkeit von der Zeit berechnen.
Wo befindet sie sich zum Zeitpunkt 0 Sekunden, wo nach 2 Zehntelsekunden? Wie lange dauert es, bis sie ins Wasser eintaucht?
b) Bei einem Kopfsprung springen Könner vom Sprungbrett ab und „fliegen" auf einer zunächst kurz ansteigenden parabelförmigen Flugbahn ins Wasser. Wenn Greta zunächst vom Sprungbrett aus nach „oben" springt, lautet die Funktion $h(t) = -5t^2 + 5t + 5$.
Wie lange dauert der Sprung jetzt?
Wie hoch liegt der höchste Punkt ihrer „Flugbahn"?

23 Gegeben ist ein Rechteck mit den Seitenlängen 8 cm und 5 cm. Die kürzere Seite soll um x cm verlängert und die längere um x cm verkürzt werden.
a) Verändert sich der Flächeninhalt? Begründe deine Meinung. Bei welchem Wert für x bleibt der Flächeninhalt gleich?
b) Berechne für verschiedene Werte von x den Flächeninhalt A(x).
c) Finde die Funktionsvorschrift $x \to A(x)$. Bei welchem Wert von x ist der Flächeninhalt maximal?

57

„Check-Up" und „Mathekisten" – damit kannst du dein Wissen und Können gegen das Vergessen sichern.

Check-Up

„Alles klar?"

Nach jedem Kapitel findest du nochmals das Wichtigste übersichtlich zusammengefasst.

„Abschlusstraining"

Zusätzlich findest du passende Aufgaben, mit denen du dein Wissen festigen und dich für die Klassenarbeit vorbereiten kannst. Die Lösungen dieser Aufgaben findest du am Ende des Buches.

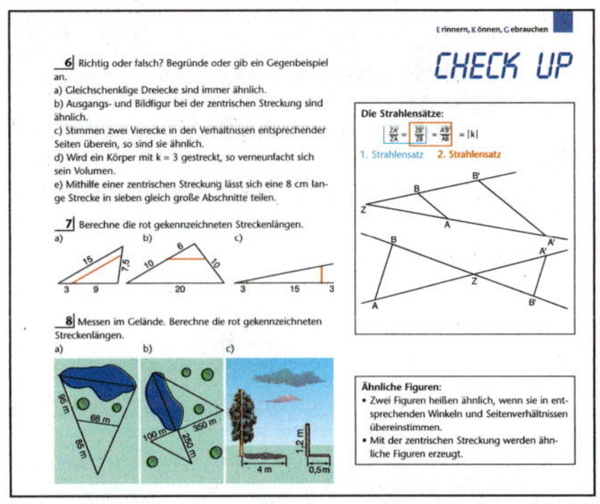
Erinnern, Können, Gebrauchen

CHECK UP

6 Richtig oder falsch? Begründe oder gib ein Gegenbeispiel an.
a) Gleichschenklige Dreiecke sind immer ähnlich.
b) Ausgangs- und Bildfigur bei der zentrischen Streckung sind ähnlich.
c) Stimmen zwei Vierecke in den Verhältnissen entsprechender Seiten überein, so sind sie ähnlich.
d) Wird ein Körper mit k = 3 gestreckt, so verneunfacht sich sein Volumen.
e) Mithilfe einer zentrischen Streckung lässt sich eine 8 cm lange Strecke in sieben gleich große Abschnitte teilen.

7 Berechne die rot gekennzeichneten Streckenlängen.
a) b) c)

8 Messen im Gelände. Berechne die rot gekennzeichneten Streckenlängen.
a) b) c)

Die Strahlensätze:
1. Strahlensatz 2. Strahlensatz

Ähnliche Figuren:
- Zwei Figuren heißen ähnlich, wenn sie in entsprechenden Winkeln und Seitenverhältnissen übereinstimmen.
- Mit der zentrischen Streckung werden ähnliche Figuren erzeugt.

Mathekisten

„Vergessen ist menschlich!"

Deshalb kannst du in den eingestreuten Mathe-Kisten früher erworbene Kenntnisse wiederholen und auffrischen.

Exkurse

„Informationen und Geschichten über Mathematik"

Auch im Mathematikbuch gibt es einiges zu erzählen, über Menschen, Probleme und Anwendungen oder auch Seltsames und Lustiges.

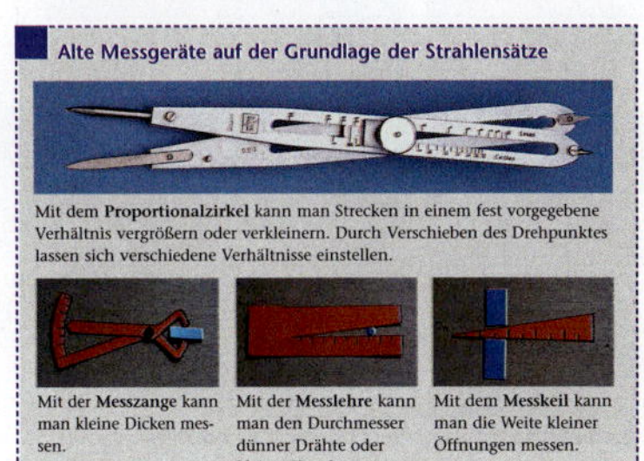
Alte Messgeräte auf der Grundlage der Strahlensätze

Mit dem **Proportionalzirkel** kann man Strecken in einem fest vorgegebene Verhältnis vergrößern oder verkleinern. Durch Verschieben des Drehpunktes lassen sich verschiedene Verhältnisse einstellen.

Mit der **Messzange** kann man kleine Dicken messen.

Mit der **Messlehre** kann man den Durchmesser dünner Drähte oder kleiner Kugeln messen.

Mit dem **Messkeil** kann man die Weite kleiner Öffnungen messen.

1 Ähnlichkeit

1.1 Verkleinern und Vergrößern – zentrische Streckungen

Was dich erwartet

In unserer Wahrnehmung spielen Größenverhältnisse eine wichtige Rolle. Objekte, die weiter entfernt sind, wirken kleiner, auch wenn ihre Gestalt unverändert bleibt. Wie kann man das mathematisch erfassen? In diesem Kapitel lernst du die zentrische Streckung kennen – ein mathematisches Verfahren, mit dem man geometrische Figuren maßstäblich vergrößern oder auch verkleinern kann. Dabei wirst du entdecken, dass die zentrische Streckung auch in der Kunst, in der Architektur oder beim Finden optimaler Lösungen eine Rolle spielt.

Aufgaben

Die Konstruktion geht in beide Richtungen.

1 In der Malerei spielt die Zentralperspektive eine große Rolle. Mit der folgenden Anleitung kann auch ein nicht so geschickter Künstler eine Reihe von Telefonmasten entlang einer Landstraße im richtigen Abstand konstruieren.

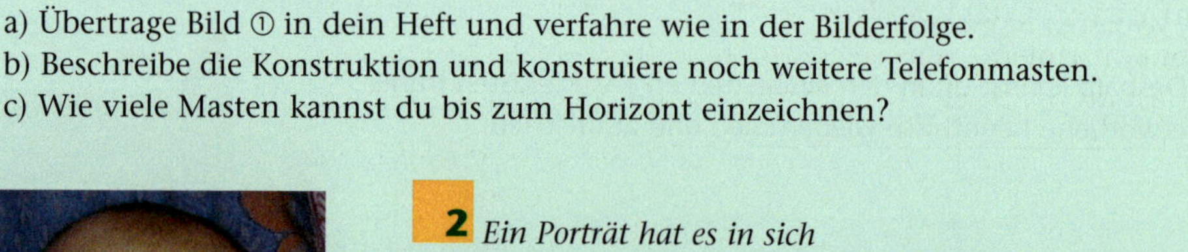

a) Übertrage Bild ① in dein Heft und verfahre wie in der Bilderfolge.
b) Beschreibe die Konstruktion und konstruiere noch weitere Telefonmasten.
c) Wie viele Masten kannst du bis zum Horizont einzeichnen?

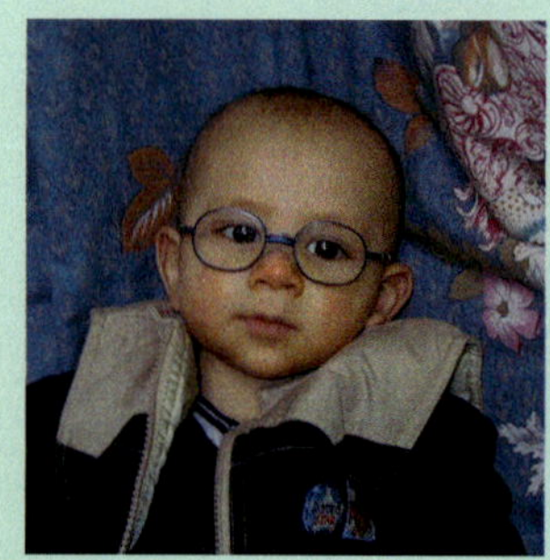

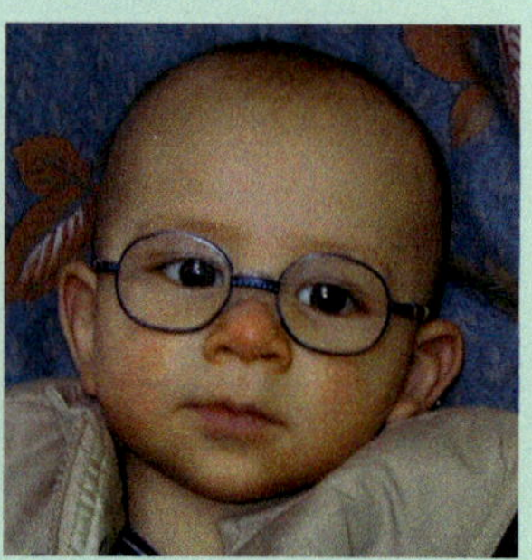

2 *Ein Porträt hat es in sich*
a) Betrachte die beiden Fotos. Was hat sich verändert, was ist gleich geblieben?
b) Welche Möglichkeiten gibt es, Vergrößerungen oder Verkleinerungen anzugeben? Wie stark wurde hier vergrößert (verkleinert)?
c) Fertige eine vergrößerte oder verkleinerte Fotokopie dieser Seite an (Kopierereinstellung merken!) Können deine Mitschüler den „Zoomfaktor“ herausfinden?

Aufgaben

3 *Die Hosengummi-Streckung*

Mithilfe eines elastischen Bandes könnt ihr an der Tafel vergrößerte Kopien von Figuren anfertigen.
Und so geht es:

- Bringt eine Markierung (z. B. Klebepunkt) in der Mitte des Gummibandes an. Befestigt an einem Ende ein Stück Kreide durch Umwickeln.
- Geht vor wie auf dem Bild: Führt die befestigte Kreide so, dass die Markierung auf dem Gummiband der ursprünglichen folgt (etwas knifflig).

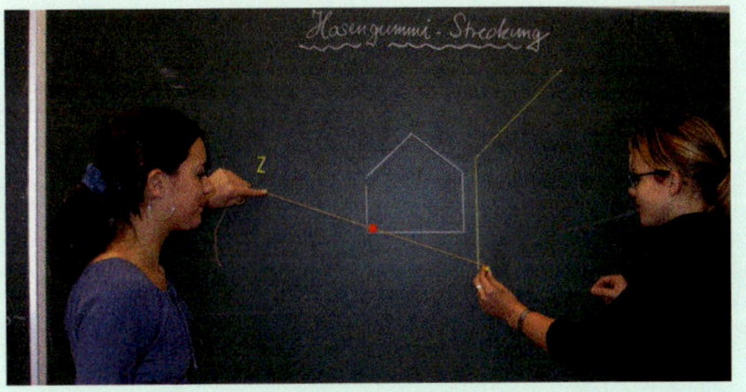

a) Probiert die Hosengummi-Streckung selbst aus (auch mit eigenen Figuren).
b) Formuliert eine Konstruktionsbeschreibung und vergleicht Ausgangs- und Bildfigur miteinander. Legt dazu eine Tabelle an.
c) Was geschieht, wenn die Markierung auf dem Gummiband nicht in der Mitte angebracht wird? Vergleicht dafür ebenfalls Ausgangs- und Bildfigur.

4 *Zentrische Streckung mit DGS*

Mithilfe eines dynamischen Geometriesystems kannst du Streckfiguren auch selbst erzeugen. Dazu erstellst du am besten einen Schieberegler für den Streckfaktor k. Mit diesem Regler kannst du dann verschiedene Werte für k einstellen. Die folgenden Bildschirmausschnitte und Protokollschritte zeigen dir, wie der Bildpunkt A' eines Dreiecks konstruiert wird. Probiere es selbst aus:

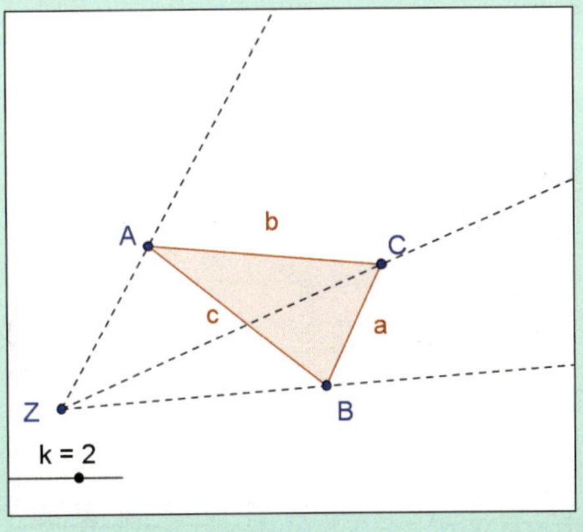

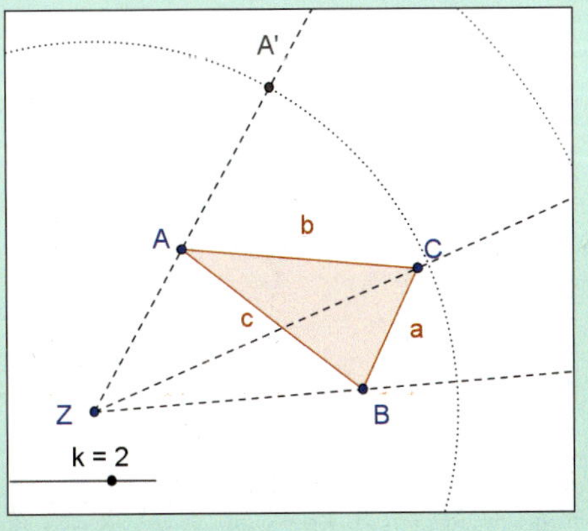

wichtige Protokollschritte:
- Schieberegler
- Dreieck ABC
- Streckzentrum Z
- Strahlen von Z ausgehend durch die Eckpunkte des Dreiecks
- Kreis mit Mittelpunkt Z und Radius $r = k \cdot \text{Abstand}[Z, A]$
- Schnitt von Kreis und Strahl

a) Was wird mit dem Term $k \cdot \text{Abstand}[Z, A]$ berechnet?
b) Konstruiere auch die beiden anderen Bildpunkte mit passenden Kreisen. Hast du das geschafft, so erhälst du die vollständige Bildfigur.

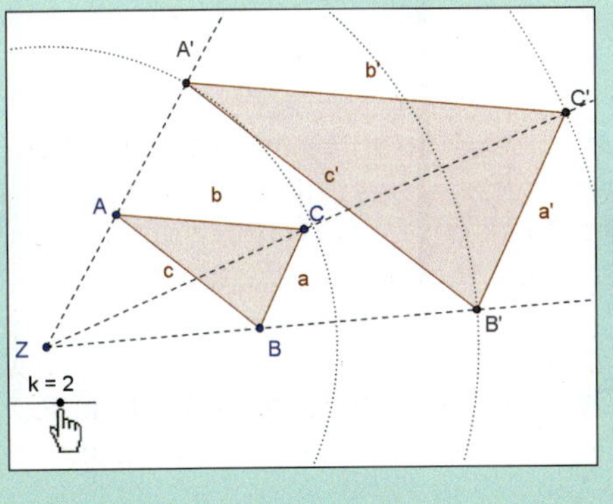

c) *Jetzt wird´s dynamisch.*
Verändere den Streckfaktor k. Was stellst du an Veränderungen fest, wenn du für k verschiedene Werte wählst?

d) Mit dem Zugmodus kannst du auch die Eckpunkte deiner Ausgangsfigur verändern. Welche Folgen haben diese Veränderungen für die Streckfigur?

Basiswissen

Egal, ob beim Vergrößern oder Verkleinern in Bildbearbeitungsprogrammen, bei der Anfertigung maßstabsgerechter Modelle oder in der Kunst – hinter vielen Verfahren verbirgt sich die zentrische Streckung.

Vergrößern mit zentrischen Streckungen

Zentrische Streckung mit Streckfaktor k > 1 und Zentrum Z

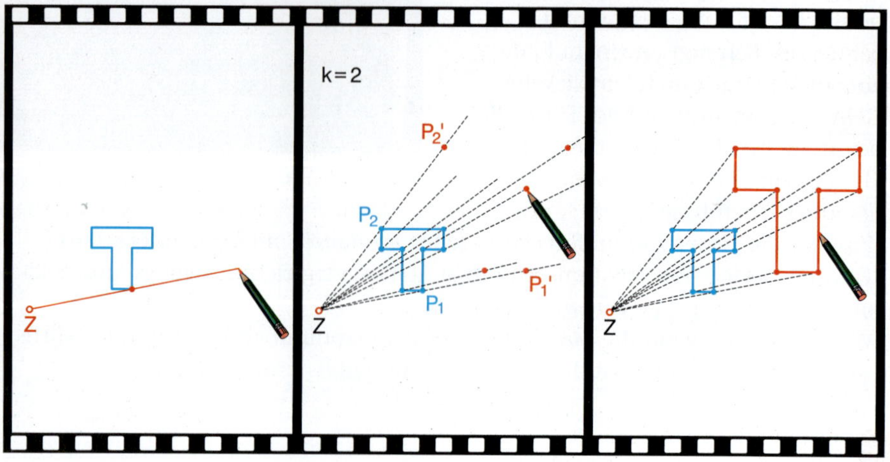

Eigenschaften der zentrischen Streckung

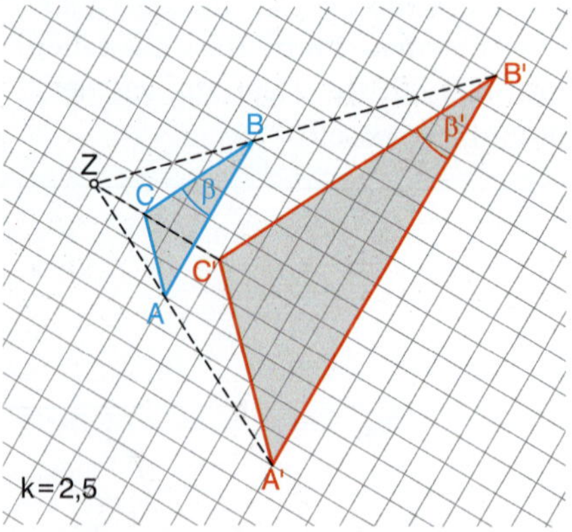

1. Entsprechende Winkel in Ausgangsfigur und Bildfigur sind gleich groß: $\alpha = \alpha'$ $\beta = \beta'$ $\gamma = \gamma'$
2. Ausgangsstrecke und zugehörige Bildstrecke sind parallel, z. B.: $\overline{BC} \parallel \overline{B'C'}$
3. Den Streckfaktor findet man in den Streckenlängen. $\overline{ZA'} = 2{,}5 \cdot \overline{ZA}$ $\overline{A'B'} = 2{,}5 \cdot \overline{AB}$ $\overline{B'C'} = 2{,}5 \cdot \overline{BC}$

Beispiele

A Das Dreieck ABC soll an Z = A mit dem Streckfaktor k = 1,5 gestreckt werden.

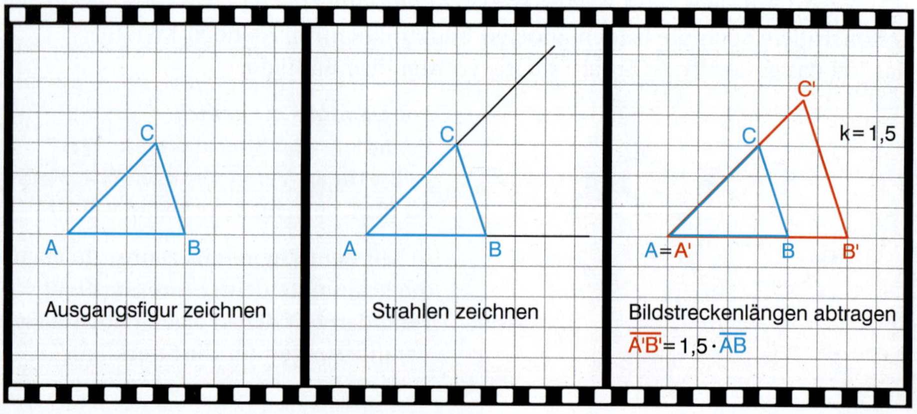

Beispiele

B Ist die rote Figur durch zentrische Streckung aus der blauen entstanden? Falls ja, gib Streckfaktor und Streckzentrum an. Falls nein, begründe.

Torbogen: Ja. Zeichnet man die Strahlen durch die entsprechenden Punkte der Ausgangs- und Bildfigur, so schneiden sie sich in einem bestimmten Punkt, dem Streckzentrum Z. Sich entsprechende Strecken der Ausgangs- und Bildfigur sind parallel. Der Streckfaktor ist k = 3.

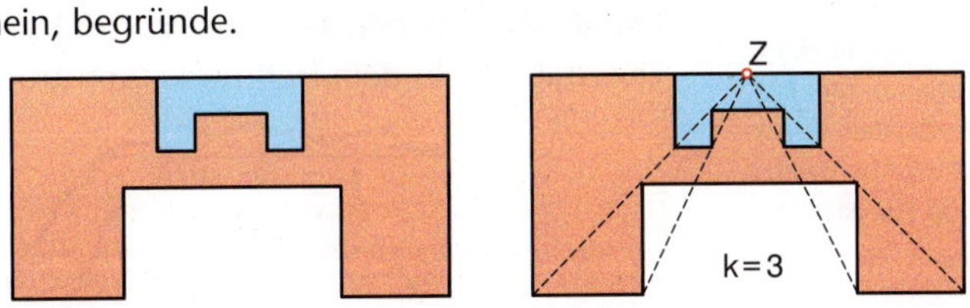

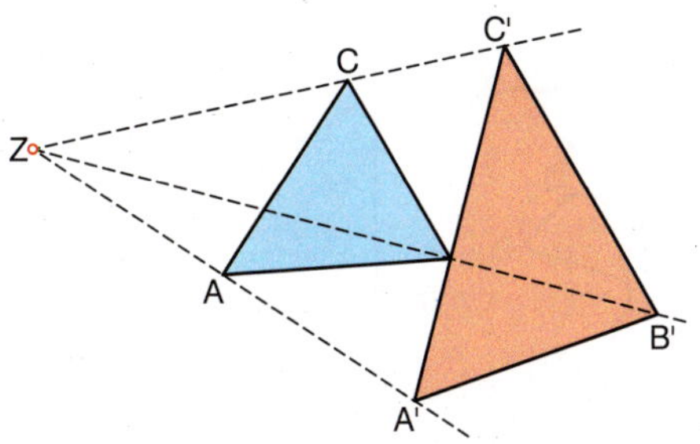

Dreieck: Nein. Die Strahlen treffen sich zwar alle in einem Punkt, doch die Strecken $\overline{AC}$ und $\overline{A'C'}$ sind nicht parallel zueinander. Es liegt keine zentrische Streckung vor.

Übungen

Probiere auch Streckfiguren auf unliniertem Papier.

5 *Buchstaben vergrößern*

a) Übertrage die begonnene Streckfigur in dein Heft und vervollständige sie. Welchen Streckfaktor hast du benutzt?

b) Entwirf auch für deine eigenen Initialen Streckfiguren mit verschiedenen Streckfaktoren.

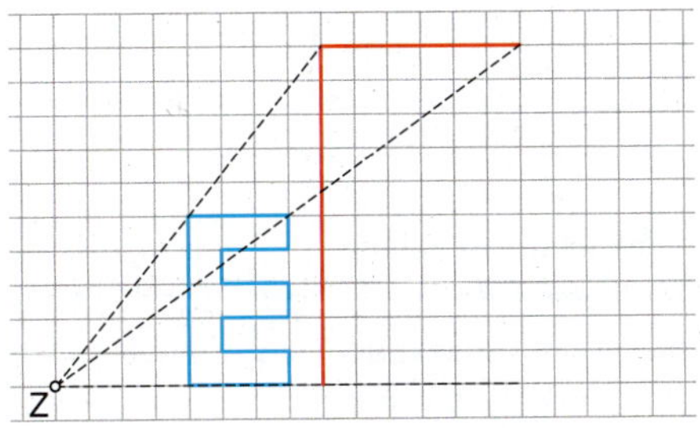

6 Übertrage die Figuren in dein Heft und führe jeweils die zentrische Streckung durch.

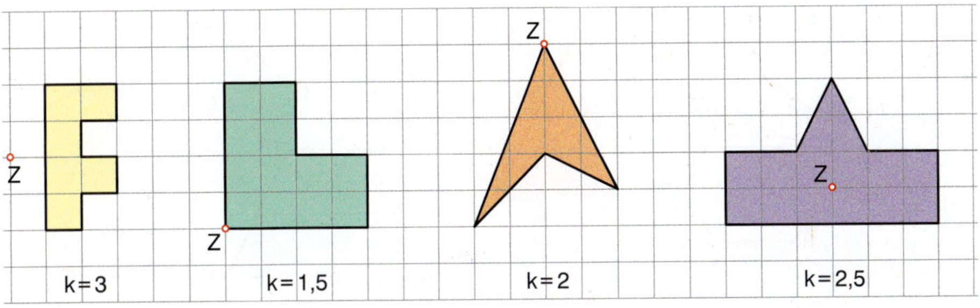

7 *Streckzentren gesucht*

Die roten Figuren sind durch zentrische Streckung aus den blauen Figuren entstanden. Übertrage Ausgangsfigur und gestreckte Figur in dein Heft. Finde jeweils das passende Streckzentrum und den Streckfaktor, mit dem du die rote Figur erzeugen kannst.

7 Die Summe der vier Streckfaktoren ist 10,5.

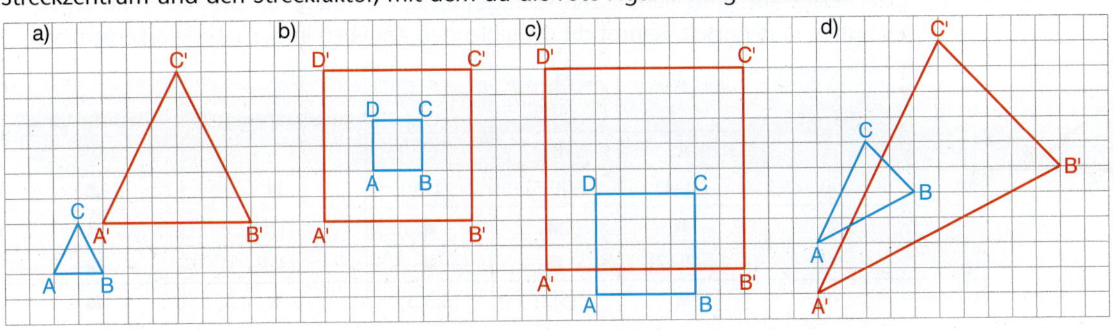

Übungen

Zur vollständigen Beschreibung gehören Ausgangs- und Bildfigur mit Koordinaten, Streckzentrum Z mit Koordinaten und Streckfaktor k.

8 *Fragmente*

In den Abbildungen sind nur Bruchstücke zentrischer Streckungen zu erkennen. Übertrage sie in dein Heft und rekonstruiere die vollständige Streckfigur.

Strategie: Rückwärtsarbeiten

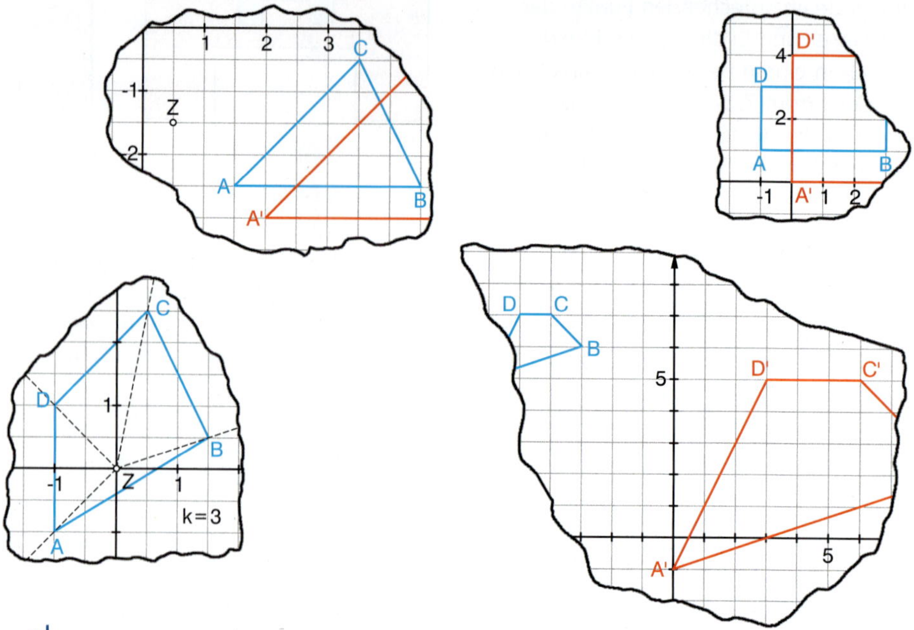

9 *Schwarze Schafe*

Bei dieser Aufgabe sind zwar auch zentrische Streckungen im Spiel, doch Vorsicht! Nicht alle Figuren sind durch zentrische Streckung entstanden. Siehst du schon auf den ersten Blick, welche das sind?

Geeignet für die Trainingskartei

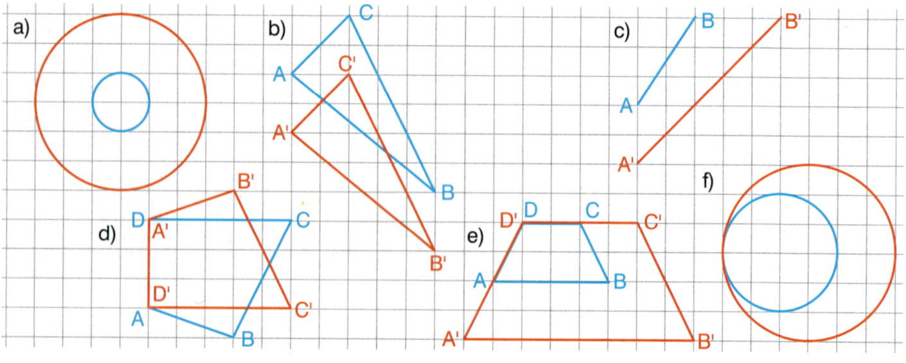

Bestimme, falls möglich, das Streckzentrum. Konstruiere die Streckfiguren in deinem Heft nach. Begründe andernfalls, warum es keine zentrische Streckung sein kann.

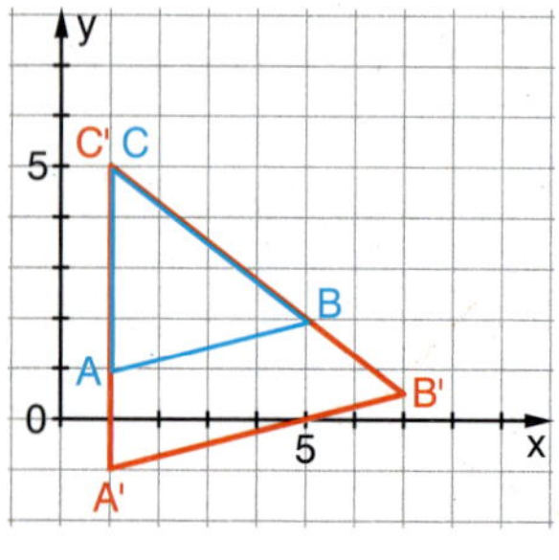

10 *Lücken füllen*

Das Dreieck ABC wird viermal zentrisch gestreckt. Übertrage das Dreieck im Koordinatensystem in dein Heft. Kannst du die fehlenden Angaben in der Tabelle rekonstruieren?

Streckung	A (1|1)	B (5|2)	C (1|5)	Streckzentrum Z	Streckfaktor k
	A'	B'	C'		
a)	(1|–1)	(7|0,5)	(1|5)	■	■
b)	■	■	■	(1|3)	3
c)	(–2|–2)	■	■	(3|3)	■
d)	■	(5|2)	(3|3,5)	■	■

Projekt

Wie kommt das Quadrat in das gleichseitige Dreieck? Mit „einfach mal drauflos“ ist es nicht getan, denn das Quadrat soll möglichst groß sein.
Die Lösungsidee ist recht einfach:

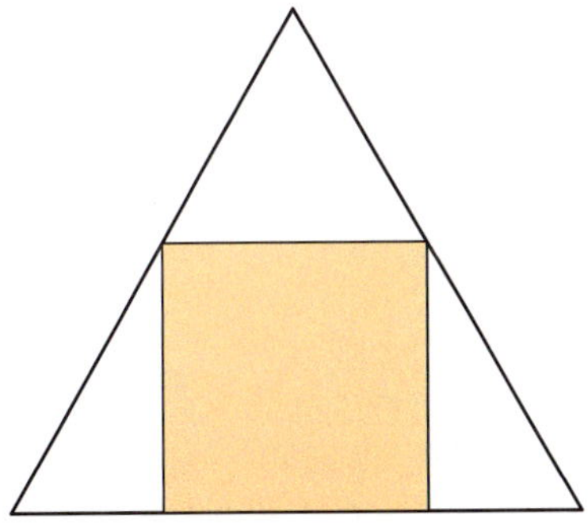

Strategie
1. Zeichne ein Quadrat ein, das schon einige Eigenschaften hat, die das Ergebnisquadrat auch besitzen soll.
2. Wähle ein passendes Streckzentrum aus und führe die zentrische Streckung durch.

Einige Schülerinnen und Schüler haben versucht, diese Strategie umzusetzen. Hier ihre Ansätze:

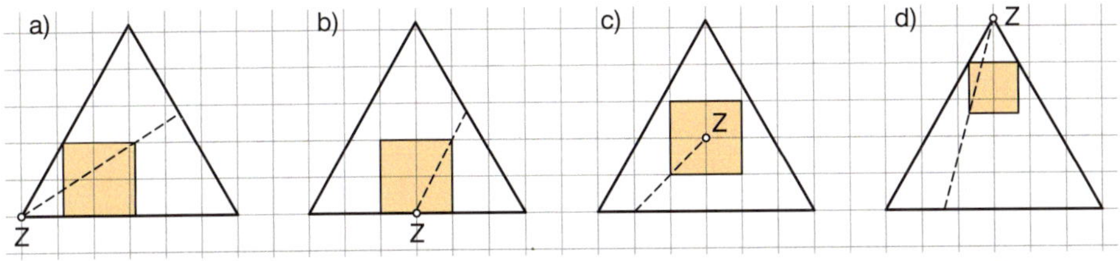

Ein Weg führt nicht zum Ziel.

Welche Wege führen zum Ziel? Führe den deiner Meinung nach besten Weg aus.

Sucht euch eines der vier folgenden Probleme aus und bearbeitet es in Gruppen. Findet ein passendes Streckzentrum und achtet darauf, dass alle Bedingungen erfüllt sind. Beschreibt eure Vorgehensweise.

Quadrate, Rechtecke und Dreiecke in geometrische Figuren einbeschreiben

Problem 1:
In ein Dreieck ABC soll ein Quadrat so einbeschrieben werden, dass folgende Bedingungen erfüllt sind:
1. Eine Quadratseite soll auf $\overline{AB}$ liegen.
2. Je eine Quadratecke soll auf $\overline{AC}$ bzw. $\overline{BC}$ liegen.

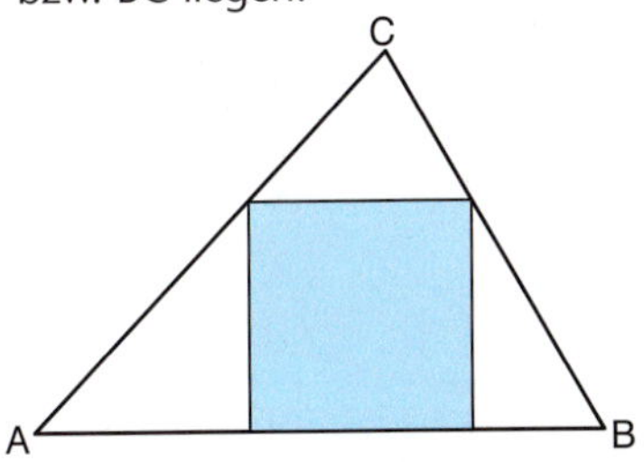

Problem 2:
In einem Park soll auf einer halbkreisförmigen Fläche (Durchmesser 15 m) ein rechteckiges Blumenbeet angelegt werden. Das Beet soll möglichst groß sein. Eine Seite soll auf dem Durchmesser liegen und zwei Ecken auf dem Kreis. Das Seitenverhältnis soll 1 : 3 betragen. Konstruiere dieses Beet.

gesucht: optimale Lösung

Problem 3:
Das alte Logo eines Konzerns drückt nach Aussage des Chefdesigners noch zu wenig Souveränität aus. Er schlägt nebenstehenden Entwurf vor. Konstruiere das Logo.

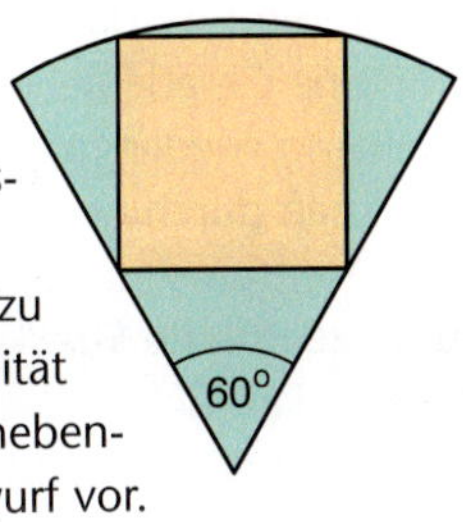

Problem 4:
Auf dem rechteckigen Gelände (75 m mal 40 m) soll ein Schwimmbad errichtet werden. Das rechteckige Becken soll doppelt so lang wie breit werden, möglichst groß sein und eine Seite mit der Grundstücksgrenze gemeinsam haben. Konstruiere das Schwimmbad.

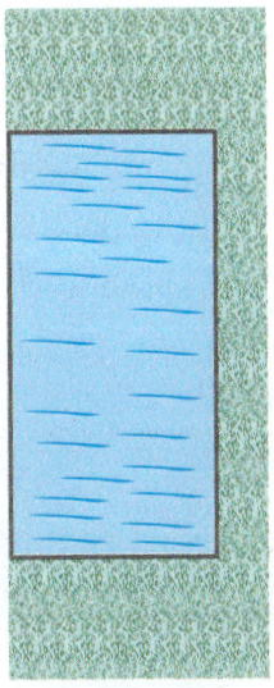

Übungen

11 *Zentrisch gestreckt?*
Trage die Punkte und Bildpunkte in ein Koordinatensystem ein und entscheide, ob es sich bei der Abbildung um eine zentrische Streckung handelt. Bestimme, falls möglich, das Streckzentrum und den Streckfaktor. Begründe, wenn es sich nicht um eine zentrische Streckung handelt.

a) A(−2|−3), A′(−4|−6), B(0|−2), B′(0|−4), C(2,5|3), C′(5|6), D(−1,5|3), D′(−3|6)

b) A(0|0), A′(−2|0), B(2|0), B′(2|0), C(3,5|1,5), C′(6|4), D(2,5|1,5), D′(2|4)

c) A(5|1), A′(9|1), B(6|2), B′(10,5|2,5), C(4|2), C′(7,5|2,5)

d) Findest du eine Strategie, wie man allein anhand der Koordinaten entscheiden kann, ob eine zentrische Streckung vorliegt oder nicht?
Vergleicht eure Ergebnisse.

Geeignet für die Trainingskartei

12 *Wo steckt der Fehler?*
a) Beim Strecken können auch Fehler passieren. Entlarve und beschreibe sie in den Streckfiguren ①, ② und ③. Konstruiere dann eine richtige Streckfigur.
b) Formuliere drei wichtige Tipps, die helfen, solche Fehler zu vermeiden.

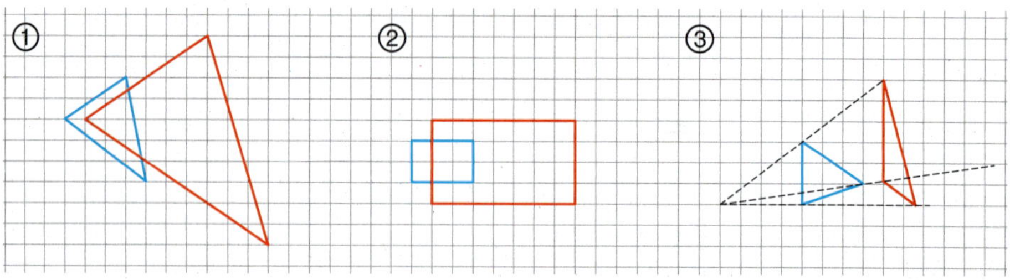

Entdeckungen – auch mit dem DGS

13 *Wer hätte das gedacht?*
Welche Bildpunkte erhältst du, wenn du A an Z_1, Z_2, Z_3 und Z_4 mit k = 2 (k = 3) zentrisch streckst?
Beschreibe deine Entdeckung.

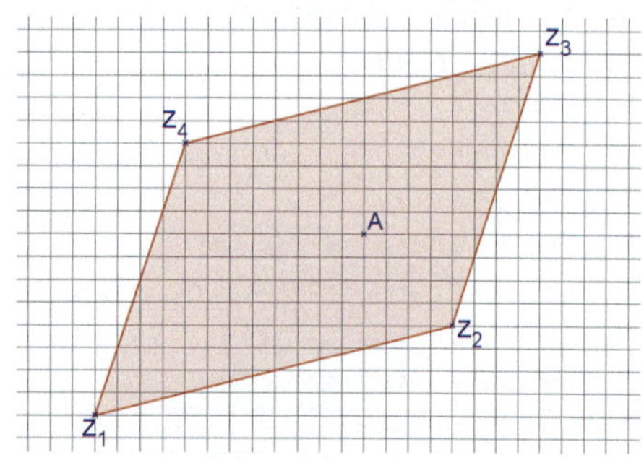

14 Stimmt es, dass …
a) … eine Gerade bei einer zentrischen Streckung wieder zu einer Geraden wird?
b) … man durch geschickte Wahl des Streckzentrums aus jedem Rechteck durch zentrische Streckung ein Quadrat machen kann?
c) … sich bei einer zentrischen Streckung mit k = 2 der Flächeninhalt verdoppelt?
Verdeutliche dir jede Aussage mit einer Skizze. Begründe bei falschen Aussagen mit einem Gegenbeispiel.

Wie kommen die Muster passend in die Kirchenfenster?

Im Maßwerk gotischer Kirchenfenster finden sich vielfältige Formen und Muster. Diese für sich zu konstruieren ist schon knifflig genug – dabei gleichzeitig auf die richtige Größe zu achten, macht die Sache richtig kompliziert. Mit der zentrischen Streckung gelingt es, einige dieser Schwierigkeiten zu meistern.

In der Bilderfolge ist noch einmal zu sehen, wie man den Vierpass konstruieren kann.

Projekt

Idee und Ziel

Schritt für Schritt zum Vierpass

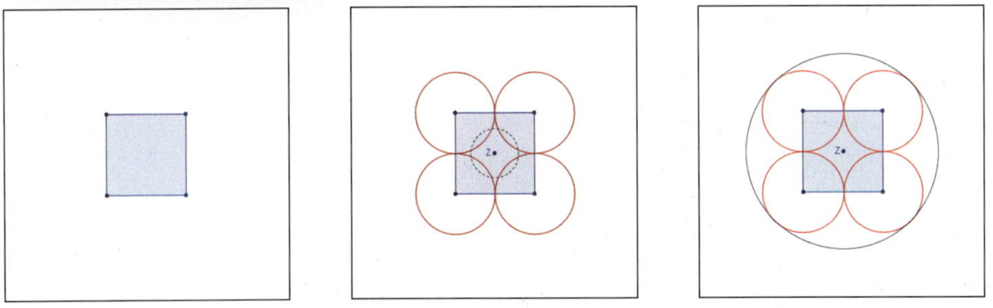

Mit dem DGS kannst du den Streckfaktor k durch Probieren selbst ermitteln.

Dreipass

Fischblasen

a) Konstruiere den Vierpass in deinem Heft nach.
Beachte: Das Ausgangsquadrat bestimmt die Größe der Endfigur.
b) Versuche auch die nebenstehenden Formen selbst zu konstruieren. Die Größe der Endfigur spielt dabei noch keine Rolle. Die Konstruktionszeichnungen geben Hinweise, worauf du achten musst.

Vom Maßwerk zum Entwurf eines vollständigen Fensters

Durchführung

Anders als zuvor muss die Endfigur nun passend in das Fenster eingebunden werden. Die zentrische Streckung hilft dabei.

Strategie:
1. Es wird ein zu kleines Muster im oberen Kreis konstruiert.
2. Mit dem Mittelpunkt als Streckzentrum gelingt es dann, die Figur einzupassen.

Hier noch ein paar Tipps:
Es lohnt sich, zwei Exemplare des Fensters herzustellen.
Das erste Exemplar gibt Einblick über eure Konstruktionsschritte und Vorgehensweise, es enthält also auch Strahlen, Hilfskreise und Bezeichnungen.
Das zweite Exemplar kann für die künstlerische Ausgestaltung eures Entwurfes genutzt werden. Probiert auch die anderen Muster im Fenster aus.
Die fertigen Entwürfe wirken besonders, wenn sie auf schwarzes Tonpapier aufgeklebt werden.
Plant eine Ausstellung, in der ihr eure Fenster anderen Klassen zeigt.

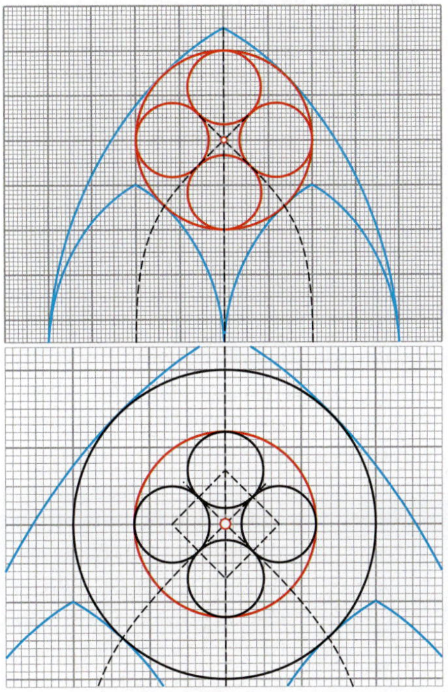

Mithilfe der Abbildung links könnt ihr eine vergrößerte äußere Form des Kirchenfensters nachkonstruieren. Für die Konstruktionen eignet sich ein Zeichenblock sehr gut.

Übungen

Infos über DGS findest du auch auf Seite 258.

15 *DGS im Einsatz – Was passiert, wenn k immer kleiner wird?*
Dynamische Geometriesysteme verfügen über die Möglichkeit, zentrisch zu strecken, ohne die einzelnen Konstruktionsschritte selbst durchführen zu müssen.

a) Erzeuge zunächst eine schöne Streckfigur mit Schieberegler und erkunde dabei selbst, wie das mit deinem DGS funktioniert.

b) Jetzt wird´s dynamisch: Verändere den Streckfaktor k. Was stellst du fest, wenn du für k Werte wählst, die kleiner als 1 oder sogar kleiner als 0 sind? Wann passiert etwas „Dramatisches"?

c) Schreibe einen Bericht über deine Untersuchungsergebnisse.

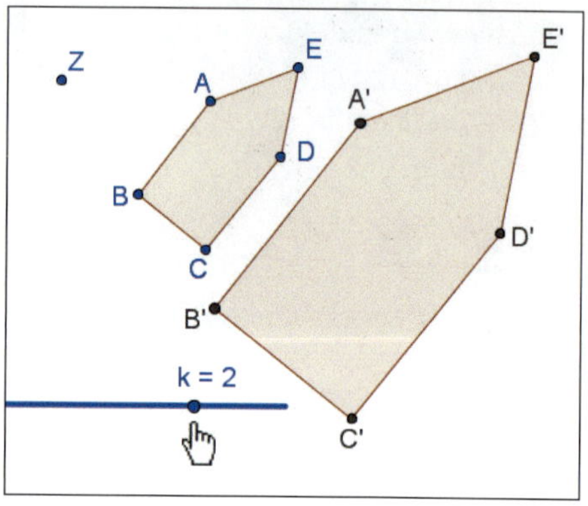

16 *Auch hier handelt es sich um zentrische Streckungen!*

Ausgangs- und Bildpunkte liegen immer auf Strahlen, die durch Z verlaufen.

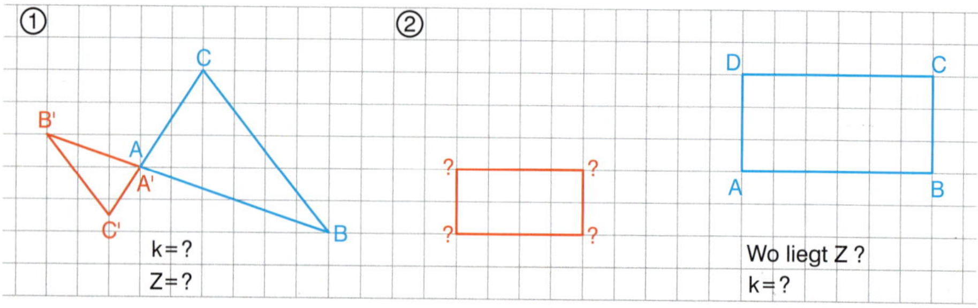

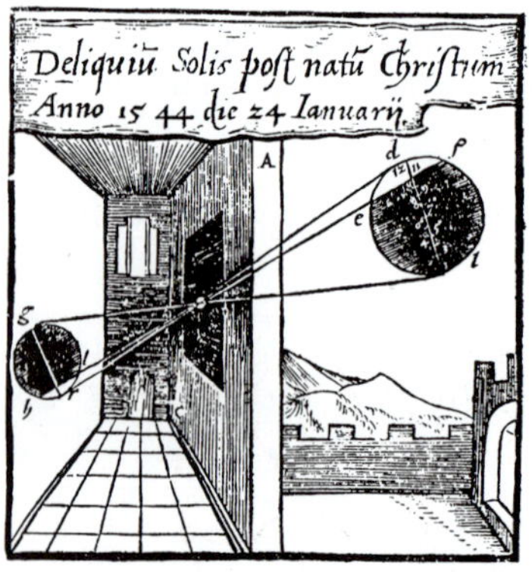

17 *Landschaftsmalerei und zentrische Streckung*

a) Kannst du dir denken, warum seit dem 16. Jahrhundert die „Camera obscura" (lateinisch: die dunkle Kammer) ein beliebtes Hilfsmittel der Landschaftsmaler war?

b) Hinter dieser Technik verbirgt sich ebenfalls eine zentrische Streckung.
Kannst du das erklären? Wo lässt sich das Streckzentrum ausmachen, wie groß schätzt du den Streckfaktor k?

18 *Die Lochblende als Streckzentrum*
In einem Physikbuch ist nebenstehender Aufbau für ein Experiment mit einer Lochblende zu finden.

a) Was hat der Versuch mit zentrischer Streckung zu tun, was könnte Ausgangs-, was Bildfigur sein?

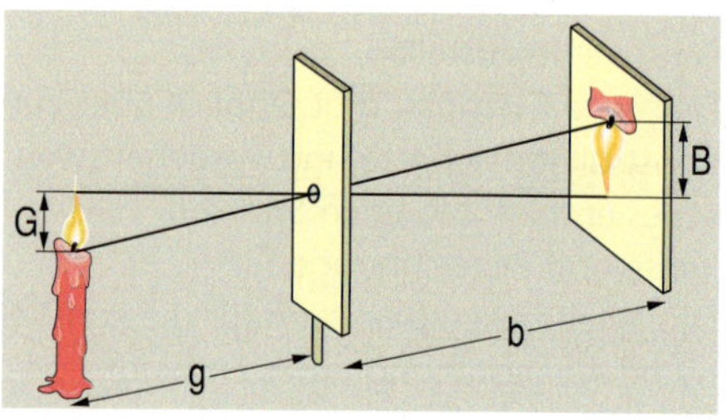

g	b	B	$\frac{b}{g}$	$\frac{B}{G}$
10 cm	10 cm	4 cm	1	1
12 cm	15 cm	■	1,25	■
8 cm	16 cm	8 cm	■	■
10 cm	5 cm	■	■	■

b) Mit den Buchstaben in der Abbildung werden die Größen Gegenstandsweite (g), Bildweite (b), Gegenstandsgröße (G) und Bildgröße (B) bezeichnet. In der Tabelle sind einige Messwerte bei einer festen Gegenstandsgröße G = 4 cm aufgeführt. Wo versteckt sich der Streckfaktor k? Ist er immer richtig angegeben?

c) Fülle die Lücken in der Tabelle.

Basiswissen

Auch mit anderen Streckfaktoren als k > 1 lassen sich zentrische Streckungen ausführen.

Positiver Streckfaktor k < 1
Die Bildfigur ist eine Verkleinerung der Ausgangsfigur.

$k = \frac{3}{5} = 0{,}6$

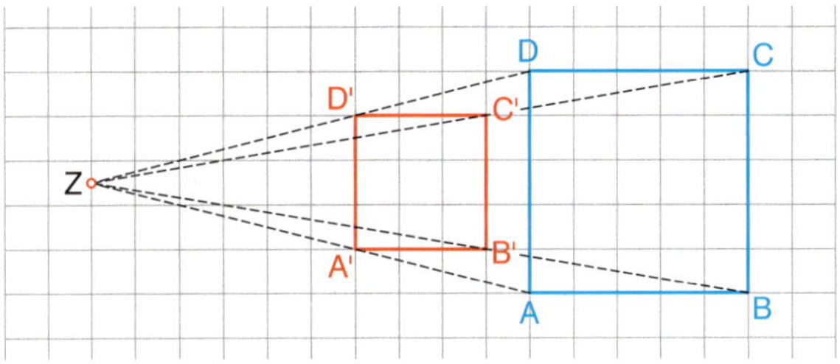

$k = \frac{2}{3}$

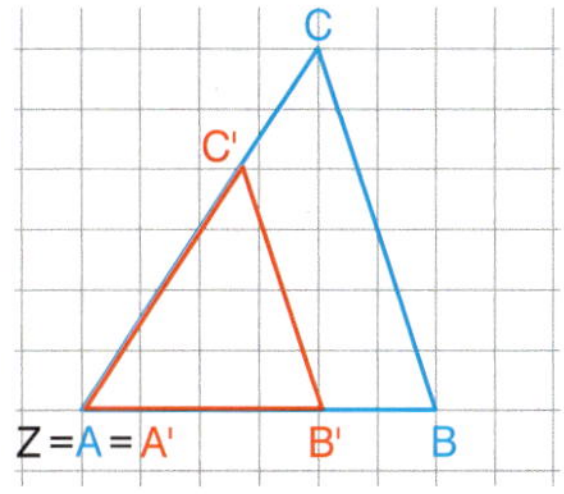

Negativer Streckfaktor k < 0
Bildfigur und Ausgangsfigur liegen auf unterschiedlichen Seiten des Streckzentrums. Die Bildfigur steht auf dem Kopf.

$k = -\frac{1}{4}, |k| < 1$

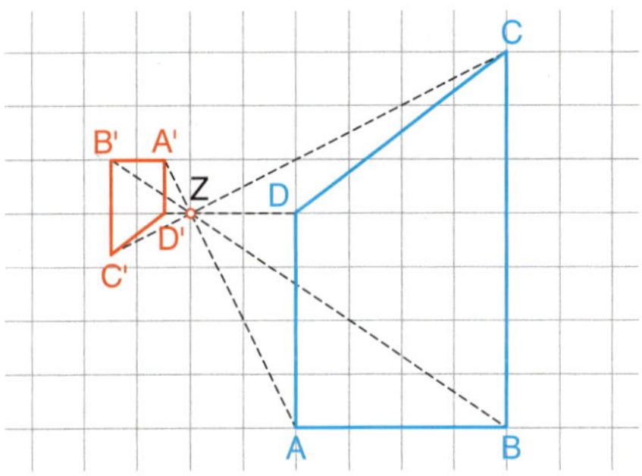

$k = -2, |k| > 1$

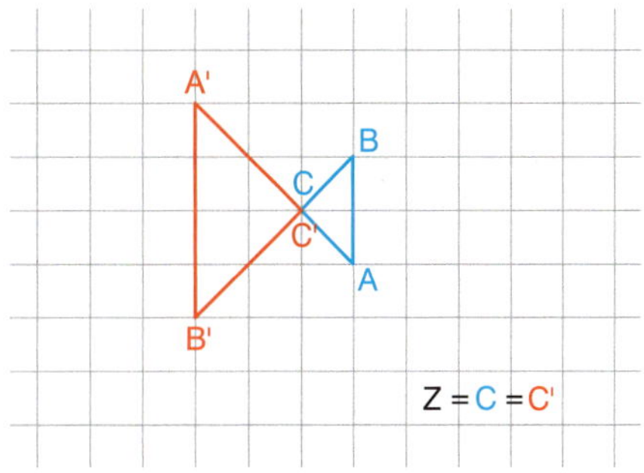

Vereinbarung:
Für die zentrische Streckung mit Streckzentrum Z und Streckfaktor k schreiben wir $S_{Z;\,k}$

Beispiele

C Führe die zentrische Streckung $S_{B;\,-2}$ für das Viereck ABCD mit A(2|4), B(5|5), C(5|8) und D(1|6) durch.

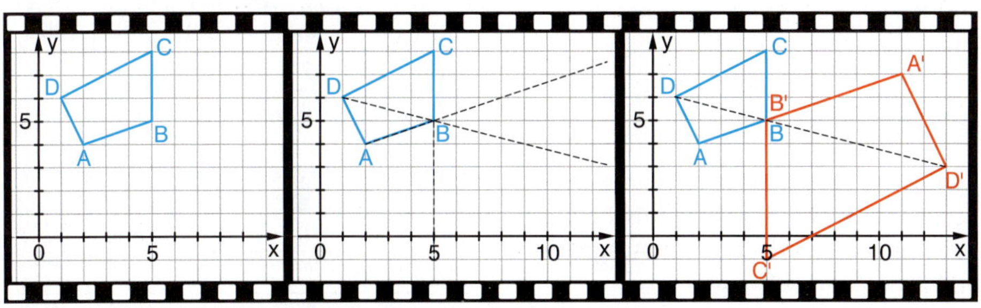

D Führe die zentrische Streckung $S_{Z;\,\frac{1}{2}}$ für das Viereck ABCD durch.

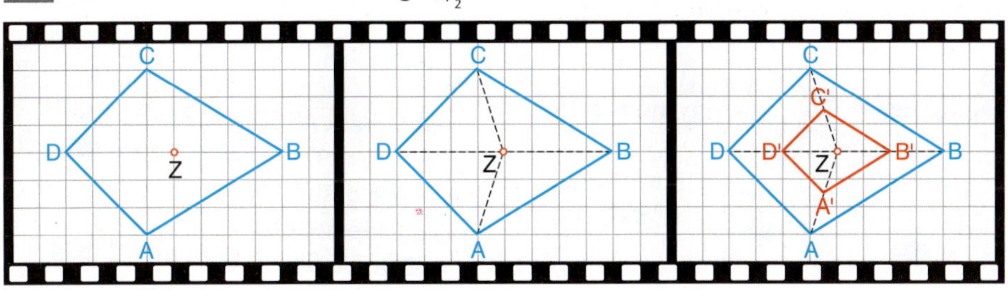

Beispiele

E Die Punkte B′ und C′ sind durch zentrische Streckung aus den Punkten B und C des Dreiecks ABC entstanden. Vervollständige die Streckfigur. Wo liegt das Streckzentrum und wie groß ist k?

- Zeichne die Strecken $\overline{BB'}$ und $\overline{CC'}$. Der Schnittpunkt liefert Z.
- Miss die Länge von $\overline{BC}$ und $\overline{B'C'}$. Das Verhältnis liefert den Betrag des Streckfaktors $|k| = 1{,}5$.
- Weil Bild- und Ausgangsfigur auf verschiedenen Seiten von Z liegen, ist k negativ: $k = -1{,}5$.
- A′ kann man jetzt konstruieren.

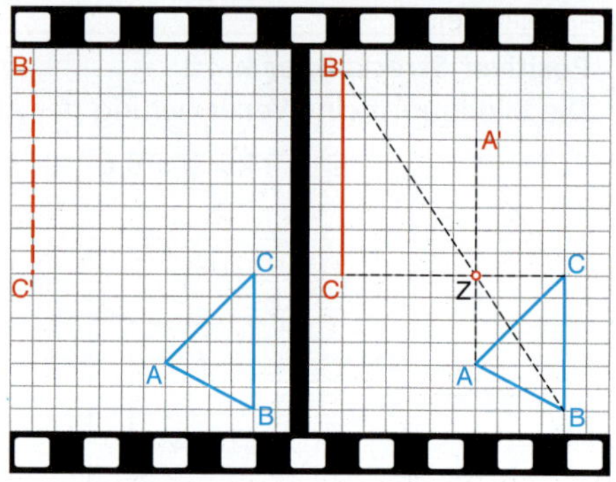

Übungen

19 Übertrage die Figuren in dein Heft. Die blaue Figur wurde zentrisch gestreckt. Konstruiere das Streckzentrum und bestimme den Streckfaktor.

19 Streckfaktoren: -2 $\frac{1}{2}$ $-\frac{1}{2}$ $-\frac{2}{3}$

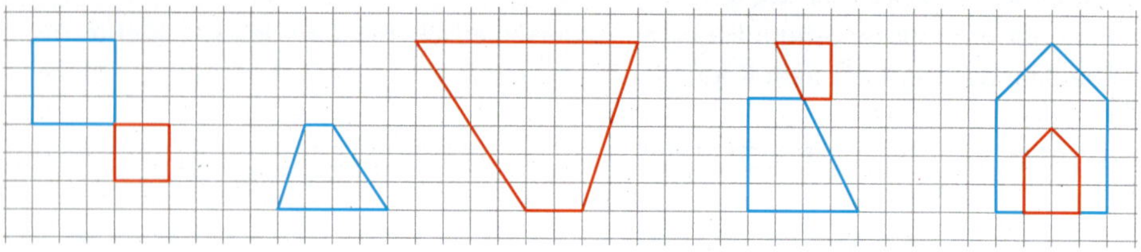

20 Zeichne die Figuren ins Heft und führe die zentrischen Streckungen $S_{Z;\,k}$ durch.

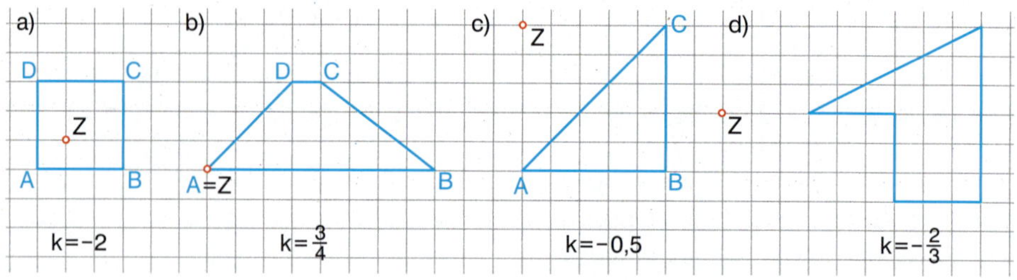

Training

21 Führe die zentrischen Streckungen aus der Tabelle an den Dreiecken ABC aus.

	Z	k	A	B	C
a)	(0|0)	2,5	(−2|0)	(4|0)	(0|2)
b)	(3|3)	−2	(1|0)	(2|0)	(0|3)
c)	(4|2)	−0,5	(1|0)	(3|5)	(1|4)

22 *Vorsicht: überlappende Figuren!*
Bei den nebenstehenden zentrischen Streckungen überdecken sich Ausgangs- und Bildfiguren teilweise.

	Z	k	A	B	C
a)	(3|3)	−0,5	(2|1)	(5|4)	(1|4)
b)	(1|1)	1,5	(2|2)	(5|2)	(2|7)
c)	(7|7)	0,8	(6|0)	(8|3)	(2|6)

23 *Lückenhafte Dokumentation*
Finde die fehlenden Angaben.

Das Dreieck ABC mit A(2|1), B(1|4) und C(3|3) wird an Z(1|2) mit $k = -2$ zentrisch gestreckt.
Die Koordinaten der Bildpunkte sind
A′ ■ B′ ■ C′ ■

Das Viereck ABCD mit A(1|0), B(8|1) C(6|7) und D(2|5) wurde an Z ■ mit k = ■ gestreckt.
Die Bildpunkte sind
A′ ■, B′(10|0), C′(7|9) und D′ ■

Geeignet für die Trainingskartei

Übungen

24 *Rekonstruktion gefordert!*
In den drei Abbildungen fehlt einiges zu einer vollständigen Streckfigur mit Ausgangs- und Bilddreieck.

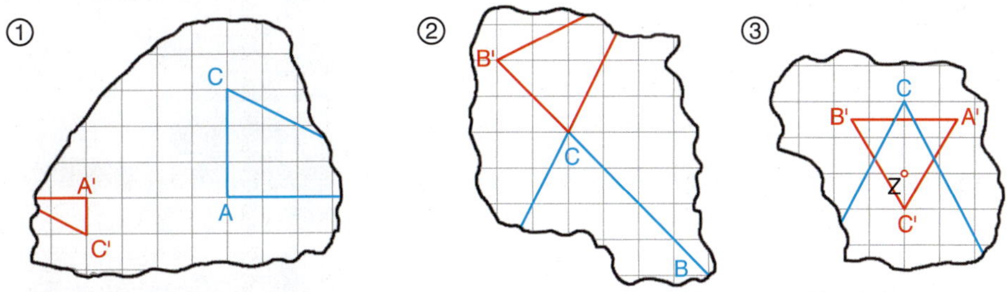

a) Übertrage die Fragmente in dein Heft und rekonstruiere die fehlenden Angaben.
b) Schreibe eine Anleitung, wie man in solchen Fällen vorgeht.

25 *Mit Zirkelschlag zur zentrischen Streckung*
Bei ganzzahligen Streckfaktoren kannst du mit dem Zirkel die Bildfigur schnell konstruieren. Auf den Strahlen lassen sich die Abstände $\overline{ZA}$, $\overline{ZB}$ usw. rasch abtragen. Probiere es selbst am Viereck ABCD mit A(0|0), B(3|1), C(3|4), D(–1|2). Führe die zentrische Streckung $S_{Z;k}$ für k = –3; –2; 2; 4 und Z(2|2) mit dem Zirkel aus.

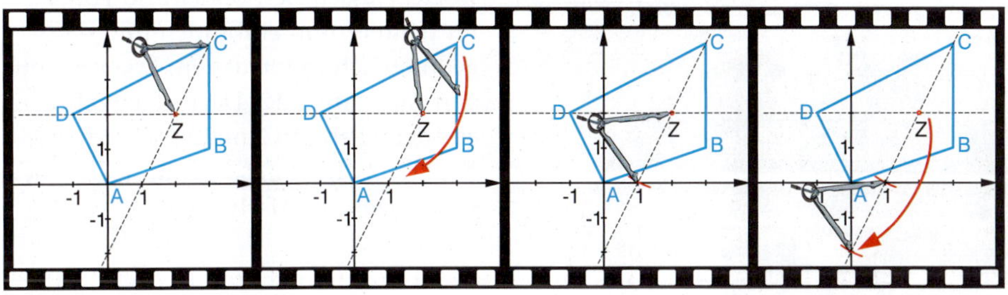

26 *Unterschiedliche Interpretationen erwünscht*
Bild- und Ausgangsfigur sind hier nicht zu unterscheiden und das mit Absicht. Welche Streckfaktoren erhältst du, wenn die grüne (schwarze) Figur Ausgangsfigur ist? Vergleicht eure Ergebnisse und formuliert eine Regel.

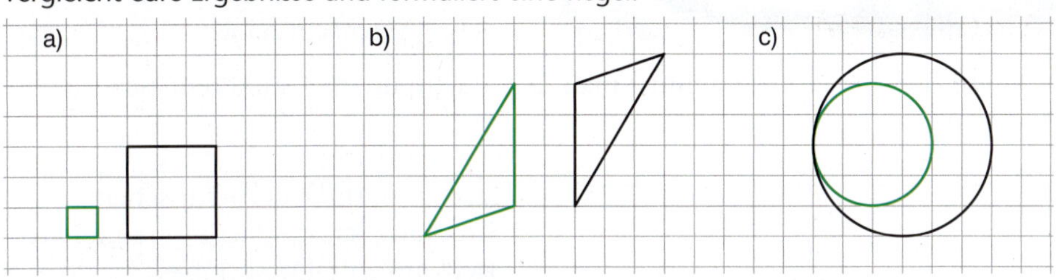

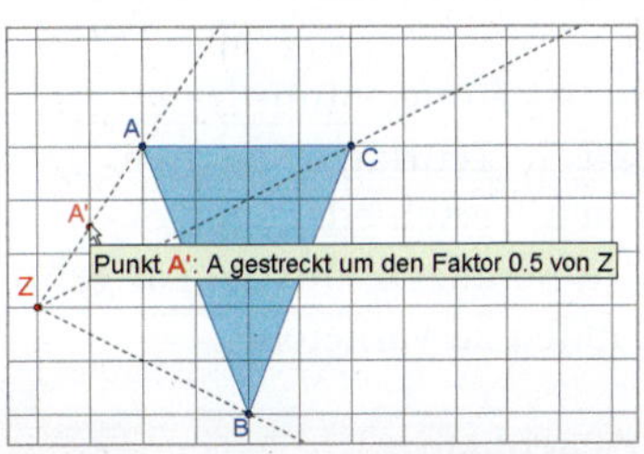

27 *Zwei zentrische Streckungen hintereinander*

Forschungsaufgabe mit dem DGS

a) Führe $S_{Z;\frac{1}{2}}$ am Dreieck ABC aus.
Strecke anschließend das Bilddreieck A'B'C' an Z mit k = 4. Du erhältst das Bild vom Bilddreieck. Findest du eine einzige zentrische Streckung, mit der du ohne Umweg direkt zur neuen Bildfigur kommst?

Welche Rolle spielen die Streckfaktoren?

b) Führe $S_{Z;2}$ am Drachen ABCD aus. Die Bildfigur wird anschließend mit $S_{Z;\frac{1}{2}}$ gestreckt. Was stellst du fest?

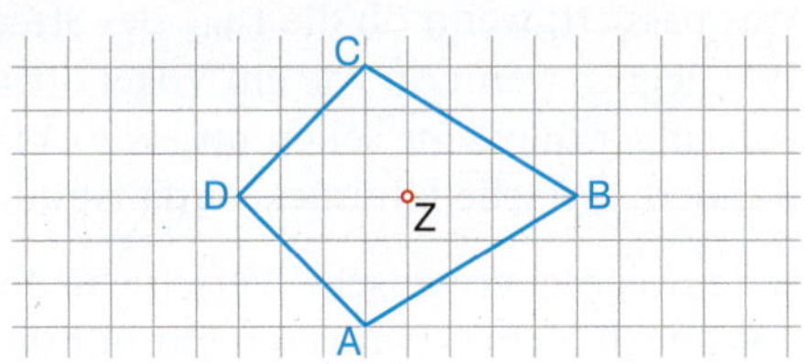

Zentralperspektive

In der Entwicklung der Kunst strebten Maler über Jahrhunderte danach, die Tiefe des Raumes so realistisch wie möglich auf die Leinwand zu bannen. Bei der sogenannten Zentralperspektive werden nach hinten verlaufende parallele Kanten im Bild nicht mehr parallel dargestellt, sondern sie treffen sich in einem Punkt, dem so genannten *Fluchtpunkt*. Diese Darstellungsform wurde von FILLIPO BRUNELLESCHI (1377–1446), einem italienischen Baumeister, entwickelt, der auch „Schöpfer der Renaissance“ genannt wurde. Das hier gezeigte Gemälde stammt von PIERO DELLA FRANCESCA, einem Zeitgenossen BRUNELLESCHIS.

Projekt

Zentralperspektive mit DGS – mathematisches Handwerk in der Kunst

In DGS lassen sich Bilder und Fotos im Hintergrund einbinden und dann geometrisch untersuchen. Erkennst du den Ausschnitt des Deckengewölbes aus dem obigen Gemälde? Hier wurde das Streckzentrum so gewählt, dass der Kreisbogen zentrisch gestreckt wird.

Sucht im Internet oder in Architektur- oder Kunstbüchern nach Fotos und Gemälden, auf denen die Zentralperspektive gut zu erkennen ist. Sind die Bilder im DGS eingebunden, könnt ihr überprüfen, ob die Künstler „alles richtig“ gemacht haben.

Schreibt eine Anleitung: So findet man den Fluchtpunkt mithilfe zentrischer Streckung.

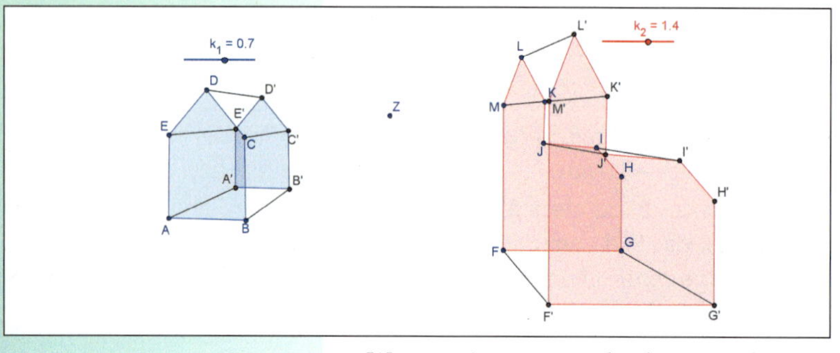

Erzeugt mithilfe der zentrischen Streckung selbst Bilder mit räumlicher Tiefe in Zentralperspektive.
Tipps:
Ein passendes Fünfeck führt rasch zu einem Haus in Zentralperspektive.
Es lohnt sich, verschiedene Streckfaktoren zu benutzen, um die Länge von Gebäuden zu variieren!

Forschungsaufträge

Was passiert, wenn du die Lage des Streckzentrums Z veränderst?
Wie liegt Z, wenn du wie ein Vogel über Haus und Kirche fliegst, wie wird ein Fußgänger die Szene sehen und wie ein Frosch? Lass Z auch nach links oder rechts wandern. Welche Eindrücke erhältst du dann?

Seitenwechsel erwünscht. Verschiebe die Streckfiguren auf dem Zeichenblatt von links nach rechts. Was geschieht mit der Perspektive?

1.2 Bestimmen von unzugänglichen Streckenlängen – Strahlensätze

Was dich erwartet

Nicht alle Strecken im Gelände lassen sich ohne Probleme messen: Bäume sind zu hoch, Schluchten zu breit, Brücken und Gebäude sind oft schwer zugänglich. Unter Anwendung der Kongruenzsätze kann man aber solche unzugänglichen Streckenlängen mithilfe messbarer Strecken und Winkel konstruieren. Mit der zentrischen Streckung und den daraus abgeleiteten Strahlensätzen steht uns eine weitere Methode zur Bestimmung von Streckenlängen zur Verfügung. Mithilfe einfacher „Werkzeuge" und geschickter Verfahren lassen sich solche unzugänglichen Strecken sogar berechnen.

Aufgaben

1 *Auf unterschiedlichen Wegen zur Turmhöhe*

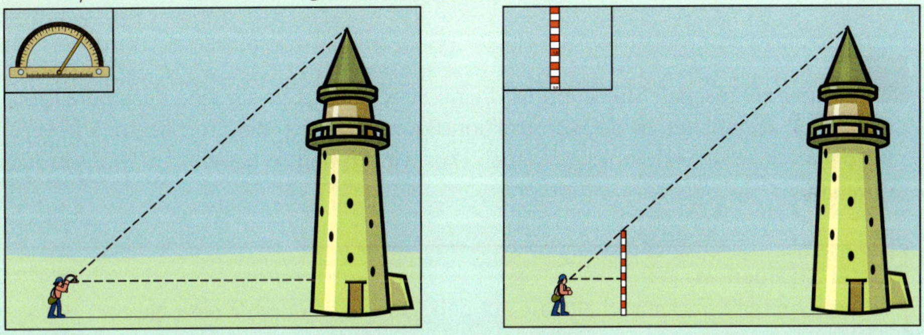

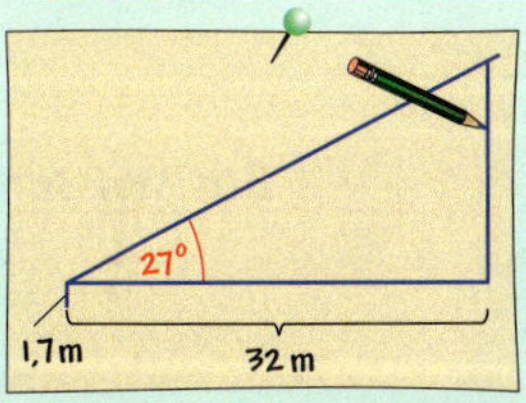

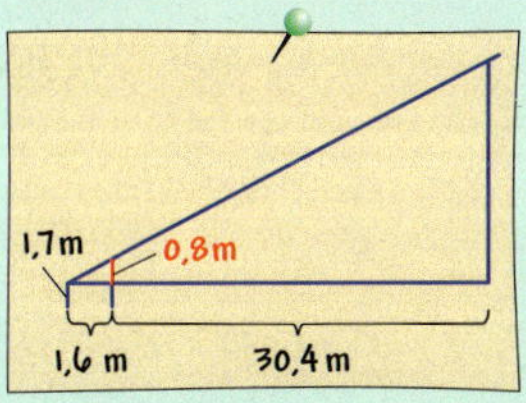

a) In den Planskizzen stecken genügend Informationen, um die Höhe des Turms herauszufinden. Einmal musst du konstruieren, einmal kannst du rechnen.
b) Vergleiche deine Ergebnisse bei beiden Methoden.

2 *Aufgabe aus dem chinesischen Rechenbuch „Jiuzhang suanshu" (100 v. Chr.)*

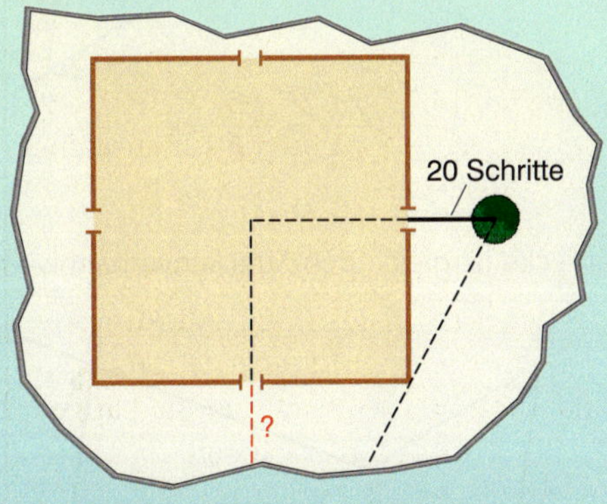

„Jetzt hat man eine Stadt (mit quadratischem Grundriss), die Quadratseite 200 Schritte. In der Mitte jeder Seite ein offenes Tor. Geht man aus dem Osttor 20 Schritte heraus, hat man einen Baum. Wie viel Schritte aus dem Südtor musst du herausschreiten, um den Baum zu sehen?"

a) Übertrage die Informationen aus dem Text in eine maßstabsgerechte Skizze in dein Heft.
b) Vervollständige die Skizze so, dass du die gesuchte Länge x ablesen kannst.
c) In der Zeichnung kannst du verschiedene Streckfiguren erkennen. In welcher steckt das Verhältnis $\frac{120}{100} = \frac{x + 100}{x}$?
d) Berechne x mithilfe der Gleichung in c). Vergleiche mit b).

Aufgaben

3 Beim Vermessen lassen sich mithilfe der zentrischen Streckung auch Streckenlängen bestimmen, die mit dem Maßband nicht direkt zugänglich sind.

a) Beschreibe: Wo verbergen sich bei der Landschaftsmessung Streckfiguren? Wo steckt der Streckfaktor k?

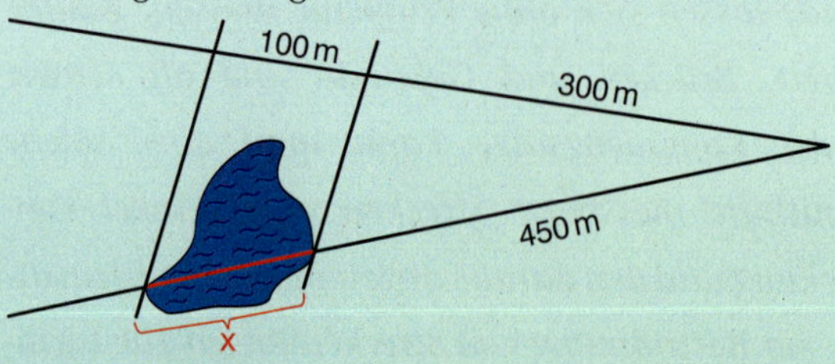

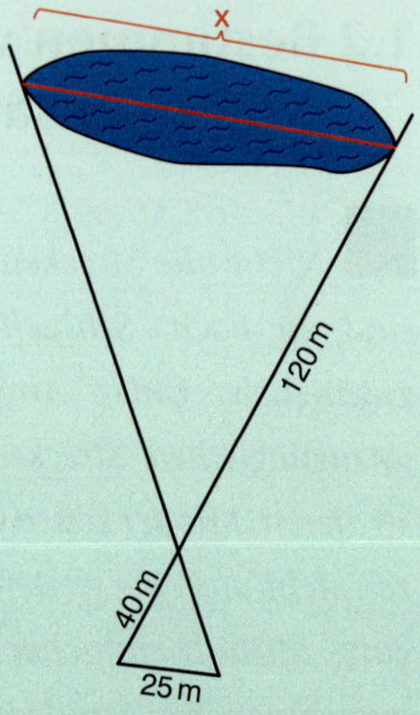

b) Der Vermesser notiert: $\frac{25}{40} = \frac{x}{120}$ $\frac{400}{300} = \frac{x+450}{450}$

Welche Notiz gehört zu welcher Skizze? Berechne, wie groß jeweils die Seebreite ist.

Basiswissen

Bei der zentrischen Streckung wird eine Strecke $\overline{AB}$ stets auf eine dazu parallele Strecke $\overline{A'B'}$ abgebildet. In der Konstruktionsfigur findet sich der Streckfaktor k in verschiedenen Streckenverhältnissen wieder. Dies wird in den so genannten *Strahlensätzen* festgehalten.

Erster Strahlensatz

Entsprechende Streckenverhältnisse auf den „Strahlen" durch Z sind gleich.

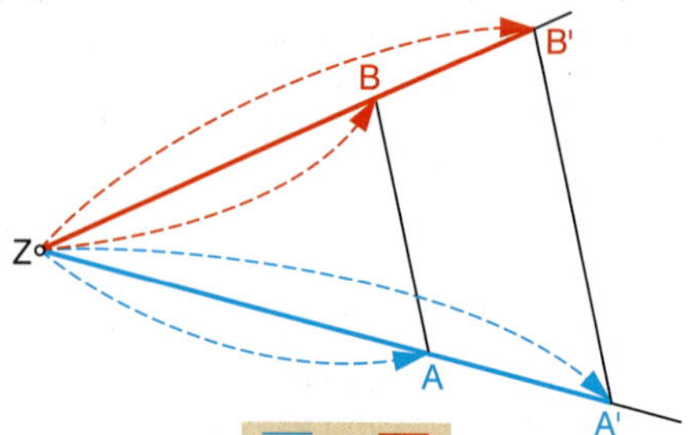

$\frac{\overline{ZA'}}{\overline{ZA}} = \frac{\overline{ZB'}}{\overline{ZB}} = k$

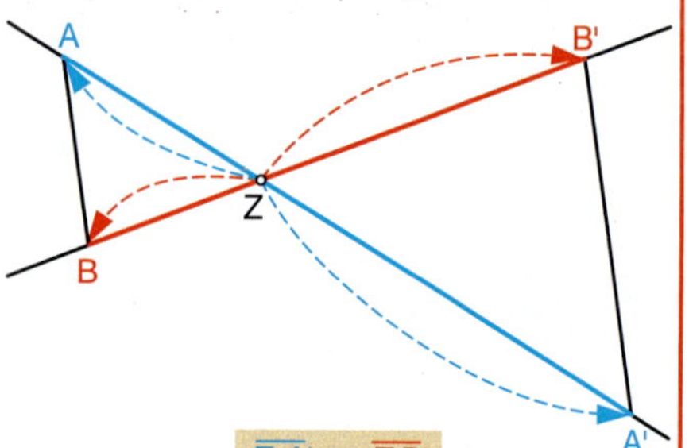

$\frac{\overline{ZA'}}{\overline{ZA}} = \frac{\overline{ZB'}}{\overline{ZB}} = k$

Zweiter Strahlensatz

Das Verhältnis zwischen Bild- und Ausgangsstrecke ist gleich den Streckenverhältnissen auf den Strahlen durch Z.

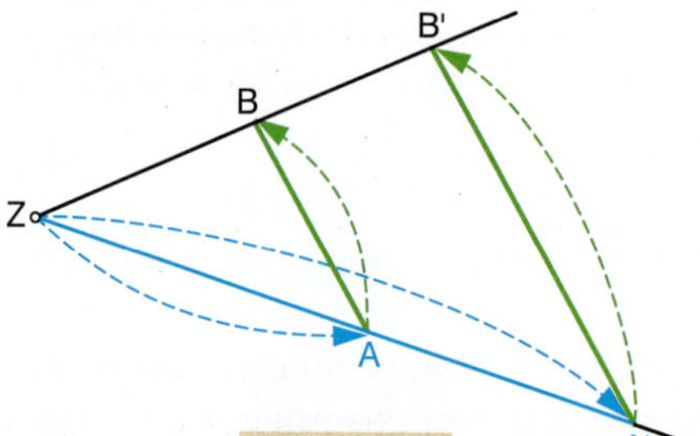

$\frac{\overline{A'B'}}{\overline{AB}} = \frac{\overline{ZA'}}{\overline{ZA}} = k$

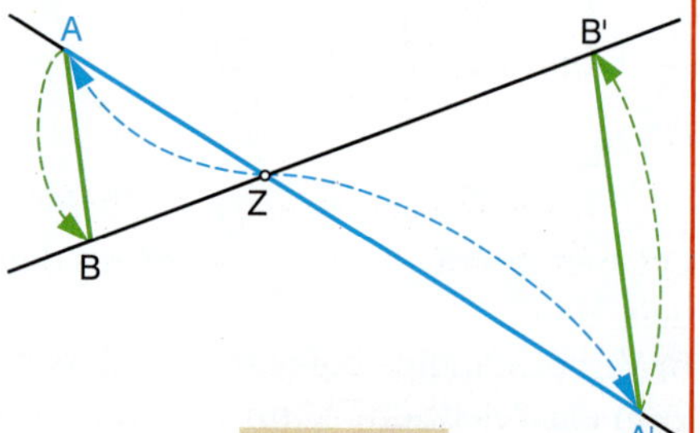

$\frac{\overline{A'B'}}{\overline{AB}} = \frac{\overline{ZA'}}{\overline{ZA}} = k$

Beispiele

A Die Höhe eines großen Baums lässt sich über seine Schattenlänge bestimmen. Erkläre die Vorgehensweise anhand der Skizze.

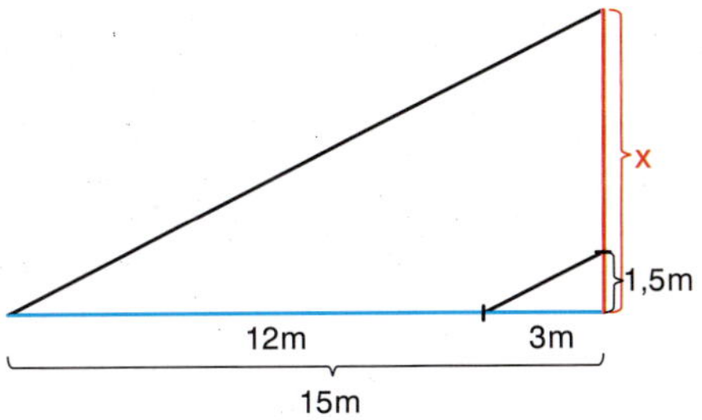

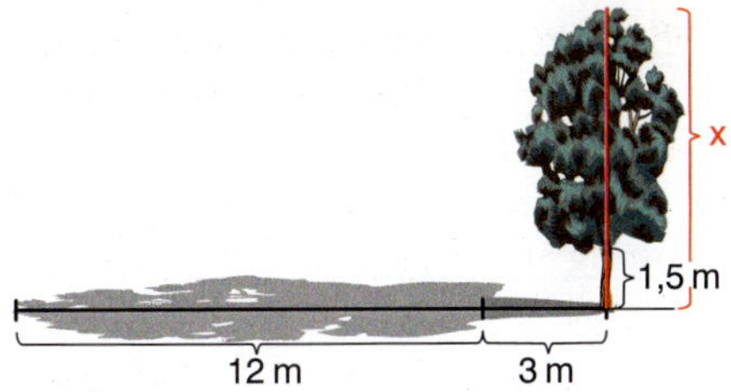

Lösung:
Wenn der Stamm halb so hoch ist wie sein Schatten lang, dann ist auch der Baum halb so hoch wie sein Schatten lang ist. Also ist der Baum 7,5 m hoch.

B Ist hier alles richtig gemacht worden?
Überprüfe in der Streckfigur die Verhältnisgleichungen A, …, E.

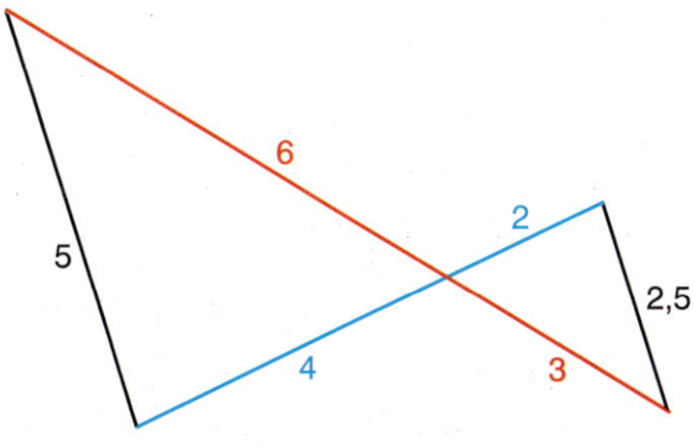

A	$\frac{2}{4} = \frac{3}{6}$	Richtig; 1. Strahlensatz
B	$\frac{2,5}{5} = \frac{6}{3}$	Falsch
C	$\frac{2,5}{5} = \frac{2}{4}$	Richtig; 2. Strahlensatz
D	$\frac{4}{6} = \frac{8}{9}$	Falsch
E	$\frac{2,5}{5} = \frac{3}{6}$	Richtig; 2. Strahlensatz

Basiswissen

Die Strahlensätze führen zu Verhältnisgleichungen. Diese kannst du mit Äquivalenzumformungen lösen.

Verhältnisgleichung

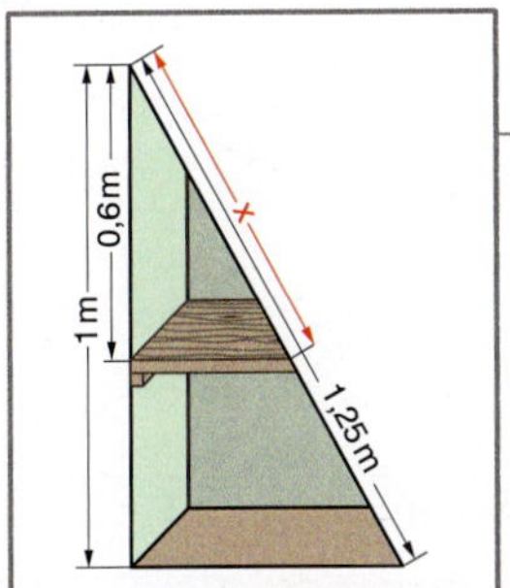

1. Schritt:
Stelle die passende Verhältnisgleichung auf:
$\frac{1}{0,6} = \frac{1,25}{x}$ 1. Strahlensatz

2. Schritt: Multipliziere auf beiden Seiten mit beiden Nennern – löse die Gleichung:

$\frac{1}{0,6} = \frac{1,25}{x} \mid \cdot 0,6$

$1 = \frac{1,25 \cdot 0,6}{x} \mid \cdot x$

$x = 0,75$

„über Kreuz multiplizieren"

3. Schritt: Mach die Probe:
$\frac{1}{0,6} = \frac{1,25}{0,75}$ ✔ Stimmt!

Beispiele

C Bestimme die fehlenden Längenangaben a und b.

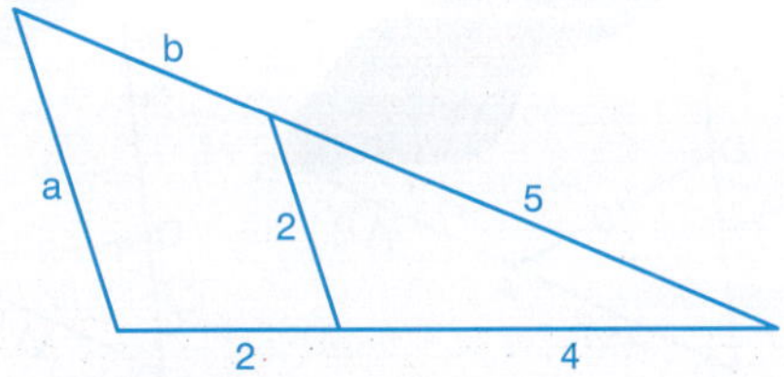

Lösung:
1. Strahlensatz
$\frac{a}{2} = \frac{6}{4} \Rightarrow a = 3$

2. Strahlensatz
$\frac{b+5}{5} = \frac{6}{4} \Rightarrow b + 5 = 7,5 \Rightarrow b = 2,5$

Übungen

4 Finde mithilfe von Verhältnisgleichungen die Unbekannten heraus.

a)
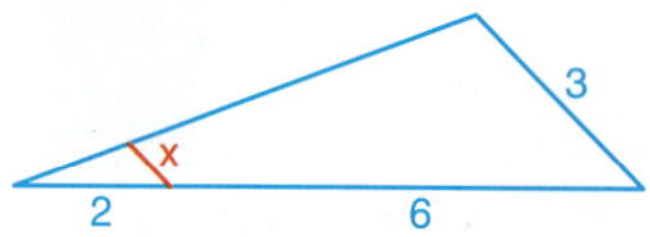

b)
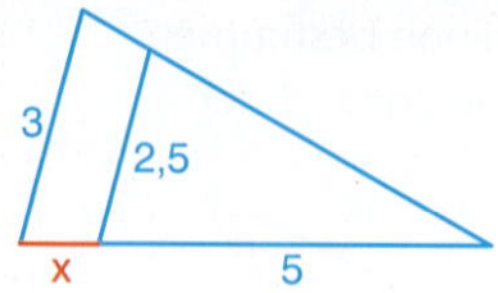

c)
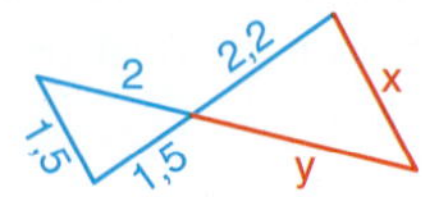

d)
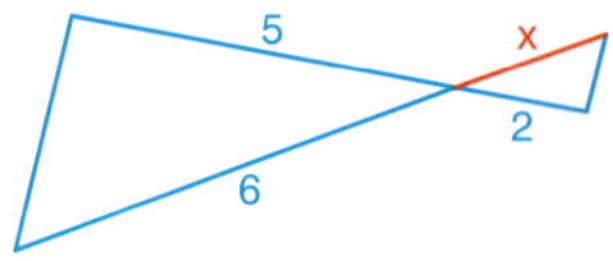

e)
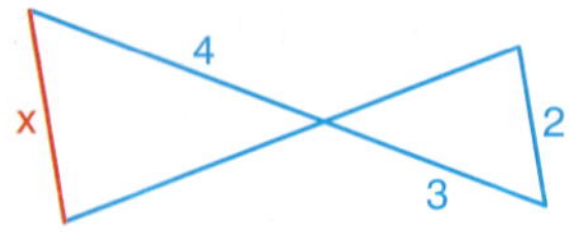

f)
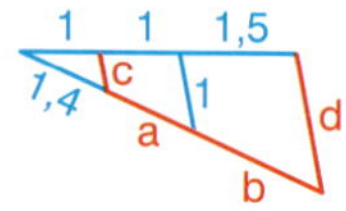

Training gewünscht

5 Lösungen: 10; 10,5; 3,1; 24; 5

5 Beim Anwenden von Strahlensätzen müssen Verhältnisgleichungen gelöst werden. Hier kannst du es üben.

a) $\frac{4}{9} = \frac{x}{54}$ b) $\frac{3}{x} = \frac{63}{210}$ c) $\frac{x}{7} = \frac{15}{21}$ d) $\frac{36}{x} = \frac{24}{7}$ e) $\frac{42}{54} = \frac{x}{4}$

6 Lösungen: 1; 7; 9; 39,2; 5,5; 2,8

6 Verhältnisse spielen auch bei Steigungen eine wichtige Rolle. Zeichne die beiden Verhältnisse jeweils in ein entsprechendes Steigungsdreieck und finde x heraus.

a) $\frac{3}{4} = \frac{x}{12}$ b) $\frac{5}{x} = \frac{4{,}5}{6{,}3}$ c) $\frac{7{,}2}{0{,}8} = \frac{9}{x}$

d) $\frac{7}{4{,}9} = \frac{4}{x}$ e) $\frac{x}{4{,}5} = \frac{11}{9}$ f) $\frac{14}{5} = \frac{x}{14}$

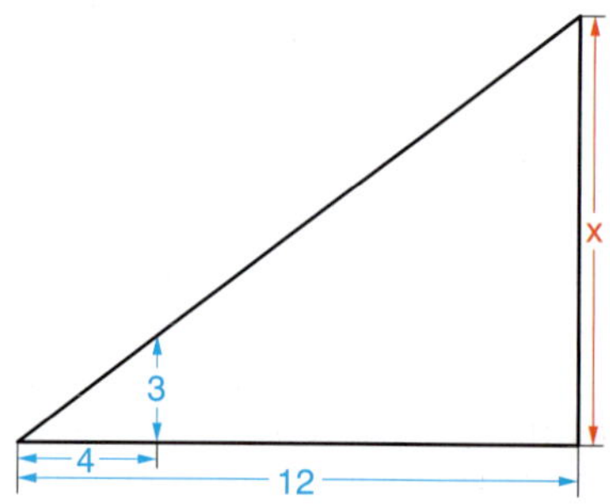

7 Welche der Verhältnisgleichungen sind richtig, welche falsch? Entscheide mithilfe der Strahlensätze.

a)
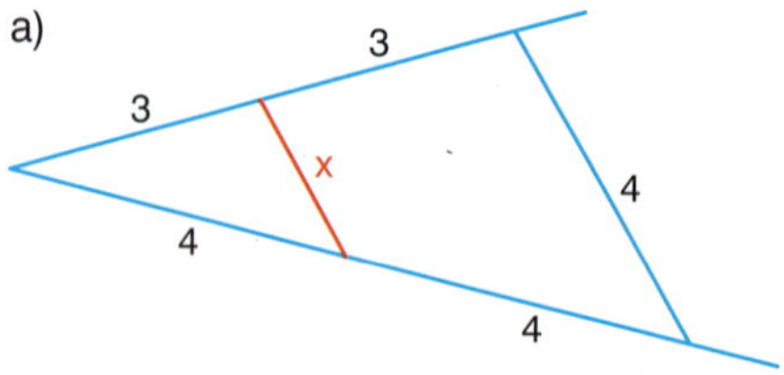

A: $\frac{8}{4} = \frac{4}{x}$ B: $\frac{4}{x} = \frac{3}{3}$ C: $\frac{6}{3} = \frac{4}{x}$

b)
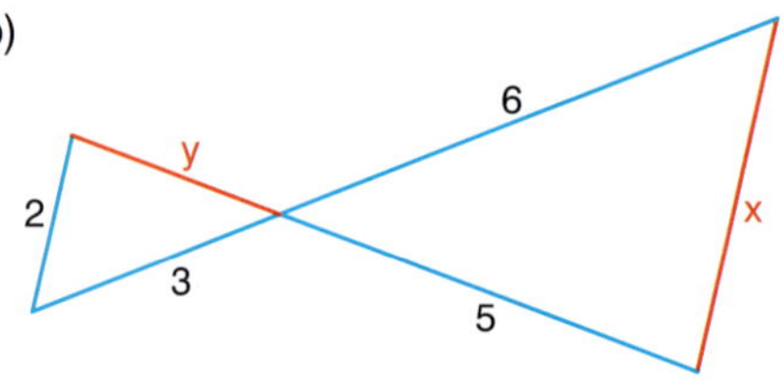

A: $\frac{x}{2} = \frac{6}{3}$ B: $\frac{y}{5} = \frac{6}{3}$ C: $\frac{2}{3} = \frac{x}{5}$

8 Im Vermessungspraktikum hatten drei Messtrupps die Aufgabe, die Breite eines Sees zu bestimmen. Beschreibe anhand ihrer Skizzen, wie sie vorgegangen sind. Können alle Trupps die Aufgabe lösen? (Längenangaben in Metern)

Achtung: Skizzen nicht maßstabsgerecht

①
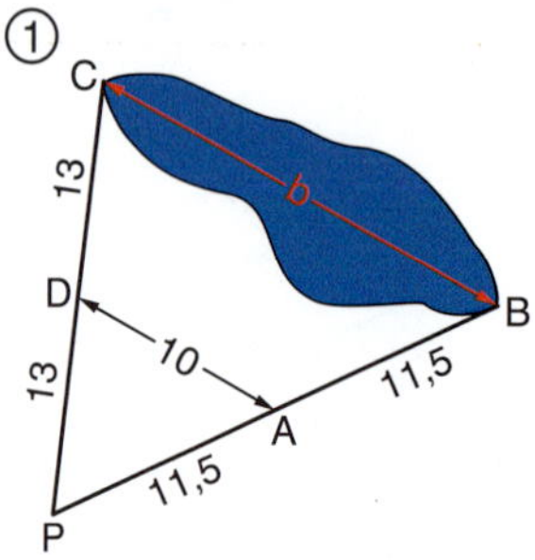

②
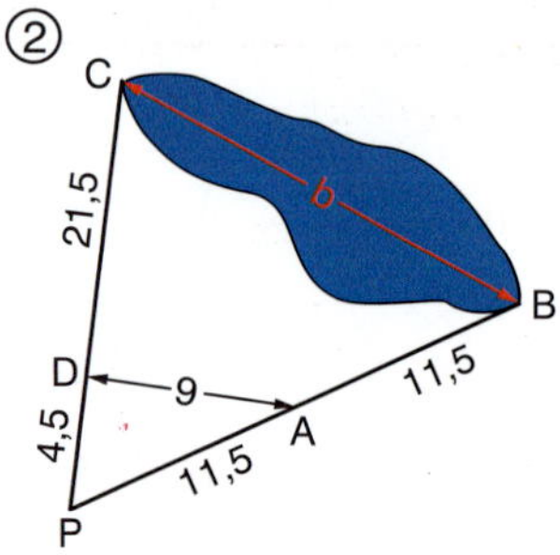

③
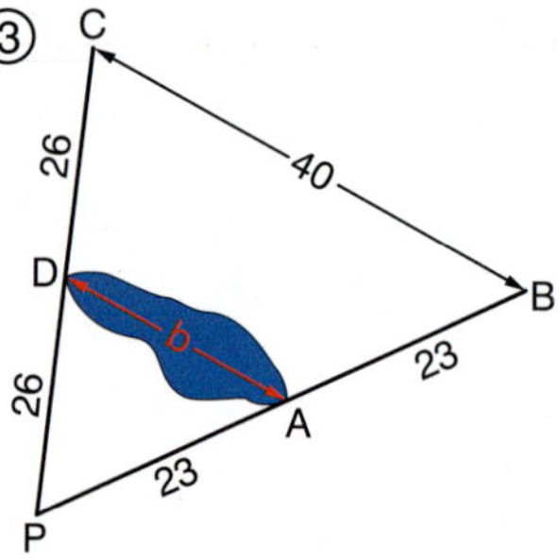

Übungen

Verhältnisgleichungen spielen nicht nur eine Rolle bei den Strahlensätzen, auf Verhältnisgleichungen stößt man auch bei vielen anderen Problemstellungen.

9 Eine Lotterie verkauft Lose. Im Werbeprospekt steht: 2 von 11 Losen sind Gewinne. Losverkäufer Hans zählt in seinem Korb 220 Lose. Mit wie viel Gewinnlosen (Anazahl x) in der Trommel kann er rechnen? Löse mit einer Verhältnisgleichung.

10 *Verhältnisgleichungen findet man auch in der Prozentrechnung.*
Stephanie bekommt auf ihrem Jugendsparkonto 3 % Zinsen. Im letzten Jahr waren dies 13,95 €. Wie viel Geld (G) hatte sie auf dem Konto? Andrea und Florian finden unterschiedliche Lösungsansätze:

Andreas Lösung:

$\frac{3}{100} = \frac{13{,}95}{G} \quad | \cdot 100 \cdot G$

$3 \cdot G = 13{,}95 \cdot 100$

$G = \frac{1\,395}{3} = 465$

Florians Lösung:

$3\,\% \rightarrow 13{,}95\text{ €}$

$1\,\% \rightarrow \frac{13{,}95\text{ €}}{3} = 4{,}65\text{ €}$

$100\,\% \rightarrow 465\text{ €}$

a) Was hat sich Andrea überlegt, und wie kam sie zur Lösung?
b) Wie ging Florian vor?
c) Vergleiche beide Vorgehensweisen.

11 Löse die folgenden Prozentaufgaben mit Verhältnisgleichungen:
a) Ein Guthaben von 560 000 € wird mit 6 % verzinst. Wie viel Jahreszinsen erhält man?
b) Für ein Fondsguthaben von 30 000 € werden 2 700 € Jahreszinsen ausbezahlt. Wie hoch ist der Zinssatz?
c) Erfinde selbst eine Aufgabe zur Prozentrechnung und löse sie auf zwei Arten mit den Methoden Dreisatz und Verhältnisgleichung.

12 Ein Rechteck mit a = 5 cm und b = 6 cm wird zentrisch so gestreckt, dass b′ = 9 cm wird.
a) Wie groß ist der Streckfaktor?
b) Konstruiere das Bildrechteck.
c) Stelle eine Verhältnisgleichung auf, mit der sich die Bildstrecke a′ berechnen lässt. Löse die Verhältnisgleichung nach a′ auf.

13 Ein Dreieck mit den Seiten a = 7 cm und b = 5 cm wird zentrisch gestreckt. Im Bilddreieck misst man b′ = 9 cm und c′ = 14,4 cm. Wie groß sind a′ und c?

14 *Bist du fit im Lösen von Verhältnisgleichungen?*

a) $\frac{2x}{5} = \frac{8}{15}$ b) $\frac{x+3}{7} = \frac{4}{21}$ c) $\frac{5}{x-2} = \frac{10}{8}$ d) $\frac{4}{-3} = \frac{x+1}{x-1}$

15 Ein 30 cm langes Abfallstück des Drahtseils einer Bergbahn wiegt 5,9 kg.
a) Kannst du ein 2 m langes Drahtseilstück tragen?
b) Wie viel wiegt das gesamte 3,6 km lange Drahtseil der Bahn?
Löse die Aufgaben auch mit Verhältnisgleichungen.

16 Bei einer Spiralfeder ist das Verhältnis der Zugkraft F zur Verlängerung s konstant. Dies ist das so genannte Hooke´sche Gesetz.

$\frac{F}{s}$ = konst.

Man zieht mit einer Kraft von 6,0 N an einer Feder und bewirkt eine Verlängerung von 16 cm.
a) Welche Kraft braucht man für eine Verlängerung von 5 cm?
b) Welche Verlängerung bewirkt eine Kraft von 10 N?
c) Warum gilt das Hooke´sche Gesetz nur in gewissen Grenzen?

Übungen

17 Dreisatzaufgaben kann man schnell mit Verhältnisgleichungen lösen.
a) 4 kg Kirschen kosten 14,– €.
Wie viel kosten 10 kg Kirschen?
Begründe den Ansatz der Rechnung.
Löse die Verhältnisgleichung. Stimmt das Ergebnis?

Ansatz: $\frac{14}{4} = \frac{k}{10}$

b) Löse mit einer Verhältnisgleichung: 100 l Öl kosten 65 €. Dazu kommen noch 19 % Steuern. Familie Warmer tankt 4375 l Öl. Erstelle eine Rechnung, die den Nettopreis (Kosten ohne Steuern), die Steuern und den Endpreis ausweist.

18 a) Bier hat einen Alkoholgehalt von ca. 4 %.
Wie viel Alkohol befindet sich in einer Bierflasche von 0,5 l?
b) Ein erwachsener Mann verfügt über etwa 5 l Blut.
Wie hoch wäre der Alkoholspiegel im Blut nach dem Genuss einer Flasche Bier, wenn der Alkohol sofort und vollständig ins Blut überginge?
Könnte der Mann noch mit dem Autor fahren?

Erkundige dich im Internet über Promillegrenzen bei Alkohol im Straßenverkehr.

19 *Wie schätzt man die Anzahl der Bäume eines Waldes?*
Eine Gemeinde besitzt einen 84 ha großen Wald mit ausgewachsenen Fichten.
Um die Anzahl der Fichten zu schätzen, zählt der Förster die Bäume, die auf einem 10 m × 10 m großen Quadrat stehen. Er zählt 11 Bäume.
Wie viele Fichten stehen schätzungsweise auf dem Waldstück?
Ein ausgewachsener Fichtenstamm ist durchschnittlich 7 m lang. Der untere Durchmesser beträgt 60 cm, der obere 30 cm. Schätze das Volumen eines Stammes und des ganzen Baumbestandes.
Wie viel Gewinn kann die Gemeinde erzielen, wenn 1 m³ Holz 35 € erbringt?

20 *Auch bei Maßstabsangaben sind Verhältnisgleichungen hilfreich.*
Familie Müller möchte dieses Jahr von Stuttgart nach Athen fliegen. In einer Landkarte im Maßstab 1 : 16 000 000 misst Sohn Sebastian eine Entfernung von 10,4 cm zwischen Athen und Stuttgart. Stelle eine Verhältnisgleichung auf und berechne die Entfernung in Kilometern.

21 Stelle jeweils mithilfe des geeigneten Strahlensatzes eine Verhältnisgleichung auf und bestimme die gesuchte Streckenlänge x.

a)

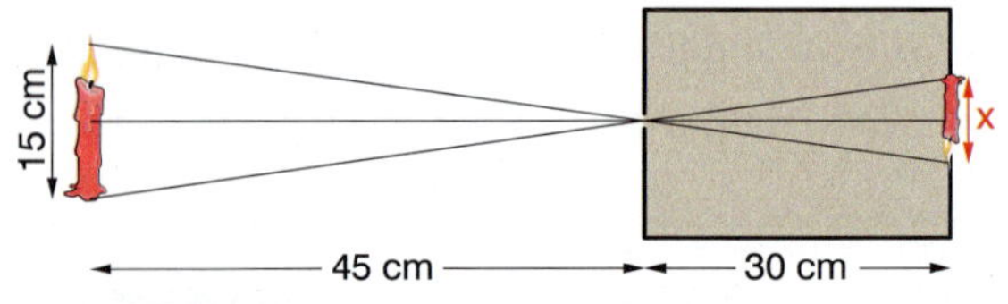

b)

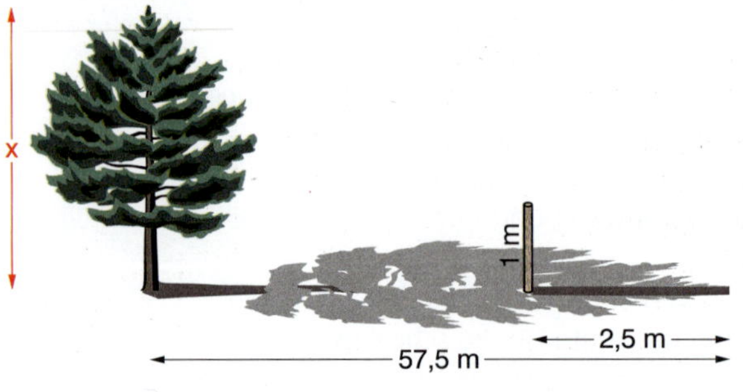

Übungen

22 a) Durch geeignete Messungen lassen sich die unzugänglichen Streckenlängen berechnen. Bestimme jeweils die gesuchte Streckenlänge x.

①

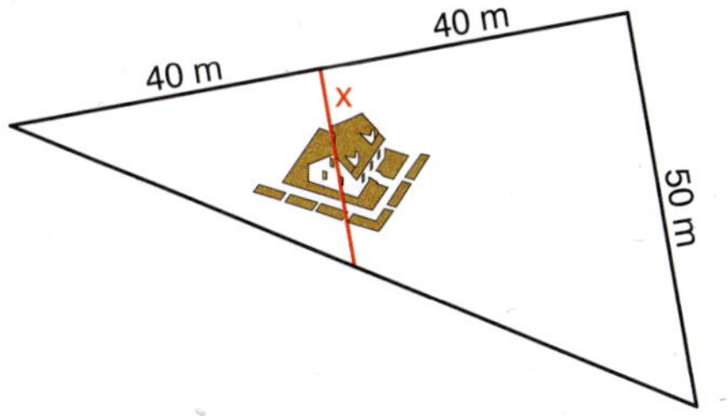

②

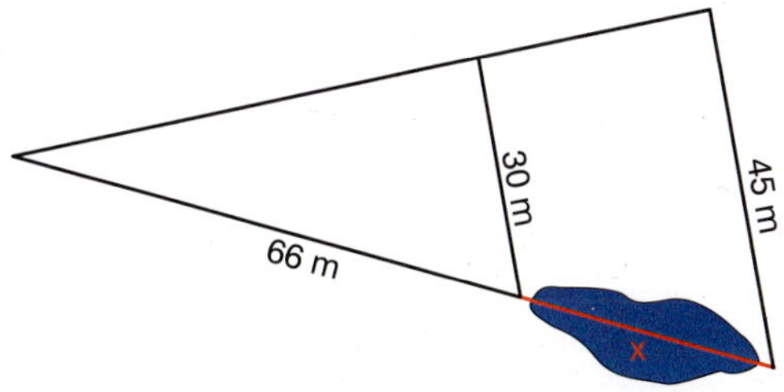

③

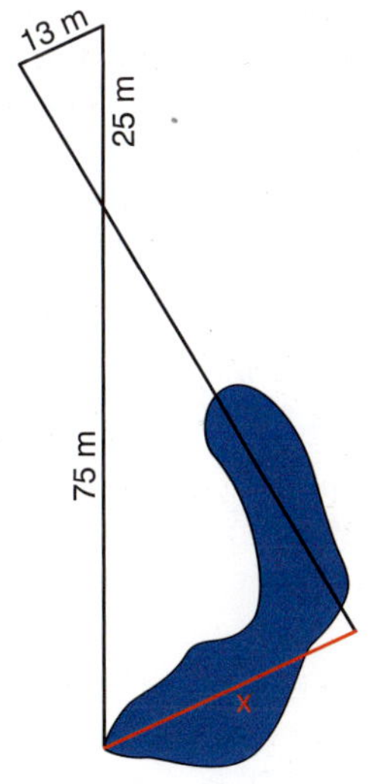

Eine Überschlagsprobe kannst du aus den maßstäblichen Zeichnungen gewinnen.

b) Schreibe zu jeder Situation einen kleinen Sachbericht, z. B.: „Über einen kleinen See hinweg soll die Entfernung zwischen zwei Gaststätten an den gegenüberliegenden Ufern bestimmt werden. Dazu werden folgende Entfernungen gemessen: ...“

23 Durch Anpeilen und Messen lässt sich die Entfernung des Hauses aus dem Klassenraum heraus bestimmen. Die Schülerinnen und Schüler der 9c lassen sich zwei verschiedene Peilmöglichkeiten einfallen:

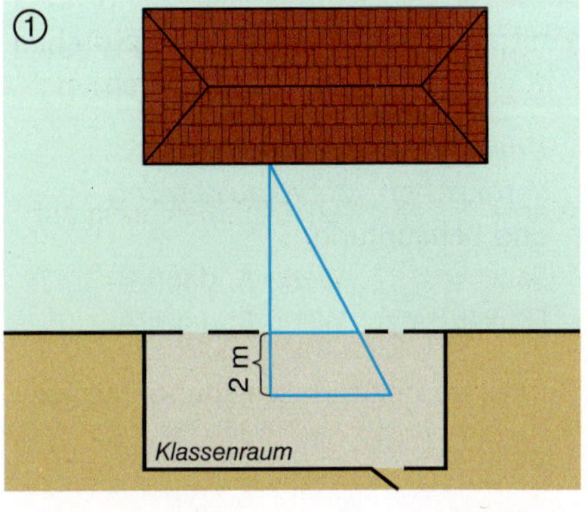

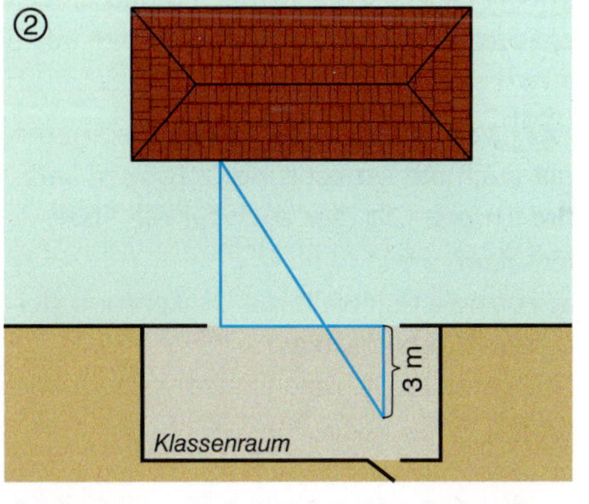

Welche Längen müssen sie noch messen, um die Entfernung des gegenüberliegenden Hauses bestimmen zu können? Bestimme selbst die Längen durch Ausmessen in der maßstabsgerechten Zeichnung und berechne die Entfernung des Hauses.

24 In der Nische einer Dachschräge soll ein Regal angebracht werden. Die einzelnen Regalbretter bekommen jeweils einen Abstand von 30 cm.
Lassen sich die vier Regalbretter aus den zwei noch vorhandenen Brettern zuschneiden?

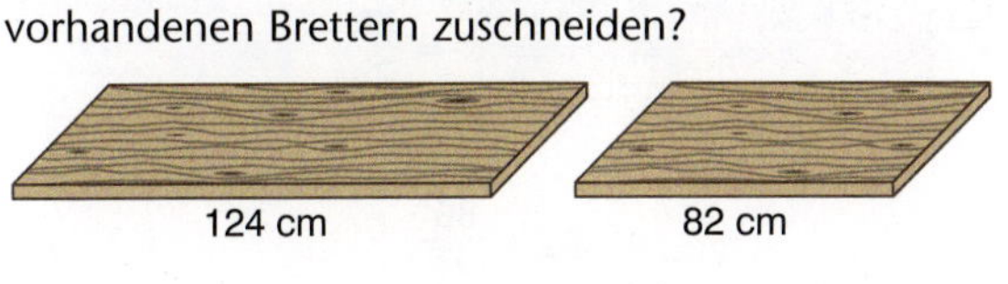

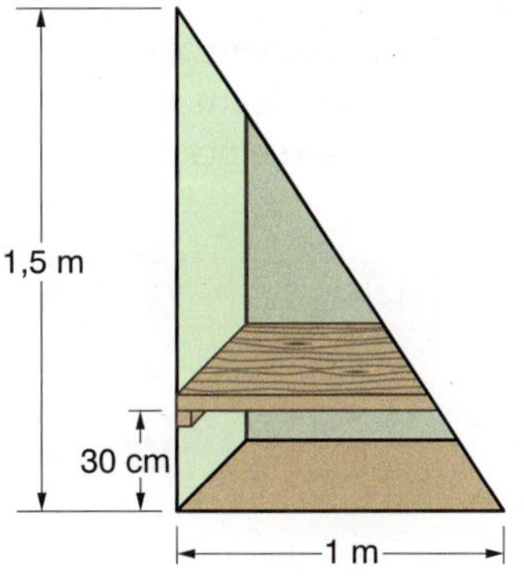

Übungen

25 Julian hat mit dem Strahlensatz die Streckenlänge x bestimmt:

$\frac{9}{3} = \frac{6}{x} \quad \Rightarrow \quad x = 2$

Beim genaueren Betrachten der Zeichnung zweifelt er an seinem Ergebnis. Wo steckt der Fehler?

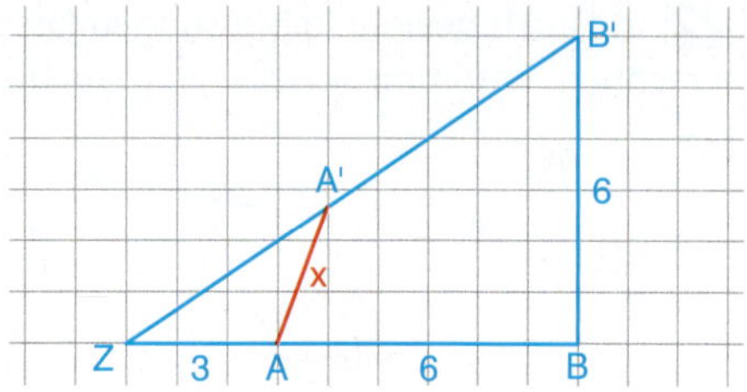

Strahlensätze sind mathematische Sätze

Mathematische Sätze bestehen aus Voraussetzung und Behauptung. Im Kasten auf Seite 22 bei den Strahlensätzen sind jeweils nur die Behauptungen formuliert, die Voraussetzungen stecken in der jeweiligen Konstruktionsfigur der zugrunde liegenden zentrischen Streckung. Wenn wir diese Voraussetzung nun unabhängig von der zentrischen Streckung beschreiben wollen, dann müssen wir die jeweilige „Strahlensatzfigur" genauer beschreiben, z. B.:

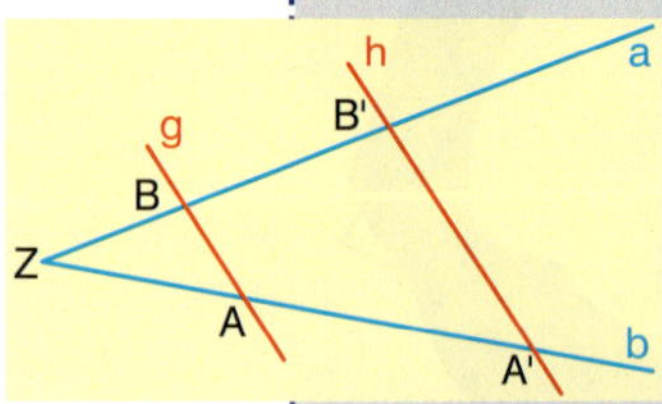

„Gegeben sind zwei Halbgeraden a und b mit einem gemeinsamen Anfangspunkt Z. Diese werden von zwei zueinander parallelen Geraden g und h in den Punkten A, B und A', B' geschnitten."

26 a) Welche Konstruktionsfiguren in dem Kasten auf Seite 22 werden durch die oben genannte Beschreibung erfasst?
b) Beschreibe entsprechend genau die anderen Konstruktionsfiguren im Kasten: *„Gegeben sind zwei Geraden a und b, die ... "*
c) Formuliere nun die Strahlensätze ausführlich mit Voraussetzung und Behauptung.

Satz und Umkehrung

27 Von vielen Sätzen in der Geometrie gilt auch die Umkehrung, z. B. vom Satz des Thales. Gilt dies auch für die Strahlensätze?
a) Formuliere jeweils die Umkehrung der beiden Strahlensätze.
b) Entscheide, ob die Umkehrsätze wahr sind. Kannst du deine Entscheidung begründen?

Umkehren eines Satzes:
Vertauschen von Voraussetzung und Behauptung
Satz: Wenn A, dann B.
Umkehrsatz: Wenn B, dann A.

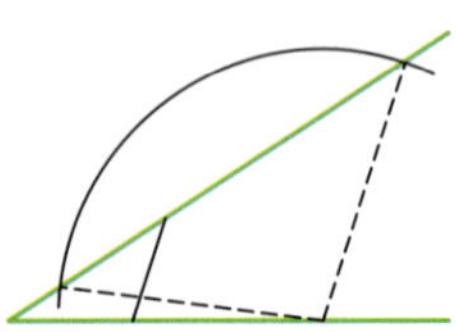

Zur Begründung, dass ein Satz falsch ist, genügt ein Gegenbeispiel.

28 In manchen Büchern findet man unter den Voraussetzungen des 1. Strahlensatzes die Aussage: $\frac{\overline{AA'}}{\overline{ZA}} = \frac{\overline{BB'}}{\overline{ZB}}$

a) Veranschauliche die Verhältnisgleichung an einem passenden Bild.
b) Ausgehend vom 1. Strahlensatz lässt sich diese Gleichung Schritt für Schritt herleiten. Fülle die Beweislücken.

1. $\frac{\overline{ZA'}}{\overline{ZA}} = \frac{\overline{ZB'}}{\overline{ZB}}$

2. $\frac{\overline{ZA}+\overline{AA'}}{\overline{ZA}} = \frac{■}{\overline{ZB}}$

3. $1 + ■ = ■ + ■$

4. $■ = \frac{\overline{BB'}}{\overline{ZB}}$

Übungen

„Unterhaltungsmathematik" – Freude am Denken
In alten Rechenbüchern findet man viele Anwendungsaufgaben zur Mathematik. Dazu gesellt sich oft die einfache Freude am Denken und Problemlösen, die auch heute noch in der so genannten „Unterhaltungsmathematik" zum Ausdruck kommt.

29 Aus einer anonymen Aufgabensammlung des 15. Jahrhunderts:

„Wenn du die Höhe eines Turmes finden willst, wie groß sie ist, so stecke ein Holz senkrecht und betrachte den von der Sonne geworfenen Schatten und miss ihn. Sprich nun: Das senkrechte Holz ist 6 Ellen, sein Schatten 9 Ellen; betrachte auch den Schatten des Turmes: 75 Ellen. Dann verfahre nach der Regeldetri und sprich: Wenn die 9 Ellen des Schattens mir eine Holzhöhe von 6 Ellen geben, welche Turmhöhe werden uns dann die 75 Ellen Turmschatten geben?

a) Kannst du die Aufgabe nach der gegebenen Anleitung lösen?
b) Fertige eine Skizze an und löse die Aufgabe mithilfe eines Strahlensatzes. Vergleiche mit dem vorgeschlagenen Lösungsweg.

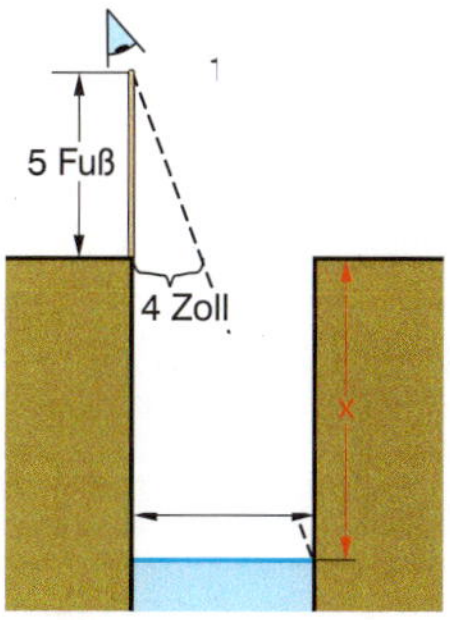

30 Aus dem chinesischen Rechenbuch „Jiuzhang suanshu":

„Der Durchmesser eines Brunnens ist 5 Fuß; seine Tiefe kennt man nicht. Auf dem oberen Rand des Brunnens steht eine Stange von 5 Fuß. Der Blick von der Spitze der Stange zu dem Rand des Wassers reicht in den Durchmesser 4 Zoll hinein. Frage: Wie groß ist die Tiefe des Brunnens?"

Alte Messgeräte auf der Grundlage der Strahlensätze

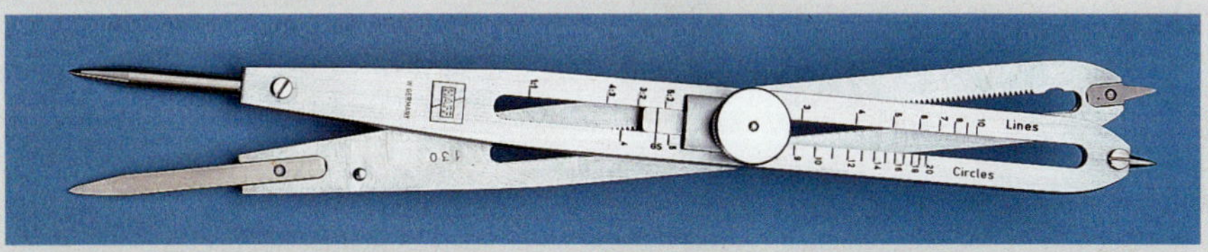

Mit dem **Proportionalzirkel** kann man Strecken in einem fest vorgegebene Verhältnis vergrößern oder verkleinern. Durch Verschieben des Drehpunktes lassen sich verschiedene Verhältnisse einstellen.

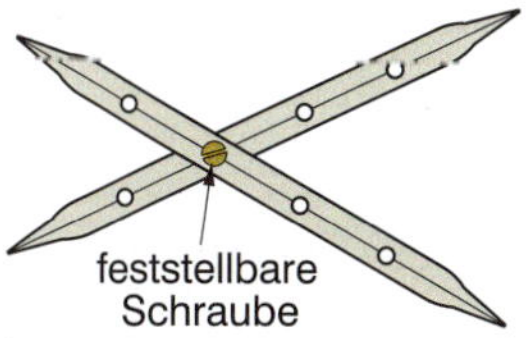

Skizze zum Selbstbau des Zirkels

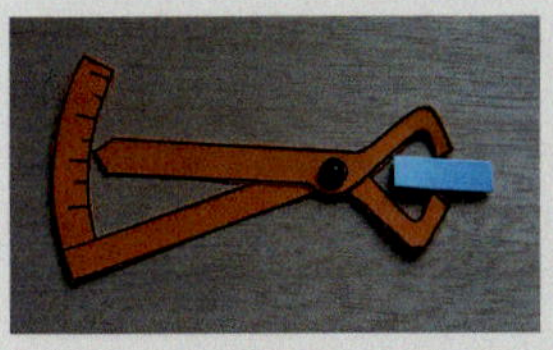

Mit der **Messzange** kann man kleine Dicken messen.

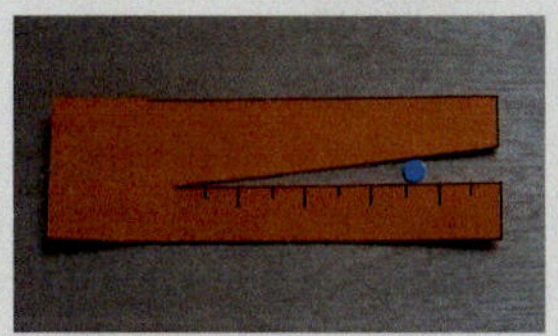

Mit der **Messlehre** kann man den Durchmesser dünner Drähte oder kleiner Kugeln messen.

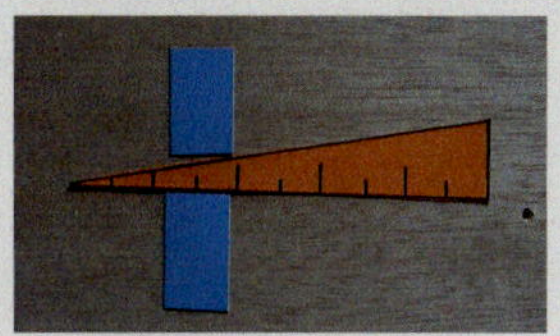

Mit dem **Messkeil** kann man die Weite kleiner Öffnungen messen.

31 Fertige Pappmodelle der Instrumente an. Erkläre die Wirkungsweise der Geräte. Bei der Beschriftung der Skalen brauchst du die Strahlensätze. Führe mit deinen Pappmodellen einige Messungen aus und vergleiche die Ergebnisse mit denen anderer Gruppen.

Hier lohnt sich Gruppenarbeit.

Projekt

Ziel und Planung

Messen im Gelände mit Maßband, allerlei Hilfsmitteln und den Strahlensätzen – Auf einer mathematischen Exkursion wird's praktisch!

Wie hoch ist der größte Baum auf dem Schulhof? Welche Höhe hat der Kirchturm oder der Flutlichtmast im Stadion? Wie breit ist der Ententeich im Park, welche Länge hat die Brücke über den Fluss? Wie weit ist die Uhr am Rathaus vom Betrachter auf der Mitte des Marktplatzes entfernt?

Hilfsmittel

Wenn die Sonne scheint, genügt für viele Höhenmessungen ein Maßband (noch besser: ein Laser-Entfernungsmesser) und ein Stab.
Ohne Sonne geht es auch mit vorhandenen oder selbstgebauten Hilfsmitteln.

Flexible „Daumenbreiten" liefert ein Schraubenschlüsselsatz.

Daumenbreite
Unser eigener Daumen kann auch helfen. Man peilt einen Gegenstand bei ausgestrecktem Arm über den Daumen an.
In der Entfernung e wird damit eine bestimmte Breite b abgedeckt. Das Verhältnis d : a lässt sich individuell bestimmen. Wenn man eine der Größen e oder b kennt, lässt sich die andere Größe mit dem Strahlensatz berechnen.

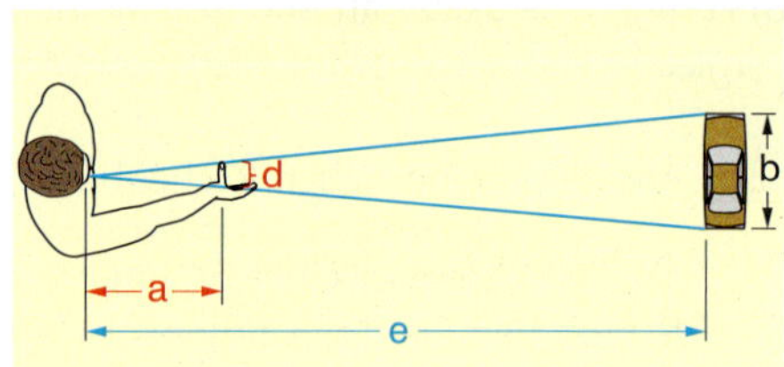

Försterdreieck

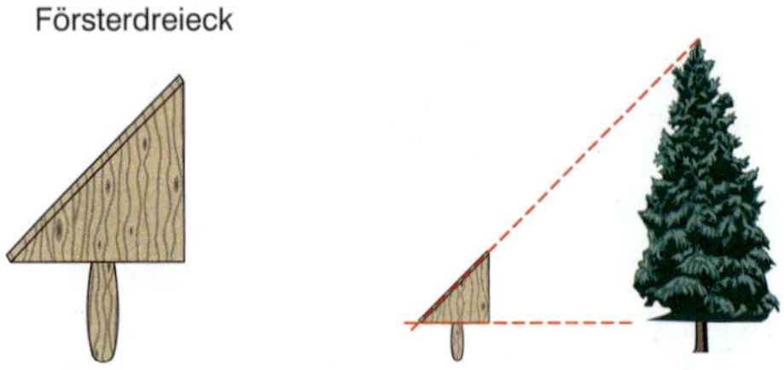

Jakobsstab

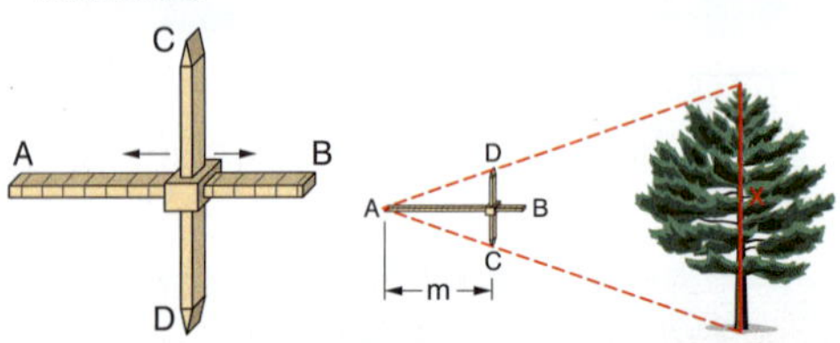

Försterdreieck und *Jakobsstab* sind historische Messgeräte.
Das Försterdreieck diente dem Förster zum Abschätzen von Baumhöhen.
Der Jakobsstab wurde u. a. bis zum Anfang des 18. Jahrhunderts in der Seefahrt als Winkelmessgerät eingesetzt.
Im Internet findest du viele weitere Informationen dazu, u. a. auch Anleitungen zum Selbstbau der Geräte und präzise Angaben zu den Messmethoden.

Ausführung in Teams

In den Teams werden Verantwortliche für bestimmte Aufgaben gewählt: Organisation, Messtrupps, Dokumentation (Protokoll und Foto), Sicherheitsberater usw. Zum späteren Vergleich ist es günstig, wenn bestimmte Objekte von mehreren Teams bearbeitet werden.

Präsentation

Präsentation auf der Schulhomepage
Sie beinhaltet neben dem lebendigen und durch Fotos veranschaulichten Projektbericht auch eine genaue Beschreibung der angewandten Messverfahren („Mathematischer Hintergrund"). Für die selbstgebauten Messgeräte kann eine präzise Bauanleitung mit Skizzen und Fotos gegeben werden. „Physik-Experten" können vielleicht auch eine Erklärung des eingesetzten Laser-Entfernungsmessers beisteuern.

1.3 Ähnliche Figuren

Was dich erwartet

Im täglichen Leben wird der Begriff „ähnlich“ in vielerlei Bedeutung verwendet: Geschwister sehen einander ähnlich, verschiedene Landschaften können ähnlich sein, das Modell eines Bauwerks oder die Reproduktion eines Gemäldes sind dem Original ähnlich. Dabei kann man sich oft trefflich über den „Grad“ der Ähnlichkeit streiten.
In der Mathematik wird der Begriff der Ähnlichkeit enger und präziser gefasst. Dabei kommt die zentrische Streckung mit ins Spiel und damit die Winkel und Längenverhältnisse bei ähnlichen Figuren. Mit ihrer Hilfe können exakte Definitionen gegeben und vielfältige Eigenschaften und Beziehungen ähnlicher Figuren untersucht und begründet werden.

Aufgaben

1 a) Jeweils drei der rechts nebenstehenden Dreiecke haben die „gleiche Form“. Stelle die passenden Dreiecke in drei Gruppen zusammen. Beschreibe, wie du zu deiner Entscheidung gekommen bist. Vergleiche mit deinen Nachbarn.
b) Übertrage die Dreiecke auf Papier und schneide sie aus. Durch geschicktes Zusammenlegen der Dreiecke kannst du deine Ergebnisse überprüfen und begründen.

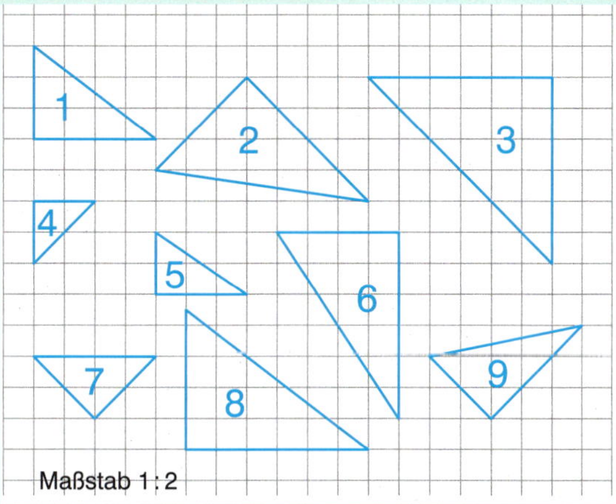

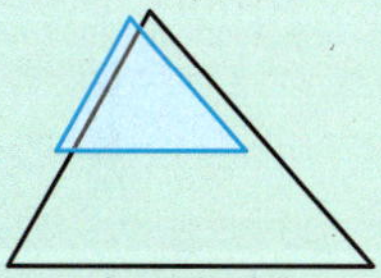

„formgleich“

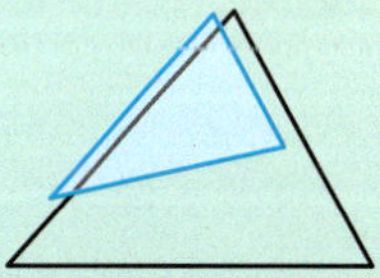

„nicht formgleich“

2 In vielen Computerprogrammen lassen sich Bilder in ihrer Größe verändern, indem man den rechteckigen Grafikrahmen aktiviert und an einem der markierten Punkte zieht. Bild A zeigt das Original. Die Bilder B, C und D sind durch Ziehen an einem Eckpunkt oder an einer Seitenmitte entstanden.
a) An welchem Punkt wurde bei den Bildern jeweils „gezogen“?
b) Warum wird nur Bild D als „echte Vergrößerung“ anerkannt? Welche Eigenschaften muss die echte Vergrößerung im Vergleich zum Original aufweisen?

Bild A (Original)

Bild B

Bild C

Bild D

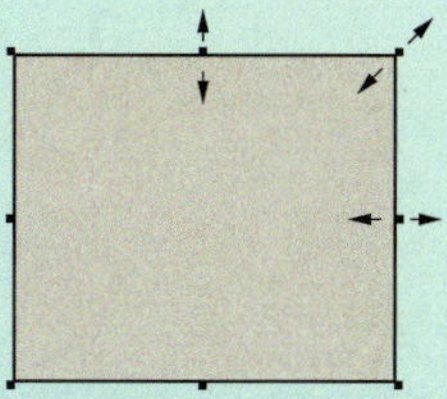

Probiere mit einem eigenen Bild am Computer aus.

Basiswissen

Aus dem anschaulichen Begriff „deckungsgleich" haben wir die mathematische Definition der kongruenten Figuren entwickelt. „Formgleiche" Figuren müssen nicht kongruent sein. Den anschaulichen Begriff „formgleich" präzisieren wir durch den mathematischen Begriff „ähnlich".

Ähnlichkeit

Zwei Figuren heißen **ähnlich,** wenn entsprechende Winkel gleich groß sind und die Längen entsprechender Strecken in gleichem Verhältnis stehen.

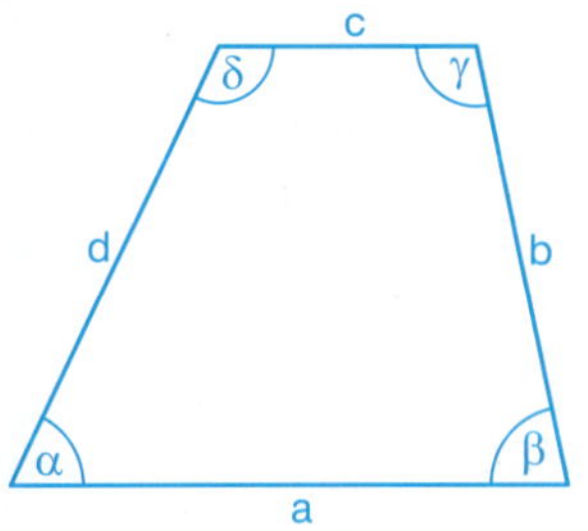

$\frac{a}{b} = \frac{a'}{b'}$ $\alpha = \alpha'$

$\frac{a}{c} = \frac{a'}{c'}$ $\beta = \beta'$

$\frac{b}{c} = \frac{b'}{c'}$ $\gamma = \gamma'$

… …

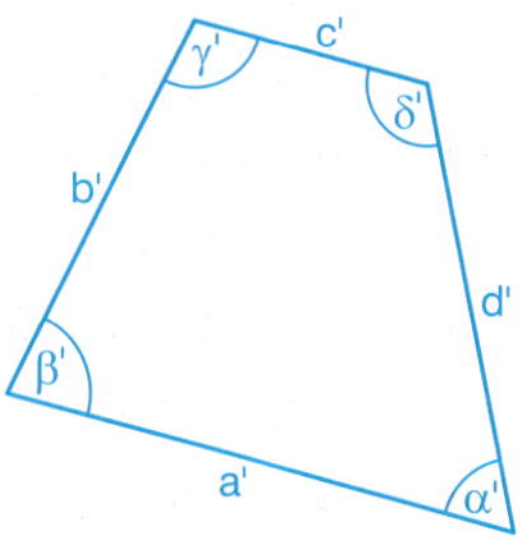

Beispiele

A Zeichne zu einem rechteckigen Grundstück mit den Seitenlängen a = 15 m und b = 24 m ein dazu ähnliches Grundstück, bei dem eine Seitenlänge 20 m ist.

Lösung: Das neue Grundstück muss auf jeden Fall wieder rechteckig sein, da entsprechende Winkel gleich groß sind. Dazu muss das Seitenverhältnis a′ : b′ = a : b = 15 : 24 sein.

Es gibt zwei Möglichkeiten:

$\frac{20}{b'} = \frac{15}{24}$

$b' = \frac{20 \cdot 24}{15} = 32$

Wenn a′ auf 20 m verlängert wird, muss wegen 20 : b′ = 15 : 24 die Seite b′ auf 32 m verlängert werden.

Wenn b′ auf 20 m verkürzt wird, muss wegen a′ : 20 = 15 : 24 die Seite a′ auf 12,5 m verkürzt werden.

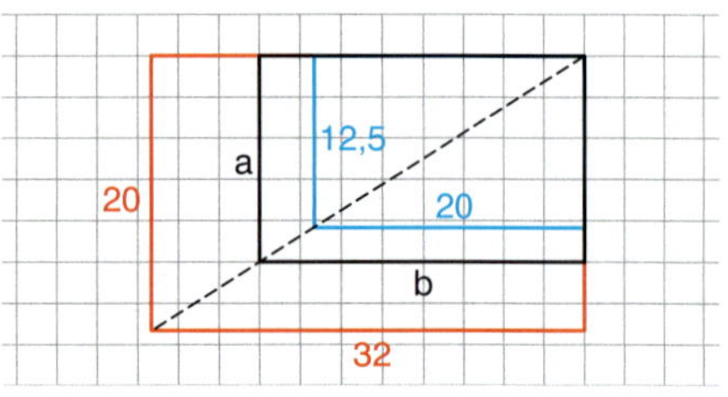

B Aus einem Rechteck mit den Seitenlängen a = 3 cm und b = 2 cm entsteht eine neue Figur, indem man …

a) … jede Seite um 1 cm verlängert,

b) … die Seite a auf 4,5 cm und b auf 3 cm verlängert,

c) … aus dem „Gelenkviereck ABCD" ein Parallelogramm mit α = 45° herstellt.

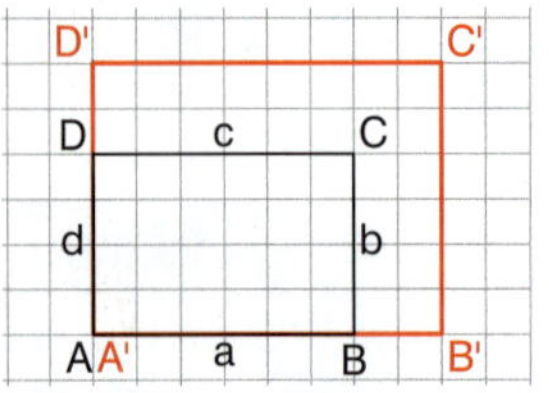

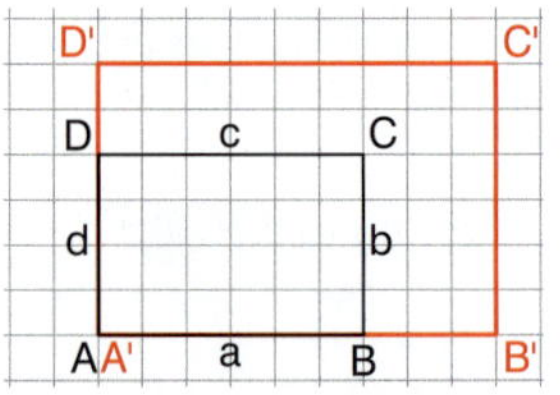

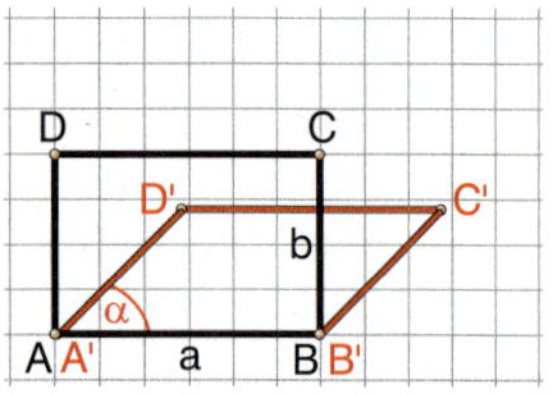

Welche der neuen Figuren sind ähnlich zum Originalrechteck?

Lösung: Nur im Fall b) entsteht eine ähnliche Figur.

a) Die entsprechenden Winkel sind gleich groß, *aber* die Seitenverhältnisse a : b = 3 : 2 und a′ : b′ = 4 : 3 stimmen nicht überein.

b) Die entsprechenden Winkel sind gleich groß *und* die Seitenverhältnisse a : b = 3 : 2 und a′ : b′ = 4,5 : 3 stimmen überein.

c) Die Seitenverhältnisse bleiben gleich, aber die Figuren haben nicht die gleichen Winkelmaße.

Übungen

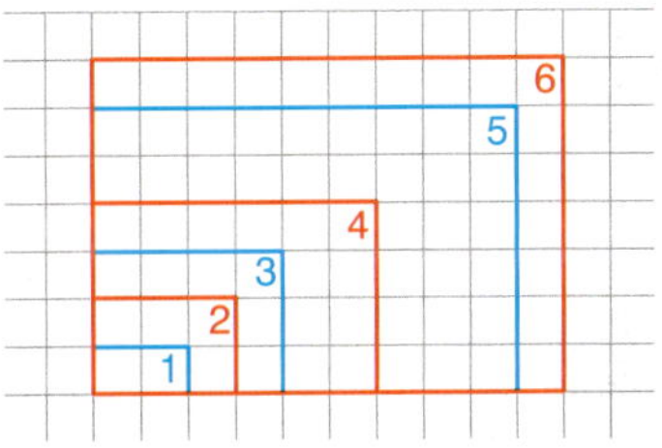

3 Welche der links stehenden Rechtecke sind ähnlich zueinander? Begründe deine Entscheidung.

4 Schätze, welche der rechts abgebildeten Figuren zueinander ähnlich sind. Übertrage die Figuren in dein Heft und kennzeichne dann jeweils die einander entsprechenden Winkel und Seiten in gleicher Farbe. Überprüfe damit deine Schätzung.

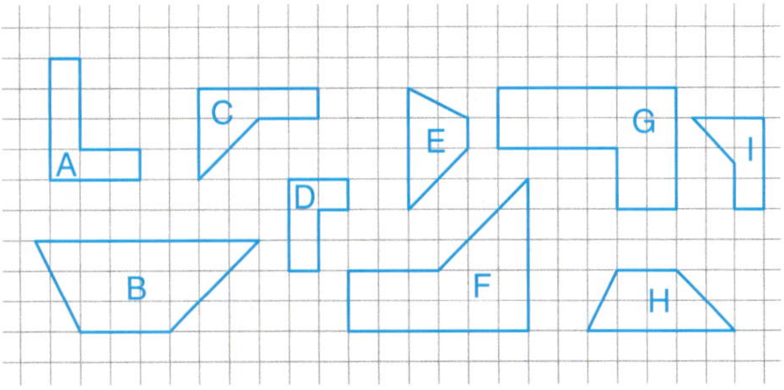

5 Die Größe von Fernsehbildschirmen und Computermonitoren wird durch die Länge der Bildschirmdiagonalen angegeben. Die Normbildschirme sind alle ähnlich zueinander, Höhe und Breite stehen im Verhältnis 3:4.

a) Prüfe durch Messungen an einem Fernsehbildschirm zu Hause nach, ob dieser in etwa der Norm entspricht.

b) Die Größe von Computermonitoren wird oft durch die Diagonalenlänge in Zoll angegeben. Im Computerlabor der Schule stehen häufig 17″-Monitore. Bestimme mit einer Zeichnung Länge und Breite eines 17″-Monitors.

1 Zoll (in Zeichen: 1″) entspricht 2,54 cm.

c) Das Format der Kinoleinwand ist im Allgemeinen nicht ähnlich zu einem Fernsehbildschirm. Bei Kinofilmbildern ist das Verhältnis Höhe : Breite = 1 : 1,37, bei Breitwandfilmen sogar 1 : 2,55. Welche Probleme ergeben sich daraus? Hast du diese schon bei der Fernsehausstrahlung von Kinofilmen bemerkt?

6 In der Tabelle sind einige der üblichen genormten Papierformate angegeben.

Format	Maße in mm	Beispiel
DIN A3	297 x 420	Poster
DIN A4	210 x 297	Druckerpapier
DIN A5	148 x 210	Karteikarte
DIN A6	105 x 148	Postkarte

a) Zeige, dass diese DIN-Formate ähnlich zueinander sind.

b) Zwei benachbarte DIN-Formate gehen durch „Halbieren" oder „Verdoppeln" auseinander hervor.
Zeige, dass das exakte Verhältnis der längeren Seite eines DIN-Rechtecks zur kürzeren Seite $\sqrt{2}:1$ ist.

c) Vervollständige die obige Tabelle durch Berechnen der Formatmaße von DIN A1 bis DIN A10. Gib auch jeweils ein Beispiel an.

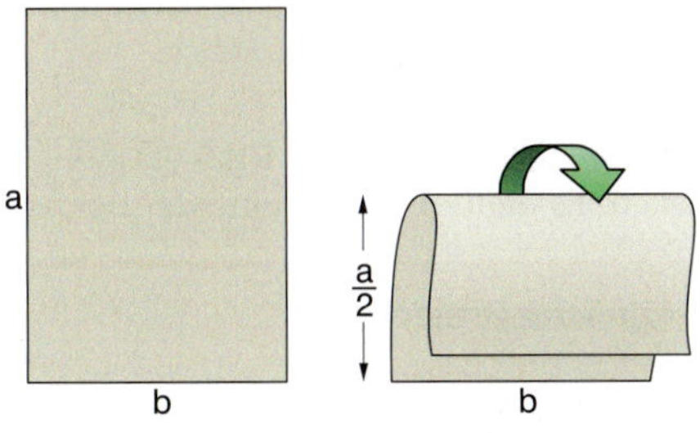

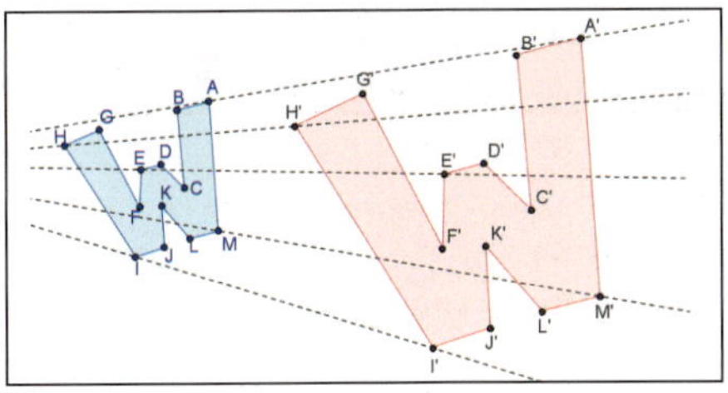

7 a) Bilde den Buchstaben W durch eine zentrische Streckung deiner Wahl ab. Sind Bild und Urbild zueinander ähnlich? Vergleicht eure Ergebnisse.

b) Begründe allgemein: Bei jeder zentrischen Streckung sind Ausgangsfigur und Bildfigur zueinander ähnlich.

zentrische Streckung und Ähnlichkeit

Schau nochmals im Kasten auf Seite 10 unter „Eigenschaften

Übungen

vgl. Aufg. 6

8 Die Bildsequenz zeigt eine Methode zur Konstruktion von DIN-Formaten.

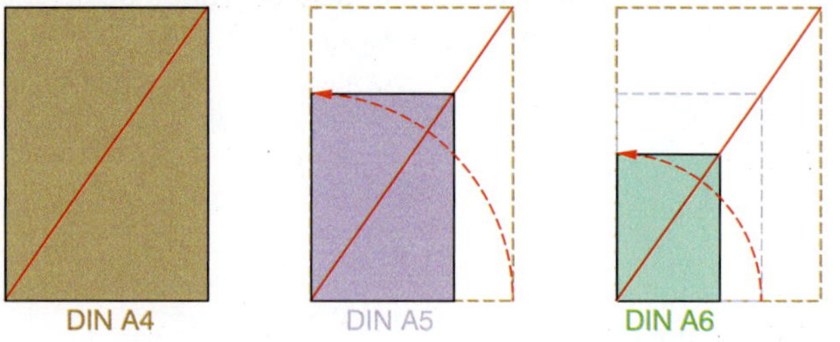

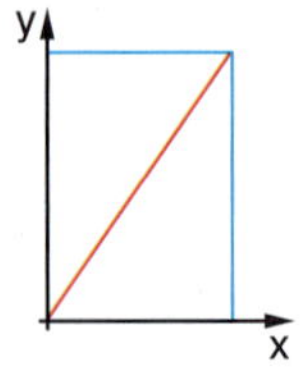

a) Führe die Konstruktionen selbst auf einem DIN-A4-Blatt aus. Beschreibe die Konstruktionsschritte. Konstruiere in einem weiteren Schritt ein DIN-A7-Rechteck.
b) Begründe, dass bei dieser Konstruktion die DIN-A5- und DIN-A6-Rechtecke durch zentrische Streckung aus dem DIN-A4-Rechteck entstehen. Bestimme das Streckzentrum und die jeweiligen Streckfaktoren.
c) Lege ein DIN-A5-Blatt in ein Koordinatensystem. Welche Steigung hat dann die Diagonale?

Satz und Umkehrung

9 a) Begründe den Satz: „Wenn zwei Vierecke ähnlich sind, dann sind die einander entsprechenden Winkel gleich groß."
b) Zeige, dass die Umkehrung des Satzes, „Wenn bei zwei Vierecken die einander entsprechenden Winkel gleich groß sind, dann sind die Vierecke ähnlich", nicht gilt.

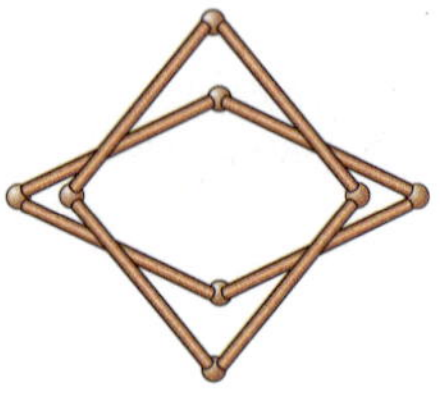

10 Bilde von dem Satz „Wenn zwei Vierecke ähnlich sind, dann stimmen sie in den Verhältnissen entsprechender Seiten überein" den Umkehrsatz.
Welcher der beiden Sätze ist wahr? Begründe.

11 a) Zeichne zwei nicht kongruente Dreiecke mit den Winkeln $\alpha = 30°$ und $\beta = 60°$. Wie groß ist jeweils der Winkel γ? Sind diese beiden Dreiecke ähnlich zueinander?
b) Gibt es Dreiecke, die in allen drei Winkeln übereinstimmen, aber nicht ähnlich zueinander sind? Kannst du deine Antwort begründen?

12 a) Schreibe den Kongruenzsatz SSS im Wortlaut auf.
b) Konstruiere drei Dreiecke D_1, D_2, D_3 mit den Seitenlängen D_1: a = 4 cm, b = 5 cm, c = 6 cm; D_2: d = 2 cm, e = 2,5 cm, f = 3 cm; D_3: g = 8 cm, h = 10 cm, i = 12 cm. Sind diese Dreiecke ähnlich zueinander? Woran könnte dies liegen?
c) Kannst du die Dreiecke D_2 und D_3 durch zentrische Streckung aus D_1 gewinnen? Zeichne und begründe.

Basiswissen

Bei Dreiecken kann man die Ähnlichkeit leichter überprüfen als bei anderen Vielecken. Es genügt bereits eine der beiden in der Definition geforderten Eigenschaften.

Ähnliche Dreiecke

Zwei Dreiecke sind bereits ähnlich, wenn sie in
– den Längenverhältnissen entsprechender Seiten *oder*
– allen drei Winkelgrößen übereinstimmen.

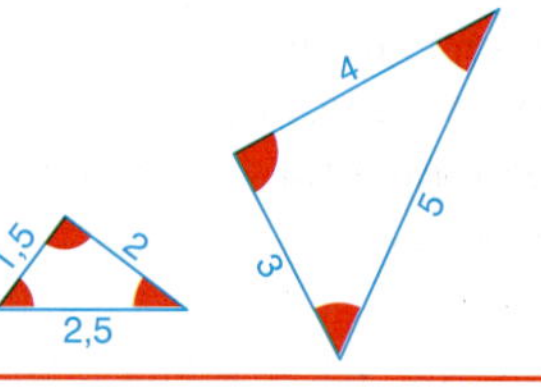

Beispiele

C Entscheide ohne zu zeichnen, ob die Dreiecke D_1 und D_2 ähnlich sind:
D_1: $a_1 = 3$ cm, $b_1 = 4$ cm, $c_1 = 5$ cm $\qquad$ D_2: $a_2 = 12$ cm, $b_2 = 16$ cm, $c_2 = 20$ cm
Lösung: Die Dreiecke 1 und 2 sind ähnlich, da die Verhältnisse entsprechender Seiten immer gleich sind: 12 : 3 = 16 : 4 = 20 : 5 = 4

Beispiele

D Eine Parallele zu $\overline{AB}$ schneidet die beiden Seiten des Dreiecks ABC in den Punkten E und F. Zeige, dass die Dreiecke ABC und EFC ähnlich sind.

1. Lösung über die Winkel

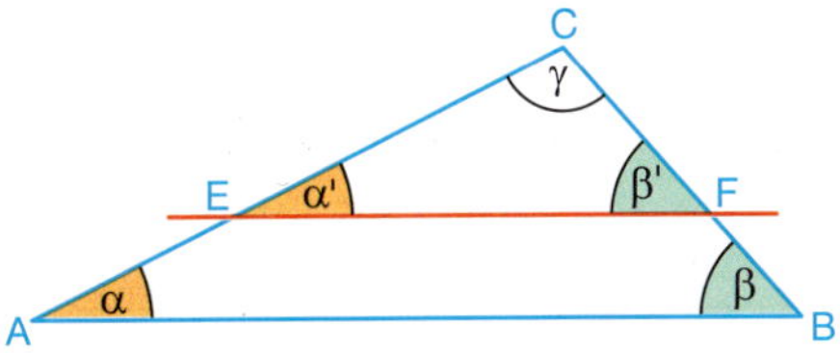

Beide Dreiecke haben den Winkel γ.
$\alpha = \alpha'$ und $\beta = \beta'$ (Stufenwinkel).
Die beiden Dreiecke stimmen in allen Winkelgrößen überein.

2. Lösung über die Seitenverhältnisse

Das Dreieck EFC geht durch zentrische Streckung (Zentrum C) aus dem Dreieck ABC hervor. Damit gilt:

$$\frac{\overline{CE}}{\overline{CF}} = \frac{k \cdot \overline{CA}}{k \cdot \overline{CB}} = \frac{\overline{CA}}{\overline{CB}};\quad \frac{\overline{CE}}{\overline{EF}} = \frac{k \cdot \overline{CA}}{k \cdot \overline{AB}} = \frac{\overline{CA}}{\overline{AB}};$$

$$\frac{\overline{CF}}{\overline{EF}} = \frac{k \cdot \overline{CB}}{k \cdot \overline{AB}} = \frac{\overline{CB}}{\overline{AB}}$$

Die Dreiecke stimmen in den Längenverhältnissen entsprechender Seiten überein.

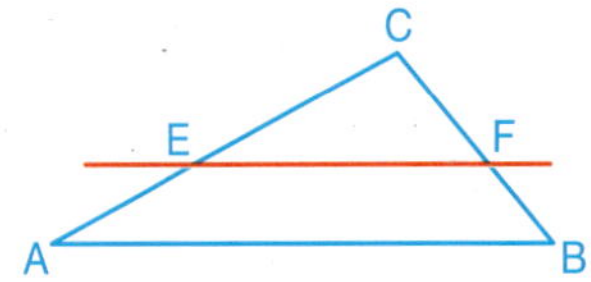

Übungen

13 Begründe jeweils aufgrund der angegebenen Größen, ob die Dreiecke ABC und A'B'C' ähnlich zueinander sind:

a) $\alpha = 45°$, $\beta = 55°$, $c = 5$ cm; $\alpha' = 45°$, $\gamma' = 80°$, $c' = 6$ cm;
b) $a = 5$ cm, $b = 3$ cm, $c = 6$ cm; $a' = 3$ cm, $b' = 1{,}8$ cm, $c' = 3{,}6$ cm;
c) $\beta = 37°$, $\gamma = 55°$, $a = 3$ cm; $\alpha' = 80°$, $\gamma' = 55°$, $a' = 5$ cm

Konstruiere in jedem Fall zwei mögliche Dreiecke und überzeuge dich von der Richtigkeit deiner Entscheidung.

14 Die Prüfung der Ähnlichkeit zweier Dreiecke lässt sich noch „sparsamer" durchführen: Es genügt, die Übereinstimmung von zwei Winkelgrößen festzustellen. Begründe.
b) Zeige anhand eines Gegenbeispiels, dass eine solche sparsame Prüfung mit nur zwei übereinstimmenden Seitenlängen nicht immer genügt.

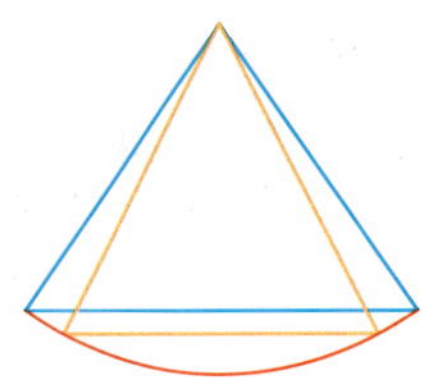

15 Zeichne in ein beliebiges Dreieck ABC das Mittendreieck $M_aM_bM_c$. Zeige, dass dieses Dreieck ähnlich ist zum Dreieck ABC.
Sind auch die vier Innendreiecke ähnlich zueinander?

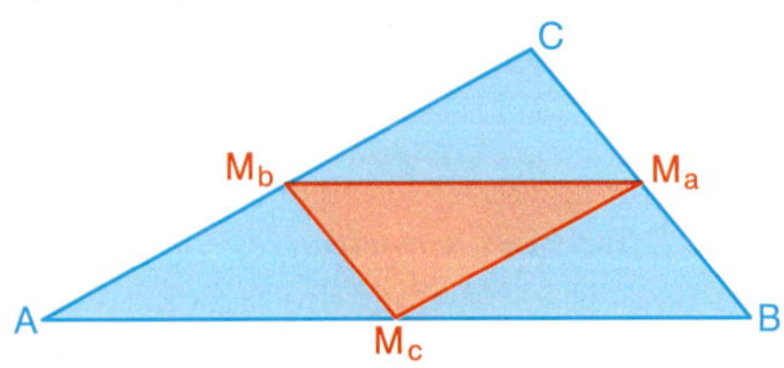

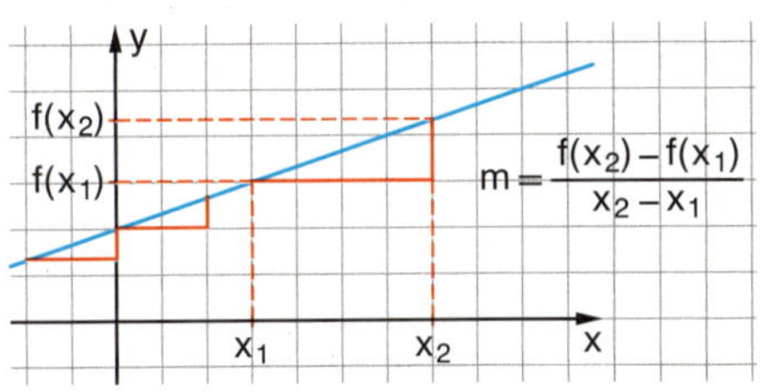

16 Die Steigung m einer linearen Funktion mit $f(x) = mx + b$ kann mithilfe der Steigungsdreiecke am Graphen bestimmt werden. Zeige, dass alle Steigungsdreiecke einer vorgegebenen Geraden ähnlich zueinander sind.

Steigungsdreiecke

17 Im US Bundesstaat South Dakota wird seit 1948 an einem Denkmal für die nordamerikanischen Ureinwohner gearbeitet. Seine Abmessungen sind gigantisch, und es soll eines Tages die größte von Menschen aus Stein gehauene Skulptur der Welt werden. Die aus dem Fels gehauene Skulptur zeigt den berühmten Häuptling „Crazy Horse". Im Vordergrund siehst du ein maßstabsgetreues Modell des fertigen Denkmals im Maßstab 1 : 34.
Der Kopf des Häuptlings ist bereits aus dem Fels gehauen und misst vom Kinn bis zur Stirn ganze 26,67 m (87,5 ft). Wie lange werden wohl der Arm des Indianers oder der Pferdekopf der fertigen Skulptur sein?
Benutze das Foto und erkläre, wie du zu deinen Lösungen gekommen bist.

Aufgaben

Entdecken und Beweisen von Ähnlichkeitssätzen am Kreis

18 Die folgende Bildsequenz wurde mit einem dynamischen Geometriesystem (DGS) erstellt. Durch einen Punkt S im Innern des Kreises (r = 4,25 cm) sind zwei Sehnen $\overline{AA'}$ und $\overline{BB'}$ konstruiert. Durch Ziehen an den Punkten A oder B können die Sehnen durch S variiert werden, jedes Mal misst das System die Länge der angegebenen Teilstrecken.

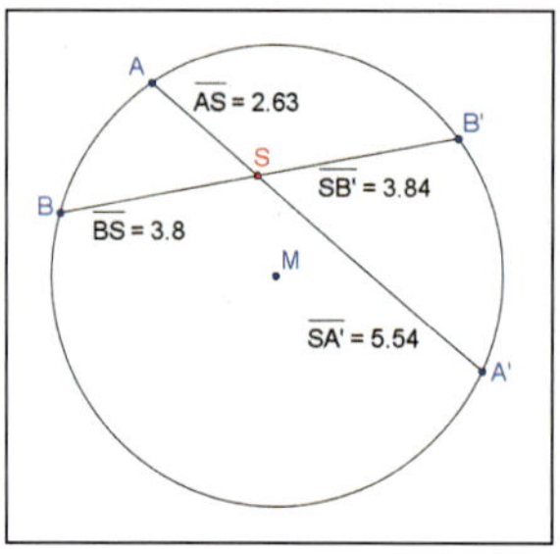

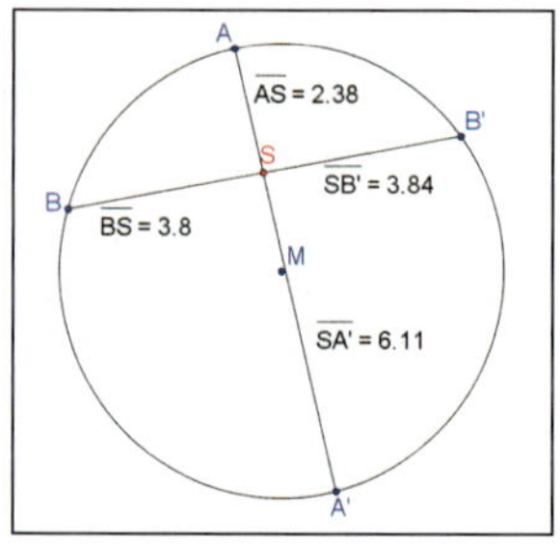

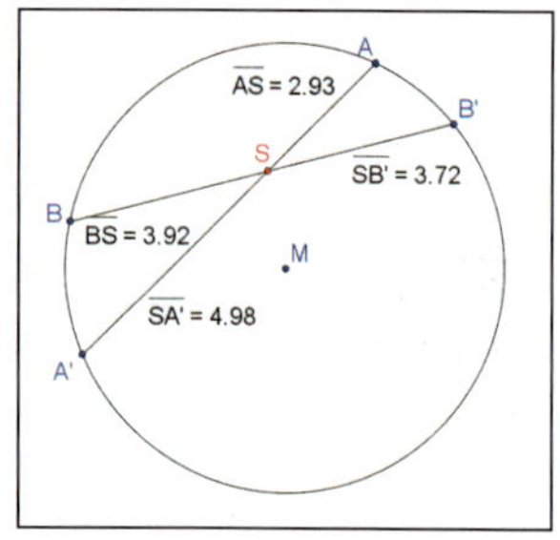

Wenn du kein DGS zur Verfügung hast, kannst du auch auf dem Papier zeichnen und messen.

a) Bilde bei den einzelnen Bildern jeweils das Produkt der Längen der Sehnenabschnitte. Vermutest du einen Zusammenhang, der in allen drei Fällen zutrifft?

b) Formuliere deine Vermutung. Überprüfe sie an weiteren Variationen. Probiere es auch mit einem anderen Punkt S im Innern des Kreises. Gilt deine Vermutung auch dann noch?

Sehnensatz

c) Wenn deine Vermutung bei allen Prüfungen bestätigt wird, so hast du bestimmt den Sehnensatz entdeckt. Kannst du ihn durch Ausfüllen der Lücken formulieren?
„Schneiden sich zwei Sehnen in einem Punkt S im Kreisinnern, so gilt:
________ der Längen der Sehnenabschnitte der einen Sehne ist gleich _______ der Längen der Sehnenabschnitte der anderen Sehne.“

Zur Erinnerung

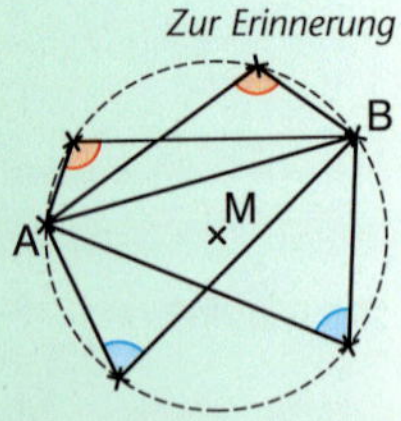

Die zu einer Kreissehne gehörigen Umfangswinkel auf derselben Seite der Sehne sind gleich groß.

19 *Beweis des Sehnensatzes*
Ein Beweis kann über die Streckenverhältnisse bei ähnlichen Dreiecken geführt werden. Das nebenstehende Diagramm zeigt die Beweisstruktur. Die Sehnenabschnitte werden dabei als Seiten ähnlicher Dreiecke dargestellt. Versuche mithilfe des Diagramms den Beweis ausführlich aufzuschreiben.

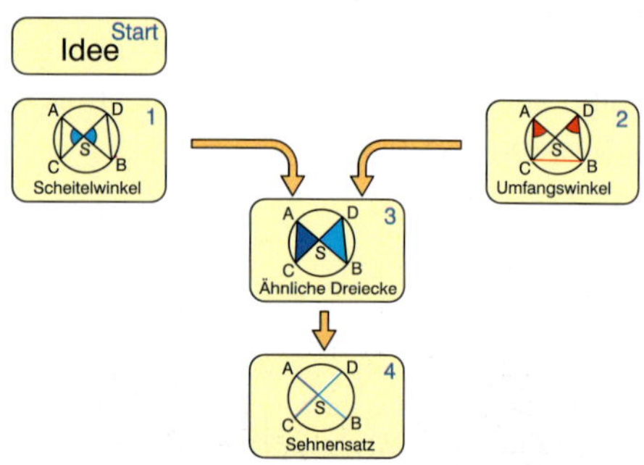

Der Sekantensatz

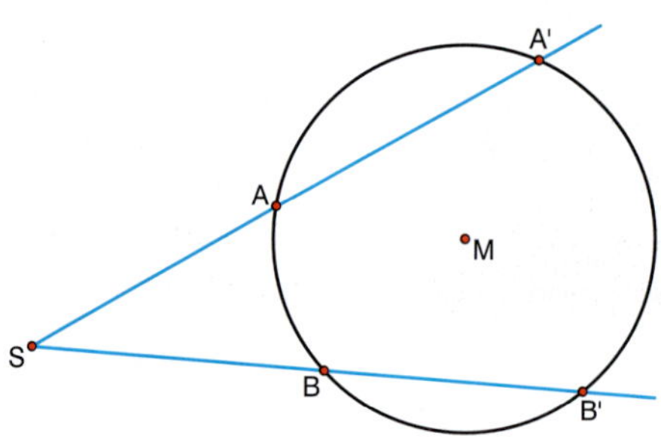

20 Von einem Punkt S außerhalb eines Kreises werden zwei Sekanten gezeichnet.

a) Zeichne ein solches Beispiel. Miss die Längen der jeweiligen Teilstrecken der zwei Sekanten und bilde die Produkte $\overline{SA} \cdot \overline{SA'}$ und $\overline{SB} \cdot \overline{SB'}$.
Vergleiche mit den Ergebnissen der Nachbarn. Was stellst du fest?

b) Formuliere als Satz: „Schneiden sich zwei Sekanten außerhalb des Kreises in einem Punkt S, so gilt: ______________________.“

c) Schau in einer Formelsammlung nach, was dort unter „Sekantensatz“ steht. Vergleiche mit deiner Formulierung in b).

Für Mutige, die sich an den Beweis trauen:

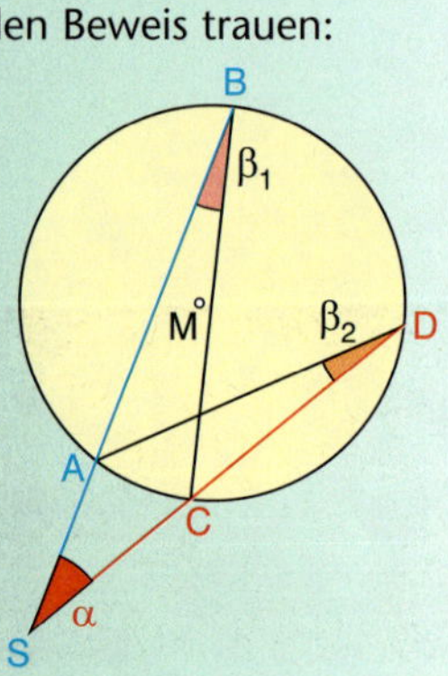

Aufgaben

21 Was passiert beim Sekantensatz, wenn eine Sekante zur Tangente entartet?
In diesem Falle „schrumpft“ die Sehne $\overline{AA'}$ zu einem Punkt (P) zusammen.
a) Zeige durch Anwenden des Sekantensatzes, dass in diesem Spezialfall gilt:

$$\overline{SP}^2 = \overline{SA} \cdot \overline{SA'}.$$

Man spricht dann vom Sekanten-Tangentensatz.
b) Formuliere den Satz mit Voraussetzung und Behauptung.

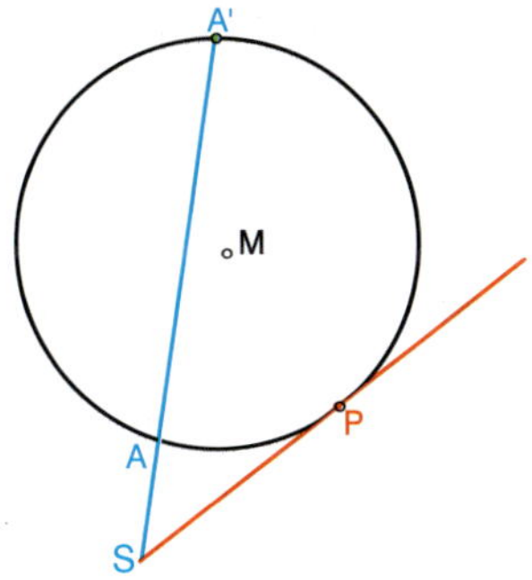

Der Sekanten-Tangentensatz

22 Die Ähnlichkeitssätze am Kreis werden oft auch als Flächensätze am Kreis bezeichnet. Kannst du dies anhand der Bilder erklären? Formuliere die Sätze mithilfe von Flächeninhalten.

Der Sehnensatz

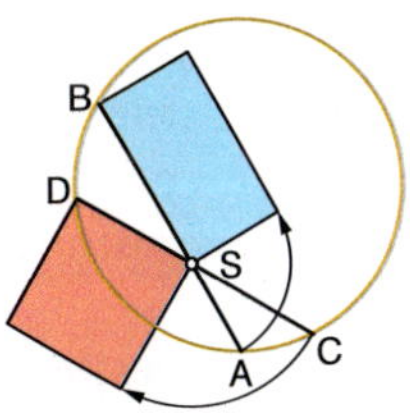

$\overline{SA} \cdot \overline{SB} = \overline{SC} \cdot \overline{SD}$

Der Sekantensatz

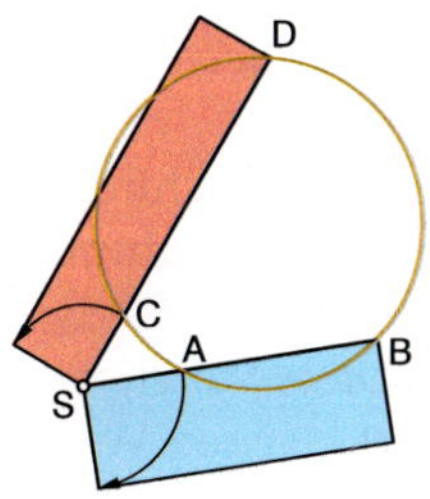

$\overline{SA} \cdot \overline{SB} = \overline{SC} \cdot \overline{SD}$

Der Sekanten- Tangentensatz

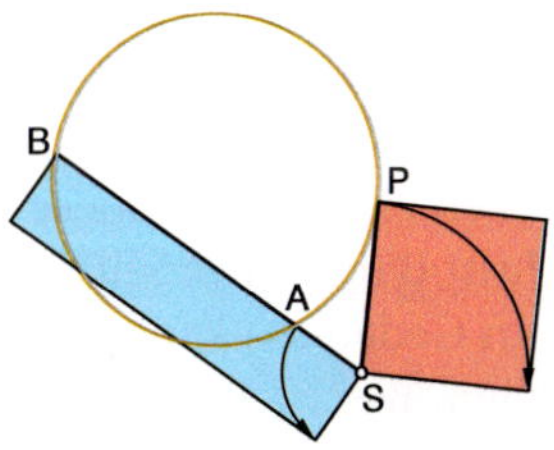

$\overline{SA} \cdot \overline{SB} = \overline{SP}^2$

23 Bestimme jeweils die Radien der Kreise.

a)

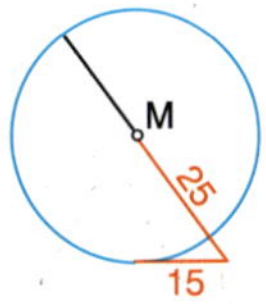

b)

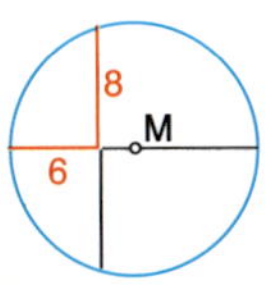

24 Bestimme jeweils die Längen x und y.

a)

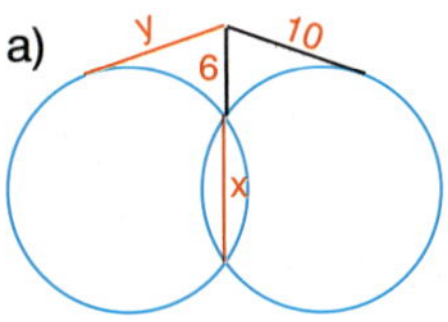

b)

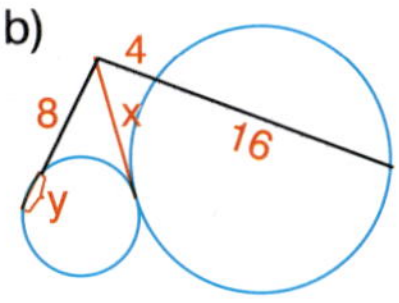

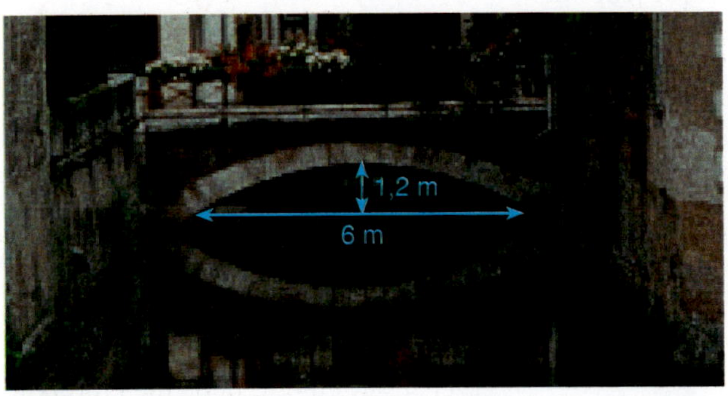

25 Der Bogen der Fußgängerbrücke ist ein Kreisbogen.
a) Berechne aus den gegebenen Daten den Radius des Kreises.
b) Zeichne dann einen maßstäblichen Bauplan für die Brücke.

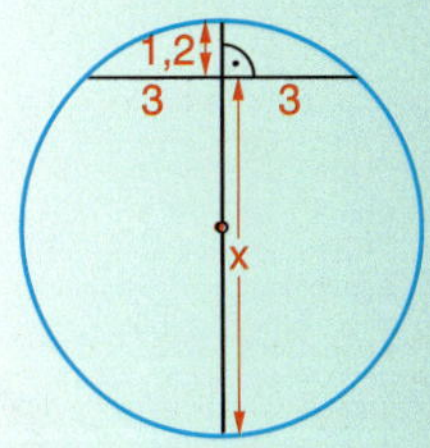

26 Ein Wettersatellit fliegt auf einer Umlaufbahn in 36000 km Höhe um die Erde und funkt seine Daten zur Erde. Wie lang ist die längste Funkstrecke t? (Erdradius: 6370 km)

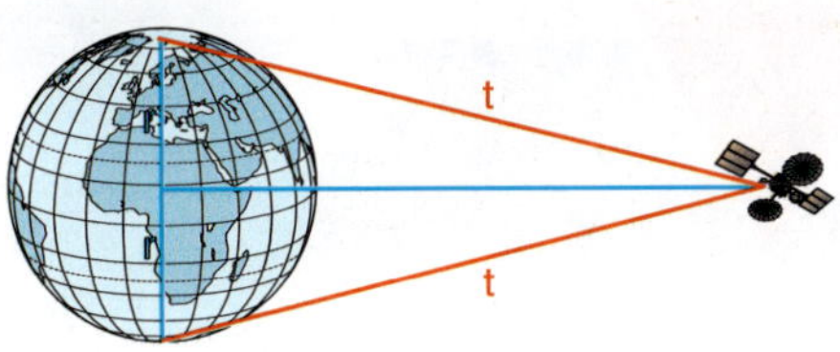

Iteration: (lat. iterare: wiederholt dasselbe tun)

Geometrische Figuren schrittweise erzeugen – „Fraktale“

Auf den folgenden zwei Seiten wirst du einige merkwürdige geometrische Figuren erzeugen. Aus einer Startfigur wird mithilfe einer bestimmten Konstruktionsvorschrift schrittweise in mehreren Stufen eine zunehmend komplizierte Figur aufgebaut („geometrische Iteration“).

Aufgaben

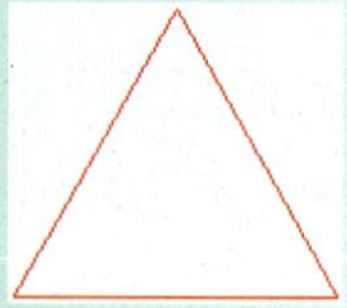

Stufe 0

Stufe 1

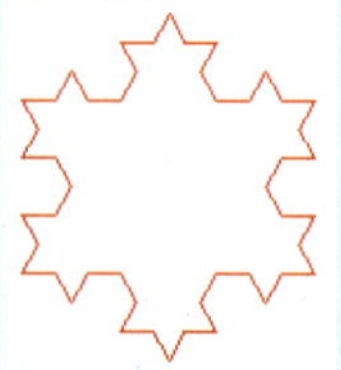

Stufe 2

27 *Die Koch-Schneeflocke*

Bereits 1904 „erfand“ der Mathematiker Helge von Koch eine seltsame Kurve, die er durch wiederholtes Anwenden einer einfachen Konstruktion erzeugte: Starte mit einem gleichseitigen Dreieck (Stufe 0).

Konstruktion
- Teile jede Seite in drei gleich lange Strecken.
- Zeichne auf der mittleren Strecke ein gleichseitiges Dreieck.
- Entferne die Grundseite des kleineren Dreiecks.

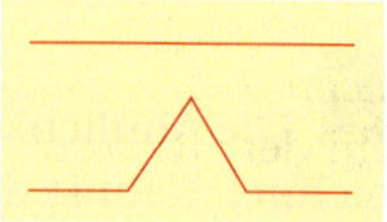

Es entsteht eine „Flocke“ mit 12 gleich langen Seiten (Stufe 1). Auf jede Seite der Stufe 1 wird nun wieder die Konstruktion angewendet, es entsteht eine Schneeflocke der Stufe 2 usw.

a) Zeichne auf isometrischem Papier (siehe Buchinnendeckel) eine Schneeflocke der Stufe 3 und 4. Beginne im Schritt 0 mit einer Seitenlänge von 27 Einheiten.

b) In Gedanken kannst du dir viele weitere Stufen vorstellen. Beschreibe die Entwicklung mit eigenen Worten.

c) Wie entwickeln sich nach deiner Schätzung Umfang und Flächeninhalt der Schneeflocke?

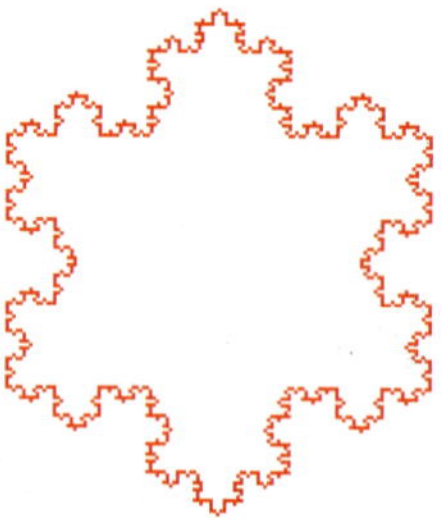

Stufe 5 (vergrößert)

28 *Das Sierpinski-Dreieck*

a) Zeichne ein gleichseitiges Dreieck (Stufe 0).
Konstruktion: Verbinde die Mittelpunkte der Dreieckseiten; es entstehen vier kleine gleichseitige Dreiecke.
„Entferne“ das mittlere kleine Dreieck; es bleiben drei kleinere ähnliche Dreiecke.
Wiederhole die Konstruktion für jedes der verbleibenden kleinen Dreiecke.

Sabrina hat dieses Sierpinski-Dreieck auf DIN-A3-Karton in vier Stunden gezeichnet und bunt eingefärbt. Welche Stufe hat sie erreicht?

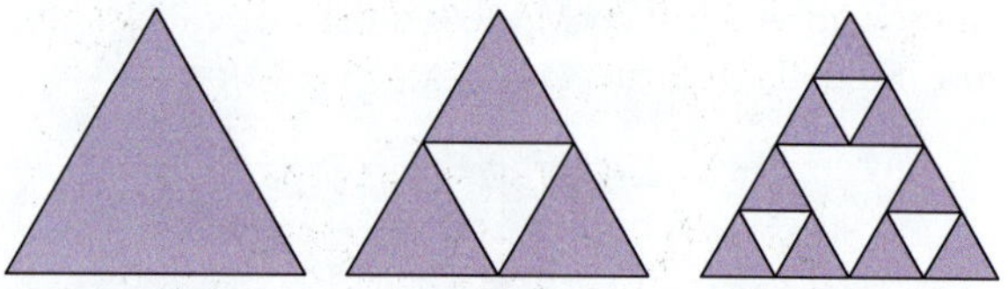

Stufe 0 Stufe 1 Stufe 2

b) Wie verändert sich die Anzahl der Dreiecke von Stufe zu Stufe?

Stufe	0	1	2	3	4	5	6	n
Anzahl	1	3	■	■	81	■	■	■

Kannst du zu der Tabelle eine Iterationsvorschrift angeben?

c) Wie entwickelt sich der Flächeninhalt des Sierpinski-Dreieckes von Stufe zu Stufe?

Fraktale Geometrie

Die fraktale Geometrie ist ein sehr junger Zweig der Mathematik. Zwar wurden die klassischen Fraktale schon zu Beginn des 20. Jahrhunderts untersucht. Der polnische Mathematiker WACLAW SIERPINSKI (1882–1969) stellte sein „gelöchertes Dreieck" im Jahre 1916 vor, der schwedische Mathematiker HELGE VON KOCH „erfand" die nach ihm benannte Kurve bereits im Jahre 1904.

Die stürmische Entwicklung der Fraktale begann aber erst Ende der 70er Jahre unter verstärktem Einsatz des Computers. Damit konnten die fortgesetzten Iterationen auch grafisch schnell ausgeführt und damit in großem Umfang experimentell untersucht werden. Viele Phänomene der lebendigen Natur lassen sich so besser beschreiben als mit den Elementen der klassischen Geometrie. In der Öffentlichkeit wurde dies vor allem unter dem Schlagwort „Chaos" bekannt, die Fraktale stellen in gewissem Sinne die Geometrie des Chaos dar. Heute kannst du im Internet viele Programme zum Experimentieren herunterladen (Suchbegriff „Fraktale" oder „Chaos").

„Selbstähnlichkeit" eines Farns mit einem Teil

1977 erschien das berühmte Buch von Benoît B. Mandelbrot.

Projekt

Eigenbau einer Sierpinski-Pyramide

Die Sierpinski-Pyramide ist die „räumliche Verwandte" des Sierpinski-Dreiecks. Sie wird aus vielen kleinen Tetraedern zusammengebaut, das Muster ist aus dem Bild (Stufe 2) erkennbar.

Stufe 0

Stufe 1

Stufe 2

Planung

Ziel

Das Ziel ist ein Modell der Sierpinski-Pyramide der Stufe 4 oder höher.

Die Bauphase

Zunächst ist zu klären: Wie viele Tetraeder müssen wir bauen?
Hier ist Teamarbeit angeraten. Jede Gruppe baut zunächst ein Modell der Stufe 2, diese werden dann zu Modellen der Stufe 3 zusammengefügt und diese schließlich zum Modell der Stufe 4.

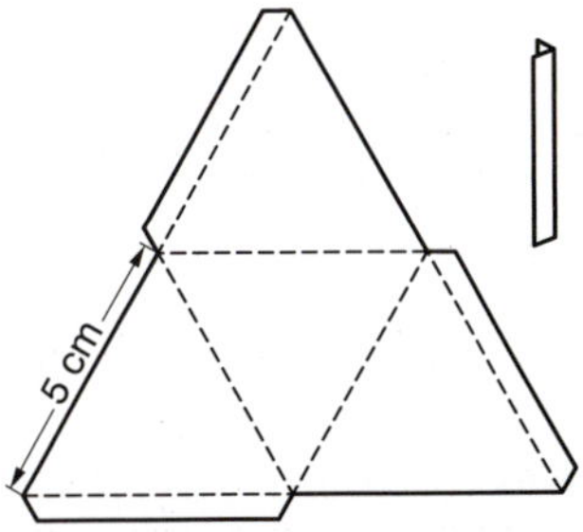

Damit die Pyramide stabil genug ist, wird das Netz des Tetraeders auf Fotokarton kopiert, ausgeschnitten und zum Tetraeder zusammengeklebt. Mit schmalen gefalzten Streifen werden die einzelnen Tetraeder miteinander verbunden.

Ein Computerbild aus dem Internet

1.4 Verkleinern und Vergrößern – Flächen und Volumina

Was dich erwartet

Ein Künstler belegt die Oberfläche einer Skulptur mit Blattgold. Wenn er das Gleiche mit einer im Maßstab 2 : 1 vergrößerten Figur tut, wie viel mehr Goldauflage braucht er dann? Ein erwachsener Mensch ist ungefähr doppelt so groß wie ein Kind von drei Jahren. Ist er gleich proportioniert wie das Kind und damit ähnlich im geometrischen Sinn? 5 000 Mäuse wiegen so viel wie ein Mensch, ihr täglicher Nahrungsverbrauch ist aber etwa 17-mal so groß wie der eines Menschen. All dies hat etwas mit den Verhältnissen von Längen, Flächen und Volumina bei ähnlichen Figuren zu tun.

Aufgaben

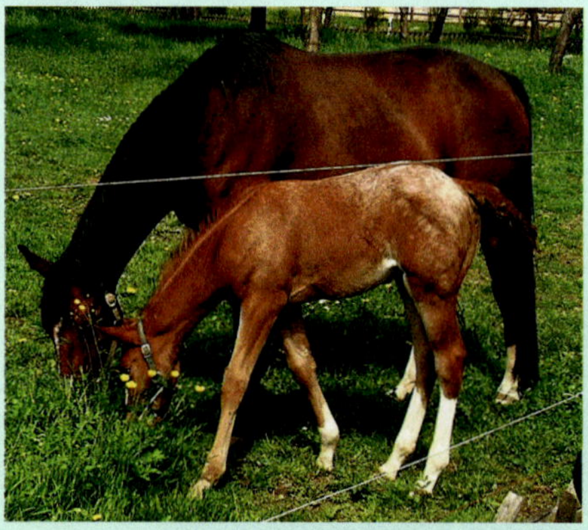

1 Auf dem Foto ist eine Stute mit ihrem zwei Wochen alten Fohlen zu sehen. Kann man sagen, dass die Stute ein maßstäblich vergrößertes („ähnliches") Fohlen ist?
Bestimme dazu ungefähr einige Größenverhältnisse, z. B. der Beinlängen, der Widerristhöhen, der Kopfgrößen u. Ä. Auf dem Bild kannst du grobe Messwerte bestimmen. Warum brauchst du keine Angabe über den Maßstab?

2 Was hältst du von diesen Angeboten?
Ist der Preis für das große Bild gegenüber dem kleineren gerechtfertigt?
Schreibe deine Argumente auf.

Sonderangebot der Woche
Großfoto vom Negativ 24 x 36 mm
20 x 30 cm 1,99 €
40 x 60 cm 7,99 €

3 Die Orientierungsstufe einer Gesamtschule wächst von 150 Schülern auf 295 Schüler. Der Elternbeirat fordert, dass der bisher gerade passende Schulhof von 25 m · 30 m auf 50 m · 60 m vergrößert wird. Was würdest du dem Elternbeirat sagen, wenn er nach deiner Meinung fragt, ob die neue Fläche ausreichend ist?

Der Container der Zugmaschine hat im Modell die Maße: Länge 5,4 cm, Breite 2,9 cm, Höhe 2,8 cm

4 Das Modell eines Posttransporters ist im Maßstab 1 : 87 gebaut.
a) Bestimme Länge, Breite und Höhe eines Ladecontainers im Original.
b) Schätze, wievielmal größer das Volumen des Originals gegenüber dem Volumen des Modells ist. Rechne nach.
c) Wie groß schätzt du das Verhältnis der Oberfläche eines Containers im Original zu der im Modell?

Basiswissen

Bei der ähnlichen Vergrößerung von Körpern ändern sich die Längen, Flächen und Volumina mit unterschiedlichen Faktoren.

Längenvergrößerung um den Faktor k

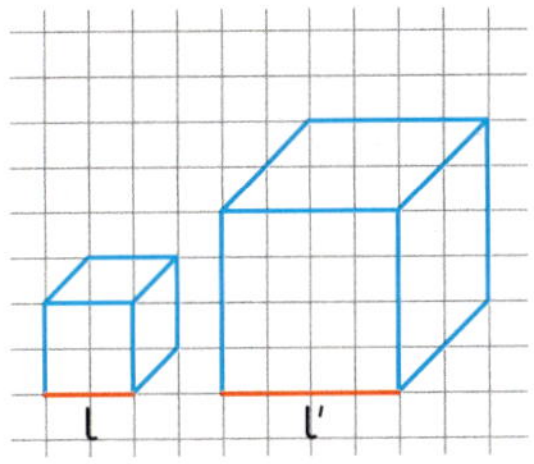

$\frac{l'}{l} = 2 = k$

Flächenvergrößerung um den Faktor k^2

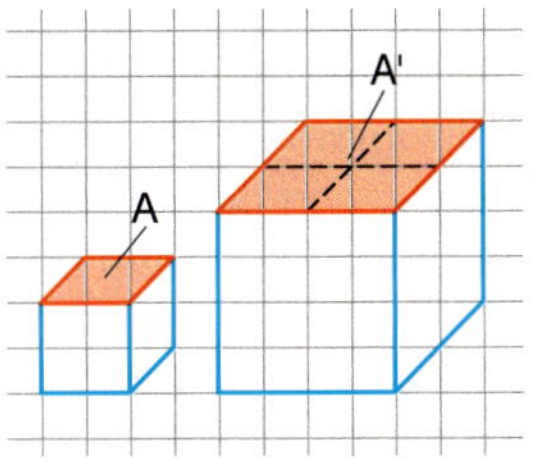

$\frac{A'}{A} = 4 = k^2$

Volumenvergrößerung um den Faktor k^3

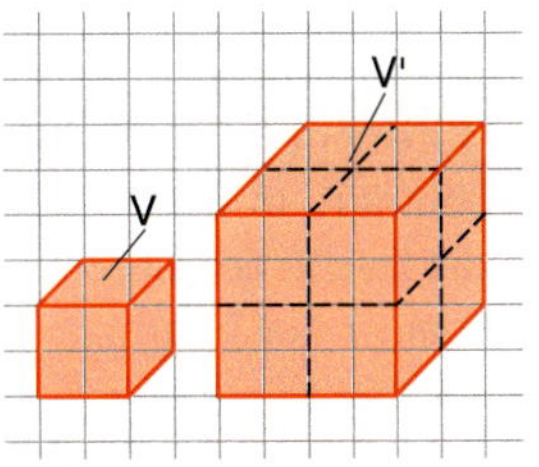

$\frac{V'}{V} = 8 = k^3$

Beispiele

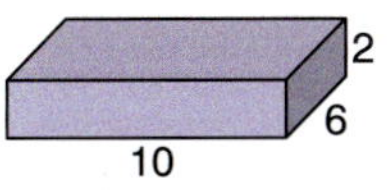

A Ein Quader soll maßstäblich vergrößert werden, sodass er den 9fachen Oberflächeninhalt hat. Berechne Länge, Breite und Höhe und das Volumen des vergrößerten Quaders.

Es gilt $\frac{O'}{O} = 9 = k^2$, also k = 3. Damit hat der vergrößerte Quader die Maße 30 cm x 18 cm x 6 cm. Das Volumen beträgt 3 240 cm^3, das ist das 27fache des Volumens des kleinen Quaders.

B Das Dreieck PQR wird mit einer zentrischen Streckung (k = 3) auf das Dreieck P'Q'R' abgebildet.
Begründe mithilfe der Flächenformel für das Dreieck: Der Flächeninhalt des Bilddreiecks ist neunmal so groß wie der des Originals.

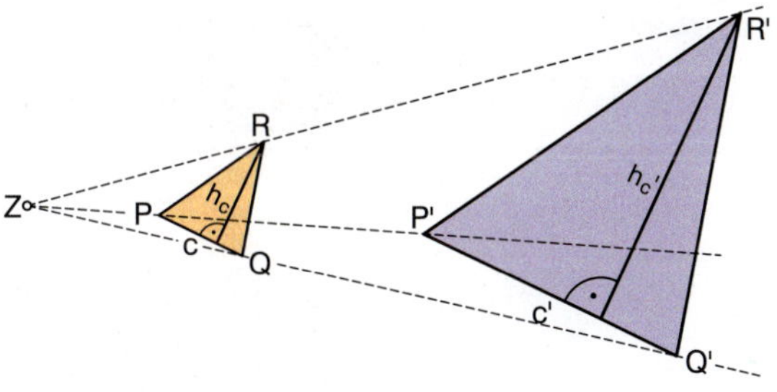

Es gilt: $A' = \frac{1}{2}c' \cdot h_{c'} = \frac{1}{2} \cdot (3c) \cdot (3h_c) = 9 \cdot \left(\frac{1}{2} \cdot c \cdot h_c\right) = 9 \cdot A$

C Eine Stahlkugel mit dem Durchmesser d = 1 cm wiegt etwa 5 g. Wie viele kleine Stahlkugeln mit d = 0,2 cm halten die Waage im Gleichgewicht?

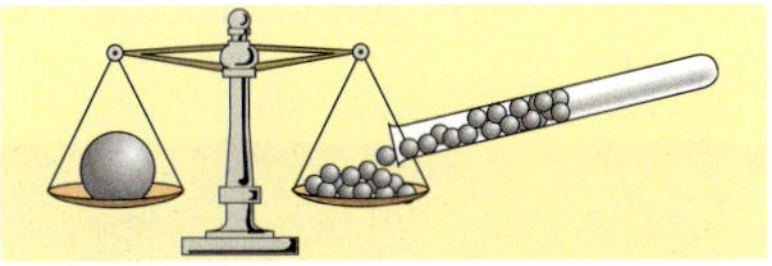

Die kleine Stahlkugel ist eine ähnliche Verkleinerung der großen Kugel mit dem Faktor $k = \frac{0{,}2}{1} = \frac{1}{5}$. Das Volumen der kleinen Kugel wird um den Faktor $\left(\frac{1}{5}\right)^3 = \frac{1}{125}$ kleiner, entsprechend auch das Gewicht. Man braucht also 125 kleine Kugeln.

Übungen

5 Die unten angegebenen Figuren werden durch eine zentrische Streckung mit dem Streckfaktor k abgebildet. Berechne jeweils die Flächeninhalte A und A' von Original- und Bildfigur.

a) Dreieck: a = 3 cm, h_a = 2,5 cm, k = 2,5
b) Trapez: a = 4 cm, c = 6 cm, h = 3 cm, k = –2
c) Parallelogramm: a = 8 cm, h_a = 6,4 cm, $k = \frac{3}{4}$
d) Drachen: e = 6 cm, f = 4 cm, k = –3

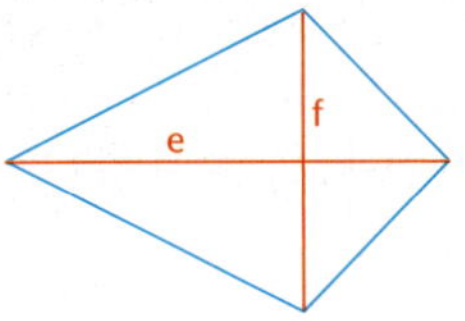

Übungen

6 *Pizzapreise*
Eine Salamipizza mit 20 cm Durchmesser kostet 5,50 €. Was ist deiner Meinung nach ein fairer Preis für eine Salamipizza mit 30 cm Durchmesser? Begründe deine Meinung.

7 Zeichne zwei ähnliche Parallelogramme, bei denen das Verhältnis der Umfänge 3:4 beträgt. In welchem Verhältnis stehen die Höhen zueinander, in welchem Verhältnis die Flächeninhalte? Vergleiche deine Zeichnung und deine Berechnungen mit denen deiner Nachbarn.

8 Du siehst hier das Modell eines Segelschiffs, das im Maßstab 1:100 gebaut ist.

Das Modell hat eine Mastenhöhe von 15 cm, eine Segelfläche von ca. 120 cm^2 und einen Innenraum von ca. 150 cm^3. Bestimme die entsprechenden Größen für das Originalschiff.

9 Die Taschenlampe wiegt 300 g. Wie schwer ist das kleine Modell der Taschenlampe, wenn es aus dem gleichen Material hergestellt ist?
Begründe deine Schätzung.

10 Die Grundflächen zweier Prismen sind ähnliche Dreiecke, deren Flächeninhalte im Verhältnis 9:4 stehen. Das größere Prisma hat eine Höhe von 18 cm, das kleinere von 12 cm.
Sind die beiden Prismen ähnlich? In welchem Verhältnis stehen die Volumina?

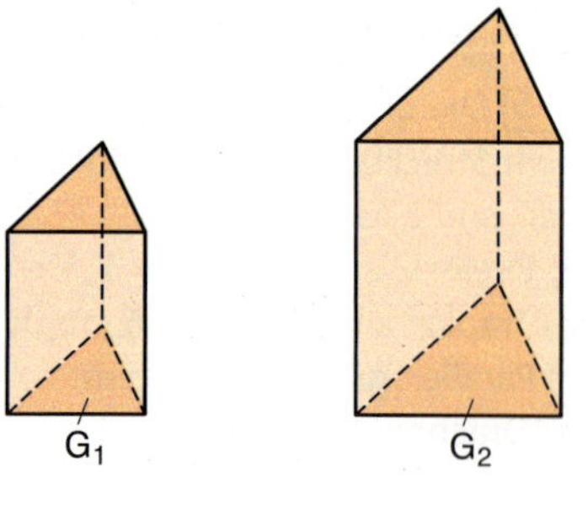

Übungen

11 a) Wie viele der kleinen Kartons braucht man, wenn man das gleiche Packvolumen wie bei dem großen erreichen will?
b) Vergleiche jeweils die benötigte Menge an Pappmaterial.

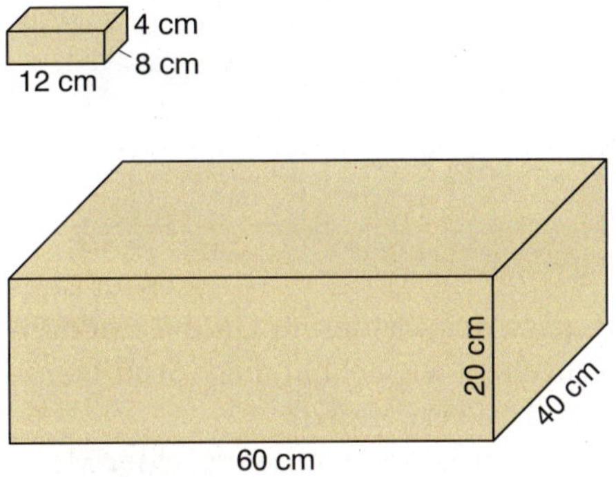

12 a) Bestimme die Länge der Querschnittsseite a' und den Inhalt der Querschnittsfläche A' auf halber Höhe der Pyramide.
b) Auf welcher Höhe ist die Querschnittsfläche halb so groß wie die Grundfläche?

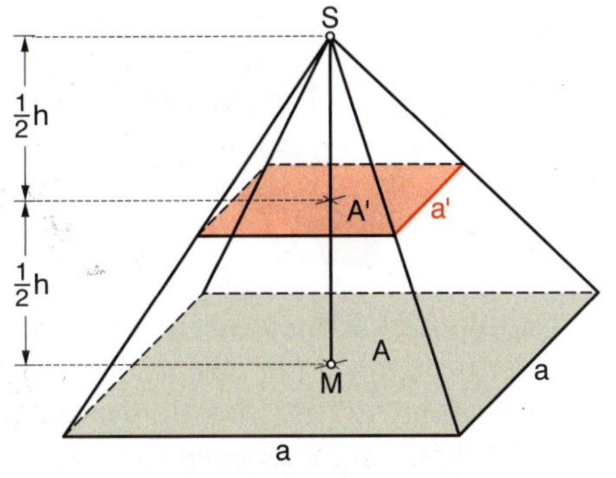

13 Was schmilzt schneller in der Sonne: Ein würfelförmiger Eisblock von 1 kg oder 40 kleine Eiswürfel von jeweils 25 g? Begründe deine Antwort. Hat diese Aufgabe etwas mit dem Thema dieses Lernabschnitts zu tun?

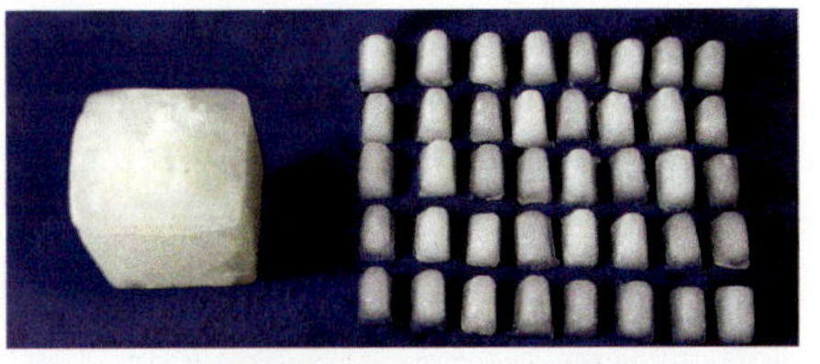

14 Statistische Daten werden oft in Grafiken veranschaulicht. Vermitteln die folgenden grafischen Darstellungen einen richtigen Eindruck der jeweiligen Statistik oder nicht? Begründe deine Meinung.

a) Der Anteil der Ärzte mit einer Praxis für Allgemeinmedizin ist von 1964 bis 1990 von 27 % auf 12 % zurückgegangen.

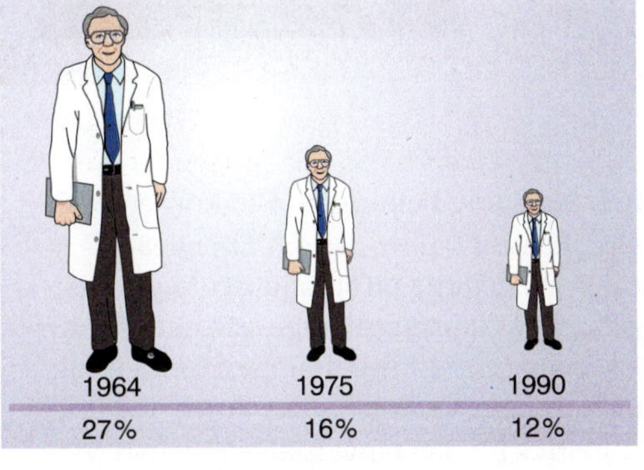

b) La Spezia hat im letzten Jahr doppelt so viel Eis wie Italia und dreimal so viel wie Adria verkauft.

15 Zeichne neun Kopien der links abgebildeten Figur auf Pappe und schneide sie aus.
a) Kannst du vier der Figuren zu einer größeren (ähnlichen) Figur zusammenfügen?
b) Kannst du auch alle neun Figuren so zusammenfügen, dass eine ähnliche größere Figur entsteht?

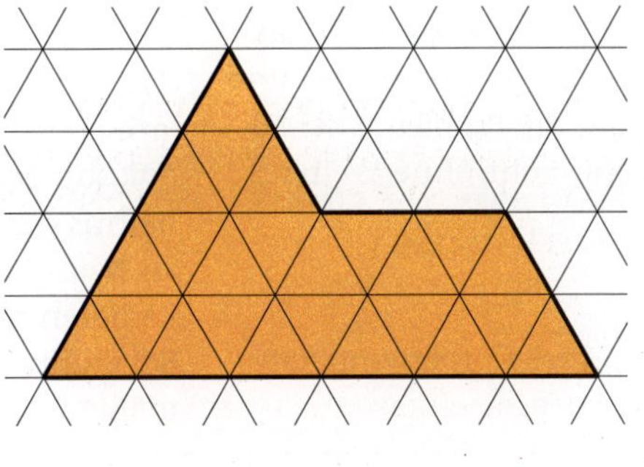

Denke an das Flächenverhältnis ähnlicher Figuren

Aufgaben

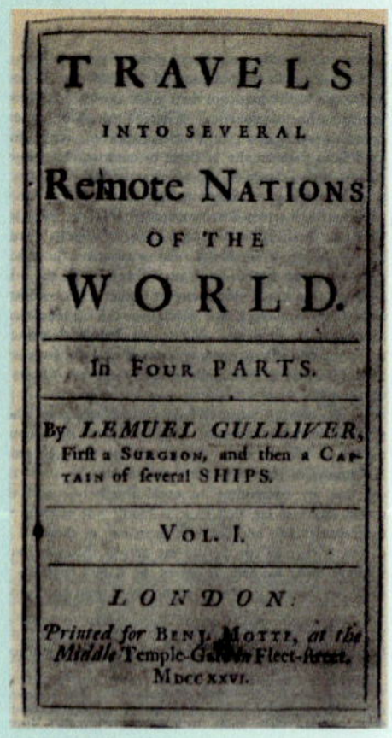
TRAVELS INTO SEVERAL Remote NATIONS OF THE WORLD. In FOUR PARTS. By LEMUEL GULLIVER, First a SURGEON, and then a CAPTAIN of several SHIPS. VOL. I. LONDON: Printed for BENJ. MOTTE, at the Middle Temple-Gate in Fleet-street. MDCCXXVI.

Titelseite der 1. Ausgabe von Gullivers Reisen

16 c) Lies den Exkurs.

16 Gulliver trifft in JONATHAN SWIFTS Satire *Gullivers Reisen* im Königreich Lilliput auf Lebewesen, die dem Menschen an Gestalt und Aussehen völlig ähnlich sind, die aber nur ein Zwölftel der Länge eines normalen Menschen erreichen.
a) Berechne die mittlere Länge und das Durchschnittsgewicht eines Lilliputaners.

b) Dreihundert Schneider wurden beauftragt, passende Kleider für Gulliver zu nähen. Wenn sie mit ihren eigenen Kleidern vergleichen, wievielmal mehr Stoff benötigen sie dann? Ist es sinnvoll, den gleichen Stoff zu verwenden?
c) Die Lilliputaner überlegen sich, wie sie Gulliver ernähren können: „Seiner Majestät Mathematiker hatten die Höhe meines Körpers aufgenommen, und da sie fanden, dass er die ihrigen im Verhältnis 12:1 überträfe, so hätten sie ... geschlossen, dass mein Körper das 1728-fache ihrer eigenen Nahrungsmengen verlangen würde.“ Wie kommen sie auf die Zahl 1728? Ist ihre Überlegung zutreffend?

Sind Riesen lebensfähig?

Schon die bloße Beobachtung zeigt, dass die Lebewesen verschiedener Größen von ganz unterschiedlicher Gestalt sind. Ein Fohlen weist ganz andere Proportionen auf als ein ausgewachsenes Pferd. Wenn man einen Hund auf Elefantengröße „zoomt“, so gleicht er keinesfalls in der Gestalt einem Dickhäuter. Solche maßstäblichen Vergrößerungen kommen nur in Märchen und Science-Fiction-Filmen vor. In Wirklichkeit wären Riesen und Zwerge oder Monsteraffen wie King-Kong nicht lebensfähig.

Die Knochenfestigkeit
Die Knochen tragen die Masse eines Lebewesens. Die Tragfähigkeit des Knochens hängt wesentlich von seiner Querschnittsfläche ab. Bei der Verdreifachung der Größe verneunfacht sich diese Querschnittsfläche, die Masse wird auf das 27fache vergrößert. Riesen würden unter dieser Last zusammenbrechen.

Atmen
Der zum Leben notwendige Sauerstoff wird an der Lungenoberfläche von dem durchgepumpten Blut aufgenommen. Bei Verdopplung der Größe wird das Blutvolumen verachtfacht, die Lungenoberfläche aber nur vervierfacht. Auch hier sind die Probleme bei zunehmender Vergrößerung nicht mehr ohne Weiteres zu bewältigen.

Energiehaushalt
Vögel und Säugetiere erzeugen ihre Körpertemperatur selbst im Innern des Körpers, wozu sie einen Großteil ihrer Nahrung benötigen. Die Körperoberfläche ist das „Fenster“, über das der Energieaustausch mit der Umgebung erfolgt, in der Regel eine Energieabgabe. Die Nahrungsmenge, die ein Tier zur Aufrechterhaltung seiner Körpertemperatur benötigt, ist abhängig von dem Verhältnis aus Körpervolumen und Körperoberfläche. Bei einer maßstäblichen Vergrößerung eines Tieres mit dem Faktor 10 wächst die Oberfläche um das 100fache, das Volumen aber um das 1000fache. Das bedeutet, der Energieverlust bei größeren Tieren wird im Verhältnis zur Energieproduktion geringer. Bei einem Lilliputaner ist das Verhältnis der Hautoberfläche zum Volumen viel größer als beim Menschen, er würde deshalb mehr Energie verlieren und müsste pausenlos Nahrung aufnehmen. Bei Gulliver wäre es umgekehrt, er müsste verhältnismäßig weniger essen.

Aufgaben

17 *Wenn der Mensch ein vergrößerter Floh wäre ...*

a) Ein Floh von 1 mm Größe kann 30 cm hoch springen, das entspricht dem 300-fachen seiner Rumpfhöhe. Vergrößerte man ihn maßstäblich auf die Länge eines Menschen, könnte er dann den Eiffelturm überspringen?

b) Fülle die Tabelle vollständig aus.

	Größe	Relative Sprunghöhe
Floh	1 mm	300-fache Rumpfhöhe
Heuschrecke	30 mm	15-fache Rumpfhöhe
Frosch	70 mm	7-fache Rumpfhöhe
Pferd	■	■
Mensch	■	■

Was stellst du fest? Findest du eine Erklärung?

18 Bilde mit den Daten in der nebenstehenden Tabelle jeweils das Verhältnis von Körpermasse zu Skelettmasse. Kannst du dies erklären?

Tier	Körpermasse	Skelettmasse
Maus	0,03 kg	0,0013 kg
Katze	0,85 kg	0,044 kg
Elefant	6600 kg	1782 kg

19 Im Biologiebuch findest du die Allen'sche und die Bergmann'sche Regel. Versuche sie mithilfe der Aussagen im Exkurs auf S. 44 zu erklären.

a) Allen'sche Regel: „Bei Tieren in kalten Klimaten bleiben Körperteile, die leicht auskühlen (z. B. Ohren), klein, während sie bei Verwandten in warmen Gegenden wesentlich größere Ausmaße erlangen."

Polarfuchs (arktische Zone)

Rotfuchs (gemäßigte Zone)

Wüstenfuchs (Fenek) (subtropische Zone)

b) Bergmann'sche Regel: „In kalten Regionen sind die Individuen einer Art oder nah verwandter Arten größer als in warmen Gebieten."
Finde die Klimazonen heraus, in denen die verschiedenen Pinguine leben.

CHECK UP

Ähnlichkeit

Zentrische Streckungen $S_{Z;k}$:

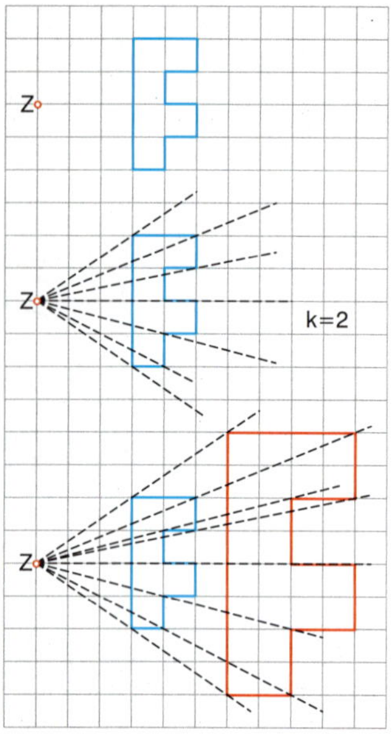

Eigenschaften der zentrischen Streckung:
- Ausgangs- und Bildfigur stimmen in allen Winkeln überein.
- Die Bildstrecke ist k-mal so lang wie die Ausgangsstrecke.
- Bild- und Ausgangsstrecken sind parallel.

Wie beeinflusst der Streckfaktor k Größe und Lage der Bildfigur?

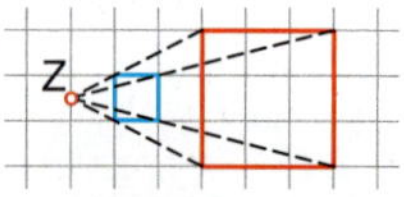

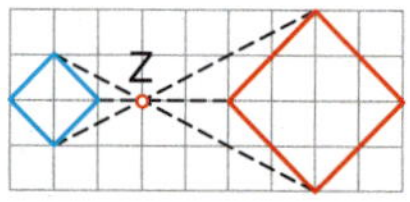

Bildfigur vergrößert

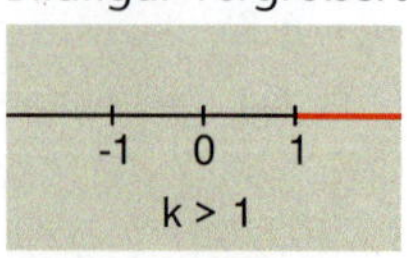

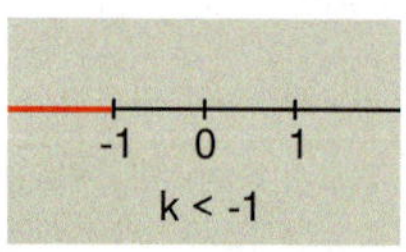

Bildfigur verkleinert

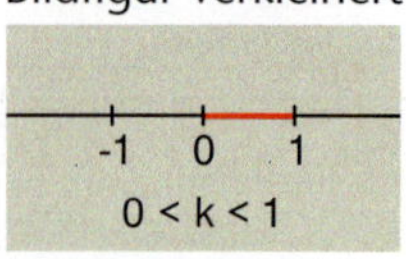

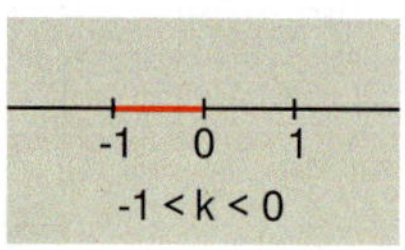

1 a) Übertrage die Figur in dein Heft und beschreibe, was $S_{A;1,5}$ bedeutet.

b) Führe die folgenden zentrischen Streckungen durch.

(1) $S_{A;1,5}$ (2) $S_{B;\frac{1}{3}}$ (3) $S_{F;-\frac{2}{3}}$

(4) $S_{M;2}$ (5) $S_{M;-2}$ (6) $S_{D;\frac{1}{2}}$

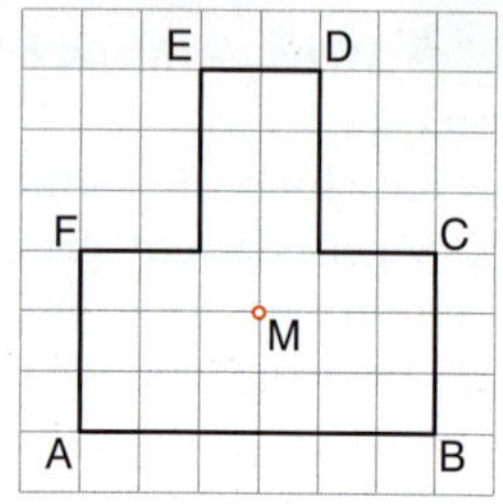

2 *Zentrisch gestreckt?*

Übertrage Ausgangs- und Bildfigur in dein Heft. Bestimme, falls möglich, k und die Lage des Streckzentrums Z. Begründe, falls keine zentrische Streckung vorliegt.

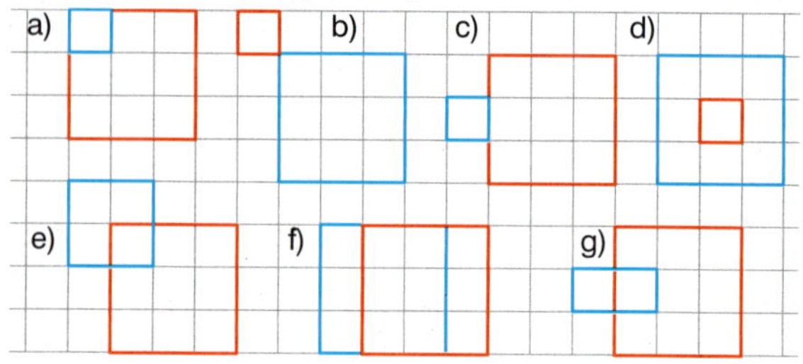

3 Finde die zentrische Streckung. Bestimme k und Z. Gib andernfalls an, wie die Bildfigur aus der Ausgangsfigur entstanden ist.

	Ausgangsfigur	Bildfigur
a)	A(0|–1), B(4|1), C(2|5)	A′(0|–2), B′(6|1), C′(3|7)
b)	A(–2|2), B(2|–1), C(3|1), D(1|3)	A′(4|4), B′(0|7), C′(–1|5), D′(1|3)
c)	Kreis um M(2|1) mit Radius 3 cm	Kreis um M′(2|0) mit Radius 2 cm
d)	A(–2|0), B(0|–2), C(1|1)	A′(0|–2), B′(2|–4), C′(3|–1)

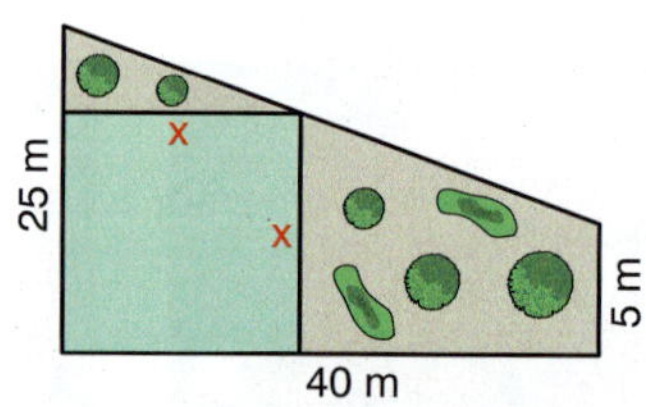

4 Auf dem trapezförmigen Grundstück soll eine möglichst große quadratische Rasenfläche angelegt werden.

a) Übertrage das Trapez in einem günstigen Maßstab in dein Heft und konstruiere das Quadrat mit einem geeigneten Streckzentrum.

b) Gib die Seitenlänge des Quadrates an und berechne den Flächeninhalt.

5 Welche Verhältnisgleichungen sind richtig, welche falsch?

a)

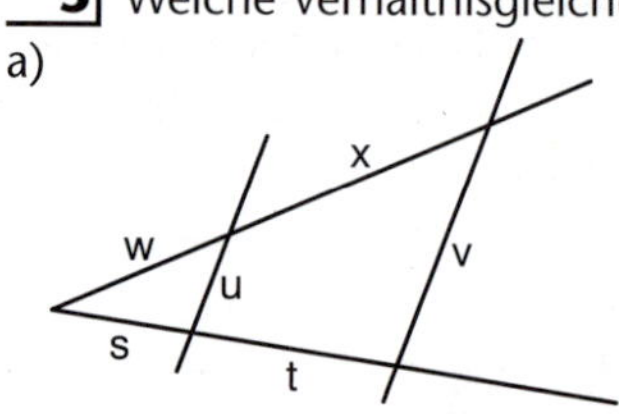

① $\frac{w+x}{x} = \frac{s+t}{t}$ ② $\frac{v}{x+w} = \frac{u}{w}$

③ $\frac{s}{u} = \frac{t}{v}$ ④ $\frac{s}{s+t} = \frac{w}{w+x}$

b)

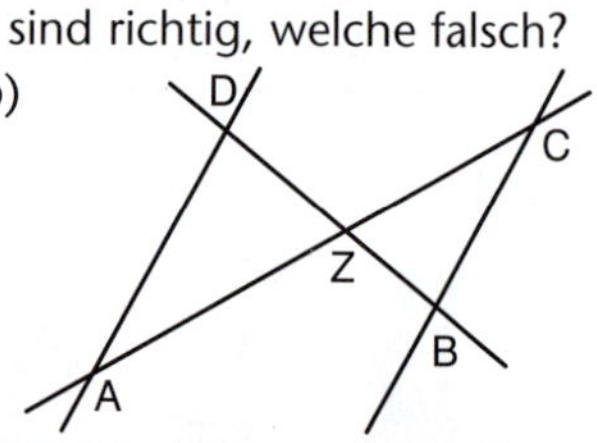

① $\frac{\overline{AZ}}{\overline{CZ}} = \frac{\overline{DZ}}{\overline{BZ}}$ ② $\frac{\overline{AD}}{\overline{BC}} = \frac{\overline{AZ}}{\overline{CZ}}$

③ $\frac{\overline{DZ}}{\overline{AD}} = \frac{\overline{BZ}}{\overline{BC}}$ ④ $\frac{\overline{AD}}{\overline{DZ}} = \frac{\overline{BC}}{\overline{CZ}}$

CHECK UP

6 Richtig oder falsch? Begründe oder gib ein Gegenbeispiel an.

a) Gleichschenklige Dreiecke sind immer ähnlich.

b) Ausgangs- und Bildfigur bei der zentrischen Streckung sind ähnlich.

c) Stimmen zwei Vierecke in den Verhältnissen entsprechender Seiten überein, so sind sie ähnlich.

d) Wird ein Körper mit k = 3 gestreckt, so verneunfacht sich sein Volumen.

e) Mithilfe einer zentrischen Streckung lässt sich eine 8 cm lange Strecke in sieben gleich große Abschnitte teilen.

7 Berechne die rot gekennzeichneten Streckenlängen.

a) b) c)

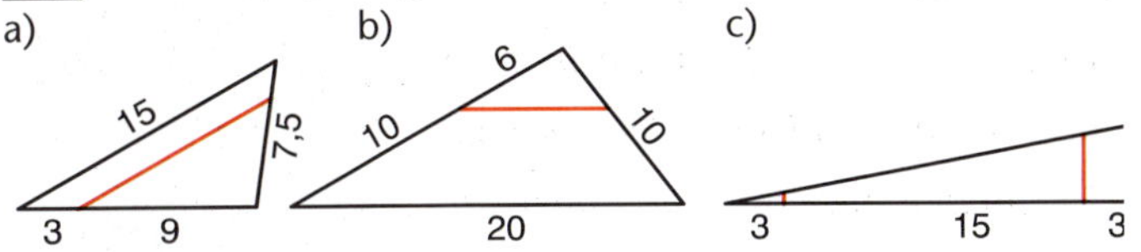

8 Messen im Gelände. Berechne die rot gekennzeichneten Streckenlängen.

a) b) c)

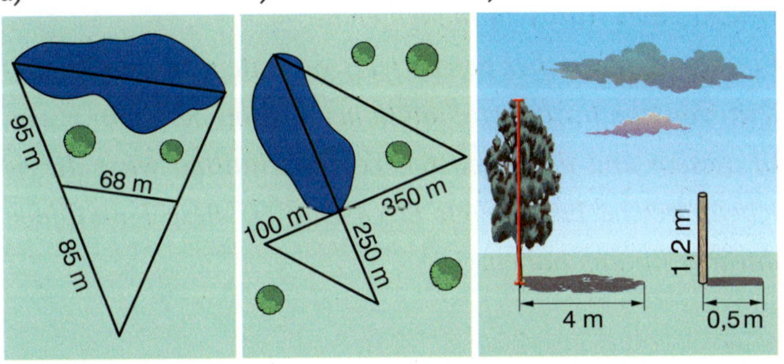

9 Formuliere den Sekantensatz und den Sehnensatz. Verdeutliche die Aussagen an einer Skizze.

10 Der Muldenwagen der Gartenbahn im Maßstab 1:25 fasst 120 g Sand.

a) Wie viel Gramm Sand passen in das Original?

b) Die Originallänge beträgt 8 m. Wie lang ist das Modell?

11 Die linke Figur ist aus einem Quadrat mit der Kantenlänge a = 27 cm entstanden. In jeder Stufe wird das Quadrat auf ein Drittel verkleinert und an jeder Seitenmitte aufgesetzt. Bestimme den Flächeninhalt der Figuren der 1., 2. und 3. Stufe.

Die Strahlensätze:

$$\frac{\overline{ZA'}}{\overline{ZA}} = \frac{\overline{ZB'}}{\overline{ZB}} = \frac{\overline{A'B'}}{\overline{AB}} = |k|$$

1. Strahlensatz 2. Strahlensatz

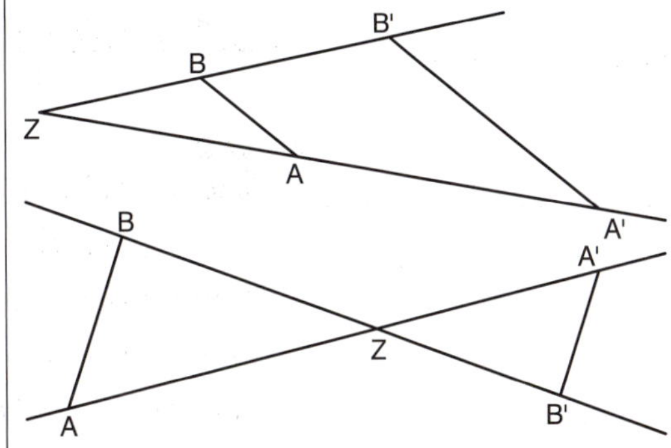

Ähnliche Figuren:

- Zwei Figuren heißen ähnlich, wenn sie in entsprechenden Winkeln und Seitenverhältnissen übereinstimmen.
- Mit der zentrischen Streckung werden ähnliche Figuren erzeugt.

Volumen- und Flächeninhalte bei ähnlichen Figuren und Körpern:

- Längenveränderung auf das k-fache
- Flächenveränderung auf das k^2-fache
- Volumenveränderung auf das k^3-fache

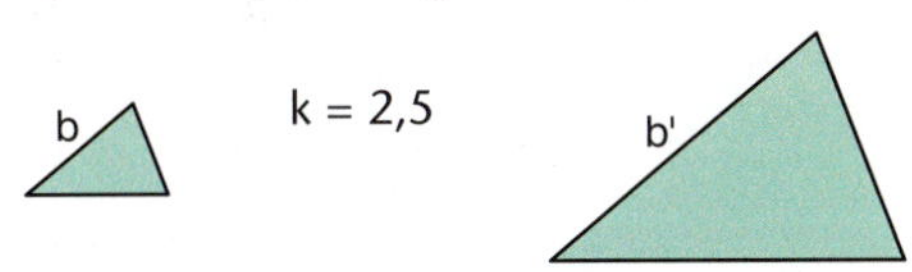

$b' = 2{,}5 \cdot b$ $A' = (2{,}5)^2 \cdot A = 6{,}25 \cdot A$

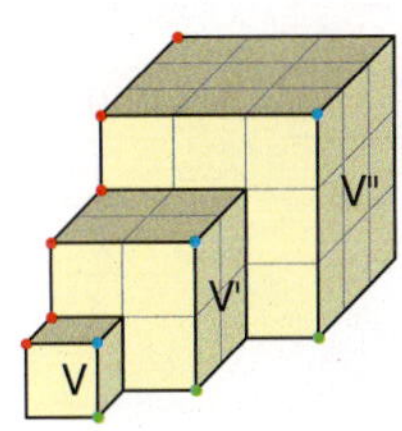

k = 2
$V' = 2^3 \cdot V = 8 \cdot V$

k = 4
$V'' = 4^3 \cdot V = 64 \cdot V$

2 Quadratische Funktionen und Gleichungen

2.1 Einführung in quadratische Funktionen

Was dich erwartet

In vielen Situationen werden „quadratische" Funktionen benutzt, um Probleme in der Mathematik, den Naturwissenschaften und vielen anderen Gebieten zu modellieren. Wie die linearen Funktionen kommen die quadratischen Funktionen sehr häufig vor.

Hochgeschwindigkeitsfahrzeug mit Bremsfallschirm

Quadratische Funktionen kann man benutzen, um z. B. die Länge des Bremsweges, den Flug eines Balles oder den Wertverlust eines Autos zu modellieren.
Eines wirst du sicher bereits jetzt vermuten: Im Funktionsterm von quadratischen Funktionen kommt der Term x^2 vor. In diesem und den nächsten Lernabschnitten wirst du erleben, welche besonderen Eigenschaften diese Funktionen darüber hinaus haben.

Aufgaben

1 *Was macht den Unterschied?*

a) Zeichne die Graphen der Funktionen $y = 2x$ und $y = x^2$. Erstelle zunächst eine Wertetabelle mit $-3 \le x \le 3$, Schrittweite 0,5 und zeichne dann.
b) Vergleiche die beiden Graphen und Tabellen. Beschreibe den Graphen von $y = x^2$ möglichst genau.

2 *Erkennst du ein Muster?*

a) Übertrage die Wertepaare der Tabellen jeweils in ein Koordinatensystem. Vergleiche.
b) Finde zu jeder Tabelle eine Funktionsgleichung y = ■ und überprüfe deine Vermutung.

(1)

x	y
−2	−2
−1	−1
0	0
1	1
2	2
3	3

(2)

x	y
−2	−4
−1	−2
0	0
1	2
2	4
3	6

(3)

x	y
−2	1
−1	2
0	3
1	4
2	5
3	6

(4)

x	y
−2	4
−1	1
0	0
1	1
2	4
3	9

(5)

x	y
−2	1
−1	0
0	1
1	4
2	9
3	16

(6)

x	y
−2	8
−1	2
0	0
1	2
2	8
3	18

Aufgaben

3 Die Länge des Bremsweges eines Autos ist von der Geschwindigkeit abhängig. Der Zusammenhang zwischen dem Bremsweg s in Metern und der Geschwindigkeit v in km/h kann bei trockener Straße mit der Funktion $s(v) = \frac{v^2}{100}$ modelliert werden.

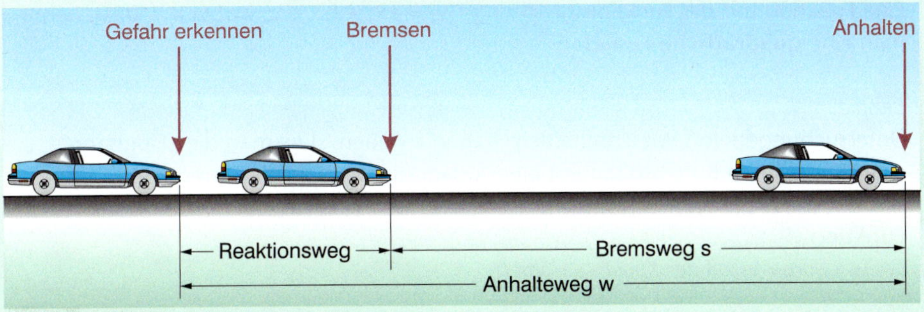

Bremsweg

a) Wie lang ist der Bremsweg s bei einer Geschwindigkeit von 30 km/h, wie lang bei der doppelten (dreifachen) Geschwindigkeit?
b) Ein Auto wird mit einer Vollbremsung zum Stand gebracht. Aus der Länge der Bremsspur von 32 m kann man die Geschwindigkeit des Autos abschätzen.
c) Der Anhalteweg eines Autos ist die zurückgelegte Strecke von dem Moment, an dem der Fahrer eine Gefahr bemerkt, bis zu dem Zeitpunkt, an dem das Auto steht.

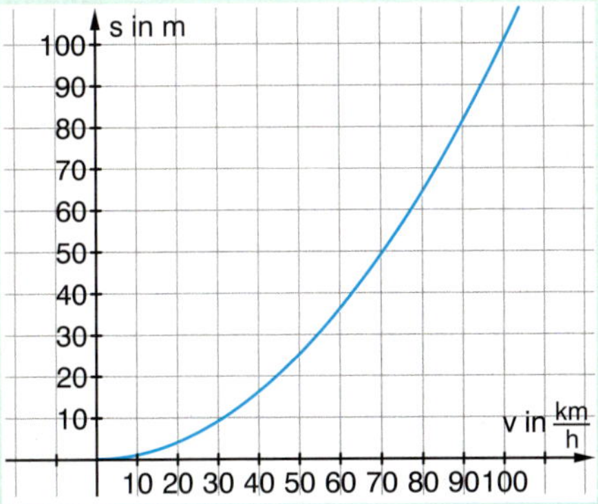

Du kannst die Fragen grafisch oder rechnerisch beantworten.

Der Anhalteweg w kann mit der Funktion $w(v) = \frac{v^2}{100} + \frac{3v}{10}$ berechnet werden. Übertrage und ergänze die Tabelle, zeichne den Graphen der Funktion. Wie lang ist der Anhalteweg w bei einer Geschwindigkeit von 120 km/h?

Anhalteweg

v (km/h)	w (m)
0	0
50	40
■	54
82	■
100	130
■	270
200	■

4 *Der Preis beeinflusst die Nachfrage – Wie macht man den größten Gewinn?*
Im vergangenen Jahr kosteten die Eintrittskarten für die Theateraufführung des Sebastian-Münster-Gymnasiums 5 €. Es kamen 300 Besucher.
In diesem Jahr möchte das Gymnasium einen größeren Gewinn erzielen und beabsichtigt die Eintrittspreise zu verändern. Man vermutet, dass bei einer Erhöhung des Preises um je 1 € ungefähr 30 Besucher weniger kommen, bei einer Preissenkung um je 1 € ungefähr 30 Besucher mehr.
a) Ergänze die Tabelle in deinem Heft.

Preis-änderung	Eintritts-preis	Besucher-zahl	Einnahmen E(x)
−2	■	■	■
−1	■	■	■
0	5	300	1500
1	6	270	1620
2	7	240	■
3	8	■	■
4	■	■	■
x	5 + x	300 − 30x	■

b) In der letzten Zeile der Tabelle stehen die Terme, mit denen man zu jeder Preisänderung x den Eintrittspreis und die Besucherzahl berechnen kann. Es fehlt noch der Term zur Berechnung der Einnahmen.
c) Zeichne den Graphen der Funktion: x → Einnahmen E(x). Für welche Preisänderung x erhält man die größten Einnahmen?
d) Die Nachfrage nach Eintrittskarten hängt vom Preis ab. Warum gilt dies für eine Aufführung des Schultheaters nur bedingt?

Basiswissen

In vielen Anwendungssituationen treten Funktionen auf, die man auf die Form $f(x) = ax^2 + bx + c$ bringen kann.

Eine Funktion mit der Funktionsgleichung $f(x) = ax^2 + bx + c$, wobei $a \neq 0$ ist, nennt man eine **quadratische Funktion.**

Beispiel:
Untersuchungen von Wissenschaftlern haben ergeben, dass man die „Flugbahn" einer Kugel beim Kugelstoßen mit einer quadratischen Funktion modellieren kann.

Funktion
Weite x vom Abstoß der Kugel → Höhe h

Funktionsgleichung
$h(x) = -\frac{3}{128}x^2 + \frac{3}{8}x + 2$

Wertetabelle

x (in m)	h(x) (in m)
0	2
4	3,125
8	3,5
12	3,125
16	2
20	0,125

Graph

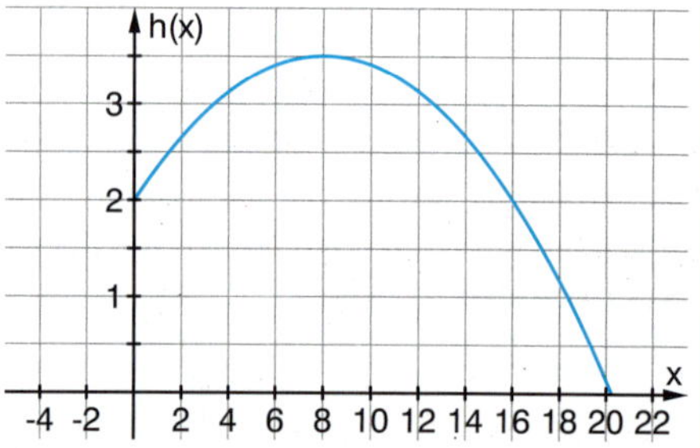

Einen Graphen wie in dem Schaubild nennt man eine **Parabel.** Parabeln sind typisch für quadratische Funktionen.

Beispiele

A Eine Abflussrinne mit rechteckigem Querschnitt soll aus einem 24 cm breiten Aluminiumblech hergestellt werden. Wichtig für die Menge Wasser, die durch die Rinne fließen kann, ist die Fläche des Querschnitts.

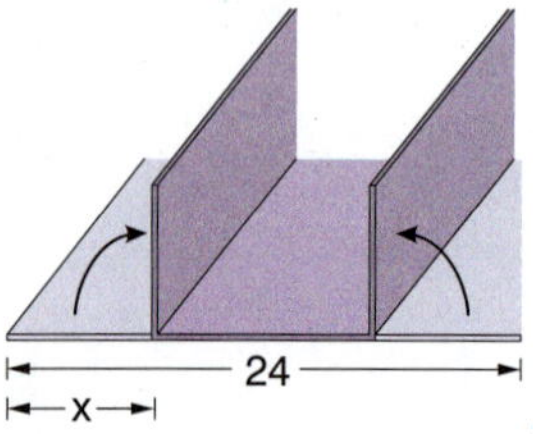

Formel für die Fläche des Querschnitts:
$A(x) = (24 - 2x) \cdot x = 24x - 2x^2$

x	1	2	4	6	8	10
A(x)	22	40	64	72	64	40

Die größte Fläche erhält man für x = 6 cm.

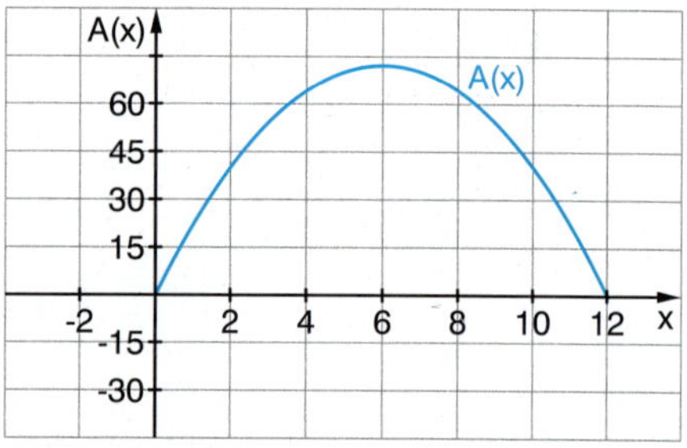

B Schau dir die Funktion $y(x) = (x-2)(x-1)$ an. Zeige, dass es sich dabei um eine quadratische Funktion handelt. Gib die Funktion in der Form $y(x) = ax^2 + bx + c$ an.

$$\begin{aligned} y(x) &= (x-2)(x-1) \\ &= x^2 - 2x - x + 2 \\ &= x^2 - 3x + 2 \end{aligned}$$
$a = 1,\ b = -3,\ c = 2$

C Entscheide, ob die Funktion mit $y(x) = \frac{1000}{x^2}$ eine quadratische Funktion ist.

Lösung:

Der Graph ist keine Parabel, sondern eine Hyperbel. Die Funktion ist keine quadratische Funktion. Sie kann auch nicht in die Form $y = ax^2 + bx + c$ gebracht werden.

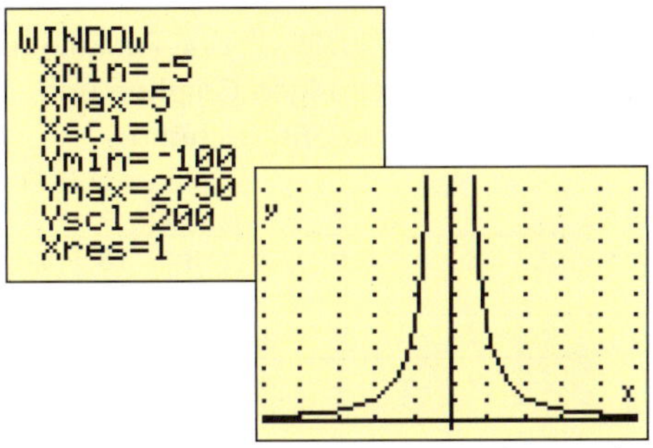

Übungen

5 Entscheide mithilfe der Funktionsgleichung, bei welcher der Funktionen es sich um eine quadratische, bei welcher um eine lineare Funktion handelt.

a) $y = 2x^2 - 3x + 5$ b) $y = 2x - 4$ c) $y = x$ d) $y = x^2$ e) $y = \frac{1}{x}$

f) $y = \frac{2}{3}x^2$ g) $y = -x + \frac{1}{4}$ h) $y = 3x^2 - 2x$ i) $y = \frac{1}{x^2} + 4$

Kennst du auch eine Bezeichnung für die anderen hier vorkommenden Funktionen?

5 Vier quadratische Funktionen sind dabei.

6 Zeige, dass jede der folgenden Funktionen eine quadratische Funktion ist, indem du sie in die Form $f(x) = ax^2 + bx + c$ bringst.

a) $f(x) = (x-3)(x+8)$ b) $f(x) = \left(x + \frac{3}{4}\right)(x-5)$ c) $f(x) = 2x(x-1{,}6)$

d) $f(x) = 3\left(x - \frac{1}{3}\right)\left(x + \frac{1}{3}\right)$ e) $f(x) = (x+2)(x+2)$ f) $f(x) = x\left(2x + \frac{5}{2}\right)$

Hilfe findest du bei Beispiel B.

7 *Rechteckszahlen*

Die ersten drei Zahlen in der Folge der „Rechteckszahlen" sind dargestellt.

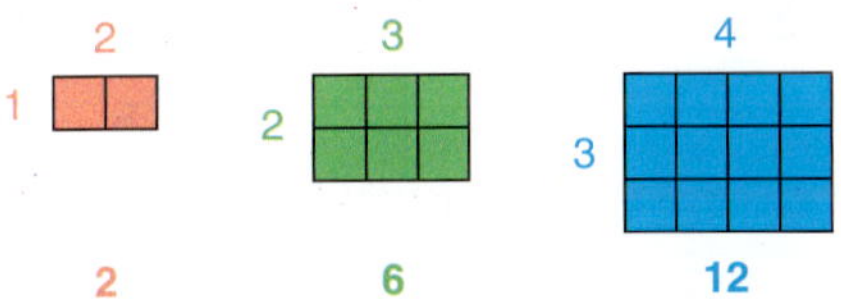

a) „Zeichne" die nächsten zwei Rechteckszahlen.

b) Erkennst du das Muster in den Zahlen? Schreibe die ersten zehn Rechteckszahlen auf.

c) Mit der Abbildung oben kannst du eine quadratische Funktion zur Berechnung der Rechteckszahlen finden.

d) Man kann die Rechteckszahlen auch anders aufzeichnen:

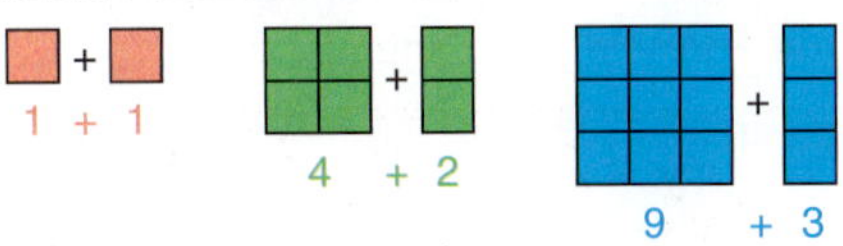

Verwende dieses Muster, um eine quadratische Funktion aufzustellen, mit der man ebenfalls die Rechteckszahlen berechnen kann. Durch Termumformung kannst du nachweisen, dass die beiden Funktionen identisch sind.

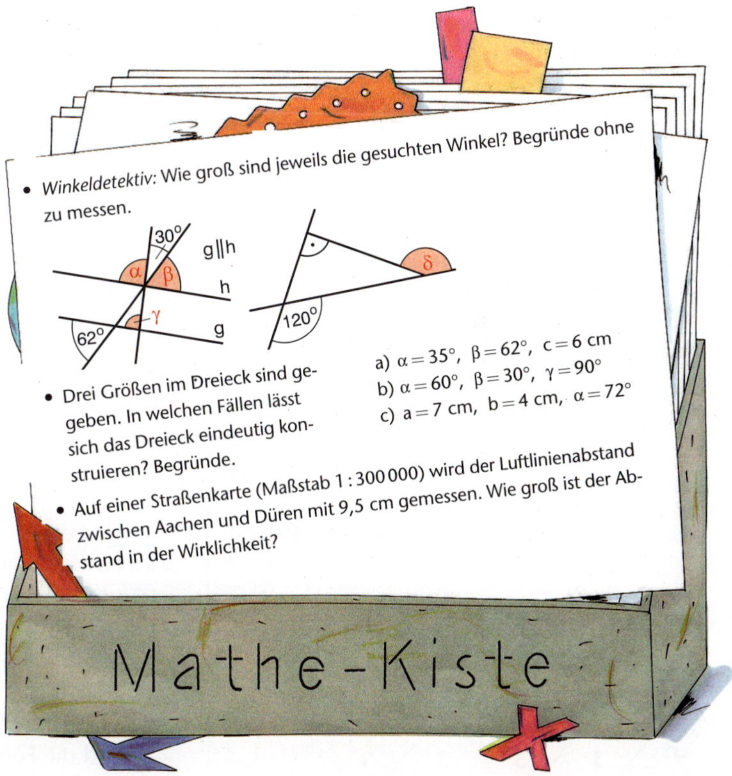

Übungen

8 Durch die Tabelle ist eine Funktion gegeben. Zeichne den zugehörigen Graphen und bestimme die Funktionsgleichung.

a)

x	−2	−1	0	1	2	3	4
y	8	2	0	2	8	18	32

b)

x	−2	−1	0	1	2	3	4
y	9	6	5	6	9	14	21

c)

x	−2	−1	0	1	2	3	4
y	−4	−1	0	−1	−4	−9	−16

d)

x	−2	−1	0	1	2	3	4
y	9	4	1	0	1	4	9

x	$y = x^2$
−3	9
−2	4
−1	1
0	0
1	1
2	4
3	9

Diese Tabelle kann dir helfen.

Der GTR kann bei der Erfolgskontrolle helfen.

9 Welcher Graph gehört zu welcher Gleichung?

a) $f(x) = -3x + 2$
b) $f(x) = x^2 + 1$
c) $f(x) = x^2 + 2$
d) $f(x) = -x^2 + 1$
e) $f(x) = 2x + 3$
f) $f(x) = 2x^2 - x$

1)
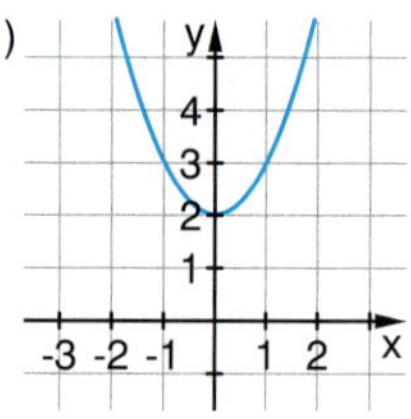

3)
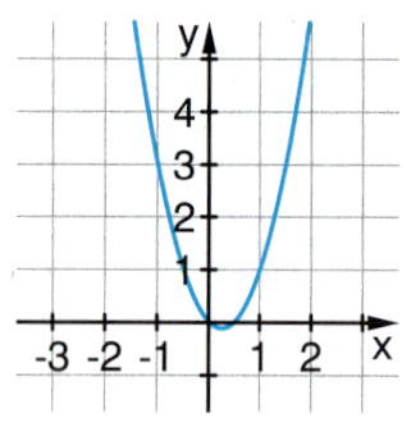

5)
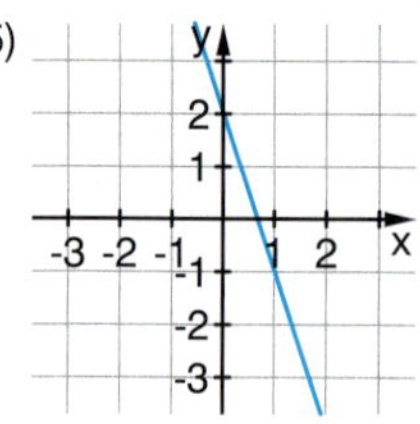

2)
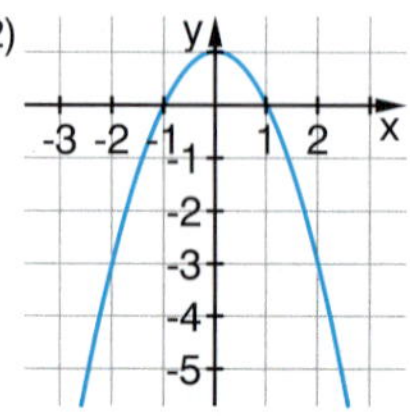

4)
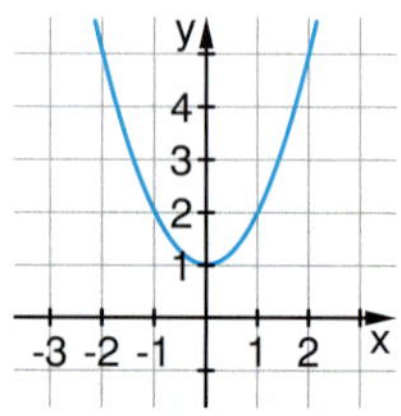

6)
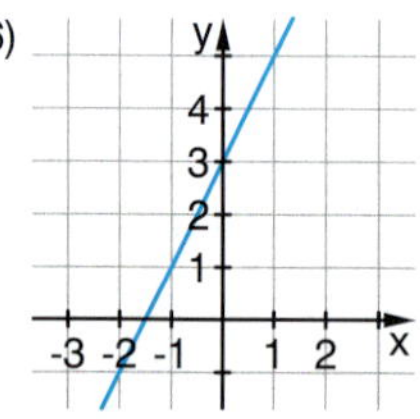

10 *Quadratische Funktionen „bauen“*

Gegeben sind die linearen Funktionen f und g.

f	g	f·g
x + 2	x − 3	(x + 2)·(x − 3)
2x − 1	0,5x + 2	(2x − 1)·(0,5x + 2)
2x	x + 2	2x·(x + 2)

Kannst du dir denken, wie man aus linearen Funktionen eine quadratische Funktion „bauen“ kann?

a) Zeichne die Graphen der Funktionen f und g in ein Koordinatensystem. Zeichne dann den Graphen der Funktion f·g in dasselbe Koordinatensystem. Erstelle dazu zunächst eine Tabelle und zeichne dann.

b) Wie unterscheiden sich die Graphen von f und g von dem Graphen von f·g?

c) Wie hängen die x-Achsenschnittpunkte der Graphen von f und g mit den x-Achsenschnittpunkten des Graphen der Funktion f·g zusammen?

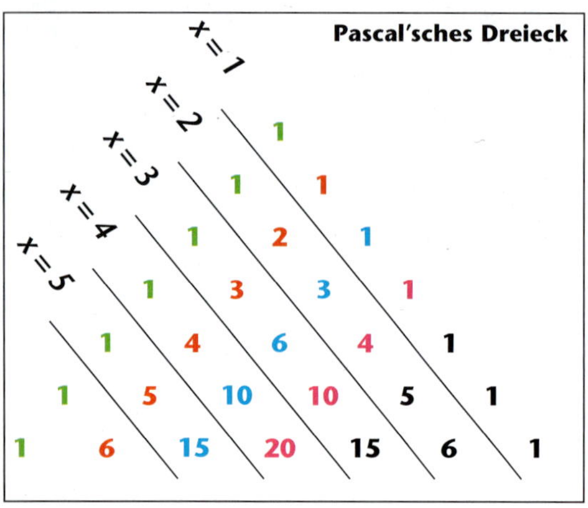

11 In einem Mathematiklexikon steht, dass man die Zahlen im Pascal'schen Dreieck mit Formeln berechnen kann.

Für die „grüne“ Kolonne: $y = 1$,
für die „rote“ Kolonne: $y = x$,
für die „blaue“ Kolonne: $y = \frac{1}{2}x(x + 1)$,
für die „pinkfarbene“ Kolonne: $y = \frac{1}{6}x(x + 1)(x + 2)$.

a) Sind die Formeln korrekt? Erstelle für jede der Funktionen eine Tabelle für $1 \le x \le 7$. Vergleiche mit den Zahlen im Pascal'schen Dreieck.

b) Welche der Funktionen ist eine quadratische Funktion?

c) Wie könnte eine Formel zur Berechnung der Zahlen in der nächsten Kolonne des Pascal'schen Dreiecks lauten? Überprüfe selbst.

Übungen

12 Tom möchte für sein Kaninchen im Garten ein Gehege mit rechteckiger Grundfläche an eine Hauswand bauen. Im Keller hat er eine Rolle mit 20 m Maschendraht gefunden.

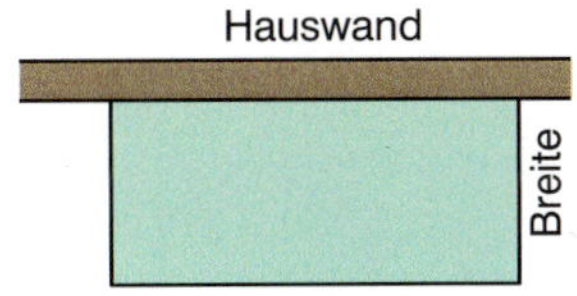

Breite (m)	Länge (m)	Fläche (m^2)	Draht (m)
1	18	18	20
2	16	32	■
3	14	■	■
4	■	■	■
…	…	…	…
x	■	■	■

a) Die Tabelle enthält verschiedene mögliche Breiten und Längen und daraus resultierende Rechteckflächen. Übertrage die Tabelle in dein Heft und ergänze.

b) Finde einen Funktionsterm $l(x)$, der den Zusammenhang zwischen Länge l und Breite x beschreibt. Welche Werte kann man für x sinnvollerweise einsetzen?
c) Den Flächeninhalt $A(x)$ des Kaninchenstalls kann man aus der Breite x und der Länge $l(x)$ berechnen. Bestimme die entsprechende Funktionsgleichung.
d) Für welche Breite und Länge erhält man den größten Flächeninhalt?

13 Die Firma *Sound GmbH* stellt CDs her. Sie möchte ihren Gewinn vergrößern. Daher wurde eine Unternehmensberatung mit einer Marktanalyse beauftragt. Es wurde u. a. festgestellt, dass sich der monatliche Gewinn G der aktuellen CD in Abhängigkeit vom Verkaufspreis p einer CD durch die Funktion
$G(p) = -300p^2 + 6000p - 20000$
modellieren lässt. Wenn G negativ ist, bedeutet das, dass die Firma einen Verlust macht.

Gewinnfunktion

a) Zeichne den Graphen der Gewinnfunktion G für p von 0 bis 30.
b) Welchen Gewinn erzielt die Firma bei einem Stückpreis von p = 14 € (p = 8 €)?
c) Zu welchem Preis sollte die Firma das Produkt verkaufen, um einen möglichst großen Gewinn zu erzielen? Wie groß ist der Gewinn dann?
d) Bei welchem Preis macht die Firma keinen Gewinn, aber auch keinen Verlust (sog. Break-even-Punkt)?

Break-even-Punkt

Schwerelosigkeit und Parabeln

Ihr habt bestimmt schon einmal im Fernsehen gesehen, wie Astronauten schwerelos in der Weltraumstation ISS (International Space Station) schweben. Wie man sich dabei wohl fühlt? Ein bisschen Schwerelosigkeit habt ihr sicherlich schon bei einer Fahrt mit der Achterbahn erlebt. Wenn ihr in die Tiefe stürzt, dann seid ihr für einige Momente schwerelos.

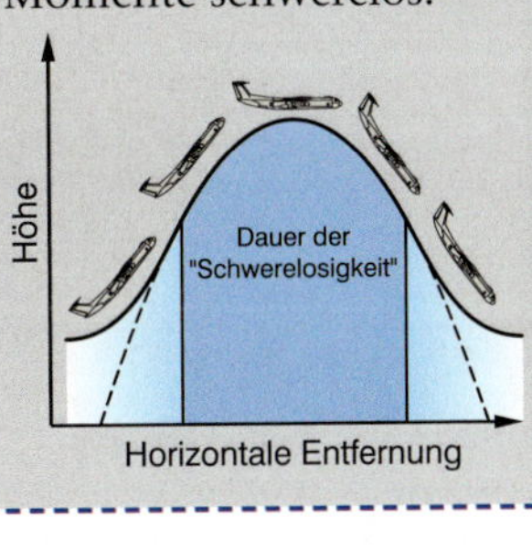

Astronauten können in einem Flugzeug die Schwerelosigkeit trainieren. Das Flugzeug mit den Astronauten fliegt mit großer Geschwindigkeit, zieht steil nach oben und fliegt dann im Sturzflug nach unten. Dabei folgt es einer parabelförmigen Bahn. Bei einem solchen Flug kann man eine Dauer der Schwerelosigkeit von 15 bis 20 Sekunden erreichen.

Basiswissen

Typische Fragen beim Bearbeiten von Problemen mit quadratischen Funktionen sind unter anderem diese:

(1) Wo schneidet der Graph die x-Achse?
(2) Wo schneidet der Graph die y-Achse?
(3) Wo ist der höchste (niedrigste) Punkt des Graphen?
(4) Welchen y-Wert erhält man für einen bestimmten x-Wert?
(5) Für welchen x-Wert erhält man einen bestimmten y-Wert?

Nach dem Abschuss einer Rakete kann man jedem Zeitpunkt t die aktuelle Höhe h(t) der Rakete zuordnen. Man kann diese Zuordnung bei allen Raketen gut mit einer quadratischen Funktion modellieren.

Funktion: $t \rightarrow h(t)$

Funktionsgleichung: $h(t) = -5t^2 + 45t + 50$

Tabelle

t (in s)	h(t) (in m)
0	50
1	90
2	120
3	140
4	150
5	150
6	140
7	120
8	90
9	50
10	0

Parabeln sind symmetrisch

Graph

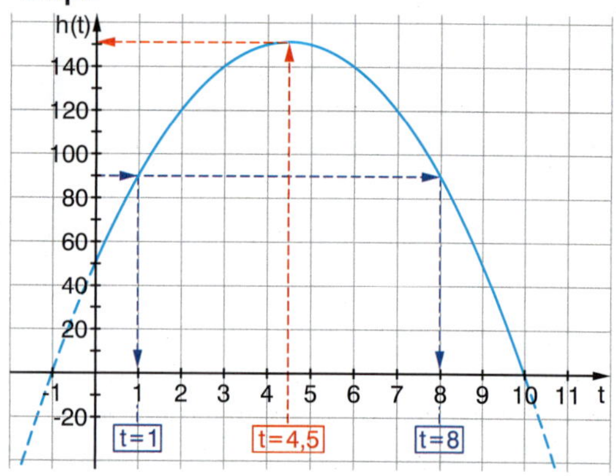

Welche größte Höhe erreicht die Rakete nach welcher Flugzeit? (siehe Frage (3) oben) — ca. 151 m nach 4,5 Sekunden

Wann trifft die Rakete auf dem Boden auf? (siehe Frage (1)) — nach 10 Sekunden

In welcher Höhe startet die Rakete? (siehe Frage (2)) — in 50 m Höhe

Nach welcher Zeit hat die Rakete eine Höhe von 90 m? (siehe Frage (5)) — nach 1 Sekunde und nach 8 Sekunden

Beispiele

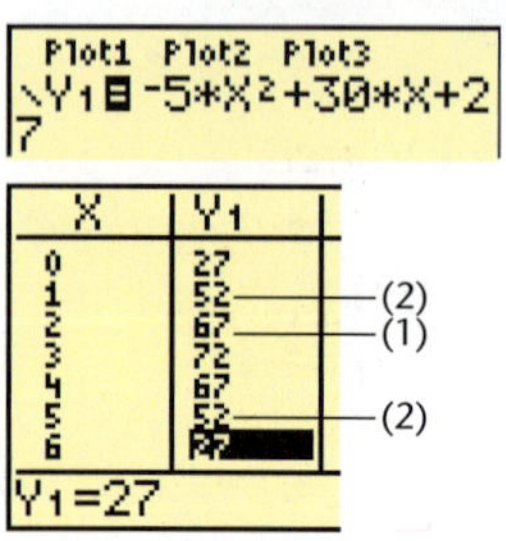

D *y-Wert gesucht*

Die Höhe einer Rakete in Abhängigkeit von der Zeit wird durch die Funktion $h(t) = -5t^2 + 30t + 27$ modelliert (h in m und t in s).

(1) Welche Höhe hat die Rakete nach 2 Sekunden erreicht?

(2) Zu welchem Zeitpunkt hat die Rakete eine Höhe von 52 m erreicht?

(1) *Berechnen durch Einsetzen.*

$h(2) = -5 \cdot 2^2 + 30 \cdot 2 + 27$

$= 67$

Nach 2 Sekunden hat die Rakete eine Höhe von 67 m erreicht.

Grafische Lösung

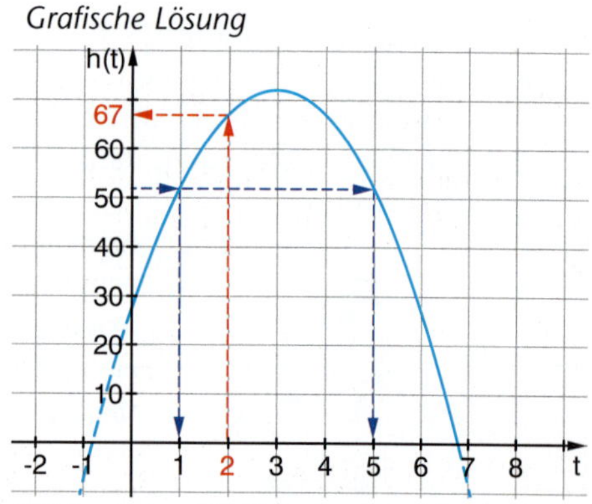

(2) Im Schaubild kann man ablesen: $h(1) = h(5) = 52$ m.

Beispiele

E Die größte Höhe, die die Rakete aus Beispiel D erreicht, kann man ablesen.

Grafische Lösung

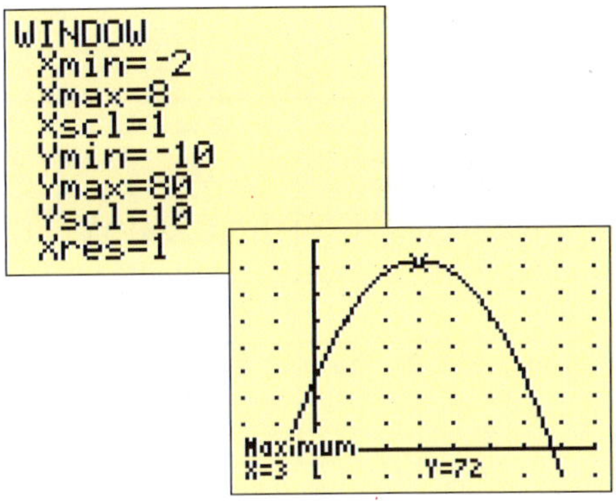

Rechnerische Lösung

Schaut man sich die Tabelle oder den Graphen der quadratischen Funktion an, so erkennt man, dass er symmetrisch zu t = 3 ist. Der höchste Punkt wird daher zum Zeitpunkt t = 3 s erreicht.

$h(3) = -5 \cdot 3^2 + 30 \cdot 3 + 27 = 72$

Die maximale Höhe beträgt 72 m.

F *x-Wert gesucht*

GTR

Es ist $f(x) = x^2 - 4x$. Für welchen x-Wert hat der Term $x^2 - 4x$ den Wert 5?

Grafische Lösung

Man zeichnet den Graphen der Funktion $f(x) = x^2 - 4x$ und eine Waagerechte bei y = 5. Die x-Koordinaten der Schnittpunkte der Parabel und der Waagerechten liefern die Lösung.

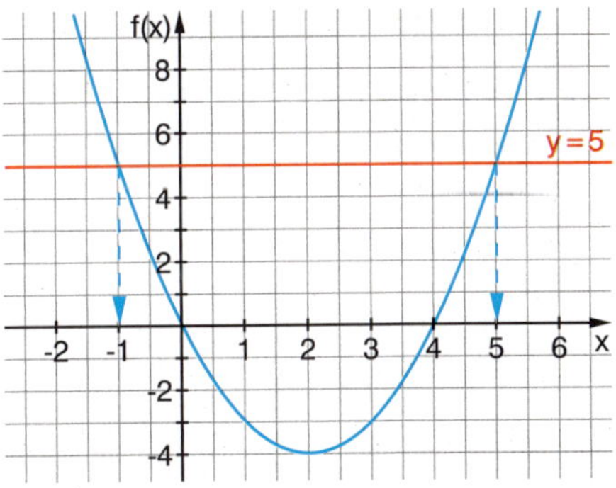

Lösung mit Tabelle

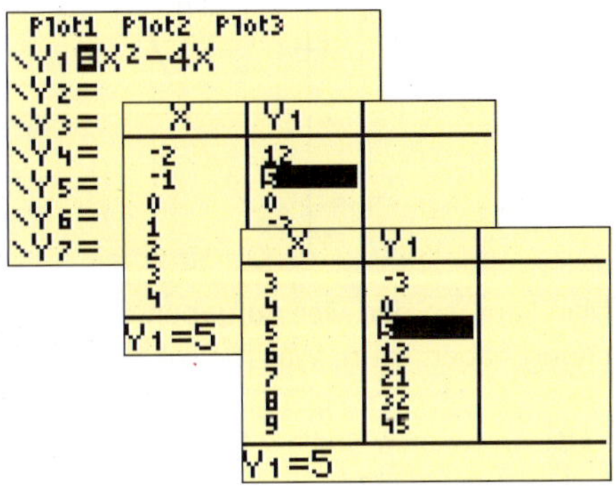

$x_1 = -1$ oder $x_2 = 5$

G Sucht man die x-Werte, für die eine quadratische Funktion einen bestimmten y-Wert annimmt, so führt dies auf eine quadratische Gleichung. Einfache quadratische Gleichungen können wir bereits rechnerisch lösen:

Quadratische Gleichungen

$f(x) = 3x^2 - 15$

Gesucht ist der x-Wert, für den $f(x) = 0$ ist.

Quadratische Gleichung

$3x^2 - 15 = 0$

Rechnerische Lösung

$3x^2 - 15 = 0 \quad | + 15$

$3x^2 = 15 \quad |:3$

$x^2 = 5$

$\mathbf{x_1 = \sqrt{5};\ x_2 = -\sqrt{5}}$

Es gibt **zwei** Lösungen.

Übungen

14 Bestimme die Lösungen der Gleichung durch Rechnung.

a) $x^2 - 9 = 0$ b) $-x^2 + 5 = 0$ c) $3x^2 - 6 = 0$ d) $x^2 + 1 = 0$
e) $4x^2 - 9 = 0$ f) $3x^2 + 2 = 0$ g) $x^2 - 8 = 0$ h) $6x^2 - 27 = 0$

14 Lösungen:
$\{\}$ $\{-3; 3\}$
$\{-\sqrt{5}; \sqrt{5}\}$ $\{\}$
$\{-\sqrt{8}; \sqrt{8}\}$ $\{-\sqrt{2}; \sqrt{2}\}$
$\left\{-\frac{3}{\sqrt{2}}; \frac{3}{\sqrt{2}}\right\}$ $\left\{-\frac{3}{2}; \frac{3}{2}\right\}$

15 Stelle eine Gleichung auf, die die angegebenen Lösungen hat.

a) $x_1 = 2;\ x_2 = -2$ b) $x_1 = \sqrt{7};\ x_2 = -\sqrt{7}$ c) $x_1 = 6;\ x_2 = -6$

16 Wasserfontänen lassen sich näherungsweise mit Parabeln beschreiben. Aus einer Wasserkanone soll Wasser 400 m weit und 40 m hoch spritzen. Überprüfe, ob diese Fontäne mit der Funktionsgleichung $h(x) = -0{,}001\,x^2 + 0{,}4\,x$ modelliert werden kann.

Übungen

17 *Grafische Lösungen von quadratischen Gleichungen*
Welche Gleichungen werden hier grafisch gelöst? Lies die Lösungen ab. Mache die Probe, indem du die Lösungen in die von dir aufgeschriebene Gleichung einsetzt.

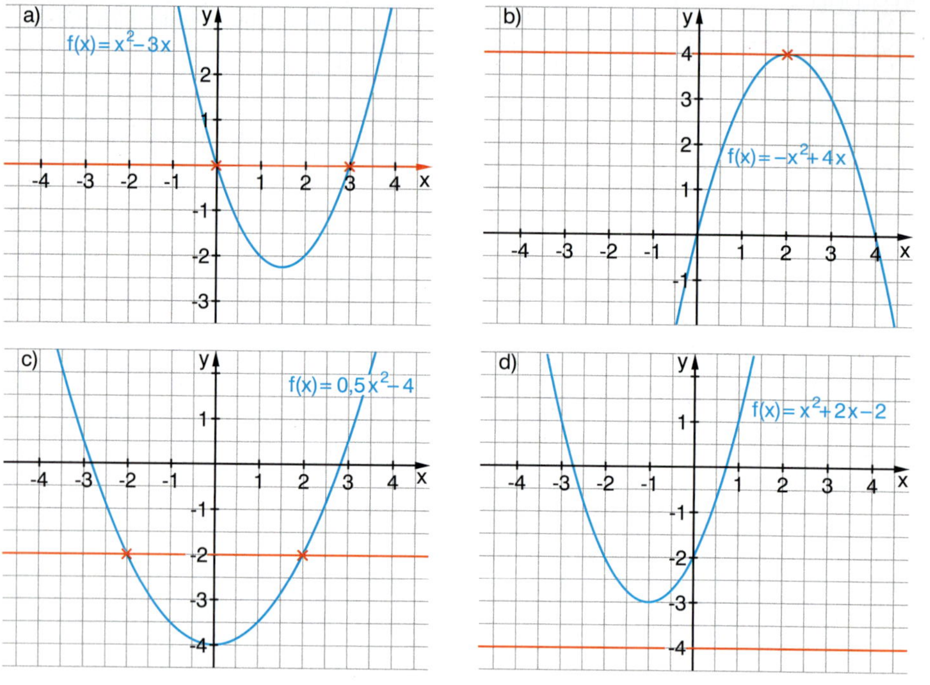

Man kann an den vier Aufgaben erkennen, wie viele Lösungen eine quadratische Gleichung haben kann. Was meinst du? Begründe deine Vermutung.

GTR

18 An welcher Stelle x hat der Graph der quadratischen Funktion einen „Hochpunkt" bzw. „Tiefpunkt"?
Es gibt verschiedene Lösungsmöglichkeiten, z. B. mithilfe einer Wertetabelle oder mit dem Graphen der jeweiligen Funktion. Wende jedes der beiden Verfahren zumindest einmal an.

a) $y(x) = x^2 - 4x$ b) $y(x) = x^2 - 4x - 5$ c) $y(x) = -x^2 + 4$

19 Nimm an, durch die Funktion $f(x) = -x^2 + 85x - 17$ wird der Gewinn eines Unternehmens in Abhängigkeit vom Verkaufspreis des Produktes dargestellt.

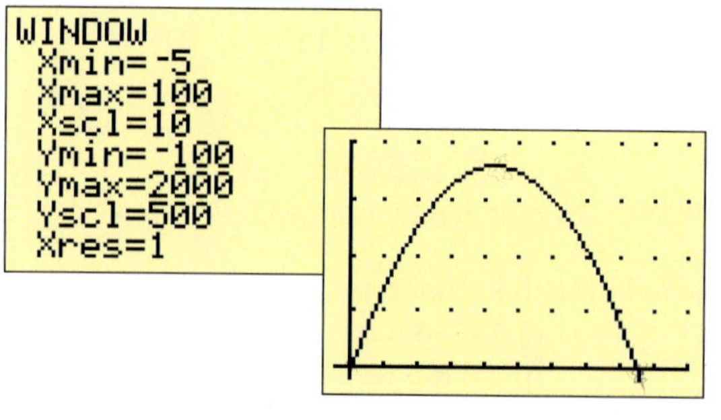

a) Formuliere Fragen, die sich mit dem Graphen der Funktion beantworten lassen.
b) Stell dir vor, du sollst die Geschäftsleitung beraten. Bereite einen entsprechenden Vortrag vor, den du mit der Grafik unterstützen möchtest. Denke dabei auch daran, dass du etwas zu dem „Grafikfenster" und zu den Variablen sagen musst, damit „Nichtmathematiker" verstehen, was dargestellt ist. Du kannst auch eigene Grafiken erstellen, in denen du die wichtigen Informationen besonders hervorhebst.

Aufgaben

20 *Die tollkühnen Klippenspringer von Acapulco*

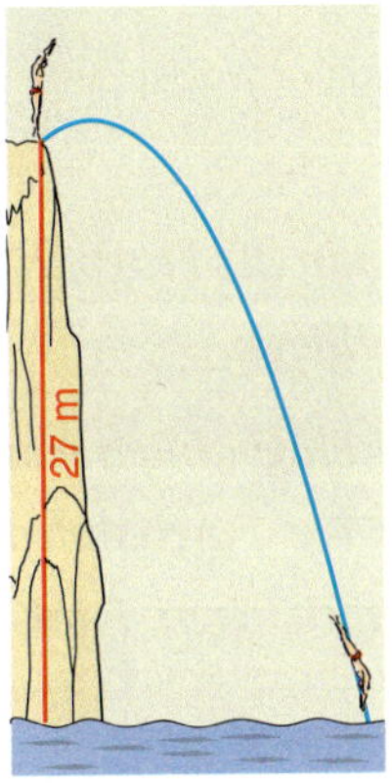

In Acapulco in Mexiko springen Wagemutige mit einem Kopfsprung von einem 27 m hohen Felsen. Dabei müssen sie darauf achten, dass sie genau einen Wellenberg treffen, denn sonst ist das Wasser nicht tief genug. Die Flugbahn eines Springers wird durch die Funktionsgleichung $h(x) = -x^2 + 2x + 27$ modelliert. Dabei bezeichnet h die Höhe über dem Wasser und x die horizontale Entfernung vom Absprungpunkt, jeweils in Metern.

a) Wie hoch ist der Springer zunächst gesprungen?
b) Wie weit entfernt vom Fuß des Felsens trifft er auf dem Wasser auf?

21 Die Höhe eines geschlagenen Golfballs über dem Grund in feet wird durch die Funktion $h(t) = -15t^2 + 90t$ gegeben. t ist die Zeit in Sekunden nach dem Abschlag.
a) Wie lange ist der Ball in der Luft?
b) Zu welchem Zeitpunkt hat der Ball die größte Höhe über dem Grund? Wie hoch ist der Ball dann?

In den USA wird noch immer in „feet" gemessen. Informiere dich über diese Maßeinheit.

22 Greta steht im Schwimmbad auf dem 5-m-Brett. Sie überlegt, wie lange es vom Absprung bis zum Eintauchen ins Wasser dauert.
a) Durch die Funktion $h(t) = -5t^2 + 5$ (h in m, t in s) kann man Gretas Höhe in Abhängigkeit von der Zeit berechnen.
Wo befindet sie sich zum Zeitpunkt 0 Sekunden, wo nach 2 Zehntelsekunden?
Wie lange dauert es, bis sie ins Wasser eintaucht?
b) Bei einem Kopfsprung springen Könner vom Sprungbrett ab und „fliegen" auf einer zunächst kurz ansteigenden parabelförmigen Flugbahn ins Wasser. Wenn Greta zunächst vom Sprungbrett aus nach „oben" springt, lautet die Funktion $h(t) = -5t^2 + 5t + 5$.
Wie lange dauert der Sprung jetzt?
Wie hoch liegt der höchste Punkt ihrer „Flugbahn"?

23 Gegeben ist ein Rechteck mit den Seitenlängen 8 cm und 5 cm. Die kürzere Seite soll um x cm verlängert und die längere um x cm verkürzt werden.

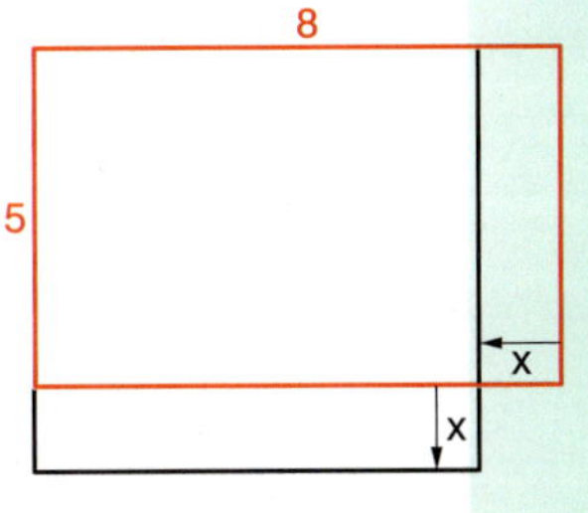

a) Verändert sich der Flächeninhalt? Begründe deine Meinung. Bei welchem Wert für x bleibt der Flächeninhalt gleich?
b) Berechne für verschiedene Werte von x den Flächeninhalt A(x).
c) Finde die Funktionsvorschrift $x \rightarrow A(x)$. Bei welchem Wert von x ist der Flächeninhalt maximal?

2.2 Entdeckungen an Graphen quadratischer Funktionen

Was dich erwartet

Mit quadratischen Funktionen kann man die Flugbahnen von Feuerwerksraketen recht gut modellieren.

Das Foto zeigt verschiedene parabelförmige Flugbahnen von Feuerwerksraketen. So unterschiedlich wie die Flugbahnen sind, so unterschiedlich sind auch die zugehörigen Funktionsgleichungen.

Worin unterscheiden sich die Funktionsgleichungen und die zugehörigen Graphen? Die Flugkurven und damit auch die Funktionsvorschriften haben aber auch einiges gemeinsam. Was sind diese Gemeinsamkeiten?

Aufgaben

Parabeln

Funktionsgleichungen:
$f(x) = x^2$
$g(x) = 2x^2$
$h(x) = -x^2$
$k(x) = (x-4)^2$
$l(x) = x^2-3$

1 Alle Graphen gehören zu quadratischen Funktionen. Es sind Parabeln.
a) Was haben die Parabeln in dem Schaubild gemeinsam, worin unterscheiden sie sich?
b) Ordne die Funktionsgleichungen richtig zu.

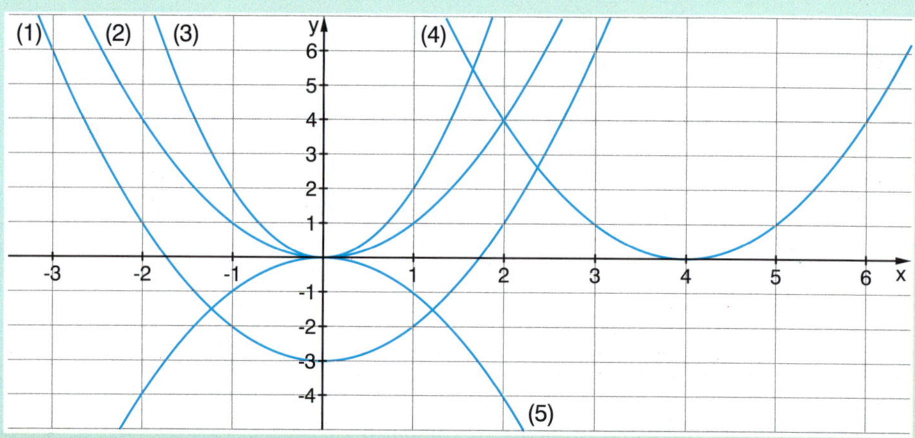

Vergleiche mit $f(x) = x^2$.

x	x^2
−4	16
−3	9
−2	4
−1	1
0	0
1	1
2	4
3	9
4	16

2 Erstelle zu den Graphen eine Tabelle. Wie lautet die zugehörige Funktionsgleichung?

a)
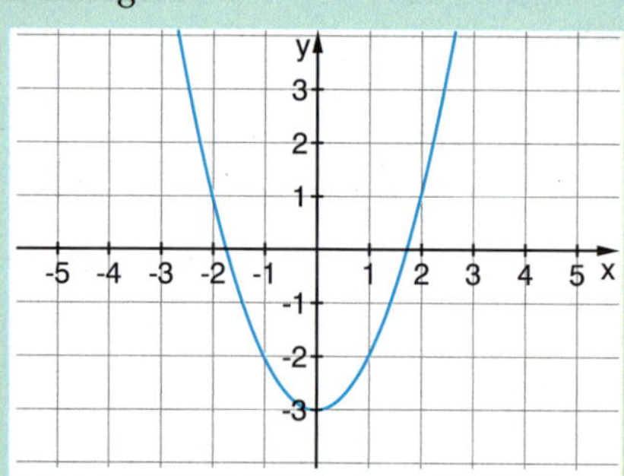

b)
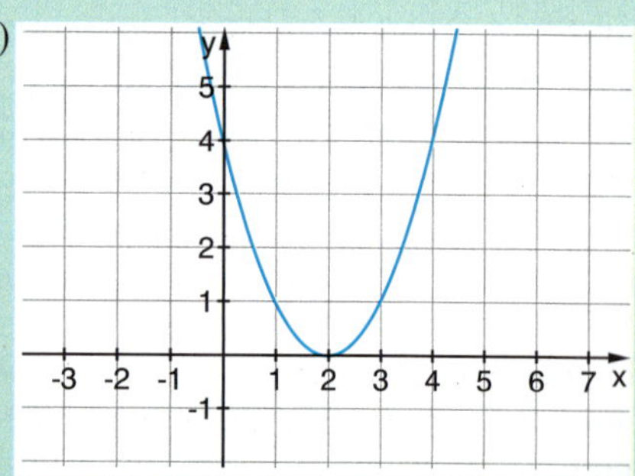

3 Wenn man ganz genau hinschaut, kann man beim Basketball- oder Fußballspiel Parabeln sehen. Bälle, die man wirft, schießt oder wie beim Golf abschlägt, fliegen eine parabelförmige Flugbahn.
Angenommen, die Gleichung $y(x) = -0{,}1x^2 + x + 2$ (x und y in Meter) modelliert die Flugbahn eines Fußballs, den ein Spieler einwirft.
a) Beschreibe die Flugbahn des Balles möglichst genau. Gib dabei die maximale Höhe des Balles an und ermittle, wie weit er geflogen ist, wenn er den Boden berührt.
b) Ergänze die Tabelle. Was fällt dir auf? Kannst du mit der Tabelle exakt angeben, bei welcher Weite sich der höchste Punkt der Flugbahn des Balles befindet?

Weite x	0	1	2	4	6	8	10	11
Höhe y	■	■	■	■	■	■	■	■

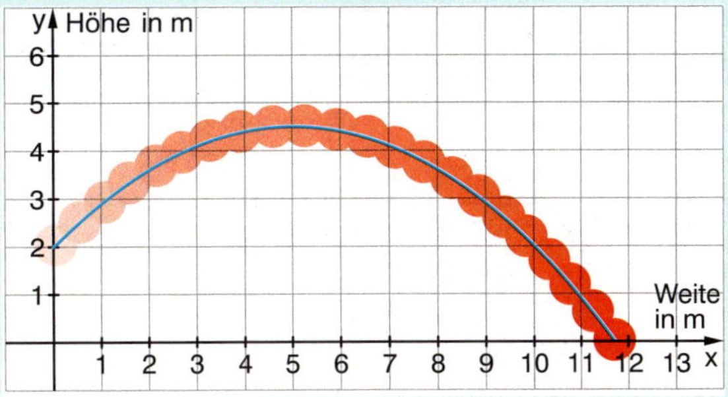

Basiswissen

Den Graphen einer quadratischen Funktion nennt man Parabel.
- Es gibt nach **unten geöffnete** und nach **oben geöffnete** Parabeln.
- Parabeln besitzen eine **Symmetrieachse**.
- Der **Scheitelpunkt** einer Parabel ist entweder der höchste Punkt **(Maximum)** oder der tiefste Punkt **(Minimum)** des Graphen.
- Parabeln können Schnittpunkte mit der x-Achse besitzen. Deren x-Koordinaten nennt man **Nullstellen**.

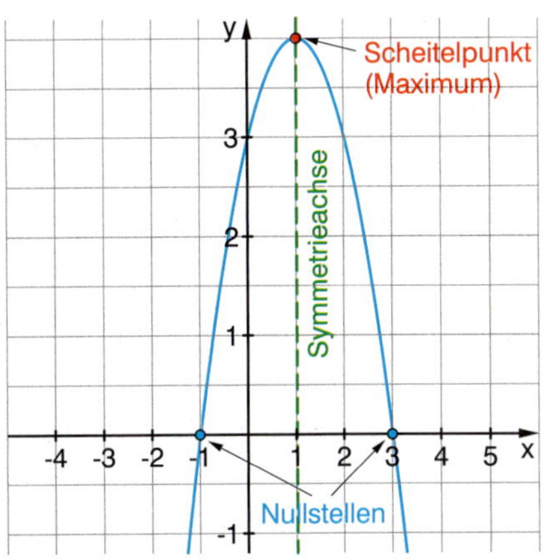

$f(x) = -x^2 + 2x + 3$

x	−2	−1	0	1	2	3	4
f(x)	−5	0	3	4	3	0	−5

↑ Maximum

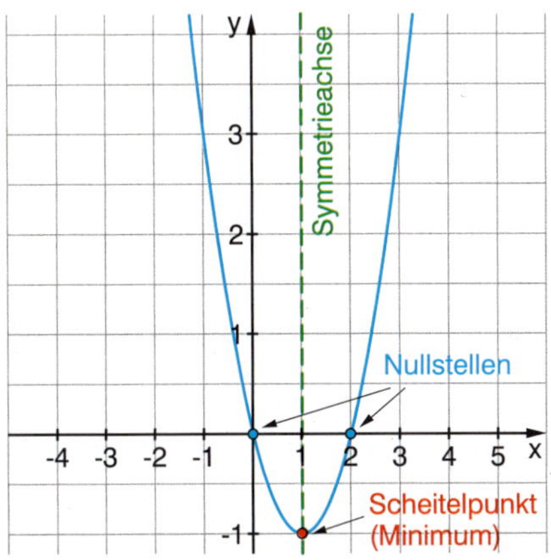

$g(x) = -x^2 - 2x$

x	−2	−1	0	1	2	3	4
g(x)	8	3	0	−1	0	3	8

↑ Minimum

Die Symmetrieachse geht durch den Scheitelpunkt der Parabel.

Beispiele

A *Mathematik mit Tabelle*
Wo hat die Funktion mit $f(x) = x^2 + 5$ ihren Scheitelpunkt?
Der Scheitelpunkt bei (0|5) ist ein Minimum.

x	−3	−2	−1	0	1	2	3
x^2	9	4	1	0	1	4	9
$x^2 + 5$	14	9	6	5	6	9	14

Beispiele

B Finde heraus, ob die quadratische Funktion mit $f(x) = x^2 - 4x + 3$ ein Maximum oder ein Minimum hat. Welche Koordinaten hat der Scheitelpunkt?

Lösungsverfahren 1
Am Graphen kann man ablesen, dass die Funktion ein Minimum hat.

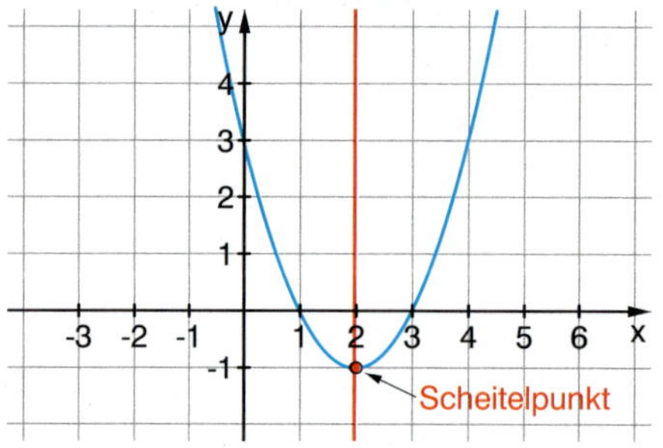

Die Koordinaten des Scheitelpunktes sind $(2|-1)$.

Lösungsverfahren 2
An der Tabelle kann man ablesen, dass die Funktion ein Minimum hat.

x	f(x)
0	3
1	0
2	−1
3	0
4	3

Scheitelpunkt (bei x = 2, f(x) = −1)

Die Symmetrieachse liegt bei $x = 2$. Die Symmetrieachse geht durch den Scheitelpunkt. Also liegt der Scheitel bei $x = 2$.
$y = f(2) = 2^2 - 4 \cdot 2 + 3 = -1$

C *„Kopfmathematik"*
Von einer quadratischen Funktion f ist bekannt, dass $f(2) = f(6)$ ist. Welche x-Koordinate hat der Scheitelpunkt der zugehörigen Parabel?

$x = 2$ und $x = 6$ wird derselbe y-Wert zugeordnet. Daher verläuft die Symmetrieachse genau in der Mitte zwischen $x = 2$ und $x = 6$, d.h. durch $x = 4$.
Der Scheitelpunkt hat also die x-Koordinate 4.

Übungen

4 Finde den Scheitelpunkt der Parabel und entscheide, ob es sich um ein Maximum oder ein Minimum handelt.
a) $f(x) = x^2 - 5$
b) $f(x) = x^2 - 2x - 3$
c) $f(x) = -x^2 + 4x + 6$
d) $f(x) = 2x^2 - 3$
e) $f(x) = x^2 - 4x$
f) $f(x) = -0{,}5x^2 - x + 2$

4 Lösungen:
(2|10)
(0|−3) (0|−5)
(2|−4) (1|−4)
(−1|2,5)

5 *Graphenlaboratorium 1*
Kann man an der Funktionsgleichung erkennen, ob eine Parabel nach unten oder oben geöffnet ist?
a) Zeichne jeweils den Graphen der Funktion.
(1) $y(x) = x^2 - 4x + 1$
(2) $y(x) = x^2 - 4x - 1$
(3) $y(x) = x^2 + 4x + 1$
(4) $y(x) = -x^2 - 4x + 1$
Was wurde gegenüber Funktion (1) jeweils verändert? Formuliere eine Vermutung, indem du den nebenstehenden Satz vollendest.
b) Überprüfe deine Vermutung an verschiedenen Beispielen mit einem GTR oder einem Funktionenplotter.

Vermutung:
Die Parabel zu einer quadratischen Funktion $f(x) = ax^2 + bx + c$ ist nach unten geöffnet, wenn …

Es geht auch mit einer Tabelle.

6 *„Kopfmathematik"*
a) Begründe: Besitzt eine Parabel zwei Nullstellen, dann liegt der Scheitelpunkt der Parabel genau in der Mitte zwischen den beiden Nullstellen.
b) Bestimme die x-Koordinate des Scheitelpunktes einer Parabel mit den Nullstellen $x_1 = 2$; $x_2 = 4$ ($x_1 = -5$; $x_2 = 7$).

7 Ein Fußball fliegt bei einem Freistoß 60 m weit. Der höchste Punkt seiner parabelförmigen Flugbahn ist 6 m hoch.
a) Skizziere den Flug des Balles in einem Koordinatensystem und beschrifte die Skizze.
b) Welche Koordinaten hat der Scheitelpunkt der Flugbahn?

Übungen

8 *Modellieren*

Ein guter Golfspieler kann einen Golfball 200 m weit schlagen. Mit einer Videoaufzeichnung kann man nachweisen, dass die Flugbahn parabelförmig ist. Ein Physiker behauptet, dass man die Flugbahn mit der Funktion $h(w) = -0{,}0025\,w(w - 200)$ beschreiben kann. Du kannst herausfinden, ob dies stimmen kann, indem du die folgenden Fragen beantwortest.

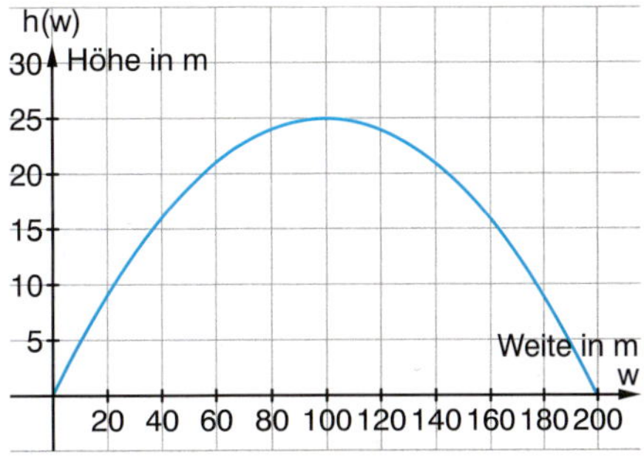

a) Handelt es sich um eine quadratische Funktion?

b) Welche Höhe h(w) wird den Werten w = 0 und w = 200 zugeordnet? Welche Bedeutung haben die zugehörigen Punkte für die Flugbahn?

c) An welcher Stelle hat die Funktion ihren Scheitelpunkt? Welche größte Höhe erreicht der Golfball? Frage einen Golfspieler, ob dein Ergebnis stimmen könnte.

9 Verwende die Funktionen mit $f(x) = x^2 - 4x + 5$ und $g(x) = 2x - 1$ zur Beantwortung der folgenden Frage.
Wie unterscheiden sich die Graphen (Funktionsgleichungen, Tabellen) einer linearen Funktion und einer quadratischen Funktion?

10 *Graphenlaboratorium 2*

Einfache Gleichungen für Parabeln haben die Form $f(x) = ax^2$. Welche Bedeutung hat der Parameter a?

a heißt Vorfaktor oder Parameter.

(1)

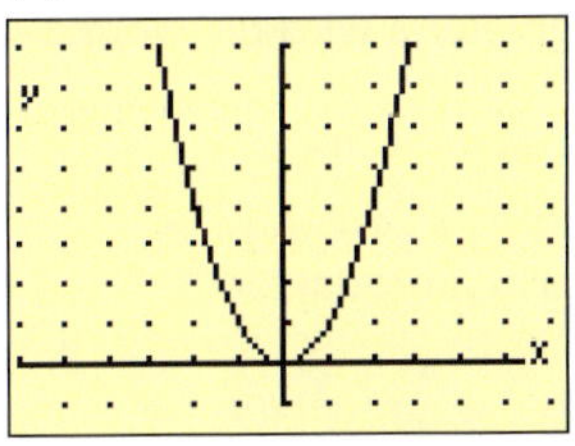

Für a = 1 erhält man die „Mutter“ aller Parabeln: Die Normalparabel $f(x) = x^2$.

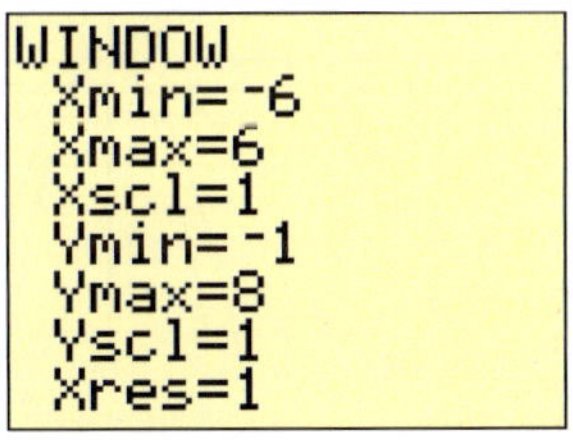

(2)

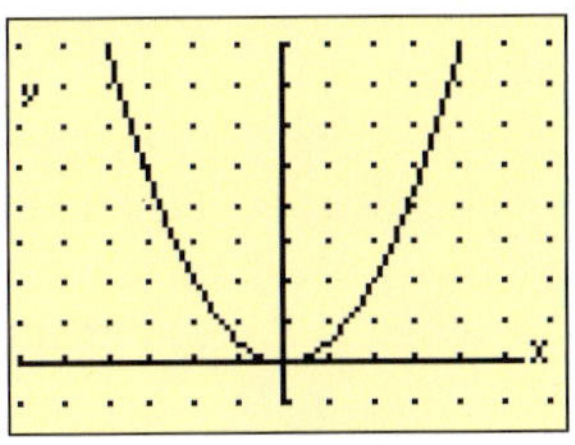

(3)

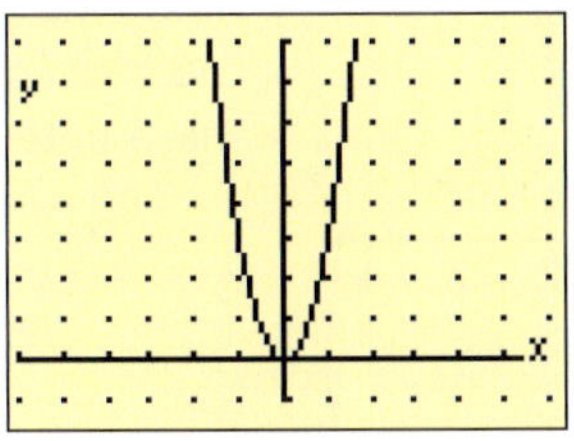

(4)

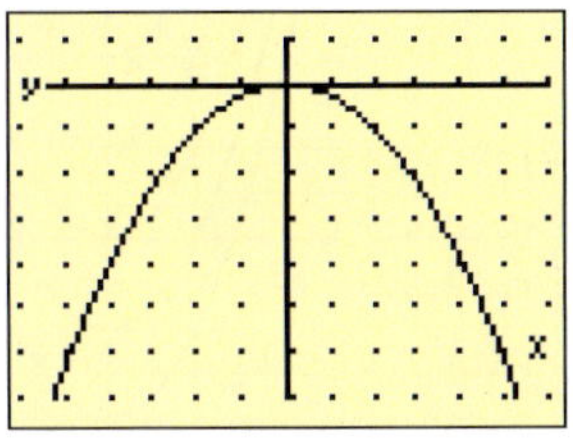

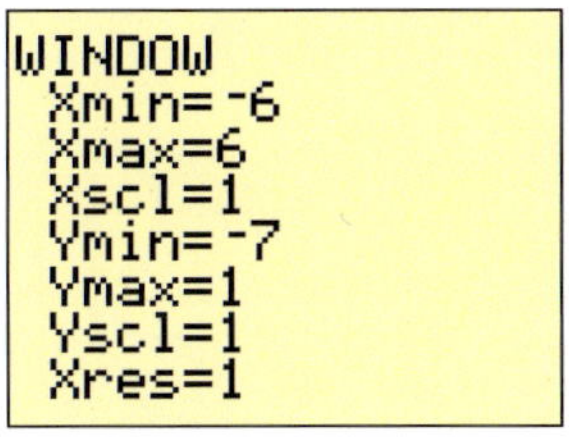

a) Finde mithilfe einer Wertetabelle zu jeder Parabel den Parameter a in der Funktionsgleichung $f(x) = ax^2$.

b) Wie verändert sich das Aussehen der Parabel, wenn man a variiert? Übertrage die Tabelle in dein Heft und ergänze sie.

$f(x) = ax^2$	Aussehen der Parabel
$a > 1$	nach oben geöffnet und „schmaler“
$a = 1$	Normalparabel
$0 < a < 1$	■
$1 < a < 0$	■
$a < -1$	■

Übungen

Den Graphen kannst du auch mit einem Funktionenplotter zeichnen, z. B. im Programm „Graphix“ auf der CD-ROM zu Band 7: Menü *Funktionenplotter* oder Menü *Parabeln*

11 *Graphenlaboratorium 3*

Aus der Funktionsgleichung für die Normalparabel $f(x) = x^2$ kann man neue Funktionsgleichungen „basteln“.

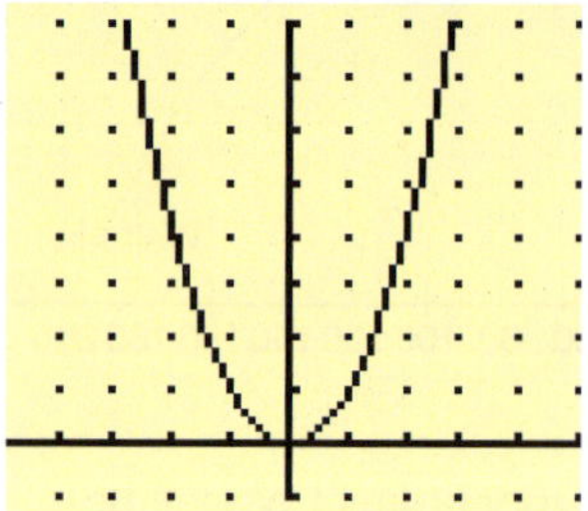

$f(x) = x^2 + e$

$f_1(x) = x^2$
$f_2(x) = x^2 + 2$
$f_3(x) = x^2 - 1$
$f_4(x) = x^2 + 4$
$f_5(x) = x^2 - 2$

$g(x) = (x - d)^2$

$g_1(x) = x^2$
$g_2(x) = (x + 2)^2$
$g_3(x) = (x - 1)^2$
$g_4(x) = (x + 4)^2$
$g_5(x) = (x - 2)^2$

a) Du kannst auf verschiedene Arten herausfinden, wie der Parameter e die Normalparabel verändert: durch Überlegen, mit Graphen oder mit Wertetabellen.
b) Welche Wirkung hat der Parameter d auf den Graphen?

Basiswissen

Auch bei quadratischen Funktionen kann man wie bei den linearen Funktionen bereits aus der Funktionsgleichung viele Informationen über die Lage und Form des zugehörigen Graphen erhalten.

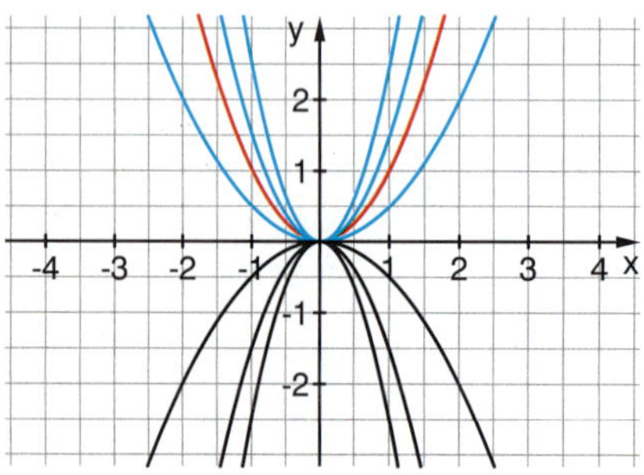

$f(x) = ax^2$
$a > 0$: Graph nach oben geöffnet,
$a < 0$: Graph nach unten geöffnet.

Durch den Parameter a wird die Normalparabel
„aufgebogen“, wenn $0 < |a| < 1$,
„zusammengebogen“, wenn $|a| > 1$.
a nennt man auch Streckfaktor.

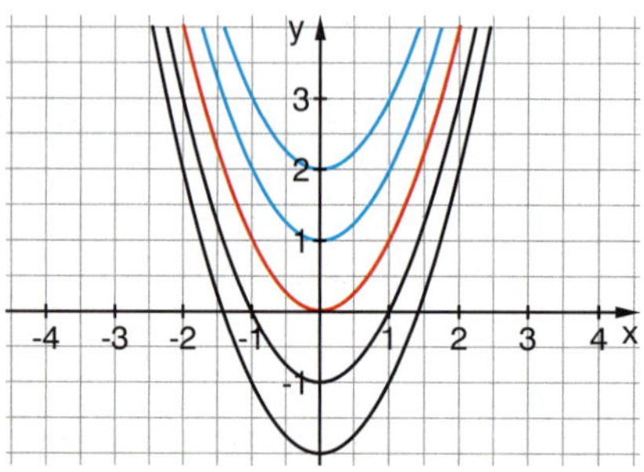

$f(x) = x^2 + e$
Der Graph wird um $|e|$ verschoben, und zwar
nach oben für $e > 0$,
nach unten für $e < 0$.

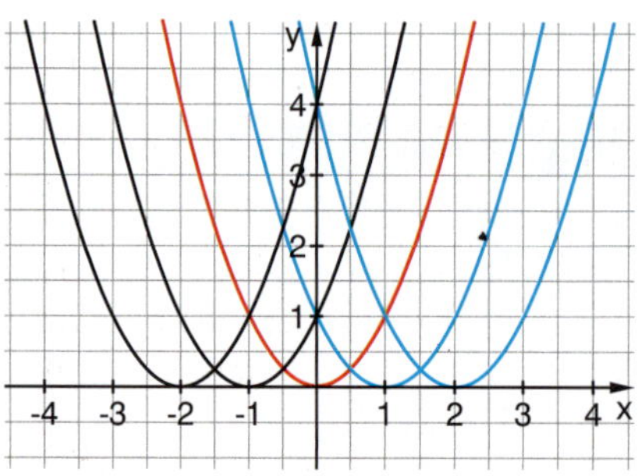

$f(x) = (x - d)^2$
Der Graph wird um $|d|$ verschoben, und zwar
nach rechts für $d > 0$,
nach links für $d < 0$.

Achtung: $g(x) = (x + 2)^2 = (x - (-2))^2$
Normalparabel, die um 2 Einheiten nach links verschoben ist.

Beispiele

D Aus den folgenden Funktionsgleichungen kann man die Lage und das Aussehen der zugehörigen Parabeln ablesen.

$f(x) = x^2 - 2$	Um 2 Einheiten nach unten verschobene Normalparabel, der Scheitelpunkt liegt bei $(0 \mid -2)$.	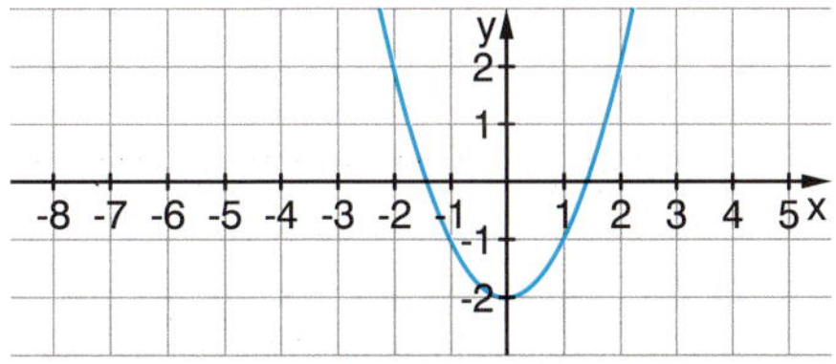
$g(x) = (x + 3)^2$ $= (x - (-3))^2$	Um 3 Einheiten nach links verschobene Normalparabel, der Scheitelpunkt liegt bei $(-3 \mid 0)$.	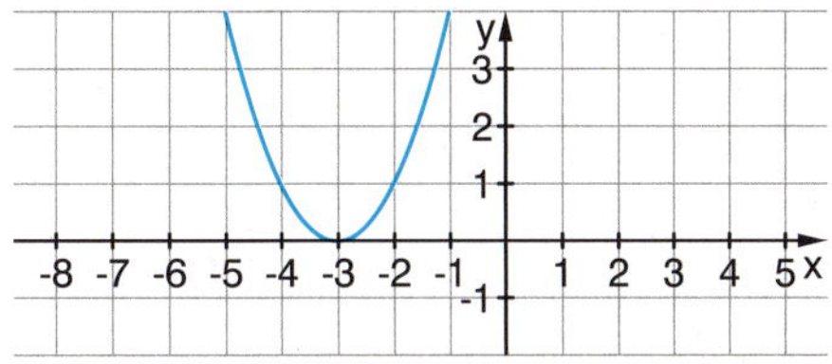
$h(x) = -0{,}5\,x^2$	„Gestauchte", nach unten geöffnete Parabel, der Scheitelpunkt liegt bei $(0 \mid 0)$.	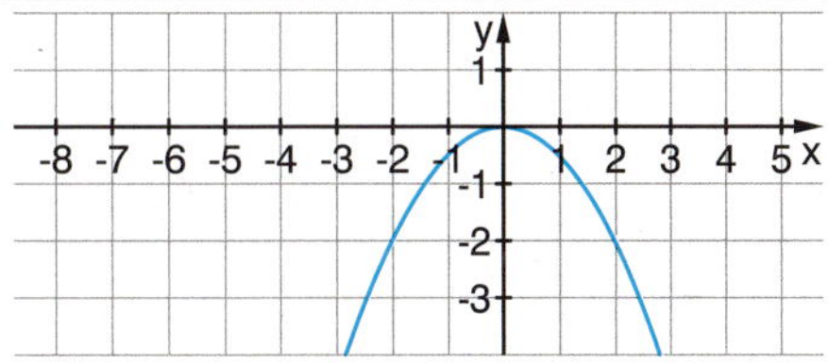

So sprechen die Mathematiker: Statt „aufgebogen" sagt man auch „gestaucht", statt „zusammengebogen" auch „gestreckt".

E Lies aus der Funktionsgleichung so viele Informationen wie möglich ab:

$f(x) = 2(x-1)^2 - 3$

Der Scheitelpunkt der Parabel liegt bei $(1 \mid -3)$; sie ist nach oben geöffnet und mit dem Faktor 2 gestreckt.

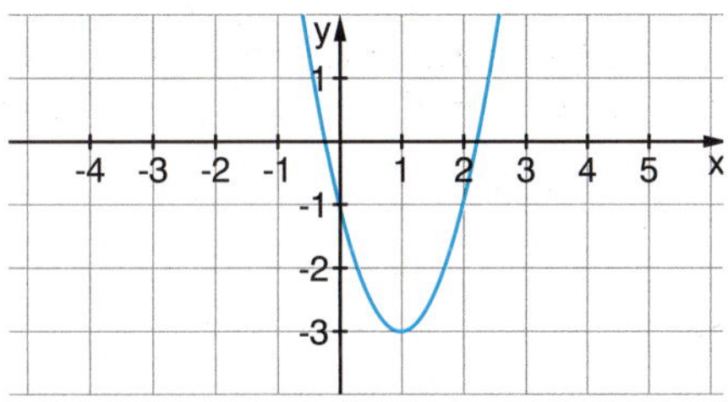

Die **Scheitelpunktform** $f(x) = a(x-d)^2 + e$ ist eine besonders praktische Darstellung einer quadratischen Funktion.

F Gib die Funktionsgleichung einer verschobenen Normalparabel an, deren Scheitelpunkt $S(-2 \mid -4)$ ist.

$f(x) = a(x-d)^2 + e$

$a = 1$ (Normalparabel)

$d = -2$, $e = -4$

$f(x) = (x-(-2))^2 - 4 = (x+2)^2 - 4$

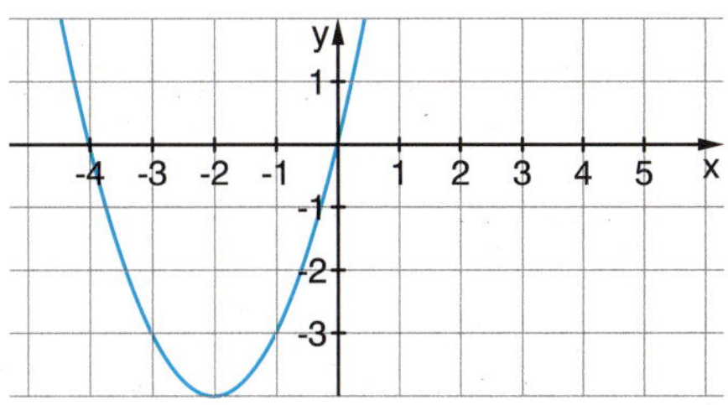

Übungen

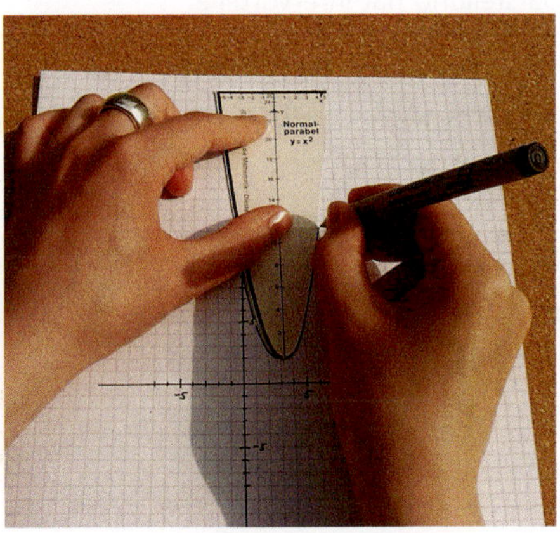

12 Zeichne die Parabeln zu den Funktionsgleichungen.

a) $f_1(x) = -(x-2)^2 + 1$

b) $f_2(x) = (x-2)^2 + 1$

c) $f_3(x) = -(x+4)^2 + 1$

d) $f_4(x) = (x+4)^2 - 3$

Mit einer **Schablone** kannst du die Aufgaben leicht ausführen.

13 Zeichne verschobene Normalparabeln, die ihren Scheitelpunkt bei S haben. Gib jeweils auch die zugehörige Funktionsgleichung an.

a) $S(2 \mid 4)$ b) $S(-2 \mid 1)$

c) $S(3 \mid -1)$ d) $S(-1 \mid -4)$

Übungen

Fehler erkennen – Fehler vermeiden

14 *Beliebte Fehler*

Häufig wird aus der Scheitelpunktform der Scheitel falsch abgelesen. Es gibt verschiedene Möglichkeiten zu überprüfen, ob der Scheitelpunkt richtig bestimmt wurde oder nicht.

a) $f(x) = (x + 2)^2 - 6$. Ist der Scheitelpunkt $S(2|-6)$? Gib gegebenenfalls den richtigen Scheitelpunkt an.
- Überprüfe, ob der Punkt $(2|-6)$ auf dem Graphen liegt.
- Erstelle eine Wertetabelle für $-4 \le x \le 4$, Schrittweite 1.
- Zeichne den Graphen mit dem GTR.

b) Begründe mithilfe einer Tabelle, dass der Scheitelpunkt der Parabel $f(x) = (x + 1)^2$ im Vergleich zur Normalparabel um eine Einheit nach links verschoben ist.

15 Zeichne die Parabel zu $f(x) = (x-3)^2 + 1$.

a) Spiegele die Parabel an der x-Achse und gib die Funktionsgleichung an.

b) Spiegele die Parabel an der y-Achse und gib die Funktionsgleichung an.

c) Drehe die Parabel um 180° um den Ursprung.

d) „Kopfmathematik": Führe a) und b) mit allen Parabeln aus Aufgabe 12 und 13 durch. Sage vorab ohne Zeichnung, wie die Funktionsgleichungen jeweils lauten.

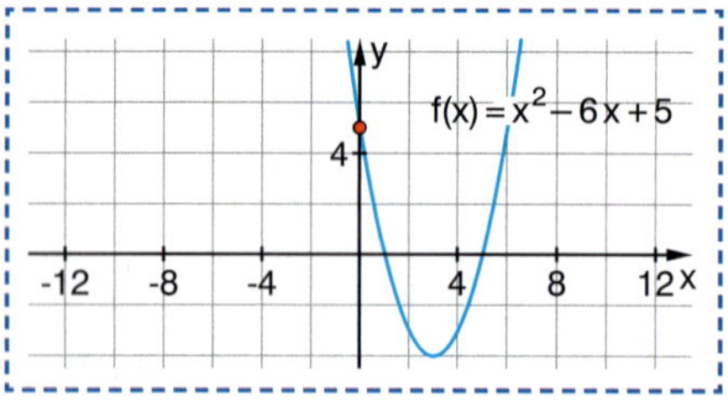

16 *Schnittpunkt mit der y-Achse*

a) Alle Parabeln besitzen einen Schnittpunkt $(0|y)$ mit der y-Achse. Man kann ihn mit der Funktionsgleichung leicht bestimmen. Welche Schnittpunkte mit der y-Achse haben die Graphen der Funktionen mit $f(x) = x^2 - 5x + 2$ und mit $g(x) = x^2 + 6x - 1$?

b) Bestimme den Schnittpunkt des Graphen der Funktion mit $f(x) = ax^2 + bx + c$ mit der y-Achse.

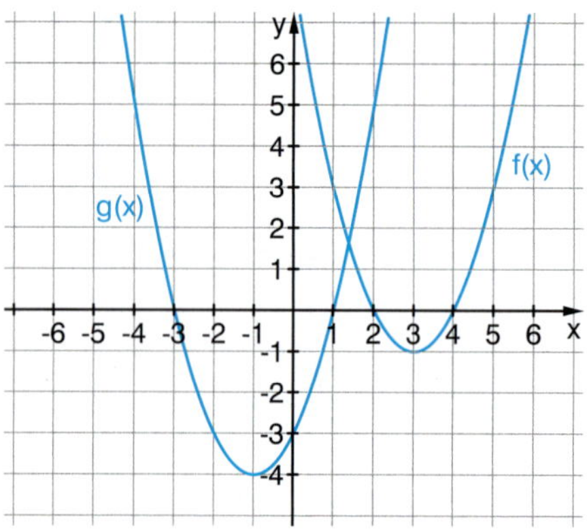

17 *Verschobene Normalparabeln*

a) Gib zu den zwei Parabeln jeweils die Funktionsgleichung in Scheitelpunktform (Beispiel E, Seite 63) an.

b) Lars behauptet, dass man die Funktionsgleichungen auch wie folgt aufschreiben kann:

$f(x) = (x-4)(x-2)$ und
$g(x) = (x-1)(x + 3)$.

Hat er Recht? Wie kann Lars ausgehend von den Graphen auf die Gleichungen gekommen sein?

Basiswissen

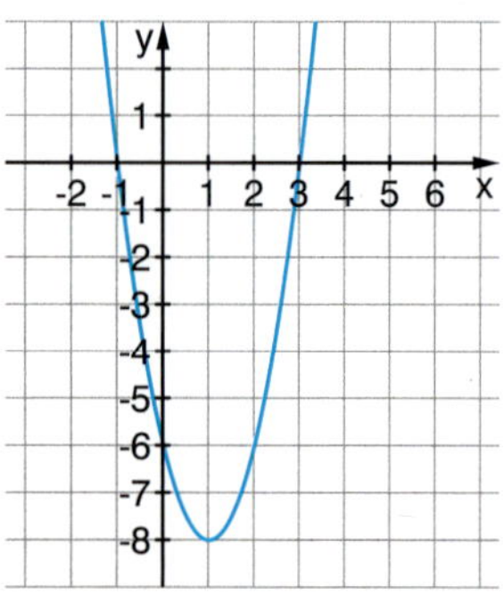

Eine Parabel – drei Darstellungen: Jede Darstellung hat ihre Vorteile.

	Scheitelpunktform	**allgemeine Form**	**faktorisierte Form**
Funktionsgleichung	$y(x) = 2(x-1)^2 - 8$	$y(x) = 2x^2 - 4x - 6$	$y(x) = 2(x-3)(x + 1)$
	↓	↓	↓
direkt abzulesen	**Scheitelpunkt** $(1|-8)$, **Streckfaktor** 2.	**Schnittpunkt mit y-Achse** $(0|-6)$, **Streckfaktor** 2.	**Nullstellen:** 3 und −1, **Streckfaktor** 2.

Hat eine Parabel zwei Nullstellen, dann liegt aus Symmetriegründen der Scheitelpunkt in der Mitte zwischen den beiden Nullstellen.

Beispiele

G Bestimme die Nullstellen und den Scheitelpunkt der quadratischen Funktion mit $f(x) = 0{,}5(x-6)(x+2)$ und zeichne den Graphen.
Nullstellen: $f(x) = 0$
$0{,}5(x-6)(x+2) = 0$
$\Rightarrow x_1 = -2;\ x_2 = 6$
Scheitelpunkt: $x_S = 2$ (Mitte von 6 und −2),
$y_S = f(2) = 0{,}5(2-6)(2+2) = -8$
$S(2\,|\,-8)$

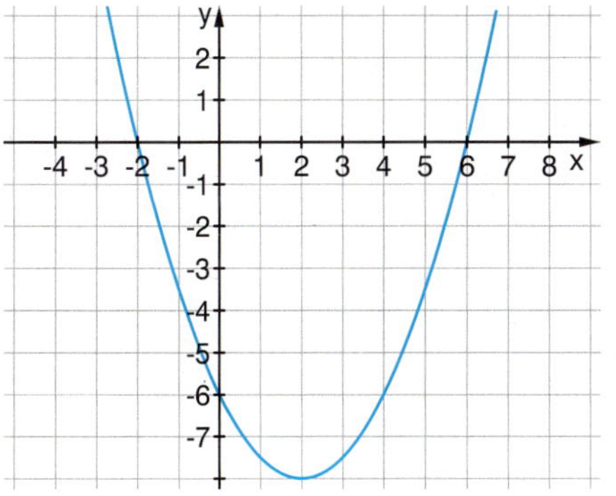

Denke daran: Ein Produkt ist 0, wenn einer der Faktoren 0 ist.

Übungen

18 *Eine Parabel – drei Darstellungen*

Scheitelpunktform	Normalform	faktorisierte Form
(1) $y(x) = (x-0{,}5)^2 - 2{,}25$	$y(x) = x^2 - x - 2$	$y(x) = (x-2)(x+1)$
(2) $y(x) = -\left(x-\frac{1}{2}\right)^2 + 2{,}25$	$y(x) = -x^2 + x + 2$	$y(x) = -(x+1)(x-2)$
(3) $y(x) = 2\cdot\left(x+\frac{3}{2}\right)^2 - \frac{9}{2}$	$y(x) = 2x^2 + 6x$	$y(x) = 2x(x+3)$

a) Weise nach, dass es sich jeweils um dieselbe Funktion handelt.
b) Zeichne die Parabeln möglichst geschickt.
c) An welcher Darstellungsform kann man den Scheitelpunkt der Parabel am besten ablesen? Welche Form ist besonders praktisch, um die Nullstellen zu erkennen? Welche Information über die Parabel erhält man leicht mit der Normalform?

19 *Faktorisierte Form und Symmetrie: ganz schön praktisch!*
Bestimme jeweils Nullstellen und Scheitelpunkt.
a) $y(x) = x\left(x-\frac{3}{4}\right)$ b) $y(x) = \left(x-\frac{2}{5}\right)\left(x+\frac{2}{5}\right)$ c) $y(x) = -2(x+1)(x+4)$
d) $y(x) = \left(x+\frac{3}{2}\right)^2$ e) $y(x) = -2(x-1{,}75)^2$ f) $y(x) = (2-x)^2$
g) Welche der Funktionen a) bis f) stellen verschobene Normalparabeln dar? Die Graphen dieser Funktionen kann man besonders einfach zeichnen.

Du kannst deine Ergebnisse überprüfen, indem du die Graphen mit dem GTR zeichnest.

20 *Nullstellenbestimmung und quadratische Gleichungen*
Für einfache quadratische Funktionen kann man die Nullstellen rechnerisch bestimmen.
a) $f(x) = x^2 - 9$ b) $f(x) = 3x^2 - 6$
c) $f(x) = 2x^2$ d) $f(x) = x^2 + 4$
e) $f(x) = -3x^2 + 6$ f) $f(x) = 5x^2 + 12$

Nullstellen von
$f(x) = 4x^2 - 4$
$0 = 4x^2 - 4 \quad |+4$
$4 = 4x^2 \quad |:4$
$1 = x^2$
$x_1 = 1;\ x_2 = -1$

x nennt man Nullstelle einer Funktion, wenn f(x) = 0 ist.

Nullstellen von
$f(x) = x^2 - 3x$
$x^2 - 3x = 0$
Faktorisieren
$x(x-3) = 0$
$x_1 = 0;\ x_2 = 3$

21 *Nullstellenberechnung durch Faktorzerlegung*
Wo liegen die Nullstellen der Parabel mit der Gleichung
a) $y(x) = x^2 + 2x$ b) $y(x) = -3x^2 + 6x$
c) $y(x) = 2x^2 - 8$ d) $y(x) = -x^2 - 10$
Berechne jeweils auch den Scheitelpunkt. Handelt es sich um ein Minimum oder ein Maximum?

Manchmal hilft eine binomische Formel.

22 *Quadratische Funktionen – Binomische Formeln*
a) Bestimme den Scheitelpunkt und die Nullstellen der Funktion $f(x) = x^2 - 4x + 4$ mithilfe des Graphen.
b) Schreibe die Funktionsgleichung in Scheitelpunktform und in faktorisierter Form auf. Was stellst du fest?
c) Bestimme ohne Graphen die Nullstellen und den Scheitelpunkt der Parabeln von $g(x) = x^2 + 6x + 9$ und $h(x) = x^2 - 10x + 25$.

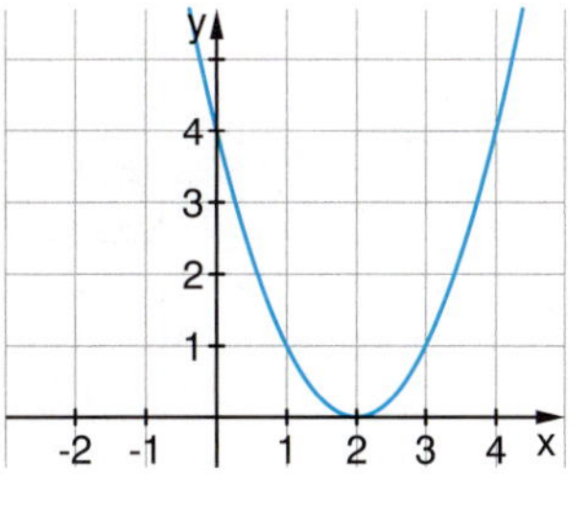

Übungen

23 *Mathe ohne Worte*
Saskia behauptet: „Wenn ich die Nullstellen einer Parabel kenne, kann ich nicht nur ihren Graphen zeichnen, sondern kenne auch ihren Scheitelpunkt und ihre Funktionsgleichung." Oliver legt ein Schaubild mit verschiedenen Parabeln wortlos vor. Was meinst du?

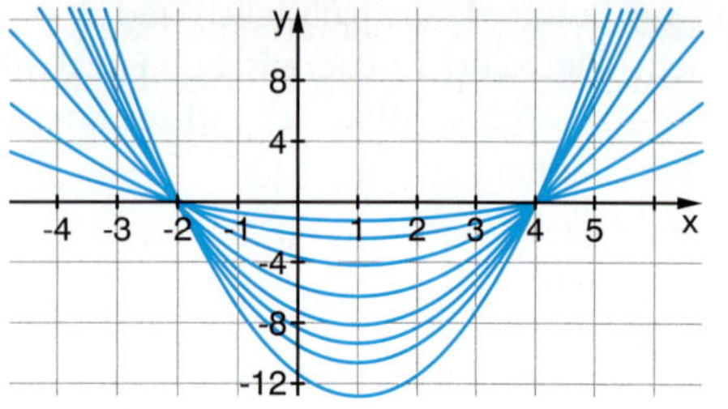

24 Gib die Gleichung einer Parabel an, die folgende Nullstellen hat. Es gibt jeweils mehrere Lösungen.
a) $x_1 = 1;\ x_2 = 3$ b) $x_1 = -4;\ x_2 = 1{,}5$ c) $x_1 = -2{,}7;\ x_2 = \frac{1}{2}$ d) $x_1 = 2$

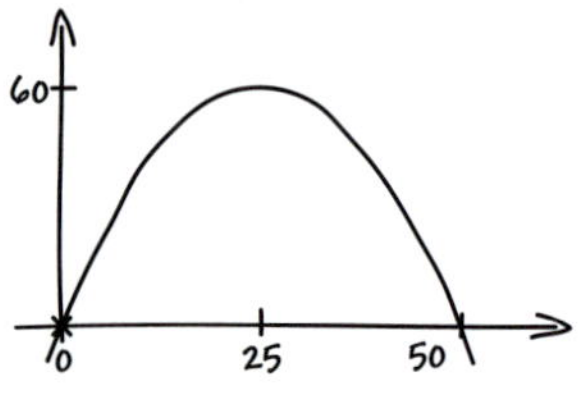

Rakete
$x_s = 25,\ f(x_s) = 60$
$f(x) = a\,x(x-50)$
$f(25) = 60 = a \cdot 25 \cdot (25-50)$
$\Rightarrow \ldots$

25 Ein Wissenschaftler untersucht den Flug von Feuerwerksraketen. Mit einer Videokamera nimmt er den Flug auf, fertigt eine Skizze an und rechnet. Erläutere die Skizze und die Rechnung. Rechne weiter.

Aufgaben

quadratische Ergänzung: $x^2 + bx + \left(\frac{b}{2}\right)^2$

26 *Von der Normalform zur Scheitelpunktform: Binomische Formeln – eine große Hilfe beim Parabelzeichnen*

Und so wird es gemacht:
$f(x) = x^2 - 6x + 3$
$= x^2 - 6x + 9 - 9 + 3$
quadratische Ergänzung
$= (x-3)^2 - 6$
Scheitelpunkt $S(3|-6)$

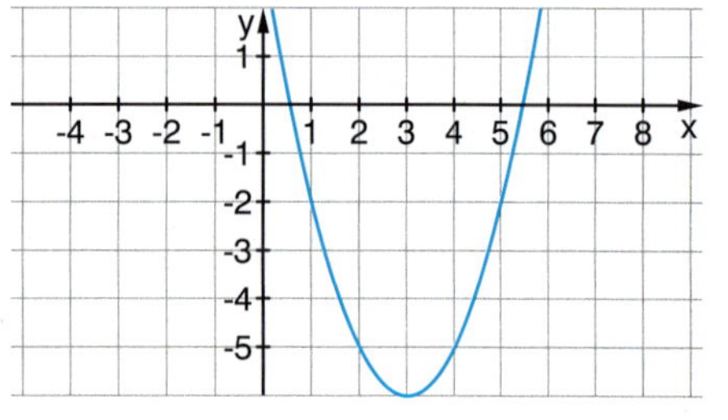

Forme in die Scheitelpunktform um. Bestimme die Koordinaten des Scheitelpunktes und zeichne den Graphen der Funktion.
a) $f(x) = x^2 - 10x + 15$ b) $f(x) = x^2 + 2x - 3$ c) $f(x) = x^2 + 3x - 2$
d) $f(x) = x^2 - 9$ e) $f(x) = x^2 - 4x + 16$ f) $f(x) = x^2 - 7x$

27 *Von der Normalform zur Scheitelpunktform – wenn es schwieriger wird*
Forme um in die Scheitelpunktform. Bestimme die Koordinaten des Scheitelpunktes

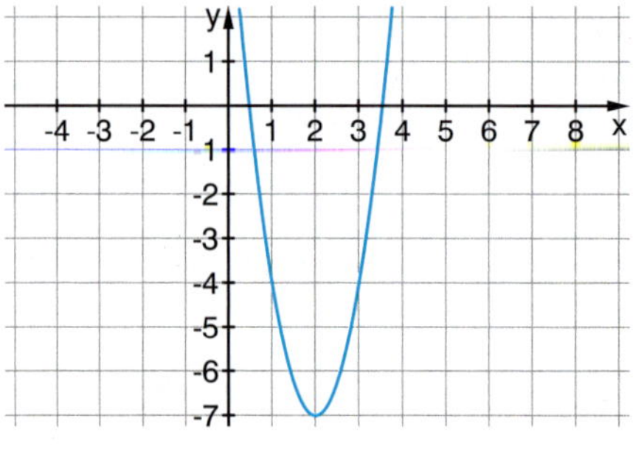

$f(x) = 3x^2 - 12x + 5$
ausklammern
$= 3(x^2 - 4x) + 5$
quadratische Ergänzung
$= 3(x^2 - 4x + 4 - 4) + 5$
$= 3(x^2 - 4x + 4) - 3 \cdot 4 + 5$
$= 3(x-2)^2 - 7$
Scheitelpunkt $S(2|-7)$,
gestreckte Parabel, Streckfaktor 3

und zeichne den Graphen der Funktion.
a) $f(x) = 2x^2 + 12x - 10$ b) $f(x) = -3x^2 - 12x + 12$ c) $f(x) = -x^2 - 6x + 2$
d) $f(x) = x^2 - x + 1$ e) $f(x) = 0{,}5x^2 - 3x + 1$ f) $f(x) = -2x^2 - 4x$

Aufgaben

28 Ingenieure planen eine Hängebrücke, die an dicken Drahtseilen aufgehängt ist. Den Brückenbogen kann man näherungsweise mit einer quadratischen Funktion modellieren. Angenommen:

$f(x) = \frac{1}{450}x^2 - \frac{2}{3}x + 60.$

Bestimme den Scheitel der Parabel. Wie hoch liegt er über der Fahrbahn?

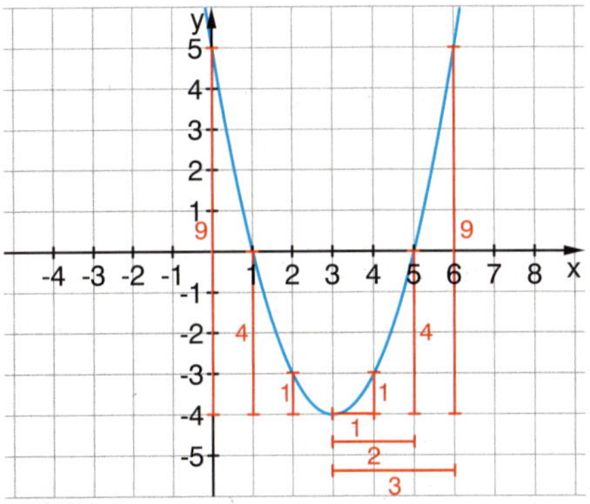

29 *Zeichnen einer Parabel mithilfe der Quadratzahlen*

Schau das Bild genau an. Du kannst erkennen, wie die Parabel mithilfe von Quadratzahlen gezeichnet wurde.
Zeichne genauso den Graphen von

a) $f(x) = (x-2)^2 + 1$
b) $g(x) = -(x+2)^2 + 3$
c) $h(x) = 0{,}5(x+4)^2$
d) $i(x) = -2(x-1)^2 + 1$

30 *Wanted – Teil 1:* Von einer Parabel sind bekannt:

1) Der Scheitelpunkt (1|3) und eine Nullstelle bei 4. Wo ist die zweite Nullstelle?

2) Der Scheitelpunkt (−2|4) und der Punkt (1|1). Bestimme einen weiteren Punkt der Parabel.

3) Der Scheitelpunkt (−3|−2) und der Faktor vor dem quadratischen Term a = −0,5. Was weiß man?

4) Die Nullstellen 4 und 8. Wo ist der Scheitel?

Stelle zu jeder Parabel eine zugehörige Gleichung auf. Mache dann die „Probe" mit dem GTR.

31 *Wanted – Teil 2*

Gesucht ist die Gleichung einer Parabel

a) mit dem Scheitelpunkt (4|−2) und dem Streckfaktor a = −1,
b) mit dem Scheitelpunkt (−1|1) und einer Nullstelle bei x = 0,
c) mit dem Scheitelpunkt (2|−1) und dem y-Achsenabschnitt 3,
d) mit den Nullstellen $x_1 = 1$; $x_2 = -5$ und dem Streckfaktor 1.

Teste deine Gleichung, indem du die zugehörige Parabel zeichnest. Das geht flott, wenn du einen GTR benutzt.

32 *Zum Nachdenken*

a) Von einer Parabel ist bekannt, dass sie nur eine Nullstelle besitzt. Was kann man dann über den Scheitel, die Scheitelpunktform und die faktorisierte Form der zugehörigen Funktionsgleichung sagen?
b) Wie viele Schnittpunkte können zwei Parabeln besitzen? Fertige für jeden der Fälle eine Skizze an.
c) Martina stellt fest: „An dieser Tabelle kann ich sofort ablesen, wie die zugehörige Funktionsgleichung lautet."

x	−4	−3	−2	−1	0	1	2	3	4
y(x)	4	1	0	1	4	9	16	25	36

2.3 Quadratische Gleichungen

Was dich erwartet

In vielen Anwendungssituationen werden quadratische Funktionen verwendet. Wenn Lisa beim Volleyball einen Aufschlag macht, dann kann man den Flug des Volleyballs mit einer quadratischen Funktion modellieren.

Man kann mit der Funktion viele interessante Fragen beantworten:

- *Wie hoch fliegt der Ball? (Achtung, die Hallendecke ist niedriger, als du denkst.)*
- *Kommt der Ball über das Netz?*
- *Landet der Ball im gegnerischen Feld?*
- *Wo fliegt der Ball niedriger als 0,5 m? (Dann ist die Annahme des Balles fast unmöglich.)*

Häufig stößt man beim Lösen von Problemen im Zusammenhang mit quadratischen Funktionen auf quadratische Gleichungen. Quadratische Gleichungen kann man zeichnerisch mithilfe eines Graphen lösen. Einfache quadratische Gleichungen kannst du bereits rechnerisch lösen. Für schwierigere gibt es verschiedene Lösungsstrategien, u. a. auch Lösungsformeln.

Aufgaben

1 Ein Rettungshubschrauber schwebt 25 m über einem gekenterten Boot und wirft ein Rettungsfloß ab. Die Höhe h(t) (in m) des Floßes über dem Wasser kann modelliert werden mit $h(t) = 25 - 5t^2$ (t: Zeit in s).
Nach wie vielen Sekunden trifft das Floß auf der Wasseroberfläche auf? Beantworte die Frage zeichnerisch mithilfe des Graphen. Überprüfe das Ergebnis rechnerisch.

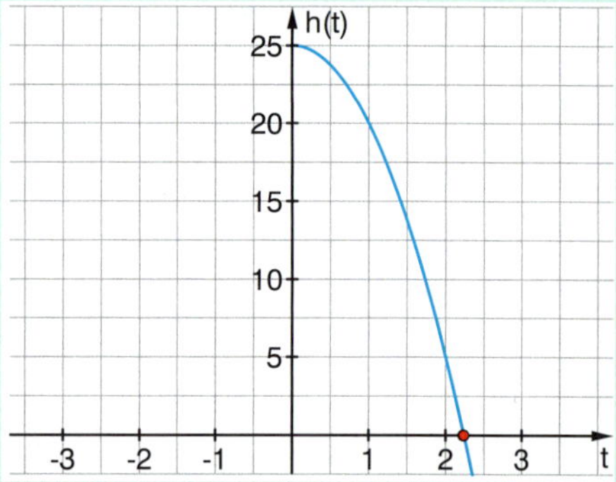

2 In den Lernabschnitten 3.1 und 3.2 hast du gelernt, wie man einfache quadratische Gleichungen rechnerisch löst. Löse die folgenden Gleichungen mit den dort vorgestellten Verfahren.

a) Löse durch Wurzelziehen.
(1) $x^2 = 49$
(2) $2x^2 = 8$
(3) $x^2 = 30$
(4) $4x^2 + 25 = 205$
(5) $100 - 5x^2 = 0$
(6) $x^2 = -16$
(7) $3x^2 + 2x - 4 = 2x$

b) Löse durch Faktorisieren.
(1) $x^2 - 2x = 0$
(2) $2x^2 - 10x = 0$
(3) $4x - 3x^2 = 0$

c) Verwende Binomische Formeln.
(1) $x^2 - 2x + 1 = 0$
(2) $x^2 + 6x + 9 = 0$

Aufgaben

3 Für die folgende Aufgabe benötigst du Papier zum Zeichnen oder einen grafischen Taschenrechner (GTR).

GTR

a) Übertrage die Tabelle in dein Heft und ergänze die 2. und 3. Spalte.

Gleichung	Lösungen	Anzahl der Lösungen	Zugehörige Funktion	Anzahl der Nullstellen
$x^2-5=0$	$x_1=\sqrt{5}$ $x_2=-\sqrt{5}$	2	$f(x)=x^2-5$	2
$x^2-16=0$	■	■	■	■
$x^2=0$	■	■	■	■
$-x^2+16=0$	■	■	■	■
$x^2+5=0$	■	■	■	■
$-x^2=0$	■	■	■	■

b) Zeichne jeweils die zugehörige quadratische Funktion und vervollständige die Tabelle.

c) Welcher Zusammenhang besteht zwischen der Anzahl der Lösungen einer quadratischen Gleichung und der Anzahl der Nullstellen der zugehörigen quadratischen Funktion?

4 Rechts siehst du eine quadratische Gleichung, die durch Wurzelziehen gelöst wurde.
Löse folgenden Gleichungen mit dem dargestellten Verfahren.

a) $(x-5)^2=9$

b) $(x+3)^2=10$

c) $4(x-1)^2=64$

$2(x-3)^2=10$ durch 2 dividieren

$(x-3)^2=5$ Wurzelziehen

$x-3=\sqrt{5}$ oder $x-3=-\sqrt{5}$

Lösungen:

$x_1=3+\sqrt{5}$; $x_2=3-\sqrt{5}$

Schreibweise mit Lösungsmenge

$L=\{3+\sqrt{5};\ 3-\sqrt{5}\}$

Basiswissen

Zum Lösen von quadratischen Gleichungen gibt es verschiedene Verfahren.

Lösen von quadratischen Gleichungen durch **Wurzelziehen**

Quadratische Gleichungen der Form $x^2-q=0$

$x^2-q=0$

$x^2 = q$ Wurzelziehen

$x=\sqrt{q}$ oder $x=-\sqrt{q}$

$x_1=\sqrt{q}$ $\quad x_2=-\sqrt{q}$

$L=\{\sqrt{q};\ -\sqrt{q}\}$

$(x-d)^2-e=0$

$(x-d)^2 = e$ Wurzelziehen

$x-d=\sqrt{e}$ oder $x-d=-\sqrt{e}$

$x_1=d+\sqrt{e}$ $\quad x_2=d-\sqrt{e}$

$L=\{d+\sqrt{e};\ d-\sqrt{e}\}$

Quadratische Gleichungen der Form $x^2-q=0$ haben für $q>0$ die Lösungen:
$x_1=\sqrt{q}$; $x_2=-\sqrt{q}$

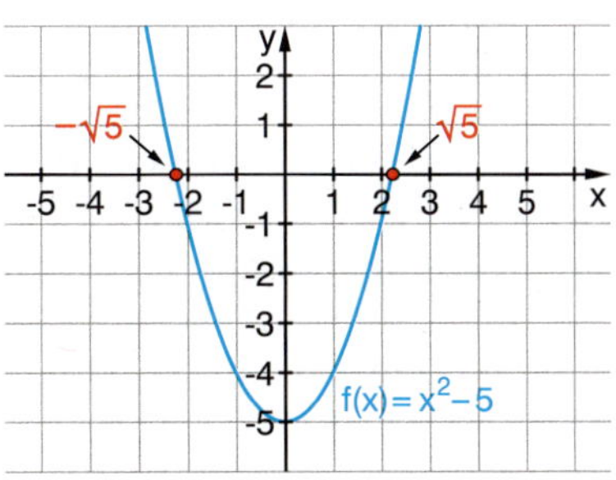

Basiswissen

Einige quadratische Gleichungen kann man durch Ausklammern lösen.

Lösen von quadratischen Gleichungen durch **Ausklammern (Faktorisieren)**

Quadratische Gleichungen der Form $x^2 - rx = 0$

$x^2 - rx = 0$ Ausklammern

$x(x - r) = 0$ Ein Produkt ist 0, wenn einer der Faktoren 0 ist.

$x = 0$ oder $x - r = 0$

$x_1 = 0$ $x_2 = r$

Schreibweise mit Lösungsmenge:
$L = \{0; r\}$

Quadratische Gleichungen der Form $x^2 - rx = 0$ haben für $r \neq 0$ immer zwei Lösungen.

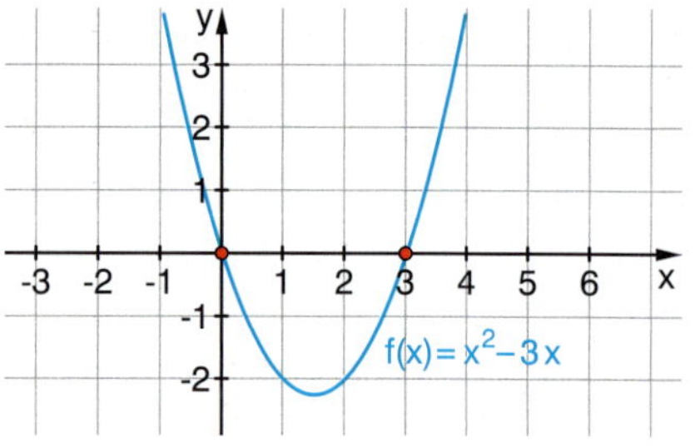

Beispiele

A Löse die Gleichung $3x^2 - 10x = 0$.
Entscheide zunächst, nach welchem Verfahren du die Gleichung lösen willst.
Die quadratische Gleichung kann man durch Ausklammern lösen.

$3x^2 - 10x = 0$
$x(3x - 10) = 0$
$x = 0$ oder $3x - 10 = 0$
$3x = 10$
$x = \frac{10}{3}$
$x_1 = 0;\ x_2 = \frac{10}{3}$ $L = \{0, \frac{10}{3}\}$

B Begründe, warum die Gleichung $x^2 + 5 = 3$ keine Lösung hat.

Rechnerische Lösung:
$x^2 + 5 = 3 \quad | -5$
$x^2 = -2$
Es gibt keine reelle Zahl, die quadriert eine negative Zahl ergibt.
$L = \{\,\}$ leere Menge

Zeichnerische Lösung:

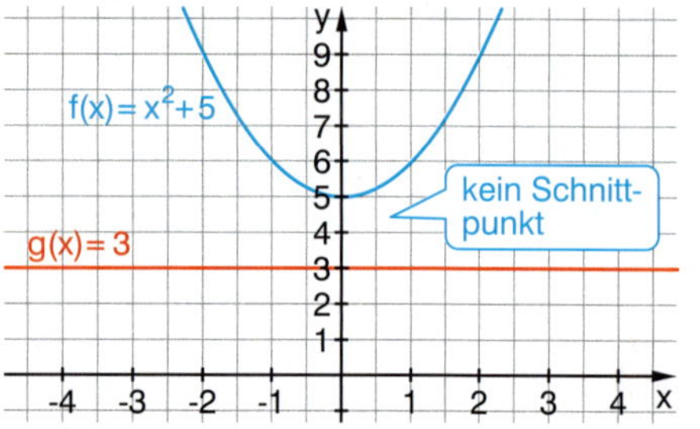

Übungen

Löse die Gleichungen. Runde die Ergebnisse, wenn nötig, auf eine Stelle nach dem Komma. Übrigens, bei den Aufgaben 5, 6 und 7 passen verschiedene Lösungsverfahren.

5 Lösungen: $\{-\sqrt{30}; \sqrt{30}\}$ $\{-2; 2\}$ $\{-\sqrt{2}; \sqrt{2}\}$ $\{-4; 4\}$ $\{\}$ $\{-\frac{2}{5}; \frac{2}{5}\}$ $\{-11; 11\}$ $\{-\frac{7}{3}; \frac{7}{3}\}$

5 a) $x^2 = 16$ b) $x^2 = 121$ c) $x^2 = 30$ d) $5x^2 = 10$
e) $2x^2 = -40$ f) $9x^2 = 49$ g) $x^2 = \frac{4}{25}$ h) $-x^2 = -4$

6 a) $(x - 3)^2 = 16$ b) $(y + 5)^2 = 10$ c) $4\left(z - \frac{1}{2}\right)^2 = 9$
d) $(x + 7)^2 = -36$ e) $9(x + 4)^2 = 36$ f) $8(r + 4)^2 = 40$

7 a) $x^2 - 6x = 0$ b) $10x - x^2 = 0$ c) $x^2 + 4x = 6x$
d) $4x^2 + 8x = 0$ e) $9x^2 - 5x = 3x^2 - 10x$ f) $5x - 10x^2 = 5x$

8 *Zum Nachdenken: „Manche quadratische Gleichungen haben keine Lösungen."*
a) Erkläre, warum die Gleichung $x^2 + 100 = 0$ keine Lösung hat.
b) Für welche Werte von q hat die Gleichung $x^2 - q = 0$ keine Lösung?
c) Begründe, warum die Gleichung $x^2 - rx = 0$ immer Lösungen hat.

Übungen

9 Berechne die Nullstellen der Funktion.

a) $f(x) = x^2 - 10$ b) $f(x) = 2x^2 - 8$ c) $f(x) = x^2 - 3x$
d) $f(x) = 2x^2 - 11x$ e) $f(x) = -x^2 + 2$ f) $f(x) = (x-1)(x+3)$

10 *Strömende Flüssigkeiten*

Physiker haben herausgefunden, dass Flüssigkeiten, die durch ein Rohr strömen, in der Mitte des Rohres schneller fließen als am Rand. D. h. die Strömungsgeschwindigkeit v hängt auch von der Entfernung x von der Mitte des Rohres ab.
Angenommen, die Geschwindigkeit v in m/s kann man aus x in cm nach der Formel $v(x) = 16 - x^2$ berechnen.

a) Ermittle die größte und die kleinste Strömungsgeschwindigkeit.
b) An welcher Stelle des Rohres beträgt die Geschwindigkeit 7 m/s?

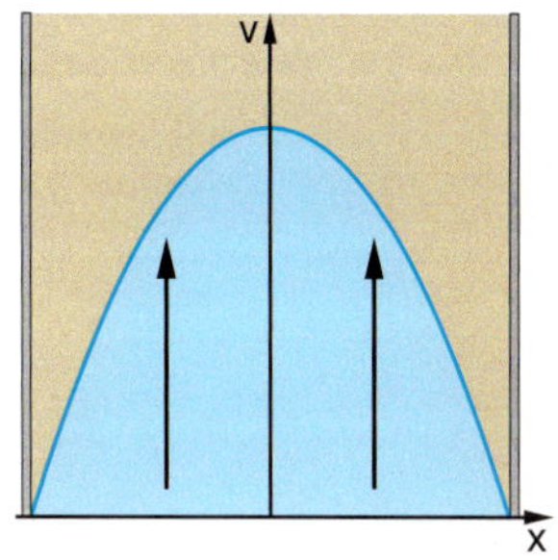

11 *Flug einer Feuerwerksrakete*

Den Flug einer Feuerwerksrakete kann man mit einer quadratischen Funktion mit $h(x) = 15x - 0{,}5x^2$ modellieren. Dabei ist x die Entfernung vom Abschussort in Meter und h(x) die Höhe der Rakete in Meter.

a) Berechne, in welcher Entfernung von der Abschussstelle die Rakete landet.
b) Berechne mit dem Ergebnis aus Aufgabe a) den höchsten Punkt der Flugbahn.
c) Skizziere die Flugbahn der Rakete in einem Schaubild.

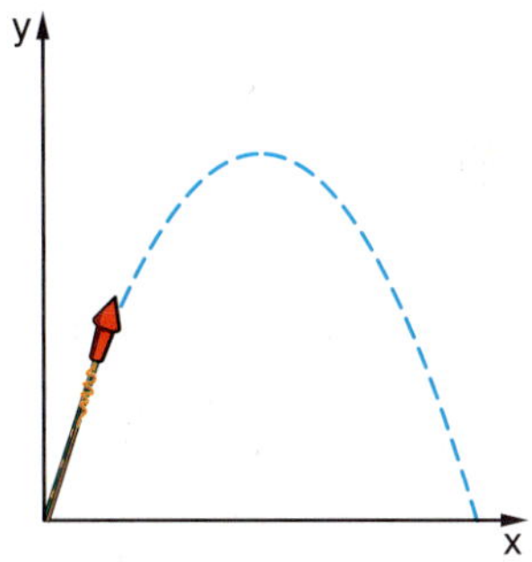

12 *Grafische Lösung von quadratischen Gleichungen*

Die folgenden drei Schaubilder stellen die Lösung von verschiedenen Typen quadratischer Gleichungen dar. Dargestellt sind die Gleichungen

a) $(x-2)^2 = 4$ b) $0{,}5x^2 = 2$ c) $x^2 - 5x = 0$

Ordne die Schaubilder richtig zu und begründe deine Entscheidung.

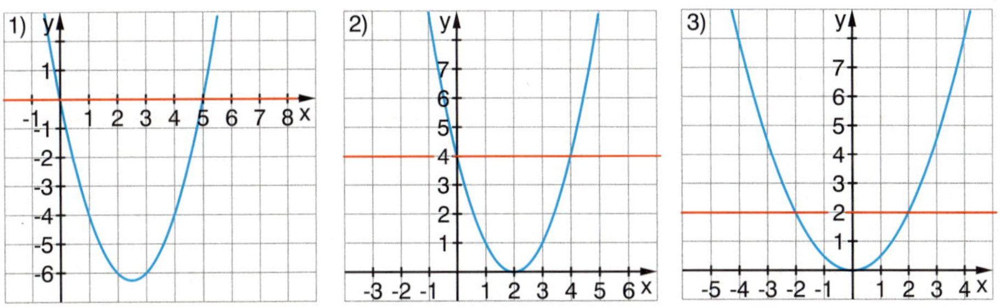

„Produkt = 0"-Regel
Wenn $a \cdot b = 0$,
dann $a = 0$ oder $b = 0$.

13 *Lösen einer quadratischen Gleichung mit der „Produkt = 0"-Regel*

Berechne die Lösungen der Gleichungen.

Handelt es sich wirklich um quadratische Gleichungen? Begründe.

a) $(x-2)(x+3) = 0$ b) $(2x+4)(5x+20) = 0$ c) $x(x-2) = 0$
d) $(x+4)(x-9) = 0$ e) $2(x+1)(x+1) = 0$ f) $5x(x-2{,}5) = 0$

14 *Quadratische Gleichungen und binomische Formeln*

Manche Terme kann man mithilfe der binomischen Formeln umformen und damit schnell eine quadratische Gleichung lösen. Aber nicht immer passt eine binomische Formel.

a) $x^2 + 4x + 4 = 1$ b) $x^2 - 6x + 9 = 4$ c) $x^2 + 8x + 16 = 0$
d) $x^2 + 5x + 6{,}25 = 9$ e) $3x^2 + 30x - 75 = 0$ f) $x^2 - 2x + 2 = 0$
g) $x^2 - 121 = 0$ h) $x^2 - 14x - 49 = 0$ i) $x^2 = 0{,}8x - 0{,}16$

$2x^2 + 18 = 12x \quad |-12x$
$2x^2 - 12x + 18 = 0 \quad |:2$
$x^2 - 6x + 9 = 0$
$(x-3)^2 = 0$
Lösung
$x = 3 \qquad L = \{3\}$

Übungen

15 Sven will die Gleichung $x^2 - 2x - 9 = 0$ grafisch-tabellarisch lösen, weil er für diese Gleichung kein rechnerisches Verfahren kennt. Nach mehrmaligem Verkleinern der Schrittweite erhält er die rechts stehende Tabelle.
a) Was weiß Sven jetzt über die Lösung? Erzeuge eine Tabelle und suche weiter. Formuliere eine Lösung.
b) Begründe, dass es eine zweite Lösung gibt, und suche sie.

X	Y1
4.16	-.0144
4.161	-.0081
4.162	-.0018
4.163	.00457
4.164	.0109
4.165	.01723
4.166	.02356

X=4.16

16 Löse die Gleichungen. Untersuche grafisch, wie viele Lösungen es gibt. Gib mindestens drei Nachkommastellen an. Manchmal erkennt man die exakte Lösung. Überprüfe sie dann. Warum kann der GTR bei quadratischen Gleichungen häufig nicht die exakte Lösung finden?

a) $x^2 - 4x + 2 = 0$ b) $x^2 + 2x = 6$ c) $2x^2 - \frac{1}{2}x - 7 = 0$
d) $x^2 - 7 = \frac{2}{3}x$ e) $x^2 = 3x + 40$ f) $2x^2 + 12x = -14$

Basiswissen

Ein Lösungsverfahren, das fast immer bequem ist, aber nicht immer die exakte Lösung liefert, verwendet die Graphen und die Tabellen.

Hier mit Nullstellenverfahren

Häufig erhält man beim grafisch-tabellarischen Lösen einer Gleichung nur eine ungefähre Lösung. Eine solche Lösung heißt **Näherungslösung** oder numerische Lösung, man schreibt dann $x \approx 5{,}236$ oder $x = 5{,}236\ldots$
Eine exakte Probe ist hier dann nicht möglich.

Näherungslösung
numerische Lösung

$x^2 - 6x + 4 = 0$

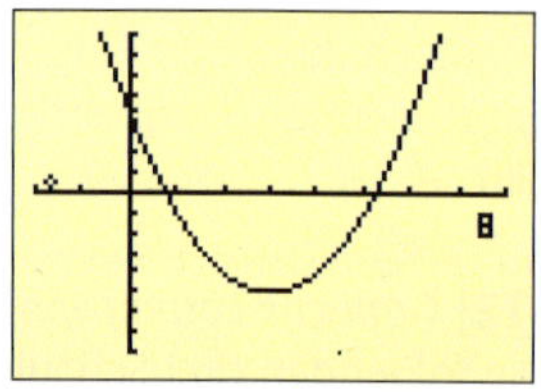

Wenn die Lösungen irrational sind, kann man grafisch-tabellarisch grundsätzlich nicht die exakten Lösungen finden.
$x_1 \approx 5{,}236$
$x_2 \approx 0{,}763$

X	Y2
5.2356	-.0021
5.2357	-.0016
5.2358	-.0012
5.2359	-8E-4
5.236	-3E-4
5.2361	1.4E-4
5.2362	5.9E-4

Y2=-3.04E-4

X	Y2
.76	.0176
.761	.01312
.762	.00864
.763	.00417
.764	-3E-4
.765	-.0048
.766	-.0092

Y2=.004169

–3,04E–4 bedeutet, dass du das Komma um 4 Stellen nach links verschieben musst, also: –3,04E–4 = –0,000304

Beispiele

C Löse $x^2 = 4x - 1$
a) mit dem Schnittstellenverfahren b) mit dem Nullstellenverfahren.

```
Plot1 Plot2 Plot3
\Y1=X²
\Y2=4X-1
\Y3=Y1-Y2
\Y4=
\Y5=
```

Lösung:

a)

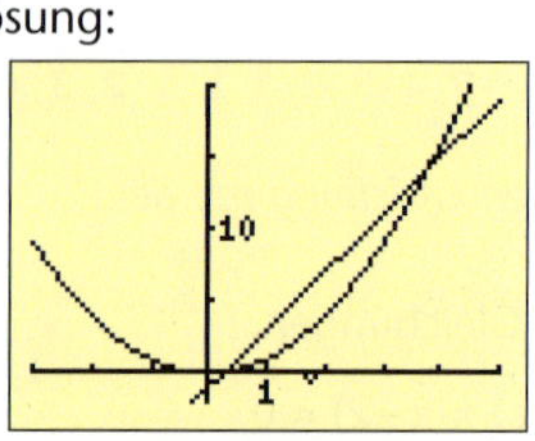

X	Y1	Y2
.265	.07023	.06
.266	.07076	.064
.267	.07129	.068
.268	.07182	.072
.269	.07236	.076
.27	.0729	.08

X	Y1	Y2
3.73	13.913	13.92
3.731	13.92	13.924
3.732	13.928	13.928
3.733	13.935	13.932
3.734	13.943	13.936

b)

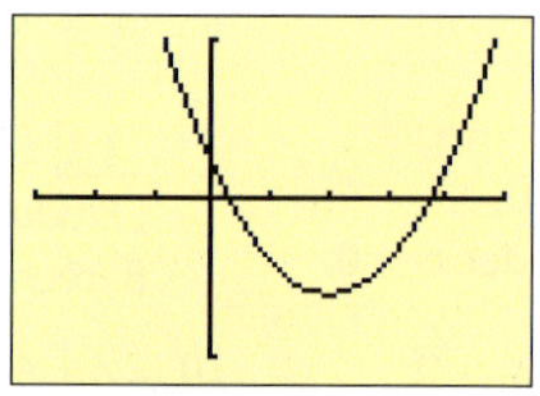

X	Y3
.266	.00676
.267	.00329
.268	-2E-4
.269	-.0036

X	Y3
3.731	-.0036
3.732	-2E-4
3.733	.00329
3.734	.00676
3.735	.01023

$x_1 \approx 0{,}267$ $x_2 \approx 3{,}732$

Übungen

17 *Entdeckung eines allgemeinen Verfahrens zum Lösen von quadratischen Gleichungen*
Die folgenden Aufgaben sind in Paaren aufgebaut. Eine der Aufgaben kannst du jeweils mithilfe der binomischen Formeln sofort lösen, die andere nicht. Durch geschicktes Addieren oder Subtrahieren kannst du jedoch die Gleichung so ergänzen, dass du sie lösen kannst.

a) $x^2 + 6x + 9 = 3$
b) $x^2 + 6x + 8 = 15$

c) $x^2 - 4x + 4 = 6$
d) $x^2 - 4x + 10 = 22$

e) $x^2 + 10x + 25 = 0$
f) $x^2 + 10x + 20 = 0$

18 *Mathe ohne Worte*

$x^2 + 8x = 20$ Addiere 4^2
$x^2 + 8x + 4^2 = 20 + 4^2$
$(x + 4)^2 = 36$ Ziehe die Wurzel
$x + 4 = \sqrt{36}$ oder $x + 4 = -\sqrt{36}$
$x + 4 = 6$ oder $x + 4 = -6$
$x_1 = 2$ $x_2 = -10$

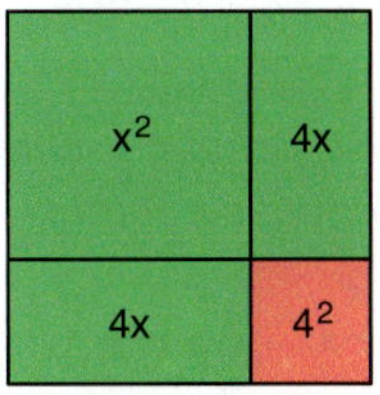

Löse die Gleichungen nach dem gleichen Verfahren. Unterstütze deine Rechnung durch eine Zeichnung (siehe oben).
a) $x^2 + 10x = 39$ b) $x^2 - 12x = -11$ c) $x^2 - 8x = 4$ d) $x^2 + 4x = -5$

Basiswissen

Das Lösungsverfahren, das zwar nicht immer das bequemste Verfahren ist, aber immer funktioniert, verwendet die „quadratische Ergänzung".

Quadratische Gleichungen der Form $x^2 + px + q = 0$

$x^2 + 10x + 16 = 0$ | -16
$x^2 + 10x = -16$ | $+25$

Quadratische Ergänzung:
Halbiere den Koeffizienten von x und quadriere das Ergebnis: $\left(\frac{10}{2}\right)^2 = 25$

$x^2 + 10x + 25 = -16 + 25$ Addiere auf beiden Seiten 25
$(x + 5)^2 = 9$ Binomische Formel
$x + 5 = 3$ oder $x + 5 = -3$ Wurzelziehen
$x_1 = -2$ $x_2 = -8$
$L = \{-2; -8\}$

Losen von quadratischen Gleichungen durch **quadratisches Ergänzen**

$x^2 + 10x + 5^2$

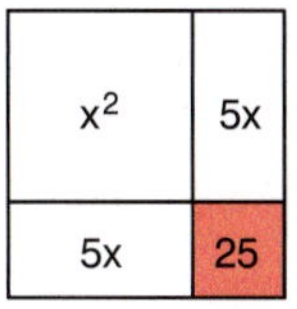

Beispiele

D Löse die Gleichung $x^2 - 4x - 2 = 0$.
Gib nötigenfalls das Ergebnis auf eine Stelle nach dem Komma genau an.

Rechnerische Lösung
$x^2 - 4x - 2 = 0$ | $+2$
$x^2 - 4x = 2$ | $+2^2$ quadratische Ergänzung
$x^2 - 4x + 4 = 2 + 4$
$(x - 2)^2 = 6$
$x - 2 = \sqrt{6}$ oder $x - 2 = -\sqrt{6}$
$x_1 = 2 + \sqrt{6}$ $x_2 = 2 - \sqrt{6}$
$x_1 \approx 4{,}4$ $x_2 \approx -0{,}4$

Grafische Lösung
Finde die Nullstellen der Funktion:
$f(x) = x^2 - 4x - 2$

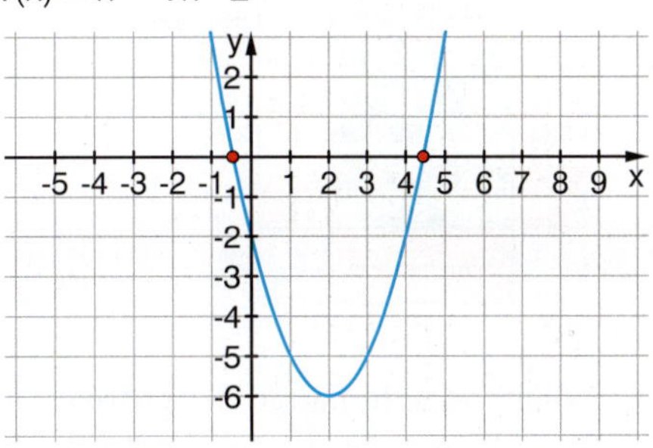

Beispiele

E Löse die Gleichung $2x^2 + 6x - 8 = 0$.

$2x^2 + 6x - 8 = 0$ Dividiere durch 2

$x^2 + 3x - 4 = 0$ Die Gleichung ist auf „Standardform“ $x^2 + px + q = 0$

$x^2 + 3x = 4$ Addiere auf beiden Seiten $\left(\frac{3}{2}\right)^2$

$x^2 + 3x + \left(\frac{3}{2}\right)^2 = 4 + \left(\frac{3}{2}\right)^2$

$\left(x + \frac{3}{2}\right)^2 = 4 + \frac{9}{4}$

$x + \frac{3}{2} = \pm\sqrt{\frac{25}{4}}$ Kurzschreibweise statt zwei Gleichungen

$x_1 = -\frac{3}{2} + \frac{5}{2} = 1$ $x_2 = -\frac{3}{2} - \frac{5}{2} = -4$ $L = \{-4; 1\}$

Übungen

Löse die Gleichungen durch quadratisches Ergänzen. Bringe die Gleichungen, wenn nötig, zunächst auf die Form $x^2 + px + q = 0$ (siehe Beispiel E).

19 a) $x^2 - 6x = 9$ b) $x^2 = 40 - 16x$ c) $x^2 - 20 = 8x$
d) $x^2 + 7x = 26$ e) $4 - x^2 = 10$ f) $2x^2 - 12 = 3x$

20 a) $4x^2 - 8x = 12x$ b) $5x^2 - 2x = 7 + 4x$ c) $3x(x + 2) = 12$
d) $(x - 1)(x + 1) = 2x$ e) $(x - 3)(x - 5) = 4$ f) $(x - 1)^2 + (x - 2)^2 = 0$

21 Löse mit dem Verfahren aus dem Buch von Al-Chwarizmi.
a) $x^2 + 8x = 9$ b) $x^2 + 20x = 125$ c) $x^2 + 28x = 60$ d) $x^2 + 4x = 0$

Al-Chwarizmi

Der arabische Mathematiker AL-CHWARIZMI schrieb im 9. Jahrhundert ein Mathematikbuch. In diesem Buch beschäftigte er sich auch mit dem Lösen von quadratischen Gleichungen. Um die quadratische Ergänzung für die Gleichung $x^2 + 8x = 65$ zu finden, bedient er sich des folgenden Verfahrens:

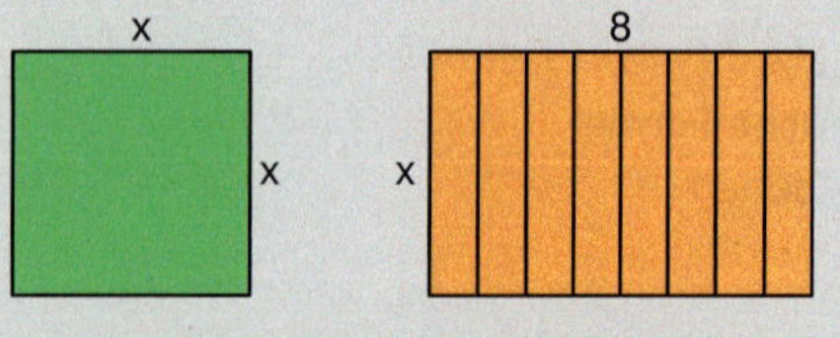

(1) AL-CHWARIZMI beginnt mit einem Quadrat mit der Seitenlänge x cm und 8 Rechtecken, mit der Länge x cm und der Breite 1 cm.

(2) Er teilt die 8 Rechtecke in Gruppen zu je 2 Rechtecken auf und fügt sie jeder Seite des Quadrates an. Die Fläche dieser Figur beträgt 65 cm² (siehe Gleichung).

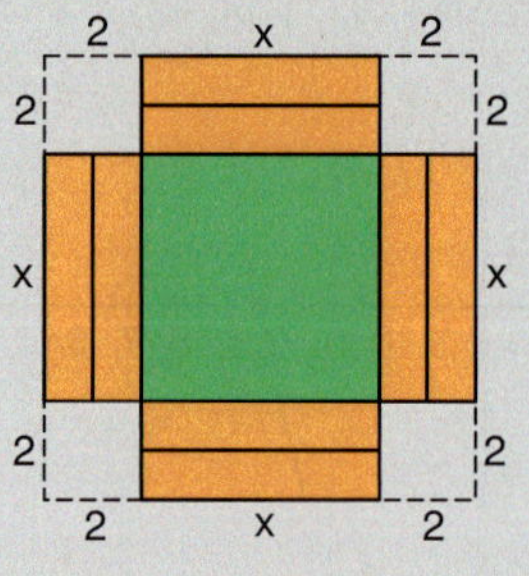

(3) Um zu einem Quadrat zu ergänzen, muss er an allen vier Ecken ein Quadrat mit dem Flächeninhalt von 4 cm² anfügen.

(4) Der Flächeninhalt des großen Quadrates beträgt $65\text{ cm}^2 + 4 \cdot 4\text{ cm}^2 = 81\text{ cm}^2$. Die Seitenlänge des großen Quadrates ist daher 9 cm.

(5) Für die Seitenlänge des großen Quadrates gilt: $2 + x + 2 = 9$. Damit kann die Länge von x berechnet werden. AL-CHWARIZMI erhält $x = 5$.

Auf diese Weise wird immer nur eine Lösung gefunden.

Basiswissen

Mithilfe der quadratischen Ergänzung kann man eine Formel entwickeln, mit der man jede quadratische Gleichung in „Normalform" lösen kann.
Quadratische Gleichung in der **Normalform: $x^2 + px + q = 0$**

Entwickeln der **pq-Formel** durch quadratische Ergänzung.

pq-Formel
Die quadratische Gleichung $x^2 + px + q = 0$ hat die Lösungen

$x_1 = -\frac{p}{2} + \sqrt{\frac{p^2}{4} - q}$; $x_2 = -\frac{p}{2} - \sqrt{\frac{p^2}{4} - q}$

Herleitung

$x^2 + px + q$	$= 0$	Subtrahiere q
$x^2 + px$	$= -q$	quadratische Ergänzung
$x^2 + px + \left(\frac{p}{2}\right)^2$	$= \left(\frac{p}{2}\right)^2 - q$	Vereinfache
$\left(x + \frac{p}{2}\right)^2$	$= \left(\frac{p}{2}\right)^2 - q$	Wurzelziehen

$x + \frac{p}{2} = \sqrt{\left(\frac{p}{2}\right)^2 - q}$ oder $x + \frac{p}{2} = -\sqrt{\left(\frac{p}{2}\right)^2 - q}$ Subtrahiere $\frac{p}{2}$

$x = -\frac{p}{2} + \sqrt{\frac{p^2}{4} - q}$ oder $x = -\frac{p}{2} - \sqrt{\frac{p^2}{4} - q}$

Kurzschreibweise: $x_{1,2} = -\frac{p}{2} \pm \sqrt{\frac{p^2}{4} - q}$ bzw. $x_{1,2} = -\frac{p}{2} \pm \sqrt{\left(\frac{p}{2}\right)^2 - q}$

$L = \left\{-\frac{p}{2} + \sqrt{\frac{p^2}{4} - q}; -\frac{p}{2} - \sqrt{\frac{p^2}{4} - q}\right\}$

Mit einer Umformung kann man dann auch alle quadratischen Gleichungen in allgemeiner Form lösen.
Quadratische Gleichung in allgemeiner Form $ax^2 + bx + c = 0$; $a \neq 0$:

$ax^2 + bx + c = 0$ Dividiere durch a.
$x^2 + \frac{b}{a}x + \frac{c}{a} = 0$
Mit $p = \frac{b}{a}$ und $q = \frac{c}{a}$ kann dann die pq-Formal angewendet werden.

Beispiele

F Löse die quadratische Gleichung $x^2 - 8x = -7$

$x^2 - 8x = -7$ Addiere 7
$x^2 - 8x + 7 = 0$ $p = -8$; $q = 7$
$x_1 = -\frac{-8}{2} + \sqrt{\frac{(-8)^2}{4} - 7}$; $x_2 = -\frac{-8}{2} - \sqrt{\frac{(-8)^2}{4} - 7}$
$x_1 = \frac{8}{2} + \sqrt{\frac{64}{4} - 7}$; $x_2 = \frac{8}{2} - \sqrt{\frac{64}{4} - 7}$
$x_1 = 4 + \sqrt{16 - 7}$; $x_2 = 4 - \sqrt{16 - 7}$
$x_1 = 7$; $x_2 = 1$ $L = \{1; 7\}$

G Löse die quadratische Gleichung $2x^2 - 4x - 8 = 0$.

$2x^2 - 4x - 8 = 0$ Dividiere durch 2.
$x^2 - 2x - 4 = 0$ $p = -2$; $q = -4$
$x_1 = -\frac{-2}{2} + \sqrt{\frac{(-2)^2}{4} - (-4)}$; $x_2 = -\frac{-2}{2} - \sqrt{\frac{(-2)^2}{4} - (-4)}$
$x_1 = 1 + \sqrt{1 + 4}$; $x_2 = 1 - \sqrt{1 + 4}$
$x_1 = 1 + \sqrt{5}$; $x_2 = 1 - \sqrt{5}$ $L = \{1 + \sqrt{5}; 1 - \sqrt{5}\}$

Übungen

22 und **23** Lösungen:
{−2; 4} {−8; 1}
{−2; −0,5} {−4; 3}
$\{2-\sqrt{11}; 2+\sqrt{11}\}$ {−5; 2}

22 Löse mit der pq-Formel.

a) $x^2 + 3x - 10 = 0$ b) $x^2 + 7x - 8 = 0$ c) $2x^2 + 5x + 2 = 0$

23 Vereinfache zunächst durch Ausmultiplizieren oder Zusammenfassen.

a) $(x + 1)(x - 3) = 5$ b) $(x - 4)(x + 5) = -8$ c) $3(x + 1)(x - 5) = 6$

24 a) $4x^2 = -8x - 3$ b) $-6x^2 + 3x + 19 = 0$ c) $6x^2 - 3x - 3 = x^2 - x$

25 *Mit der „Produkt = 0"-Regel schnell zur Lösung.*

a) $(x - 4)(x + 5) = 0$ b) $(2x + 6)(7 - x) = 0$ c) $(10x - 15)x = 0$

d) $(x^2 - 9)(x - 3) = 0$ e) $(x^2 - 4x)(2x + 2) = 0$ f) $(x - 8)(x^2 - 4x - 5) = 0$

26 *Welches Verfahren ist das günstigste?*

In der Tabelle sind verschiedene Verfahren zum Lösen einer quadratischen Gleichung zusammengefasst.

Wurzelziehen	$4x^2 = 20$
Wurzelziehen	$(x + 4)^2 = 15$
Ausklammern (Faktorisieren)	$3x^2 - 15x = 0$ „Produkt = 0"-Regel
Quadratisches Ergänzen	$x^2 - 12x + 10 = 0$
pq-Formel	$3x^2 - 8x - 15 = 0$

a) Löse die Gleichungen in der Tabelle nach dem jeweiligen Verfahren.

b) Die pq-Formel kann man immer anwenden. Löse die Gleichung in der ersten Zeile der Tabelle mit der pq-Formel. Was geht schneller, das Lösen durch Wurzelziehen oder mit der pq-Formel?

c) Löse die quadratischen Gleichungen. Entscheide zunächst, nach welchem Verfahren du rechnen willst.

(1) $3x^2 - 4x - 4 = 0$ (2) $(x + 7)^2 = 5$ (3) $15x^2 = 5x$ (4) $8x^2 - 16 = 0$

(5) $x^2 + 14x + 49 = 0$ (6) $x^2 + 20x = 0$ (7) $(x + 3)^2 = 36$ (8) $(x + 6)(x - 4) = 0$

Diskriminante
Für die quadratische Gleichung $x^2 + px + q = 0$ ist die Diskriminante der Term $\frac{p^2}{4} - q$.

27 a) Mithilfe der pq-Formel kannst du begründen: Eine quadratische Gleichung $x^2 + px + q = 0$ hat
- zwei reelle Lösungen, wenn der Wert der Diskriminante positiv,
- genau eine reelle Lösung, wenn der Wert der Diskriminante 0,
- keine reelle Lösung, wenn der Wert der Diskriminante negativ ist.

b) Warum hat die quadratische Gleichung in allgemeiner Form $ax^2 + bx + c = 0$ dieselbe Anzahl an Lösungen wie die zugehörige Normalform $x^2 + \frac{b}{a}x + \frac{c}{a} = 0$?

c) Finde die Anzahl der Lösungen der quadratischen Gleichungen mithilfe der Diskriminante.

(1) $2x^2 - 12x + 18 = 0$ (2) $4x^2 - 5x + 2 = 0$ (3) $x^2 + 4x - 8 = 0$

28 Florian behauptet: „Ich kann die Anzahl der Nullstellen an der Scheitelpunktform $f(x) = a(x - d)^2 + e$ einer Parabel erkennen."
Lena: „Und was hat das mit den Lösungen einer quadratischen Gleichung zu tun?"

a) Wie macht Florian das?

b) Beantworte die Frage von Lena.

29 *Anzahl der Lösungen finden – eine Fallunterscheidung wird benötigt.*

Wie muss man k wählen, damit die Gleichung eine, zwei oder keine Lösung hat?

a) $x^2 + 4x + k = 0$ b) $x^2 + k \cdot x + 9 = 0$

Übungen

30 Stelle jeweils zwei möglichst verschiedene quadratische Gleichungen mit den angegebenen Lösungen auf. Es dürfen auch komplizierte sein. Überprüfe dann, ob deine Gleichungen auch die angegebenen Lösungen haben.

a) $x_1 = 2;\ x_2 = 5$ b) $x_1 = 7$ c) $x_1 = -5;\ x_2 = 0$

d) $x_1 = \sqrt{13};\ x_2 = -\sqrt{13}$ e) $x_1 = -3;\ x_2 = 6$

$(x - 5)\cdot(x - 2) = 0$ ist eine Lösung zu a), $x^2 + x - 7 = x + 6$ ist eine Lösung zu d).

31 Ein GTR mit CAS (Computer-Algebra-System) kann auch algebraische Umformungen durchführen. Lisa löst zunächst die Gleichung $x^2 - 3x + 1 = 0$ und lässt das CAS dann die pq-Formel bestimmen.

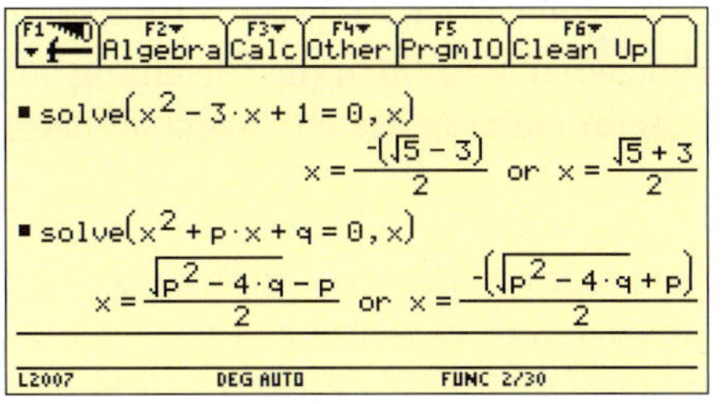

a) Löse die Gleichung ohne GTR und zeige, dass deine Lösung mit der Lösung des CAS übereinstimmt.

b) Zeige die Gleichwertigkeit (Äquivalenz) der pq-Formel des CAS mit der aus dem Basiswissen.

32 Zu der quadratischen Gleichung in Normalform gehört die Normalparabel in der Form $y = x^2 + p\cdot x + q$.

a) Begründe, dass die x-Koordinate des Scheitelpunktes dieser Normalparabel $x = -\frac{p}{2}$ ist. Zeige dann, dass $SP\left(-\frac{p}{2}\middle|-\frac{p^2}{4} + q\right)$ der Scheitelpunkt ist.

b) Übertrage die Grafik in dein Heft und beschrifte sie. Beantworte alle in der Skizze angedeuteten Fragen. Schreibe einen Bericht über den Zusammenhang der pq-Formel mit besonderen Punkten der Parabel.

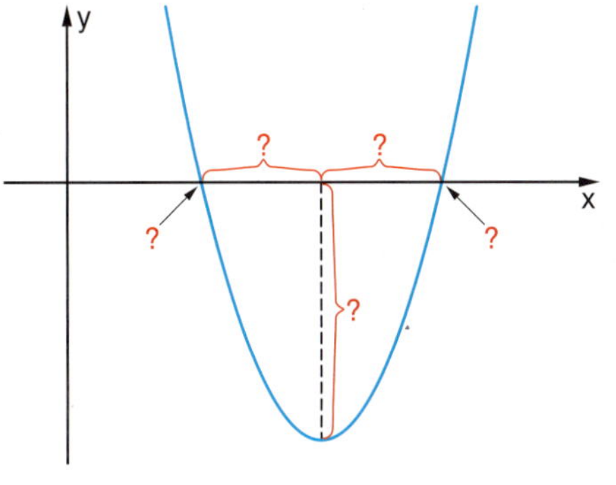

Schau dir die pq-Formel an.

CAS

33 Die allgemeine Form $ax^2 + bx + c = 0$ kann zu $x^2 + \frac{b}{a}x + \frac{c}{a} = 0$ umgeformt werden. Führe eine quadratische Ergänzung mit dieser Form durch und ermittle eine abc-Formel zum Lösen quadratischer Gleichungen in allgemeiner Form.

34 Vereinfache die Gleichungen zunächst durch Ausmultiplizieren oder Zusammenfassen und löse sie anschließend.

a) $2(x + 1)(2x + 3) = 8x^2 - 44$ b) $(x - 2)^2 = 2(x + 3)^2$ c) $5x(2 - x) = -3(x - 1)$

d) $2(x + 2) - 3(x + 1)(x - 5) = 0$ e) $(x - 9)(x + 9) = 19$ f) $(x + 1)^2 - (x - 1)^2 = x^2$

35 Lehrer Lampe denkt sich eine besonders schwierige Hausaufgabe aus. Es soll die Gleichung $x^3 - 6x^2 + 5x = 0$ algebraisch gelöst werden. Dabei wurde im Unterricht nur das Lösen von quadratischen Gleichungen behandelt. Am nächsten Tag präsentieren Anna und Katrin ihre Lösungen, eine davon ist richtig:

Anna:
$x^3 - 6x^2 + 5x = 0 \quad |:x$
$x^2 - 6x + 5 = 0$
$x_{1,2} = 3 \pm \sqrt{9 - 5}$
$x_1 = 5;\quad x_2 = 1$

Katrin:
$x^3 - 6x^2 + 5x = 0$
$x\cdot(x^2 - 6x + 5) = 0$
$x = 0$ oder $x^2 - 6x + 5 = 0$
$x = 0$ oder $x = 5$ oder $x = 1$

Entscheide mit Begründung, welche Lösung richtig ist, und finde den Fehler in der anderen Lösung.

Aufgaben

36 *Forschungsaufträge*

Was haben die Lösungen x_1 und x_2 einer quadratischen Gleichung $x^2 + px + q = 0$ mit den Koeffizienten p und q zu tun?

Auftrag 1: Löse die Gleichungen und vergleiche die Lösungen x_1 und x_2 mit den Koeffizienten p und q in der Gleichung $x^2 + px + q = 0$. Was stellst du fest?

a) $x^2 - 8x + 15 = 0$ b) $x^2 + 9x + 14 = 0$ c) $x^2 - 5x - 14 = 0$

Auftrag 2: Die Gleichung $(x-3)(x-5) = 0$ hat die Lösungen 3 und 5. Durch Ausmultiplizieren kann man die Gleichung auf die Form $x^2 + px + q = 0$ bringen. Welcher Zusammenhang besteht zwischen den Lösungen 3 und 5 und den Koeffizienten p und q?

Auftrag 3: Die Erkenntnisse aus Auftrag 2 lassen sich verallgemeinern. Bestimme die Lösungen der Gleichung $(x-x_1)(x-x_2) = 0$. Bringe die Gleichung durch Ausmultiplizieren in die Form $x^2 + px + q = 0$. Welcher Zusammenhang besteht zwischen p und q und den Lösungen x_1 und x_2?

37 Bestätige mithilfe der pq-Formel die Behauptung: $x_1 \cdot x_2 = q$ und $x_1 + x_2 = -p$.

Satz von Vieta

Wenn eine quadratische Gleichung $x^2 + px + q = 0$ die Lösungen x_1 und x_2 hat, dann gilt: $x_1 \cdot x_2 = q$ und $x_1 + x_2 = -p$

Mit dem Satz von Vieta kann man schnell Lösungen finden, wenn diese ganzzahlig sind. Auch die Probe lässt sich damit schnell durchführen.

Francois Vieta

FRANCOIS VIETA
1540–1603

FRANCOIS VIETE, genannt VIETA, lebte und arbeitete im 16. Jahrhundert in Frankreich. VIETA kann man zu Recht den Wegbereiter der Algebra nennen, denn er führte das Rechnen mit Platzhaltern ein. Auch die Benutzung der uns heute vertrauten Rechenzeichen „+“ und „–“ anstelle der bis dahin gebräuchlichen Wörter geht auf VIETA zurück.

VIETAS Leistungen als Mathematiker sind umso erstaunlicher, als er von Hause aus Jurist war und u. a. für die französischen Könige HEINRICH III. und HEINRICH IV. arbeitete. Er betrieb Mathematik als Hobby in seiner Freizeit. Berühmt wurde er vor allem dadurch, dass er verschlüsselte Nachrichten der Spanier für den französischen König entschlüsselte. Seine Fähigkeiten auf diesem Gebiet waren so außerordentlich, dass die Spanier ihn beim Papst beschuldigten, er sei mit dem Teufel im Bunde.

Neben vielen Entdeckungen in der Mathematik (siehe Satz von Vieta) erregte er besonderes Aufsehen dadurch, dass er die Gleichung $45x - 3795x^3 - 94734x^5 \ldots + 945x^{41} - 45x^{43} + x^{45} = 0$ löste.

$x^2 - 4x + 3 = 0$
$x_1 \cdot x_2 = 3$ Satz von Vieta
$x_1 + x_2 = -(-4) = 4$
Probiere einfache Lösungen aus.
$x_1 = 1$, $x_2 = 3$ passt.

38 Löse die quadratischen Gleichungen mit dem Satz von Vieta.

a) $x^2 + 7x + 12 = 0$ b) $x^2 + 9x + 18 = 0$
c) $x^2 - 4x + 4 = 0$ d) $x^2 - 6x + 8 = 0$
e) $x^2 - 13x + 30 = 0$ f) $x^2 + 2x - 80 = 0$

39 *Verallgemeinerung des Satzes von Vieta*

Beweise: Für die Lösungen x_1 und x_2 der allgemeinen quadratischen Gleichung gilt: $x_1 \cdot x_2 = \frac{c}{a}$ und $x_1 + x_2 = -\frac{b}{a}$.

2.4 Problemlösen mit quadratischen Funktionen und Gleichungen

Was dich erwartet

Mit quadratischen Funktionen und Gleichungen kann man viele Probleme des Alltags und innermathematische Probleme gut modellieren.

Quadratische Funktionen und Gleichungen sind darüber hinaus beliebt, da man
- *quadratische Funktionsgleichungen leicht aufstellen kann,*
- *die Graphen zu quadratischen Funktionen anhand weniger Merkmale beschreiben und skizzieren kann,*
- *für alle quadratischen Gleichungen Lösungsverfahren kennt.*

Typisch für das Modellieren ist, dass häufig die in einem Sachzusammenhang verwendete quadratische Funktion das Problem nicht genau beschreibt. In der Regel stellt das mathematische Modell eine Vereinfachung des realen Problems dar, oder das mathematische Modell trifft nur für einen bestimmten Bereich zu. So gilt z. B. das Fallgesetz $s(t) = 5t^2$ *angenähert nur für kleine Zeitspannen, da der „Luftwiderstand" nicht berücksichtigt wird. Für längere Fallzeiten wird die Fallgeschwindigkeit so groß, dass die Luftreibung den Fall merklich bremst. Bei allen Aufgaben, bei denen man ein mathematisches Modell verwendet, muss man eine „Problemprobe" machen, d. h. man muss überprüfen, ob die mathematische Lösung ein sinnvolles Ergebnis für das Problem darstellt.*

Aufgaben

1 *Finde das richtige Maß*
Du benötigst: Papier, Lineal, Schere.
Eine Kiste mit quadratischer Grundfläche ohne Deckel soll aus einem quadratischen Stück Papier hergestellt werden, indem man an jeder Ecke ein Quadrat der Kantenlänge 3 cm abschneidet und die Ränder des verbleibenden Papierstücks hochfaltet. Das Volumen der Kiste soll 75 cm³ betragen. Wie groß muss das ursprüngliche quadratische Stück Papier sein?

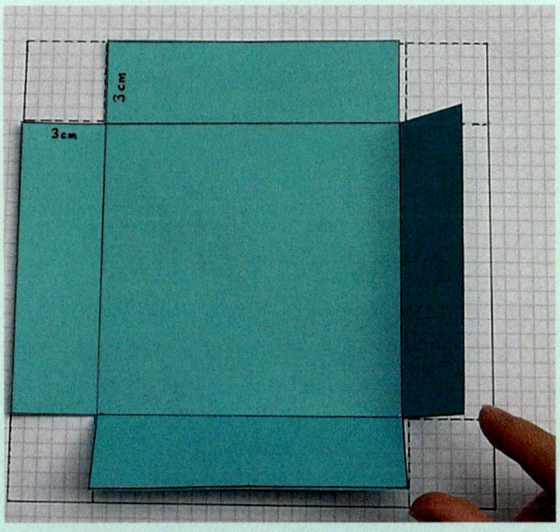

a) *Lösung durch Ausprobieren:*
(1) Beginne mit einem quadratischen Stück Papier der Kantenlänge 15 cm. Schneide an jeder Ecke ein Quadrat der Kantenlänge 3 cm ab.
(2) Falte das Papier zu einer offenen Kiste. Miss Länge, Breite und Höhe und berechne das Volumen. Ist das Volumen größer oder kleiner als 75 cm³?
(3) Finde die Lösung, indem du systematisch ausprobierst.

b) *Lösung durch Rechnen:*
(1) x sei die gesuchte Länge des quadratischen Stück Papiers. Erkläre, warum $x - 6$ die Breite und Länge der Kiste und 3 die Höhe ist.
(2) Schreibe einen Term für das Volumen V(x) der Kiste auf.
(3) Berechne mithilfe einer Gleichung die gesuchte Länge x des Papiers. Du erhältst zwei Ergebnisse. Welches Ergebnis ist die Lösung des Problems?

Aufgaben

„Ich bemerkte den Stau sehr spät, da er sich hinter einer Kurve befand. Ich schätze, dass das Fahrzeug, auf das ich dann auffuhr, ca. 150 m entfernt war, als ich die Gefahr bemerkte. Ich fuhr nicht schneller als die erlaubte Höchstgeschwindigkeit von 80 km/h und konnte dennoch nicht mehr rechtzeitig bremsen."

2 *Aus dem Protokoll einer Gerichtsverhandlung anlässlich eines Unfalls auf der Autobahn*

Näheres zum Anhalteweg eines Fahrzeugs auf Seite 49

Der Sachverständige nahm Stellung: *„Den Anhalteweg w eines Autos kann man mit der Formel* $w(v) = \frac{v^2}{100} + \frac{3v}{10}$ *berechnen. Dabei muss man die Geschwindigkeit v in km/h eingeben und erhält den Anhalteweg in Metern. ..."*

a) Was wird der Sachverständige weiter ausgeführt haben?

b) Berechne, mit welcher Geschwindigkeit das Auto mindestens gefahren sein muss.

c) Kannst du dir vorstellen, was der Sachverständige außer der Anwendung der Formel noch alles berücksichtigen muss?

Basiswissen

Will man ein Problem mithilfe der Mathematik lösen, dann muss man herausfinden, welcher Zusammenhang zwischen den Variablen besteht.

Aufgabe:
Ein rechteckiger Acker ist 100 m lang und 80 m breit.
Bei einer Flurbereinigung wird er in Länge und Breite um die gleiche Strecke größer. Die Fläche vergrößert sich dabei um 4 000 m².
Um wie viel Meter wird das Grundstück breiter und länger?

Problem
Was willst du herausfinden?
Um wie viel m wird das Grundstück länger und breiter?

Daten und Variable

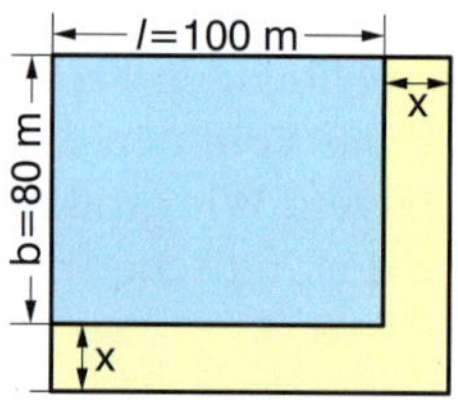

Zusammenhänge
Fläche des „blauen" Rechtecks in m²: $80 \cdot 100 = 8000$
Fläche des großen Rechtecks in m²:
einerseits: $8000 + 4000$
andererseits: $(100 + x)(80 + x)$
Also:
$(100 + x)(80 + x) = 8000 + 4000$

Rechnerische Lösung

$(100 + x)(80 + x) = 12000$

$x^2 + 180x + 8000 = 12000 \quad | -12000$

$x^2 + 180x - 4000 = 0$

$x_1 = \frac{-180 + \sqrt{180^2 + 16000}}{2} = \frac{-180 + 220}{2} = 20$

$x_2 = \frac{-180 - \sqrt{180^2 + 16000}}{2} = \frac{-180 - 220}{2} = -200$

Problemprobe
Berechnung der „gelben" Fläche
$20 \text{ m} \cdot 120 \text{ m} + 20 \text{ m} \cdot 80 \text{ m} =$
$2400 \text{ m}^2 + 1600 \text{ m}^2 =$
4000 m^2 ✓
($x_2 = -200$ ergibt im Bezug auf das Problem keinen Sinn.)

Ergebnis: Der Acker wird um 20 m breiter und länger.

Beispiele

A Der Flug eines Balles kann mit der Funktionsgleichung $h(x) = -0{,}02x^2 + 0{,}8x + 1{,}8$ beschrieben werden. Dabei ist x die Entfernung von der Abwurfstelle in Metern und h die zugehörige Höhe in Metern. Erreicht der Ball die Höhe von 9,0 m (9,8 m; 10,5 m)?

Grafische Lösung

Fenster $0 \le x \le 50$
$0 \le y \le 12$

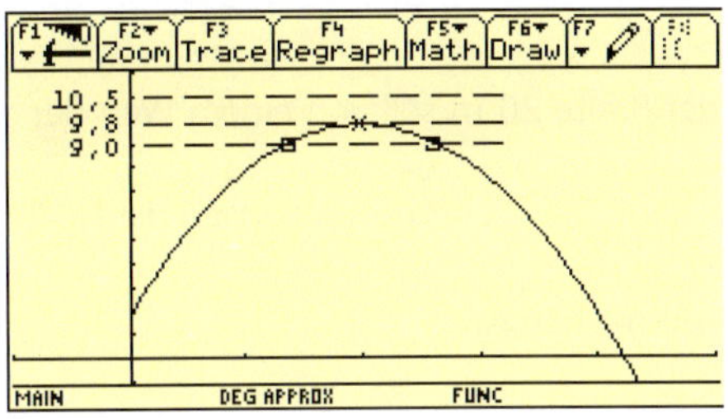

Ausschnittsvergrößerung

Fenster $15 \le x \le 25$
$8 \le y \le 11$

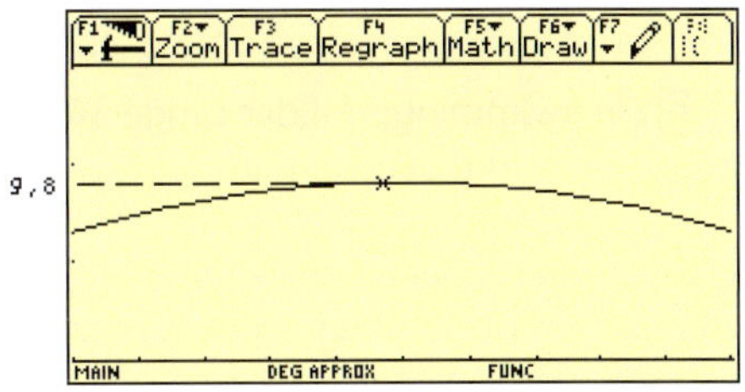

GTR, Funktionenplotter

Rechnerische Lösung

Höhe	Gleichung	Diskriminante $b^2 - 4ac$	Anzahl der Lösungen	Lösung
10,5	$-0{,}02x^2 + 0{,}8x + 1{,}8 = 10{,}5$ $-0{,}02x^2 + 0{,}8x - 8{,}7 = 0$	negativ	keine	
9,8	$-0{,}02x^2 + 0{,}8x + 1{,}8 = 9{,}8$ $-0{,}02x^2 + 0{,}8x - 8{,}0 = 0$	null	eine	x = ■
9,0	$-0{,}02x^2 + 0{,}8x + 1{,}8 = 9{,}0$ $-0{,}02x^2 + 0{,}8x - 7{,}2 = 0$	positiv	zwei	x_1 = ■ x_2 = ■

Die Höhe von 10,5 m wird nicht erreicht, 9,8 m ist die maximale Höhe und die Höhe von 9,0 m wird zweimal erreicht.

Übungen

3 Berechne zu Beispiel A: Wie weit entfernt von der Abwurfstelle wird die Höhe 9,8 m (9,0 m) erreicht?

4 Die Sitze in einem Theater sind in einem Rechteck angeordnet. Die Anzahl der Sitze in einer Reihe ist um 12 kleiner als die Anzahl der Reihen. Wie viele Sitze in jeder Reihe und wie viele Reihen gibt es in dem Theater, wenn die Gesamtzahl der Sitze 1260 beträgt?

5 *Rechteck gesucht*
a) Die Länge eines Rechtecks ist um 4 cm größer als die Breite. Wie lang und wie breit ist das Rechteck, wenn es eine Fläche von 117 cm² hat? Skizziere zunächst ein Rechteck in deinem Heft und beschrifte es. Stelle dann eine Gleichung auf.
b) Der Umfang eines Rechtecks beträgt 40 m, die Fläche 36 m². Berechne Länge und Breite des Rechtecks.

6 Schreibe die Zahl 123 als Summe von zwei positiven Zahlen. Das kann auf sehr viele Arten geschehen. Berechne jeweils das Produkt der beiden Summanden. Finde die Zerlegung, bei der das Produkt den größten möglichen Wert annimmt.

Übungen

7 Ein rechteckiges Grundstück stößt mit zwei Seiten an eine Straße. Zur Verbreiterung der Straßen wird jeweils ein gleich breiter Streifen des Grundstückes abgegeben. Wie breit sind die Streifen, wenn insgesamt 156 m^2 abgegeben werden?

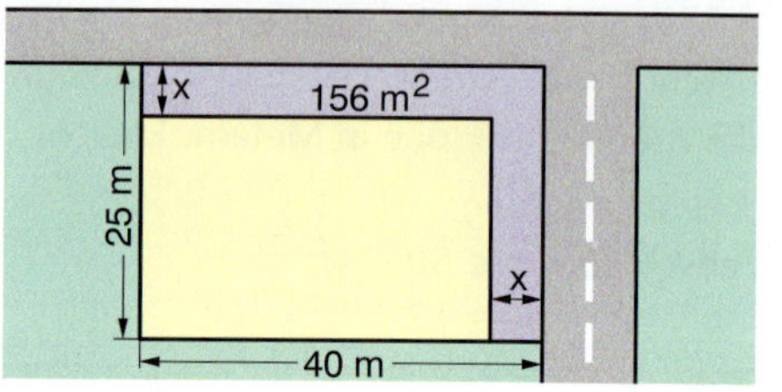

8 Ein Swimmingpool der Länge 30 m und der Breite 20 m soll von einem Weg der Breite x m umgeben werden.
a) Fertige eine beschriftete Skizze an und stelle einen Term auf, mit dem man die Fläche des Weges berechnen kann.
b) Wie breit ist der Weg, wenn dessen Fläche 360 m^2 beträgt?

9 Ein Stein wird von einem Turm mit der Geschwindigkeit von 10 m/s senkrecht nach unten geworfen. Mit der Funktionsgleichung $h(t) = 40 - 10t - 5t^2$

(1) 40 (2) $10t$ (3) $5t^2$

kann man berechnen, in welcher Höhe sich der Stein nach t Sekunden befindet.
a) Die markierten Terme passen zu: freier Fall, Wurf nach unten, Höhe des Turmes. Ordne richtig zu.
b) Wie lange dauert es, bis der Stein auf dem Boden auftrifft?
c) Wie müsstest du die Funktionsgleichung abändern, wenn der Stein senkrecht nach oben geworfen würde? Berechne, wie lange es jetzt dauert, bis er den Boden erreicht.

10 *Innermathematische Anwendungen*
a) Wie viele Lösungen hat die quadratische Gleichung $5x^2 + 5x + 5 = 0$?
b) Wie viele Lösungen hat die Gleichung $nx^2 + nx + n = 0$, $n \neq 0$?
Du kannst die Frage ohne Rechnung begründet beantworten.
c) Wie viele Lösungen hat die Gleichung $nx^2 + 2nx + 3n = 0$, $n \neq 0$?
d) Erfinde eine ähnliche Aufgabe und lasse sie durch deinen Partner lösen.

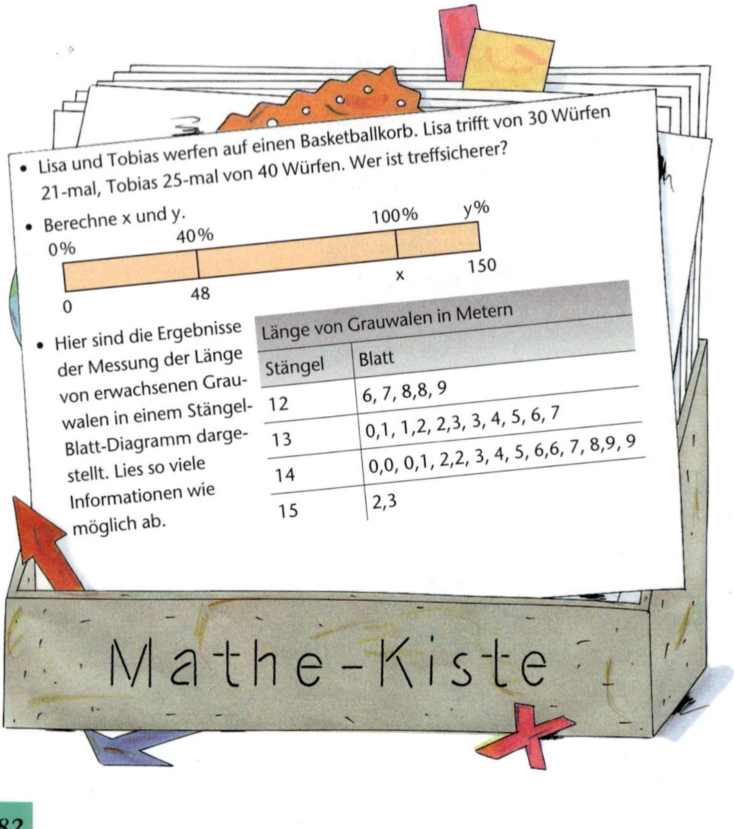

11 Ein Versicherungsmathematiker modelliert den Zusammenhang zwischen dem Alter des Fahrers und dem Unfallrisiko mit der quadratischen Funktion mit $y(x) = 0{,}4x^2 - 36x + 1000$, wobei x das Alter in Jahren bezeichnet und y die Unfälle pro 50 Mio. Fahrkilometer.
a) Passen die Daten aus der Tabelle zu dem Modell?

x	y
20	440
40	200
60	280

b) In welchem Alter werden nach dem Modell die wenigsten Unfälle verursacht?

Aufgaben

12 Im Jahre 2002 trugen nach Schätzungen nur $\frac{1}{3}$ der Erwachsenen und $\frac{2}{3}$ der Kinder beim Radfahren einen Sturzhelm. Es soll untersucht werden, was geschieht, wenn man ohne Helm stürzt.

a) Der Kopf eines Radfahrers befindet sich beim Fahren ungefähr 1,80 m über dem Boden. Angenommen, das Fahrrad bewegt sich nicht und der Fahrer stürzt zu Boden. Mit der Funktionsvorschrift für den freien Fall $s(t) = 5t^2$ kann man aus der Fallzeit t in Sekunden die Fallstrecke s(t) in Metern abschätzen. Wie lange dauert es etwa, bis der Kopf des Radfahrers auf dem Boden aufschlägt?

b) Mit der Funktionsvorschrift $v(t) = 10t$ kann man aus der Fallzeit t in Sekunden die Geschwindigkeit v(t) in m/s berechnen, die ein Körper nach t Sekunden erreicht hat. Mit welcher Geschwindigkeit schlägt der Kopf des Radfahrers auf den Boden?

c) Mediziner sagen, dass man sich schwere Hirnschäden zuzieht, wenn der Kopf ohne Helm mit einer Geschwindigkeit von mehr als 5,5 m/s aufprallt. Welcher Fallhöhe entspricht das?

Übrigens:
$1\,\frac{m}{s} = 3{,}6\,\frac{km}{h}$

13 Eine Firma, die Ski herstellt, hat untersucht, wie die Herstellungskosten K und die Einnahmen E von der produzierten und verkauften Stückzahl x abhängen.

> Modell: Die Firma nimmt der Einfachheit halber an, dass alle produzierten Ski verkauft werden.
> Die **Kosten K** kann man errechnen mit der Funktionsgleichung $K(x) = 80x + 60000$
> und die **Einnahmen E** durch $E(x) = 0{,}1x(4000 - x)$.
> Der **Gewinn G** wird beschrieben durch $\mathbf{G(x)} = E(x) - K(x)$.

a) Erstelle eine Grafik, die den Verlauf der Kosten- und Einnahmefunktion in einem sinnvollen Bereich zeigt. Benutze die Graphen zur Beantwortung der Fragen.

b) Um Gewinn zu machen, müssen die Einnahmen E größer als die Kosten K sein. Wie viele Ski müssen mindestens und wie viele dürfen höchstens verkauft werden, damit die Firma „in der Gewinnzone" bleibt?

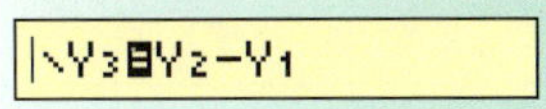

c) Für welche Anzahl verkaufter Ski sind die Einnahmen maximal?

d) Zeichne den Graphen der Gewinnfunktion in dein Heft. Für welche Anzahl verkaufter Ski ist der Gewinn maximal?

14 Ein Unternehmen hat ein dreieckiges Grundstück in der Innenstadt erworben und möchte es bebauen. Den Zuschlag erhielt ein Bauentwurf, der für das neue Gebäude einen rechteckigen Grundriss vorsieht. Welche Grundfläche kann das Gebäude maximal haben?

Einige Tipps zur Lösung:

- Übertrage die Zeichnung in dein Heft und zeichne ein geeignetes Koordinatensystem ein. Beschreibe die Grundstücksgrenzen durch eine Gleichung.
- Wie groß ist die Fläche, wenn das Gebäude 9 m (15 m, 20 m) lang ist?
- Stelle einen Term A(x) auf, mit dem man zu jeder Länge x die Größe der Grundrissfläche berechnen kann.

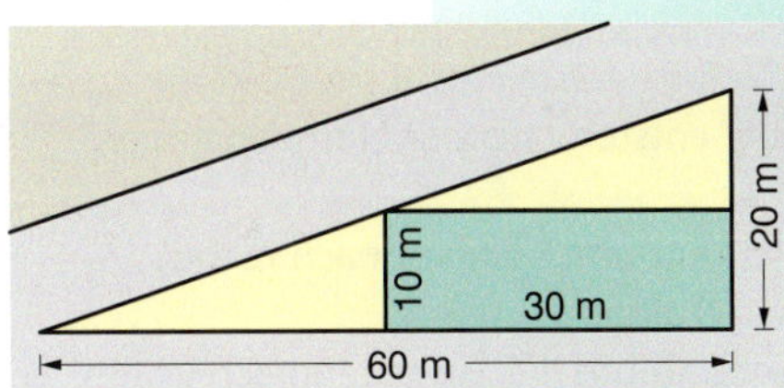

CHECK UP

Quadratische Funktionen und Gleichungen

Quadratische Funktionen
allgemeine Form: $f(x) = ax^2 + bx + c$

Beispiel: $f(x) = x^2 - 2x - 3$

x	f(x)
−2	5
−1	0
0	−3
1	−4
2	−3
3	0
4	5

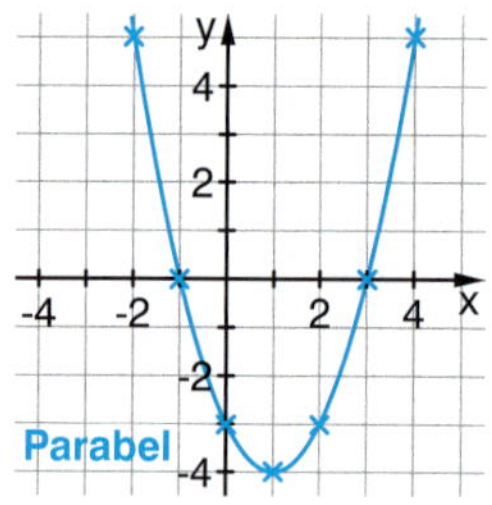

„Kennzeichen" einer Parabel
$f(x) = -0{,}5x^2 - x + 1{,}5$

x	f(x)
−4	−2,5
−3	0
−2	1,5
−1	2
0	1,5
1	0
2	−2,5

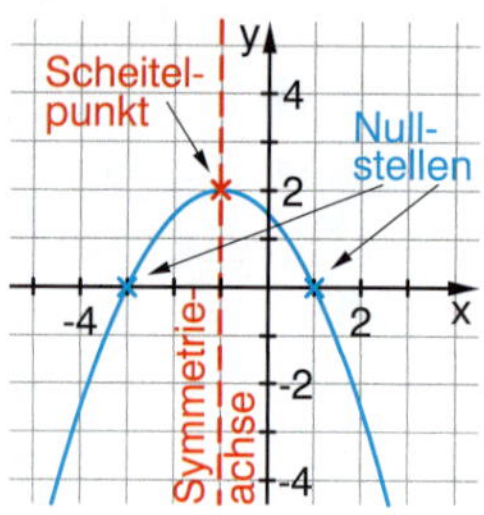

Scheitelpunktform: $f(x) = a(x-d)^2 + e$
Scheitelpunkt (d | e)

Beispiel: $f(x) = 0{,}5(x-1)^2 - 4{,}5$

$a = 0{,}5$
$d = 1$
$e = -4{,}5$

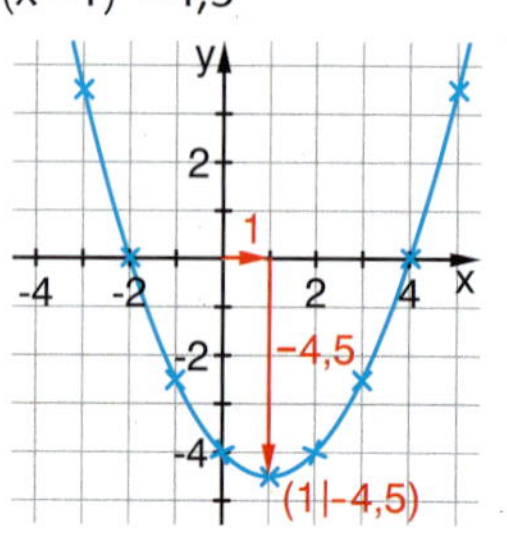

Die Parabel entsteht aus der Normalparabel durch:

- Verschiebung um 1 Einheit nach rechts,
- Stauchen (Faktor a = 0,5),
- Verschiebung um 4,5 Einheiten nach unten.

1 Jede Wertetabelle beschreibt eine Funktion.
a) Zeichne die zugehörigen Graphen.
b) Welche Funktion ist eine quadratische, lineare oder antiproportionale Funktion?
c) Bestimme jeweils die Funktionsgleichung.

x	y
−3	7
−2	2
−1	−1
0	−2
1	−1
2	2
3	7

x	y
−3	7
−2	4
−1	1
0	−2
1	−5
2	−8
3	−11

x	y
−3	16
−2	9
−1	4
0	1
1	0
2	1
3	4

x	y
−3	−4
−2	−6
−1	−12
0	–
1	12
2	6
3	4

2 Lineare Funktionen und quadratische Funktionen unterscheiden sich in vielen Punkten.
a) Beschreibe die Unterschiede zwischen den Graphen einer linearen und einer quadratischen Funktion.
b) Erläutere den Unterschied zwischen den Funktionsgleichungen.
c) Erstelle für die Funktionen mit $f(x) = 2x - 1$ und $g(x) = (x-2)^2 - 4$ eine Wertetabelle im Bereich $-4 < x < 4$, Schrittweite 1. Wie ändert sich der Funktionswert in beiden Funktionen, wenn du x um 1 erhöhst?

3 *Parabeln auf einen Blick*
Lies aus den Funktionsgleichungen so viele Informationen wie möglich ab (Scheitelpunkt, Nullstellen, nach oben/unten geöffnet, gestreckt/gestaucht, Schnittpunkt mit der y-Achse).
a) $f(x) = (x-2)(x+3)$ b) $f(x) = (x+2)^2 - 4$ c) $f(x) = x^2 + 3$
d) $f(x) = -x^2 + 2x + 5$ e) $f(x) = 3x(x-1)$ f) $f(x) = -0{,}5x^2$

4 Ermittle den Scheitelpunkt der Parabel. Handelt es sich um ein Maximum oder ein Minimum?
a) $f(x) = -x^2 + 5$ b) $f(x) = 2(x-7)^2$ c) $f(x) = (x+2)^2 - 5$

5 Bestimme die Funktionsgleichung einer Parabel mit dem Scheitelpunkt S, die weder gestaucht noch gestreckt ist.
a) S(4 | 0) nach unten geöffnet
b) S(−5 | −2) nach oben geöffnet
c) S(0 | 2) nach unten geöffnet

6 Das Kabel einer Hängebrücke kann mithilfe einer quadratischen Funktion modelliert werden. Bestimme die Funktionsgleichung mit den Daten aus der Zeichnung.

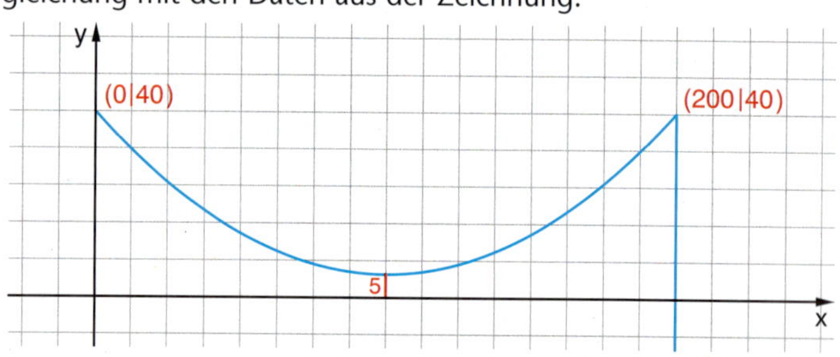

CHECK UP

7 Beschreibe – ohne zu zeichnen – die folgenden Parabeln im Vergleich zur Normalparabel.

a) $f(x) = 4x^2$ b) $f(x) = 0{,}2x^2$ c) $f(x) = -2x^2$
d) $f(x) = x^2 - 3$ e) $f(x) = -3x^2 + 1$ f) $f(x) = \frac{1}{4}x^2$

8 Wie findest du den Scheitelpunkt der Parabel? Rechne.

a) $f(x) = x^2 + 4x - 2$ b) $f(x) = x^2 - 4$ c) $f(x) = x^2 - 5x - 6$
d) $f(x) = (x + 2)(x - 6)$ e) $f(x) = -0{,}2x(x - 10)$ f) $f(x) = x^2$

9 Ein Wasserstrahl aus einer Wasserkanone spritzt 100 m weit und erreicht eine Höhe von 30 m. Mit welcher quadratischen Funktion kann man den Wasserstrahl modellieren?

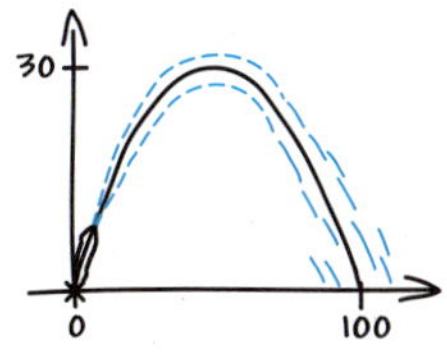

10 a) Berechne den Scheitelpunkt der Parabel $f(x) = a(x - x_1)(x - x_2)$ (faktorisierte Form).
Du erhältst eine „allgemeine Formel" für den Scheitelpunkt.
b) Warum kann man nicht jede quadratische Funktion in faktorisierter Form darstellen, aber jede in Scheitelpunktform?

11 Löse die quadratische Gleichung rechnerisch und mache die Probe zeichnerisch.

a) $0{,}5x^2 + 2x - 6 = 0$ b) $-(x - 3)^2 = -4$ c) $x^2 - 4x + 4 = -9$

12 Löse die quadratische Gleichung. Entscheide zunächst, welches Lösungsverfahren du anwenden willst.

a) $x^2 + 2x - 8 = 0$ b) $4x^2 - 8 = 20$ c) $3x^2 = x$
d) $5x^2 - 5x = 0$ e) $9x^2 + 16x = -12$ f) $3x^2 = 2x^2 - 1$

13 Zeichne je zwei passende Parabeln, die sich

a) in zwei Punkten schneiden.	b) in einem Punkt schneiden.	c) nicht schneiden.

14 Ermittle die Schnittpunkte der Parabeln mit den Funktionsgleichungen $f(x) = 40x - 2x^2$ und $g(x) = x^2 - 5x + 150$.

15 Der Flug eines Speeres beim Speerwurf wird durch die folgende quadratische Funktion modelliert:

$h(w) = -\frac{1}{200}(w - 40)^2 + 10$

Dabei ist h die Flughöhe und w die Weite vom Abwurfpunkt in Metern. Formuliere alle in der Skizze angedeuteten Fragen und beantworte sie.

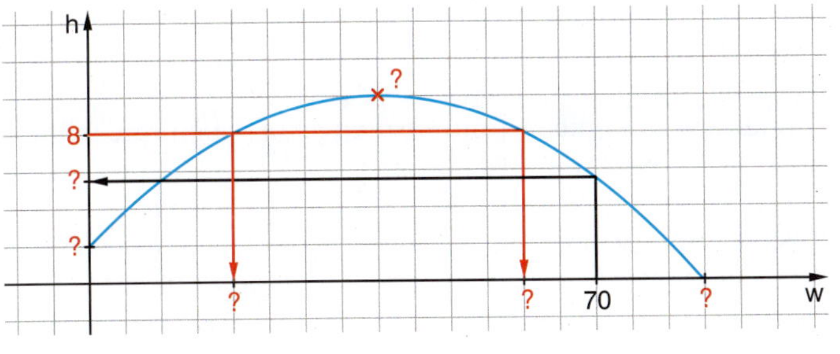

Scheitelpunkt berechnen

$f(x) = x^2 - 8x + 10$

quadratische Ergänzung

$= x^2 - 8x + 16 - 16 + 10$
$= (x - 4)^2 - 6$

Scheitelpunkt $S(4|-6)$

Faktorisierte Form: $f(x) = a(x - x_1)(x - x_2)$

Nullstellen (Schnittstellen des Graphen mit der x-Achse) sind x_1 und x_2

Beispiel: $f(x) = -(x - 1)(x - 5)$

$a = -1$
Nullstellen:
$x_1 = 1$
$x_2 = 5$
Scheitelpunkt:
$x_S = 3$
$f(x_S) = 4$

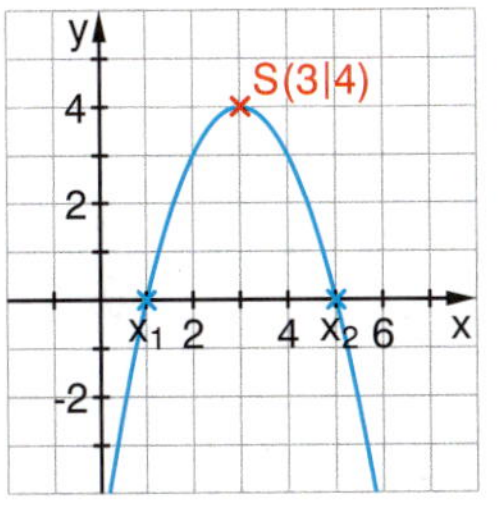

Quadratische Gleichungen lösen

- **numerisch**
  $x^2 - 2x - 1 = 0$
  Die Lösungen entsprechen den Nullstellen der zugehörigen quadratischen Funktion.
  Man erhält nur Näherungslösungen.

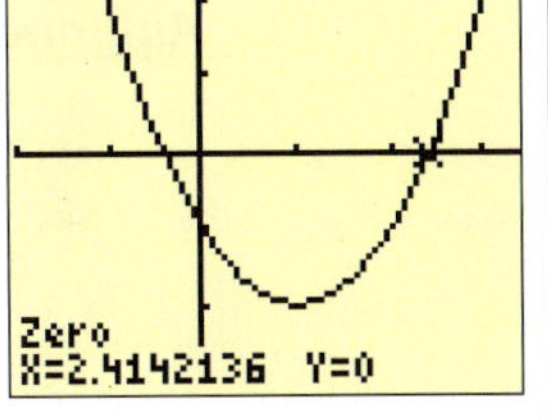

- **Wurzel ziehen**
  $5x^2 = 40 \quad | : 5$
  $x^2 = 8$ $L = \{-\sqrt{8}; \sqrt{8}\}$

- **Ausklammern**
  $6x - 4x^2 = 0$ Ausklammern
  $x(6 - 4x) = 0$ „Produkt = 0"-Gesetz
  $x = 0$ oder $6 - 4x = 0$
  $x_1 = 0 \quad x_2 = \frac{3}{2}$ $L = \left\{0; \frac{3}{2}\right\}$

- **pq-Formel** ($x^2 + px + q = 0$)
  $L = \left\{-\frac{p}{2} + \sqrt{\frac{p^2}{4} - q}; -\frac{p}{2} - \sqrt{\frac{p^2}{4} - q}\right\}$

- $ax^2 + bx + c = 0$: Dividiere durch a und wende dann die pq-Formel an.

3 Vielfältige Darstellungen von Parabeln

3.1 Wurzelfunktionen

Was dich erwartet

Die Zeit, die ein Pendel für eine volle Schwingung benötigt, nennt man **Schwingungsdauer.**

Wurzelfunktionen werden benutzt, um viele Situationen des Alltags zu modellieren und entsprechende Probleme zu lösen. So kann z.B. der Zusammenhang zwischen der Länge x eines Pendels und der Zeit T, die das Pendel für eine volle Schwingung benötigt, durch eine Wurzelfunktion mit der Gleichung $T(x) = 6{,}28\sqrt{\frac{x}{9{,}8}}$ (T in s, x in m) beschrieben werden. Wurzelziehen ist die Umkehrung des Quadrierens. Wurzelfunktionen und Wurzelgleichungen haben sehr viel mit quadratischen Funktionen und quadratischen Gleichungen zu tun. Daher werden wir unsere Erfahrungen mit quadratischen Funktionen und quadratischen Gleichungen gut gebrauchen können.

Aufgaben

1 *Das Besondere an Wurzelfunktionen*

Erstelle für die Funktion f: $x \to \sqrt{x}$ eine Wertetabelle und zeichne den Graphen.

- Achte auf die Definitionsmenge (welche Werte darf man für x einsetzen?).
- Vergleiche die Wertetabelle und den Graphen mit der Tabelle und dem Graphen der Funktion g: $x \to x^2$

Notiere deine Beobachtungen.

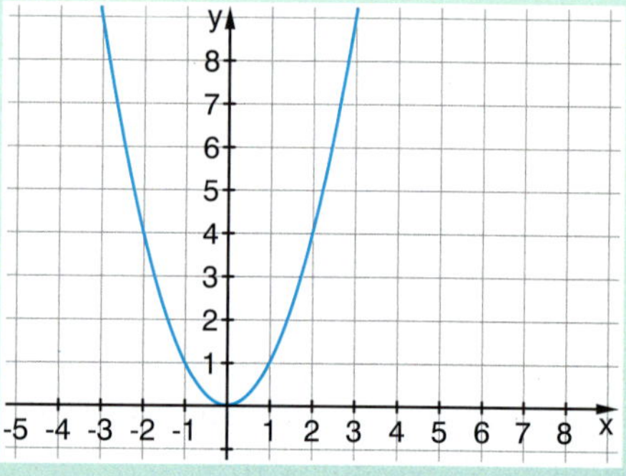

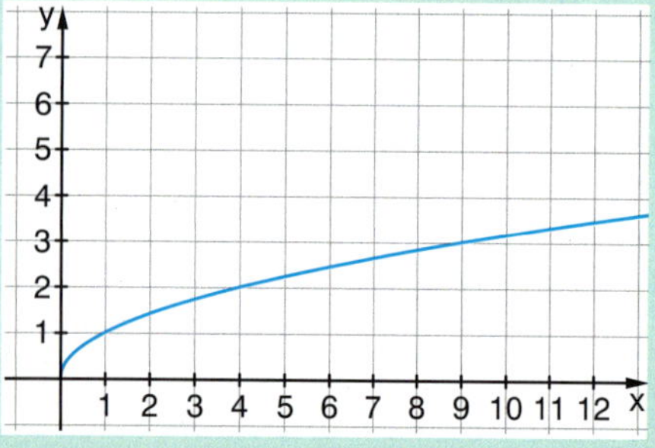

Wurzelfunktion: f: $x \to \sqrt{x}$

2 *Funktionenlaboratorium*

Untersuche jeweils die Bedeutung von a, b, c für den Graphen der Funktion f. Setze jeweils für c, b und a die Werte 2, 3 und –1 ein und vergleiche den jeweiligen Graphen mit der „Mutter" aller Wurzelfunktionen ($f(x) = \sqrt{x}$).

Gib jeweils auch die Definitionsmenge an. Überprüfe deine Schaubilder mit dem GTR.

a) $f(x) = \sqrt{x} + c$ b) $f(x) = \sqrt{x - b}$ c) $f(x) = a\sqrt{x}$

d) Sage ohne Wertetabelle vorher, wie der Graph der Funktion mit $f(x) = \sqrt{x + 2} - 3$ aussieht. Überprüfe deine Vermutung mit einem Funktionsplotter (oder mit einer Wertetabelle).

Aufgaben

3 *Tsunamis* sind Ozeanwellen, die über eine außerordentlich große Zerstörungskraft verfügen. Diese Wellen, die z. B. von Erdbeben verursacht werden können, breiten sich mit großen Geschwindigkeiten aus. Da sie dabei wenig an Energie verlieren, behalten sie ihre zerstörerische Kraft über tausende von Kilometern bei.
Die Ausbreitungsgeschwindigkeit v einer *Tsunami* hängt von der Wassertiefe w ab. Mit der Faustregel $v(w) = \sqrt{9{,}8w}$ erhält man die Geschwindigkeit v in m/s, wenn man die Wassertiefe w in Meter einsetzt.

Tsunami: (japanisch) Hafenwelle
Eine Tsunami wird um so höher, je geringer die Geschwindigkeit wird. Tsunamis können bis zu 35 m hoch werden.

Die Ozeantiefe bei den Aleuten beträgt 7800 m. Von den Aleuten zu den japanischen Inseln nimmt die Wassertiefe schnell ab. Angenommen, ein Erdbeben bei den Aleuten löst eine *Tsunami* aus.
a) Übertrage die Tabelle in dein Heft und ergänze. Runde die Daten in der Tabelle auf eine Nachkommastelle.
b) Vergleiche die Geschwindigkeit bei einer Wassertiefe von 50 m mit der bei einer 100-mal größeren Tiefe. Was stellst du fest? Begründe.

Wassertiefe in m	Geschwindigkeit m/s	km/h
50	22,1	79,7
75	■	■
100	31,3	112,7
500	■	■
1 000	■	■
2 000	■	■
5 000	■	■
7 500	■	■

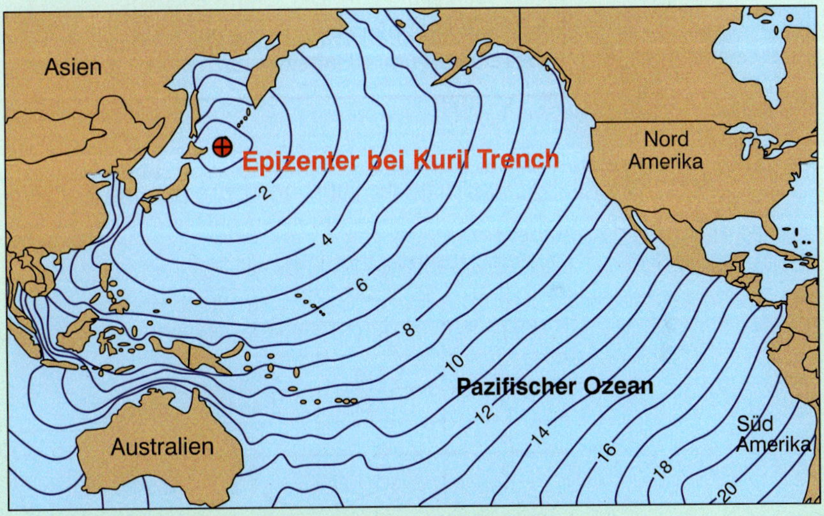

c) Wie tief ist der Ozean, wenn die Geschwindigkeit der *Tsunami* 540 km/h beträgt? Du kannst das Problem sowohl zeichnerisch als auch rechnerisch lösen.

Zeichnerische Lösung
Zeichne den Graphen zur Funktion v mit $v(w) = \sqrt{9{,}8w}$ und suche zu v = 540 km/h = 150 m/s die Wassertiefe w.

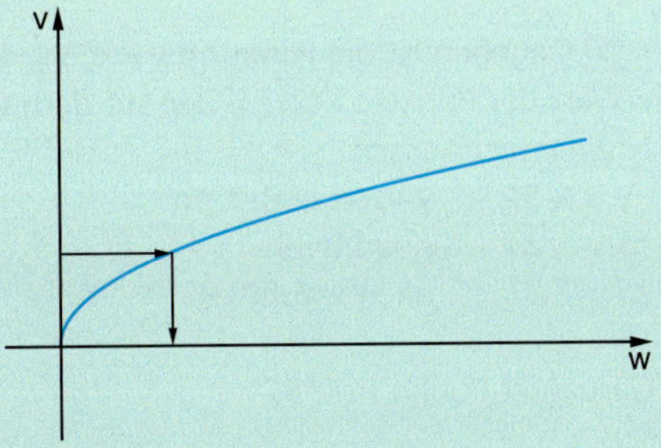

Rechnerische Lösung
$150 = \sqrt{9{,}8w}$
Quadriere beide Seiten der Gleichung und löse nach w auf.

Basiswissen

Wurzelfunktionen

Die Funktion $y = \sqrt{x}$ ist die einfachste Wurzelfunktion („Mutter“ aller Wurzelfunktionen).

Steckbrief der Wurzelfunktion $y = \sqrt{x}$

Tabelle

x	y
0	0
1	1
2	$\sqrt{2} \approx 1{,}414$
3	$\sqrt{3} \approx 1{,}732$
4	2
9	3

Graph

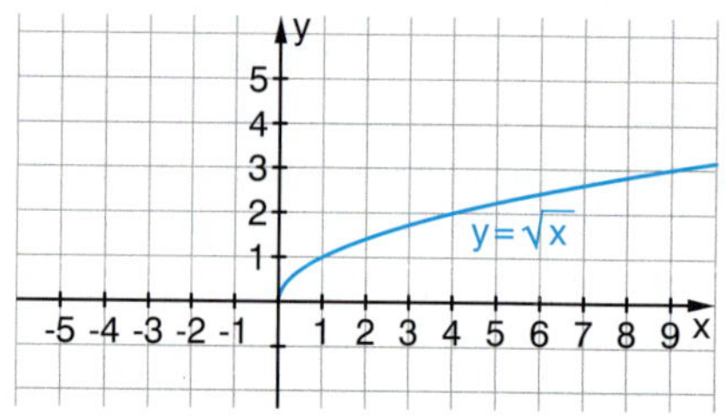

Zur Erinnerung: Laut Definition ist $\sqrt{x}$ stets positiv oder gleich 0. Beispiel: $\sqrt{9} = 3$

Die **Definitionsmenge** der Funktion (alle Zahlen, die man für x einsetzen darf):
$D = \{x \mid x \geq 0\}$
Die **Wertemenge** der Funktion (alle Zahlen, die bei y auftreten können):
$W = \{y \mid y \geq 0\}$

Die Funktion $y = \sqrt{x + 4}$ ist ebenfalls eine Wurzelfunktion. Der Graph entsteht aus dem Graphen von $y = \sqrt{x}$ durch Verschieben um 4 Einheiten nach links.

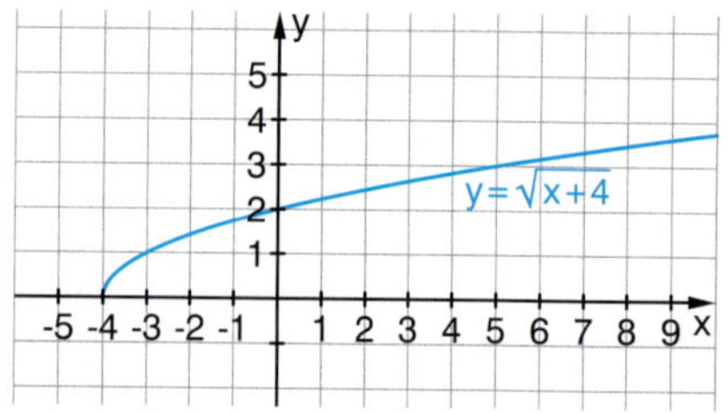

Beispiele

A Vergleiche die Funktionen $y_1 = \sqrt{x}$ und $y_2 = \sqrt{4x}$.

Tabelle

x	y_1	y_2
0	0	0
1	1	2
2	1,414	2,828
3	1,732	3,464
4	2	4
9	3	6

$\cdot 2$

Graphen

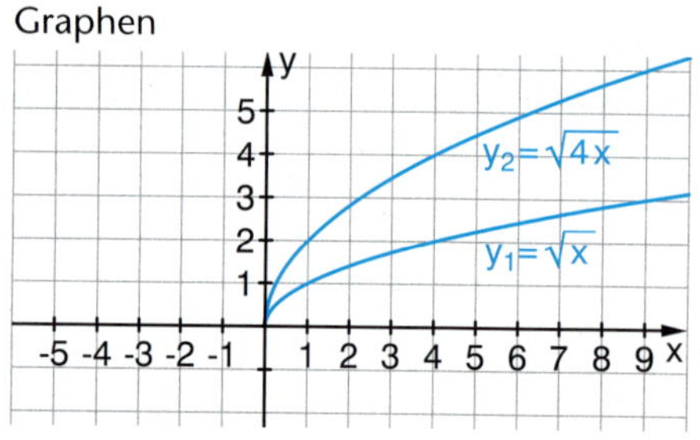

Der Graph der Funktion y_1 wird in Richtung der y-Achse mit dem Faktor 2 gestreckt.

B Gegeben ist die Funktion $y = \sqrt{5x}$. Ermittle zeichnerisch und rechnerisch den x-Wert des Punktes $P(x \mid 5)$, der auf dem Graphen liegt.

Lösung: rechnerisch

$y = \sqrt{5x}$	y-Wert einsetzen
$5 = \sqrt{5x}$	quadrieren
$25 = 5x$	nach x auflösen
$5 = x$	

Gesuchter Punkt: $P(5 \mid 5)$

zeichnerisch

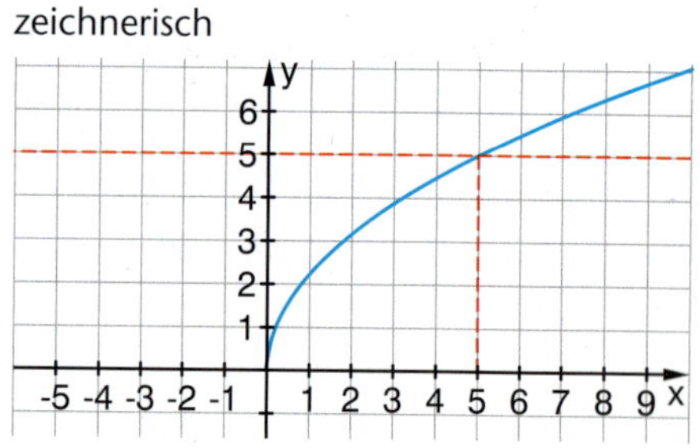

Beispiele

C Mit welcher Formel kann man den Radius r einer kreisförmigen Fläche berechnen, deren Flächeninhalt A gegeben ist? Erstelle zu der Formel eine Tabelle und „übersetze“ diese in ein Diagramm.

Lösung: Die bekannte Flächenformel (siehe Formelsammlung) ist:

$A = \pi \cdot r^2$ Auflösen der Formel nach r^2

$\frac{A}{\pi} = r^2$ Auflösen nach r durch Wurzelziehen

$\sqrt{\frac{A}{\pi}} = r$

Tabelle

A (cm^2)	r (cm)
100	5,64
200	7,98
400	11,28
900	16,92
1600	22,56

Graph

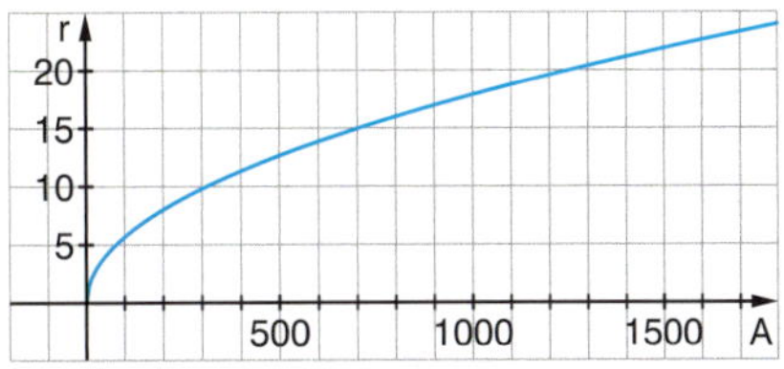

Wenn z. B. die Fläche viermal (neunmal) so groß wird, dann wird der Radius doppelt (dreimal) so groß.

Übungen

4 Erstelle zur Funktion $y = \sqrt{x+4}$ die Tabelle und den Graphen. Begründe, warum der Definitionsbereich D dieser Funktion $D = \{x \mid x \geq -4\}$ ist.

5 Im Koordinatenkreuz sind der Graph der Funktion $y = \sqrt{x}$ und der Graph einer unbekannten Funktion dargestellt. Vermute, wie die passende Funktionsgleichung lauten könnte, und überprüfe deine Vermutung.

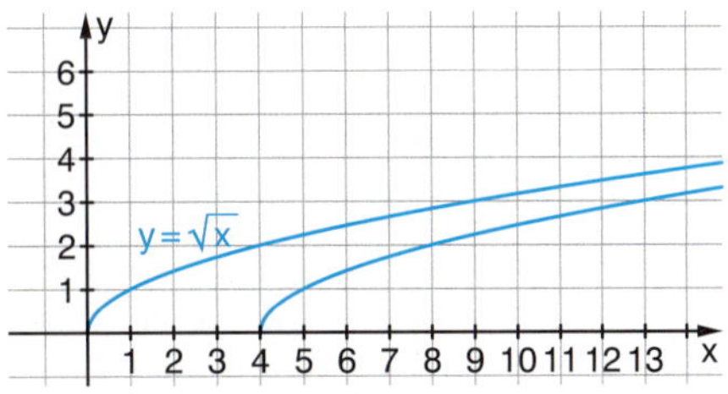

6 *Funktionenlabor*
Durch kleine Veränderungen der Funktionsgleichung kann man aus der „Mutter“ aller Wurzelfunktionen $y = \sqrt{x}$ neue Funktionen gewinnen.
a) $y = \sqrt{x-2}$ b) $y = \sqrt{x} + 2$ c) $y = 2\sqrt{x}$
Überlege zunächst, wie der Graph der jeweiligen Funktion aus dem Graphen von $y = \sqrt{x}$ entsteht, und überprüfe deine Vermutung.

7 Löse die Gleichung zeichnerisch und rechnerisch.
a) $\sqrt{x-2} = 6$ b) $\sqrt{x+5} = 0$ c) $\sqrt{x+6} = x$
Überprüfe dein Ergebnis auch durch die Einsetzprobe.
Was fällt dir bei Aufgabe c) auf?

8 Wer durchschaut den Trick?
„Die Gleichung $\sqrt{x} = -5$ hat keine Lösung, da eine Wurzel nie ein negatives Ergebnis liefert.“
„Geht doch, du musst nur quadrieren: $\sqrt{x} = -5$
$x = 25$“.

Vorsicht beim Quadrieren!

Projekt

Das Pendel

Im Physikunterricht untersucht eine Gruppe von Schülerinnen und Schülern des Sebastian-Münster-Gymnasiums den Zusammenhang zwischen der Länge eines Fadenpendels und der Schwingungsdauer des Pendels. Sie verwenden verschiedene Pendellängen und messen jeweils die Dauer für eine vollständige Schwingung. Dabei erhalten sie die folgende Tabelle:
l: Länge des Pendels in m
t: Zeit für eine Schwingung in Sekunden

l	0	0,5	0,75	1,0	1,2	1,5	2
t	0	1,4	1,8	2,0	2,2	2,5	2,8

Stelle die gewonnenen Daten in einem Diagramm dar. An welchen Funktionstyp erinnert der Verlauf des Graphen?

Wie kann mit dem Diagramm die Schwingungsdauer eines Pendels beliebiger Länge zwischen 0 und 200 cm bestimmt werden?

Experiment

Führt die Messungen an einem Fadenpendel selbst durch. In der Physiksammlung findet ihr sicher die notwendigen Materialien.

Tipps zur Versuchsdurchführung:
- Messt die Länge des Fadens von der Aufhängung bis zur Mitte des Pendelkörpers.
- Lasst das Pendel nicht sehr weit ausschwingen.
- Messt die Dauer für z. B. 10 Schwingungen und dividiert die gemessene Zeit durch 10. So verringern sich Messungenauigkeiten.
- Arbeitet dennoch so präzise wie möglich.
- Im Schulgebäude könnt ihr sicher auch ein sehr langes Pendel schwingen lassen.

Versuchsauswertung: Stellt die Daten in einem Diagramm dar. Vergleicht mit dem Ergebnis der Schülergruppe des Sebastian-Münster-Gymnasiums.

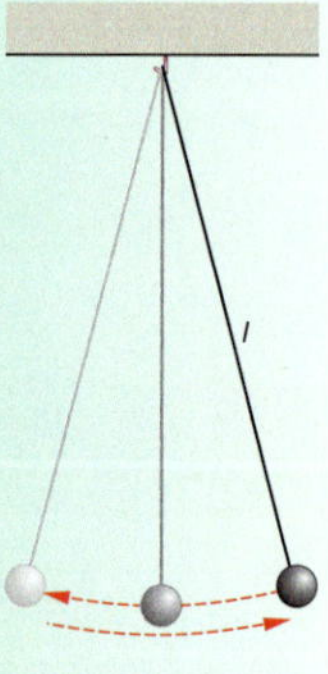

Aus einem Physiklexikon:

Schwingungsdauer t eines Pendels: $t = 2 \cdot \pi \sqrt{\frac{l}{g}}$

Erdbeschleunigung $g = 9{,}81\ m/s^2$, t in Sekunden, l in Meter
- „Rechnet" euere Messwerte für verschiedene Längen nach.
- Wie lang muss ein Pendel sein, das für eine Schwingung 3 Sekunden benötigt?

Ein paar interessante Fragen:
- Opas Pendeluhr geht zu langsam. Was tun?
- Gehen Pendeluhren auf dem Mond nach?

9 *Aus der Zeitung*

Erftstadt

Unfall – 60 Meter Bremsspur sprechen für überhöhte Geschwindigkeit

Gegen 2.30 Uhr fuhr ein 27-jähriger Kölner in der Nacht auf Samstag, 14. Juni, mit seinem BMW von Erftstadt nach Düren. In einer Linkskurve bei Nörvenich musste er aufgrund eines vor ihm langsam fahrenden Fahrzeugs stark abbremsen. Dabei kam er nach rechts von der Fahrbahn ab und überfuhr noch ein Verkehrszeichen. Am PKW entstand ein Sachschaden in Höhe von rund 3000 €. Das Fahrzeug war nicht mehr fahrbereit und musste abgeschleppt werden.

Aufgrund der Spurenlage, einer über 60 Meter langen Bremsspur, war die überhöhte Geschwindigkeit des 27-jährigen unfallursächlich.

Aufgaben

a) Die Versicherung beauftragt den Gutachter, Herrn Roth, mit der Untersuchung des Unfalls. Welche Fragen könnte er formulieren? Findet ihr Ansätze, wie man diese Fragen beantworten kann?

b) Wovon könnte die Länge der Bremsspur abhängig sein?

c) Herr Roth kann die Geschwindigkeit mithilfe der Länge der Bremsspur abschätzen. Dazu verwendet er die Formel $v = \sqrt{2 \cdot a \cdot s}$.

v: Fahrzeuggeschwindigkeit	in Meter pro Sekunde
s: Länge der Bremsspur	in m
a: Bremsverzögerung	in m/s^2

Herr Roth ermittelt die Bremsverzögerung a durch Bremsversuche.
Worauf muss er dabei achten?

Aus der Physik:
Die Länge der Bremsspur hängt fast ausschließlich von der Reibung zwischen Fahrbahnoberfläche und dem Reifen ab. Demgegenüber spielen die Konstruktion der Fahrzeugbremsen und das Fahrzeuggewicht kaum eine Rolle.

Gutachter
T. Roth

Ort des Unfalls
Linkskurve 500 m hinter der Ortsausfahrt von Nörvenich

Datum des Unfalls	**Uhrzeit**	**Straße**
14.06.2008	2.30 Uhr	Asphalt, trocken

Ergebnis des Bremsversuches
Geschwindigkeit v = 90 km/h = 90/3,6 m/s = 25 m/s
Bremsspur: 39 m
Berechnung der Bremsverzögerung a: $v = \sqrt{2 \cdot a \cdot s}$

$$v^2 = 2 \cdot a \cdot s$$
$$a = v^2/2s = 25^2/2 \cdot 39 \ m/s^2$$
$$= 8{,}01$$

- Erkläre jeden einzelnen Schritt des Versuchsprotokolls mit eigenen Worten.
- Zur Überprüfung seines Ergebnisses unternimmt Herr Roth einen weiteren Bremsversuch. Mit den entsprechenden Daten errechnet er nun eine Bremsverzögerung $a = 7{,}8 \ m/s^2$ und verwendet den Mittelwert der beiden Ergebnisse zur weiteren Berechnung.
- Berechne aus dem Mittelwert für a und der Länge der Bremsspur die Geschwindigkeit des Kölners bei seinem Unfall.

3.2 Geometrie der Parabel

Was dich erwartet

Du hast Parabeln als Graphen von quadratischen Funktionen kennengelernt. Alle diese Graphen sind symmetrisch zu einer zur y-Achse parallelen Achse durch den Scheitelpunkt.

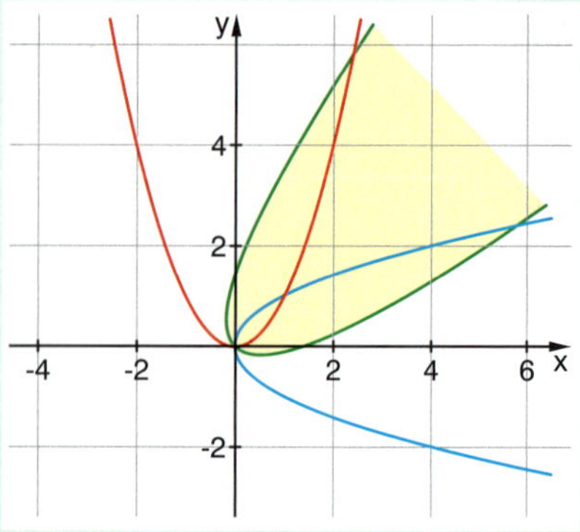

Die typische Form einer Parabelkurve bleibt natürlich erhalten, wenn wir die Parabelschablone im Koordinatensystem drehen; in diesem Falle ist die Kurve allerdings nicht mehr der Graph einer quadratischen Funktion. Bei Drehung der Normalparabel um den Scheitelpunkt um 270° können wir die beiden Äste noch als Graphen der beiden Funktionen $y = \sqrt{x}$ und $y = -\sqrt{x}$ erhalten, in den meisten anderen Fällen ist dies aber nicht mehr so einfach. Mithilfe geometrischer Eigenschaften der Parabel lassen sich viele Methoden zum Konstruieren und Erzeugen von Parabeln entwickeln.

Aufgaben

1 *Zur Auffrischung geometrischer Kenntnisse*

Bei vielen geometrischen Anwendungen werden so genannte „Ortslinien" konstruiert.

Folgende Ortslinien kennst du bisher:

Kreis
Winkelhalbierende
Parallelen
Mittelparallele
Mittelsenkrechte

a) Wo liegen alle Punkte, die

1) von zwei Punkten A und B gleich weit entfernt sind?

2) von einem Punkt M den Abstand r haben?

3) zu einer Geraden g den Abstand d haben?

4) gleichen Abstand zu zwei Geraden g und h haben?

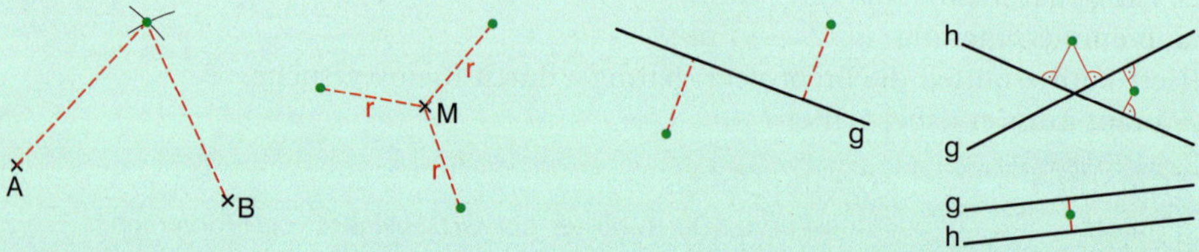

b) Konstruiere jeweils die passenden Ortslinien. Nicht in allen Fällen gibt es eine eindeutige Lösung.

2 *Eine bekannte Kurve als Ortslinie*

a) Wo liegen alle Punkte, die von einem Punkt F und einer Geraden h den gleichen Abstand haben? Zeichne ab und konstruiere. Erkläre dein Vorgehen.

b) Verbinde die konstruierten Punkte durch eine passende Kurve. Kommt dir die Kurve bekannt vor? Finde eine Methode, mit der du deine Vermutung begründen kannst.

c) Konstruiere entsprechende Ortskurven für andere Abstände von F zu h (1 cm, 3 cm, 0,5 cm). Beschreibe, wie sich dieser Abstand auf die Gestalt der Kurve auswirkt.

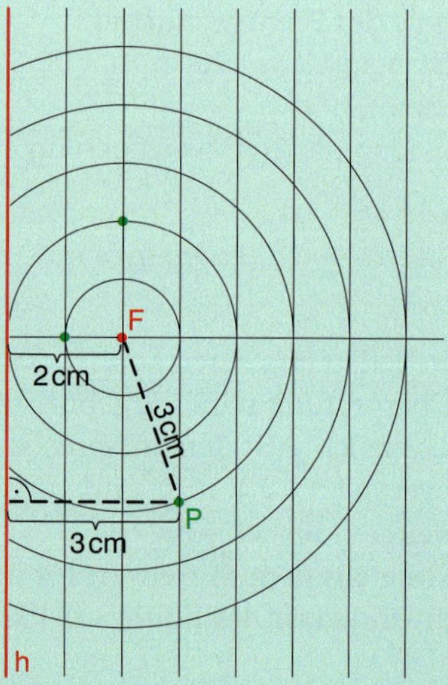

Aufgaben

3 Die Schüler der Klasse 9 a stellen sich auf dem Schulhof auf. Jeder sucht eine Position, von der der Abstand zur Mauer und zu dem roten Punkt jeweils gleich ist. Es sieht so aus, als würden sie auf einer Parabel stehen. Erfüllen die Punkte auf dem Graphen einer quadratischen Funktion auch diese Abstandsbedingung?

a) Zeichne den Graphen der Funktion $y = \frac{1}{4}x^2$ in ein Koordinatensystem. (1 Einheit $\triangleq$ 1 cm). Zeichne auch den Graphen zu $y = -1$ (Gerade g) und den Punkt F (0|1). Überprüfe nun für verschiedene Parabelpunkte, ob diese jeweils den gleichen Abstand zu g und F aufweisen.

„Schülerparabel" auf dem Schulhof

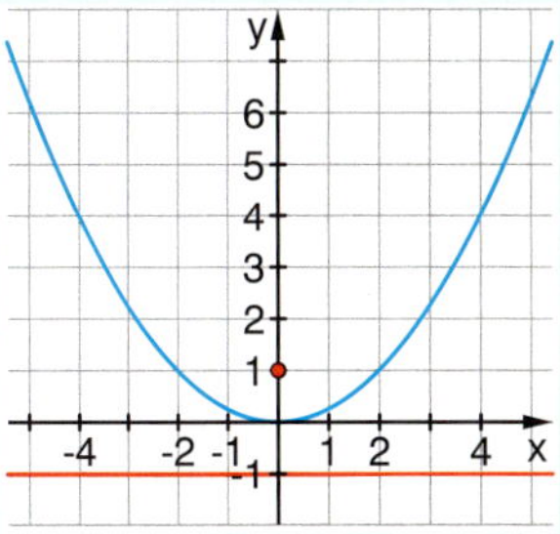

Für drei Parabelpunkte kannst du es direkt aus den Koordinaten ablesen, für die anderen Punkte kannst du nachmessen.

b) Findest du auch für den Graphen der Funktion $y = \frac{1}{2}x^2 \left(y = \frac{1}{8}x^2\right)$ eine entsprechende Gerade g und einen Punkt F? Wie sieht es bei der Normalparabel aus?

c) Kannst du eine Beziehung zwischen der y-Koordinate des Punktes F und dem Faktor a in der jeweiligen Funktionsgleichung $y = ax^2$ finden?

4 *Konstruktion einer Ortskurve mit DGS*

Die blaue Kurve ist eine Parabel. Sie ist als Ortskurve des Punktes P entstanden, wenn der Punkt L sich auf der Geraden h bewegt.

DGS

Konstruktionsschritte:

1. Zeichne Gerade h und Punkt F.
2. Punkt L auf h.
3. Mittelsenkrechte (g_1) zur Strecke $\overline{FL}$.
4. Senkrechte (g_2) zu h in L.
5. Schnittpunkt von g_1 mit g_2: Punkt P.

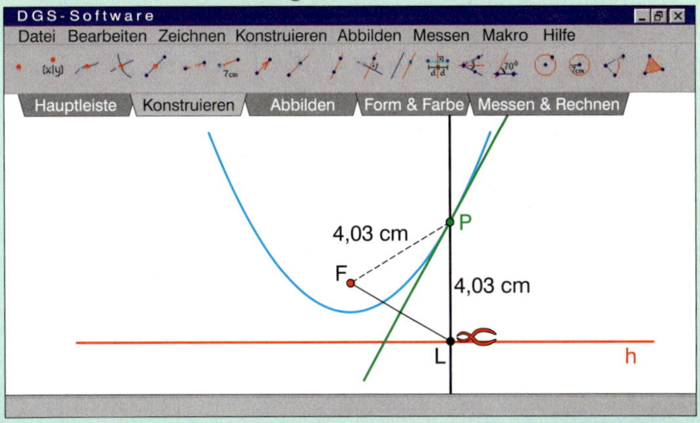

6. Ortskurve von P bei Bewegung von L auf h.

a) Führe die Konstruktion mit dem DGS selbst aus. Wähle als Abstand von F zu h zunächst 2 cm. Hast du eine Idee, wie du mit deinen bisherigen Kenntnissen bestätigen kannst, dass die Ortskurve tatsächlich eine Parabel ist?

Der Graph einer Funktion $y = ax^2$ ist eine Parabel.

b) Was passiert, wenn du einen anderen Abstand von F zu h wählst? Experimentiere mit verschiedenen Abständen. Behalten die Ortskurven die Form einer Parabel? Beschreibe möglichst genau, wie sich die Parabel in Abhängigkeit vom Abstand ändert.

c) Begründe mithilfe der Konstruktion: Für jeden Punkt P auf der Ortskurve gilt: $\overline{PF} = \overline{PL}$.

d) Mit der Konstruktion hast du eine geometrische Definition für die Parabel gefunden: *Die Parabel ist die Ortslinie aller Punkte, die ...*
Vervollständige den Satz.

Basiswissen

Alle Punkte, die von einem gegebenen Punkt F und einer gegebenen Geraden h den gleichen Abstand haben, bilden eine Parabel.

Die Parabel als geometrische Ortslinie

Zu jeder Parabel gibt es einen Punkt F und eine Gerade h, so dass jeder Parabelpunkt von F und h den gleichen Abstand hat.
F heißt Brennpunkt der Parabel,
h heißt Leitgerade.

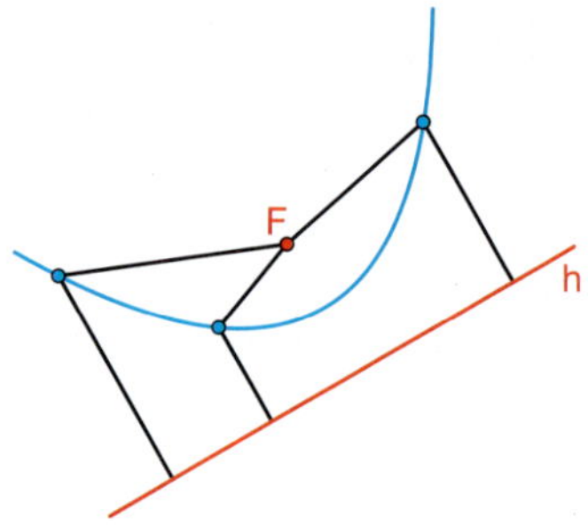

Der Graph der Funktion $y = a x^2$ ist eine Parabel. Der zugehörige Brennpunkt F hat die Koordinaten $\left(0 \middle| \frac{1}{4a}\right)$, die Leitgerade h hat die Gleichung $y = -\frac{1}{4a}$.

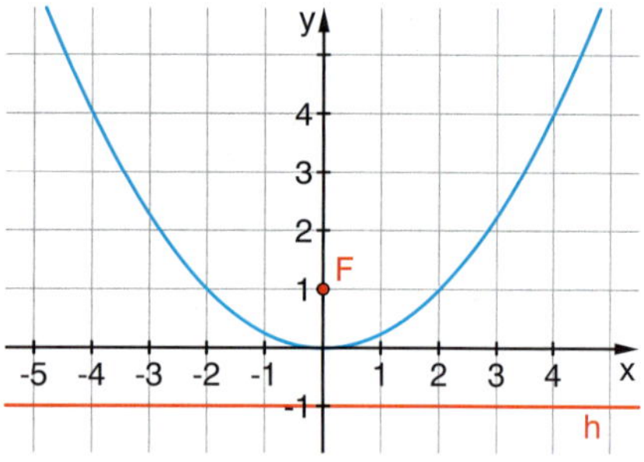

Beispiele

A Konstruiere die Parabel mit der Leitgeraden $y = x + 1$ und dem Brennpunkt $F(-1|2)$.
(1) Zeichne Leitgerade und Brennpunkt.
(2) Zeichne Parallelen zur Leitgeraden in verschiedenen Abständen.
(3) Zeichne Kreise um F, deren Radien so groß sind wie die Abstände der Parallelen zur Leitgeraden. Markiere die passenden Schnittpunkte.
(4) Verbinde die Schnittpunkte durch eine möglichst glatte Kurve.

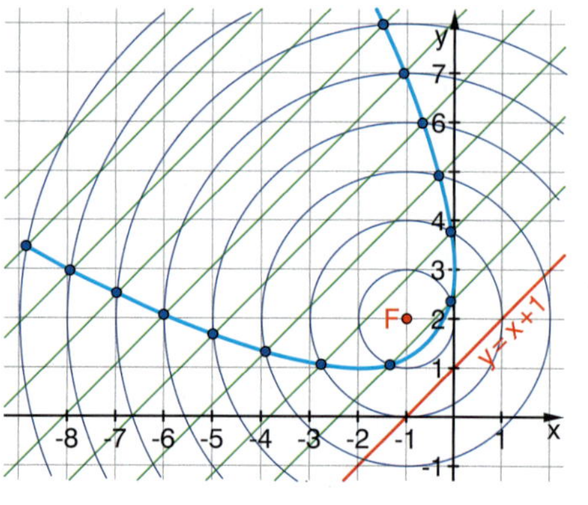

B Bestimme die Gleichung der Parabel mit der Leitgeraden $y = -2$ und dem Brennpunkt $F(0|2)$.
Aus der Lage von Leitgerade und Brennpunkt ergibt sich, dass die gesuchte Parabel den Scheitel in $(0|0)$ und die y-Achse als Symmetrieachse hat. Damit hat die Gleichung die Form $y = a x^2$. Da $-\frac{1}{4a} = -2$, folglich $a = \frac{1}{8}$, ist $y = \frac{1}{8}x^2$ die gesuchte Gleichung.

Übungen

6 Lösungen:
$(2|1{,}5)$ $(0|1)$
$(0|0{,}75)$ $(0|-1)$

5 Konstruiere die Parabel mithilfe von Brennpunkt und Leitgerade. Falls möglich, gib auch eine Funktionsgleichung für die Parabel an.
a) $F(0|1)$, h: $y = -1$ b) $F(0|3)$, h: $y = -3$ c) $F(0|0{,}5)$, h: $y = -0{,}5$ d) $F(0|0)$, h: $x = 2$

6 Bestimme jeweils den Scheitelpunkt der Parabel.
a) $F(0|2)$, h: $y = 0$ b) $F(0|1)$, h: $y = 0{,}5$ c) $F(2|3)$, h: $y = 0$ d) $F(0|-4)$, h: $y = 2$
Welche dieser Parabeln ist am weitesten geöffnet; welche ist die schmalste?

Übungen

7 a) Bestimme für die folgenden Parabeln jeweils eine passende Funktionsgleichung.

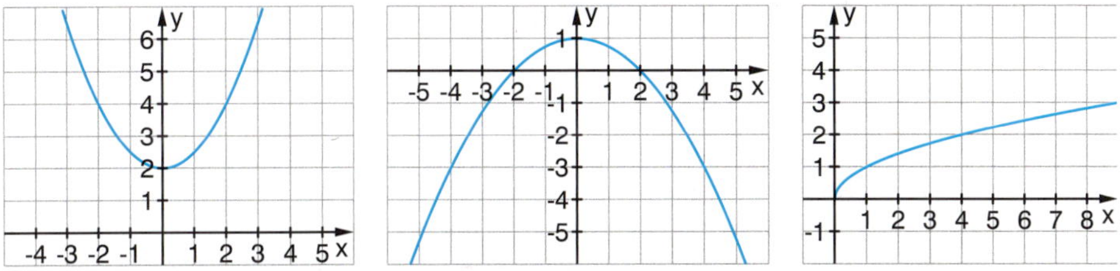

b) Übertrage die gezeichneten Parabeln in dein Heft. Konstruiere in jedem Fall den Brennpunkt und die Leitgerade nach dem beschriebenen Verfahren. Überprüfe dann für jeweils einige Punkte die Bedingung für die Ortslinie.

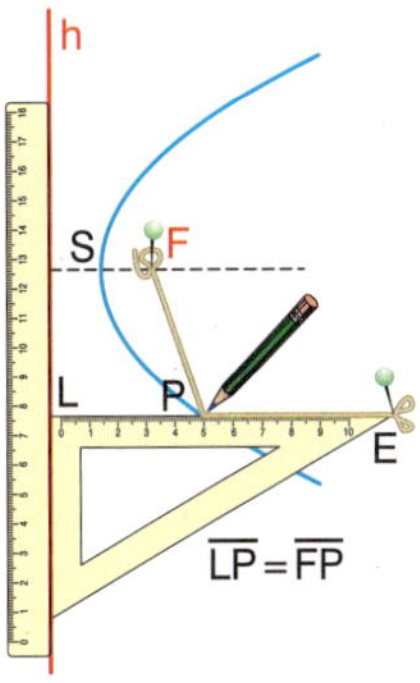

8 *Fadenkonstruktion einer Parabel*

Du kannst mithilfe eines Lineals, eines rechtwinkligen Dreiecks und einem Faden eine Parabel konstruieren. Der Faden ist gerade so lang wie der Schenkel des Dreiecks, er ist im Punkt F und in der Ecke E des Dreiecks befestigt. Während das Dreieck auf dem Führungslineal verschoben wird, wird mit einem Bleistift entlang des Schenkels gezeichnet, der Faden muss dabei stets gespannt bleiben.

a) Führe die Konstruktion selbst aus. Wie verändert sich die Form der Parabel, wenn man den Punkt F näher oder weiter entfernt zum Führungslineal anbringt?

b) Begründe diese Fadenkonstruktion. Warum muss das Dreieck rechtwinklig sein?

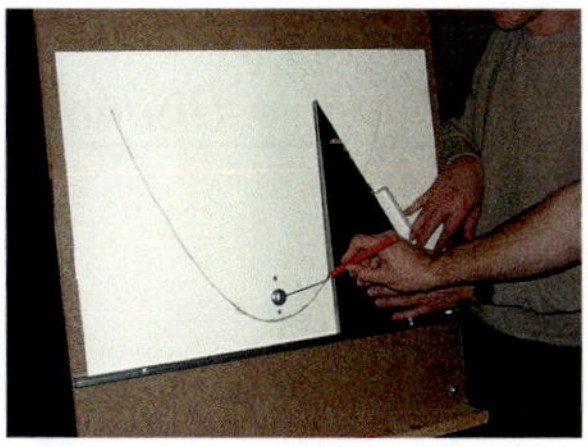

Die exakte Ausführung ist nicht ganz einfach. Ein geschickter Versuchsaufbau kann helfen.

9 *Rechteckmethode zur Konstruktion einer Parabel*

Wenn man die Symmetrieachse AB mit dem Scheitel A und einen Punkt C der Parabel kennt, so kann man die Parabel konstruieren:

Zeichne ein Rechteck CEFD, unterteile $\overline{CB}$ und $\overline{CE}$ in die gleiche Anzahl gleich langer Teile und nummeriere diese von C aus. Verbinde A mit den Punkten 1, 2 und 3 auf der Strecke $\overline{CE}$. Ziehe dann Parallelen zu AB durch die Punkte 1, 2 und 3 auf der Strecke $\overline{BC}$. Die Schnittpunkte der gleich nummerierten Linien können dann zu dem rechten Parabelast verbunden werden. Auf die gleiche Weise kann dann der linke Parabelast konstruiert werden.

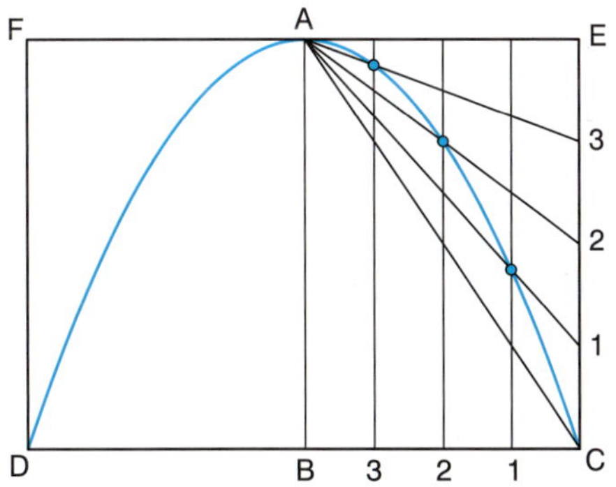

a) Konstruiere auf diese Weise die Parabel mit dem Scheitelpunkt A (0|4) und dem Parabelpunkt C (4|0).

b) Berechne die Koordinaten der konstruierten Parabelpunkte als Schnittpunkte der passenden Geraden. Zeige, dass diese die Gleichung $y = -0{,}25\,x^2 + 4$ erfüllen.

10 *Parabelbrücke*

In einem Projekt haben Schüler eine eigene Stahlparabelbrücke entworfen und gebaut. Die Parabelbögen wurden in einer Holzschablone aus Bandeisen geformt.

Konstruiere die Parabelschablone mithilfe der Rechteckmethode aus Aufgabe 9.

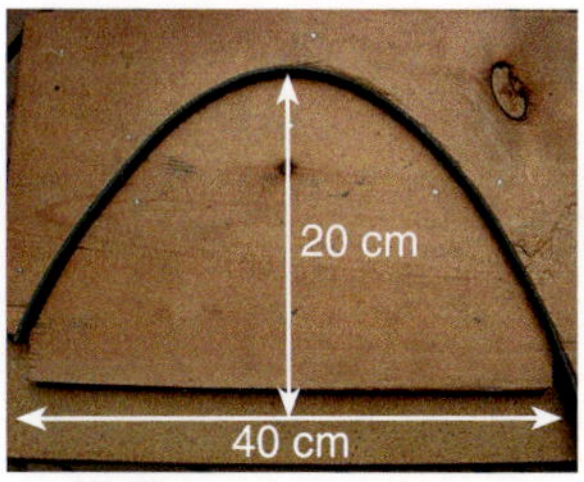

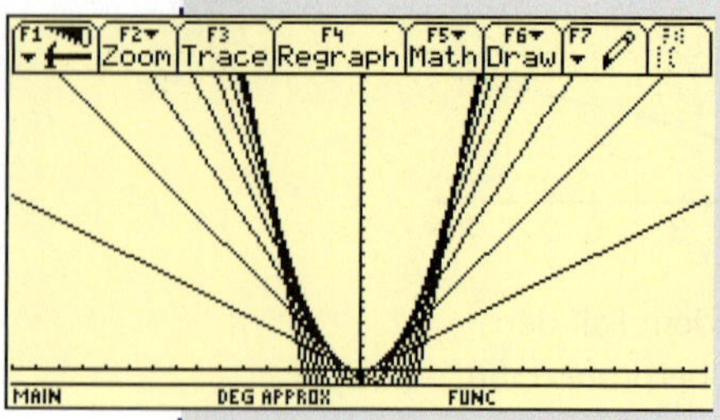

Parabel als Hüllkurven

Parabelformen können mithilfe einer großen Anzahl von Geraden entstehen. Diese Geraden berühren die Parabel jeweils in einem Punkt; sie sind Tangenten an die Parabel. Je mehr dieser Tangenten man zeichnet, umso deutlicher wird die Parabel als „Hüllkurve“ sichtbar. Im Bild sind 20 Tangenten der Normalparabel auf dem grafischen Taschenrechner gezeichnet. Es gibt auch viele geometrische Methoden, mit denen man Parabeln als Hüllkurven erzeugen kann.

Übungen

11 *Die „Knickparabel“*

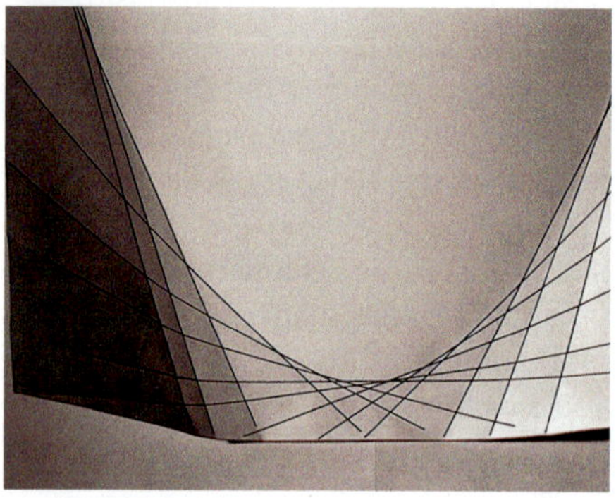

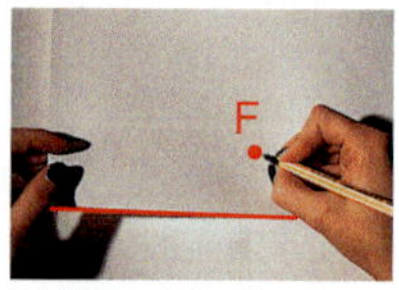

Zeichne auf ein Blatt Papier einen Punkt F und markiere eine Seite.

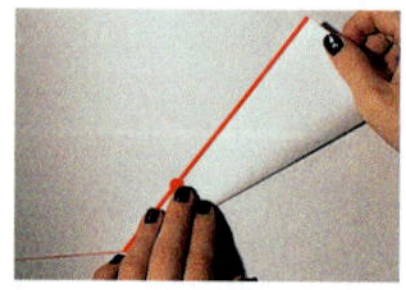

Knicke eine Ecke so um, dass die markierte Seite durch den Punkt verläuft.

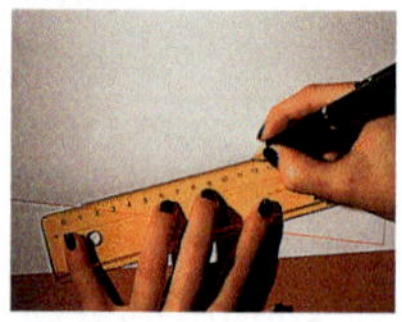

Falte das Papier wieder auf und zeichne die Knicklinie nach.

Erzeuge auf diese Weise viele Knicklinien.

Führe das Verfahren selbst durch. Experimentiere mit verschiedenen Lagen des Punktes F.

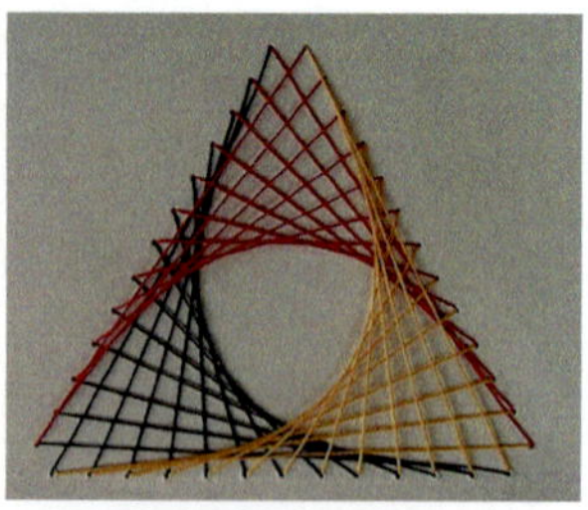

Dieses Fadenbild ist mithilfe einer Pappe, Löchern und bunten Fäden entstanden. Kannst du selbst solche „Kunstwerke“ herstellen?

12 *Parabel im Winkelfeld*

Zeichne zwei gleich lange Strecken $\overline{AB}$ und $\overline{AC}$ als Schenkel eines Winkels. Markiere auf den Strecken die gleiche Anzahl von Punkten in gleichen Abständen. Nummeriere diese Punkte wie auf dem Bild in umgekehrter Reihenfolge. Verbinde dann jeweils die Punkte mit gleicher Nummer durch eine Strecke. Es entsteht eine Parabel.

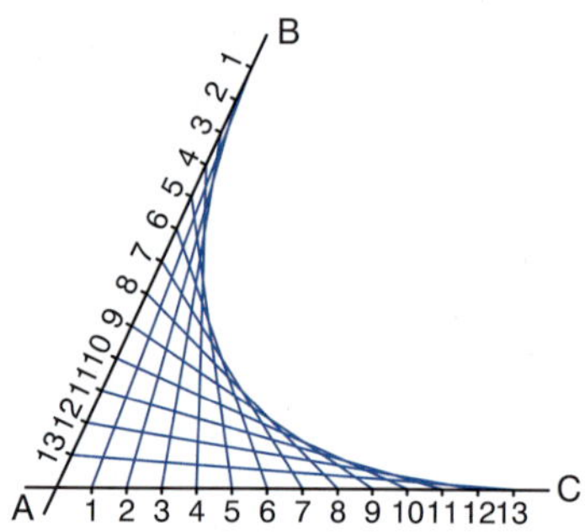

a) Führe die Konstruktion selbst durch. Experimentiere mit verschiedenen Winkeln.
b) Konstruiere jeweils die Symmetrieachse und den Scheitelpunkt der Parabel.

13 *Das wandernde Geodreieck*

Zeichne eine Gerade und einen Punkt F im Abstand von 2 cm. Lege dein Geodreieck dann so mit der Ecke des rechten Winkels auf die Gerade g, dass ein Schenkel durch den Punkt F geht. Zeichne den anderen Schenkel mit dem Bleistift nach. Führe dies mehrmals durch, wobei die Spitze des Geodreiecks auf der Geraden g entlanggleitet. Es entsteht eine Hüllparabel.

Es gibt verschiedene Methoden.

a) Führe das Verfahren für verschiedene Abstände von F zu g aus.
b) Überprüfe, ob F jeweils der Brennpunkt der Hüllparabel ist.

Aufgaben

14 *Wie kommt der Brennpunkt zu seinem Namen?*

Das olympische Feuer wird mit einem Parabolspiegel, der im Querschnitt parabelförmig ist, entzündet. Das Sonnenlicht wird in den Brennpunkt reflektiert. Dort wird es so heiß, dass die Fackel zu brennen beginnt.

Auch die so genannten „Satellitenschüsseln" haben im Querschnitt die Form einer Parabel. Dort wird nicht das Licht, sondern die Strahlung in den Brennpunkt der Satellitenschüssel (Parabolspiegel) reflektiert. Im Brennpunkt befindet sich der Empfänger.

Informiere dich im Physikbuch oder im Internet über das Reflexionsgesetz und insbesondere über die Reflexion am Parabolspiegel. Suche nach weiteren Anwendungen des Parabolspiegels. Schreibe einen kurzen Bericht und präsentiere deine Ergebnisse in der Klasse.

15 Schon den griechischen Mathematikern war bekannt, dass man Parabeln auch noch auf eine ganz andere Art erzeugen kann: als Schnittfläche am Kegel.

Parabeln als Kegelschnitte

Das wird benötigt: Kegel, Holzbrett, zwei Holzleisten, Nägel, Hammer, scharfes Messer

Nagle die Leisten so auf das Holzbrett, dass der Kegel genau dazwischen passt.

Lege den Kegel zwischen die Leisten und schneide mit dem Messer, indem du die Klinge über die Leisten schiebst.

Kegel aus Styropor oder aus Blumensteckmasse kannst du in einem Bastelgeschäft kaufen.

a) Begründe, dass mit der obigen Methode der Schnitt parallel zur Mantellinie des Kegels erfolgt.

b) Zeichne die Umrisslinie der Schnittfläche auf Millimeterpapier. Weise mit einer geeigneten Methode nach, dass es sich um eine Parabel handelt. Vergleiche deine Methode mit denen deiner Mitschüler.

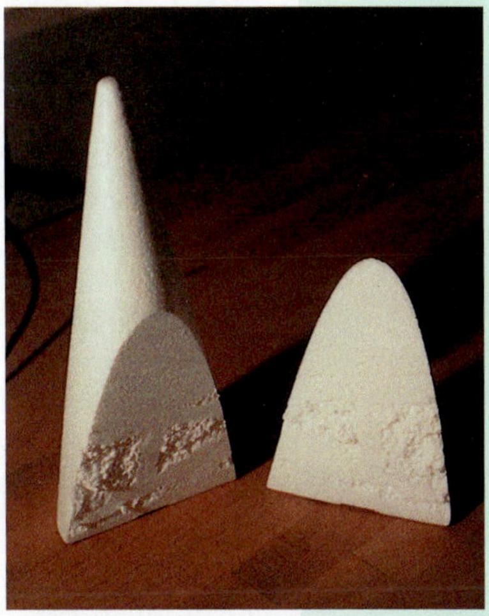

c) Wenn der Schnitt nicht parallel zur Mantellinie des Kegels geführt wird, so entstehen Kreise, Ellipsen oder Hyperbeln als Umrisslinien der Schnittflächen. Bei welchen Schnitten entstehen welche Kurven?

3.3 Anpassen eines quadratischen Modells an Daten

Was dich erwartet

Ein neuer Regenreifen soll getestet werden. In einem Test wird die Abhängigkeit des Bremsweges von der Geschwindigkeit bei nasser Fahrbahn untersucht.

Geschwindigkeit (km/h)	Bremsweglänge (m)
20	5,5
40	19
60	47
80	91
100	133
120	210

Für eine trockene Fahrbahn hast du bereits ein quadratisches Modell kennen gelernt ($b(v) = 0{,}01\ v^2$). Vermutlich kann man auch zu dieser Tabelle ein solches finden. Dazu zeichnet man ein so genanntes Streudiagramm. Dann passt man in dieses Streudiagramm eine Parabel „optimal" ein.

- *Wie kann man eine Parabel optimal anpassen?*
- *Wie kann man mit dem GTR eine Parabel anpassen?*
- *In welchen Fällen kann man die Daten mit einer quadratischen Funktion exakt modellieren?*

Wir werden versuchen, diese Fragen zu beantworten.

Aufgaben

Informiere dich über die verschiedenen Darstellungsformen von quadratischen Funktionen (Seite 64)

1 Die Funktionsgleichung einer quadratischen Funktion kann man mit wenigen Informationen bestimmen. Dazu sollte man jeweils die Darstellungsform für quadratische Funktionen verwenden, die am besten passt.

Scheitelpunktsform	Normalform	Faktorisierte Form
$f(x) = a(x-x_s)^2 + y_s$	$f(x) = ax^2 + bx + c$	$f(x) = a(x-x_1)(x-x_2)$
Streckfaktor a	Streckfaktor a	Streckfaktor a
Scheitelpunkt $S(x_s\|y_s)$	Schnitt mit y-Achse $S_y(0\|c)$	Nullstellen x_1, x_2

a) Alle Parabeln mit dem Scheitelpunkt $S(2|-1)$ besitzen die Funktionsgleichung $f(x) = a(x-2)^2-1$. Angenommen, der Punkt $A(4|1)$ liegt ebenfalls auf der Parabel. Berechne den Streckfaktor a.

$A(4|1)$ liegt auf der Parabel, d.h.
$1 = a\,(4-2)^2 - 1$

b) Bestimme die Funktionsgleichung der Parabel mit den Nullstellen $x_1 = 2$ und $x_2 = 4$, die durch den Punkt $B(0|-2)$ geht.

c) Begründe, warum folgende Aufgabe nicht lösbar ist: „Bestimme die Gleichung einer Parabel durch $A(0|0)$, $B(1|1)$ und $C(2|2)$."

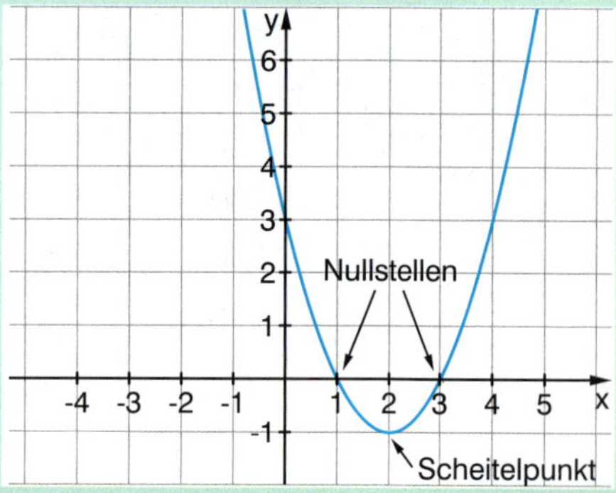

Aufgaben

2 *Mustererkennung*

Aus kleinen grünen Würfeln werden große Würfel gebaut. Die Oberfläche jedes großen Würfels wird rot eingefärbt.

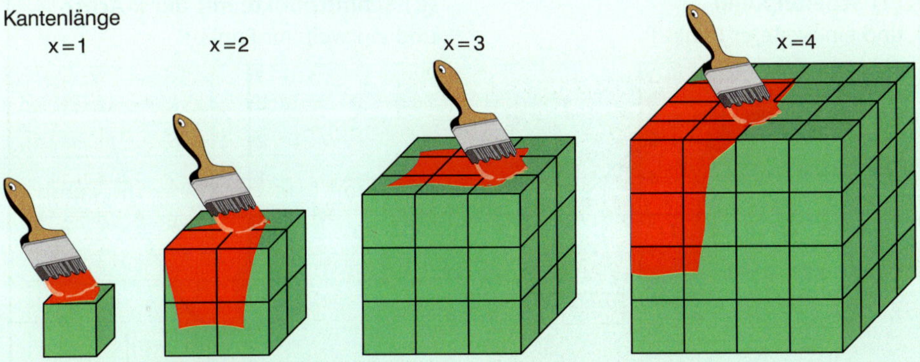

a) Übertrage die Tabelle in dein Heft und ergänze.

Kantenlänge x	Anzahl der Würfel mit genau drei roten Flächen	Anzahl der Würfel mit genau zwei roten Flächen	Anzahl der Würfel mit genau einer roten Fläche
2	8	0	0
3	8	12	6
4	■	■	■
5	■	■	■
6	■	■	■

b) Finde zu jeder Spalte eine Funktionsgleichung, mit der man zu der Kantenlänge x des großen Würfels die entsprechenden Anzahlen der kleinen Würfel berechnen kann.
c) Ergänze in der Tabelle weitere Zeilen für x = 7, 8, 10 und 20.

3 *Snowboarding*

Snowboarding ist eine beliebte Sportart. Könner beherrschen spektakuläre Sprünge.
Bei einem Sprung wird die Höhe h(x) mithilfe einer Videokamera in Abhängigkeit von der Entfernung x vom Absprungpunkt gemessen.

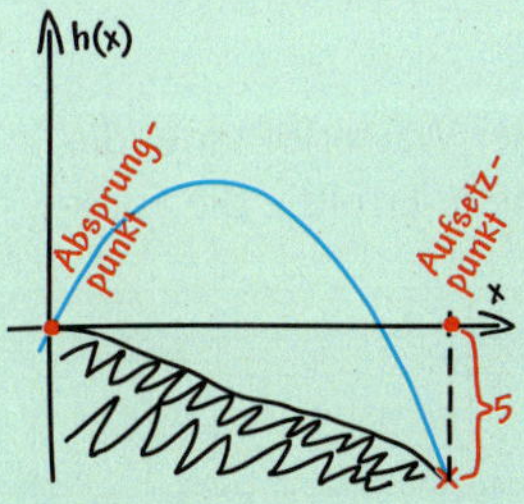

Messwerte:

x	h(x)
0	0
2	1,4
4	2,6
6	3,4
8	3,8
10	4,1
12	3,9

Ein quadratisches Modell wurde entwickelt, indem eine Parabel den Messpunkten möglichst gut angepasst wurde.

Quadratisches Modell
$h(x) = -0{,}04\,x^2 + 0{,}8\,x$

a) Vergleiche die gemessenen Daten mit denen, die man mit dem Modell errechnen kann. Was stellst du fest?
b) Wie weit entfernt vom Absprungpunkt landet der Snowboarder bei dem um 5 m tiefer liegenden Aufsetzpunkt? Rechne mit dem Modell.

Basiswissen

Mithilfe von markanten Punkten einer Parabel können wir die zugehörige Funktionsgleichung bestimmen:

(1) Scheitelpunkt
und ein weiterer Punkt P

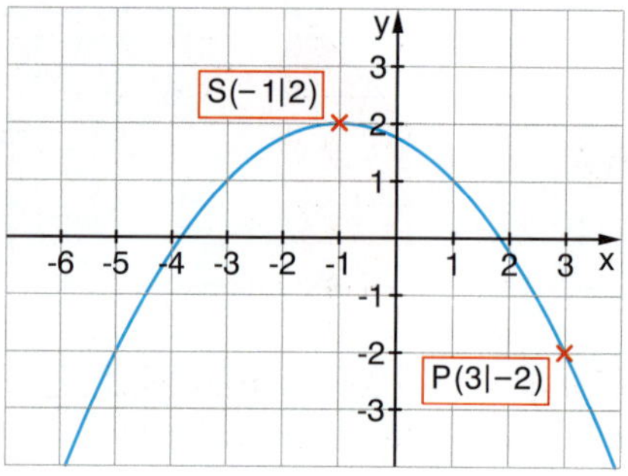

$f(x) = a(x+1)^2 + 2$

$f(3) = a(3+1)^2 + 2 = -2$

$16a + 2 = -2$

$16a = -4$

$a = -\frac{1}{4}$

$f(x) = -\frac{1}{4}(x+1)^2 + 2$

(2) Schnittpunkte mit der x-Achse
und ein weiterer Punkt P

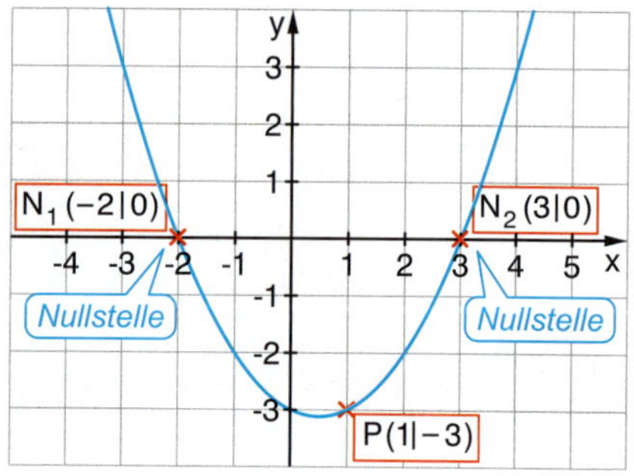

$f(x) = a(x-3)(x+2)$

$f(1) = a(1-3)(1+2) = -3$

$a(-2)(3) = -3$

$-6a = -3$

$a = \frac{1}{2}$

$f(x) = \frac{1}{2}(x-3)(x+2)$

(3) Drei Punkte, die nicht auf einer Geraden liegen

A(1 | 2), B(3 | 10), C(0 | 4)

$f(x) = ax^2 + bx + c$

Mit den drei Punkten kann man ein Gleichungssystem zur Bestimmung von a, b und c aufstellen.

Man erhält als Lösung des Gleichungssystems a = 2, b = −4 und c = 4. Die gesuchte Funktionsgleichung ist $f(x) = 2x^2 - 4x + 4$.

Punkt	Einsetzen	Gleichung
A(1 | 2)	$a\cdot(1)^2 + b\cdot 1 + c = 2$	$a + b + c = 2$
B(3 | 10)	$a\cdot(3)^2 + b\cdot 3 + c = 10$	$9a + 3b + c = 10$
C(0 | 4)	$a\cdot(0)^2 + b\cdot 0 + c = 4$	$c = 4$

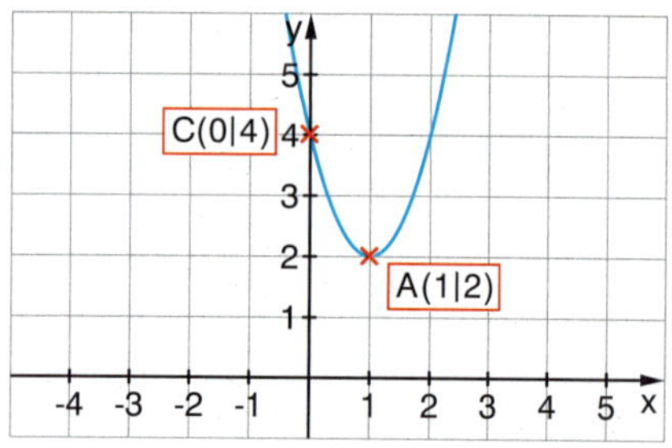

Beispiele

A Ein Gartenbauarchitekt plant einen Springbrunnen mit einer Wasserfontäne, die 10 m hoch und 5 m weit sprüht. Wasserfontänen ähneln Parabeln. Ermittle die Funktionsgleichung einer entsprechenden Parabel.

Nullstellen: $x_1 = 0$, $x_2 = 5$

Scheitelpunkt: S(2,5 | 10)

$f(x) = a\cdot(x-0)\cdot(x-5)$

$f(x) = a\cdot x\cdot(x-5)$

$10 = a\cdot 2{,}5\cdot(2{,}5-5)$

$10 = -6{,}25a$

$a = -1{,}6$

$f(x) = -1{,}6x(x-5)$

$= -1{,}6x^2 + 8x$

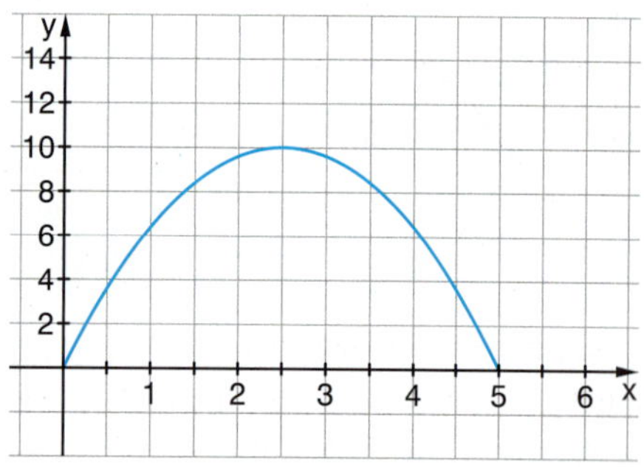

Übungen

4 Bestimme mit einer geeigneten Methode die Gleichung der Parabel. Gegeben sind:
a) Scheitelpunkt $S(-2|3)$, Parabelpunkt $P(1|5)$
b) Parabelpunkte $P(-2|3)$, $Q(0|0)$, $R(1|1)$
c) Parabelpunkte $P(-2|0)$, $Q(1|4)$, $R(3|0)$
d) Nullstellen $x_1 = -4$, $x_2 = 5$, kleinster Funktionswert $y_M = -10$

5 Gegeben ist eine Parabel mit dem Scheitelpunkt $S(1|1)$, die durch den Punkt $P(2|0)$ verläuft.
a) Liegt der Punkt $Q(3|-2)$ auf der Parabel?
b) Bestimme y_1 und y_2 so, dass $R(4|y_1)$ und $S(-3|y_2)$ auf der Parabel liegen.
c) Bestimme x_1 und x_2 so, dass $T(x_1|-2)$ und $U(x_2|2)$ auf der Parabel liegen.

6 Die Bewegung der Sportler wird durch die eingezeichneten Parabeln beschrieben. Schätze jeweils den Scheitelpunkt und eine Nullstelle der Parabel und stelle die Funktionsgleichungen auf.

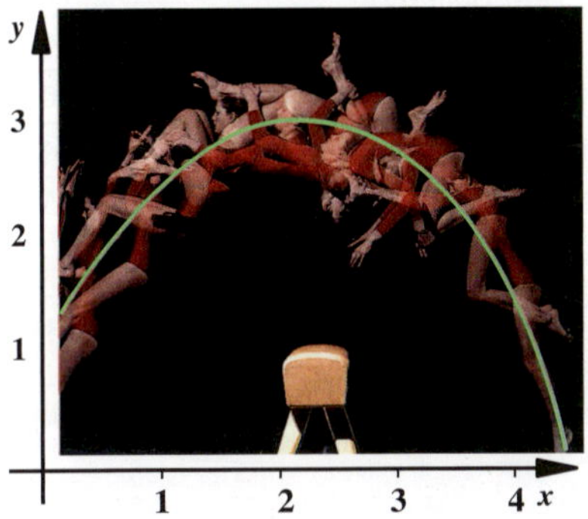

7 Ein Feuerlöschboot im Hafen spritzt mit seiner Wasserkanone „Spalier“ für die Segelyacht, die die Regatta gewonnen hat. Unter dem parabelförmigen Wasserstrahl soll die Segelyacht hindurchfahren können. Daher muss die „Wasserparabel“ 15 m hoch und 30 m breit sein. Modelliere den Wasserstrahl mit einer quadratischen Funktion.

Wasserstrahlen

Bei der Planung von Brunnen und Wasserfontänen einer gewünschten Höhe und Weite muss der Gartenarchitekt die Geschwindigkeit berücksichtigen, mit der das Wasser aus der Düse fließt, den Winkel der Sprühdüse zur Horizontalen und natürlich den Luftwiderstand.

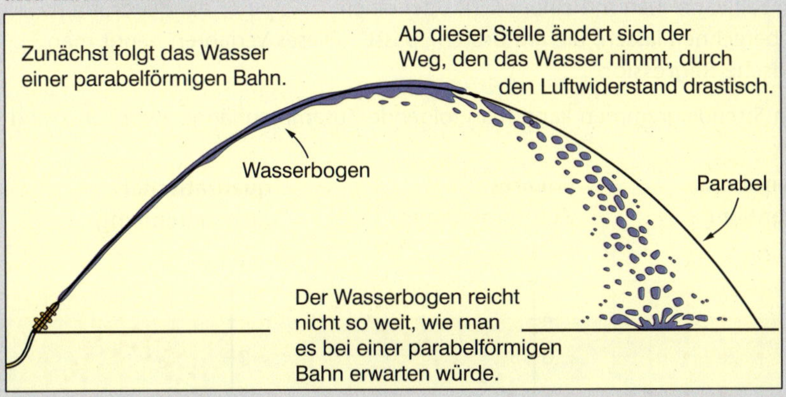

Modellieren mit einer Parabel
Für Höhen bis zu 20 m und einer Wassergeschwindigkeit von 2 m/s bis 35 m/s ist die Parabel ein gutes Modell für einen Wasserstrahl, denn dann spielt der Luftwiderstand fast keine Rolle.

Übungen

8 *Brücken und Parabeln*

Ein Wahrzeichen der Stadt Sydney ist die berühmte „Harbour Bridge". Die Brückenbögen haben die Form einer Parabel. Die Spannweite der Brücke und die Höhe der Bögen kann man durch drei Messpunkte berechnen. Vom linken Ufer aus wurde für den unteren Bogen in Meter gemessen:
P(0|0), Q(10|10,58), R(20|20,73).

a) Bestimme die Gleichung der Parabel, die den unteren Bogen beschreibt, mithilfe der drei Punkte P, Q, R.

b) Berechne die Spannweite der Brücke und den höchsten Punkt des Brückenbogens.

9 *Ein quadratisches Modell finden*

a) Zeichne zu der Tabelle ein Streudiagramm. Überzeuge dich davon, dass die Punkte in etwa auf einer Parabel liegen.

b) Berechne ein quadratisches Modell: Wähle dazu drei beliebige Punkte des Streudiagramms. Berechne mit diesen drei Punkten die Gleichung der Parabel, die durch diese Punkte geht.

GTR

c) Mit dem GTR kann man eine Parabel besonders gut an die Punkte des Streudiagramms anpassen. Vergleiche mit der per Hand berechneten Parabel.

x	y
−3	30
−2	10
0	−10
1,5	20
2	34
3	65

Gib die Tabelle in den GTR ein. Wähle dazu das entsprechende **Statistikprogramm.**

Zeichne das Streudiagramm und zeichne die errechnete Ausgleichsparabel ein.

Berechne ein quadratisches Modell. Wähle die **quadratische Regression.**

Basiswissen

Den Zusammenhang zwischen zwei Größen kann man mit Messungen oder Datenerhebungen untersuchen. Wenn die Wertepaare im Streudiagramm in etwa auf einer Parabel liegen, macht es Sinn, nach einem entsprechenden **quadratischen Modell** zu suchen.

Es gibt zwei Wege, ein quadratisches Modell zu finden:
(1) Man sucht Punkte des **Streudiagramms** heraus und bestimmt eine quadratische Funktion mit $y = ax^2 + bx + c$ so, dass die Punkte auf dem Graphen liegen. Da drei Unbekannte a, b und c zu bestimmen sind, benötigt man drei Punkte.
(2) In der Regel liegen die Punkte im Streudiagramm nicht genau auf einer Parabel. In diesem Fall kann man mit einem GTR oder einem Computer die quadratische Funktion berechnen lassen, die am besten „passt". Dieses Verfahren nennt man **„quadratische Regression".**

Quadratische Regression: Eine Parabel wird so an Daten angepasst, dass die Summe der „Abweichungsquadrate" möglichst klein ist.

Bei diesen Streudiagrammen kann man folgende Zusammenhänge zwischen x und y vermuten:

kein erkennbarer Zusammenhang

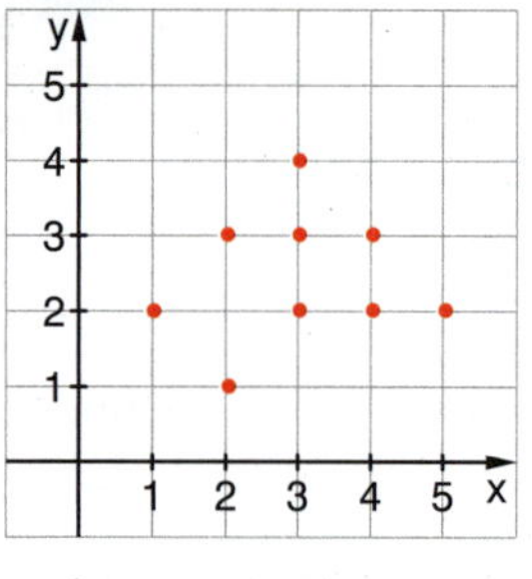

linearer Zusammenhang

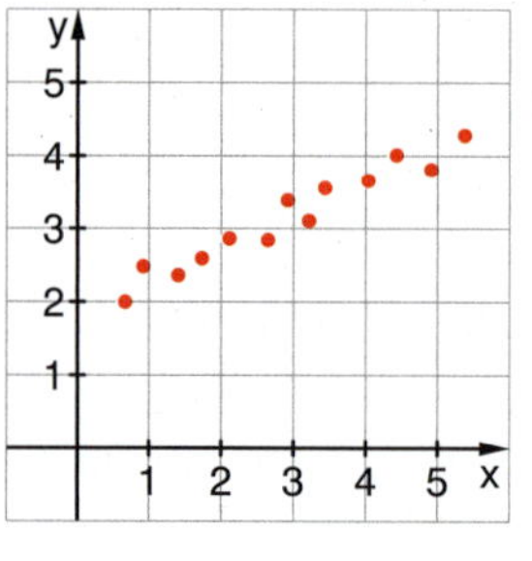

quadratischer Zusammenhang

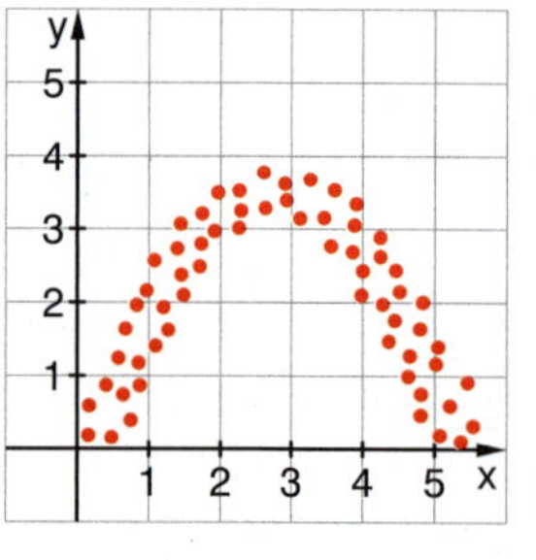

Übungen

10 Mithilfe von Messgeräten wurden die folgenden Daten für den Flug eines Hammers beim Hammerwerfen aufgezeichnet:

x(m)	0	10	20	30	40	50	60	70
h(x)(m)	0	5,1	9,3	10,5	11	8,7	5,4	0

a) Übertrage die Werte aus der Tabelle in den GTR und berechne ein quadratisches Modell.
b) Zum Vergleich: Wähle drei Punkte aus und berechne „per Hand" die Gleichung der Parabel durch diese drei Punkte. Begründe, warum das Ergebnis nicht mit dem aus Aufgabenteil a) übereinstimmen muss.

11 Man kann Wasser mit einem stromdurchflossenen Draht erwärmen. Schülerinnen und Schüler untersuchen, wie die Erwärmung von der angelegten Spannung abhängig ist. Dazu wird der Draht in Leitungswasser getaucht, die jeweilige Spannung eingestellt, und der Temperaturanstieg nach 50 Sekunden ermittelt.
a) Zeichne ein Streudiagramm.
b) Zeichne in das Streudiagramm eine Ausgleichsparabel.
c) Berechne die Ausgleichsparabel mit dem GTR.

Spannung in V	Temperaturerhöhung in °C
1,5	4
2	8
3	19
4	34
4,5	38
5	47
5,5	62

Aufgaben

12 Ein Tierarzt, der für einen großen Schweinemastbetrieb arbeitet, untersucht den Einfluss von Futterzusätzen auf die Gewichtszunahme der Tiere.

Experiment: 36 Schweine werden zufällig ausgewählt. Gruppen von je vier Schweinen erhalten jeweils dieselbe Menge von Futterzusatz. Die durchschnittliche Gewichtszunahme der Schweine in jeder Gruppe wird festgestellt.

Futterzusatz in Einheiten	0	1	2	3	4	5	6	7	8
Gewichtszunahme in %	10	13	22	23	21	19	17	13	10

a) Zeichne zu den Daten in der Tabelle ein Streudiagramm.
b) Ermittle mit dem GTR ein quadratisches Modell.
c) Finde mit dem quadratischen Modell heraus, bei welcher Menge von Futterzusatz die größte Gewichtszunahme erzielt wird.

Modelle, die nicht von einer Theorie gestützt werden

Das oben beschriebene Modell basiert auf keiner Theorie.
Niemand kann theoretisch begründen, warum der Zusammenhang zwischen der Menge des Futterzusatzes und der prozentualen Gewichtszunahme von einer quadratischen Funktion beschrieben wird. Lediglich das Streudiagramm legt nahe, dass man ein quadratisches Modell verwenden kann.

Aufgaben

13 Segelflugzeuge verlieren an Höhe, wenn sie nicht von Aufwinden erfasst werden. Fliegen Segelflugzeuge einen Kreis, dann hängt der Verlust an Höhe von der Querlage des Flugzeuges ab. Die Querlage wird mit dem Winkel angegeben, den das Flugzeug zur Horizontalen einnimmt.

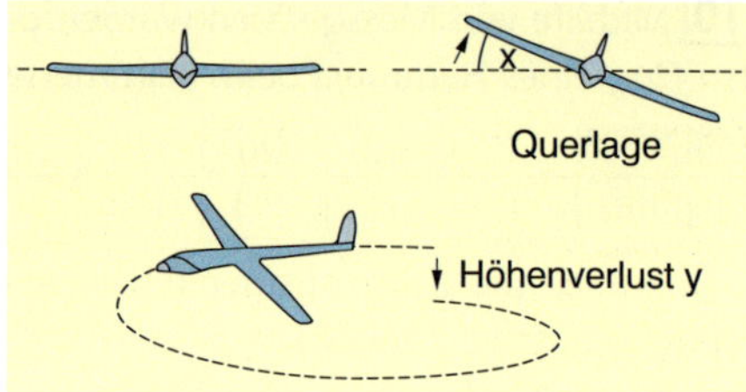

Querlage x (Winkel in °)	20	25	30	35	40	45	50
Höhenverlust y (in m bei einem Vollkreis)	36,0	30,3	27,0	24,6	23,6	23,3	23,6

Die folgenden Aufträge lassen sich besonders gut arbeitsteilig bearbeiten:

Gruppe 1
Ausgleichsgerade

x	y aus Tabelle	y aus Modell	Abweichung d	d^2
20	36,0	32,80	−3,20	10,24
25	30,3	30,85	0,55	0,3025
30	27,0	■	■	■
35	24,6	■	■	■
40	23,6	■	■	■
45	23,3	■	■	■
50	23,6	■	■	■

Mit dem GTR wurde die „beste“ **Ausgleichsgerade** berechnet. Die Gleichung lautet:

$y(x) = -0{,}39x + 40{,}6$ **(lineares Modell)**

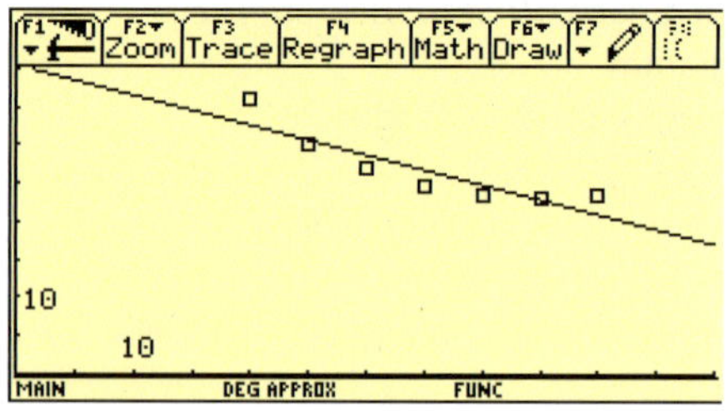

a) Überprüft mit dem GTR die Ausgleichsgerade. Stimmt euer Modell mit der angegebenen Funktion überein?

b) Zeichnet das Streudiagramm und die Ausgleichsgerade in euer Heft.

c) Die Ausgleichsgerade wird vom GTR so berechnet, dass die Summe der Abweichungsquadrate möglichst klein ist. Übertragt auch die Tabelle in euer Heft, ergänzt sie und ermittelt die Summe aller Werte für d^2.

Gruppe 2
Ausgleichsparabel

x	y aus Tabelle	y aus Modell	Abweichung d	d^2
20	36,0	35,20	−0,8	0,64
25	30,3	30,375	0,075	0,0056
30	27,0	■	■	■
35	24,6	■	■	■
40	23,6	■	■	■
45	23,3	■	■	■
50	23,6	■	■	■

Mit dem GTR kann man nach der Methode der kleinsten quadratischen Abweichungen die „beste“ **Ausgleichsparabel** berechnen. Die Gleichung lautet:

$y(x) = 0{,}023x^2 - 2x + 66$ **(quadratisches Modell)**

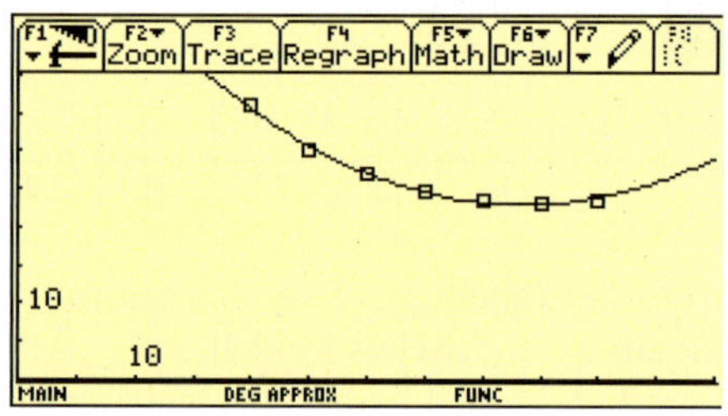

d) Überprüft mit dem GTR die Ausgleichsparabel. Stimmt euer Modell mit der angegebenen Funktion überein?

e) Zeichnet das Streudiagramm und die Ausgleichsparabel in euer Heft.

f) Die Ausgleichsparabel wird vom GTR so berechnet, dass die Summe der Abweichungsquadrate möglichst klein ist. Übertragt auch die Tabelle in euer Heft, ergänzt sie und ermittelt die Summe aller Werte für d^2.

Bewertet die beiden Modelle mithilfe der Grafik (mithilfe der Summe der quadratischen Abweichungen).

CHECK UP

Vielfältige Darstellungen von Parabeln

1 Bestimme die Definitionsmenge der Wurzelfunktionen.

a) $f(x) = \sqrt{3-x}$ b) $f(x) = \sqrt{8x + 24}$ c) $f(x) = \sqrt{3x-5}$
d) $f(x) = \sqrt{x-4}$ e) $f(x) = \sqrt{x^2 + 1}$ f) $f(x) = \sqrt{x^2-1}$

2 Gib für jede Funktion an, mit welchen „Transformationen" man den Funktionsgraphen aus dem Graphen von $f(x) = \sqrt{x}$ erhält. Zeichne den Graphen.

a) $f(x) = \sqrt{x} + 3$ b) $f(x) = \sqrt{x + 3}$ c) $f(x) = 3\sqrt{x}$
d) $f(x) = \sqrt{x-1} - 4$ e) $f(x) = -2\sqrt{x}$ f) $f(x) = 2\sqrt{x + 4}$

3 a) Erkläre die nebenstehende Konstruktion einer Parabel mithilfe der konzentrischen Kreise um F und den Parallelen zur Geraden h.
b) Konstruiere eine Parabel, bei der die 1. Winkelhalbierende die Leitgerade h ist und der Brennpunkt F von der Leitgeraden 4 cm entfernt ist.

4 a) Konstruiere die Parabel mit der Leitgeraden $y = -4$ und dem Brennpunkt $F(0|4)$.
b) Bestimme die Gleichung der Parabel aus Aufgabenteil a). In Kapitel 3.2 findest du eine Formel. Du kannst aber auch wie folgt vorgehen:
- Wie lautet der Scheitelpunkt der Parabel?
- Finde einen Parabelpunkt, der von F und von h den Abstand 5 hat (siehe Aufgabe a).

Jetzt kannst du die Parabelgleichung ermitteln.

5 *Parabel gesucht*

a) Scheitelpunkt $S(-2|2)$, Punkt $P(8|4)$
b) Nullstellen $x_1 = 2$; $x_2 = 8$, Punkt $P(4|6)$
c) drei Punkte $P(-2|-4)$; $Q(4|14)$; $R(0|-3)$

6 *Etwas für den grafischen Taschenrechner*

Stelle die Daten der Tabelle grafisch dar. Modelliere den Zusammenhang zwischen Benzinverbrauch und Geschwindigkeit mit einer quadratischen Funktion. Finde die Funktionsgleichung mit dem GTR mittels „quadratischer Regression".

Geschwindigkeit v in m/s	50	70	90	110	130	150
Verbrauch b in Liter	6	6,5	7,2	8,1	9,4	11,1

7 Fische werden in einem großen Fischteich gezüchtet. Die Menge m(x) an Fischen in Kilogramm, die man im Laufe eines Jahres entnehmen kann, hängt vom Fischbestand x in Kilogramm zu Beginn des Jahres ab.

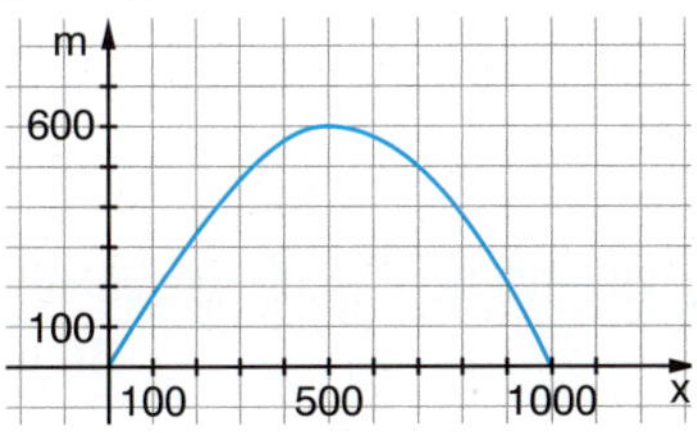

a) Erläutere das Schaubild. Überlege unter anderem, was passiert, wenn in dem Teich immer mehr Fische sind.
b) Modelliere mit den Daten aus dem Schaubild die Funktion m.

Wurzelfunktion: $f(x) = a\sqrt{x-b} + c$

Beispiel: $f(x) = 2\sqrt{x + 3} + 1$
Definitionsmenge $D = \{x | x \geq -3\}$

x	y
−4	nd
−3	1
−2	3
0	≈ 4,3
1	5
6	7

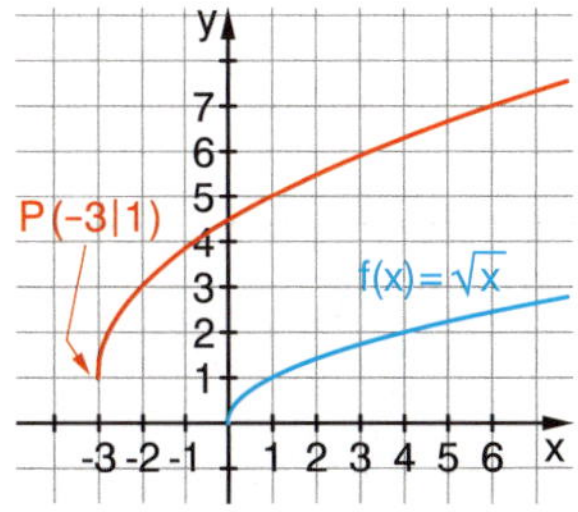

Der Graph der Funktion ist gegenüber $f(x) = \sqrt{x}$ um 3 nach links verschoben, mit dem Faktor 2 gestreckt und um 1 nach oben verschoben.

Parabel als Ortskurve

Alle Punkte, die von einem Punkt F **(Brennpunkt)** und einer Geraden h **(Leitgerade)** gleichen Abstand haben, bilden eine Parabel.

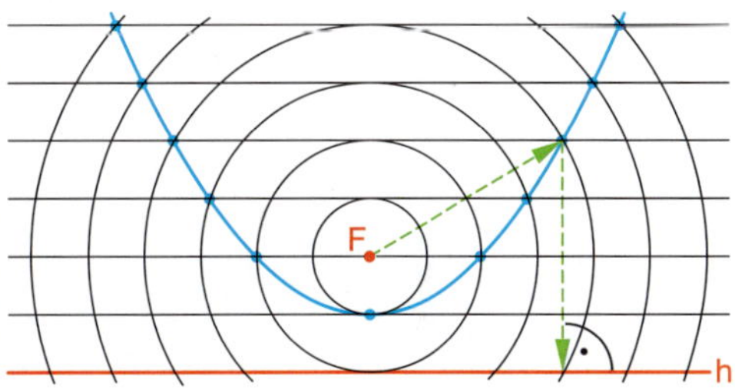

Modellieren mit quadratischen Funktionen

Mit den folgenden Angaben ist eine Parabel eindeutig bestimmbar:
- Scheitelpunkt und ein weiterer Punkt,
- Nullstellen und ein weiterer Punkt,
- drei Punkte, die nicht auf einer Geraden liegen.

Quadratische Regression

Liegen mehrere Wertepaare in etwa auf einer Parabel, dann macht es Sinn, eine gut angepasste Parabel zu diesen Punkten zu bestimmen.

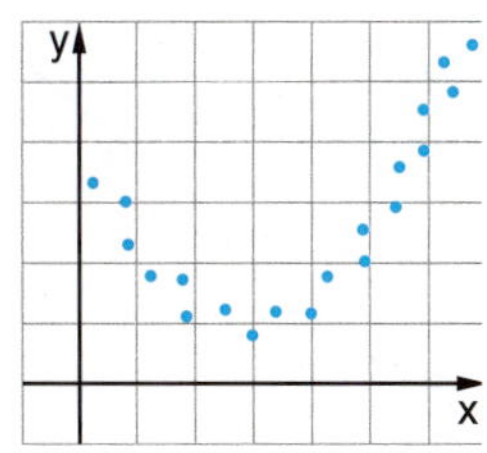

4 Der Satz des Pythagoras

4.1 Phänomene rund um den Satz des Pythagoras

Was dich erwartet

Einer der wichtigsten und bekanntesten Sätze der Mathematik ist mit dem Namen des griechischen Philosophen Pythagoras von Samos (ca. 570–500 v. Chr.) verbunden: der Satz des Pythagoras. Wann und wo dieser Satz entdeckt wurde, weiß niemand genau. Lange vor Pythagoras' Zeit hat man ihn z.B. in der Megalithkultur und im alten Ägypten benutzt. Der Satz des Pythagoras erfüllt alle Ansprüche an einen großen mathematischen Satz: Er ist schön, denn seine Aussage ist erstaunlich und einfach zugleich – sie verbindet Geometrie und Algebra. Er ist ausgesprochen brauchbar, denn mit seiner Hilfe kann man z.B. Entfernungen berechnen und rechte Winkel konstruieren. Und er lässt sich auf viele, zum Teil sehr einfallsreiche Arten beweisen.

Aufgaben

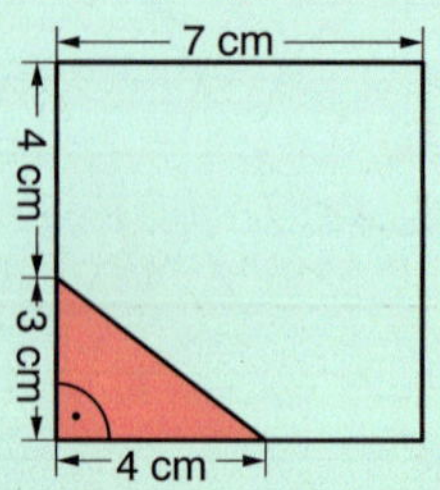

1 *Ein geometrisches Puzzle*

a) Mit vier der roten Dreiecke werden die Muster rechts in das Ausgangsquadrat (7 cm Seitenlänge) gelegt. Offensichtlich haben die gelben Restflächen in den Figuren 1 bis 5 jeweils den gleichen Flächeninhalt. Wie groß ist dieser?

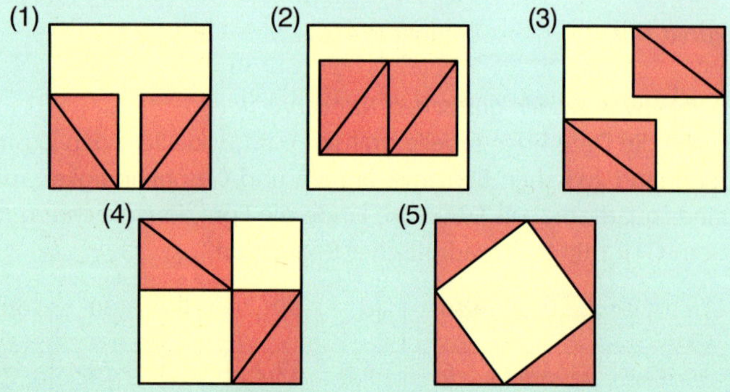

Beschreibe jeweils die Form der gelben Flächen.

b) Wie lang ist die längste Seite des roten Dreiecks? Mithilfe von Figur 5 kannst du sie leicht bestimmen.

c) Baue das Puzzle mit passenden Maßen nach.

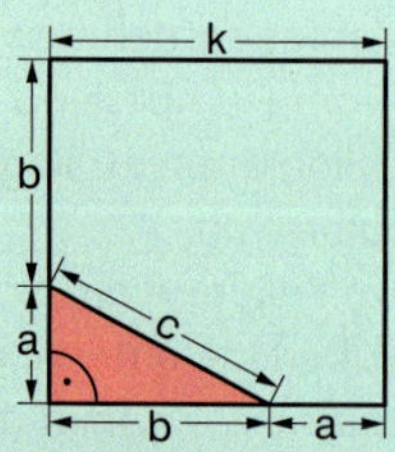

d) Jeder der folgenden Terme gehört zum Inhalt einer gelben Fläche aus den Figuren 1 bis 5. Ordne die Terme richtig zu und vereinfache sie so weit wie möglich. Kannst du an den Termen erkennen, dass die Flächeninhalte gleich sind?

(I) $2 \cdot k \cdot \frac{k-b}{2} + 2 \cdot b \cdot \frac{k-2a}{2}$ (II) $b^2 + a^2$ (III) c^2

(IV) $2 \cdot a^2 + k \cdot (k-2a)$ (V) $(k-2a) \cdot b + (k-b) \cdot k$

e) Die gelben Flächen in den Figuren 4 und 5 bestehen nur aus Quadraten. Aus der Flächeninhaltsgleichheit kann man eine Entdeckung über die Seiten rechtwinkliger Dreiecke ablesen. Formuliere in Worten und als Formel mit a, b und c.

Aufgaben

2 *Archäologie und Mathematik*

Anhand von Grabbeigaben hat man herausgefunden, dass manche ägyptische Gelehrte lange Seile bei sich trugen, die durch Knoten in gleich lange Strecken unterteilt waren. Einige Historiker glauben, dass diese Seile wie in der Abbildung zum Erzeugen rechter Winkel benutzt wurden. Schließlich musste nach jedem Nilhochwasser das Land neu verteilt werden.
Markiere mindestens 30 gleich lange Abschnitte auf einer Paketschnur. Wie muss man die Abschnitte auf die Dreiecksseiten verteilen, damit ein rechter Winkel entsteht? Probiere es auf dem Schulhof oder auf einem PIN-Board aus.

Zeichne die Lösung(en) auf und gib jeweils die Seitenlängen (in Knotenabständen) an. Fällt dir dabei etwas auf?

3 *Quadrat-Figuren: von Hand oder per Mausklick*

In einem Geometrieprojekt untersuchen Nora und Miriam Figuren, bei denen drei Quadrate ein Dreieck einschließen. Nora hat die Quadrate von Hand ausgeschnitten und beschriftet; Winkel misst sie mit dem Geodreieck. Miriam arbeitet mit einem Geometrieprogramm. So kann sie die Figur per Mausklick verändern und Längen und Winkel automatisch anzeigen lassen.

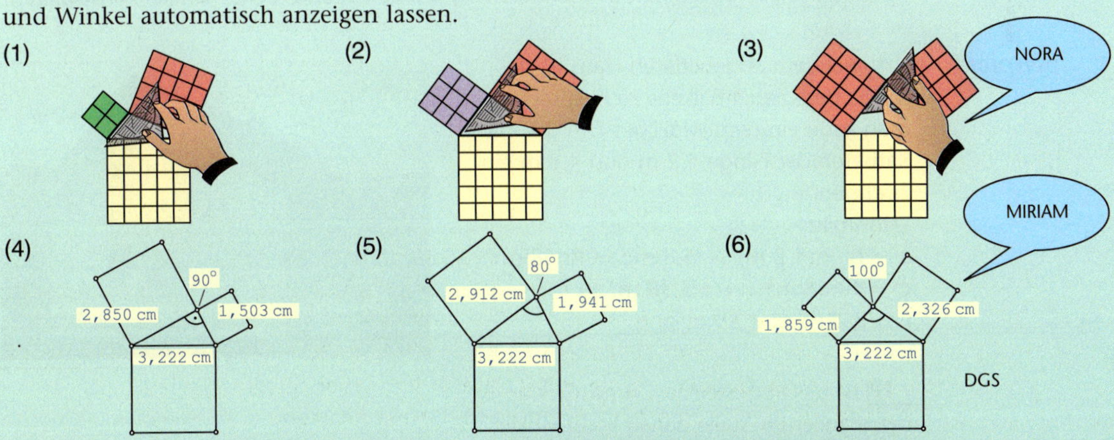

a) Vergleiche bei jeder Figur die Flächeninhalte der drei Quadrate. Fällt dir etwas auf? Formuliere eine Hypothese.
b) Überprüfe deine Hypothese mit weiteren Beispielen. (Bastler fertigen zunächst alle Quadrate mit Seitenlängen von 2 cm bis 15 cm). Schreibe in einer Tabelle auf.

Seitenlängen	Flächeninhalte	größter Winkel
5 6 7	25 36 49	ca. 78°, spitz
6 8 10	36 64 100	90°
4 5 9	16 25 81	■
...	...	...

Basiswissen

Am rechtwinkligen Dreieck gelten besondere Beziehungen zwischen den Seitenlängen, diese werden im **Satz des Pythagoras** ausgedrückt.

Rechtwinklige Dreiecke und **Pythagoreische Tripel**

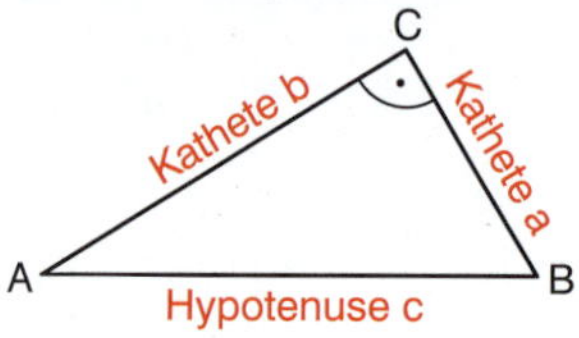

(3|4|5), denn $3^2 + 4^2 = 5^2$
$9 + 16 = 25$
(5|12|13), denn $5^2 + 12^2 = 13^2$
$25 + 144 = 169$

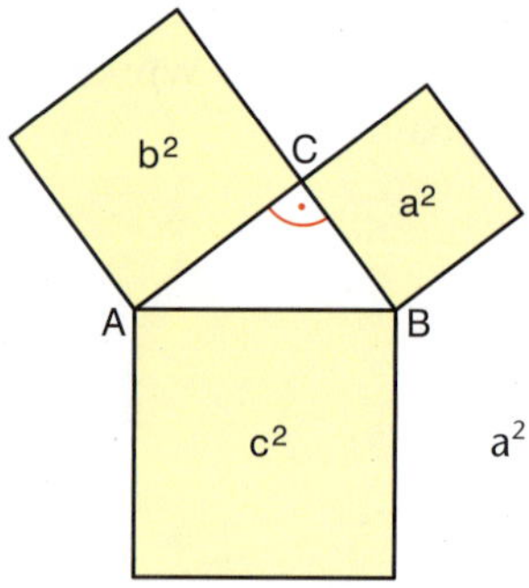

$a^2 + b^2 = c^2$

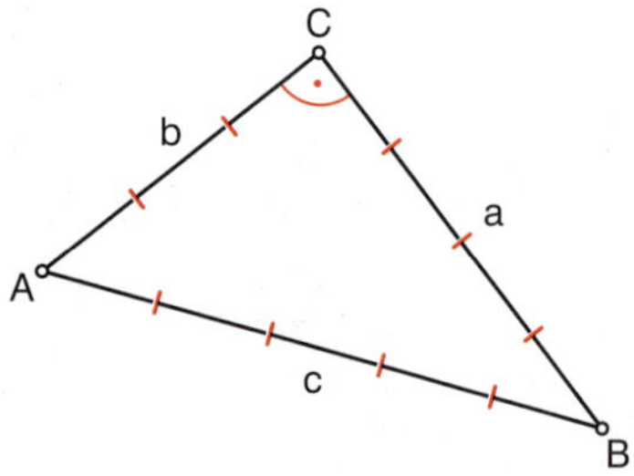

Bei einem rechtwinkligen Dreieck haben die Quadrate über den Katheten zusammen denselben Flächeninhalt wie das Quadrat über der Hypotenuse.

Ein Dreieck, dessen Seitenlängen ein pythagoreisches Tripel bilden, ist rechtwinklig.

Im Kasten steht links der **Satz des Pythagoras,** der Satz rechts verwendet die **Umkehrung des Satzes von Pythagoras.** Beide Sätze sind gültig, sie sind in vielen Anwendungen von Bedeutung.
Mit dem Satz des Pythagoras kann man an rechtwinkligen Dreiecken aus zwei Seitenlängen die dritte berechnen. Mit der Umkehrung des Satzes kann man die Rechtwinkligkeit eines Dreiecks durch Längenmessung feststellen und rechte Winkel konstruieren.

Beispiele

A Bei dem abgebildeten Haus ist die Länge des Giebel-Balkens zu bestimmen:
Man kann ein rechtwinkliges Dreieck mit Katheten der Länge 4,2 m und 4,8 m einzeichnen.
Dann gilt:
$a^2 + b^2 = (4{,}2\text{ m})^2 + (4{,}8\text{ m})^2 = 40{,}68\text{ m}^2$
$c^2 = 40{,}68\text{ m}^2 \Rightarrow c \approx 6{,}38\text{ m}$.
Der Balken ist 6,38 m lang.

B Ist das abgesteckte Grundstück an der markierten Stelle genau rechtwinklig?
Flächeninhalt der Kathetenquadrate:
$(28\text{ m})^2 + (60\text{ m})^2 = 4\,384\text{ m}^2$
Flächeninhalt des Hypotenusenquadrats:
$(67\text{ m})^2 = 4\,489\text{ m}^2$
Der Winkel ist etwas größer als 90°, weil die Kathetenquadrate zusammen kleiner sind als das Hypotenusenquadrat.

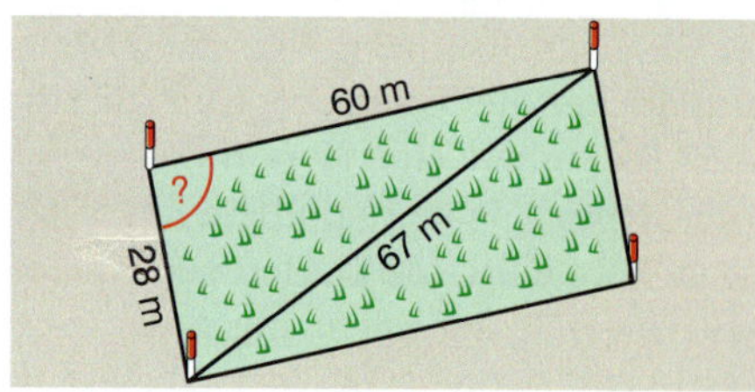

Übungen

4 Im Kasten auf der vorigen Seite sind der Satz des Pythagoras und seine Umkehrung formuliert. Verdeutliche dies, indem du beide Sätze jeweils mit Voraussetzung und Behauptung in der „Wenn–dann"-Form formulierst.

5 Berechne die Länge der rot eingezeichneten Strecke:

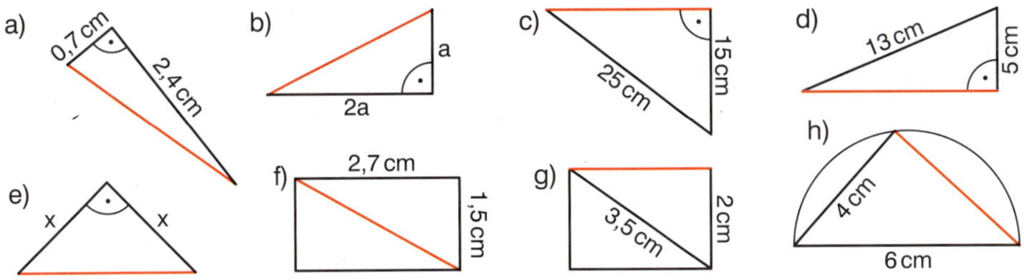

5 Die richtigen Lösungen sind dabei:
$\approx 2{,}9$ $\sqrt{5}a$
12 $\approx 4{,}5$
$\sqrt{2}x$ $\sqrt{3}x$
2,5
20 $\approx 3{,}1$
$\sqrt{7}a$ $\approx 4{,}2$

6 Für einige Segel des Schoners sind die Maße angegeben. Welche sind rechtwinklig?

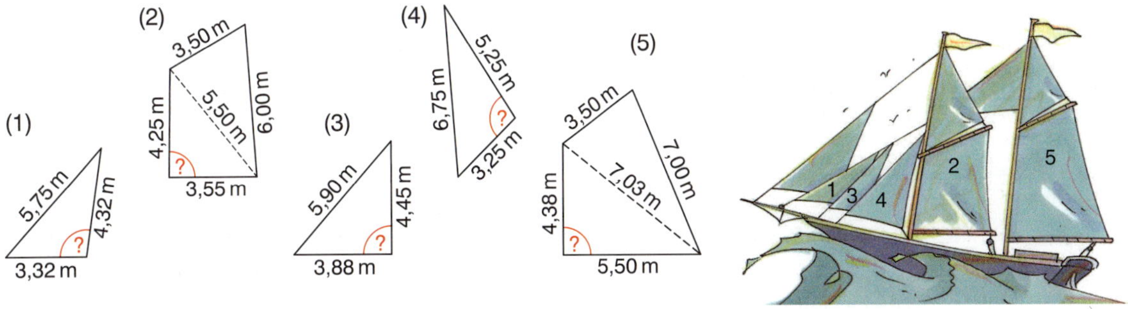

7 Berechne für die rechtwinkligen Dreiecke jeweils die fehlenden Einträge.

Kathete a	5 cm	6 cm	■	15 cm	7 cm	■
Kathete b	12 cm	■	3,6 cm	8 cm	■	12 cm
Hypotenuse c	■	10 cm	3,9 cm	■	■	■
Flächeninhalt A	■	■	■	■	84 cm²	96 cm²

8 Welche Höhe überwindet die Seilbahn?

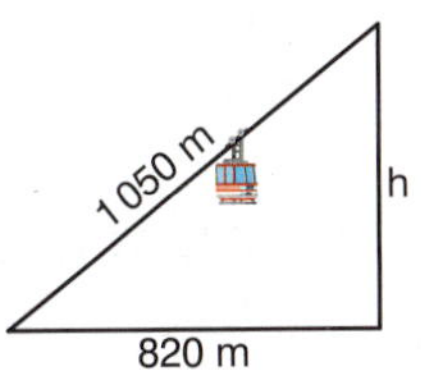

9 Wie groß ist der Abstand der Leiter von der Hauswand?

10 Wie lang ist die Bildschirmdiagonale?

11 Sind die Zeltmaße exakt?

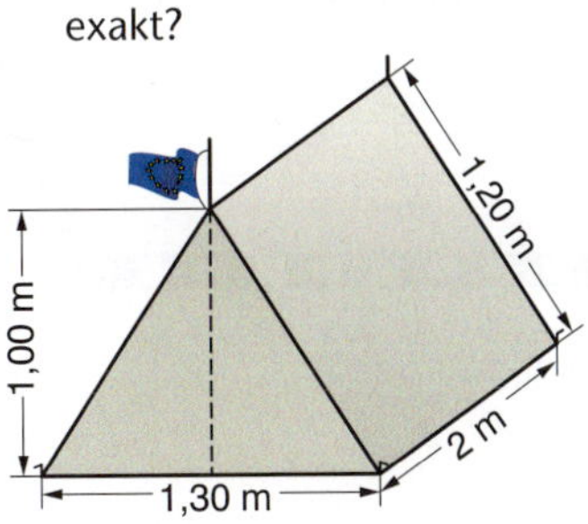

12 Wie hoch war die Fichte vor dem Sturm?

Übungen

13 *Schätzen und Begründen*

Ist das rote Dreieck ABC gleichschenklig und rechtwinklig?

a) Überprüfe rechnerisch, indem du die Längen a, b und c mithilfe der eingezeichneten rechtwinkligen Dreiecke berechnest.

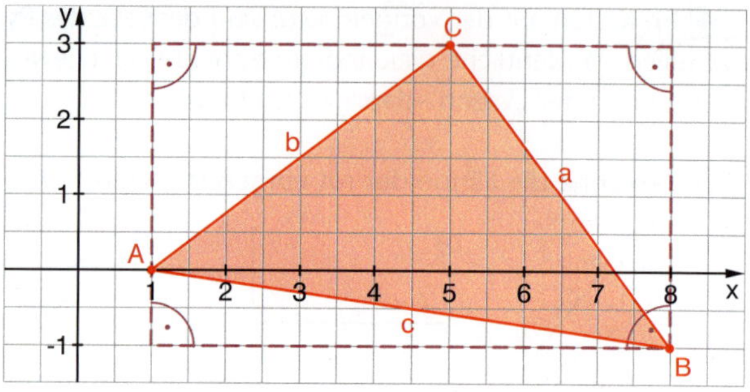

b) Findest du auch eine geometrische Begründung mithilfe der Kongruenzsätze?

Abstand zweier Punkte im Koordinatensystem

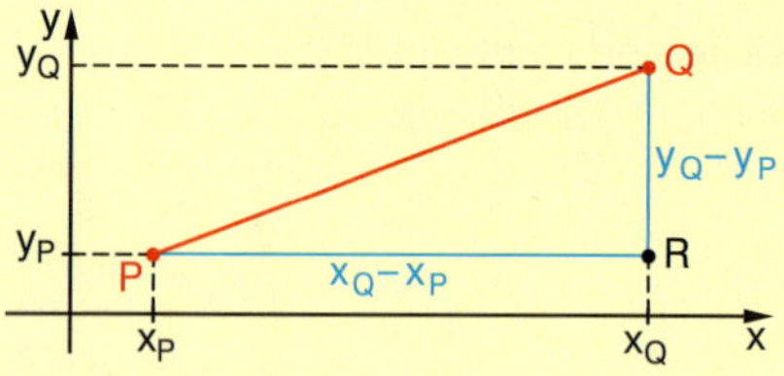

Formel: $\overline{PQ} = d(P, Q) = \sqrt{(x_Q - x_P)^2 + (y_Q - y_P)^2}$

14 *Koordiantengeometrie: Eine Abstandsformel*

Abstände von Punkten hast du bisher zeichnerisch ermittelt. Mit dem Satz des Pythagoras geht es schneller durch die Rechnung.

a) Zeichne die Punkte P(3|2) und Q(7|5) in ein Koordinatensystem. Ergänze einen Punkt R so, dass PQR ein rechtwinkliges Dreieck mit Hypotenuse $\overline{PQ}$ wird. Bestimme dann rechnerisch die Länge der Strecke $\overline{PQ}$. Begründe dein Vorgehen.

b) Gehe vor wie in a) für P(−2|6) und Q(3|−1).

c) Begründe die Formel. Vergleiche mit einer Formelsammlung.

15 Bestimme den Abstand zwischen den Punkten:

a) A(10|20); B(13|16) b) C(8|15); D(−7|23) c) E(−5|−8); F(3|7)

16 Berechne den Umfang des Dreiecks ABC mit A(2|4), B(8|12) und C(24|0).

17 Entscheide ohne zu zeichnen, ob das Dreieck PQR mit P(2|6), Q(18|2) und R(12|12) gleichschenklig, rechtwinklig, gleichschenklig rechtwinklig oder gleichseitig ist.

18 *Falten – Schneiden – Puzzeln*

Zeichne auf Karton ein rechtwinkliges Dreieck mit den drei Seitenquadraten. Schneide die „Pythagorasfigur" aus und schraffiere die Kathetenquadrate von beiden Seiten. Klappe das Hypotenusenquadrat nach hinten und das kleinere Kathetenquadrat nach vorne um. Schneide die drei überstehenden Dreiecke ab.

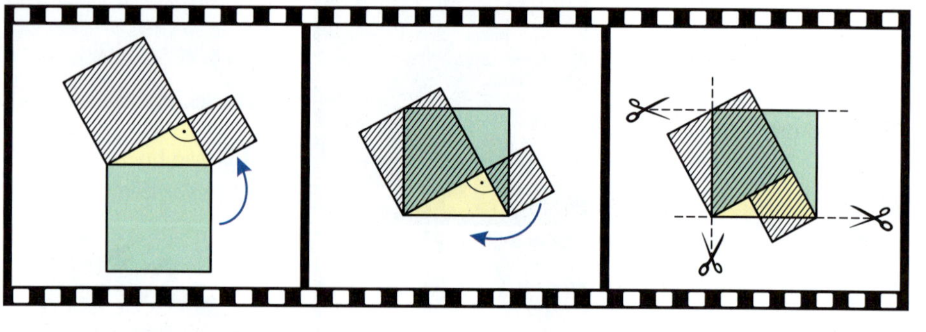

Kannst du so einen Zerlegungsbeweis für den Satz des Pythagoras finden?
Was geht schief, wenn das Dreieck nicht rechtwinklig ist?

Übungen

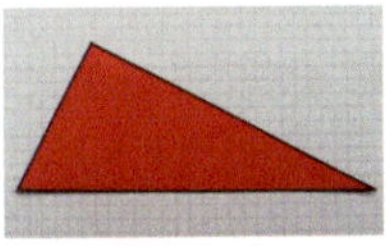

19 *Ein Zerlegungsbeweis für den Satz des Pythagoras*
Schneide aus Pappe vier gleiche rechtwinklige Dreiecke mit den Katheten a und b aus. Zeichne in dein Heft ein Quadrat mit der Seitenlänge a + b.

a) Puzzelt man die vier Dreiecke in den quadratischen Rahmen, so entstehen zwei unterschiedliche Restflächen. Erkläre, wie sich daraus der Satz des Pythagoras ergibt.
b) Überlege, an welchen Stellen du die Rechtwinkligkeit der Dreiecke benötigt hast.

Seilspanner

Die Konstruktion rechter Winkel war für die Menschen in den alten Kulturen sehr wichtig. Dabei wurde offensichtlich schon mit der Umkehrung des Satzes von Pythagoras gearbeitet, ohne dass ein solcher Satz bereits niedergeschrieben gewesen wäre. Der Grieche HERODOT (490–425 v. Chr.) berichtet, dass die ägyptischen Feldmesser (Harpedonapten, Seilspanner) mithilfe von Knotenseilen rechte Winkel konstruierten.

Landvermesser beim Vermessen eines Kornfeldes in Gegenwart des Besitzers und seiner Frau.

Auch aus dem indischen Kulturkreis sind solche Konstruktionen überliefert. Die altindischen Sulbasūtras (sanskr. sulba Schnur und sūtra Lehre) lehrten unter anderem die Konstruktion von quadratischen und trapezförmigen Altären mithilfe von Schnüren (Seilen). Über Jahrtausende hinweg wurden sie mündlich, später schriftlich überliefert. So nennen Schriftstücke aus der Zeit um 2000 v. Chr. „kundige Männer, die den Altarplatz ausmaßen".

20 Mit welchen Schnüren lässt sich ein rechtwinkliges Dreieck aufspannen?

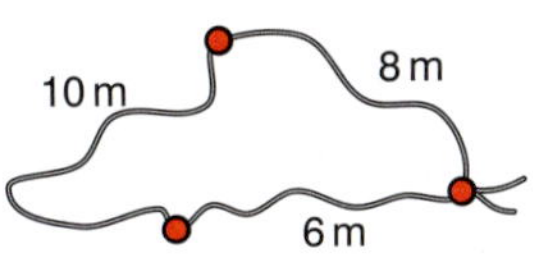

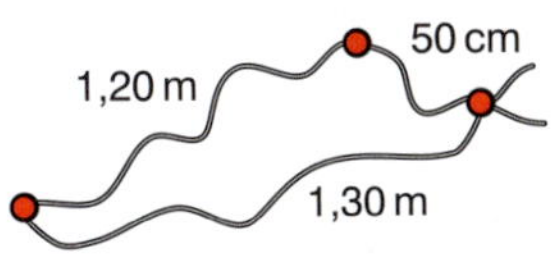

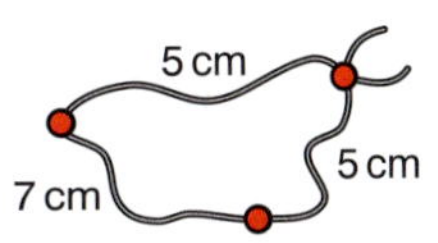

21 Die Aufgaben kannst du im Kopf lösen.

a)

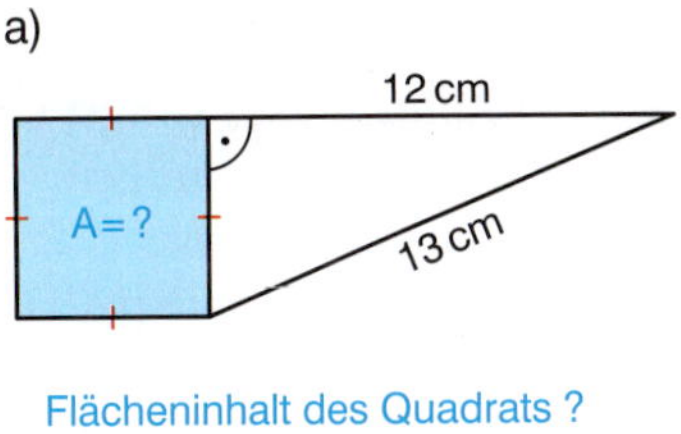

b)

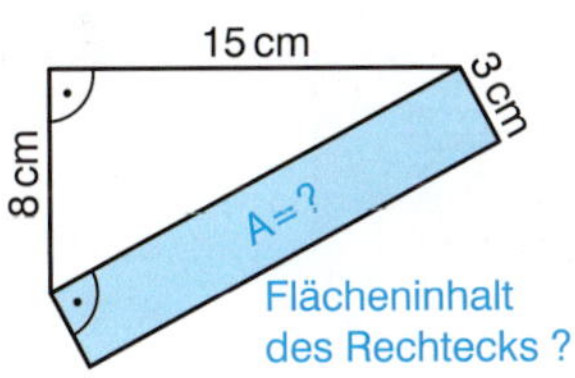

c)

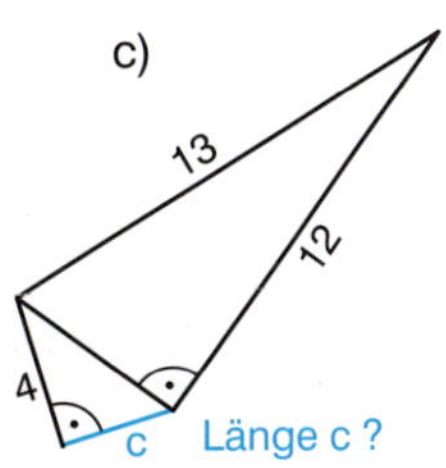

d)

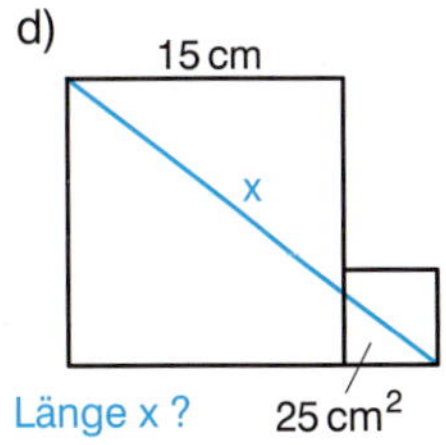

Aufgaben

1 4 9 16 25 36 …
3 5 7 9 11

$(n + 1)^2 - n^2 = \ldots$

$n^2 + (2n + 1) = (n + 1)^2$

Was ist ein pythagoreisches Grundtripel? Schau im Mathe-Lexikon oder im Internet nach.

22 *Pythagoreische Tripel finden*

a) Schreibe die Reihe der ersten 10 Quadratzahlen auf und bilde die Differenzen je zweier aufeinander folgender Quadratzahlen. Was fällt dir auf? Formuliere eine Hypothese und überprüfe sie für weitere aufeinander folgende Quadratzahlen.

b) Stelle eine Formel für die Differenz zweier aufeinander folgender Quadratzahlen n^2 und $(n + 1)^2$ auf. Begründe damit deine Hypothese.

c) Die Griechen haben diesen Zusammenhang geometrisch gefunden:
Wenn man die Seitenlänge n eines Quadrates um eine Einheit verlängert, so erhält man ein Quadrat der Seitenlänge n + 1. Dieses ist um 2n + 1 Flächeneinheiten größer als das ursprüngliche Quadrat.
Mit dieser Erkenntnis lassen sich unendlich viele pythagoreische Grundtripel finden: Man muss nur unter den ungeraden Zahlen 2n + 1 die Quadratzahlen herausfinden. Die erste ist 9 (für n = 4), damit erhält man 16 + 9 = 25 und damit das Tripel (3, 4, 5), die nächste ist 25 …

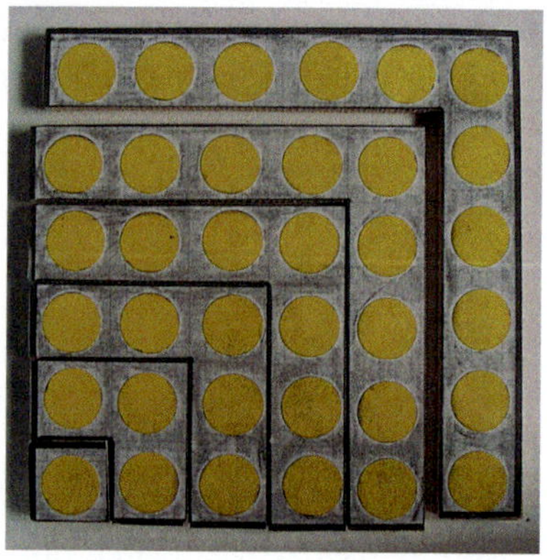

Suche mit dieser Strategie die nächsten fünf pythagoreischen Tripel. Welche davon sind dir bereits in den vorherigen Aufgaben begegnet?

23

Was passiert, wenn du die Seiten eines rechtwinkligen Dreiecks jeweils um die gleiche Länge vergrößerst? Ist das neue Dreieck dann wieder rechtwinklig?

a) Probiere es mit den Dreiecken (3, 4, 5) und (5, 12, 13) und der Verlängerung der Seiten um jeweils 2 cm aus.

b) Kannst du deine Erkenntnis auf ein beliebiges pythagoreisches Dreieck (a, b, c) übertragen, bei dem jede Seite um die gleiche Länge d vergrößert wird? Begründe!

c) Was passiert, wenn du die drei Seiten eines rechtwinkligen Dreiecks jeweils verdoppelst (verdreifachst)? Verallgemeinere!

Grundtripel	Verdoppeln	Verdreifachen
(3, 4, 5)	(6, 8, 10)	■
(5, 12, 13)	■	(15, 36, 39)
(8, 15, 17)	■	■
(7, 24, 25)	■	■

24 a) Mit der Aufgabe 23c) kannst du leicht begründen, dass es unendlich viele pythagoreische Tripel gibt.

b) Gibt es auch unendlich viele pythagoreische Grundtripel? (*Tipp*: Schau dir nochmals Aufgabe 22 an!)

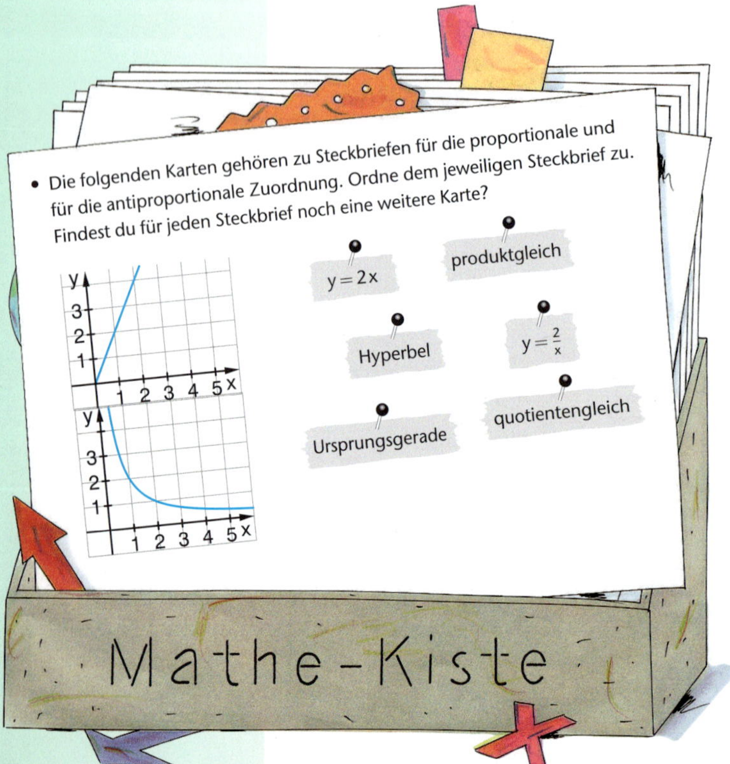

Pythagoras und die Pythagoreer

Über PYTHAGORAS gibt es wenig gesichertes Wissen und viele Legenden. Er wurde um 570 v. Chr. auf der griechischen Insel Samos geboren und gründete um 540 v. Chr. in Kroton (heute Süditalien) eine Art Geheimbund. Die Pythagoreer hatten ein Motto („Alles ist Zahl"), ein Wahrzeichen (das regelmäßige Fünfeck) und strenge Verhaltensregeln (Geheimhaltung, Vegetarismus, Verbot Bohnen zu essen). Man glaubt, dass PYTHAGORAS „seinen" Lehrsatz auf Reisen nach Ägypten und Babylonien kennenlernte. Bewiesen wurde der Satz erst 250 Jahre später von EUKLID.
Die Pythagoreer entdeckten mathematische Gesetzmäßigkeiten in vielen Naturphänomenen und kamen so zu der Überzeugung, alles ließe sich auf einfache Beziehungen zwischen ganzen Zahlen zurückführen. Damit lagen sie nicht ganz richtig (sogar in ihrem eigenen Wahrzeichen ist das Gegenteil versteckt); dennoch sind die ganzen Zahlen besonders im Digitalzeitalter von großer Wichtigkeit.
Als die Pythagoreer ihren Einfluss auf die Politik auszudehnen versuchten, soll das zu Bürgerkriegen geführt haben. PYTHAGORAS floh und wurde 497 v. Chr. in der Nähe von Metapont ermordet.

In diesem Pythagoras-Denkmal auf der Insel Samos ist ein rechtwinkliges Dreieck versteckt.

25 *Experimentieren mit Pythagoras – auf dem Zeichenblatt, im Physiksaal und mit dem Computer*

Der Beginn eines Pythagoras-Baumes

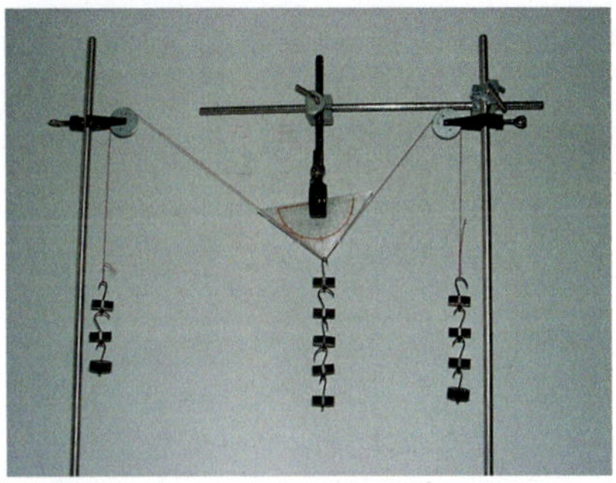

Die Gewichte 3, 4, 5 spannen einen rechten Winkel auf.

Im Internet findest du Programme und Applets zum Erzeugen von Pythagoras-Bäumen.

4.2 Begründen und Variieren des Satzes von Pythagoras

Was dich erwartet

Der Satz des Pythagoras ist für Mathematiker etwas ganz Besonderes. Das liegt vor allem daran, dass sich der Satz auf sehr viele Arten beweisen lässt. Viele der Beweise sind einfach und anschaulich. Der Satz des Pythagoras eignet sich deshalb gut zum Trainieren des Beweisens. Dabei lassen sich weitere interessante Sachverhalte ableiten, z. B. der Höhensatz, die Kathetensätze oder eine einfache Formel für den Abstand zweier Punkte im Raum. Spannend ist auch die Variaton des Satzes: Was passiert z. B., wenn man die Quadrate der Pythagorasfigur durch Halbkreise, Rechtecke oder Dreiecke ersetzt?

Aufgaben

1 *Gelenkpuzzle zum Beweis des Satzes von Pythagoras*

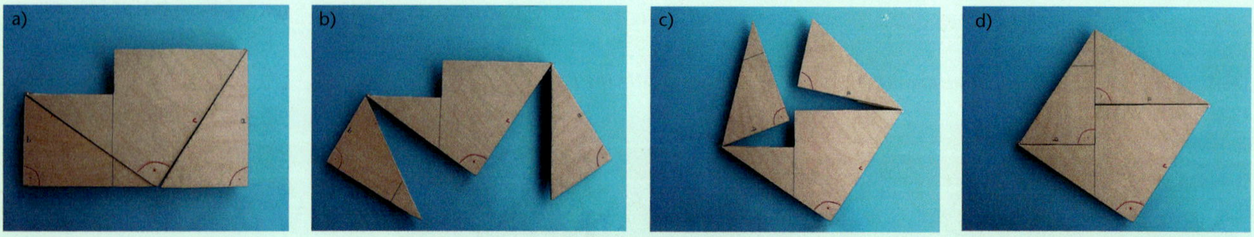

Erstelle aus Pappe ein entsprechendes Puzzle mit drei Teilen und schreibe die passenden Worte dazu.

Kathetensatz: Im rechtwinkligen Dreieck ist das Quadrat über einer Kathete flächeninhaltsgleich mit dem Rechteck, dessen Seiten so lang sind, wie die Hypotenuse und der anliegende Hypotenusenabschnitt

$a^2 = p \cdot c$

$b^2 = q \cdot c$

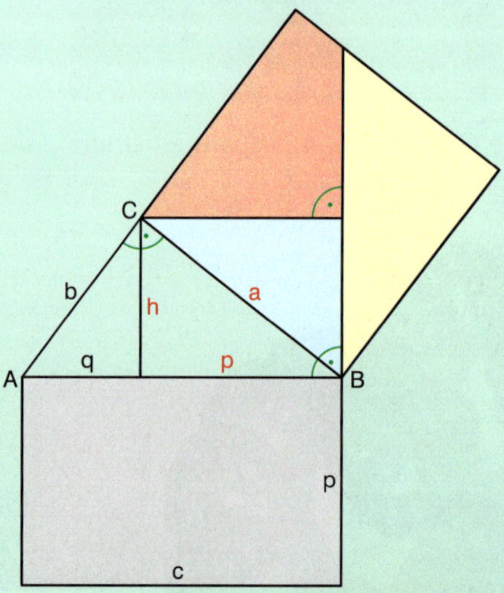

2 *Der Kathetensatz*

a) *Zerlegungsbeweis:* Zeichne die nebenstehende Figur mit a = 10 cm, h = 6 cm und p = 8 cm. Zerschneide das Quadrat über der Kathete a in der angegebenen Weise. Kannst du es zu einem Rechteck mit den Seiten p und c zusammenlegen?

Es gilt:

(1) $b^2 = q^2 + h^2$

(2) $a^2 = p^2 + h^2$

(3) $a^2 - b^2 = p^2 - q^2 = (p + q)(p - q)$

(4) $a^2 + b^2 = c^2 = (p + q)^2$

(5) $2a^2 = (p + q)(p - q) + (p + q)^2$

$= (p + q)[(p - q) + (p + q)]$

$= 2pc$

Also $a^2 = pc$

b) *Algebraischer Beweis mit Pythagoras:* Mit Hilfe des Satzes von Pythagoras lässt sich der Kathetensatz beweisen. Übertrage den Beweis in dein Heft. Schreibe in eine weitere Spalte jeweils neben die einzelnen Beweisschritte eine Begründung (Zweispaltenbeweis).

c) Beweise analog den Kathetensatz $b^2 = q \cdot c$.

3 *Pythagoras mit Halbkreisen*
Was passiert, wenn man die Quadrate über den Katheten und der Hypotenuse durch Halbkreise ersetzt? Ist dann die Summe der Halbkreisflächen über den Katheten gleich der Halbkreisfläche über der Hypotenuse? Probiere an verschiedenen Dreiecken und schreibe deine Ergebnisse auf.

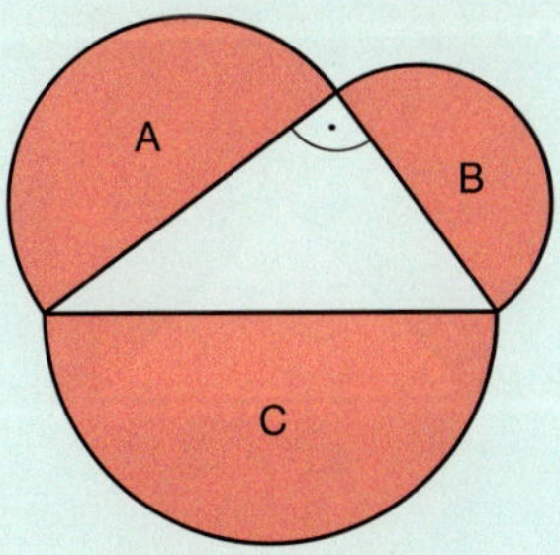

Aufgaben

Zur Erinnerung:
Den Flächeninhalt eines Kreises berechnet man mit der Formel $A = \pi \cdot r^2$.

Basiswissen

Bei der Beschäftigung mit dem Satz von Pythagoras kannst du deine Problemlösefähigkeiten im Mathematikunterricht weiterentwickeln und trainieren. Mit etwas Ausdauer und Phantasie kommst du zu überraschenden Begründungen, zum Erkennen interessanter Zusammenhänge und zu neuen Fragestellungen.

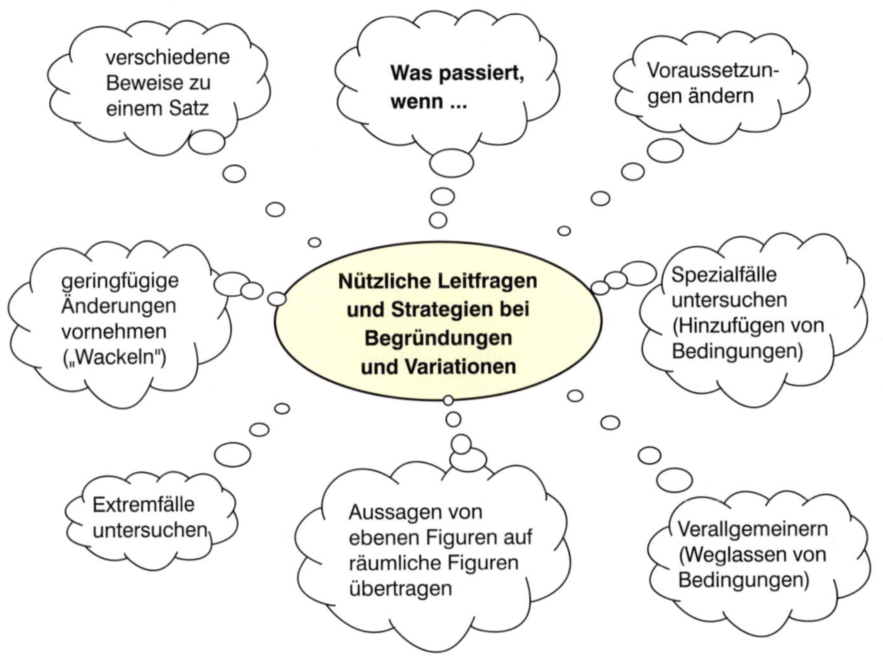

Beispiele

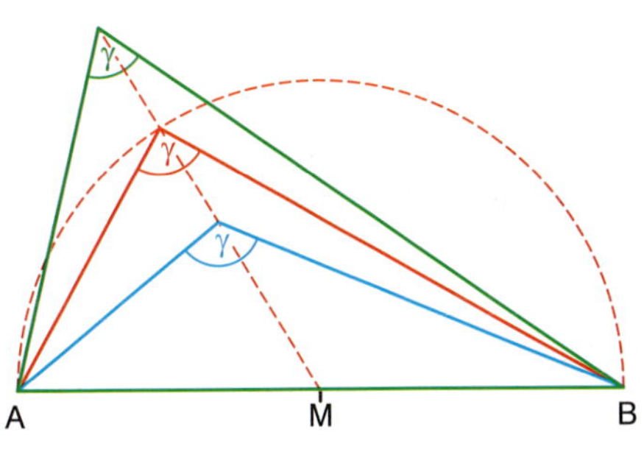

A *Verallgemeinern (Weglassen einer Bedingung)*
Was passiert, wenn man beim Satz des Pythagoras die Bedingung „rechtwinkliges Dreieck" weglässt?
Wenn $\gamma > 90°$, so gilt $a^2 + b^2 < c^2$
Wenn $\gamma < 90°$, so gilt $a^2 + b^2 > c^2$

Übungen

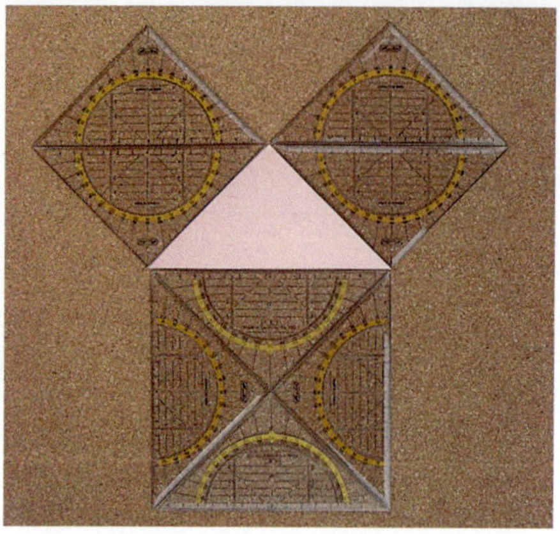

4 *Spezialisieren – Hinzufügen einer Bedingung*

Wie vereinfacht sich die Aussage beim Satz des Pythagoras, wenn man ein gleichschenklig rechtwinkliges Dreieck voraussetzt? Formuliere eine passende Aussage und begründe.

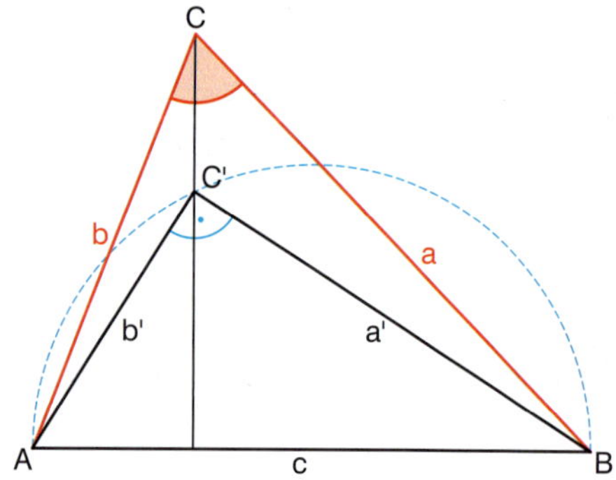

5 *Ein Beweis für die Umkehrung*

Wir müssen zeigen: Erfüllen die drei Seiten eines Dreiecks die Beziehung $a^2 + b^2 = c^2$, so ist das Dreieck rechtwinklig.
Mithilfe der nebenstehenden Skizzen können wir argumentieren:
Angenommen, der Winkel bei C ist ein spitzer Winkel. Dann können wir über $\overline{AB}$ mithilfe des Thaleskreises ein rechtwinkliges Dreieck ABC′ konstruieren, welches in dem gegebenen Dreieck ABC enthalten ist.

Widerspruchsbeweis: „Nimm das Gegenteil dessen an, was du beweisen möchtest. Zeige, dass dies zu einem Widerspruch führt."

Dann gilt: $b' < b$ und $a' < a$.
Daher ist $a^2 + b^2 > (a')^2 + (b')^2 = c^2$.
Dies ist ein Widerspruch zur gegebenen Voraussetzung, also kann der Winkel bei C kein spitzer Winkel sein.

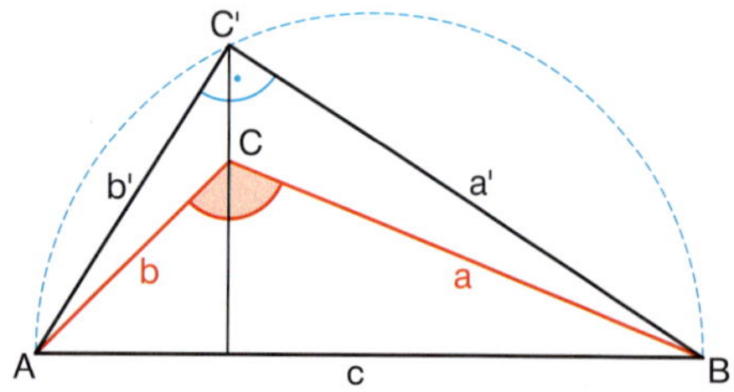

Führe eine entsprechende Argumentation für die Annahme, dass der Winkel bei C ein stumpfer Winkel ist.

Höhensatz

Im rechtwinkligen Dreieck ist das Quadrat über der Höhe flächeninhaltsgleich mit dem Rechteck, dessen Seiten so lang sind wie die beiden Hypotenusenabschnitte.

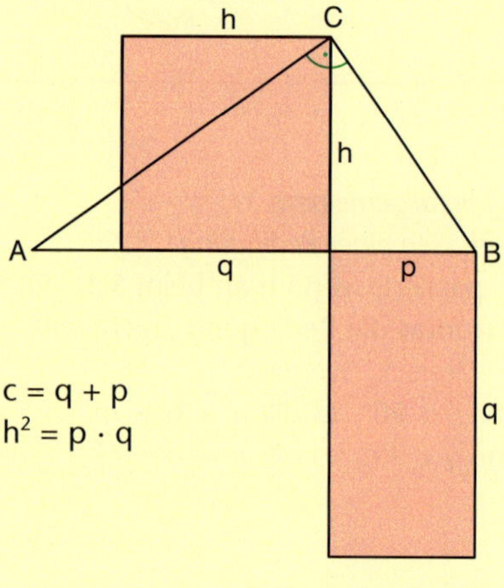

$c = q + p$
$h^2 = p \cdot q$

6 *Höhensatz*

Aus dem Kathetensatz (vgl. Aufgabe 3) lässt sich der Höhensatz ableiten.

$a^2 = p \cdot c$
$a^2 = h^2 + p^2$
$p \cdot c = h^2 + p^2$
$h^2 = p \cdot c - p^2$
$h^2 = p \cdot (p + q) - p^2$
$h^2 = p \cdot q$

Übertrage die Umformungen in dein Heft und ergänze zu einem Zweispaltenbeweis. Formuliere den Höhensatz mit deinen eigenen Worten. Vergleiche mit deiner Formelsammlung.

Variationen zu Beweisen rund um Pythagoras

Es gibt neben dem Satz des Pythagoras keinen anderen Satz, zu dem so viele Beweise bekannt sind. Zu Beginn des 20. Jahrhunderts veröffentlichte Professor Elisha Scott Loomis ein Buch mit einer Sammlung von 367 Beweisen zum Lehrsatz des Pythagoras. Bis zum heutigen Tag knobeln viele Hobbymathematiker noch sehr gerne an solchen Beweisen, wobei sich die sogenannten Puzzle-Beweise besonderer Beliebtheit erfreuen. Unter dem Suchwort „Pythagoras" findest du im Internet hierzu eine reiche Auswahl mit vielen bewegten Bilder („Animationen") und Anregungen zum eigenen Ausprobieren.

Übungen

7 Wie viele Beweise des Satzes von Pythagoras findest du in Aufgaben oder Beispielen dieses Kapitels 4? Worin unterscheiden sich diese Beweise (Beweisidee, zugrundeliegende Voraussetzungen und Sätze, algebraische und geometrische Schlussfolgerungen, ...)? Welchen Beweis findest du am einfachsten, am elegantesten, am schönsten?

8 Benutze das oben abgebildete Puzzle und die Skizze zum Beweis des Satzes von Pythagoras. (Vergleiche den Flächeninhalt des Hypotenusenquadrats mit der Summe der Teilflächen und vereinfache die Gleichung.)

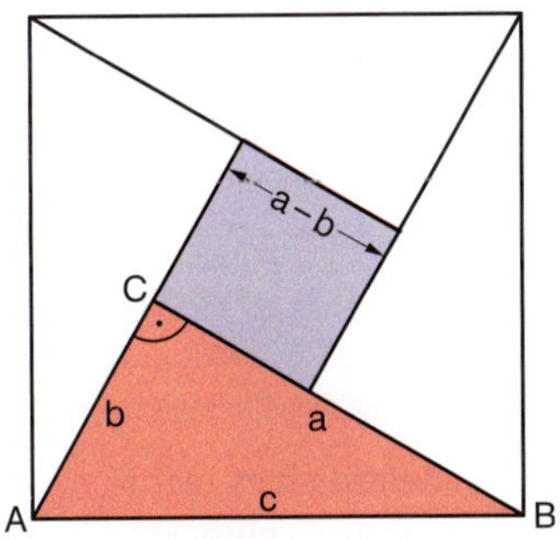

9 Der spätere amerikanische Präsident James E. Garfield (1831 – 1881) entdeckte als Student einen Beweis mit dieser Figur. (Vergleiche den Flächeninhalt des Trapezes mit der Summe der Teilflächen und vereinfache die Gleichung.)

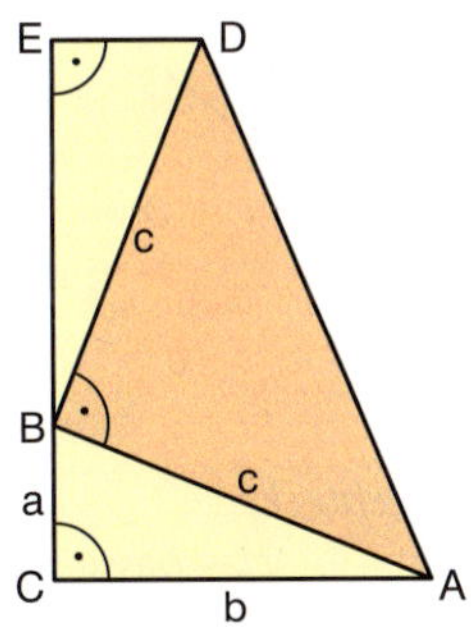

10 Die Aufteilung des Hypotenusenquadrates in die dargestellten Flächen ermöglicht einen Beweis des Kathetensatzes.

a) Der Beweis des Kathetensatzes $b^2 = q \cdot c$ ist durcheinander geraten. Bringe die einzelnen Beweisschritte in deinem Heft in die richtige Reihenfolge.

b) Beweise analog den Kathetensatz für die Kathete a.

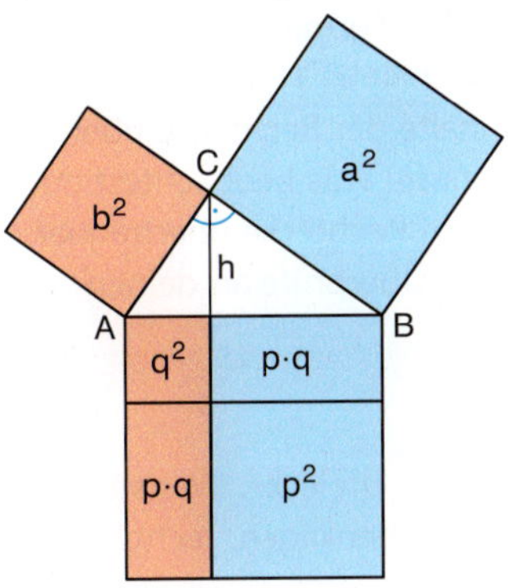

- Ersetze $(p + q)$ durch c
- $b^2 = q \cdot (q + p)$
- Nach Pythagoras gilt: $b^2 = h^2 + q^2$
- $b^2 = (p \cdot q) + q^2$
- $b^2 = q \cdot c$
- Ersetze h^2 durch $p \cdot q$ (Höhensatz)

Übungen

Hier brauchst du den Höhensatz (vgl. Aufgabe 6) und den Satz des Thales.

11 *Bildsequenz zum Beweis mit Kreis und Höhensatz:* Schreibe die Beweisschritte auf.

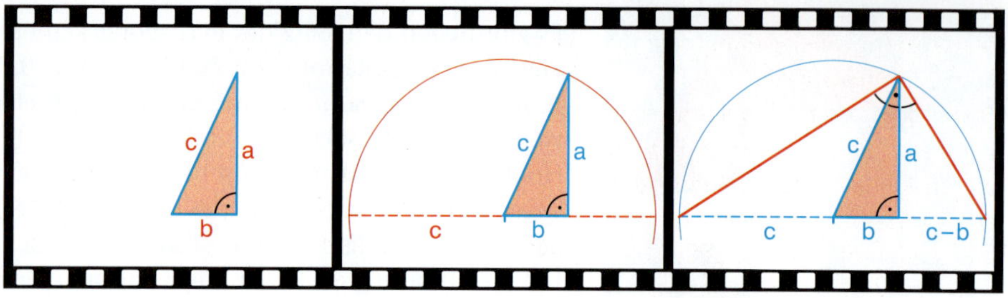

Formelsammlung

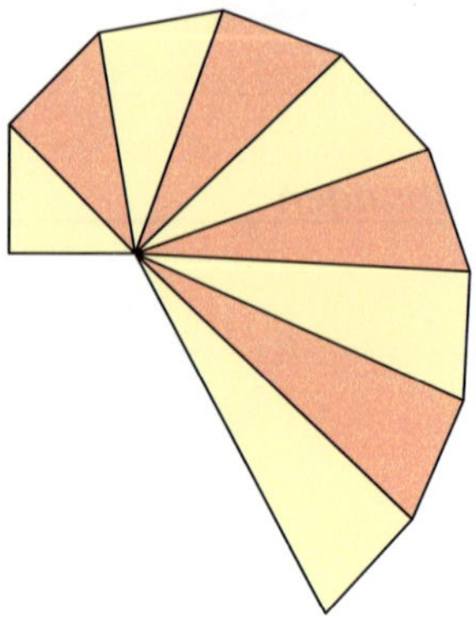

12 *Wurzelspirale*

a) Die Wurzelspirale kannst du ganz leicht selbst zeichnen. Den Anfang siehst du links. Übertrage in dein Heft und setze die Spirale fort.

b) Mit der Wurzelspirale lassen sich (theoretisch) die Quadratwurzeln aller natürlichen Zahlen zeichnerisch darstellen. Begründe mit dem Satz des Pythagoras.

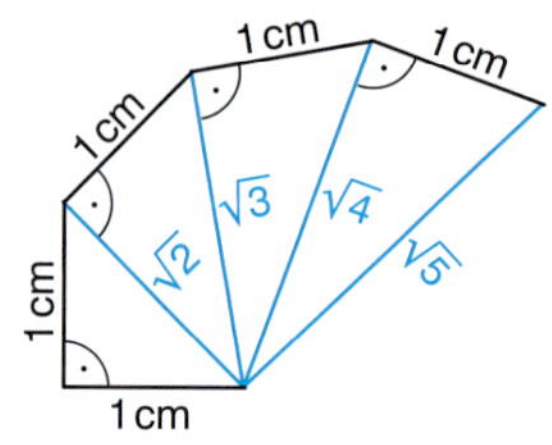

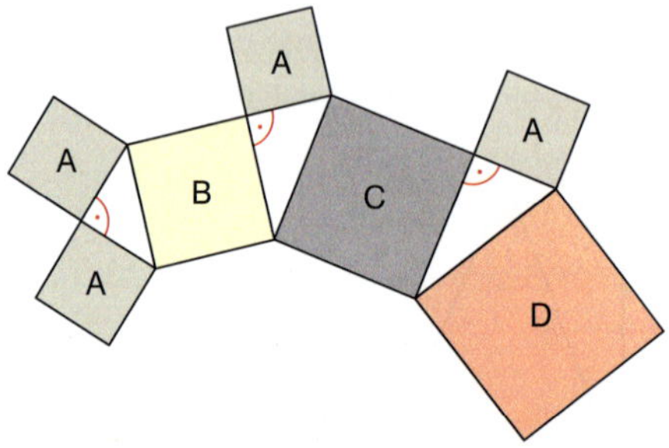

13 *Noch eine Spirale*

a) Vergleiche die Flächeninhalte der Quadrate miteinander. Wie groß ist D im Vergleich zu A? Begründe.

b) Konstruiere auf die gleiche Weise zu einem Quadrat ein zweites Quadrat, das den fünffachen Flächeninhalt hat.

14 *Pythagoras mit Rechtecken*

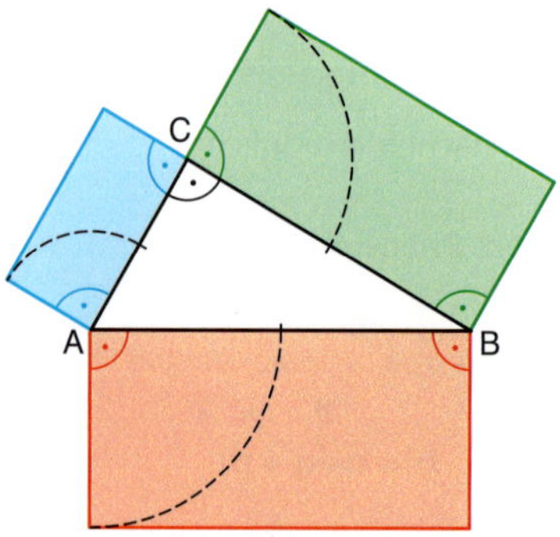

Was passiert, wenn man über den Seiten eines rechtwinkligen Dreiecks anstelle der Quadrate Rechtecke errichtet?

a) Probiere mit verschiedenen Rechtecktypen:

- eine Seite des Rechtecks ist jeweils doppelt so lang (halb so lang) wie die andere
- eine Seite des Rechtecks ist um jeweils 2 cm länger (kürzer) als die andere Seite
- die Rechtecke genügen dem DIN-Format, das heißt, die Seitenlängen haben das Verhältnis $1 : \sqrt{2}$

Berechne jeweils die Flächeninhalte der Rechtecke über den Katheten und über der Hypotenuse. Was beobachtest du?

b) Pia vermutet: „Der Satz des Pythagoras ist immer dann auf Rechtecke übertragbar, wenn die Rechtecke zueinander ähnlich sind." Hat sie recht? Überprüfe an deinen Beispielen aus a). Findest du eine Begründung?

15 *Pythagoras mit Dreiecken*

Ersetze in der Pythagorasfigur die Quadrate durch gleichseitige Dreiecke. Was stellst du fest? Experimentiere auch mit anderen Dreiecken, z. B. gleichschenkligen, rechtwinkligen o. ä.

Übungen

Abstände im Raum

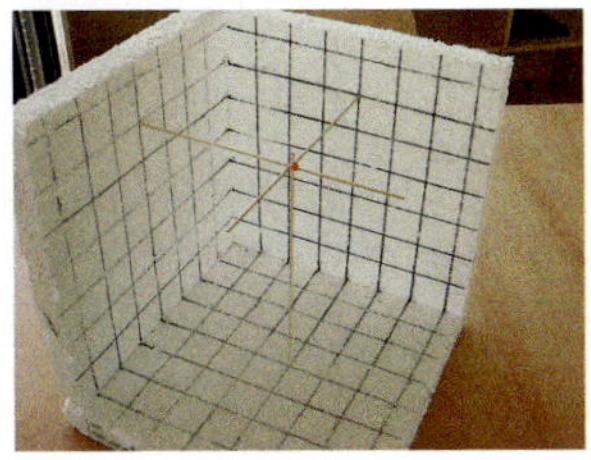

16 In Abschnitt 4.1 haben wir mithilfe des Satzes von Pythagoras eine Formel für den Abstand zweier Punkte im Koordinatensystem begründet.
Dabei ging es um Punkte in der Ebene. Punkte im Raum lassen sich in einem dreidimensionalen Koordinatensystem mithilfe eines Tripels (x, y, z) beschreiben. Auch hier stehen die Koordinatenachsen jeweils senkrecht aufeinander, der Ursprung hat die Koordinaten (0|0|0).

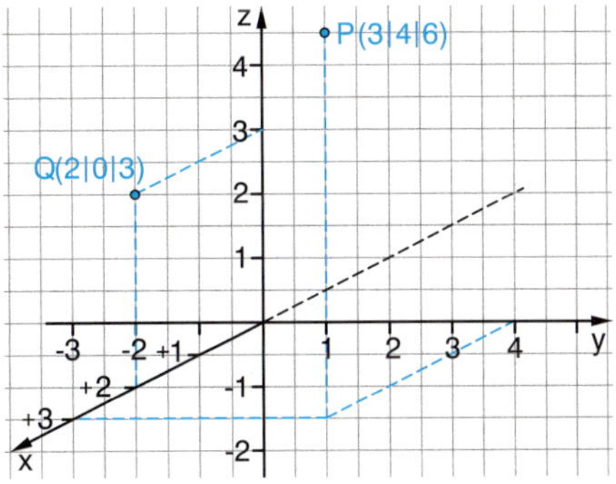

Zeichne ein dreidimensionales Koordinatensystem wie in der Abbildung in dein Heft und kennzeichne darin die Punkte A (1|2|3), B (2|7|5) und C (–3|4|7).

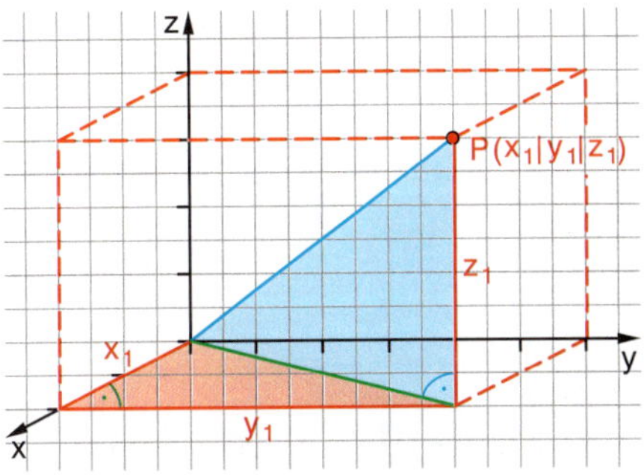

17 a) Begründe mithilfe der Abbildung die Formel für den Abstand eines Punktes $P(x_1|y_1|z_1)$ vom Ursprung:

$$d = \sqrt{x_1^2 + y_1^2 + z_1^2}$$

b) Welcher der Punkte A, B und C aus Aufgabe 12 ist am weitesten vom Ursprung entfernt?

c) Zeichne den Punkt E(3|4|5) in ein Koordinatensystem und berechne den Abstand des Punktes vom Ursprung.

18 Mithilfe der nächsten Skizze kannst du auch die Formel für den Abstand zweier Punkte $P(x_1|y_1|z_1)$ und $Q(x_1|y_1|z_1)$ herleiten.
a) Stelle die Formel auf und begründe. Formuliere die Formel auch in Worten. Vergleiche mit einer Formelsammlung.

Vergleiche mit der Formel für den Abstand zweier Punkte in der Ebene

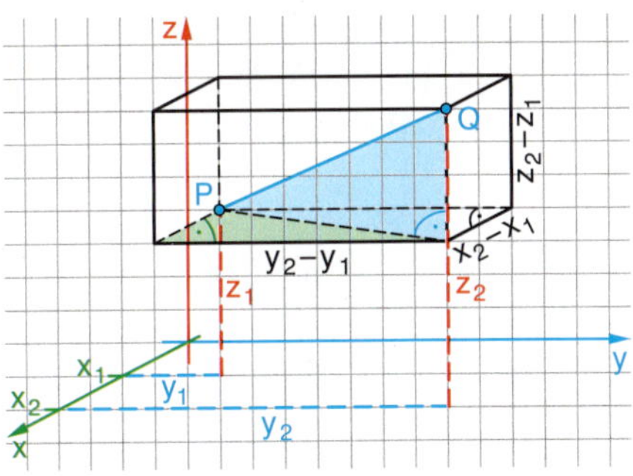

b) Berechne die Seitenlängen des Dreiecks ABC im Raum für die in Aufgabe 16 angegebenen Punkte.
c) Bestimme die Kantenlängen und die Höhe der Pyramide mit der Grundfläche ABCD und Spitze E mit A(3|–3|0), B(3|3|0), C(–3|3|0), D(–3|–3|0) und E(0|0|5).
Zeichne auch eine Skizze.

Euklid von Alexandria

Euklid von Alexandria (365–300 v. Chr.) war bis ins 19. Jahrhundert die maßgebliche Autorität der Mathematik. Das bekannteste seiner mathematischen Werke ist das dreizehnbändige Werk „Elemente". 18 Jahrhunderte lang lernte fast die ganze Welt Mathematik aus diesem Werk. Es entstand eine regelrechte Euklid-Tradition, die sich bis in die heutige Schulmathematik hineinzieht. Dieser Tatsache verdankt es das Werk, dass es bis heute vollständig erhalten geblieben ist. Euklid beschäftigte sich viel mit Geometrie. Unter anderem stammen von ihm je ein Beweis des Höhen- und des Kathetensatzes. Vom Leben Euklids ist nur wenig bekannt. Er studierte in Athen und wurde später Leiter der Bibliothek von Alexandria. Auf König Ptolemäus' Frage, wie man ohne große Anstrengung Geometrie erlernen könne, soll er geantwortet haben: „Es führt kein Königsweg zur Mathematik."

Euklid und Pythagoras

Der Beweis nach Euklid in verschiedenen Übersetzungen über die Jahrhunderte.

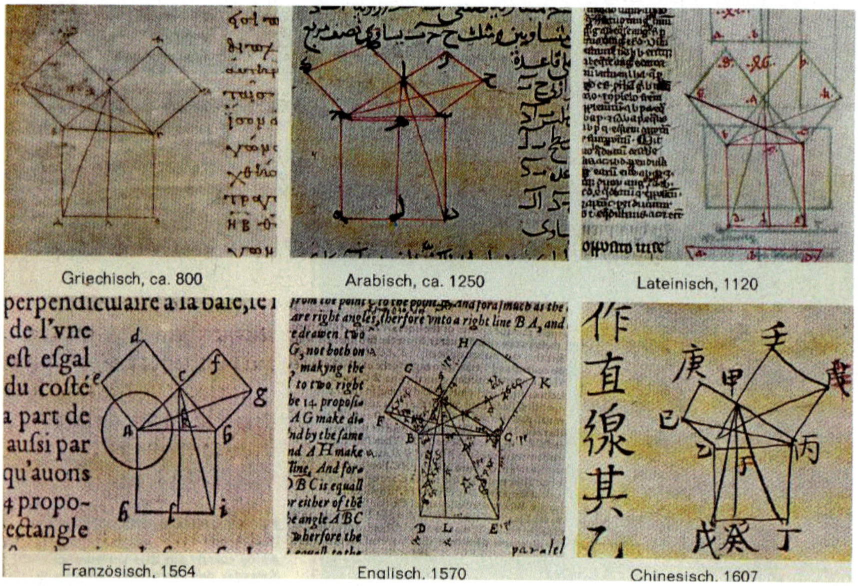

Griechisch, ca. 800 | Arabisch, ca. 1250 | Lateinisch, 1120 | Französisch, 1564 | Englisch, 1570 | Chinesisch, 1607

Aufgaben

19 *Der Beweis des Euklid zum Nachmachen*

Die Abbildungen zeigen die Beweisfigur, mit der Euklid den Kathetensatz beweist. Mit ihr hat er gezeigt, dass die halbe Fläche des Kathetenquadrats (hier ACE) den gleichen Flächeninhalt hat, wie das halbe Hypotenusenrechteck (hier AFH).

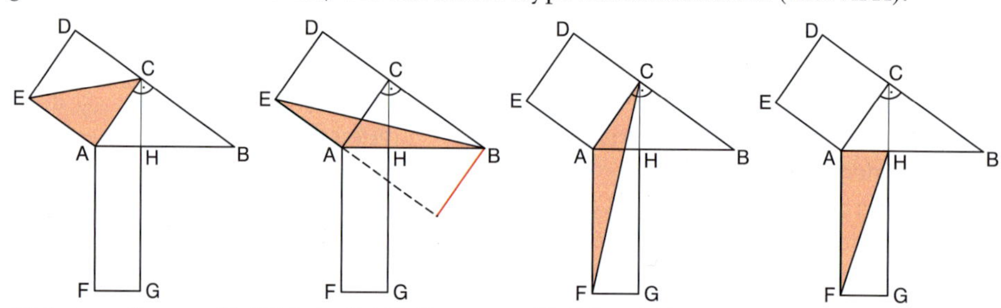

(1) Ausgangsfigur

(2) ABE hat mit ACE die Grundseite $\overline{AE}$ und die Höhe $\overline{AC}$ gemeinsam.

(3) ABE und AFC sind kongruent.

(4) AFH hat mit AFC die Grundseite $\overline{AF}$ und die Höhe $\overline{AH}$ gemeinsam.

Begründe die Beweisschritte (2)–(4). Übertrage dazu die Beweisfigur in dein Heft und zeichne die Höhen der Dreiecke ABE und ACF ein.

Großer Fermat'scher Satz

$x^n + y^n \neq z^n$ für x, y, z, n $\in \mathbb{N}$ und n > 2

Diese tschechische Briefmarke würdigt das Jahr 2000 als das „Weltjahr der Mathematik". Das Motiv der Marke ist *Fermats letzter Satz.* FERMAT beschäftigte sich im 17. Jahrhundert mit dem Satz des Pythagoras und behauptete 1653, dass es für die Gleichung $x^n + y^n = z^n$ (Fermat'sches Tripel) keine ganzzahlige Lösung für n größer als 2 gebe. *„Ich habe hierfür einen wahrhaft wunderbaren Beweis, doch ist der Rand hier zu schmal, um ihn zu fassen."* notierte er dazu. Nach diesem Beweis suchten seitdem viele Generationen von Mathematikern erfolglos. Auch zahllose Laien haben sich an diesem Problem versucht, denn im Gegensatz zu den meisten mathematischen Fragestellungen ist der Fermat'sche Satz (fast) jedem verständlich. 1908 wurde eine großzügige Belohnung für den Beweis des Satzes ausgesetzt: Der Industrielle PAUL WOLFSKEHL, selbst studierter Mathematiker, stiftete zum Entsetzen seiner Familie 100000 Goldmark („Wolfskehl-Preis"); allerdings sollte dieser Preis am 13.9.2007 verfallen. Gerade noch rechtzeitig und 325 Jahre nach FERMAT hat ANDREW WILES 1995 den Satz nach siebenjähriger Arbeit mit großem Aufwand beweisen können. Das war in der mathematischen Welt eine Sensation. Heute wird angenommen, dass FERMAT vielleicht den Spezialfall für n = 3 bewiesen hatte, von dem er glaubte, ihn verallgemeinern zu können. Die von WILES benutzte Theorie war damals noch nicht weit genug entwickelt.

Aufgaben

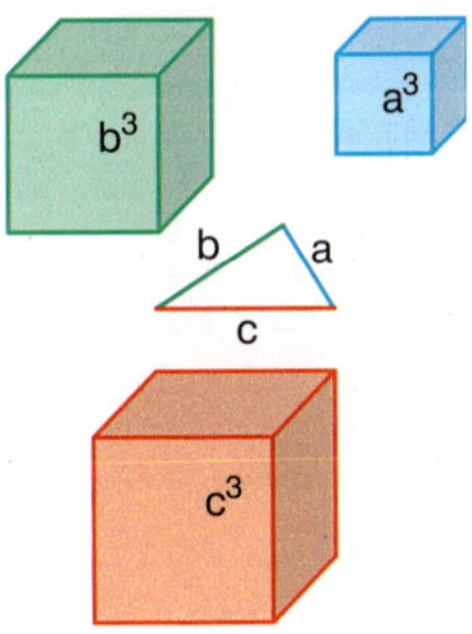

20 *Eine einfache Variation – ein schwieriges Problem*
Was passiert, wenn man in der Gleichung $a^2 + b^2 = c^2$ anstelle der Quadrate die dritten Potenzen einsetzt: $a^3 + b^3 = c^3$? In der geometrischen Interpretation bedeutet dies, dass man die Volumina von Würfeln mit den Seitenlängen a, b und c miteinander vergleicht.
a) Berechne zu a = 3 cm und b = 4 cm (a = 5 cm und b = 12 cm) die Seitenlänge c, so dass $a^3 + b^3 = c^3$.
b) Kann ein pythagoreisches Zahlentripel (a, b, c) gleichzeitig die Bedingung $a^3 + b^3 = c^3$ erfüllen? Probiere es an verschiedenen Beispielen aus. Begründe.

21 *Gibt es überhaupt ganzzahlige Lösungen für die Gleichung $a^3 + b^3 = c^3$?*
Bei der Suche nach pythagoreischen Zahlentripeln haben wir eine anschauliche Hilfe benutzt: Wir suchten nach zwei Quadraten, die zusammengelegt ein drittes Quadrat ergeben.
Versuche es mit einer ähnlichen Strategie bei Würfeln. Am besten schreibst du dir die ersten 20 Kubikzahlen in einer Tabelle auf und versuchst es mit den Differenzen solcher Zahlen. Im Beispiel ist es fast gelungen, leider fehlt ein einziger Baustein. Findest du ähnlich knappe Ergebnisse?

Schau dir hierzu Aufgabe 22 auf Seite 112 an.

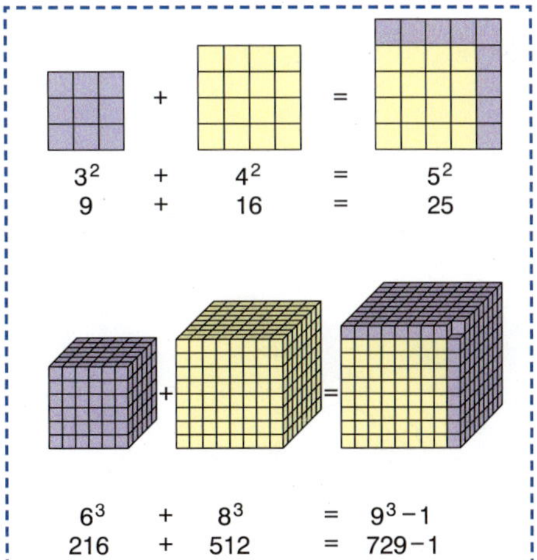

4.3 Probleme lösen mit dem Satz des Pythagoras

Was dich erwartet

„Die Lösung eines großen Problems stellt eine große Entdeckung dar, doch in der Lösung jeden Problems steckt etwas von einer Entdeckung. Deine Aufgabe mag noch so bescheiden sein; wenn sie jedoch dein Interesse weckt, wenn deine Erfindungsgabe angeregt wird und du die Aufgabe aus dir selbst heraus löst, so wirst du die Spannung und den Triumph des Entdeckers erfahren."

Das Zitat stammt von Georg Polyá (1887 – 1985), der lange an der Universität Zürich als Professor für Mathematik tätig war. Bei dieser Arbeit beschäftigte er sich vor allem mit Problemlösestrategien, das heißt wie man möglichst geschickt an mathematische Probleme herangehen kann. Oft spielt dabei der Satz des Pythagoras eine Rolle. Aber auch die anderen Flächensätze können manchmal helfen.

Aufgaben

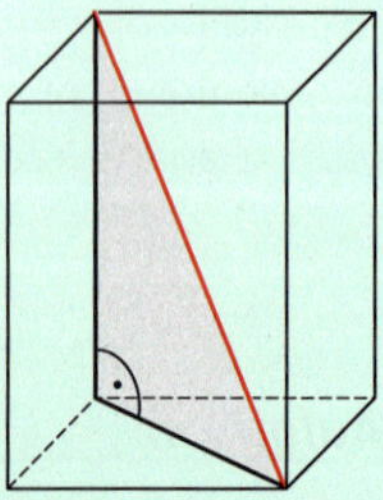

1 *Die Sache mit dem Strohhalm*

a) Ist es dir auch schon einmal passiert, dass der Strohhalm in die Getränkepackung gerutscht ist? Woran liegt das?

b) Wenn man den Strohhalm länger macht, kann er nicht mehr hineinrutschen. Mithilfe des Satzes von Pythagoras kannst du berechnen, wie lang er mindestens sein muss. Welche Probleme bekommt man bei der Befestigung eines längeren Strohhalms an der Packung?

2 *Bei manchen Problemen gelangt man nur über Umwege zur Lösung*

$h^2 + 4^2 = 6^2 \quad \Rightarrow h = \sqrt{20}$

$20 = p \cdot 4 \quad \Rightarrow p = 5$

$5^2 + (\sqrt{20})^2 = x^2 \quad \Rightarrow x = \sqrt{45}$

$x \approx 6{,}7$

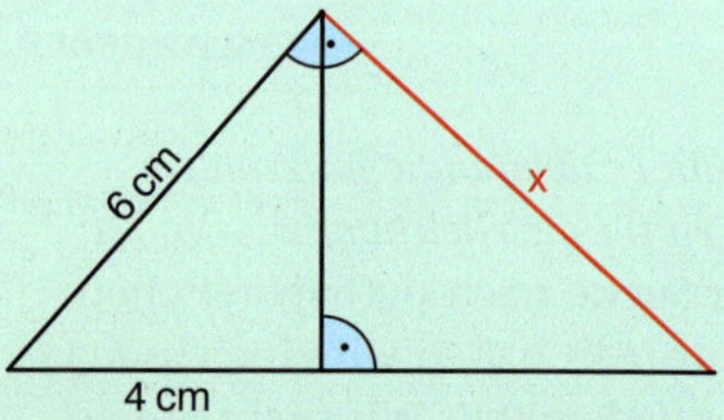

a) Marion hat die Länge von x berechnet. Wie ist sie vorgegangen? Welche Hilfsgrößen hat sie verwendet? Welche Sätze haben ihr geholfen?

(1)

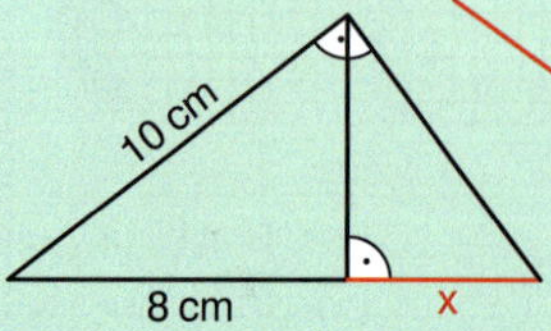

(2)

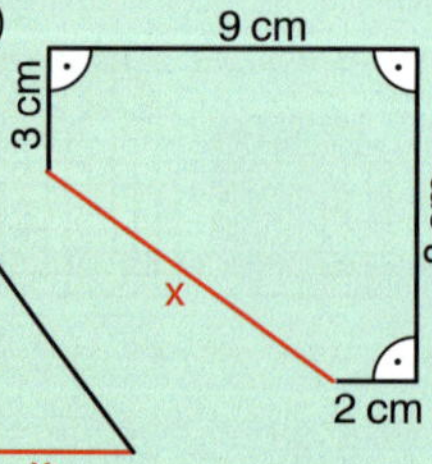

Nun kannst du deine Fähigkeiten überprüfen:
Findest du die Längen der roten Strecken heraus?
Dokumentiere deine Lösungswege.
Vergleiche mit denen deiner Nachbarn.

Basiswissen

Viele Probleme lassen sich mithilfe der Sätze am rechtwinkligen Dreieck lösen. Häufig muss man aber erst einmal rechtwinklige Dreiecke finden, die helfen können. Außerdem muss man oft Zwischenstücke berechnen, die dann auf die gesuchte Größe führen.

STRATEGIE

Problem

Karla steht in Paris auf dem Platz vor dem Louvre und hört ein Referat über die dort aufgestellten Glaspyramiden. Der Referent gibt eine Höhe von 8,4 m für die kleine Glaspyramide an. Karla erscheint das zu viel. Sie misst. Der quadratische Boden hat eine Seitenlänge von 7,6 m. Die Glasrauten haben 1,8 m lange Seiten.

Planskizze

Welche Größen sind gegeben, welche Größen sind gesucht? Beschrifte die Skizze entsprechend. Zeichne rechtwinklige Dreiecke ein, in denen diese Größen vorkommen.

Gegebene Größen:
$a = 7{,}6$ m;
$s = 4 \cdot 1{,}8$ m $= 7{,}2$ m

gesuchte Größe: h

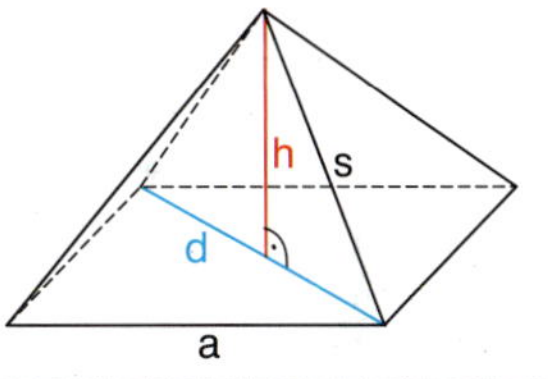

Beziehungen zwischen den Größen

(1) Finde ich ein rechtwinkliges Dreieck, in dem die gesuchte Größe vorkommt?
(2) Sind die beiden anderen Seiten dieses Dreiecks bekannt?
(3) Gegebenenfalls muss ich andere rechtwinklige Dreiecke suchen, mit denen ich die fehlende Größe berechnen kann. (In der Planskizze ergänzen)
(4) Die Diagonale d der Bodenfläche ist hilfreich; d bildet mit zwei Seiten des Pyramidenbodens ein rechtwinkliges Dreieck; h bildet mit s und der Hälfte von d ein rechtwinkliges Dreieck.

Lösung

Pythagoras: $d^2 = a^2 + a^2$
$\Rightarrow d = \sqrt{115{,}52}$
Pythagoras: $\left(\frac{d}{2}\right)^2 + h^2 = s^2$
$\Rightarrow h^2 = 7{,}2^2 - 28{,}88$
$\Rightarrow h \approx \sqrt{22{,}96}$
Ergebnis sinnvoll runden:
$h \approx 4{,}8$ m

Problemprobe

Passt die Lösung zum Problem? Nach dem Bild kann es stimmen. Die Höhe h muss deutlich kleiner sein als die Kante s. Das Ergebnis passt also besser als 8,4 m.

Je nach Aufgabenstellung müssen nicht alle Schritte gemacht werden. Oft liegt zum Beispiel die Planskizze schon vor. Und nicht immer braucht man Hilfsgrößen. Mit etwas Übung wirst du schnell merken, wie du vorgehen musst.

Beispiele

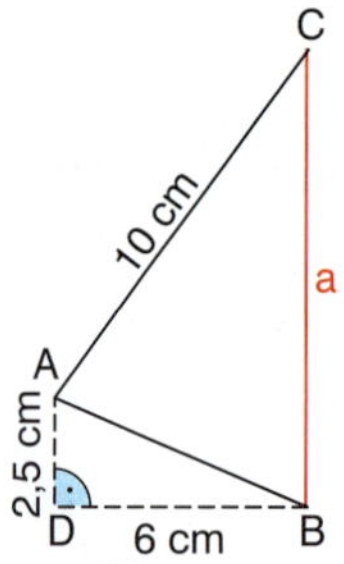

A Bestimme die Länge der Seite a.

1. Versuch: Dreieck ADB ist rechtwinklig; Berechnung von Zwischengröße $\overline{AB}$ mit Satz von Pythagoras; $\overline{AB} = \sqrt{42{,}25}$; Weg führt nicht weiter, denn Dreieck ABC ist nicht rechtwinklig; Strecke $\overline{AB}$ ist als Zwischengröße nutzlos.

2. Versuch:
Beziehungen: Höhe h könnte hilfreich sein; Dreiecke AHC und ABH rechtwinklig; Teilstrecken l und k könnten hilfreich sein.

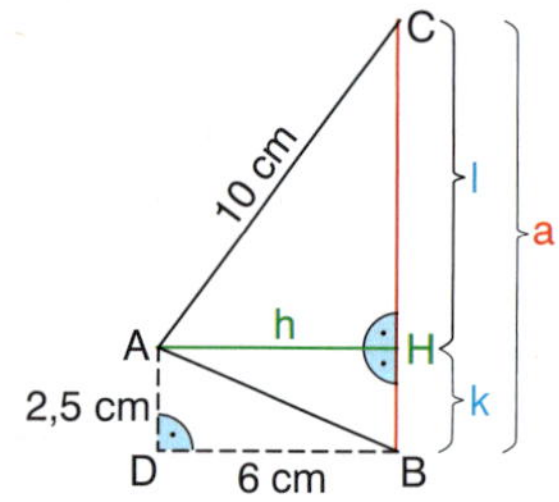

Nach Planskizze gilt: k = 2,5 cm; h = 6 cm
Nach Satz des Pythagoras gilt: $l^2 + h^2 = \overline{AC}^2$
h und $\overline{AC}$ einsetzen: $l^2 = 10^2 - 6^2 = 64$
also $l = 8$; $a = k + l = 10{,}5$; a ist 10,5 cm lang
Problemprobe: Das Dreieck ABC sieht ungefähr gleichschenklig aus. Das Ergebnis kann also stimmen.

B Wie lang ist die Raumdiagonale d im Quader mit den Seitenlängen a, b und c?
d ist die Hypotenuse des rechtwinkligen Dreiecks BHD. Die Kathete $\overline{DH}$ ist bekannt (Kante c), die andere Kathete ist die Flächendiagonale f.
f kann mit dem rechtwinkligen Dreieck ABD berechnet werden, in dem die beiden Katheten bekannt sind (Seitenkanten a und b).

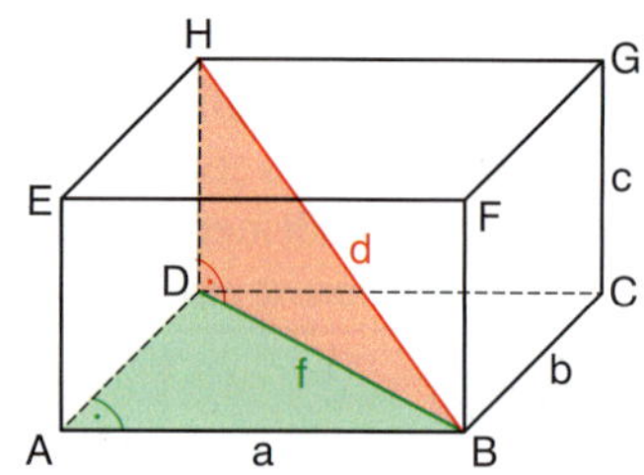

$d^2 = f^2 + c^2 \qquad f^2 = a^2 + b^2 \qquad d^2 = a^2 + b^2 + c^2 \qquad d = \sqrt{a^2 + b^2 + c^2}$

Übungen

3 Bei den abgebildeten Gebäuden sollen die Dachbalken jeweils 50 cm überstehen. Berechne für jedes Haus die Länge der Dachsparren.

a)
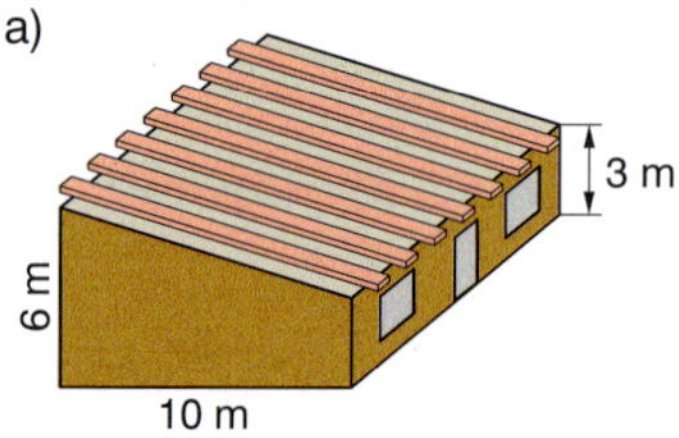

b)
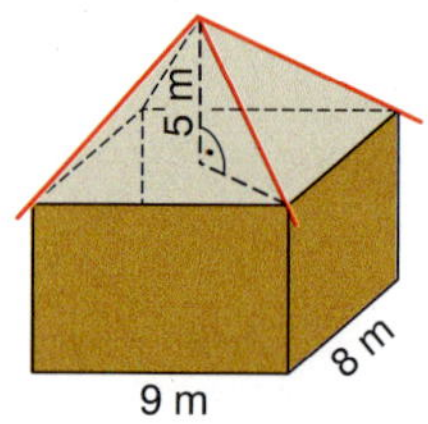

4 *Kunst im Park*
Die 14 Drähte sind jeweils im Abstand von 30 cm aufgespannt. Der linke Draht hat einen Abstand von 15 cm zur Dreiecksecke, der rechte einen Abstand von 40 cm zur Dreiecksecke. Wie viel Draht wurde für das Kunstwerk benötigt?

5 *Zelterneuerung*
Das 2 m hohe Zelt soll einen neuen Reißverschluss bekommen und imprägniert werden.

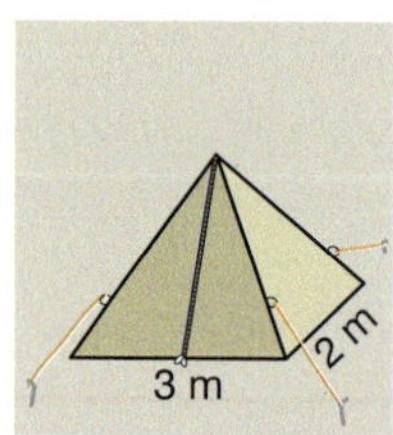

a) Es gibt Reißverschlüsse folgender Länge zu kaufen: 2,00 m; 2,10 m; 2,20 m; 2,30 m. Welcher ist für das Zelt geeignet?
b) Eine Dose Imprägnierspray reicht für 4 m^2 Zeltstoff. Wie viele Dosen werden benötigt?

Übungen

6 Bei dieser Aufgabe musst du etwas über gleichschenklige Trapeze wissen. Kannst du x berechnen?

a)

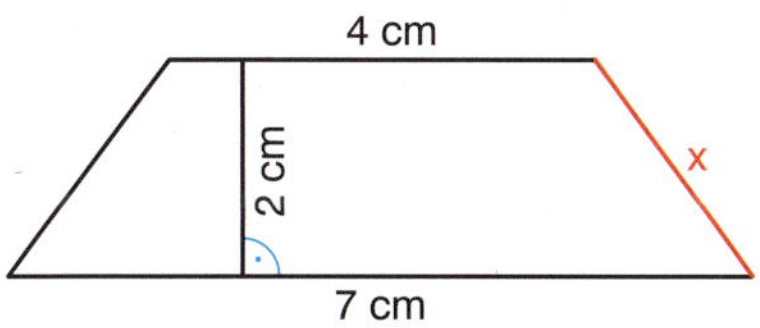

b)

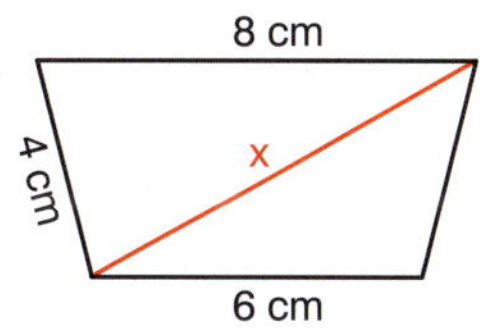

7 Einem Kreis mit dem Radius 6 cm ist ein Quadrat einbeschrieben, dessen Eckpunkte auf dem Kreisrand liegen. Findest du die Seitenlänge des Quadrates heraus?

8 *Zum Üben*
Bestimme Seitenlängen und Flächeninhalte aller Tangramteile eines Spiels, bei dem das kleine Quadrat den Flächeninhalt 4 cm^2 hat.

Aus einem amerikanischen Schulbuch

9 Desert prospector Sagebrush Sally hops onto her dirt bike and, with a full tank of gas leaves camp travelling at 60 km/hr east. After 2 hr she stops and does a little prospecting – with no luck. So she hops back onto her bike and heads north for 2 hr at 45 km/hr. She stops again, does a little more prospecting, and this time hits pay dirt. Because the greatest distance Sagebrush Sally has ever travelled on one tank of gas is 350 km, she assumes, that that is the maximum distance she will be able to travel on this trip. Does she have enough fuel to get back to camp? If not, what is the closest she can come to camp? What should she do?

10 The blades of a helicopter meet at right angles and are all the same length. The distance between the tips of two consecutive blades is 36 ft. How long is each blade? Round your answer to the nearest tenth.

1 ft ≈ 30,48 cm

11 *Ferndiagnose*
Phillippa möchte ihrer Freundin ihre alten Reitsachen schicken, ein paar Reitstiefel, eine Hose, eine Kappe und die 65 cm lange Gerte. Im Keller findet sie drei Kartons:
(1) 47 cm x 47 cm x 8 cm
(2) 39 cm x 28 cm x 29 cm
(3) 48 cm x 38 cm x 28 cm
In welchen Karton soll sie die Sachen packen? Begründe deine Auswahl.

Übungen

Fledermäuse wenden übrigens ein ähnliches Verfahren an, um ihre Beute zu orten.

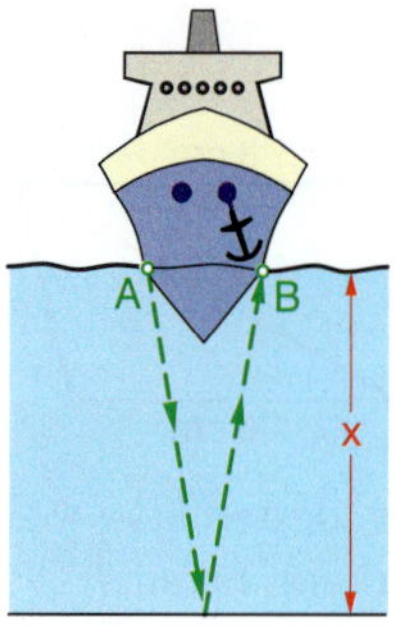

12 *Wie funktioniert das Echolot?*
Bei der Schifffahrt benutzt man das Echolot, um die Meerestiefe zu bestimmen. Dazu sendet man vom Punkt A des Schiffes ein Schallsignal aus. Der Schall wird am Meeresboden reflektiert und auf den Punkt B des Schiffes zurückgeworfen. Aus der Zeit, die der Schall von A nach B benötigt (Schalldifferenz) und der Breite des Schiffes kann man die Meerestiefe berechnen. Der Schall legt im Wasser in einer Sekunde 1 510 m zurück.
Ein 18 m breites Schiff misst an einem Punkt eine Schalldifferenz von 0,5 Sekunden. Wie tief ist das Meer an dieser Stelle?

4 % Steigung bedeutet 4 m Höhenunterschied auf 100 m horizontalen Abstand

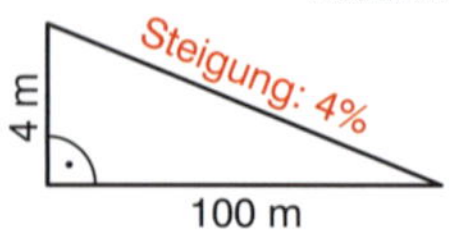

13 Behindertenrampen dürfen höchstens eine Steigung von 8 % aufweisen, da sie sonst von einem Rollstuhlfahrer nur schwer bewältigt werden können.
a) Entspricht die abgebildete Rampe dieser Vorschrift?
b) Wie lang muss eine Rampe mindestens sein, um einen Höhenunterschied von 1,20 m zu überwinden?
c) Findest du einen Term, mit dem man die Mindestlänge in Abhängigkeit vom Höhenunterschied h ausdrücken kann?
d) Ist deine Schule rollstuhlgerecht? Gibt es Stellen mit besonders langer Rampe?

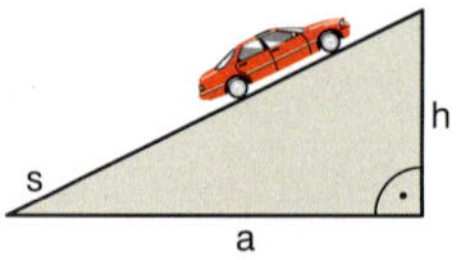

14 *Straßensteigungen*
a) Auf einem Straßenschild ist die Länge s der Straße mit 7 km und die Steigung m mit 9 % angegeben. Wie groß sind der Höhenunterschied h und die horizontale Entfernung a?
b) Wie lang ist eine Straße, die bei einer Steigung von 6 % eine horizontale Entfernung a von 12 km überwindet?

15 Das Hinweisschild steht an der Kreuzung der B 399 mit der L 160 auf einer Höhe von 475 m über NN. Über die ausgeschilderte Straße gelangt man auch nach Simonskall im Kalltal.
a) Wie lang wäre eine geradlinige Straße von der Kreuzung bis nach Simonskall (345 m über NN) mit der angegebenen Steigung?
b) Schlage den wirklichen Straßenverlauf in einem Autoatlas nach. Wie interpretierst du nun die Steigungsangabe?

16 Die Abbildung zeigt einen Ausschnitt aus einer Allgäuer Wanderkarte im Maßstab 1 : 30 000. Bestimme die durchschnittliche Steigung und die ungefähre Länge des blauen Weges. Erkundige dich dazu nach der Bedeutung der Höhenlinien.

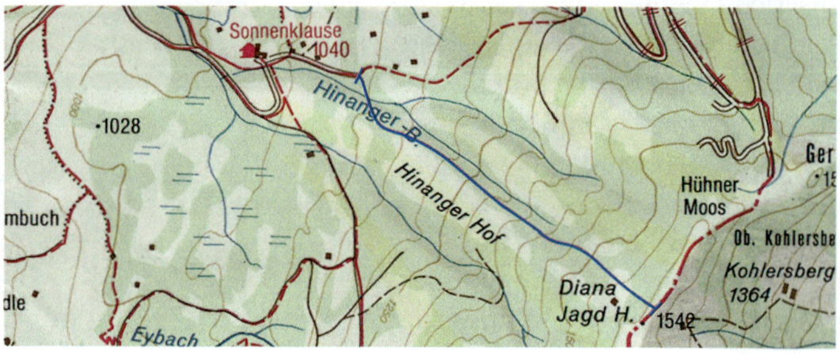

Übungen

17 *Ein konischer Getränkebecher.*
Wie weit ragt ein 20 cm langer Strohhalm mindestens aus dem Becher?

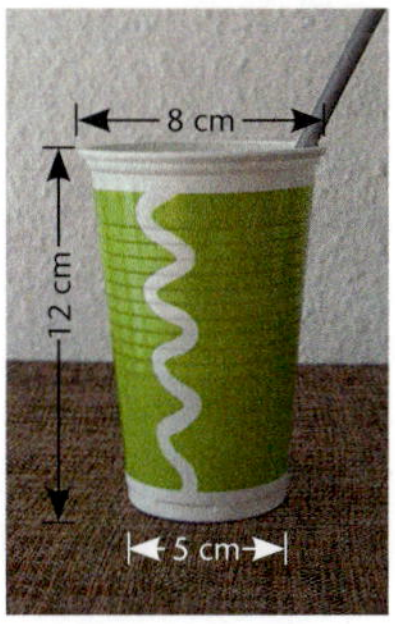

18 Für eine Ausstellung werden Kantenmodelle von Pyramiden aus Draht gebastelt. Die Pyramiden sollen alle die selbe quadratische Grundfläche von 49 cm² haben, aber unterschiedliche Höhen. Wie viel Draht benötigt man für ein 4 cm (20 cm) hohe Pyramide? Finde einen Term für die Drahtlänge in Abhängigkeit von der Pyramidenhöhe h.

19 Ein 11 m langer, konischer Baumstamm hat an seiner schmalsten Stelle einen Durchmesser von 52 cm, an seiner breitesten Stelle einen Durchmesser von 60 cm. Aus dem Stamm soll ein Balken mit quadratischem Querschnitt gefertigt werden. Der Abfall wird zu Brennholz verarbeitet. Welche Seitenlänge kann das Quadrat höchstens haben? Wie viel Brennholz entsteht?

20 Aus einem Ballon in 120 m Höhe hat man einen wunderschönen Blick auf die Landschaft. Leider kann man selbst bei klarstem Wetter und mit Fernglas wegen der Erdkrümmung (r = 6 370 km) nur bis zum Horizont sehen. Dieser rückt allerdings umso weiter weg, je höher man steigt.

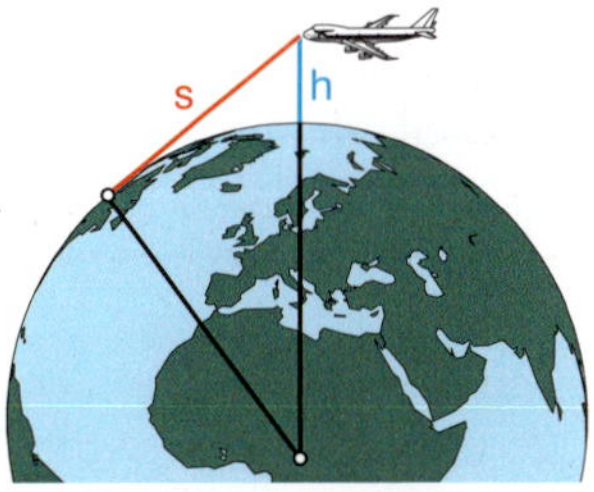

a) Es gibt eine Faustformel, mit der man die Sichtweite s in Abhängigkeit von der Höhe h berechnen kann:
$s = \sqrt{12740 \cdot h}$ (alle Größen in km).
Stelle mit dieser Formel eine Tabelle für die Sichtweite aus verschiedenen Höhen auf (Augenhöhe, Burgturm, Fernsehturm, Ballon, Flugzeug, Satellit, …).

b) Die genaue Formel lautet: $s = \sqrt{h^2 + 12740 \cdot h}$. Leite die Formel selbst her. Vergleiche die Werte der Tabelle aus a) mit den Werten dieser Formel. Bis zu welcher Höhe kann die Faustformel ohne Bedenken benutzt werden?
c) Was hältst du von der Behauptung des Jungen auf dem Turm? Begründe.

21 Beim Bau von Leuchttürmen stellt sich die Frage, wie hoch man sie bauen muss, damit sie aus ausreichender Entfernung gesehen werden können.
a) Im Altertum wurde eine Leuchtweite von 22,5 km als ideal angesehen. Wie hoch müsste demnach ein „idealer" Leuchtturm mindestens sein?
b) Informiere dich über Höhen moderner Leuchttürme. Berechne ihre Leuchtweite.

Übungen

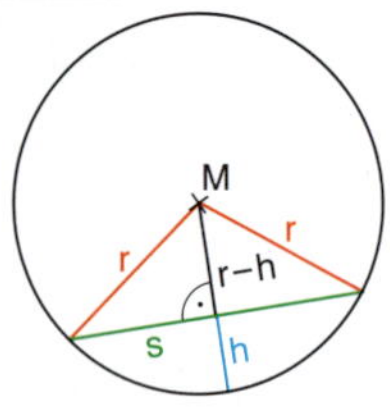

$$r = \frac{h}{2} + \frac{s^2}{8h}$$

22 Archäologen müssen bei ihren Forschungen oft aus Bruchstücken von Funden die ursprüngliche Form rekonstruieren. Bei dem Bruchstück eines runden Tellers konnten die Strecken $\overline{AB}$ = 12 cm und $\overline{RT}$ = 2 cm gemessen werden.

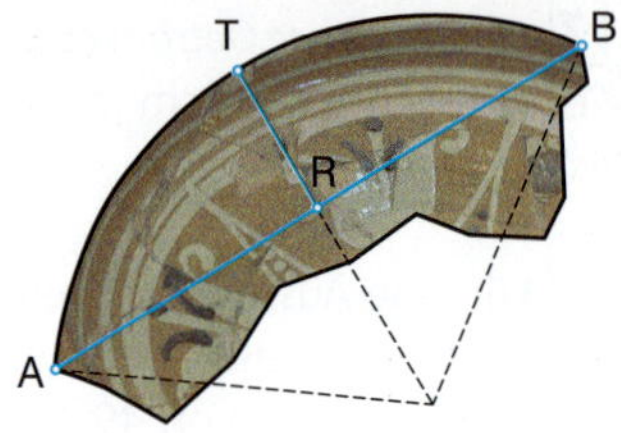

a) Berechne den Radius des Tellers.
b) Der Mathematiker im Forschungsteam hat für solche Fälle die nebenstehende Formel angegeben, mit der man aus der Länge der Sehne s und der Höhe h des Kreisabschnitts den Radius r berechnen kann. Überprüfe die Formel durch Einsetzen deiner Werte aus a).
Kannst du die Formel mit dem Satz des Pythagoras selbst herleiten?

Die konstruktive Umwandlung von kreisförmig begrenzten Flächen in inhaltsgleiche Vielecksflächen nährte immer wieder die Hoffnung, dass auch die „Quadratur des Kreises" möglich sei. Heute wissen wir, dass diese Hoffnung nie erfüllt wird.

23 *Die Möndchen des Hippokrates*
Hippokrates von Chios (um 440 v. Chr., nicht zu verwechseln mit Hippokrates von Kos, auf den der Eid der Mediziner zurückgeht) versuchte die Quadratur von Kreismonden. Ein Kreismond wird von zwei Kreisbögen gebildet, die über derselben Sehne stehen.
Zeige in allen drei Figuren die Flächeninhaltsgleichheit von Möndchen und Dreieck bzw. Viereck.

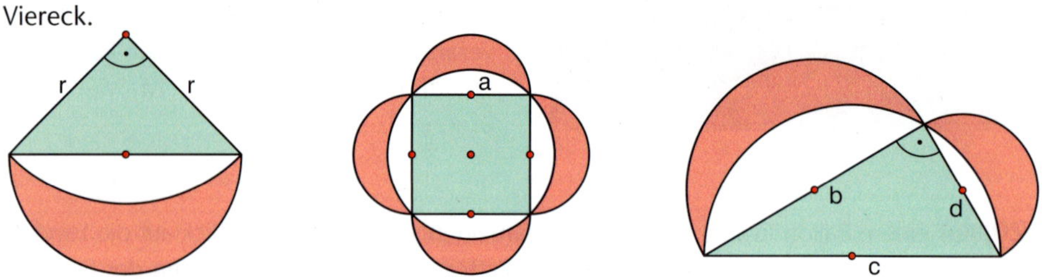

24 Die Orte A und B sollen einen gemeinsamen Anschluss an die Schnellstraße s erhalten. Die Zufahrtsstraßen können geradlinig gebaut werden. Zur Diskussion stehen die beiden Anschlussstellen S_1 und S_2.
a) Berechne für beide Fälle die Gesamtlänge der Zufahrtsstraßen. Vergleiche.
b) Gibt es eine andere Anschlussstelle, für die die Gesamtlänge möglichst klein ist? Vergleiche diese minimale Länge mit den in a) berechneten Längen.

Übertrage die Abbildung in dein Heft. Zeichne ein günstiges Koordinatensystem in den Plan.

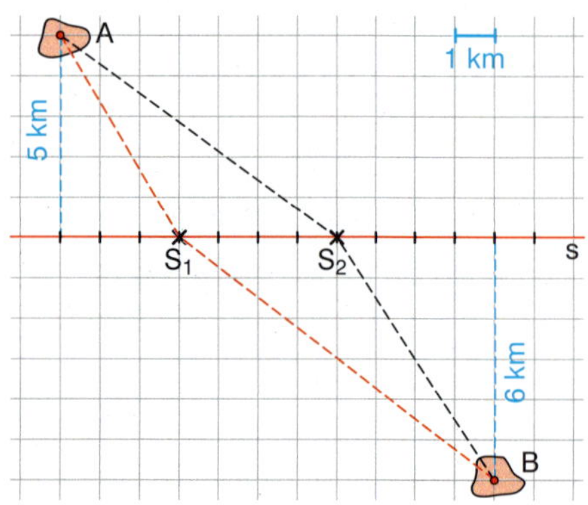

25 *Positionen von Flugzeugen*
Mit welcher Geschwindigkeit fliegt ein Flugzeug A, wenn es von A_1 nach A_2 eine Minute braucht? Die Aufgabe bezieht sich auf ein Koordinatensystem mit der Einheit km.

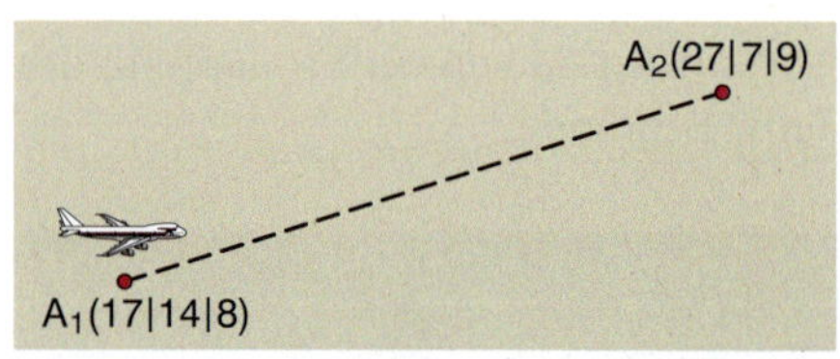

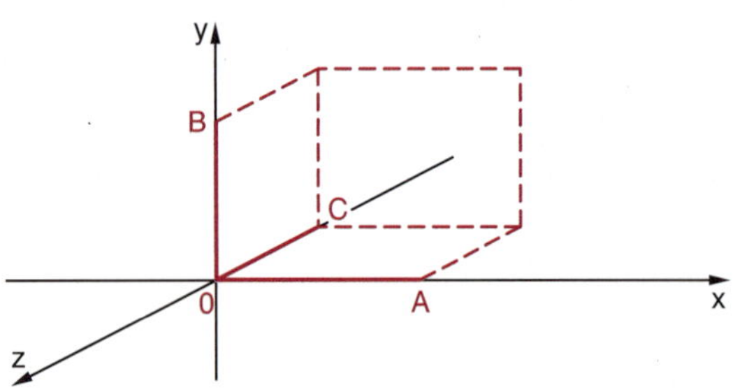

26 Drei Strecken mit einem gemeinsamen Anfangspunkt können als Kanten eines Quaders genutzt werden, wenn sie paarweise rechte Winkel bilden.
a) Erkläre die Behauptung anhand der Abbildung.
b) Überprüfe, ob die Strecken $\overline{0A}$, $\overline{0B}$ und $\overline{0C}$ mit $A(2|4|-6)$, $B(4|4|4)$ und $C(-5|4|1)$ die Kanten eines Quaders bilden. Berechne gegebenenfalls sein Volumen.

Übungen

Berechnungen von Größen in geometrischen Figuren

27 Berechne jeweils die rot gezeichneten Größen:

a)

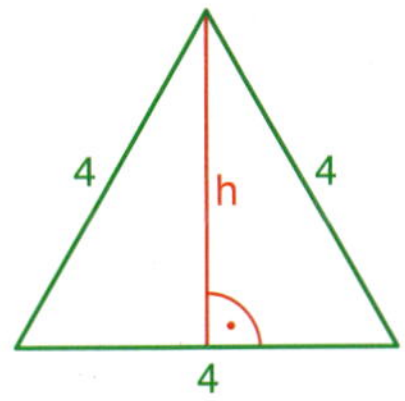

b)

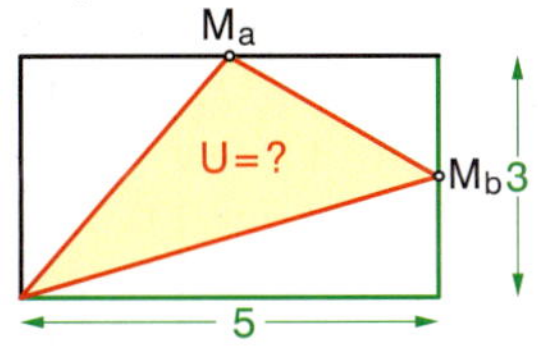

c)

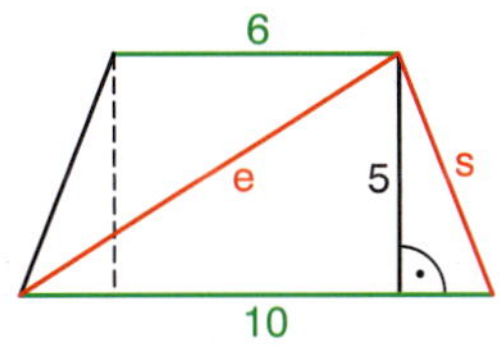

d)

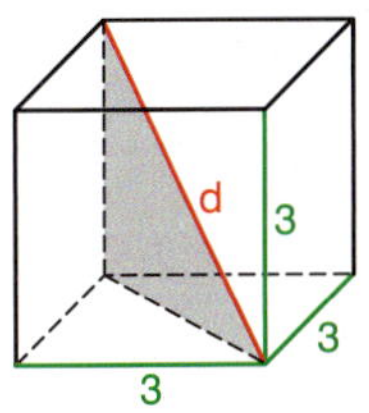

e)

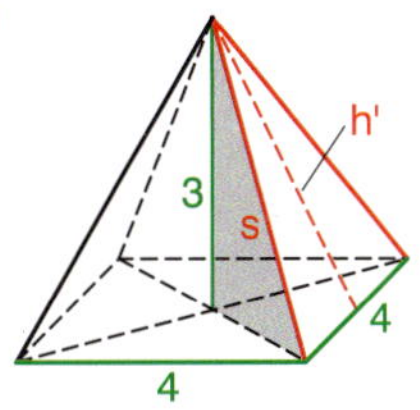

f)

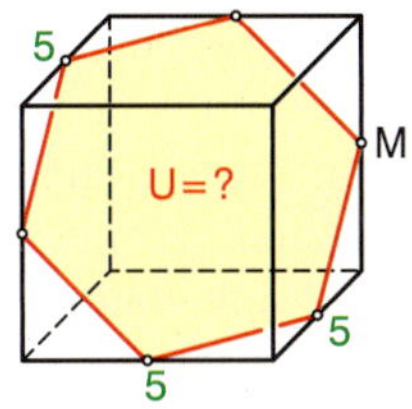

28 *Nützliche Formeln*

In der Formelsammlung findest du nützliche Formeln. Nicht immer ist klar, wie man auf die Formeln kommt.

Viele Formeln lassen sich aber mithilfe des Satzes von Pythagoras herleiten, z. B. die Höhe im gleichseitigen Dreieck. Auf Karteikarten kannst du dir eine Formelsammlung einiger wichtiger Formeln anlegen.

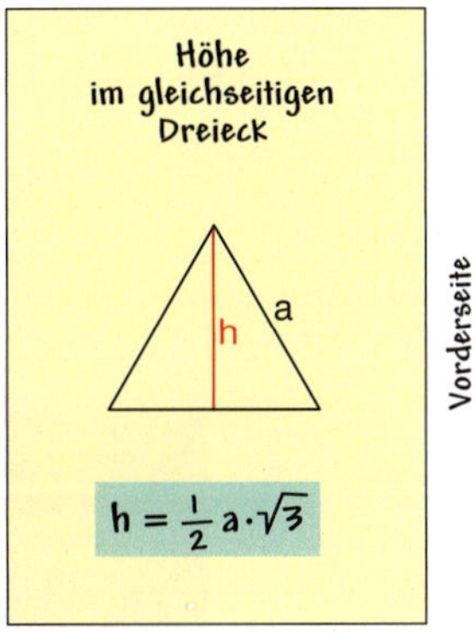

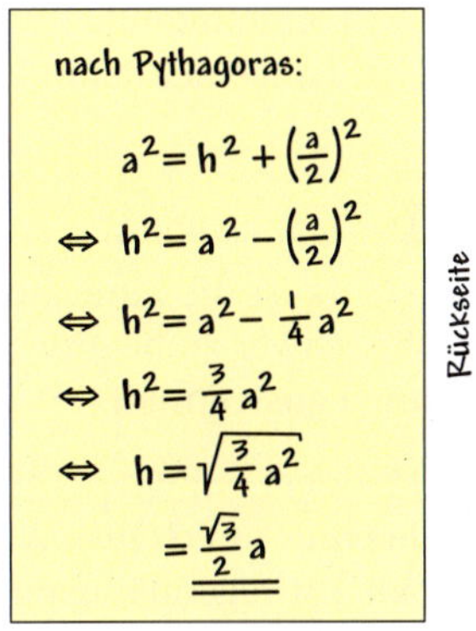

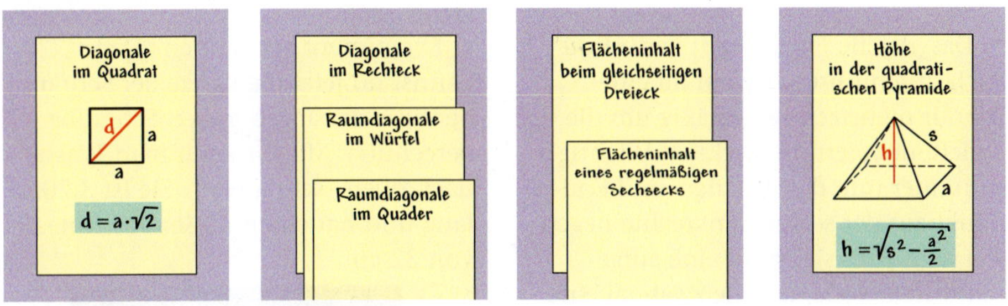

Erstelle nun selbst solche Karten. Übertrage dazu die angefangenen Karten und ergänze sie entsprechend. Vielleicht findet du auch noch andere Formeln, für die du gerne Karteikarten anlegen möchtest.

29 Noch zwei Ideen für Karteikarten als besondere Herausforderung:

Tipp zum Parallelogramm: Berechne zuerst h^2, e^2 und f^2 als Hypotenusenquadrate und addiere dann e^2 und f^2.

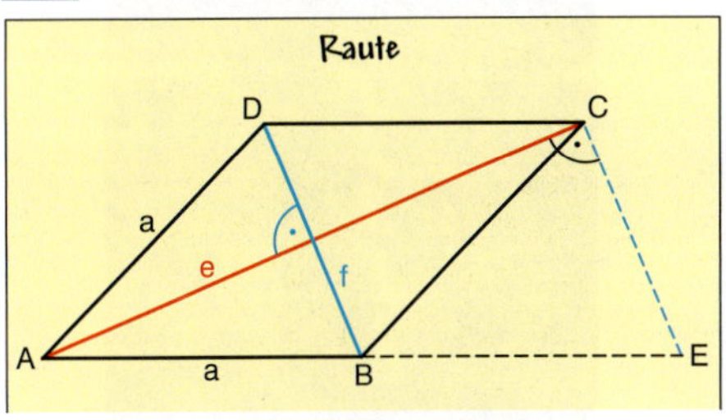

$e^2 + f^2 = 4a^2$

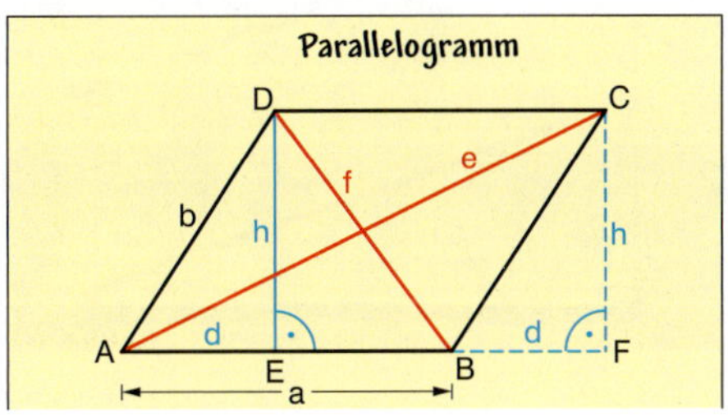

$e^2 + f^2 = 2(a^2 + b^2)$

Aufgaben

Mithilfe von Pappecken und Kantenstreifen kannst du ein Modell eines Oktaeders bauen.

Baue auch den passenden umbeschriebenen Würfel dazu.

30 Der Oktaeder gehört zu den fünf platonischen Körpern. Er zeichnet sich durch besondere Regelmäßigkeit aus.

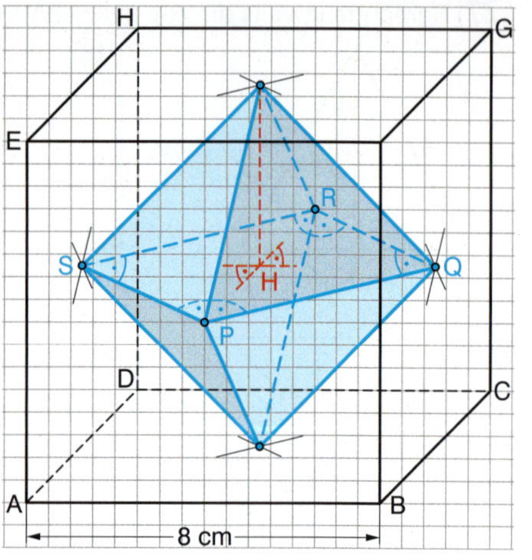

a) Beschreibe den Oktaeder.
b) Ein Oktaeder lässt sich leicht zeichnen, indem man die Seitenmitten eines Würfels verbindet. Zeichne das Schrägbild eines Würfels und konstruiere darin das Schrägbild eines Oktaeders.
c) Berechne die Kantenlänge des abgebildeten Oktaeders. Die Formel zum Abstand zweier Punkte im Raum (S. XXX im letzten Lernabschnitt) kann helfen.
d) Wie viele Raumdiagonalen besitzt ein Oktaeder? Begründe anhand der Abbildung und durch Berechnung, dass sie alle gleich lang sind.
e) Für Formelfreunde: Ein Oktaeder hat die Kantenlänge p. Findest du je eine Formel für die Länge der Raumdiagonalen und die Seitenlänge des umgebenden Würfels?

31 *Schraubenlinien – Ein Experiment*
Wie lang ist die Linie auf einer Schraube? Auf den ersten Blick scheint diese Frage recht schwer zu beantworten. Aber mit dem Satz des Pythagoras lässt es sich ganz schnell ausrechnen.

a) Markiere auf einer Toilettenpapierrolle eine Senkrechte. Wickle dann möglichst regelmäßig eine Schnur genau einmal um die Rolle und fixiere sie mit einigen Klebstreifen.
Schneide die Rolle entlang der Senkrechten auf. Was stellst du fest?

Zur Erinnerung:
Den Umfang eines Kreises berechnet man mit $U = \pi \cdot d$.

b) Das gleiche Experiment kannst du auch durchführen, indem du eine Schnur mehrfach regelmäßig um die Toilettenpapierrolle wickelst. Wichtig ist immer nur, das Anfangs- und Endpunkt auf der selben Senkrechte liegen.
Auf dem Foto siehst du eine aufgeschnittene Rolle, um die zweimal eine Schnur gewickelt wurde.
Berechne ihre Länge.

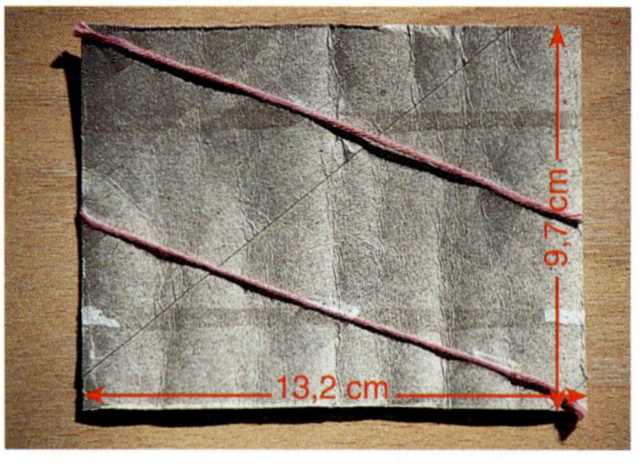

c) Experiment verstanden? Dann kannst du jetzt die Länge der Schraubenlinie der abgebildeten Schraube berechnen. Mit ihr kann man Wasser nach oben „schrauben". Sie ist 3,70 m lang und hat einen Außendurchmesser von 32 cm.

Konstruktion und Berechnung im Maßwerk von Kirchenfenstern

Die Kirchenfenster gotischer und romanischer Kirchen sind in ihren oberen Teilen durch das sogenannte Maßwerk gegliedert. Dies dient nicht nur der Verzierung, sondern ist auch für die Festigkeit von Bedeutung. Die Formen der Maßwerke sind vor allem in den gotischen Fenstern von unerschöpflicher Vielfalt, obwohl fast ausschließlich Kreise verwendet werden. Ohne Zweifel verfügten die alten Baumeister über ein ausführliches geometrisches Wissen, das oft als gut gehütetes Geheimnis von Generation zu Generation weitergegeben wurde. Bei manchen Konstruktionen hilft der Satz des Pythagoras.

Aufgaben

32 Bei dem obigen Fenster ist ein Kreis in den Spitzbogen einbeschrieben. Der Spitzbogen ist leicht zu konstruieren: Auf der Strecke $\overline{AB}$ der Länge a werden um A und B die Kreisbögen mit dem Radius a geschlagen.

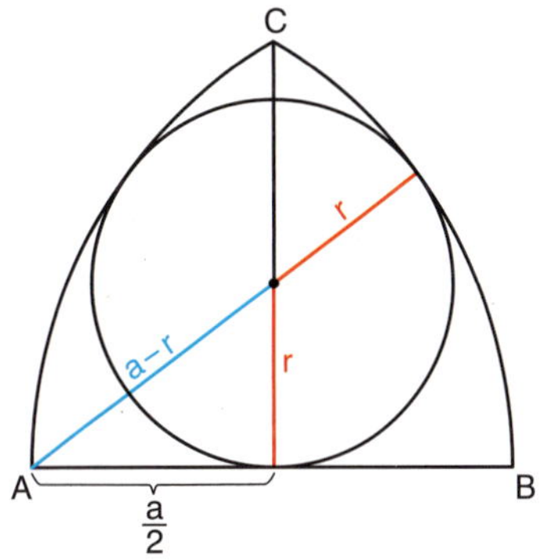

a) Wie findet man den Mittelpunkt und den Radius des Kreises?
Begründe mithilfe der in der Planskizze eingezeichneten Hilfslinien die Gleichung
$(a-r)^2 = r^2 + \left(\frac{a}{2}\right)^2$.
Mit dieser Gleichung kannst du r berechnen.
b) Konstruiere mit dem Ergebnis aus a) das Maßwerk für a = 8 cm.

33 Berechne mithilfe der Planskizzen jeweils den markierten Radius x des Kreises. Konstruiere dann für a = 8 cm.

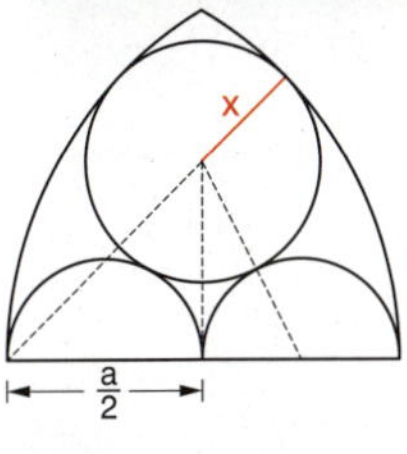

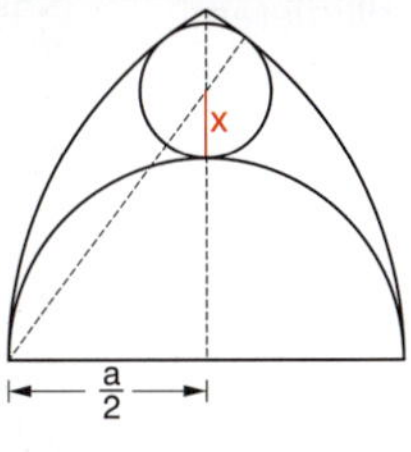

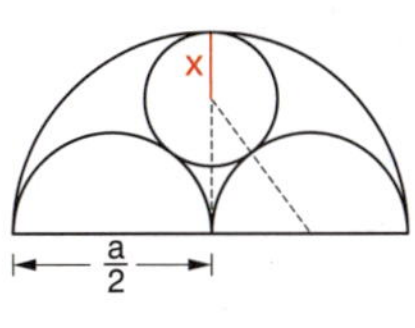

34 Konstruiere selbst einige Maßwerke. Sicher findest du neben den hier abgebildeten Fenstern in deiner Umgebung weitere interessante Muster, bei denen du eventuell auf ähnliche Weise die Radien von Kreisen berechnen musst. Es lohnt sich, in die Grundmuster auch die inneren „Ausschmückungen" einzuzeichnen.

Weitere Anregungen und Hilfen findest du auch im Internet.

CHECK UP

Der Satz des Pythagoras

Satz des Pythagoras

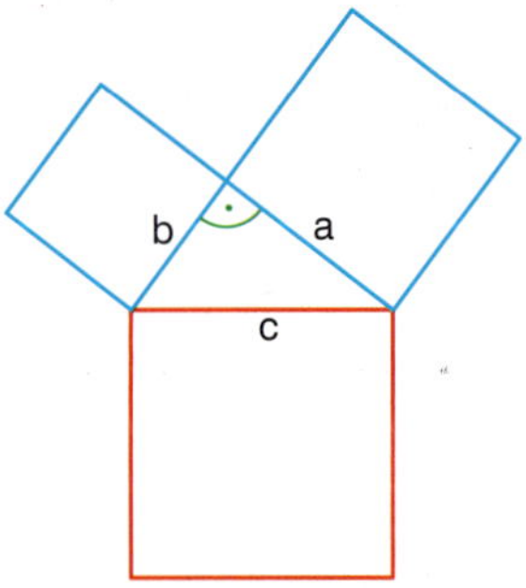

$a^2 + b^2 = c^2$

Achtung: Der Satz gilt nur in rechtwinkligen Dreiecken. Die Benennung kann anders sein.

Umkehrung des Satzes von Pythagoras
Gilt für die drei Seitenlängen a, b und c eines Dreiecks die Gleichung $a^2 + b^2 = c^2$, so ist das Dreieck rechtwinklig.
Zahlen a, b und c mit $a^2 + b^2 = c^2$ heißen **pythagoreische Tripel**. Ein Dreieck, dessen Seitenlängen ein pythagoreisches Tripel bilden, ist rechtwinklig.
Beispiele für pythagoreische Tripel:
(3|4|5) (6|8|10) (5|12|13) (10|24|26)

Im **stumpfwinkligen (spitzwinkligen) Dreieck** gilt: Die Summe der Quadrate der kürzeren Seitenlängen ist kleiner (größer) als das Quadrat der längeren Seitenlänge.
Umgekehrt gilt: Ist die Summe der Quadrate der kürzeren Seitenlängen eines Dreiecks kleiner (größer), als das Quadrat der längeren Seitenlänge, so ist das Dreieck stumpfwinklig (spitzwinklig).

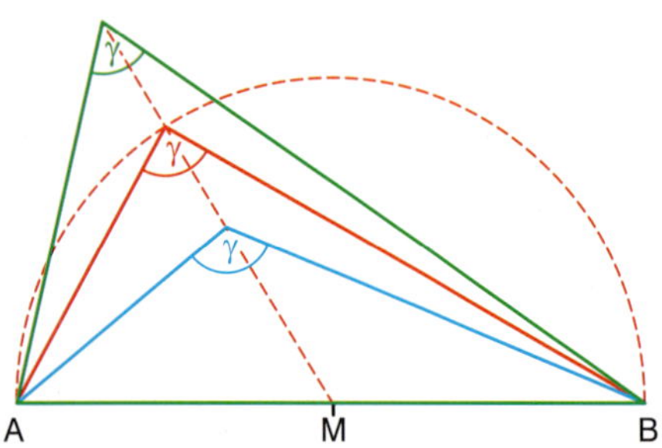

1 Der Satz des Pythagoras gilt als einer der wichtigsten mathematischen Sätze. Findest du Gründe dafür? Notiere möglichst viele.

2 Berechne die Längen der roten Strecken. Runde auf mm.

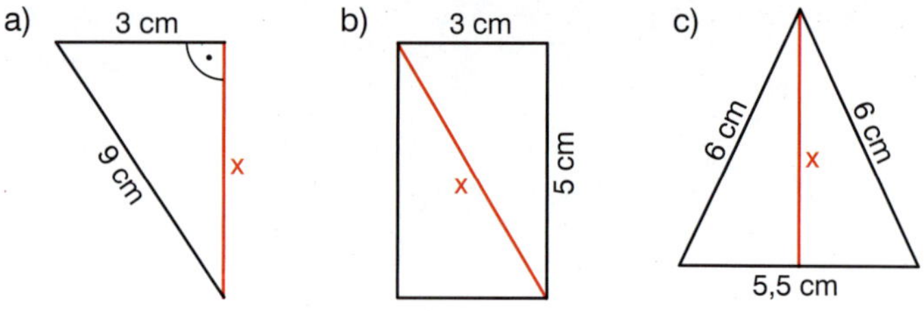

3 Bestimme die fehlende Seitenlänge des Dreiecks mit den Katheten x und y und der Hypotenuse z so, dass das Dreieck rechtwinklig wird. Runde auf mm.
a) x = 17 cm; y = 13 cm
b) x = 6,4 cm; z = 9,4 cm
c) y = 4,9 cm; z = 10 cm

4 Entscheide, ob das Dreieck mit den angegebenen Seitenlängen spitzwinklig oder stumpfwinklig ist. Kannst du **eine** Seitenlänge so verändern, dass sie ganzzahlig bleibt und das Dreieck rechtwinklig wird?
a) a = 4 cm; b = 4 cm; c = 5 cm
b) p = 10 cm; q = 5 cm; r = 13 cm
c) x = 9 cm; y = 15 cm; z = 11 cm

5 Entscheide durch Rechnung ohne zu zeichnen:
a) Um welches besondere Viereck handelt es sich bei ABCD mit A(5|7), B(3|3), C(7|5) und D(7|7)?
b) Du kannst leicht überprüfen, dass die Seiten des Vierecks ABCD mit A(3|1), B(0|2), C(−1|−1) und D(2|−2) alle gleich lang sind.
Damit ist ABCD eine Raute, aber ist es auch ein Quadrat?

6 Bei der Erforschung der Tiefsee müssen die Forschungs-U-Boote oft in Unterwasserhöhlen navigieren ohne mit der Felswand zu kollidieren. Welche Strecke muss ein U-Boot vom Startpunkt A bis zum Beobachtungspunkt B zurücklegen?

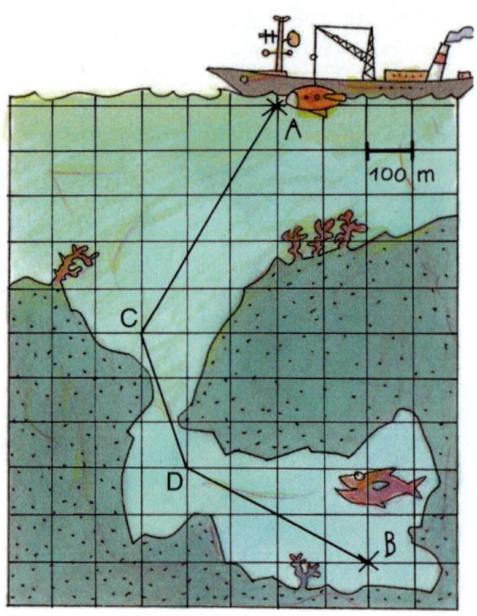

7 Zeige ohne zu zeichnen:
a) Das Dreieck ABC mit A(6|−3), B(−4|2) und C(2|−6) ist rechtwinklig.
b) Der Punkt D(1|−0,5) ist Mittelpunkt des Umkreises des Dreiecks ABC.

CHECK UP

8 *Beweisen mit dem Satz des Pythagoras*
In Aufgabe 6 auf S. 116 wurde der Höhensatz bewiesen. Hier findest du einen weiteren Beweis.
a) Begründe die einzelnen Beweisschritte.
b) Der Höhensatz gilt nur in rechtwinkligen Dreiecken. Findest du diese Voraussetzung in der Beweisfigur?

(1) $h^2 = r^2 - d^2$

(2) $r^2 - d^2 = (r + d) \cdot (r - d)$

(3) $(r + d) \cdot (r - d) = p \cdot q$

Also $h^2 = p \cdot q$

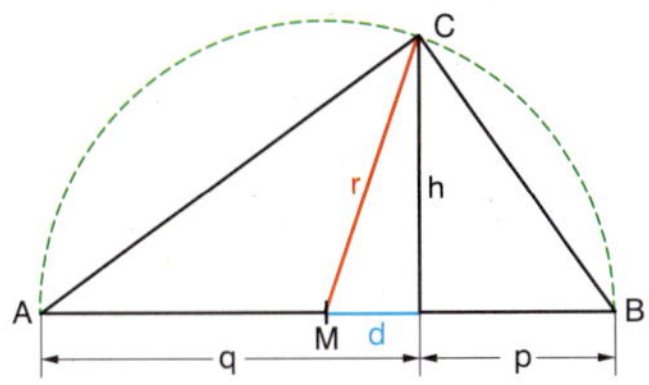

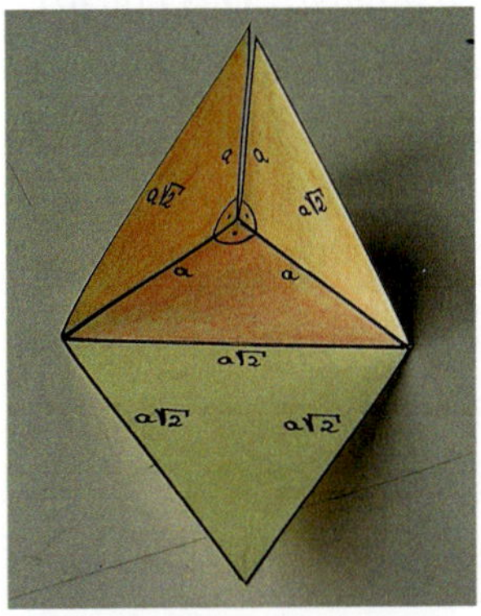

9 Die Dreieckspyramide besteht aus kongruenten, gleichschenklig rechtwinkligen Dreiecken, die mit ihren rechten Winkeln an einer gemeinsamen Ecke zusammenstoßen.

Zeige: Die Summe der Quadrate dieser drei Dreiecksflächen ist gleich dem Quadrat der vierten Dreiecksfläche.

Strategien bei Begründungen und Variationen:

- mit algebraischen Umformungen „spielen"
- Voraussetzungen ändern
- Spezialfälle untersuchen
- Verallgemeinern (Weglassen einer Bedingung)
- Spezialfälle untersuchen (Hinzufügen einer Bedingung)
- geringfügige Änderungen vornehmen

10 Zwischen zwei Häusern ist eine Straßenlaterne gespannt. Die Häuser haben einen Abstand von 14 m. Das Befestigungsseil ist 14,2 m lang. Wie weit hängt die Lampe durch?

11 Marion legt auf einer Alpenwanderung eine fast geradlinige Strecke von 2,7 km zurück. Sie überwindet dabei rund 800 Höhenmeter. Bestimme die durchschnittliche Steigung des Weges.

12 Das Foto zeigt eine der Rauten, aus denen die Louvrepyramiden gebaut sind. Berechne die Höhe einer Raute. Verwende die Zahlenangaben und das Foto auf Seite 123.

13 Die große Louvrepyramide (Foto S. 123) ist 21,6 m hoch und hat ca. 33 m lange Seitenkanten. Wie groß ist ihre quadratische Grundfläche?

Strategien beim Lösen von Anwendungsaufgaben:

1. **Problem** verstehen
2. **Planskizze** erstellen und sinnvoll beschriften (Benennen der Größen)
3. **Beziehungen zwischen den Größen** suchen (Auffinden rechtwinkliger Dreiecke, Planskizze um Hilfsgrößen ergänzen, etc.)
4. **Lösung** des Problems (Berechnung der Hilfsgrößen und der gesuchten Größen)
5. **Problemprobe** (passt die Lösung zum Problem?)

14 Für das Eckelement eines Küchenschranks wird in einem Prospekt für die Strecke $\overline{BC}$ eine Länge von 35 cm angegeben. Was meinst du dazu? Wie müsste die Angabe für die Größe der Arbeitsfläche auf dem Eckelement lauten?

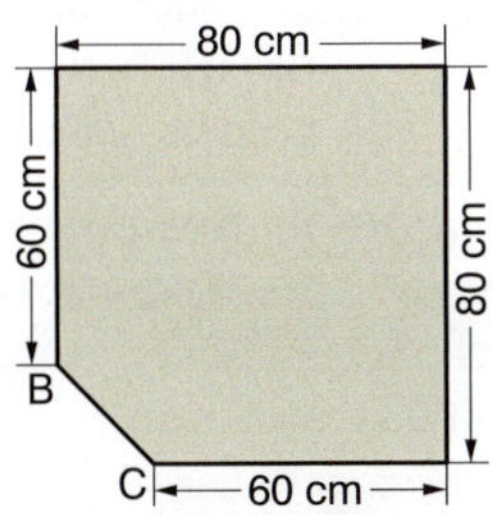

15 Ein gleichseitiges Dreieck hat eine Höhe von 7 cm. Ermittle seinen Flächeninhalt.

5 Potenzen

5.1 Problemlösen mit Potenzen

Was dich erwartet

In einem Lexikon haben wir folgende Beschreibung gefunden: „Das Potenzieren ist wie das Multiplizieren seinem Ursprung nach eine abkürzende Schreibweise für eine wiederholte mathematische Rechenoperation. Wie beim Multiplizieren ein Summand wiederholt addiert wird (also z. B. $3 + 3 + 3 + 3 = 4 \cdot 3$), so wird beim Potenzieren ein Faktor wiederholt multipliziert. Beispiel: $3 \cdot 3 \cdot 3 \cdot 3 = 3^4$." Soweit alles klar? Doch wozu braucht man das? Was sind das für Situationen und Probleme, in denen wiederholt mit demselben Faktor multipliziert wird, und wie helfen Potenzen beim Lösen dieser Probleme? Dazu jetzt mehr.

Aufgaben

1 *Ein Zahlenrätsel*

Wie kann man mit drei Neunen, den üblichen Rechenzeichen und Klammern die größte Zahl bilden? Nicht geeignet sind sicher 9 + 9 + 9 oder 99 + 9. Zunächst sind vier „Kandidaten" in der engeren Auswahl:

Eingabe im GTR: `(9^9)^9`

A $(9^9)^9$ B 9^{99} C 999 D 99^9

a) Welcher dieser vier Kandidaten ist wohl chancenlos? Begründe.

b) Erstelle eine Rangliste. Finde heraus, wie groß die Unterschiede sind.

Tipp: Unterschiede kann man auf verschiedene Arten ausdrücken.

c) Für das Finale wurde der Term $9^{(9^9)}$ nachnominiert. Hat er Chancen?

2 *Besondere Sparpläne*

Bis zu den Sommerferien sind es noch 12 Wochen. Wegen der anstehenden Urlaubsreise soll nun tüchtig gespart werden. Der reiche Erbonkel Theo möchte Fred unter die Arme greifen und bietet ihm drei Varianten an:

A	B	C
Startkapital: 40 Euro. Jeden Tag kommen 2 Euro hinzu.	Startkapital: 40 Euro. Jeden Samstag lege ich 20 % des Guthabens, das ich bereits angespart habe, dazu.	Startkapital: 40 Euro. In der ersten Woche kommen 50 Cent dazu, in der folgenden Woche 1 €, dann 2 € usw.

a) Gib einen Tipp ab: Für welche Sparplan-Variante sollte sich Fred entscheiden?

b) Mathematik hilft bei der Entscheidung! Für die ersten beiden Wochen haben wir schon verraten, wie sich das Kapital entwickelt. Setze die Tabelle fort. Vergleiche die verschiedenen Kapitalentwicklungen.

Sprich „+20 %". Rechne „· 1,2".

Woche	Variante A	Variante B	Variante C
1	$40 + 7 \cdot 2 = 54$	$40 \cdot 1{,}2 = 48$	$40 + 0{,}5 = 40{,}5$
2	$54 + 7 \cdot 2 = 68$	$48 \cdot 1{,}2 = 57{,}60$	$40{,}5 + 1{,}00 = 41{,}5$
…	…	…	…

Aufgaben

3 *Zinseszins mit Tabellenkalkulation und Taschenrechner*

Zu Claras Geburt haben ihre Großeltern 5000 € angelegt. Das Geld wird mit einem Zinssatz von 5 % jährlich verzinst, das heißt die Zinsen eines Jahres werden im nächsten Jahr mit verzinst.

a) Untersuche die Entwicklung des Kontostandes mithilfe einer Tabellenkalkulation für einen Zeitraum von 18 Jahren.
Tipp: Das Feld D5 wurde mit folgender Formel erstellt: D5=RUNDEN(C5·B5;2)

b) Bei welchem Zinssatz hätte Clara bei einem Startkapital von nur 4000 € nach 18 Jahren den annähernd gleichen Kontostand gehabt wie bei einem Startkapital von 5000 €? Löse durch Ausprobieren mit Tabellenkalkulation.

E5 | fx =C5+D5

	A	B	C	D	E	F
1	**Claras Konto**					
2						
3	**Jahr**	**Zinssatz**	**Kapital am Jahresanfang**	**Zinsen am Jahresende**	**Kapital am Jahresende**	
4	1	5%	5.000,00	250,00	5.250,00	
5	2	5%	5.250,00	262,50	5.512,50	
6	3	5%				
7	4	5%				
8	5	5%				
9	6	5%				
10	7	5%				
11	8	5%				
12	9	5%				
13	10	5%				
14	11	5%				
15	12	5%				
16	13	5%				

c) Claras Opa hat ohne Tabellenkalkulation den Kontostand nach 18 Jahren berechnet. Er hat folgenden Ansatz notiert:

Startkapital	1. Jahr	2. Jahr	…	17. Jahr	18. Jahr
5000 €	$\xrightarrow{\cdot 1{,}05}$ ■	$\xrightarrow{\cdot 1{,}05}$ ■	…	■	$\xrightarrow{\cdot 1{,}05}$ ■

$\xrightarrow{\cdot 1{,}05^{18}}$

Erkläre den Ansatz. Wie lässt sich das Kapital nach 18 Jahren ganz einfach mit dem Taschenrechner ausrechnen?

4 *Potenzen helfen beim Abzählen.*

Schlösser und Kombinationen

Robert hat für seine Schwester Ida eine Spardose gebaut. Diese hat ein Sicherheitsschloss mit drei Knöpfen, wie bei einem Tresor. Jeden der drei Knöpfe kann Ida in jede der Stellungen ■, ● oder ▲ drehen. Ida soll festlegen, welches Zeichen die einzelnen Knöpfe für's Öffnen zeigen sollen. Wie viele Möglichkeiten gibt es dafür?

(A) 33 (B) 9 (C) 18 (D) 27 (E) Das kann man nicht sagen.

Wie verändern sich die Kombinationsmöglichkeiten, wenn Robert einen vierten Knopf anbringt oder pro Knopf noch eine weitere Einstellung (z. B. ✖) einbaut?

Fußball-Toto

Bei der **Toto-Ergebniswette** muss man den Ausgang von 13 Fußballspielen vorhersagen. Dabei tippt man …

… eine 1 für den Sieg der Heimmannschaft,
… eine 0 für unentschieden,
… eine 2 für den Sieg der Gastmannschaft.

Luca behauptet, es gäbe $13 \cdot 3$ verschiedene Tippreihen, Rabea meint, dass es 13^3 verschiedene Tippreihen seien, und Yagmur schlägt 3^{13} vor. Wer hat Recht? Begründe.

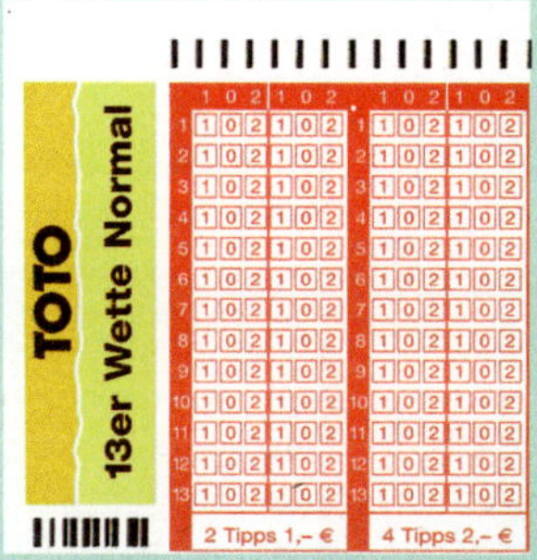

Aufgaben

5 *Wertverlust beim Auto*

Aus einer Autofachzeitschrift:
Gemeinhin ist davon auszugehen, dass alle Pkws nach dem ersten Jahr nach Neuzulassung bei einer Fahrleistung von 15 000 Kilometern einen Wertverlust von 24,2 % verzeichnen. Die folgenden Jahre schlagen mit etwa 5–6 % zu Buche …

Familie Schneider kauft einen Neuwagen für 18 000 €. Wie groß ist der „Restwert" ihres Pkws in 10 Jahren im
a) günstigsten
b) ungünstigsten Fall, wenn man von den Angaben im Zeitschriftenartikel ausgeht?
c) In einer Tabelle wird eine Formel zum Berechnen des Zeitwertes nach 10 Jahren angegeben:
Zeitwert = Anschaffungspreis $\cdot$ 0,758 $\cdot$ $0{,}94^9$.
Erläutere die Formel und rechne nach, ob dein Ergebnis aus dem ersten Aufgabenteil mit dem Ergebnis der Formel übereinstimmt.

Basiswissen

Potenzen verwendet man zur knappen und übersichtlichen Darstellung, wenn man fortgesetzt mit gleichen Faktoren multipliziert.

Exponent
2^5
Basis

Situation …	… und Lösung mit Potenzen:
Zinseszins: Jährlich wächst ein Geldbetrag um einen festen Zinssatz. Der Zuwachs wird immer mit verzinst. Startkapital: 2000 € Zinssatz pro Jahr: 4 %.	*Welches Kapital wird nach 4 Jahren angespart?* $2000\,€ \xrightarrow{\cdot 1{,}04} 2080\,€ \xrightarrow{\cdot 1{,}04} \dots \xrightarrow{\cdot 1{,}04} \dots \xrightarrow{\cdot 1{,}04}$ *4 gleiche Faktoren* $2000\,€ \xrightarrow{\cdot 1{,}04^4} 2339{,}72\,€$ Es sind 2339,72 € angespart.
Prozesse mit konstanter prozentualer Veränderung:  Nach jedem Auftreffen springt der Ball nur noch halb so hoch.	*Wie hoch springt der Ball nach dem 5. Aufprall?* $H(5) = 1\text{ m} \cdot \underbrace{0{,}5 \cdot 0{,}5 \cdot 0{,}5 \cdot 0{,}5 \cdot 0{,}5}_{5 \text{ gleiche Faktoren}}$ $= 1\text{ m} \cdot 0{,}5^5$ $\approx 0{,}031\text{ m}$ Der Ball erreicht eine Höhe von etwas mehr als 3 cm.
Abzählstrategie: Losnummer *3 5 2 2 1 6 1* Zum Ermitteln einer Gewinnzahl wird bei einem Glücksspiel das Glücksrad 7-mal gedreht. 	*Wie viele „Glückszahlen" sind möglich?* $\underbrace{6 \cdot 6 \cdot 6 \cdot 6 \cdot 6 \cdot 6 \cdot 6}_{7 \text{ gleiche Faktoren}} = 6^7$ Es gibt 279 936 (!) Glückszahlen.
Formeln und Gleichungen: Volumen eines Würfels mit der Kantenlänge a	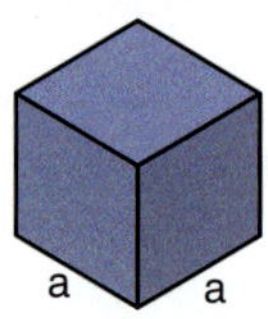 $V(a) = a \cdot a \cdot a = a^3$

Beispiele

A Die Zahl der Roboter beträgt Ende 2007 weltweit 6,5 Millionen. In den nächsten Jahren wird mit einem jährlichen Zuwachs von 20 % gerechnet. Wie viele Roboter wird es Ende 2015 geben?

Lösung: Roboterzahl im Jahr 2015: 6,5 Mio. $\cdot\ 1{,}2^8 \approx 28$ Mio.

2007		2008		2009		2010
6,5	$\xrightarrow{\cdot 1,2}$	7,8	$\xrightarrow{\cdot 1,2}$	9,36	$\xrightarrow{\cdot 1,2}$	11,232

Übungen

Was man über Potenzen wissen sollte

6 *Das kannst du noch!*

Die Potenzschreibweise bietet viele Vorteile. Die wichtigsten sind:

– kürzere Schreibweise,

– einfachere Berechnung mit dem Taschenrechner.

Schreibe mit Potenzen und berechne.

a) $7 \cdot 7 \cdot 7 \cdot 7 \cdot 7 \cdot 7 \cdot 7 \cdot 7$

b) $2 \cdot 2 \cdot 2 \cdot 2 \cdot 2 \cdot 2 \cdot 2 \cdot 2 \cdot 2 \cdot 2$

c) $0{,}1 \cdot 0{,}1 \cdot 0{,}1 \cdot 0{,}1 \cdot 0{,}1 \cdot 0{,}1$

d) $3 \cdot 3 \cdot 3 \cdot 3 \cdot 5 \cdot 5 \cdot 5 \cdot 5 \cdot 5$

e) $(1 + 0{,}12) \cdot (1 + 0{,}12) \cdot (1 + 0{,}12) \cdot (1 + 0{,}12)$

f) $5 \cdot 5 \cdot 5 \cdot 5 \cdot 5 + 9 \cdot 9 \cdot 9 \cdot 9$

7 Berechne jeden Term ohne Taschenrechner.

a) 6^3 b) 2^{10} c) 3^3 d) 5^2 e) 2^5 f) 10^3 g) 10^6 h) 10^9

i) Fällt dir bei den Ergebnissen der Aufgaben f) bis h) etwas auf?

8 *Rechenregeln selbst entdecken*

a) Was ist jeweils richtig, $3 \cdot 5^2 = 75$ oder $3 \cdot 5^2 = 225$?

Wie wurde bei der ersten Rechnung gerechnet, wie bei der zweiten?

Der GTR rechnet nach gültigen Regeln. Überprüfe mit dem GTR, was richtig ist, und formuliere eine Regel für die Multiplikation einer Zahl mit einer Potenz.

b) Rechne ohne Taschenrechner.

(1) $5 \cdot 2^5$ (2) $3 \cdot 4^3$ (3) $10 \cdot 5^4$ (4) $7^2 \cdot 3$

Problemlösen mit Potenzen

9 *Straßenschäden und Potenzen*

„Verkehrsexperten haben eine Formel für die Schädigung unserer Straßen durch schwere Fahrzeuge herausgefunden. Der angerichtete Schaden steigt mit der 4. Potenz des Fahrzeuggewichtes an. … So schädigt ein einziger 10-t-Lkw die Straßen genauso stark wie 625 Pkws mit einem Gewicht von je 2 t."

a) Stimmen die Zahlen? Rechne nach und beschreibe dein Vorgehen.

b) Wie würde die Belastung der Straßen durch so genannte 60-t-Mega-Trucks aussehen?

c) Formuliere eine Regel für die Schädigung der Straßen durch schwere Fahrzeuge: „Verdoppelt sich das Gewicht, …"

10 *Abzählstrategien*

Wie viele verschiedene Möglichkeiten gibt es,

a) ein Passwort aus vier Buchstaben (Beispiel: XATX),

b) eine sechsstellige Zahlenkombination (Beispiel: 022638) oder

c) eine Kombination aus zwei Buchstaben und zwei Ziffern (Beispiel: 91ZR) zu bilden?

11 Eine Bakterienkultur wächst täglich um 20 %. Angenommen, zur Zeit sind 350 Bakterien vorhanden. Wie viele werden es

a) morgen,

b) in einer Woche,

c) in 30 Tagen sein?

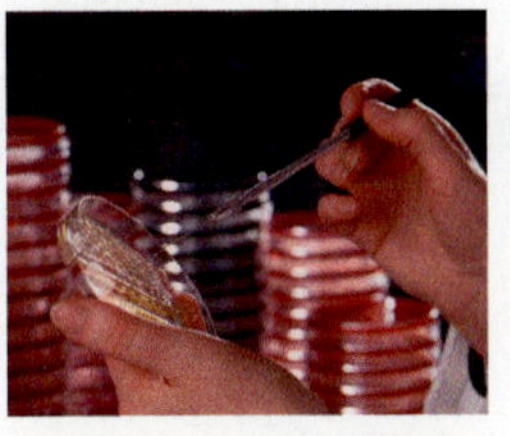

Ein Pharmakant verteilt Bakterien auf verschiedene Petrischalen mit Agar. Agar ist eine gelatineartige Substanz, auf der sich Bakterien gut vermehren können

Übungen

aus der Formelsammlung: Zinseszinsformel

$K(t) = K_0 \cdot \left(1 + \frac{p}{100}\right)^t$

12 *Zinseszins*

Aus Meyers Online-Lexikon: *„**Zinseszins,** Zinsen, die entstehen, wenn fällige Zinsen nicht ausbezahlt, sondern dem Kapital hinzugefügt (kapitalisiert) und mit diesem zusammen verzinst werden."*

Ein Kunde legt bei einer Bank ein Kapital von 10 000 € bei einem Zinssatz von 3 % zum Jahresbeginn an. Die Jahreszinsen werden „kapitalisiert".

a) Erstelle eine Tabelle über den Kontostand zum Beginn jedes neuen Jahres für die nächsten 5 Jahre.

b) Zum Berechnen des Kapitals nach 25 Jahren hilft die Zinseszinsformel. Interpretiere die Formel (was bedeuten die Platzhalter?) und löse die Aufgabe.

Basiswissen

Wenn Größen mit einem konstanten Prozentsatz wachsen, wie etwa das Guthaben auf einem Sparkonto, sprechen Mathematiker von einem **exponentiellen Wachstum.**

Exponentielles Modell

Allgemeine Gleichung	*Zinseszins*
$A(t) = A \cdot \left(1 + \frac{p}{100}\right)^t$	$K(t) = K_0 \cdot \left(1 + \frac{p}{100}\right)^t$
A: Startwert	K_0: Startkapital
$\frac{p}{100}$: konstante Wachstumsrate	p: konstanter Jahreszinssatz
t: Anzahl der verstrichenen Zeitabschnitte	t: Zeit in Jahren

Beispiele

B Eine Population von 50 Bibern wird in einem passenden Gebiet angesiedelt. Die Forscher, die das Projekt begleiten, rechnen in den nächsten 30 Jahren mit einem jährlichen prozentualen Wachstum von 16 %. Wie groß wird die Biberpopulation nach diesem Modell in 30 Jahren sein?

Lösung: $A = 50$, $p = 16$, $t = 30$

$$A(t) = 50 \cdot \left(1 + \frac{16}{100}\right)^{30} \approx 4292{,}49$$

Nach dem exponentiellen Modell der Wissenschaftler beträgt die Biberpopulation in 30 Jahren 4293 Biber.

C Wie lange dauert es, bis sich ein Kapital bei einem Zinssatz von 4 % verdoppelt hat?

Lösung: $K_0 = 1$, $p = 4$, $K(t)$ soll doppelt so groß sein wie K_0, also:

$$K(t) = 2 = 1 \cdot \left(1 + \frac{4}{100}\right)^t = 1{,}04^t$$

Setze nun für t verschiedene Werte ein und löse durch Ausprobieren. Du erhältst $t \approx 18$. Nach ca. 18 Jahren hat sich das Kapital verdoppelt

Übungen

13 Mit der Formel $y = 500 \cdot (1 + 0{,}05)^x$ berechnen wir, wie sich ein einmal angelegtes Kapital bei einem festen jährlichen Zinssatz „entwickelt". Erläutere, was jede Zahl und jede Variable in der Formel bedeutet.

14 In einer Region nimmt die Bevölkerung jährlich um 1,5 % ab.

a) Hältst du den Rückgang für dramatisch?

b) Wie viele Menschen von den derzeit 250 000 Einwohner leben in 25 Jahren noch in dieser Region, wenn die prozentuale Abnahme konstant bleibt? Schätze zuerst.

Übungen

15 Erläutere die Formel $A(t) = A \cdot \left(1 - \frac{p}{100}\right)^t$.
Was kann mit dieser Formel modelliert werden?

16 Formuliere die Aufgabe mit Worten und rechne.
a) $K_0 = 2000$ €, $p = 3{,}5$, $t = 15$ Jahre b) $K(t) = 4000$ €, $K_0 = 2500$ €, $t = 20$ Jahre
c) $K_0 = 3500$ €, $p = 12$, $K(t) = 10000$
Bei manchen Aufgaben kannst du nur durch Ausprobieren eine Näherungslösung finden.

17 Frau Baum möchte 10 000 € auf die Dauer von 18 Jahren anlegen. Sie vergleicht die beiden folgenden Angebote ihrer Bank:

Angebot A:
Frau Baum erhält jedes Jahr einen Betrag von 650 € gutgeschrieben.

Angebot B:
Frau Baums Kapital verzinst sich jährlich mit 5 %.

a) Was würdest du Frau Baum empfehlen?
b) Der Berater bei der Bank legt Frau Baum ein Angebotsblatt mit zwei Tabellen vor. Was ist dargestellt?
c) Benutze die Tabellen, um deine Empfehlung an Frau Baum zu unterstützen.
d) „Auf einen Blick" kann man die Entwicklung des Guthabens gemäß der beiden Angebote graphisch darstellen:

Angebot A: lineares Modell:
$K(x) = 10000 + x \cdot 650$

Angebot B: exponentielles Modell:
$K(x) = 10000 \cdot 1{,}05^x$

Wofür steht die Variable x in den Modellen?
Zeichne die Graphen für $0 \le x \le 18$ und $9000 \le y \le 25000$. Was beobachtest du?

Sparbar-Bank

Angebot für: Frau Anneliese Baum

Anlagebetrag: 10.000 €

Laufzeit	Sparplan A	Sparplan B
1	10.650 €	10.500 €
2	11.300 €	11.025 €
3	11.950 €	11.576 €
4	12.600 €	12.155 €
5	13.250 €	12.763 €
6	13.900 €	13.401 €
7	14.550 €	14.071 €
8	15.200 €	14.775 €
9	15.850 €	15.513 €
10	16.500 €	16.289 €
11	17.150 €	17.103 €
12	17.800 €	17.959 €
13	18.450 €	18.856 €
14	19.100 €	19.799 €
15	19.750 €	20.789 €
16	20.400 €	21.829 €
17	21.050 €	22.920 €
18	21.700 €	24.066 €

Lineares und exponentielles Modell im Vergleich

Das Diagramm in Übung 17 macht deutlich, dass sich auf lange Sicht das Kapital bei einem konstanten prozentualen Wachstum (konstanter Zinssatz, Beispiel B) stets schneller entwickelt als bei einem konstanten absoluten Zuwachs (Beispiel A). Du kannst das Diagramm mit deinem GTR nachzeichnen und mit verschiedenen Zinssätzen experimentieren.

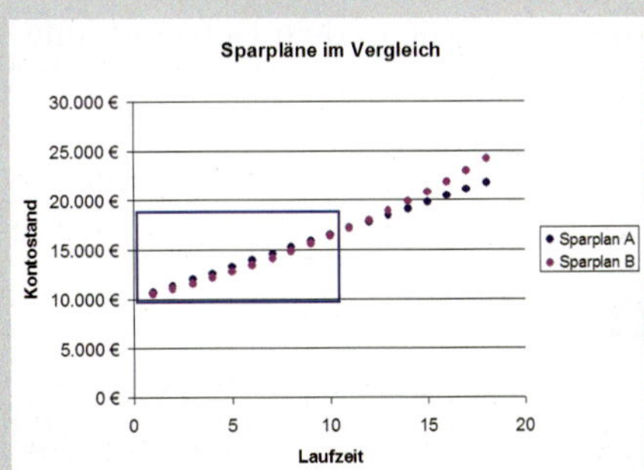

Markierter Bereich in der Vergrößerung:

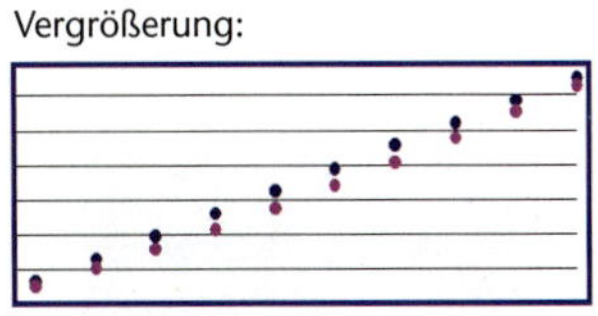

18 (1) $y = 400 + 20 \cdot x$ (2) $y = 400 \cdot (1 + 0{,}05)^x$
Erfinde zu jeder Gleichung eine Situation, die mit der Gleichung modelliert werden kann. Erstelle für jede Gleichung eine Tabelle für x = 0, 1, 2, … 10 und einen passenden Graphen. Vergleiche Gleichungen, Tabellen und Graphen.

Aufgaben

19 *Papier falten*

Falte ein Papier in der Mitte, so dass zwei Lagen Papier aufeinander liegen. Falte das Papier erneut. Du erhältst vier Lagen. Falte das Papier so oft du kannst.

a) Wie viele Papierlagen liegen nun übereinander?

b) Stelle dir vor, du könntest das Papier 15-mal falten. Schätze ab, wie hoch der Papierstapel dann wäre.
Zum Vergleich: Wie viele Seiten hat dein Mathebuch, und wie dick ist es?

c) Stelle dir vor, die Anzahl der möglichen Faltungen eines Papiers sei unbegrenzt. Wie oft müsstest du das Papier falten, um damit bis zum Mond (bis zur Sonne) zu gelangen? Schätze zuerst.

20 *Mathematik, bei der nur noch der Kopf hilft: die Kochkurve*

Als der schwedische Mathematiker Helge von Koch seine Kurve vor etwas mehr als 100 Jahren anderen Mathematikern vorstellte, gab es große Aufregung. Schnell machte das Wort vom „mathematischen Monster“ die Runde …

Das Konstruktionsprinzip der Kochkurve:

Mit Isometriepapier gelingt die Konstruktion noch einfacher – auf Karopapier lohnt sich der Einsatz des Zirkels.

Stufe 0: Zeichne eine 27 Kästchen lange Linie.	
Stufe 1: Teile jede Seite in drei gleichlange Strecken. Zeichne auf der mittleren Strecke ein gleichseitiges Dreieck. Entferne die Grundseite des neuen Dreiecks.	
Stufe 2: Wiederhole Stufe 1 für jede Seite der Figur.	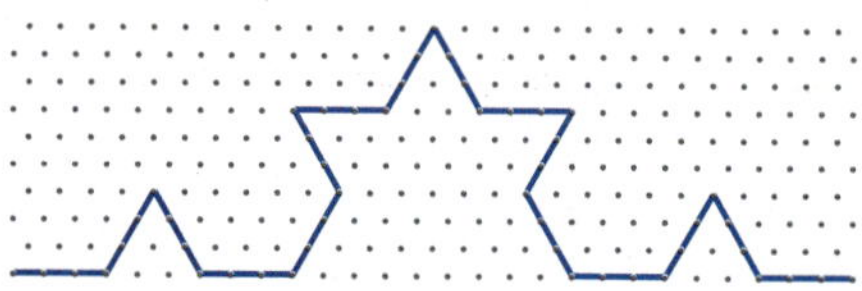

Informiere dich auf Seite 38 auch über die Schneeflockenkurve.

a) Zeichne möglichst viele Stufen der Kochkurve. Wie viele schaffst du?

b) Warum bezeichnen Mathematiker diese Kurve wohl als „Monster“? Begründe.

c) Wie wächst die Kochkurve? Übertrage die Tabelle in dein Heft und fülle die Lücken.

d) Findet eine Formel für die Gesamtlänge der 50ten und der n-ten Stufe.

Stufe	Gesamtlänge	prozentuales Wachstum
0	27	–
1	36	+33,3 %
2	■	■
3	■	■
n	???	■

21 *Astronomie und Potenzen*

Johannes Kepler (1571–1630)

Gegen Ende des 16. Jahrhunderts untersuchte Johannes Kepler die Bewegungen der Planeten. Aus den Beobachtungsdaten formulierte er drei berühmte Gesetze, die für alle Planetenbewegungen gelten. Das dritte lautet so:

Die Quadrate der Umlaufszeiten der Planeten um die Sonne verhalten sich wie die 3. Potenzen ihrer mittleren Entfernung von der Sonne.

$T_{Mars} = 686$ Tage
$r_{Mars} = 228$ Mio. km
$r_{Erde} = 149{,}6$ Mio. km

a) T_{Erde} gibt die Umlaufzeit und r_{Erde} die mittlere Entfernung der Erde zur Sonne an. Welche Formeln beschreiben das Gesetz für Mars und Erde dann richtig? Begründe.

(A) $\frac{T_{Erde}^2}{T_{Mars}^2} = \frac{r_{Erde}^3}{r_{Mars}^3}$ (B) $T_{Erde}^2 \cdot T_{Mars}^2 = r_{Erde}^3 \cdot r_{Mars}^3$ (C) $T_{Erde}^2 : T_{Mars}^2 = r_{Erde}^3 : r_{Mars}^3$

b) Überprüfe Keplers Gesetz für Erde und Mars. Was stellst du fest?

5.2 Rechnen mit Potenzen

Was dich erwartet

Im vorangegangenen Lernabschnitt hast du gelernt, wie man mit Potenzen verschiedene Problemsituationen mathematisch erfassen und lösen kann. So beschreibt man mit dem Term $\mathbf{300 \cdot (1{,}04)^5}$ *einen Wachstumsprozess über 5 Zeiteinheiten mit dem Startwert 300 bei einem konstanten Wachstum von 4 %. Mit welchem Term kann man den Wachstumsprozess für 7 Zeiteinheiten modellieren? Natürlich kannst du einfach den Term* $\mathbf{300 \cdot (1{,}04)^7}$ *verwenden, aber auch die Lösung* $\mathbf{300 \cdot (1{,}04)^5 \cdot (1{,}04)^2}$ *liefert ein korrektes Ergebnis. Warum das so ist und welche Regeln beim Rechnen mit Potenzen wichtig sind, erfährst du in diesem Lernabschnitt.*
Wer sich mit Potenzen beschäftigt, ist auch rasch in der Welt der großen Zahlen. Nicht nur in der Astronomie oder in der Raumfahrt braucht man große Zahlen, auch Wirtschaftswissenschaftler, Biologen und viele andere müssen sich in der Welt der großen Zahlen sicher bewegen können.

Aufgaben

1 *Forschungsauftrag mit Anleitung*
Entdecke eine Regel für das Multiplizieren von Potenzen.
Phase 1 (Ausprobieren)
Schreibe jeden der folgenden Terme als Produkt, ohne Potenzen zu verwenden, und schreibe das Ergebnis wieder als Potenz.
a) $3^4 \cdot 3^2$ b) $x^3 \cdot x^4$ c) $(1 + 0{,}02)^5 \cdot (1 + 0{,}02)^2$ d) $10^3 \cdot 10^3$
Phase 2 (Auswerten)
Vergleiche die Exponenten der Ergebnisse jeweils mit den Exponenten im Ausgangsterm. Erkennst du eine Regel?
Phase 3 (Verallgemeinern)
Verallgemeinere deine Beobachtung und ergänze die Leerstelle:
$a^m \cdot a^n = a^{\blacksquare}$
Phase 4 (Anwenden)

a) Die Zahl der Ameisen in einer Ameisenkolonie beträgt nach 5 Wochen $20 \cdot (1 + 0{,}5)^5$
Was bedeutet der Term $20 \cdot (1 + 0{,}5)^5 \cdot (1 + 0{,}5)^3$ in dieser Situation? Schreibe den Term mit einem Exponenten.
b) Mit dem Term $a(1 + r)^n$ kann man exponentielles Wachstum für n Zeitintervalle modellieren. Was bedeutet der Term $a(1 + r)^{n+m}$?

2 Philipp, Vanessa und Maria berechnen $3^4 \cdot 2^2$ auf verschiedene Arten. Welche Ergebnisse erhalten die drei? Wer rechnet deiner Ansicht nach richtig?
Begründe.

Phillip: *Ist doch klar:* $3^4 \cdot 2^2 = 6^6$, *ich berechne* 6^6.

Vanessa: *Der Term* $3^4 \cdot 2^2$ *lässt sich nicht vereinfachen, ich tippe ihn so in den Taschenrechner ein.*

Maria: $3^4 \cdot 2^2 = 3^2 \cdot 3^2 \cdot 2^2 = 18^2$. *Das kann ich im Kopf rechnen.*

Aufgaben

spiralförmige Galaxie

3 Jessica bereitet ein Referat über das Weltall vor. Dazu möchte sie die ungefähre Anzahl der Sterne im Universum angeben. In einem Lexikon liest sie, dass Astronomen die Anzahl der Galaxien im Weltall auf ungefähr 125 Milliarden schätzen. Im Internet findet Jessica, dass die Milchstraße, die Galaxie, in der sich die Erde befindet, aus ungefähr 100 Milliarden Sternen besteht. Dies entspricht der durchschnittlichen Anzahl der Sterne in Galaxien.
a) Schätze mit diesen Daten die Anzahl der Sterne im Universum. Wieviele Stellen hat das Ergebnis?
b) Aus dem Notizbuch eines Astronomen: $1{,}25 \cdot 10^{11} \cdot 10^{10} = 1{,}25 \cdot 10^{21}$
Kannst du dir auf diese Rechnung „einen Reim machen“?

Basiswissen

Rechenregeln für Potenzen

Für a > 0 und b > 0 und natürliche Exponenten m und n gilt:

	Formel	Beispiel	Erläuterung
Produkt von Potenzen	$a^m \cdot a^n = a^{m+n}$	$3^5 \cdot 3^6 = 3^{5+6} = 3^{11}$	Multiplizieren von Potenzen: Die Exponenten werden **addiert**. Dies gilt aber nur bei gleicher Basis!
Potenz von Potenzen	$(a^m)^n = a^{m \cdot n}$	$(2^2)^5 = 2^{2 \cdot 5} = 2^{10}$	Potenzieren von Potenzen: Die Exponenten werden **multipliziert.**
Potenz eines Produktes	$(a \cdot b)^n = a^n \cdot b^n$	$(4 \cdot 7)^3 = 4^3 \cdot 7^3$	Potenz eines Produktes: **Produkt der Potenzen aller Faktoren.** Die umgekehrte Richtung der Formel ist ebenso nützlich: $10^5 \cdot 3^5 = (10 \cdot 3)^3 = 30^5$.

Beispiele

c) Fehlt der Exponent, so ergänze den Exponenten 1.

A Vereinfache die Produkte mit den Rechenregeln für Potenzen.
a) $4^2 \cdot 4^4$ b) $x^3 \cdot x^7$ c) $s \cdot s^6$ d) $3a^2 \cdot (-5a^4)$
Lösungen:
a) $4^2 \cdot 4^4 = 4^{2+4} = 4^6$ b) $x^3 \cdot x^7 = x^{3+7} = x^{10}$ c) $s \cdot s^6 = s^1 \cdot s^6 = s^7$
d) $3a^2 \cdot (-5a^4) = 3 \cdot a^2 \cdot (-5) \cdot a^4 = 3 \cdot (-5) \cdot a^2 \cdot a^4 = -15a^6$

Beweis der Produktregel

B Beweise die Produktregel für Potenzen.
Lösung:

$$\underbrace{a \cdot a \cdot \ldots \cdot a}_{m \text{ Faktoren } a} \cdot \underbrace{a \cdot a \cdot \ldots \cdot a}_{n \text{ Faktoren } a} = \underbrace{a \cdot \ldots \cdot a \cdot a \cdot \ldots \cdot a}_{\text{zusammen } (m+n) \text{ Faktoren } a}$$

$$a^m \cdot a^n = a^{m+n}$$

C Vereinfache jeden Term, indem du die passende Regel anwendest. Entscheide zunächst, welche Regel passt.
a) $(a^3)^4$ b) $(a^2 \cdot b^5)^2$ c) $(a^2 + b^2)^2$
Lösungen:
a) Potenz von Potenzen: $(a^3)^4 = a^{12}$
b) Potenz von Produkten: $(a^2 \cdot b^5)^2 = (a^2)^2 \cdot (b^5)^2$
Potenz von Potenzen: $= a^4 \cdot b^{10}$
c) Binomische Formel mit Potenzen: $(a^2 + b^2)^2 = (a^2)^2 + 2a^2b^2 + (b^2)^2$
$= a^4 + 2(a \cdot b)^2 + b^4$

Potenzen ausrechnen

4 Berechne die Terme ohne Taschenrechner.

a) 6^3 b) -4^4 c) $(-5)^1$ d) $(-5)^4$ e) -6^3 f) $(-6)^3$ g) $(-2\cdot6)^3$
h) $(-4)^3$ i) -3^4 k) $(-3)^4$ l) $(3\cdot4)^3$ m) $3\cdot4^1$ n) $-(4\cdot3^2)$

5 *Etwas Zahlentheorie*

Zahlen der Form 2^p-1, bei denen p eine Primzahl ist, nennt man Mersenne-Zahlen. Sie sind benannt nach dem Mathematiker MARIN MERSENNE (1588–1648). Mathematiker interessieren sich besonders dafür, welche der Mersenne-Zahlen Primzahlen sind. Berechne die ersten fünf Mersenne-Zahlen und finde heraus, welche dieser Zahlen Primzahlen sind.

Produkt von Potenzen

6 Vereinfache.

a) x^2x^8 b) $a^4\cdot a$ c) y^2y^3y d) $(5c)(2c)^3$
e) $(-2z^3)(-4z^5)$ f) $(4a^{10})(-6a^4)a$ g) $(10x^3)(-x^6)(x^3)$ h) $-x^3(-x^4)$

7 Welche Terme sind äquivalent?

a) $(3x^4)\cdot4^x$ b) $(8x^2)\cdot(4x^3)$ c) $(2x)\cdot(12x)$ d) $(8x^2)\cdot(6x^2)$
e) $24x^2$ f) $12x^5$ g) $48x^4$ e) $24x^5$

Quotienten von Potenzen

8 Erarbeite eine Regel für den Quotienten von Potenzen.

a) Schreibe in jedem Quotienten die Potenzen als Produkt, kürze wenn möglich und schreibe das Ergebnis wieder als Potenz. Erkennst du eine Regel?

(1) $\frac{4^6}{4^4}$ (2) $\frac{x^5}{x^3}$ (3) $\frac{1{,}12^{10}}{1{,}12^5}$ (4) $\frac{10^9}{10^3}$ (5) $\frac{6^8}{6}$

b) Verallgemeinere deine Beobachtung, indem du die Leerstelle in der folgenden Formel ergänzt $\frac{a^m}{a^n}=a^{\blacksquare}$.

9 Vereinfache.

a) $\frac{6r^5}{2r^3}$ b) $\frac{4s^3}{10s^5}$ c) $\frac{t^4}{3t^5}$ d) $\frac{8x^3y^3}{12x^2}$ e) $\frac{-(xy)^3}{(-2xy)^2}$
f) $\frac{6x^2}{10x^3}$ g) $\frac{4b^5}{14b^7}$ h) $\frac{8x^5}{4x^3}$ i) $\frac{4x^5y^4}{6x^2}$ k) $\frac{-(ab)^3}{(-a\cdot2b)^2}$

Potenz von Produkten/Quotienten

10 Wie man Produkte potenziert, kann man an einem Würfel veranschaulichen. Erläutere mithilfe der Zeichnung, dass die Potenz eines Produktes dem Produkt der einzelnen Potenzen entspricht.

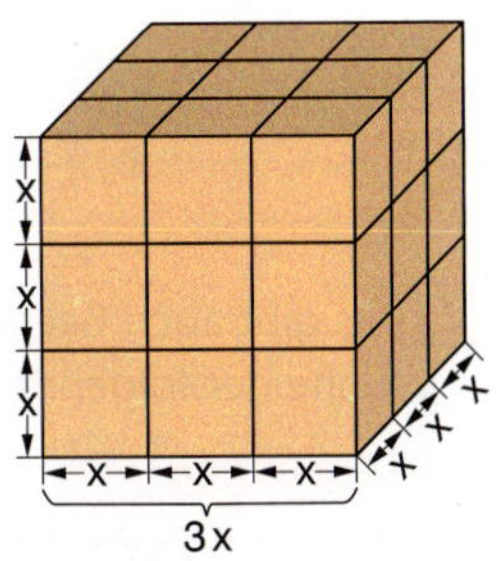

11 Vereinfache.

a) $(2x)^5$ b) $(5y)^3$ c) $\left(\frac{2}{3y}\right)^4$
d) $(-3z)^2$ e) $\frac{(3x)^4}{(9x)^2}$ f) $\left(\frac{xy}{7}\right)^2$

Potenz von Potenzen

12 Wende die Regel zum Potenzieren von Potenzen an.

a) $(4s^2)^3$ b) $(x^3y^2)^2$ c) $(d^4\cdot f)^3$ d) $(r^2s^3t^4)^3$ e) $(x^2(-z)^3)^5$
f) $(x^4\cdot y)^3$ g) $(d^2e^3c^4)^3$ h) $(-x^5\cdot y^2)^4$ i) $(b^2\cdot a)^5$ k) $(3b^2\cdot(-c)^3)^4$

13 Der Term $\frac{12k^{12}}{4k^4}$ soll vereinfacht werden.
Welche der Antworten ist richtig? Wie kannst du deine Entscheidung begründen, ohne auf eine Rechenregel zu verweisen?

$3k^3$ $8k^8$ $3k^8$ $8k^3$

Übungen

−5^4

14 Der Mathelehrer der Klasse 9 c sagt: „Was erhaltet ihr, wenn ihr „minus 5" zur vierten Potenz berechnet?" Chris sagt: „Das Ergebnis ist positiv, da man −5 viermal mit sich selbst multiplizieren muss. Das Ergebnis ist 625." Vanessa hat mit ihrem GTR gerechnet und stellt fest, dass der GTR nicht richtig rechnet. Was hat sie falsch gemacht? Überprüft euren GTR selbst.

15 *Potenzieren von negativen Zahlen*

a) Ergänze die Tabelle mit Potenzen.

b) Welche Vorzeichenregel kann man aus der Tabelle ablesen?

c) Mit den Regeln zum Rechnen mit Potenzen kann man die Vorzeichenregel für Potenzen finden und beweisen:

$a^{2n} = (a^2)^n$ Was kann man folgern, wenn a negativ ist?

$a^{2n+1} = a^{2n} \cdot a$ Was kann man folgern, wenn a negativ ist?

a^n	1	2	3	4
(−1)	−1	1	−1	1
(−2)	−2	4	■	■
(−3)	■	■	■	■

Basis (Zeilen), Exponent (Spalten)

16 Erläutere, warum

a) $x^5 \cdot x^3$ und $(x^5)^3$ nicht äquivalent sind,

b) $a x^2$ und $(a x)^2$ nicht äquivalent sind.

17 In welchem Verhältnis steht das Volumen eines Würfels mit der Kantenlänge s zur Größe seiner Oberfläche?

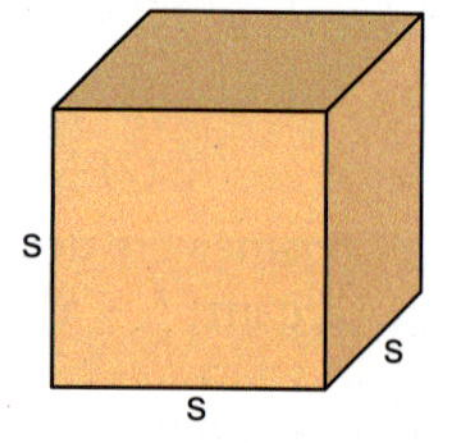

18 Die Kantenlänge s eines Würfels wird um den Faktor a größer. Wie verändert sich das Volumen (die Oberfläche)?

19 Begründe, warum $(a^m)^n$ und $(a^n)^m$ äquivalent sind.

20 Vereinfache die folgenden Terme.

a) $\frac{(a \cdot b)^5}{a \cdot b^5}$ b) $\frac{(x \cdot y)^4}{(x \cdot y)^3}$ c) $\frac{(x^4 \cdot z)^2}{(x \cdot z)^2}$ d) $\frac{(3r)^4}{(9r^2)^2}$ e) $\frac{s^3(t \cdot u)^2}{(s \cdot t \cdot u^2)^3}$

Addieren und Subtrahieren von Potenzen

21 Es gibt auch Rechenregeln für das Addieren von Potenzen.

a) Welche der folgenden Regeln sind falsch? Begründe.

$a^2 + b^2 = (a + b)^2$ $a^2 + a^2 = a^4$ $a^2 + 3a^2 = 4a^2$ $a^2 + 2a^2 = 2a^4$

b) Entdecke richtige Regeln.

22 Schreibe die folgenden Terme unter Verwendung des Distributivgesetzes ohne Klammern.

a) $x(x + x^5)$ b) $3a^3(a^3 + a^6)$ c) $(-2y^4)(y^4 - y)$ d) $(x^2 + x^5)(x^3 - 1)$

23 *Vereinfachen und nicht berechnen*

Einige Terme lassen sich nicht vereinfachen. Begründe warum.

a) $3^2 \cdot 2^3$ b) $4^6 + 2 \cdot 4^6$ c) $(1 + 0{,}5)^5 \cdot (1 + 0{,}4)^3$ d) $5^6 \cdot 2^6$

e) $\frac{5^2}{2^5}$ g) $\frac{10^3}{4^3}$ h) $3 \cdot 5^4 - 3 \cdot 3^2$ i) $\frac{3^3}{2^3}$

24 Ersetze x durch passende Exponenten.

a) $(2^2)^x = 2^{12}$ b) $(3^x)^4 = 81$ c) $(p^q)^x = p^{6q}$ d) $(4^2)^2 = 4 \cdot 4^x$

e) $(2^x)^2 = 1024$ f) $(5^2)^x = 25$ g) $(r^{2s})^x = r^{6s}$ h) $(2 \cdot 3)^4 = 36^x$

Übungen

25 *Im Land der großen Zahlen*
Licht legt in 1 Sekunde ziemlich genau 300 000 km zurück. Der uns nächste Stern ist *Proxima Centauri* und gerade mal 4,2 Lichtjahre entfernt.
a) Berechne mit dem GTR, wie viele Kilometer dies sind.
b) Wahrscheinlich irritiert dich die Zahl, die der GTR ausgibt. Es handelt sich um die wissenschaftliche Notation von großen Zahlen. Dabei steht z. B. 3E9 für 3 000 000 000. Schreibe die vom GTR angegebene Zahl in herkömmlicher Schreibweise.
Forschungsauftrag: Zahlen in wissenschaftlicher Schreibweise
Entdecke, wie man Zahlen in wissenschaftlicher Schreibweise darstellt.
Schaue die beiden Listen mit Zahlen genau an:

Zahlen in wissenschaftlicher Schreibweise	Zahlen in nicht wissenschaftlicher Schreibweise
$4{,}3 \cdot 10^6$	120 000 000
$8{,}04 \cdot 10^9$	42
$9 \cdot 10^2$	$36 \cdot 10^3$
$2{,}023 \cdot 10^3$	$4{,}2 \cdot 15^3$
$1{,}1 \cdot 10^1$	$0{,}4 \cdot 10^6$

a) Welche der folgenden Zahlen sind in wissenschaftlicher Notation geschrieben und welche nicht? Begründe, woran du erkennst, dass eine Zahl nicht in wissenschaftlicher Schreibweise geschrieben ist.

$8{,}7 \cdot 10^6$ $\quad 44 \cdot 10^4$ $\quad 0{,}01 \cdot 10^9$ $\quad 1{,}002 \cdot 10^9$ $\quad 2^{10} \cdot 10^2$

b) Beschreibe möglichst genau, wie die Notation einer Zahl in wissenschaftlicher Schreibweise auszusehen hat.
c) Du kannst deinen GTR auf wissenschaftliche Notation umstellen (schaue in deinem Handbuch nach). Gib die Zahl 40 000 ein und drücke <ENTER>.
Erstelle eine Tabelle, in der du die folgenden Zahlen und deren wissenschaftliche Notation einträgst. Maximalen Übungseffekt hast du, wenn du zunächst „per Hand" die Tabelle erstellst und dann deine Ergebnisse mit dem GTR überprüfst.

40 000	■
325	■
18	■
600 000	■
−60 450	■
−450	■
6 425	■

Die Last mit großen Zahlen

Große Zahlen sind außerordentlich unhandlich. Man muss viele Stellen aufschreiben. Oft übersieht man eine oder mehrere. Um sich die Größe einer Zahl überhaupt in etwa vorstellen zu können, muss man die Stellen vor dem Komma abzählen. Wenn man mit großen Zahlen rechnen muss, dann wird es erst recht schwierig und unübersichtlich.

Zahlen in wissenschaftlicher Schreibweise
Eine Zahl in wissenschaftlicher Schreiweise hat die Form $a \cdot 10^n$.
Dabei ist $1 \le a < 10$ oder $-10 < a \le 1$ und n eine ganze Zahl.
Beispiel für eine Zahl in wissenschaftlicher Notation: $4{,}6 \cdot 10^{12}$
Der Exponent der 10 gibt an, um wie viele Stellen das Komma nach rechts verschoben werden muss, um die Zahl in „normaler" Notation zu schreiben.
$4{,}6 \cdot 10^{12}$ ist dann eine Zahl mit 13 Stellen: $4{,}6 \cdot 10^{12} = 4\,600\,000\,000\,000$. In Worten: 4 Billionen 600 Milliarden – unvorstellbar groß!

Übungen

26 Schreibe die Zahl in wissenschaftlicher Schreibweise.

a) 304 000 000 b) −420 000 c) 20 060 d) eine Million

27 Schreibe die Zahl in herkömmlicher Schreiweise.

a) $5{,}03 \cdot 10^3$ b) $-2 \cdot 10^6$ c) $9{,}9 \cdot 10^9$ d) $4{,}333 \cdot 10^5$

28 *„Trockenübungen" zum Rechnen in wissenschaftlicher Schreibweise*

Jennifer und Alisa rechnen dieselbe Rechenaufgabe $5{,}9 \cdot 10^4 \cdot 3{,}6 \cdot 10^5$

Jennifers Ergebnis ist $21{,}24 \cdot 10^9$, Alisa hat $2{,}124 \cdot 10^{10}$ berechnet.

a) Sind die Ergebnisse gleich oder nicht? Erkläre.

b) Welches Ergebnis ist in wissenschaftlicher Schreibweise angegeben?

c) Berechne die folgenden Produkte zunächst per Hand. Gib jedes Ergebnis in wissenschaftlicher Schreibweise an. Überprüfe deine Ergebnisse mit dem GTR, den du auf SCI (scientific notation) eingestellt hast.

$(3 \cdot 10^3) \cdot (2 \cdot 10^5)$	$(7{,}5 \cdot 10^6) \cdot (4 \cdot 10^2)$	$(5 \cdot 10^3)^3$
$\frac{(8 \cdot 10^6)}{(2 \cdot 10^3)}$	$\frac{(5{,}5 \cdot 10^9)}{(5 \cdot !0^1)}$	$\frac{(4 \cdot 10^8)}{(8 \cdot 10^3)}$

29 Ein Pärchen Ratten wirft jeden Monat 12 „Rattenbabies" (6 männliche und 6 weibliche Ratten).

a) Berechne mit einem exponentiellen Modell die Anzahl der Ratten nach zwei Jahren.

b) Hältst du das Modell für realistisch? Begründe deine Antwort.

30 *Wunderwerk Mensch*

Ein Mensch besitzt ca $2{,}5 \cdot 10^{13}$ rote Blutköperchen.

Modellannahme:
- Die eingedellten roten Blutkörperchen haben in etwa die Oberfläche einer Kugel. Man kann sie sich wie einen luftleeren Fußball vorstellen.
- Der Durchmesser der Blutkörperchen beträgt 0,008 mm.

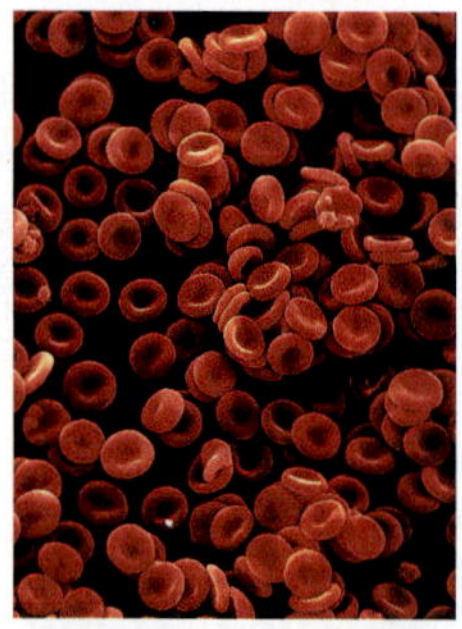

a) Berechne die Oberfläche eines Blutkörperchens (schaue in der Formelsammlung nach, mit welcher Formel man die Oberfläche einer Kugel berechnen kann).

b) Berechne die Oberfläche aller roten Blutkörperchen, die sich im Blut eines Menschen befinden. Vergleiche die Fläche mit der Fläche eines Fußballfeldes.

31 *Entfernungen im Weltall*

Erde–Mond (nächster Nachbar)	384 000 km
Erde–Sonne	$1{,}49 \cdot 10^8$ km
Erde–Pluto	10^9 km
Erde–*Proxima Centauri* (nächster Stern)	$4 \cdot 10^{13}$ km
Erde–Andromeda-Nebel (nächste Galaxie)	$2{,}4 \cdot 10^{19}$ km
Erde–Quasar PHL 909	$1{,}42 \cdot 10^{22}$ km

Entfernungen im Weltall sind unvorstellbar groß. Daher werden sie häufig mit der Zeit angegeben, die Licht für die Überbrückung der Entfernung benötigt.

a) Berechne, wie lange Licht für die jeweilige Entfernung benötigt. Rechne die Zeiten gegebenenfalls in Jahre um.

Aufgaben

32 *Funktionenlabor: Potenzfunktionen*

Funktionen mit der Funktionsgleichung $f(x) = x^n$ (n ist eine natürliche Zahl größer 0) gehören zur Menge der Potenzfunktionen.

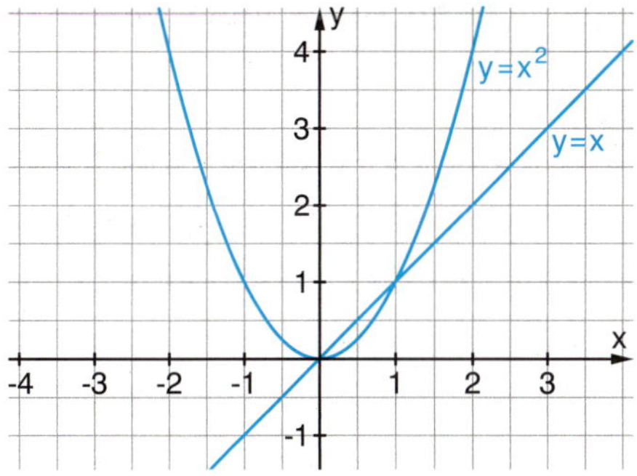

Bekannt sind dir bereits die speziellen Potenzfunktionen

$f(x) = x$ und $g(x) = x^2$.

Untersuchungsauftrag: Finde mithilfe des GTR heraus, welchen Einfluss der Exponent n auf den Graphen der jeweiligen Potenzfunktion hat. Finde so viele Merkmale wie möglich. Trage die Ergebnisse in Form einer Tabelle oder eines Berichtes zusammen, der später die Eigenschaften auf „einen Blick" erkennen lässt.

33 a) Erkennnst du eine besondere Eigenschaft der Funktion $f(x) = x^2$?
b) Gibt es ähnliche Muster für $f(x) = x^3$, $f(x) = x^4$ und $f(x) = x^5$?

x	0	1	2	3	4	5
x^2	0	1	4	9	16	25

1 3 5 7 9

2 2 2 2

34 *Vorsicht, Technik!*

Versuche mit dem Taschenrechner $2^{(2^{40})}$ zu berechnen. Beachte: Es muss zunächst 2^{40} ausgewertet werden. Setze beim Rechnen mit dem TR entsprechende Klammern. Was geschieht, wenn du die Klammern vergisst?

35 *Nochmals etwas Zahlentheorie*

Pierre de Fermat war ein berühmter französischer Mathematiker, der wichtige Beiträge zur Zahlentheorie und Wahrscheinlichkeitsrechnung leistete. Fermat interessierte sich u. a. für Zahlen der Form $2^{(2^n)} + 1$ mit $n = 1, 2, 3, \ldots$. Er vermutete, dass jede dieser Zahlen, die nach ihm Fermat'sche Zahlen genannt wurden, eine Primzahl ist.

Pierre de Fermat (1601–1665)

a) Erstelle eine Tabelle der Zahlen für n = 1, 2, 3, 4, 5.
Hinweis für den Taschenrechner: Beachte Klammern.
Was wird beim Auswerten des Terms zuerst berechnet?
b) Du kannst schon erahnen, wie schwer es zu überprüfen ist, ob die Fermat'sche Zahl für n = 5 eine Primzahl ist. Um wie viel schwerer ist das Überprüfen der Fermat'schen Zahlen auf Teilbarkeit für n = 6, 7, ...!
Übrigens, obwohl Fermat ein großartiger Mathematiker war, war seine Vermutung falsch. Für n = 5 konnte Leonhard Euler im Jahr 1732 zeigen, dass 641 ein Teiler der Fermat'schen Zahl ist. Ermittle mit dem Taschenrechner einen weiteren Teiler.

36 *Eine überraschende Entdeckung*

Zufall oder nicht?

a) Zeige, dass $1^2 + 8^2 = 4^2 + 7^2$ und $14^2 + 87^2 = 41^2 + 78^2$. Wie sind die Zahlen 14, 87, 41 und 78 ausgewählt worden?
b) Ist $17^2 + 84^2 = 71^2 + 48^2$? Wie wurden diese Zahlen ausgewählt?
c) Sind die Beobachtungen in Aufgabe a) und b) Zufall?
Es ist $0^2 + 5^2 = 3^2 + 4^2$. Bilde Gleichungen mit Quadratzahlen wie in a) und b) und überprüfe, ob sie stimmen. Beachte, dass die Zahl 03 natürlich 3 bedeutet.

5.3 Zurückblicken mit Potenzen

Was dich erwartet

Mit einem exponentiellen Modell kann man „vorhersagen“, wie sich eine gegebene Größe bei konstantem prozentualem Wachstum entwickeln werden. Kein Mensch kann in die Zukunft blicken, aber immerhin können wir zukünftige Entwicklung abschätzen. So ist der Term ***$300 \cdot (1 + 0{,}04)^5$*** *ein Modell für einen Wachstumsprozess mit dem Startwert 300 bei einem konstanten Wachstum von 4 %, der über 5 Zeiteinheiten andauert. Häufig ist der Startwert aber bereits das Ergebnis eines längerfristigen Wachstums, welches schon viel früher begonnen hat. Wenn in der Zeit vor dem Erreichen des Startwerts das Wachstum ebenfalls 4 % be-tragen hat, so gelingt mit der Mathematik auch der Blick in die Vergangenheit. Fragen nach dem Wert z. B. 3 Jahre zuvor können mit dem Term* ***$300 \cdot (1 + 0{,}04)^{-3}$*** *modelliert werden. Welche Rolle hierbei negative Exponenten spielen und was dies mit der Division von Potenzen zu tun hat, erfährst du in diesem Lernabschnitt.*

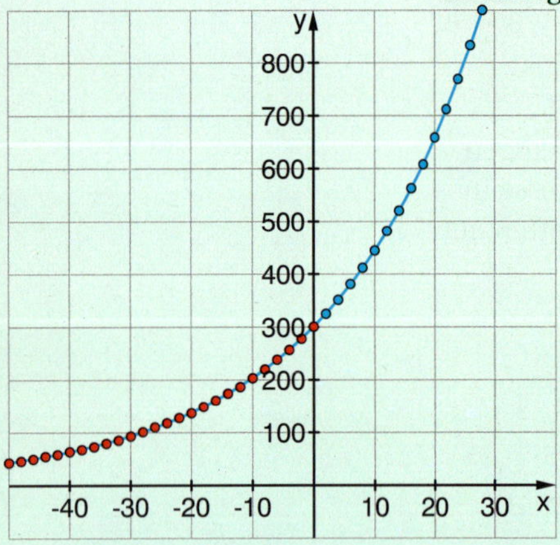

Aufgaben

1 *Eine Bilderfolge hat es in sich.*

a) Übertrage die Bilderfolge samt Zahlen in dein Heft. Fülle die Lücken. Setze die Zahlenfolgen nach links und rechts um mindestens je zwei Schritte fort. Was stellst du fest?

b) Erkläre mit der Bilderfolge, wie sich 2^0 und 2^{-n} sinnvoll definieren lassen.

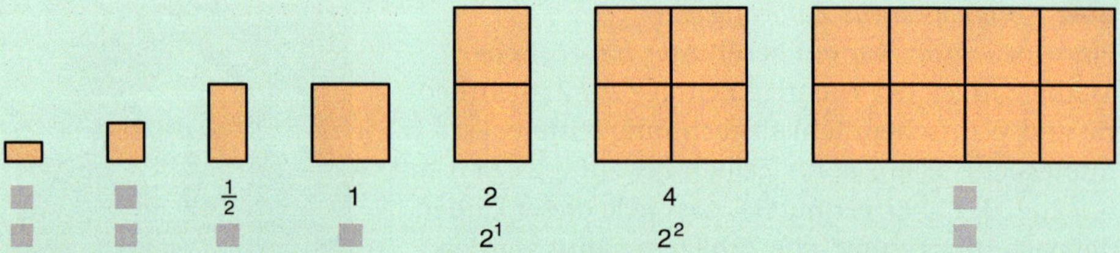

2 *Negative Exponenten – was stellen sie dar?*

Bestimmt hast du gemerkt, dass in den vorigen Kapiteln nur Potenzen mit ganzen, positiven Exponenten auftauchten. Hier kannst du entdecken, dass auch negative Exponenten beim Rechnen sinnvoll sind.

Regel zum Dividieren von Potenzen
$\frac{a^m}{a^n} = a^{m-n}$

Phase 1 (ausprobieren): Die Regel zum Dividieren von Potenzen haben wir links verraten. Stelle mit ihrer Hilfe die folgenden Quotienten mit *einem* Exponenten dar. Bei einigen Rechnungen wirst du auf negative Exponenten stoßen.

a) $\frac{5^5}{5^3}$ b) $\frac{9^4}{9^7}$ c) $\frac{3}{3^5}$ d) $\frac{7^5}{7^5}$ e) $\frac{10^6}{10}$

f) $\frac{11^2}{11^3}$ f) $\frac{a^7}{a^2}$ g) $\frac{b^6}{b^6}$ h) $\frac{x^6}{x^9}$ i) $\frac{r}{r^5}$

$\frac{5^5}{5^3} = \frac{5 \cdot 5 \cdot 5 \cdot 5 \cdot 5}{5 \cdot 5 \cdot 5}$

Phase 2 (auswerten): Bearbeite die Quotienten, die zu einem negativen Exponenten führen, nochmals, indem du die Potenzen als Produkte schreibst und dann kürzt. Was bedeuten jeweils die Potenzen mit negativen Exponenten?

Phase 3 (verallgemeinern): Verallgemeinere deine Beobachtung. Ergänze die Leerstellen im Kasten.

$a^{-n} = \frac{1}{a^{■}}$ und $\frac{1}{a^n} = a^{■}$

Phase 4 (anwenden): Schreibe die Potenzen ohne negative Exponenten.

a) 7^{-2} b) 2^{-10} c) 10^{-6} d) $\left(\frac{1}{3}\right)^{-4}$ d) a^{-2} e) x^{-1}

3 Nils und Philipp haben gelesen, dass die Bevölkerung der USA durch Zuwanderung und Kinder jährlich um etwa 1 % steigt. Im Jahre 2008 betrug die Bevölkerung der USA 305 Millionen.

a) Die beiden Schüler sagen für das Jahr 2050 für die USA unter der Annahme, dass das prozentuale Wachstum weiterhin konstant 1 % beträgt, eine Bevölkerung von 463 Millionen voraus. Überprüfe das Ergebnis.

b) Rabea will berechnen, wie groß die Bevölkerung der USA im Jahre 1950 war, wenn man annimmt, dass das Bevölkerungswachstum auch in der Vergangenheit 1 % betragen hat.

Rabea wählt den Ansatz $Z = 305 \cdot 1{,}01^{-58}$.

Nils und Philipp schlagen vor: $305 = Z \cdot 1{,}01^{58}$

Welcher Ansatz ist richtig? Begründe. Berechne mit dem GTR für beide Ansätze Z, die Population im Jahre 1950.

c) *Modellkritik:* Im Internet findest du unter *US Bureau of Census* die Angaben für die Bevölkerungszahl der USA im Jahre 1950. Vergleiche mit deiner Modellrechnung. Welche Folgerungen ziehst du aus diesem Vergleich?

4 *Artenschutz*

tv7. Die Wildhüter berichteten, dass in diesem wie auch in den vergangenen Jahren der angestrebte Zuwachs der Luchspopulation von 5 % pro Jahr erreicht wurde. Man hoffe, dass die Entwicklung weiter so positiv verlaufe. Damit könnten nun nicht nur die Touristen auf Foto-Safari erstmals wieder mehr als 200 Tiere beobachten (genaue wZählungen ergaben 202 Tiere), es werde auch ein großer Beitrag zum Überleben dieser seltenen Tierart geleistet. Andere Nationalparks wollen dem Vorbild …

a) Wie passt das exponentielle Modell $f(x)=202 \cdot 1{,}05^x$ zu dem Bericht?

b) Erstelle mit dem Modell eine Tabelle, in der du eine Prognose für den Tierbestand der nächsten fünf Jahre abgibst, aber auch auf die vergangenen fünf Jahre zurückschaust. Der GTR kann dabei sehr nützlich sein.

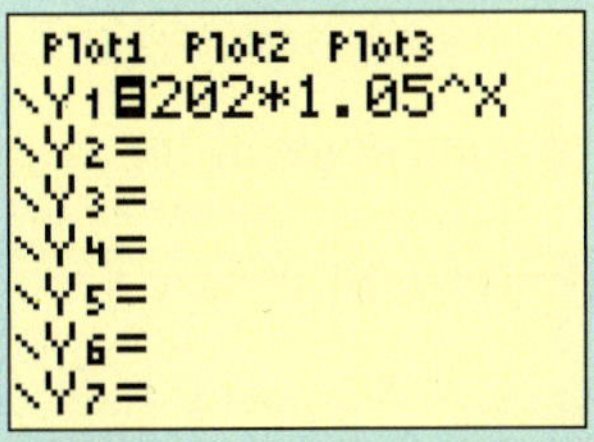

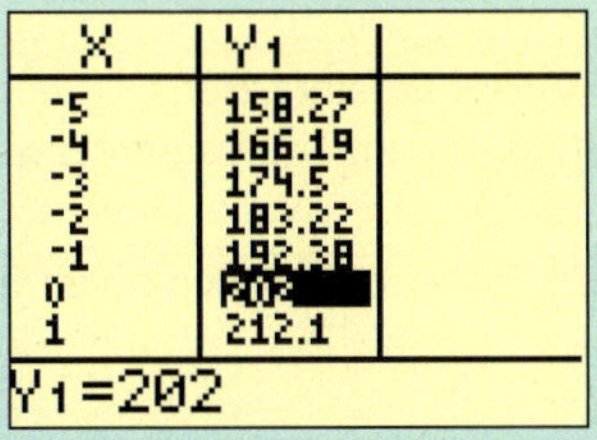

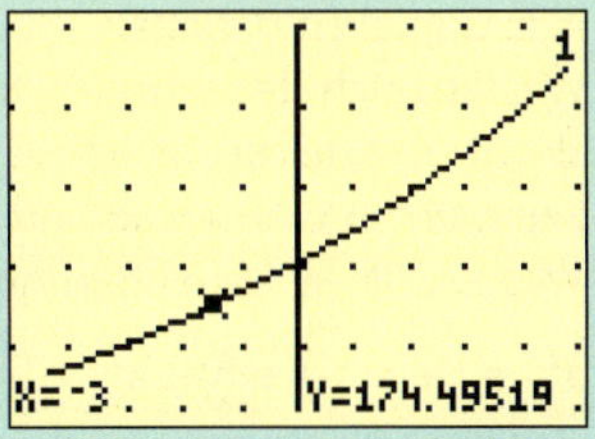

5 Niels möchte wissen, wie groß Viren sind. Er findet im Internet nebenstehenden Text, wird aber nicht viel schlauer. Kannst du ihm helfen und herausfinden, was 10^{-9} m bedeutet?

Viele Krankheiten werden von Viren hervorgerufen so z. B. Schnupfen, Grippe, Masern, Röteln, Mumps, Windpocken, Hepatitis, Hirnhatenztündung usw. Viren sind außerordentlich klein. Sie sind zwischen 20 und 300 nm (Nanometer) groß. Ein Nanometer ist 10^{-9} m.

Basiswissen

Die folgende Tabelle veranschaulicht, welche Bedeutung negative Zahlen und die 0 als Exponenten haben. Wenn du in der Tabelle von einer Zeile zur nächsten gehst, dann musst du durch 5 dividieren. Beachte, dass bei jeder Division der Exponent um 1 kleiner wird.
Setzt man das „Muster" in der Tabelle fort, dann muss 5^0 den Wert 1 haben.
Wenn die Exponenten negativ werden, erscheint die Basis 5 im Nenner mit einem positiven Exponenten.

Potenzschreibweise	Schreibweise mit Brüchen
5^3	125
5^2	25
5^1	5
5^0	1
5^{-1}	$\frac{1}{5} = \frac{1}{5^1}$
5^{-2}	$\frac{1}{25} = \frac{1}{5^2}$
5^{-3}	$\frac{1}{125} = \frac{1}{5^3}$

$5^1 : 5 = \frac{5^1}{5^1} = 5^{1-1} = 5^0$

$5^{-1} : 5 = \frac{5^{-1}}{5^1} = 5^{-1-1} = 5^{-2}$

$5 : 5 = \frac{5}{5} = 1$

$\frac{1}{5} : 5 = \frac{1}{5} \cdot \frac{1}{5} = \frac{1}{25}$

Der Tabelle folgend legt man sinnvoll fest:

Potenzen mit negativen Exponenten und dem Exponenten 0
Für a ≠ 0 und für alle ganzzahligen Exponenten n gilt:

$a^{-n} = \frac{1}{a^n}$ und $\frac{1}{a^{-n}} = a^n$

$a^0 = 1$

Die bekannten Rechenregeln für Potenzen bleiben für negative Exponenten erhalten.

Beispiele

A Schreibe die folgenden Terme ohne Brüche

a) $\frac{3^5}{4^7}$ b) $\frac{36}{a^4}$ c) $\frac{2^3}{5^{-6}}$ d) $\frac{2^0}{10^{-6}}$

Lösung:

a) $\frac{3^5}{4^7} = 3^5 \cdot \frac{1}{4^7} = 3^5 \cdot 4^{-7}$

b) $\frac{36}{a^4} = 36 \cdot \frac{1}{a^4} = 36 \cdot a^{-4}$

c) $\frac{2^3}{5^{-6}} = 2^3 \cdot \frac{1}{5^{-6}} = 2^3 \cdot 5^6$

d) $\frac{2^0}{10^{-6}} = 1 \cdot \frac{1}{10^{-6}} = 10^6$

B Prüfe an Beispielen nach, dass die bisher benutzten Rechengesetze für Potenzen ihre Gültigkeit behalten:
Wie lässt sich der Term $a^5 \cdot a^{-3}$ weiter vereinfachen?
Weg 1: Mit der Rechenregel erhält man: $a^5 \cdot a^{-3} = a^{5-3} = a^2$ (Die Basis ist gleich, die Exponenten wurden addiert)
Weg 2: Mit der Vereinbarung für Potenzen mit negativen Exponenten erhält man:

$a^5 \cdot a^{-3} = a^5 \cdot \frac{1}{a^3} = \frac{a^5}{a^3} = a^2$.

C Rechne und gib die Ergebnisse mit positiven Exponenten an.

a) $\frac{x}{x^{-6}}$ b) $\frac{1}{y^{-4}}$ c) $\frac{z^{-4}}{z^{-2}}$

Lösung:

a) $\frac{x}{x^{-6}} = x^{1-(-6)}$
$= x^7$

b) $\frac{1}{y^{-4}} = \frac{1}{\frac{1}{y^4}}$
$= y^4$

oder $\frac{1}{y^{-4}} = \frac{y^0}{y^{-4}}$
$= y^{0-(-4)} = y^4$

c) $\frac{z^{-4}}{z^{-2}} = z^{-4-(-2)} = z^{-2}$
$= \frac{1}{z^2}$

Übungen

5 Berechne ohne Taschenrechner.

a) 2^{-3} b) 5^0 c) 10^{-6} d) $\left(\frac{1}{3}\right)^0$ e) $\frac{1}{4^{-2}}$

f) $2^{-5} \cdot 2^8$ g) $7^6 \cdot 7^{-6}$ h) $10^6 \cdot 10^{-3}$ i) $\frac{10^6}{10^8}$ j) $\frac{4^{10}}{4^{12}}$

6 Vereinfache die Terme zu Ergebnissen ohne negative Exponenten.

a) $\frac{x^4 \cdot x^{-4}}{x^4}$ b) $\frac{a^3 \cdot b^5}{a \cdot b^6}$ c) $\frac{r}{r^{-5}}$ d) $\frac{3x^3 \cdot y^{-3}}{27x^5 \cdot y^3}$ e) $\frac{6a^4 \cdot b^{-2}}{72a^7 \cdot b^{-5}}$

7 Vereinfache. Die Ergebnisse sollen lediglich positive Exponenten enthalten.

a) $-5a^{-6}$ b) $\frac{x^4}{y^{-6}}$ c) $a \cdot a^{-1}$ d) $\frac{f^7 \cdot f^{-7}}{f^2}$ e) $-6 \cdot \frac{p^{-5}}{p^{-7}}$

8 Vereinfache. Die Ergebnisse sollen nur positive Exponenten haben.

a) $-b^{-1} \cdot b^{-2}$ b) $(a^2 \cdot b^{-5})^0$ c) $\frac{5a^9b^{-3}}{10a^{-1}b^5}$ d) $\frac{27a^{-4}b^{-1}}{9a^{-1}b^{-4}}$

9 Berechne jeden Term ohne Taschenrechner.

a) 2^4 b) -2^4 c) $(-2)^4$ d) 2^{-4} e) $(-2)^{-4}$ f) -2^{-4}

10 Behauptung: Der Term $\left(\frac{a}{b}\right)^{-n}$ ist reziprok zu $\left(\frac{a}{b}\right)^n$.

a) Überprüfe die Behauptung an mehreren Beispielen.

b) Beweise die Behauptung.

$\left(\frac{a}{b}\right)^{-n} = \frac{a^{-n}}{b^{-n}}$

Reziprok: Kehrbruch

11 Vereinfache.

a) $a^{-2} \cdot a^{x+2}$ b) $y^{-2a} \cdot y^{3a}$ c) $2^{x+3} \cdot 2^{2x-1}$ d) $\frac{a^{3b+1}}{a^{2b}}$ e) $\frac{x^{y-5}}{x^{y+3}}$

f) $6 \cdot a^0 \cdot b^{-2}$ g) $3^{-x+1} \cdot 3^x$ h) $a^{-x} \cdot a^{-x-1}$ i) $\frac{t}{t^{2s}}$ j) $(b^{-y})^{-2}$

12 Schreibe mit positiven Exponenten.

a) $\left(\frac{2}{5}\right)^{-2}$ b) $(3^2)^{-4}$ c) $(2a^3b^{-2})^3$ d) $(2a^3b^{-2})^{-3}$ e) $\left(\frac{x^3}{y^5}\right)^{-1}$

13 Zeige, dass gilt: a) $\frac{x^{-1}-y^{-1}}{x-y} = -\frac{1}{xy}$ b) $y^{a-b} = \frac{1}{y^{b-a}}$

14 *Offene Fragen*

Laut Basiswissen sind 0^0 und 0^{-n} nicht definiert. Begründe.

0^0 ? 0^{-3} ? 0^{-n} ?

15 *Etwas zum Nachdenken*

a) Warum kann man $s^2 \cdot t^{-3}$ nicht vereinfachen?

b) Erläutere, warum die Vereinbarung $s^{-2} = \frac{1}{s^2}$ sinnvoll ist.

c) Warum ist $(3a)^{-2} \neq \frac{3}{a^2}$?

16 Bestimme x.

a) $a^5 \cdot a^x = a^2$ b) $c^{-4} \cdot c^x = c^{-6}$ c) $r^x \cdot r^2 = 1$ d) $(e^5)^x = e^{10}$

f) $(g^x)^3 = g^{-3}$ g) $(a \cdot b)^{-2} = a^x b^{-2}$ h) $\frac{a^{-3}}{b^{-3}} = \frac{b^x}{a^x}$

17 Die Formel für das Volumen V einer Kugel ist $V = \frac{4}{3}\pi r^3$, für die Oberfläche O ist die Formel $O = 4\pi r^2$. Berechne das Verhältnis des Volumens zu der Oberfläche.

Wie verändert sich das Verhältnis, wenn der Radius der Kugel größer wird?

Basiswissen

Das exponentielle Modell für Prozesse mit konstanten prozentualen Wachstumsraten wird jetzt erweitert. Mit negativen Exponenten lässt sich auch in die Vergangenheit blicken. Der Kasten zeigt eine typische Problemstellung.

Situation:
Ein gebrauchter Lieferwagen hat einen aktuellen Wert von 6800,– €. Ein Gutachter gibt an, dass der Wagen in den vergangenen Jahren jährlich 15 % an Wert verloren habe und 8 Jahre alt sei.
Welchen Neupreis hatte der Lieferwagen?

Erstelle das passende exponentielle Modell mit x in Jahren und W(x) als Wert des Lieferwagens:

$W(x) = a\left(1 - \frac{p}{100}\right)^x$

a: aktueller Wert; p: 15

$W(x) = 6800 \cdot \left(1 - \frac{15}{100}\right)^x$

Rechnerische Lösung:

$W(-8) = 6800 \cdot \left(1 - \frac{15}{100}\right)^{-8}$
$= 6800 \cdot (0{,}85)^{-8}$
$= 24955$

Graphische Lösung:
Graph und Tabelle von $f(x) = 6800 \cdot 0{,}85^x$ liefern für $x = -8$ den Neuwagenpreis:

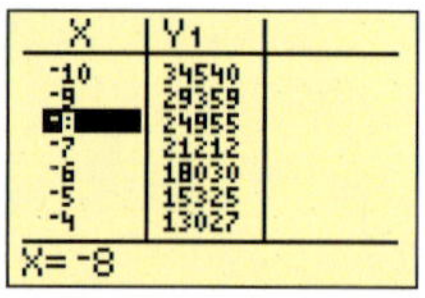

X	Y1
-10	34540
-9	29359
-8	24955
-7	21212
-6	18030
-5	15325
-4	13027

X=-8

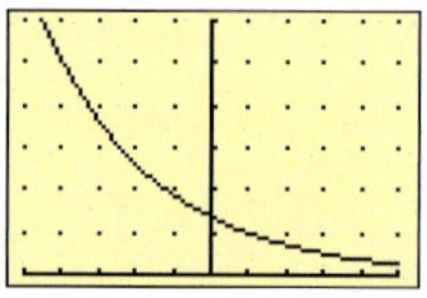

Antwort: Der Lieferwagen hatte einen Neupreis von 24 955,– €.

Probe durch „Vorwärtsrechnen" mit positivem Exponenten:
$24955 \cdot 0{,}85^8 = 6800$ ✔

Übungen

18 *Ein Märchen für Mathematiker*
Einst lebte in Syrakus ein reicher Händler. Als er gestorben war, erbte seine einzige Tochter eine große Menge Goldmünzen. Er hatte aber eine Bedingung an das Erbe gestellt: Die Tochter sollte jedes Jahr nur genau ein Viertel der verbliebenen Anzahl der Goldmünzen ausgeben dürfen. So lebte die Tochter über Jahre glücklich und zufrieden. Zu Beginn eines neuen Jahres zählte sie die ihr verbliebenen Goldmünzen und stellte fest, dass ihr noch 243 Münzen geblieben waren. Sie wandte sich an einen befreundeten Mathematiker und stellte ihm folgendes Rätsel:

a) Wie viele Goldmünzen hatte mein Vater mir vererbt?
b) Wie viele Jahre sind seit seinem Tod vergangen?
Tipp: Der Mathematiker löste das Rätsel mit einem exponentiellen Modell.
c) Warum hat die Tochter im kommenden Jahr Probleme?

Bevölkerungswachstum

19 In den letzten fünf Jahren ist die Population einer Stadt jährlich um 2,5 % auf nunmehr 280 000 gestiegen. Wie viele Einwohner hatte die Stadt vor fünf Jahren?

Übungen

20 Angenommen, die jährliche Inflationsrate hat in den vergangenen 10 Jahren jeweils 2,9 % betragen. Dies bedeutet, dass die Preise pro Jahr im Mittel um ca. 2,9 % gestiegen sind. Beantworte die folgenden Fragen unter Berücksichtigung dieser Inflationsrate.

Inflation

a) Ein Fahrrad kostet heute 380 €. Wie teuer war es vor 5 Jahren?
b) Ein Staubsauger kostet heute 180 €. Was kostete der entsprechende Staubsauger vor 8 Jahren?

21 Herr Peters nimmt an, dass seine Firma in 10 Jahren einen Wert von 450 000 € haben wird. Er möchte die Firma heute verkaufen und fragt sich, welche Summe er fordern kann. Dazu stellt er folgende Überlegung an: „Die Summe, die ich heute fordere, soll in 10 Jahren bei dem gültigen Zinssatz von 4,5 % in etwa 450 000 € betragen.

Barwert

a) Herr Peters verwendet den Ansatz
$K(-10) = 450000 \cdot \left(1 + \frac{4,5}{100}\right)^{-10}$.
Begründe den Ansatz. Rechne.
b) Den Betrag, den Herr Peters berechnet, nennt man den Barwert seiner Firma. Erläutere mit eigenen Worten, was man unter dem „Barwert" versteht.

Aus einem Lexikon für für Wirtschaftsmathematik:
Unter dem Barwert ist der gegenwärtige Wert eines zukünftig fälligen Kapitalbetrages unter Berücksichtigung von Zinsen und Zinseszinsen zu verstehen.

22 *Checkliste für Terme mit dem exponentiellen Modell*
Der Term $300 \cdot 0,65^{-4}$ wurde mit den Fragen 1–5 genau untersucht:

„TÜV" für exponentielle Modelle

Term: $300 \cdot 0,65^{-4}$

Frage 1: Handelt es sich um prozentuale Zunahme oder prozentuale Abnahme?
Es handelt sich um prozentuale Abnahme.

Frage 2: Wie groß ist der prozentuale Zuwachs / die prozentuale Abnahme?
Die prozentuale Abnahme beträgt 35 %.

Frage 3: Wird eine Prognose für die Zukunft gegeben oder in die Vergangenheit geblickt? Es wird 4 Zeiteinheiten in die Vergangenheit geblickt.

Frage 4: Ist das Ergebnis größer oder kleiner als der Startwert?
Das Ergebnis wird größer als der Startwert sein.

Frage 5: Welchen Wert hat der Term? $300 \cdot 0,65^{-4} = 1680,6$.

Beantworte die Fragen 1–5 auch für die folgenden Terme:
a) $1200 \cdot (1+0,03)^{6}$
b) $440 \cdot (1-0,02)^{-2}$
c) $6945,75 \cdot 1.05^{-3}$
d) $100 \cdot (0,73)^{-8}$
Bildet weitere Terme und überprüft sie mithilfe der Fragen.

23 *Problemlösen mit dem exponentiellen Modell*

„Müll im All": 1993 prophezeite die NASA, dass die Raumfahrt durch Trümmerteile im Weltall stark gefährdet werden könnte. Damals zählte man 7000 Trümmerteile mit einem Durchmesser von mindestens 10 cm und rechnete mit einer jährlichen Zunahme um 3 %.

Im Februar 2009 meldete das *Science Journal:* 18 000 Trümmerteile mit einem Durchmesser von mehr als 10 cm Durchmesser rasen durch den Orbit!

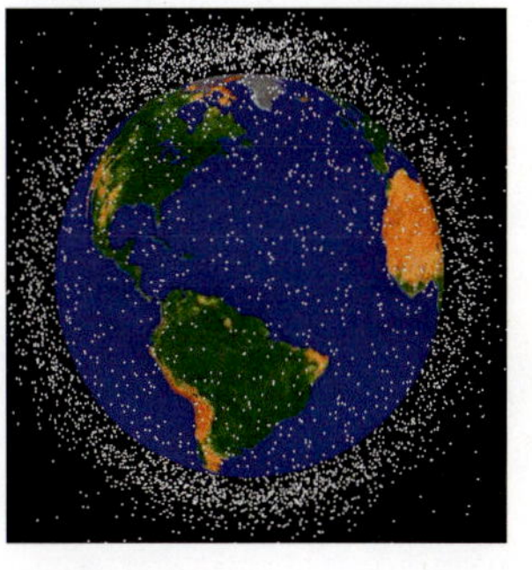

Übungen

24 Taucher machen die Erfahrung, dass rotes Licht von Wasser am stärksten absorbiert wird (29 % pro Meter Wassertiefe) und blaues Licht am wenigsten (1,3 % pro Meter Wassertiefe).
a) Berechne, wie viel von der einfallenden Intensität des roten Lichtes (des blauen Lichtes) in 20 m, 50 m, 100 m Wassertiefe noch vorhanden ist.
b) In 1000 m Tiefe herrscht völlige Dunkelheit. Stimmt das?

Zahlen mit einem sehr kleinen Betrag übersichtlich darstellen

Im Mikrokosmos muss man mit sehr kleinen Zahlen rechnen können. Ein Kohlenstoffatom z. B. besitzt zwölf Protonen. Jedes Proton hat in etwa eine Masse von 0,000 000 000 000 000 000 000 000 001 7 kg. Diese Zahl ist unvorstellbar klein, und dennoch rechnen Naturwissenschaftler mit diesen kleinen und noch kleineren Größen. Die Masse eines Elektrons macht $\frac{1}{2000}$ der Masse eines Protons aus. Kannst du dir vorstellen, wie viele Nullen nach dem Komma die Masse eines Elektrons in Kilogramm besitzt?

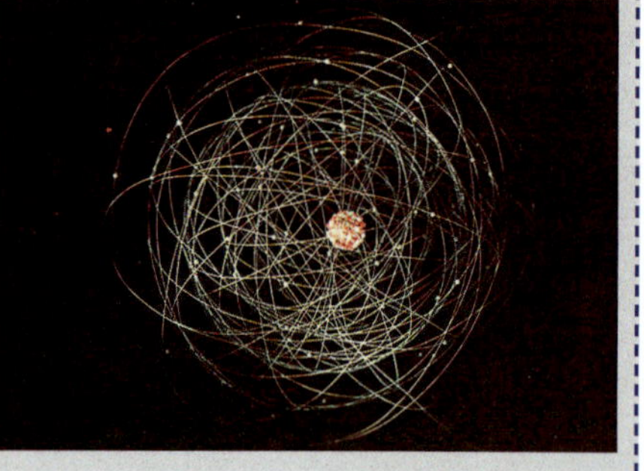

Wissenschaftliche Notation von sehr kleinen Zahlen

$0{,}000\,000\,004\,5 = 4{,}5 \cdot \frac{1}{1\,000\,000\,000} = 4{,}5 \cdot 10^{-9}$

Der Exponent der 10 gibt an, um wie viele Stellen das Komma nach links verschoben werden muss, um die Zahl in „normaler" Notation zu schreiben.

Zur Erinnerung:
Eine Zahl in **wissenschaftlicher Schreibweise** hat die Form **$a \cdot 10^n$**.
Dabei ist $1 \leq a < 10$ oder $-10 < a \leq -1$, und n eine ganze Zahl.

25 Schreibe in wissenschaftlicher Schreibweise.
a) 0,000 15 b) 0,001 09 c) 650 000 d) 0,000 000 56 e) 3 000 000
f) –5, 6 Millionen g) 0, 000 000 000 8 h) 800 Billionen

26 Ergänze das richtige Zeichen (<, =, >)
a) $5{,}401 \cdot 10^{-3}$ ■ $9{,}99 \cdot 10^{-4}$ b) $9 \cdot 10^{3}$ ■ $2{,}01 \cdot 10^{4}$
c) $8{,}9 \cdot 10^{-5}$ ■ $1{,}4 \cdot 10^{1}$ d) $-8{,}2 \cdot 10^{-4}$ ■ $-5{,}5 \cdot 10^{-3}$
Tipp: Sollten dir die Aufgaben Schwierigkeiten bereiten, dann wandle die Zahlen in Standardform um und stelle dir vor, wo sie auf der Zahlengeraden liegen.

27 *Überschlagsrechnen mit kleinen und großen Zahlen*
Mit Zahlen in wissenschaftlicher Notation kann man recht bequem Überschlagsrechnungen machen:

$$4{,}3 \cdot 10^{-9} \cdot 7{,}01 \cdot 10^{5} \approx 4 \cdot 7 \cdot 10^{-9} \cdot 10^{5} = 28 \cdot 10^{-4} = 2{,}8 \cdot 10^{-3}$$

Berechne die folgenden Produkte/Quotienten im Überschlag.

Überprüfe die Ergebnisse mit dem GTR.

a) $7{,}4 \cdot 10^{-6} \cdot 2{,}5 \cdot 10^{6}$ b) $2{,}8 \cdot 10^{6} \cdot 2 \cdot 10^{-3}$ c) $\frac{3{,}6 \cdot 10^{-6}}{2 \cdot 10^{3}}$
d) $8{,}04 \cdot 10^{-6} \cdot 5{,}8 \cdot 10^{9}$ e) 86 000 000 · 2 500 e) $\frac{9 \text{ Billionen}}{4 \text{ Millionen}}$

28 Die Fläche der Bundesrepublik beträgt $3{,}52 \cdot 10^{5}$ km², die Einwohnerzahl $8{,}22 \cdot 10^{7}$ Einwohner.
a) Schätze mit diesen Daten ohne GTR die Anzahl der Bewohner pro km².
b) Gib die Daten, die in diesem Text verwendet wurden, in normaler Schreibweise wieder.

Übungen

29 *Wie groß sind Nanoteilchen?*

Nanoteilchen haben Zukunft
Nano-Kosmetik, *Nano*-Farbe, *Nano-Autowäsche*: „*Nano*" ist längst ein Markt. ... Die Wissenschaftler untersuchen die *Nanoteilchen* – ...

Aus dem Lexikon: ***Nanopartikel*** *oder* ***Nanoteilchen*** *bezeichnen einen Verbund von wenigen bis einigen tausend Atomen oder Molekülen. Der Name bezieht sich auf ihre Größe, die typischerweise bei 1 bis 100 Nanometer (1 nm – 100 nm) liegt.*

a) Informiere dich darüber, wie groß 1 Nanometer in Metern ist.

b) Wie groß sind Nanoteilchen in Metern, angegeben in Standardschreibweise und in wissenschaftlicher Schreibweise?

c) Fertige ein Kurzreferat zu dem Thema Chancen und Risiken von Nanoteilchen an.

Sehr große und sehr kleine Maßzahlen werde durch **Vorsilben** vor der Maßeinheit ausgedrückt, die eine bestimmte **Zehnerpotenz** bezeichnen:

m	Milli	= 10^{-3}	=	0,001	= tausendstel
µ	Mikro	= 10^{-6}	=	0,000 001	= millionstel
n	Nano	= 10^{-9}	=	0,000 000 001	= milliardstel
p	Piko	= 10^{-12}	=	0,000 000 000 001	= billionstel
T	Tera	= 10^{12}	=	1 000 000 000 000	= Billion
G	Giga	= 10^{9}	=	1 000 000 000	= Milliarde
M	Mega	= 10^{6}	=	1 000 000	= Million
k	Kilo	= 10^{3}	=	1 000	= Tausend

30 Gib die Maße in Metern an (wissenschaftliche und Standardschreibweise). In welchem Größenverhältnis stehen die Maße zueinander?

Haardicke		70 µm
Nanofasern	ca.	50 nm
Radius des Wasserstoffatoms		37 pm

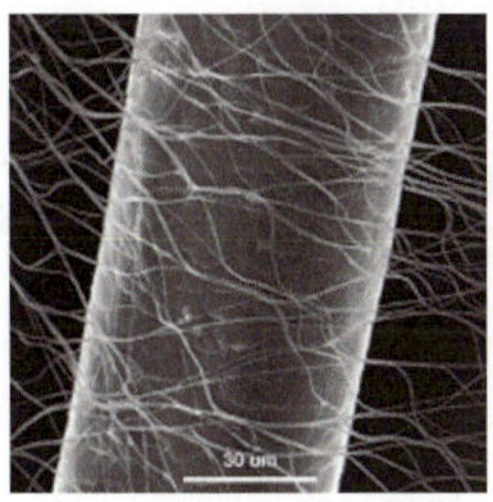

Nanofasern (quer verlaufend) im Vergleich zu einem menschlichen Haar (senkrecht) unter dem Elektronenmikroskop

31 *Wellenlängen*

a) Röntgenstrahlen haben eine Wellenlänge von ca. 0,000 000 000 125 m. Tippe diese Zahl in deinen Taschenrechner ein und drücke die „="-Taste. Was geschieht? Erkläre.

b) Um das Wievielfache größer ist die Wellenlänge bei der Übertragung von Fernsehsignalen im Vergleich zu der Wellenlänge von UV-Licht (1 nm – 380 nm)?

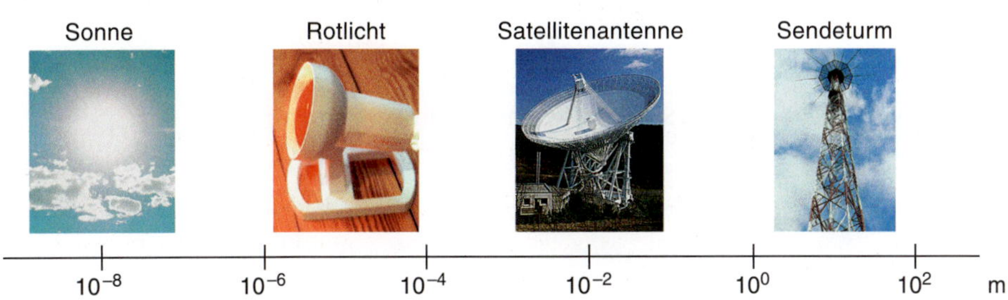

CHECK UP

Potenzen

Potenzen: Für $a \neq 0$ ist:
$a^n = a \cdot a \cdot \ldots \cdot a$ (n-mal der Faktor a)
$a^0 = 1$
$a^{-n} = \frac{1}{a^n}$
$\frac{1}{a^{-n}} = a^n$

Exponentielles Modell
$A(t) = A \cdot \left(1 + \frac{p}{100}\right)^t$
A: Startwert,
$\frac{p}{100}$: konstante Wachstumsrate
t: Anzahl der Zeitabschnitte

Spezialfall: Zinseszins
$K(t) = K_0 \cdot \left(1 + \frac{p}{100}\right)^t$
K_0: Startkapital, p: Zinssatz
t: Zeit in Jahren

Rechenregeln für Potenzen

Für $a > 0$ und $b > 0$ und ganzzahlige Exponenten gilt:

Formel	**Erläuterung**
Multiplikation $a^m \cdot a^n = a^{m+n}$	Die Exponenten werden **addiert.** Dies gilt nur bei gleicher Basis!
Division $\frac{a^m}{a^n} = a^{m-n}$	Die Exponenten werden **subtrahiert.** Dies gilt nur bei gleicher Basis!
Potenzieren $(a^m)^n = a^{m \cdot n}$	Die Exponenten werden **multipliziert.**
Potenz eines Produktes $(a \cdot b)^n = a^n \cdot b^n$	Jeder Faktor wird potenziert.
Potenze eines Quotienten $\left(\frac{a}{b}\right)^n = \frac{a^n}{b^n}$	Zähler und Nenner werden potenziert.

1 Berechne ohne GTR.
a) 4^3 b) 3^4 c) 4^1 d) 4^0 e) 1^0
f) 4^{-1} g) 1^{-1} h) 0^4 i) 4^{-3} k) 3^{-4}

2 Achtung, die Basis ist negativ. Rechne ohne GTR.
a) $(-2)^5$ b) $(-2)^6$ c) -2^6 d) $(-2)^0$

3 Begründe, dass Potenzen mit negativer Basis und geradem Exponent stets positiv sind.

4 Im Mathematikbuch steht: 0^n ist nicht definiert. Begründe.

5 *Etwas für Entdecker*
a) Berechne $\left(4^{\frac{1}{2}}\right)^2$ mit der Regel für das Potenzieren von Potenzen.
b) Erkläre mit dem Ergebnis aus a), was $4^{\frac{1}{2}}$ sein könnte.
c) Überprüfe mit deinem GTR deine Vermutung.

6 *Zinseszinsaufgaben*
Schreibe zu jeder der Aufgaben einen Aufgabentext und rechne.
a) $K_0 = 3500$ €, $p = 3{,}2\,\%$, $t = 12$ Jahre
b) $K_{10} = 4800{,}31$ €, $p = 2{,}5\,\%$,
c) $K = 10767{,}55$ €, $p = 3\,\%$, $t = -8$ Jahre

7 Finde durch Ausprobieren, wie lange es dauert, bis sich ein Kapital bei einem Zinssatz von 5 % verdoppelt.

8 Eine Bevölkerung wächst um 2,4 % jährlich. Eine Volkszählung ergab eine Bevölkerung von 6,8 Millionen.
a) Berechne die Bevölkerung in 25 Jahren.
b) Wie groß war die Bevölkerung vor 25 Jahren, wenn man davon ausgeht, dass auch in der Vergangenheit das Bevölkerungswachstum 2,4 % jährlich betragen hat?

9 *Rechnen mit Potenzen I*
Vereinfache die folgenden Terme.
a) $a^4 \cdot a^3$ b) $x^2y^4 \cdot x^6$ c) $r \cdot r^6$ d) $\frac{c^4}{c}$
e) $\frac{b^4c^6}{(b \cdot c^2)}$ f) $\frac{a^5}{a^5}$ g) $z^6 \cdot z^0$

10 Schreibe ohne negative Exponenten.
a) x^{-3} b) $a^2 \cdot b^{-5}$ c) $\frac{r^6}{s^{-2}}$ d) $\frac{x^{-3}}{y^{-2}}$

11 *Rechnen mit Potenzen II*
a) $z^{-5} \cdot z^5$ b) $\frac{x^3}{x^6}$ c) $k^{-2} \cdot k^{-2}$ d) $\frac{a^2b^5}{(a^3b^6)}$
e) $\frac{a^{-4}}{a^{-6}}$ f) $(3x^4)^2$ g) $\frac{(b^3)^2}{b^2}$ h) $\frac{(r^2)^5}{(r^3)^2}$

12 Schreibe jeden Term in der Form ax^n.
a) $x^6 \cdot x^6$ b) $4x^6 \cdot 2x^6$ c) $(-5x^3) \cdot (-2x^4)$
d) $\frac{72x^7}{(6x^2)}$ e) $\left(\frac{6x^5}{(3x)}\right)^3$ f) $\left(\frac{20x^4}{4x}\right)^{-2}$

CHECK UP

13 In den beiden Diagrammen ist das Wachstum verschiedener Tierpopulationen dargestellt.

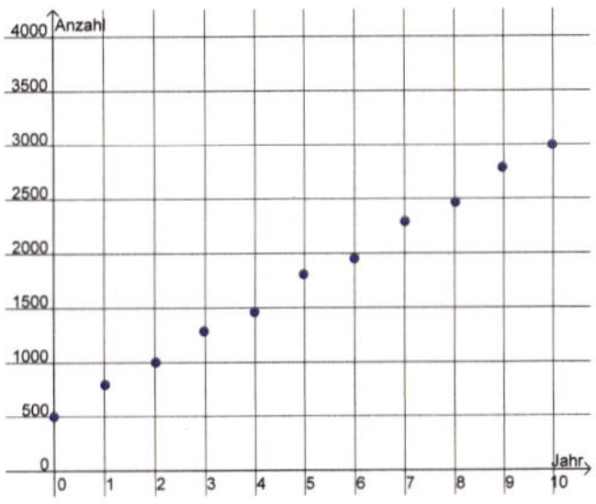

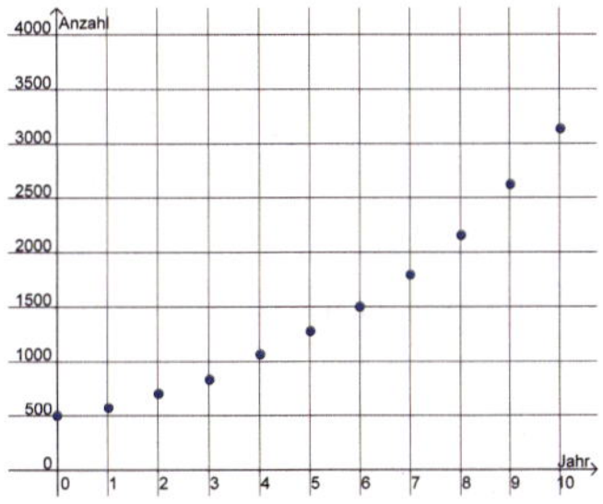

a) Welche der beiden Diagramme stellt sicher kein exponentielles Wachstum dar? Begründe.
b) Überprüfe, ob für das andere Diagramm ein exponentielles Modell passt.

14 Eine Bank bietet folgenden Sparvertrag an:
Für eine Zeit von 5 Jahren steigt der Jahreszins jährlich um 0,75 %, beginnend bei einem Zinssatz von 2 %.
Frau Hansen zahlt 6000 € ein. Wie hoch ist ihr Kapital nach 5 Jahren?

15 Herr Linde kauft eine gebrauchte, 5 Jahre alte Druckmaschine für 475 000 €. Wie hoch war der Neupreis der Maschine, wenn man mit einem Wertverlust von 12 % jährlich rechnet?

16 Schreibe in wissenschaftlicher Schreiweise.
a) 57 000 000 b) 0,000 002 05 c) −2 600 000
d) 10 060 e) 0,000 99 f) 25

17 Schreibe in Standardschreibweise.
a) $7{,}4 \cdot 10^4$ b) $4{,}9 \cdot 10^{-6}$ c) $3{,}5 \cdot 10^2$
d) $4 \cdot 10^9$ e) $9{,}2 \cdot 10^{-5}$ f) $1{,}11 \cdot 10^1$

18 Schreibe in Standardschreibweise und in wissenschaftlicher Schreibeweise.
a) 430 nm b) 12 Gigabyte c) 23 µm d) 5 k€

19 *Etwas zum Schmunzeln*
Der Lottogewinn mit dem Superjackpot betrug 1,3 Gigacent. Kann das sein?

20 *Kopfrechnen mit Zehnerpotenzen*
a) $(2 \cdot 10^5) \cdot (3 \cdot 10^8)$ b) $(6{,}5 \cdot 10^3) \cdot (2{,}0 \cdot 10^5)$
c) $(4 \cdot 10^{-5}) \cdot (6 \cdot 10^7)$ d) $\frac{8 \cdot 10^6}{5 \cdot 10^4}$

21 *Neuer Rekord bei Handy-Kurznachrichten*
Im Jahr 2008 wurden in Deutschland mehr als 29 Milliarden SMS verschickt. Das sind rund 15 Prozent mehr als im Vorjahr. Als Gründe für den Anstieg sieht die Branche neue Preismodelle wie zum Beispiel SMS-Flatrates oder Internet-Netzwerke wie Twitter. Wie viele Kurznachrichten werden 2020 pro Jahr verschickt, wenn die jährliche Steigerungsrate weiterhin 15 % beträgt?

Problemlösen mit dem exponentiellen Modell
Auf einer großen, einsamen Insel wurde die Rentierpopulation in den letzten vier Jahren gezählt.

Jahr	2005	2006	2007	2008
Anzahl	85	102	120	143

Wissenschaftler wollen aus den Daten die voraussichtliche Zahl der Rentiere in 10 Jahren berechnen.
Ist das exponentielle Modell anwendbar?

Jahr	2005	2006	2007	2008
Anzahl	85	103	124	148
	· 1,21	· 1,20	· 1,19	

– Jährliche Zunahme: ca. 20 %
– Unter der Annahme, dass die Zunahme stets 20 % beträgt, leben auf der Insel in 10 Jahren $143 \cdot 1{,}2^{10} = 885$ Tiere.
– Modellkritik: Es muss genug Nahrung vorhanden sein, keine neuen Feinde, keine Krankheiten usw.

Zahlen in wissenschaftlicher Schreibweise: $a \cdot 10^z$
$1 \le a < 10$ oder $-10 < a \le 1$; der Exponent der 10 ist eine ganze Zahl.
Beispiele: $3{,}2 \cdot 10^9$
$6{,}8 \cdot 10^{-6}$
Gegenbeispiele: $32 \cdot 10^8$
$0{,}32 \cdot 10^{10}$

Andere Darstellung von sehr großen und sehr kleinen Maßzahlen

m	Milli	=	10^{-3}	
µ	Mikro	=	10^{-6}	
n	Nano	=	10^{-9}	
p	Piko	=	10^{-12}	
T	Tera	=	10^{12}	eine Billion
G	Giga	=	10^9	eine Milliarde
M	Mega	=	10^6	eine Million
k	Kilo	=	10^3	ein Tausend

6 Darstellen und Berechnen von Körpern

6.1 Darstellen und Herstellen von Körpern

Was dich erwartet

Räumliche (dreidimensionale) Körper auf einem Blatt Papier (also nur zweidimensional) darzustellen ist gar nicht so leicht. Aber je nachdem, für welche Anwendung die Darstellung benötigt wird, gibt es unterschiedliche Methoden, möglichst viele Informationen über den Körper in die Darstellung zu integrieren. Schrägbilder sind beispielsweise dazu geeignet, den räumlichen Eindruck wiederzugeben, während man an Grund-, Auf- und Seitenrissen die genauen Maße des Körpers ablesen kann. Zum Herstellen des Körpers dienen die Netze.

Aufgaben

1 *Schrägbild – aber richtig!*
Zeichne ein Schrägbild eines Quaders, einer Pyramide und eines Zylinders in dein Heft und erkläre, wie du dabei vorgegangen bist. Gibt es mehrere Möglichkeiten? Wo liegen die Schwierigkeiten?

2 *Ansichten eines Gartenhauses*

Zu dem Schrägbild des Gartenhauses sind zusätzlich drei verschiedene Ansichten des Häuschens gezeichnet, nämlich von rechts („**Seitenriss**"), von vorne („**Aufriss**") und von oben („**Grundriss**").
Im Prospekt sind die Maße angegeben:

Außenmaß Haus: 300 cm × 250 cm
Fundamentmaß: 300 cm × 350 cm
Wandhöhe: 200 cm Firsthöhe: 230 cm
Fenster: 90 cm × 70 cm Tür: 90 cm × 180 cm
Geländerhöhe: 80 cm

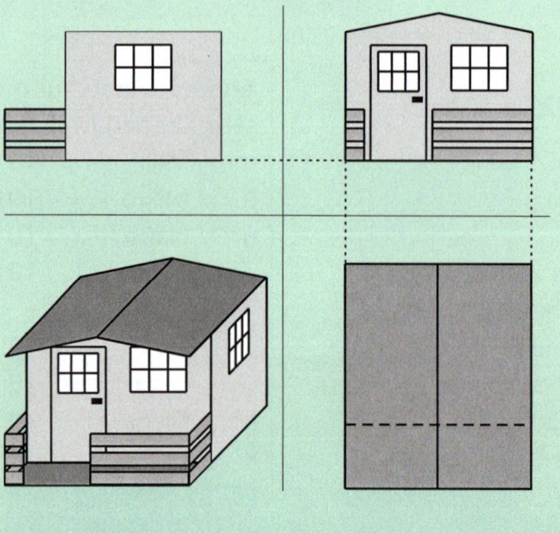

a) Kennzeichne Grund-, Auf- und Seitenriss und übertrage diese in einem geeigneten Maßstab in dein Heft. Ergänze dabei im Grundriss die Position der Tür und der Fenster, im Seitenriss das Dach.
b) Beschrifte deine Risszeichnungen mit den angegebenen Maßen.

Aufgaben

Material:
- Kantenmodell eines Würfels (z. B. Kantenlänge 20 cm)
- Zeichenblock (mind. DIN A3)
- Sonnenlicht

Am besten arbeitet ihr zu dritt.

3 *Experimente im Sonnenlicht*

Lässt man den Schatten des Modells auf den Zeichenblock fallen, entsteht ein Schrägbild (auch „Schrägriss“) des Modells.

a) Haltet das Kantenmodell und den Block so in die Sonne, dass der Schatten einen möglichst räumlichen Eindruck des Würfels vermittelt. Zeichnet den Schatten auf dem Block nach.

b) Untersucht mithilfe des obigen Aufbaus folgende Fragen:
- Welche Eigenschaften des Würfels bleiben im Schrägbild erhalten (Längen, Winkel, Parallelitäten)?
- Wie muss man Block und Modell halten, damit einige Kanten in Originallänge abgebildet werden?

c) Probiert aus, wie Modell und Block gehalten werden müssen, damit im Schatten der Aufriss des Würfels entsteht.

Basiswissen

Es gibt verschiedene Möglichkeiten Körper darzustellen. Aus den unterschiedlichen Darstellungsweisen lassen sich verschiedene Informationen entnehmen.

Körper

Schrägbild

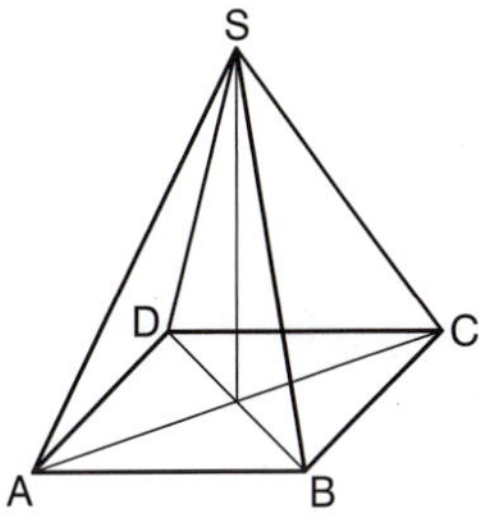

Grund- und Aufriss

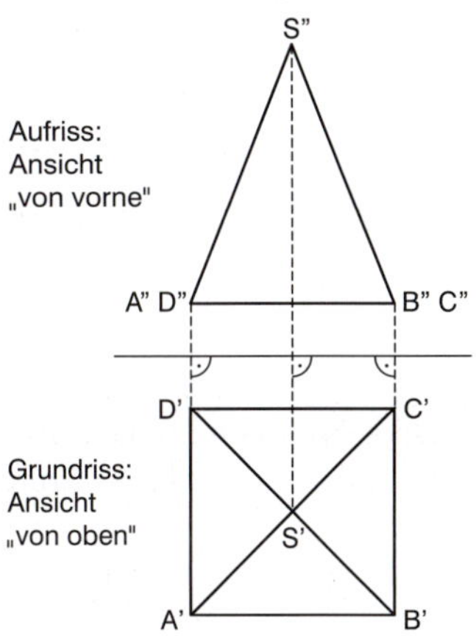

Beispiele

A Welche Längen und Eigenschaften der Pyramide im Basiswissenkasten kann man aus ihrem Schrägbild ablesen?
Lösung: Die Längen $\overline{AB}$ und $\overline{CD}$ sowie die Höhe kann man ablesen, die nach hinten verlaufenden Kanten $\overline{BC}$ und $\overline{AD}$ sowie die Seitenkanten sind verkürzt dargestellt. Die Parallelität von Strecken bleibt im Schrägbild erhalten.

B Zeichne ein Schrägbild einer quadratischen Pyramide mit Grundkantenlänge 4 cm und Höhe 5 cm.

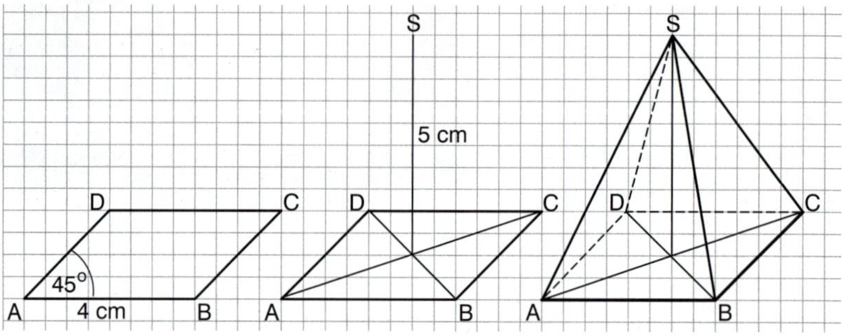

Hier wurde gerechnet:
Originalhöhe des Dreiecks ABC:
$\sqrt{4^2 - 2^2} \approx 3{,}46$ cm
Perspektivische Verkürzung:
3,46 cm · 0,5 = 1,73 cm

C Zeichne zuerst Grund- und Aufriss, dann ein Schrägbild eines Prismas der Höhe 3 cm, dessen Grundfläche ein gleichseitiges Dreieck mit Seitenlänge 4 cm ist.

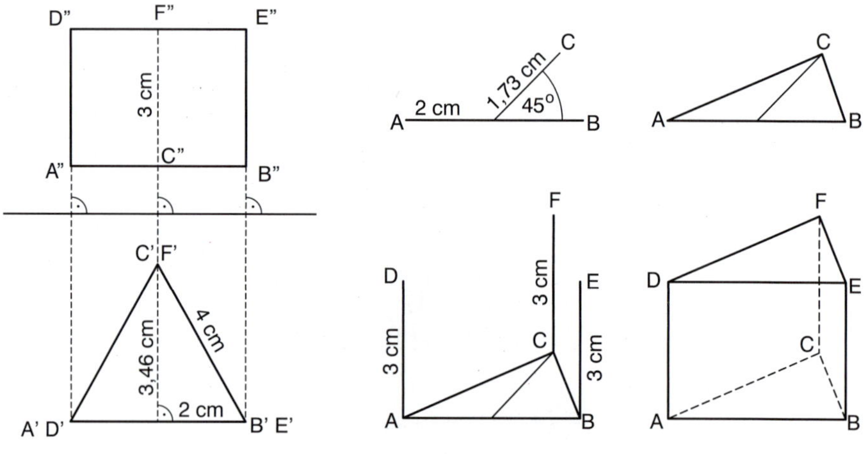

Übungen

4 Untersuche, mit welchen Verkürzungsfaktoren in den Beispielen B und C gearbeitet wurde. Was meinst du, warum die Faktoren unterschiedlich gewählt wurden?

5 Am Schrägbild eines Würfels kannst du die Wirkung verschiedener Winkel und Verkürzungsfaktoren ausprobieren. Was gefällt dir am besten?

6 Zeichne ein Schrägbild und die zugehörigen Risse. Trage in alle Bilder die angegebenen Maße ein.
a) Quader mit Länge 5 cm, Breite 4 cm und Höhe 2,5 cm,
b) quadratische Pyramide mit Grundkantenlänge 8 cm und Höhe 7 cm,
c) Prisma der Höhe 6 cm, dessen Grundfläche ein gleichseitiges Dreieck mit Seitenlänge 5 cm ist,
d) Pyramide der Höhe 3,5 cm, deren Grundfläche ein gleichseitiges Dreieck mit Seitenlänge 4 cm ist.

c)

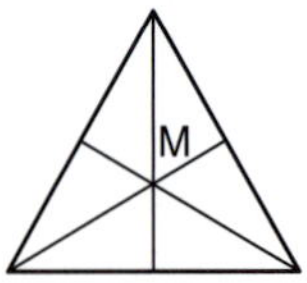

Übungen

7 Die abgebildeten Körper können aus Netzen hergestellt werden.

a) Ordne zu.

b) Zu welchen Körpern findest du noch andere Netze?

c) Stelle die Körper aus geeigneten Netzen her.

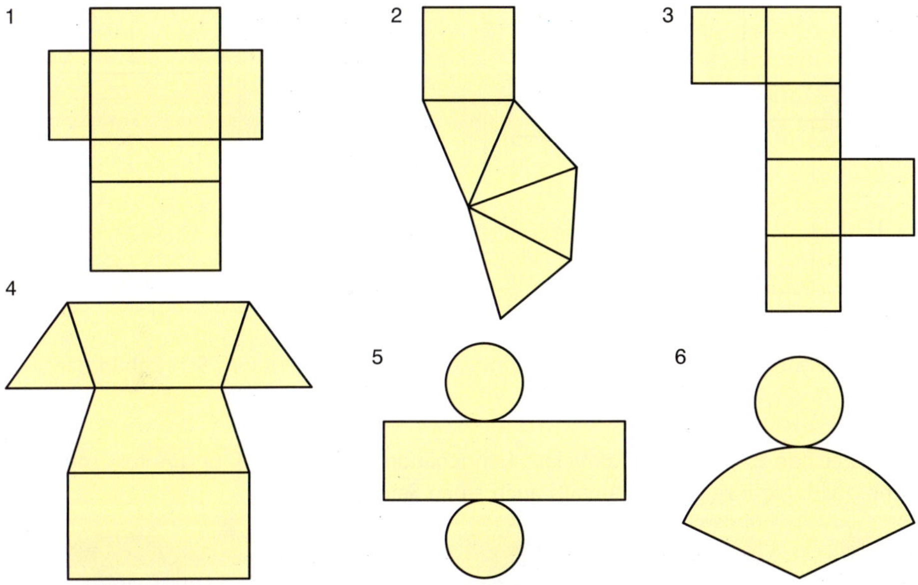

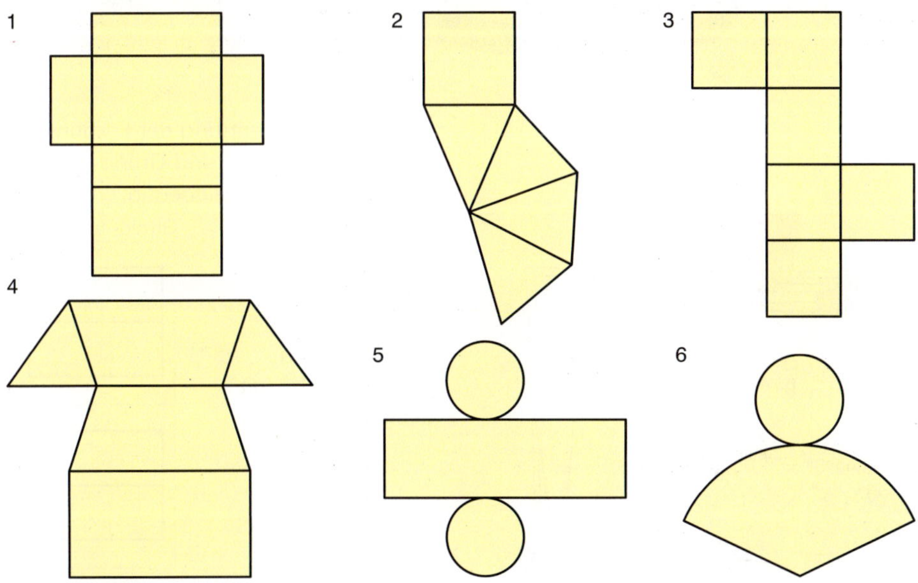

Warum ist keine Kugel abgebildet?

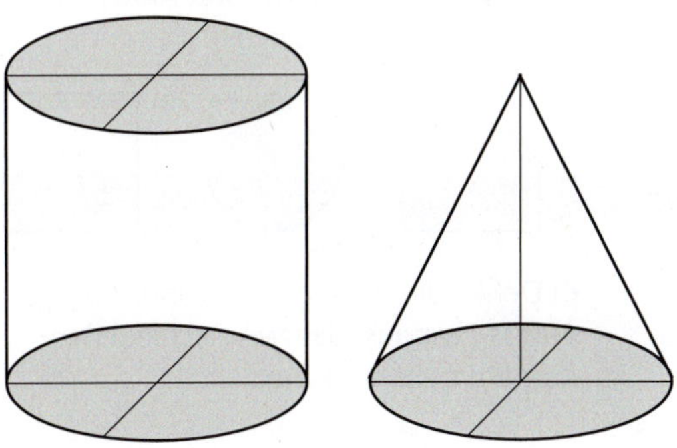

8 Im Schrägbild eines Kegels oder eines Zylinders erscheint die kreisförmige Boden- bzw. Deckfläche als Ellipse. Wie du eine solche skizzieren kannst, erkennst du im Bild.
Zeichne ein Schrägbild eines Turmes (Zylinder mit Grundkreisradius 3 cm und Höhe 5 cm und aufgesetztem Kegel der Höhe 4 cm).

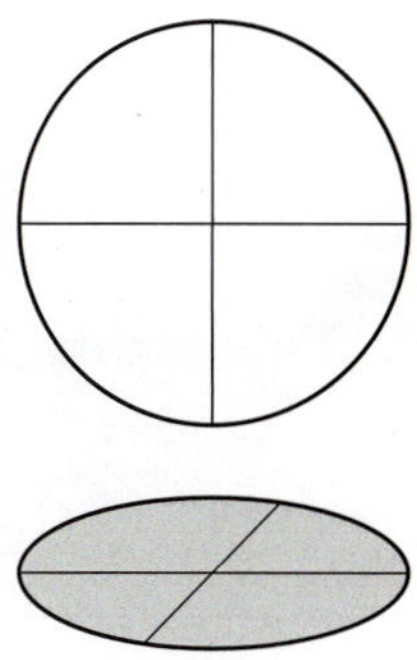

Übungen

9 Zeichne zu jedem der Grund- und Aufriss-Paare ein Schrägbild des Körpers.

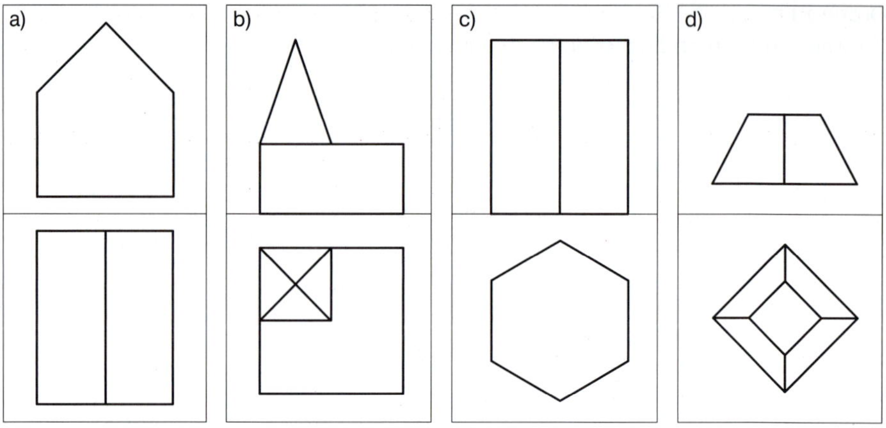

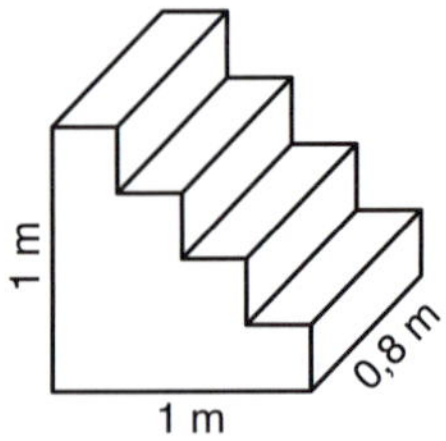

10 Zeichne einen maßstäblichen Grund- und Aufriss der links im Schrägbild dargestellten Treppe.

11 Zeichne zu jedem der „Bauklötzchengebäude" einen Grund- und Aufriss sowie ein Schrägbild. Ergänze gegebenenfalls auch einen Seitenriss.

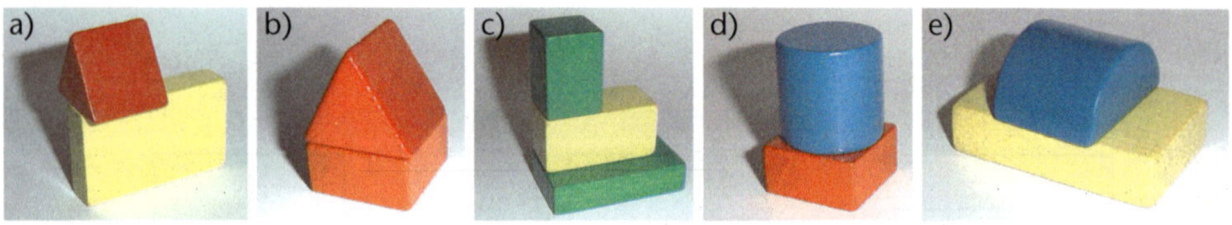

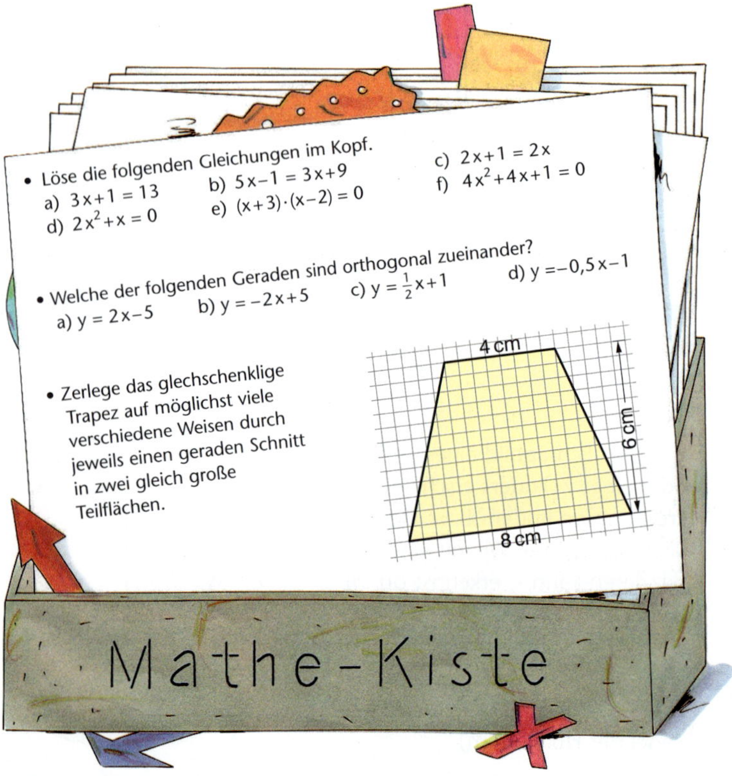

12 Ohne Beschriftung der Eckpunkte (wie im Basiswissen) sind Grund- und Aufriss nicht immer eindeutig.

a) Wie könnte der im Grund- und Aufriss dargestellte Körper aussehen? Erstelle Skizzen und vergleiche mit deinen Nachbarn.

Grund- und Aufriss

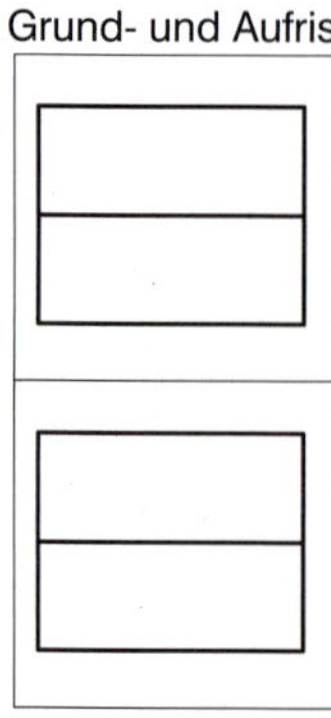

b) Welche der Seitenrisse passen zum oben gezeigten Grund- und Aufriss? Es gibt übrigens noch weitere passende.

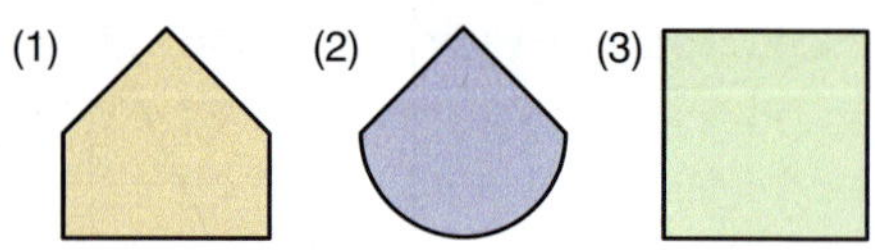

c) Denke dir ein anderes Grund- und Aufriss-Paar aus, das zu verschiedenen Körpern gehören kann.

Ziel

Projekt

Dachformen zeichnen und herstellen

In diesem Projekt soll der Blick für die verschiedenen Dachformen geschult werden, verbunden mit einem intensiven Zeichentraining.

Grundlagen zur Vorbereitung

Hausdächer

Krüppelwalmdach

Mansardendach

Walmdach

Satteldach mit Erker

a) Zwei Grund- und Aufriss-Paare sind vorgegeben. Zu welchem Bild passen sie? Wie sieht der zugehörige Seitenriss aus?
b) Zeichne zu den anderen Häuserdächern ebenfalls Grund-, Seiten- und Aufriss.
c) Stelle die Dächer aus geeigneten Netzen her.

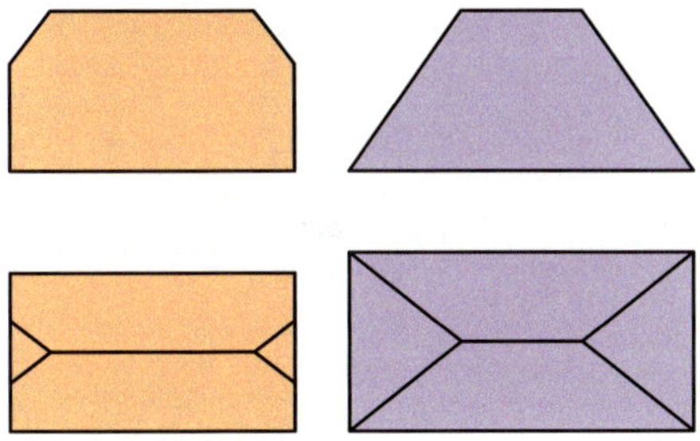

Kirchtürme

Man findet als Grundform häufig eine Pyramide. Variationen treten hier in der Anzahl der Ecken und im unteren Dachteil auf, z. B. durch Übereinandersetzen verschiedener Pyramiden. Beim Anblick eines Turms ist es oft gar nicht so einfach, den Aufbau zu erkennen. Erstelle aus Grund- und Aufriss ein Schrägbild des Turmdaches.

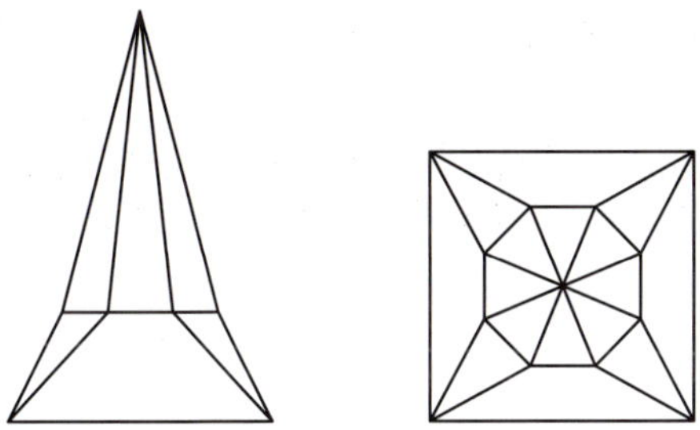

Ausführung in Teams

Jedes Team entscheidet sich für ein Dach der näheren Umgebung. Nach Besichtigung mit Foto und Skizze geht es darum, zu diesem Dach Grund- und Aufriss sowie ein Schrägbild zu erstellen; evtl. ist ein Seitenriss interessant. Informiert euch auch über die Originalmaße oder versucht sie mithilfe geeigneter Methoden zu messen. Stellt schließlich ein Modell der Dächer her.

Präsentation

Zur Präsentation bietet sich sowohl eine Ausstellung der hergestellten Modelle als auch die Darstellung auf Postern mit allen Rissen an. Benutze gegebenenfalls ein CAD-System.

Computer Aided Design (CAD)

Viele Zeichnungen werden heute am Computer erstellt. Dazu wurde eine besonders leistungsfähige Software entworfen, die es dem Anwender erlaubt, 2D- und 3D-Zeichnungen von Objektentwürfen zu erstellen, diese immer wieder zu verändern und zu berechnen. Diese CAD-Software wird nicht nur in der Architektur und dem Maschinenbau verwendet, sondern auch in der kreativen Mode- und Schmuckbranche.
In Berufsschulzweigen erlernen die Schüler den qualifizierten Umgang mit dieser Software. Die Nutzung dieser Programme setzt eine gute Raumvorstellung und die handwerkliche Übung im zeichnerischen Darstellen voraus.

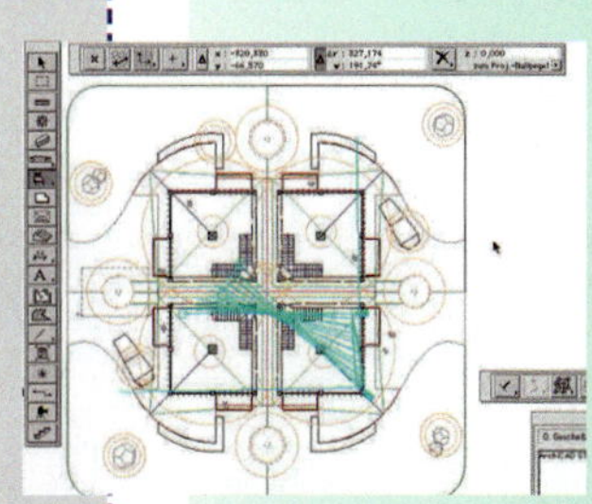

6.2 Pyramiden und Kegel

Was dich erwartet

Welchen Innenraum hat die moderne Glaspyramide am Eingang zum Louvre-Museum in Paris und welche Fläche wird durch die 655 Glasfacetten abgedeckt? Wie schwer wäre einer der abgebildeten Doppelkegel, wenn er voll aus Metall hergestellt wäre?

Bei der mathematischen Berechnung des Volumens dieser Körper greift man auf die umbeschriebenen Prismen oder Zylinder zurück, man erhält jeweils einen einfachen Bruchteil dieser mit der Grundformel $V = G \cdot h$ berechenbaren Volumina. Zur Berechnung der Oberfläche der Pyramide genügen die Formeln der Flächeninhalte von Vielecken, beim Kegel braucht man die Formeln für die Flächeninhalte von Kreisen und Kreisausschnitten.

Aufgaben

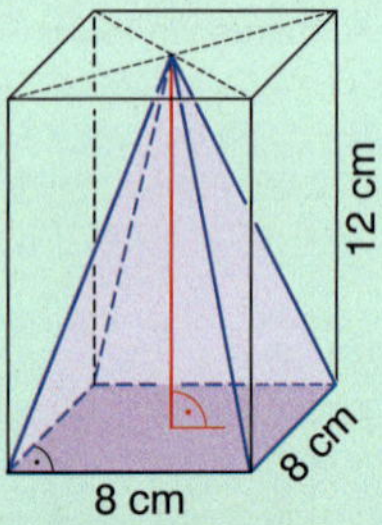

Ihr könnt auch andere Maße wählen.

1 *Pyramidenvolumen – Schätzen und Experimentieren*

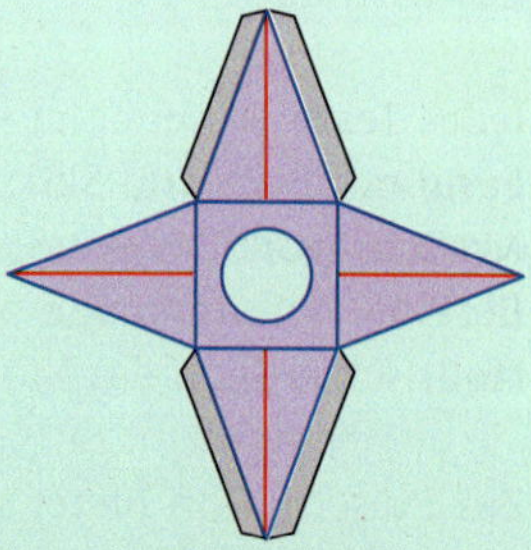

a) Die quadratische Pyramide passt genau in das Prisma mit gleicher Grundfläche und Höhe. In welchem Verhältnis stehen die Volumina der beiden Körper? Schätze mithilfe des Bildes.

b) Schätzen am realen Modell ist leichter als mit dem Schrägbild. Bastelt eine Pyramide aus der Mantelfläche und dazu den (oben offenen) umbeschriebenen Quader. Bleibt es bei der ersten Schätzung?

c) Du kannst deine Schätzung durch ein Experiment überprüfen. Fülle die Pyramide mit Sand und schütte diesen in den Quader. Wie viele Pyramidenfüllungen brauchst du, bis der Quader voll ist? Vergleiche mit den Ergebnissen anderer Gruppen (diese haben vielleicht andere Maße für a und h gewählt).

d) Zu welchen Ergebnissen kommt man bei anderen Pyramiden?

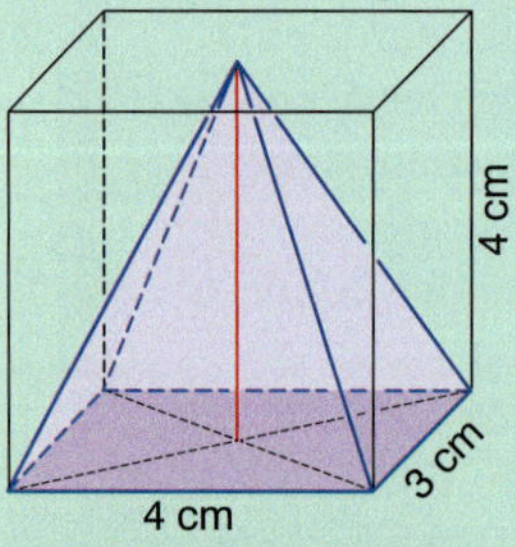

rechteckige Grundfläche

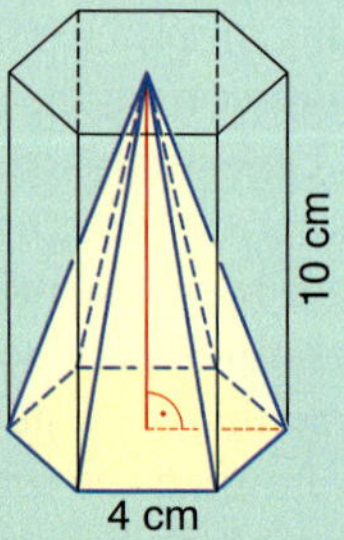

sechseckige Grundfläche

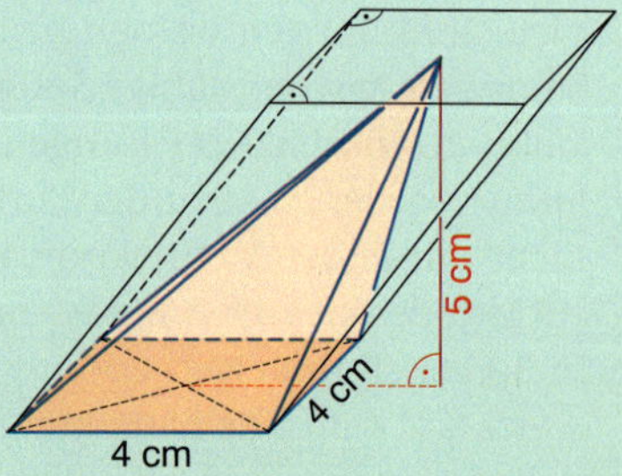

schiefe Pyramide

Am besten experimentiert ihr arbeitsteilig mit verschiedenen Modellen.

Aufgaben

2 a) Messbecher im Haushalt sind oft kegelförmig. Welchen Vorteil hat dies gegenüber einem zylinderförmigen Messbecher?
b) Schau dir die Skala bei dem nebenstehenden Messbecher an. Was ist anders als bei der Skala eines zylinderförmigen Messbechers? Woran liegt dieser Unterschied?
c) Kai hat für verschiedene Wassermengen jeweils die Höhe und den Durchmesser des Wasserkegels im Messbecher gemessen:

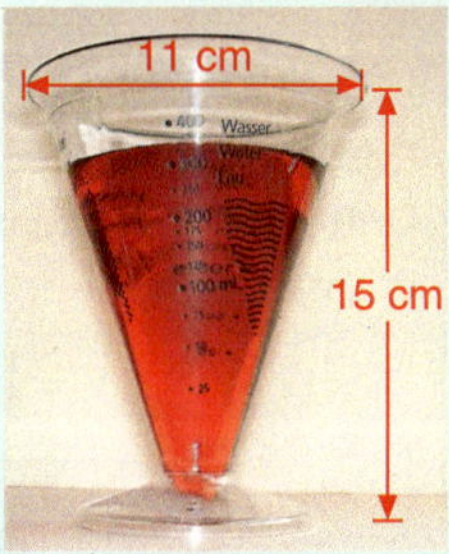

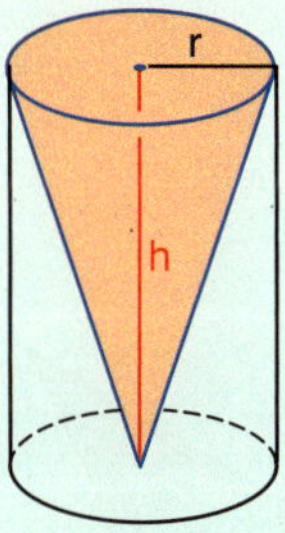

Volumen [ml]	100	200	300	400	500
Höhe [cm]	9,6	12,1	13,8	15,2	16,4
Durchmesser [cm]	6,4	8,0	9,0	10,0	10,8

Vergleiche diese Volumina mit den Volumina der jeweils umbeschriebenen Zylinder mit gleicher Grundfläche und Höhe. Erkennst du einen Zusammenhang? (Beachte die Messungenauigkeiten.) Kannst du daraus eine Formel für das Volumen eines Kegels aufstellen?

Führe die Messungen an einem eigenen Messbecher durch. Kommst du damit zu der gleichen Formel?

3 *Volumenformel für eine spezielle Pyramide*
In dem Kantenmodell eines Würfels werden mit Fäden die vier Raumdiagonalen gespannt. Begründe, dass auf diese Weise im Innern des Würfels sechs kongruente Pyramiden entstehen.
Wenn du die Grundfläche und die Höhe einer solchen Pyramide mithilfe der Seitenlänge a des Würfels ausdrückst, kannst du eine Volumenformel $V = k \cdot G \cdot h$ für diese Pyramide herleiten. k ist dabei eine einfache Bruchzahl.

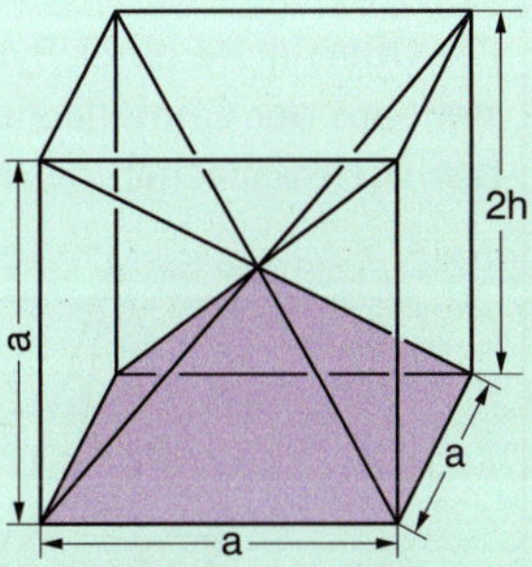

$a = 2\,h$

4 Bei quadratischen oder runden Türmen haben die Dächer die Form einer Pyramide oder eines Kegels. In welchem der beiden Beispiele benötigt man mehr Material zum Decken des Daches? Wie groß ist der prozentuale Unterschied? Beschreibe dein Vorgehen.

(1)

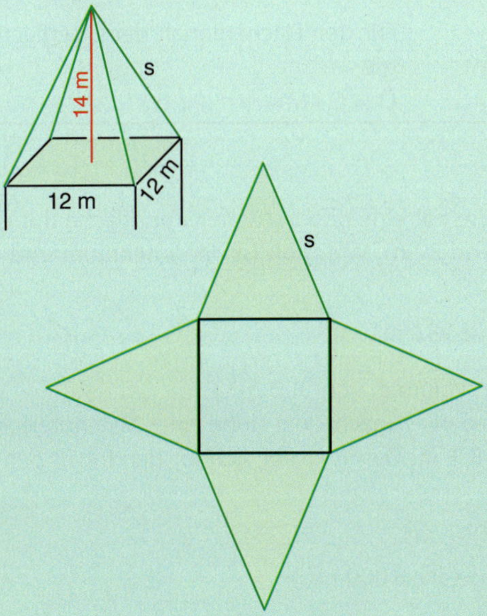

(2)

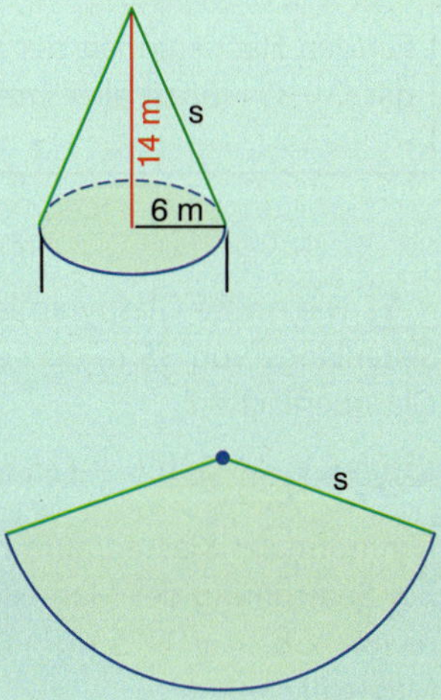

Beim Kegel helfen die Formeln zum Kreisausschnitt, siehe Seite 250 oder Formelsammlung.

Basiswissen

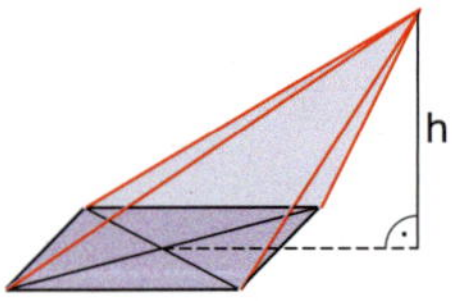

schiefe Pyramide

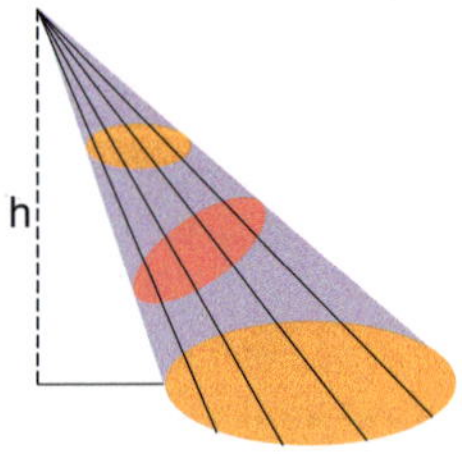

schiefer Kegel

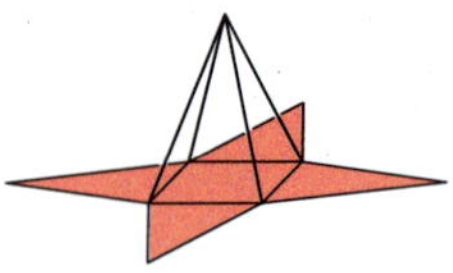

Volumen und Oberfläche bei Pyramide und Kegel

Das **Volumen einer Pyramide** ist ein Drittel des Volumens des umfassenden Prismas.

$$V = \frac{1}{3} G \cdot h$$

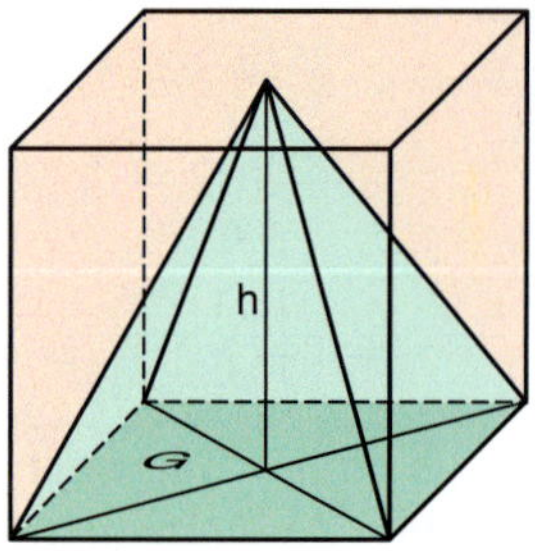

Diese Formel gilt für Pyramiden mit jedem Vieleck als Grundfläche und auch für schiefe Pyramiden.

Das **Volumen eines Kegels** ist ein Drittel des Volumens des umfassenden Zylinders.

$$V = \frac{1}{3} G \cdot h = \frac{1}{3} \pi r^2 \cdot h$$

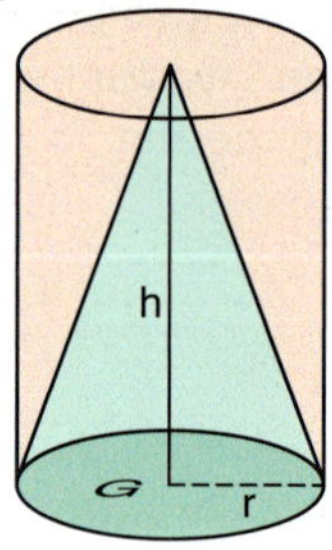

Diese Formel gilt auch für schiefe Kegel.

Die **Oberfläche einer Pyramide** besteht aus der Grundfläche (Vieleck) und den Dreiecksflächen des Mantels.

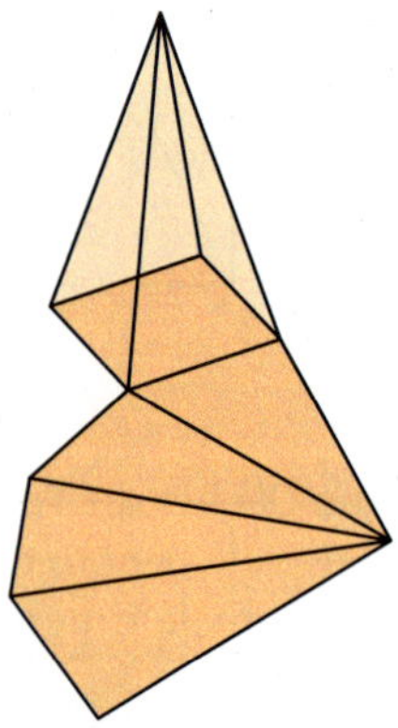

Für den Flächeninhalt der Oberfläche gilt O = G + Inhalt aller Dreiecksflächen

Die **Oberfläche eines Kegels** besteht aus der Grundfläche (Kreis) und dem Mantel, der sich zu einem Kreisausschnitt abwickeln lässt.

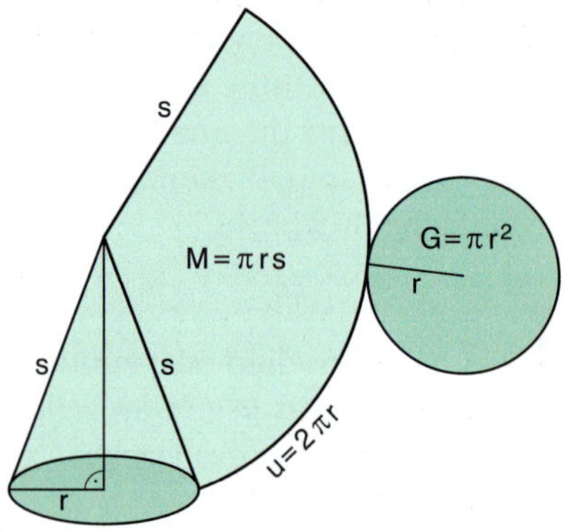

Für den Flächeninhalt der Oberfläche gilt
$O = G + M = \pi r^2 + \pi r s$

Beispiele

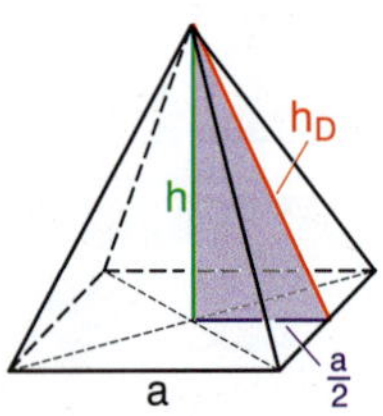

A Die große Glaspyramide des Louvre hat eine quadratische Grundfläche mit einer Seitenlänge von 35 m und eine Höhe von 22 m. Wie groß ist der Innenraum und die Glasoberfläche?

Lösung: $V = \frac{1}{3} G \cdot h = \frac{1}{3} \cdot (35\text{ m})^2 \cdot 22\text{ m} \approx 8983\text{ m}^3$

(Ein normaler Klassenraum hat etwa ein Volumen von 300 m^3.)
Zur Berechnung der Mantelfläche müssen wir zunächst die Höhe eines Seitendreiecks berechnen: $h_D = \sqrt{(17{,}5\text{ m})^2 + (22\text{ m})^2} \approx 28{,}1\text{ m}$. Damit ergibt sich für den Inhalt der Mantelfläche

$M = 4 \cdot A_{Dreieck} \approx 4 \cdot \frac{1}{2} \cdot 35\text{ m} \cdot 28{,}1\text{ m} \approx 1967\text{ m}^2$

(Ein Fußballfeld hat eine Fläche von ungefähr 8000 m^2.)

Beispiele

B Aus dem Kreisausschnitt wird ein Trichter geformt. Welches Volumen fasst der Trichter?

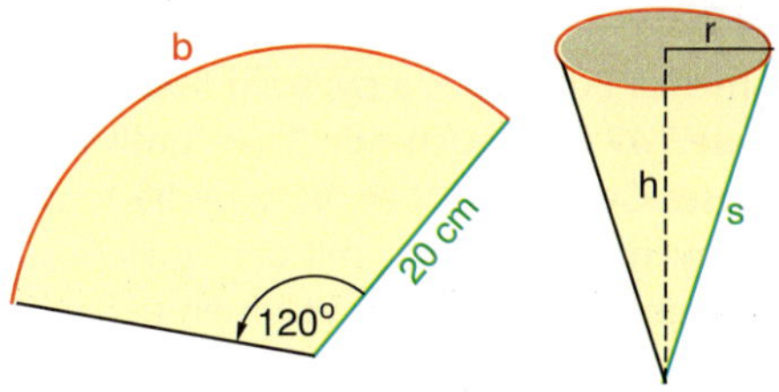

Lösung:
Der Trichter ist ein Kegel. Zur Berechnung des Volumens benötigen wir Radius r und Höhe h des Kegels.
Die Bogenlänge b des Kreisausschnitts entspricht dem Umfang $2\pi r$ des Grundkreises des Kegels. $b = \frac{\pi \cdot 20\text{ cm} \cdot 120°}{180°} \approx 41{,}9$ cm.
Damit ist $r = \frac{41{,}9}{2\pi}$ cm $\approx 6{,}7$ cm.

Die Höhe h berechnen wir mithilfe des Satzes von Pythagoras:
$h = \sqrt{s^2 - r^2} \approx \sqrt{(20\text{ cm})^2 - (6{,}7\text{ cm})^2} \approx 18{,}8$ cm

Wir können nun das Kegelvolumen berechnen: $V \approx \frac{1}{3} \cdot \pi \cdot (6{,}7\text{ cm})^2 \cdot 18{,}8\text{ cm} \approx 884\text{ cm}^3$.

Der Trichter hat ein Volumen von ungefähr 884 cm^3, das ist etwas weniger als ein Liter.

Übungen

5 Suche in deiner Umgebung pyramiden- und kegelförmige Gegenstände. Schätze deren Volumen und Oberfläche (Mantelfläche). Miss dann jeweils die geeigneten Größen und berechne. Wie gut hast du geschätzt?

6 *Schätzen und rechnen*
Ordne die nebenstehenden Körper
a) nach ihrem Volumen,
b) nach ihrem Oberflächeninhalt.
Ist die Rangordnung in beiden Fällen die gleiche?

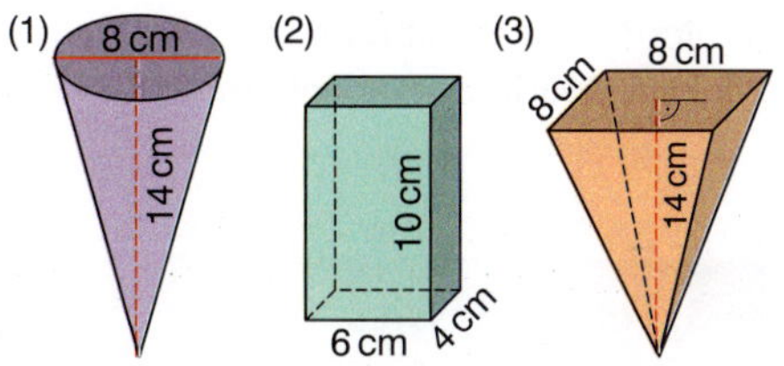

7 In den folgenden Tabellen sind jeweils einige Größen einer quadratischen Pyramide bzw. eines Kegels gegeben. Berechne die fehlenden Größen.

Pyramide	a)	b)	c)	d)
a	5 cm	■	3 cm	6 cm
h	6 cm	6 cm	■	■
s	■	10 cm	■	10 cm
V	■	■	56,55 cm^3	■
M	■	■	■	■
O	■	■	■	■

Kegel	a)	b)	c)	d)
r	3 cm	8 cm	■	4 cm
h	6 cm		5 cm	■
s	■	10 cm	■	■
V	■	■	188,5 cm^3	100,53 cm^3
M	■	■	■	■
O	■	■	■	■

Für die Aufgaben 9 bis 11 brauchst du keinen Taschenrechner!

8 Vergleiche Volumen und Oberflächeninhalt einer quadratischen Pyramide (a = 4 cm, h = 4 cm) und eines Kegels (r = 2 cm, h = 4 cm).

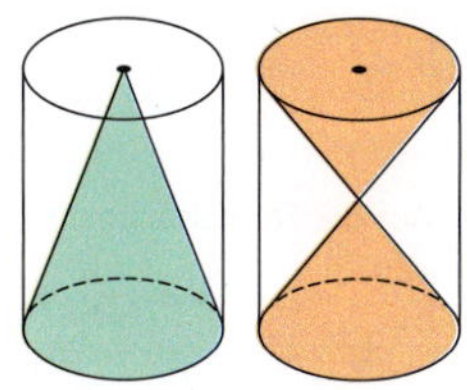

9 Die beiden Zylinder sind kongruent. Vergleiche die Volumina des einbeschriebenen Kegels und des Doppelkegels. Was lässt sich über die Mantelflächeninhalte aussagen?

10 Bestimme in jeder Figur die Werte der Variablen.
Gib die Variablen mithilfe von π und einfachen Wurzeltermen an.

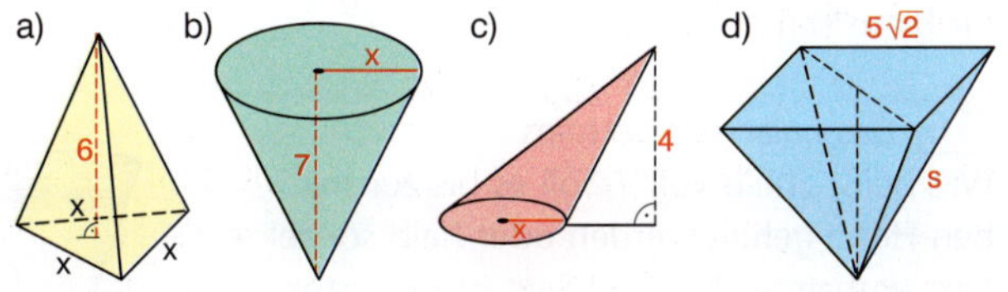

a) $V = 18\sqrt{3}$ b) $V = 21\pi$ c) $V = 24\pi$ d) $V = 150$

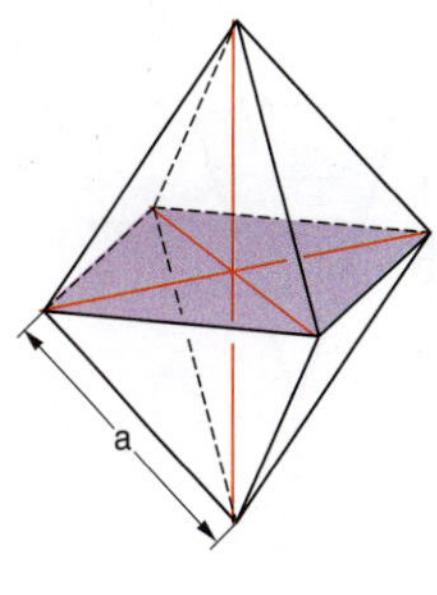

11 Beim Oktaeder lassen sich Volumen und Oberflächeninhalt allein mit der Kantenlänge a bestimmen: $V = \frac{\sqrt{2}}{3} \cdot a^3$; $O = 2\sqrt{3} \cdot a^2$. Leite die Formeln her.

Übungen

12 Im Reiseführer von San Francisco steht: „The Transamerica Building is a pyramid 800 ft tall with a square base 149 ft on each side." Wie groß ist das Volumen dieses Gebäudes? Welche Höhe hätte ein Gebäude, das als zylindrischer Turm mit dem gleichen Grundflächeninhalt und dem gleichen Volumen gebaut wäre?

13 Ganz in der Nähe der bekannten Kathedrale von Beauvais in Nordfrankreich steht dieses Stadttor. Die beiden Turmdächer sind Kegel mit einem Durchmesser von ca. 10 m und einer Höhe von 12,5 m. Wie groß ist die Dachfläche beider Türme? Vergleiche mit der Fläche eines Satteldaches eines Einfamilienhauses.

14 Manche Indianerstämme wohnten in so genannten Tipis. Diese Zelte haben aufgrund der vielen Zeltstangen angenähert die Form eines Kegels. Die Zeltplane wurde aus Büffelfellen oder Baumrinde gefertigt. Eines der größten Indianerzelte in den USA gehört einem Stammesmitglied der Crows. Es ist 13 m hoch und hat unten einen Durchmesser von 12,8 m. Vergleiche die Größe des Innenraums mit der deines Klassenzimmers.
Wie viel Quadratmeter Fell braucht man für das Zelt?

Tetra Classics

Diese Verpackung, ein Tetraeder, gilt als Ursprung für den Namen und die Geschichte von Tetra Pak. Die Tetra-Classic-Verpackung revolutionierte die Verpackung von Milch und anderen wertvollen Nahrungsmitteln auf der ganzen Welt. Weltweit existiert die Verpackung in Größen von 5 bis 500 ml. Auf dem Schweizer Markt ist jedoch nur die Größe 65 ml (Joghurt-Portionen für Kinder) zu finden. Es werden vor allem Milch und Milchprodukte, aber auch Saucen, Dressings, Mayonnaise, Ketchup und Puddings in der Tetra-Classic-Verpackung abgefüllt.

15 Die obige Information wurde unter dem Suchwort „Tetraeder-Verpackung" im Internet gefunden.
a) Begründe die nebenstehende Formel für das Volumen eines Tetraeders.
b) Welche Seitenlänge muss die Tetra-Classic-Verpackung für 500 ml aufweisen und wie viel Material benötigt man für diese Verpackung?

Aus der Formelsammlung:
$V = \frac{\sqrt{2}}{12} \cdot a^3$

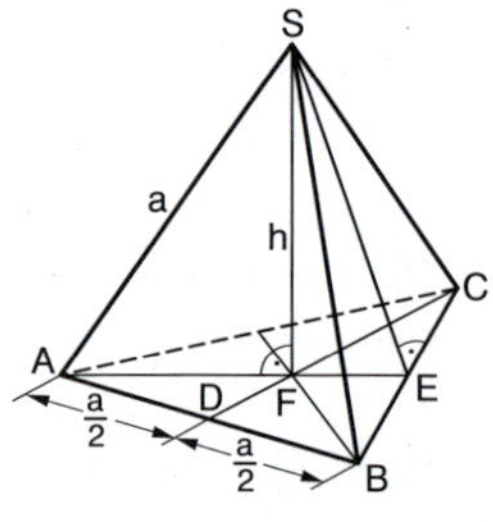

16 *Das halb volle Sektglas*
Was heißt „halb voll"? Soll es bis zur halben Höhe gefüllt werden oder halb so viel Sekt enthalten? Wie viel Sekt ist im ersten Fall im Glas und wie hoch steht der Sekt im zweiten Fall? Der erste Fall ist leicht zu berechnen, im zweiten Fall helfen Probieren und der Strahlensatz.

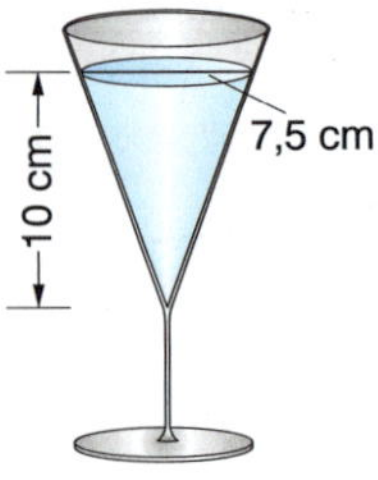

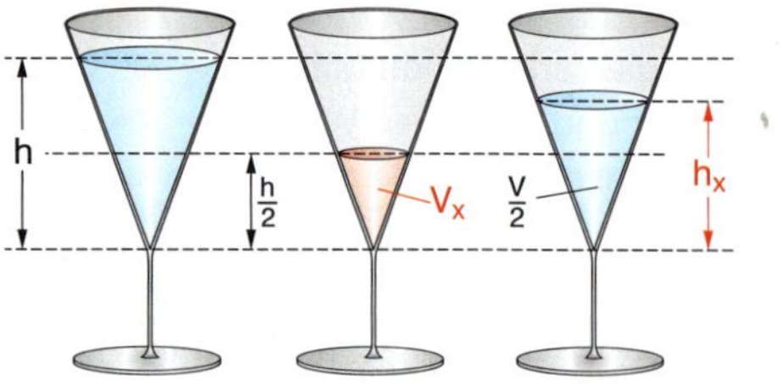

Übungen

17 *Ein Näherungsverfahren zur Herleitung der Volumenformeln*

a) Die Bilder zeigen eine Methode zur näherungsweisen Berechnung des Pyramiden- und des Kegelvolumens. Beschreibe das Vorgehen. Auf welche Volumenformeln greift man dabei zurück? Wie lassen sich die Näherungswerte schrittweise verbessern?

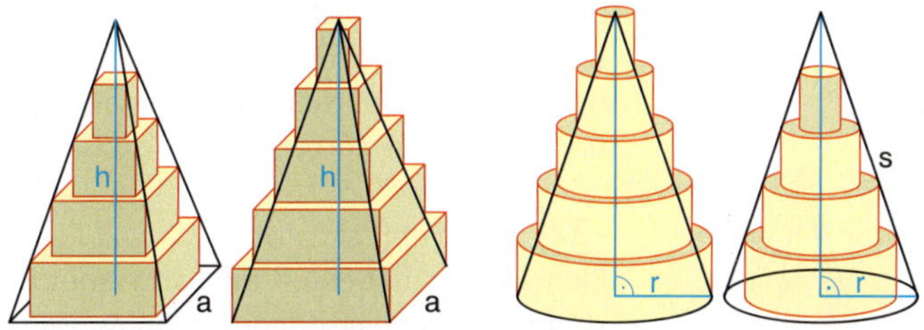

b) Berechne die Volumina V_{innen} und $V_{außen}$ der ein- und umbeschriebenen Treppenkörper für a = 6 cm (r = 3 cm) und h = 10 cm. Wie genau kommst du mit dem jeweiligen Mittelwert $\frac{1}{2} \cdot (V_{innen} + V_{außen})$ an ein Drittel des Volumens des umbeschriebenen Prismas bzw. Zylinders heran?

Zur Berechnung von a_i bzw. r_i der jeweiligen Scheibe hilft der Strahlensatz.

18 *Vom Pyramidenvolumen zum Kegelvolumen*

Bei diesem Näherungsverfahren setzt man die Volumenformel für die Pyramide als bekannt voraus. Beschreibe das Verfahren.

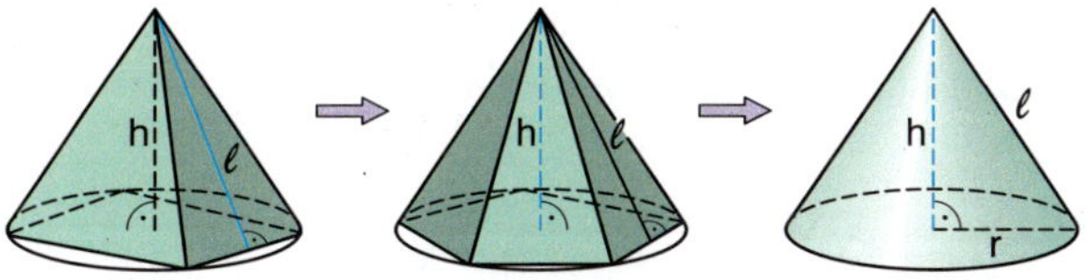

19 a) Das Verfahren aus Aufgabe 17 und das nebenstehende Bild zeigen einen Weg zur Begründung der Volumenformel für die schiefe Pyramide. Beschreibe mit deinen Worten.

b) Zeichne ein Schrägbild wie in dem Foto für einen schiefen Kegel und begründe damit die entsprechende Volumenformel.

Mit runden Pappscheiben kannst du auch ein Modell für den schiefen Kegel basteln.

Das Prinzip von Cavalieri

Das anschaulich einsichtige Prinzip des Aufbaus von Körpern aus dünnen Scheiben haben wir bereits bei der Volumenberechnung von schiefen Prismen und Zylindern angewandt. Der italienische Mathematiker CAVALIERI (1594–1647) hat dieses Prinzip allgemein formuliert, es wird noch heute nach seinem Namen benannt.

Wenn bei zwei Körpern die zur Grundfläche parallelen Querschnitte in gleichen Höhen gleichen Flächeninhalt haben, dann haben die Körper das gleiche Volumen.

Der exakte Beweis dieser Aussage erfordert Methoden der höheren Mathematik.

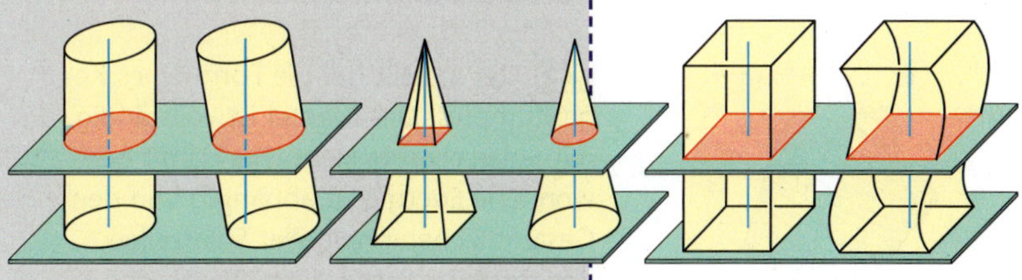

20 Begründe anhand eines Beispiels, dass das Prinzip von CAVALIERI nicht für den Oberflächeninhalt entsprechender Körper gilt.

Übungen

21 a) Wie groß muss der Radius eines Kegels der Höhe h = 8 cm sein, damit er das gleiche Volumen hat wie eine quadratische Pyramide mit der Seitenlänge a = 4 cm und der Höhe h = 8 cm?
b) Zeige: Die Querschnittsflächen in halber Höhe sind bei beiden Körpern gleich groß.

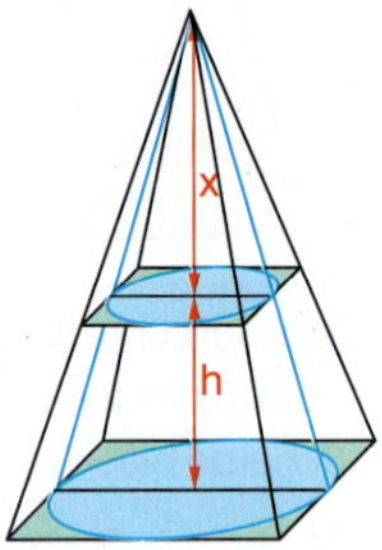

22 *Abgeschnittene Pyramiden und Kegel*
Blumentöpfe haben oft die Form eines Pyramidenstumpfes oder eines Kegelstumpfes. Wie viel Blumenerde passt jeweils in die Töpfe?
Tipp: Ergänze den Stumpf jeweils zu einer vollen Pyramide (zu einem vollen Kegel) und berechne die Differenz der Volumina der großen und der kleinen Pyramide (des großen und des kleinen Kegels). Die Gesamthöhe (h + x) kannst du durch Konstruieren und Messen bestimmen oder mithilfe des Strahlensatzes berechnen.

23 In der Formelsammlung findest du Formeln zur Berechnung des Volumens von Pyramiden- und Kegelstumpf.

Kreiskegelstumpf ($r_1 > r_2$) Pyramidenstumpf

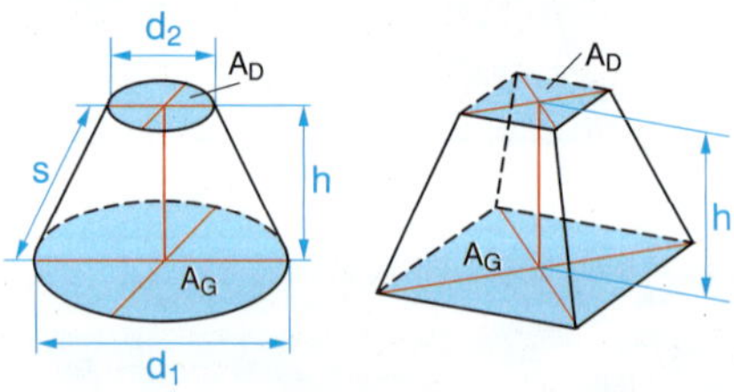

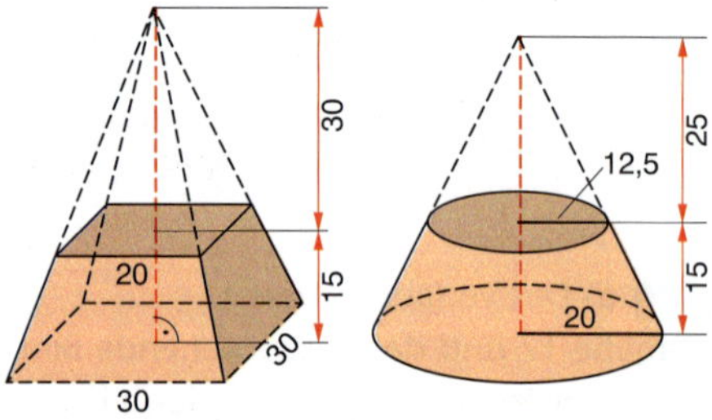

Formelsammlung $V = \frac{1}{3}\pi h(r_1^2 + r_2^2 + r_1 r_2)$ $V = \frac{1}{3}h(A_G + \sqrt{A_G A_D} + A_D)$

a) Bestätige diese Formeln mithilfe der gegebenen Beispiele, indem du einmal die Volumina als Differenz der Pyramiden (Kegel) und einmal mit der Formel berechnest.
b) Schreibe die Formel für das Volumen des Kegelstumpfes auch mithilfe der Inhalte von Grundfläche (A_G) und Deckfläche (A_D). Vergleiche mit der Formel für den Pyramidenstumpf.
c) Zur groben Abschätzung verwendet man in der Praxis sowohl für den Pyramidenstumpf als auch für den Kegelstumpf die nebenstehende Näherungsformel für das Volumen. Beurteile die Brauchbarkeit anhand von Beispielen.

Näherungsformel: $V \approx h \cdot \frac{A_G + A_D}{2}$

24 a) Stelle einen Pyramidenstumpf aus einem geeigneten Netz her. Berechne die Oberfläche und das Volumen dieses Pyramidenstumpfes.
b) Forme einen Kegelstumpf mithilfe einer geeigneten Mantelfläche. Berechne die Oberfläche und das Volumen dieses Kegelstumpfes.

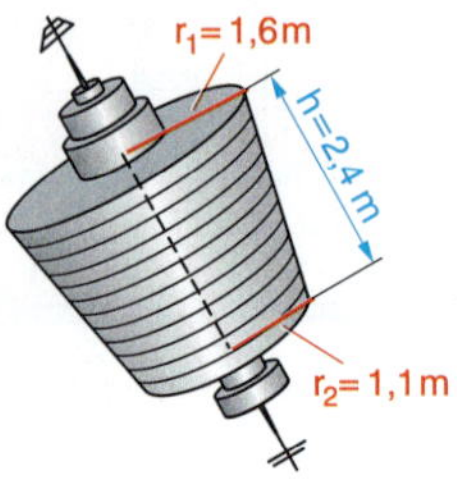

25 Der Satellit hat die Form eines Kegelstumpfes. Der Mantel ist vollständig mit Solarzellen beklebt. Die damit gewonnene Energie ist abhängig von dem Gesamtflächeninhalt aller Solarzellen. Wie groß ist diese Fläche? Vergleiche mit der Solarfläche auf dem Dach des Wohnhauses.

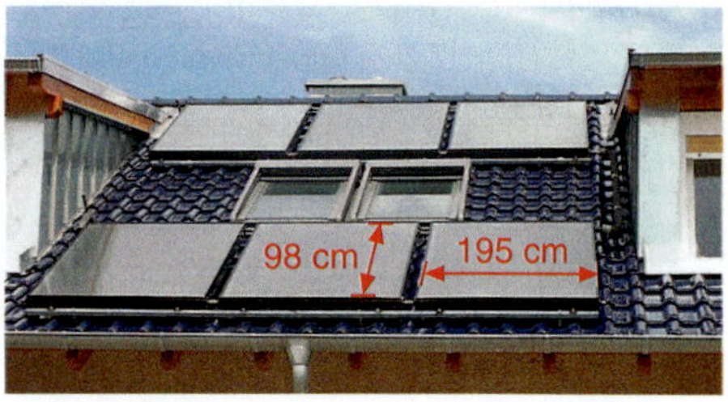

26 Haushaltseimer haben oft die Form eines Kegelstumpfes. Entwirf ein Modell eines solchen Eimers, der genau 10 Liter fassen soll. Welche Abmessungen könnte er haben? Schätze und rechne nach. Korrigiere deine Schätzung so lange, bis sie ungefähr stimmt. Vergleiche deinen Entwurf mit dem eines üblichen Haushaltseimers.

Die Pyramiden am Nil

Die Pyramiden in der Nilebene stellen das älteste der sieben Weltwunder dar und zugleich das einzige, das bis heute noch fast vollständig erhalten ist. Die Pyramiden – rund 80 an der Zahl – wurden in der Zeit von 2900 bis 1800 v. Chr. erbaut.
Gemessen an den damaligen Hilfsmitteln – Rolle, schiefe Ebene, Hebel, Lot und Winkelmaß – sind die Pyramiden Wunderwerke der Baukunst. Sie dienten als Gräber von Königen, die dadurch bis heute in Erinnerung geblieben sind. In Vergessenheit geraten sind allerdings all jene namenlosen Arbeiter, Techniker und Baumeister, die in glühender Hitze und angetrieben von Aufsehern die Wunderwerke erbauten. Allein für die Cheopspyramide arbeiteten mehrere zehntausend Menschen zwanzig Jahre lang. Sie haben rund 2,3 Millionen Steinblöcke verbaut, von denen jeder ca. 2,5 t wog.
Die größten und berühmtesten Pyramiden sind die Pyramiden von Gizeh, die jährlich Millionen von Touristen anlocken. Das Besteigen der Pyramiden ist heute aus Gründen des Denkmalschutzes untersagt.

Pyramide von Sakkara

Aufgaben

27 *Die Pyramiden von Gizeh*
Die Abmessungen der Pyramiden haben sich durch Verwitterung im Laufe der Jahre verändert (Maße gerundet).

Die Pyramiden von Giseh	Chepos-pyramide	Chephren-Pyramide	Mykerinos-Pyramide
Ursprüngliche Seitenlänge	230 m	215 m	
Ursprüngliche Seitenkantenlänge		209 m	102 m
Ursprüngliche Höhe	146 m		67 m
Heutige Seitenlänge	227 m	209 m	107 m
Heutige Seitenkantenlänge	211 m	201 m	98 m
Heutige Höhe	137 m	136 m	63 m

a) In der Tabelle sind einige Lücken. Berechne die fehlenden Größen.
b) Das Gestein, aus dem die Pyramiden erbaut wurden, hat eine Dichte von ungefähr 2,5 g/cm³. Berechne das ursprüngliche und das heutige Gewicht der Pyramiden. Vernachlässige dabei die in den Pyramiden vorhandenen Hohlräume.
c) Wie hat sich die Grundfläche und die Mantelfläche im Laufe der Jahre durch Verwitterung verändert?

Ein Bau-LKW kann ungefähr 20 t transportieren.

28 *Die Pyramide Barkal 5*
Barkal 5 ist eine Pyramide, die sich in der Republik Sudan befindet. Sie wurde im 1. Jahrhundert v. Chr. zu Ehren des Löwengottes Apedemak errichtet. Der untere Teil der Pyramide ist stufenförmig angelegt, wobei jede Stufe 32,5 cm hoch ist. Der obere Teil hat eine glatte Oberfläche. Bestimme näherungsweise die Grundfläche und die Mantelfläche der Pyramide.

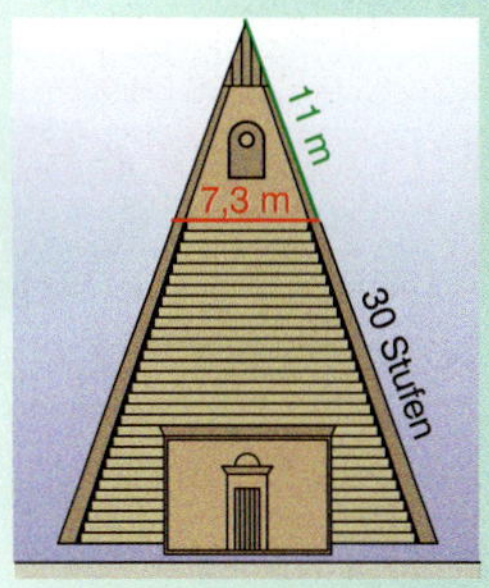

6.3 Die Kugel

Was dich erwartet

Die Kugel gilt als die vollkommene geometrische Form schlechthin. Die Erde, aus dem All betrachtet, zeigt nahezu ideale Kugelgestalt. Seifenblasen nehmen von ganz alleine die optimale Form der Kugel an. Im Alltag begegnet uns die Kugel bei Fuß-, Basket- oder Tennisbällen, in der Architektur faszinieren die runden Kuppeldächer. Die Berechnung von Volumen und Oberfläche der Kugel verlangt besonders einfallsreiche Methoden. Während man Zylinder- und Kegeloberfläche noch in die Ebene abwickeln kann, ist dies bei der Kugel unmöglich. Hier ist man bei der Berechnung ausschließlich auf Näherungsverfahren angewiesen, es gibt keine leicht zugänglichen Spezialfälle wie zum Beispiel bei der Pyramide. Umso überraschender ist die Einfachheit der Formeln für das Volumen und den Oberflächeninhalt der Kugel.

Aufgaben

1 *Erste gedankliche und experimentelle Näherungen für das Kugelvolumen*

a) Wir zwängen eine Kugel mit dem Radius r in einen Würfel und in einen Zylinder ein. Welches Volumen haben diese umbeschriebenen Körper? Welchen Anteil dieses Volumens nimmt jeweils die Kugel ein? Schätze. Entwickle mit den Schätzwerten jeweils eine Formel $V_k = k \cdot r^3$ für das Kugelvolumen. Wie groß ist k?

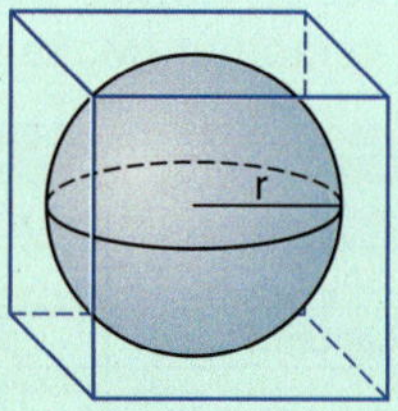

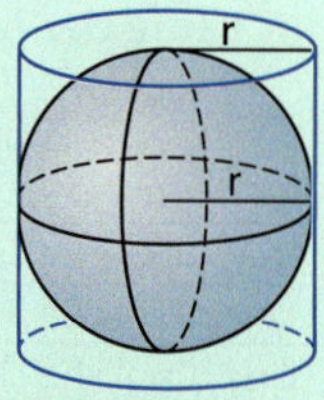

b) Miss das Volumen verschiedener Kugeln mit einem Überlaufgefäß. Übersetze die Ergebnisse in eine Formel $V_k = k \cdot r^3$. Welchen Wert erhältst du jetzt für k? Vergleiche mit deinen Schätzwerten aus a).

Flächeninhalt regelmäßiger Vielecke mit der Seitenlänge a:
5-Eck: $A \approx 1{,}72 \cdot a^2$
6-Eck: $A \approx 2{,}6 \cdot a^2$

2 *Zwei gute Einfälle zur Bestimmung der Kugeloberfläche*

a) Die Oberfläche eines Fußballs ist aus regelmäßigen Fünfecken und Sechsecken zusammengesetzt. Bestimme den Flächeninhalt aller Vielecke und vergleiche diesen mit dem Inhalt eines Kreises mit dem Radius des Fußballs. Beim aufgepumpten Fußball ist die gewölbte Fläche der Vielecke geringfügig größer.

b) Besorge dir eine Halbkugel aus Styropor. Stecke jeweils eine Pin-Nadel in den Kreismittelpunkt der Bodenfläche und auf den Pol der Halbkugel. Wickle dann sorgfältig jeweils mit einem Wollfaden die Kreisfläche und die Halbkugelfläche vollständig zu. Vergleiche die beiden benötigten Längen x und y der Wollfäden. Was kannst du daraus über das Verhältnis der Inhalte der umwickelten Flächen schließen?

Basiswissen

Volumen und Oberfläche einer Kugel

Das Volumen einer Kugel beträgt gerade zwei Drittel des Volumens des umbeschriebenen Zylinders.

$V = \frac{2}{3}\pi \cdot r^2 \cdot (2r) = \frac{4}{3}\pi \cdot r^3$

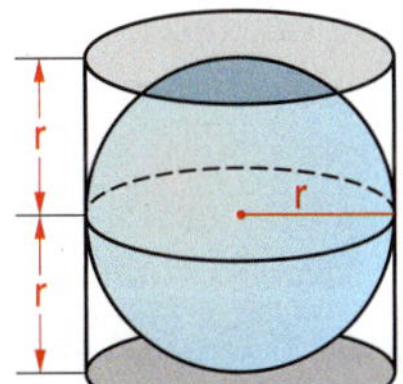

Die Oberfläche einer Kugel lässt sich nicht exakt in die Ebene abwickeln.
Der Flächeninhalt der Kugeloberfläche ist genau viermal so groß wie der Flächeninhalt eines Großkreises.

$O = 4 \cdot \pi \cdot r^2$

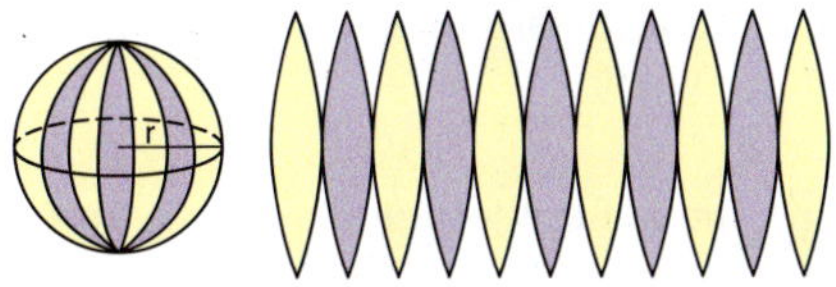

Ein angenähertes Netz für die Kugel.

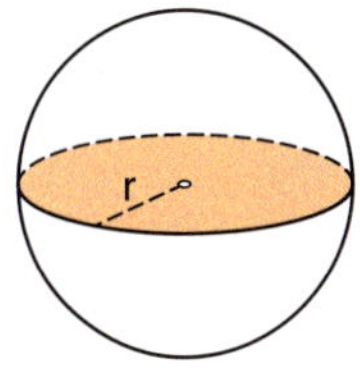

Beispiele

A Ist die Eistüte groß genug, um das schmelzende Eisbällchen aufzunehmen?
Lösung: Das Volumen des Eisbällchens ist $V_{Kugel} = \frac{4}{3}\pi \cdot (4\text{ cm})^3 \approx 268\text{ cm}^3$.
Das Volumen des Kegels ist $V_{Kegel} = \frac{1}{3}\pi \cdot (4\text{ cm})^2 \cdot 12\text{ cm} \approx 201\text{ cm}^3$.
Die Eistüte ist nicht groß genug für das geschmolzene Eis.

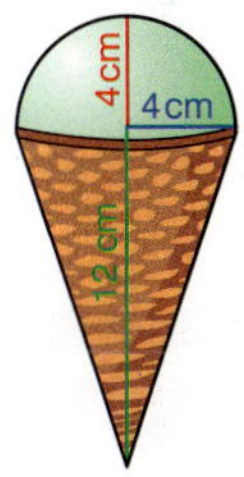

B Berechne aus dem gegebenen Volumen einer Kugel (5 575 cm³) die Oberfläche der Kugel.
Lösung: Wir berechnen zunächst den Radius der Kugel mithilfe der Volumenformel:
$5575\text{ cm}^3 = \frac{4}{3}\pi r^3 \Rightarrow r = \sqrt[3]{\frac{5575\text{ cm}^3 \cdot 3}{4\pi}} \approx 11\text{ cm}$.
Damit erhalten wir für den Oberflächeninhalt $O = 4\pi \cdot (11\text{ cm})^2 \approx 1520\text{ cm}^2$.

Übungen

3 Suche einige kugel- oder halbkugelförmige Gegenstände (z. B. Vase, Apfelsine, Basketball) in deiner Umgebung und schätze deren Volumen und Oberflächeninhalt. Miss dann jeweils den Radius und berechne. Wie gut hast du geschätzt?

4 Berechne die fehlenden Größen einer Kugel.

r	1 cm	10 cm	■	■	■	■	■	■	■
d	■	■	40 cm	12 740 km	■	■	■	■	■
V	■	■	■	■	31,4 l	1 m³	100 dm³	■	■
O	■	■	■	■	■	■	■	12,57 m²	1256 m²

5 *Ohne Worte*

a)
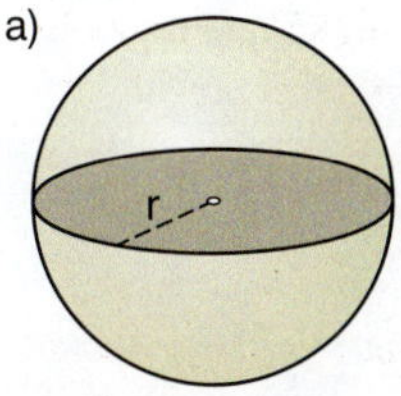

$A_{Kreis} = 40\,\pi\text{ cm}^2$
$O_{Kugel} = ?$

b)
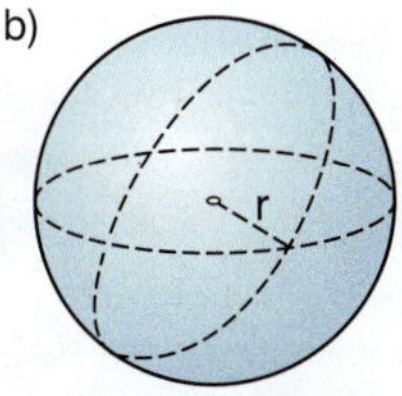

$O = 64\,\pi\text{ cm}^2$
$V = ?$

c)
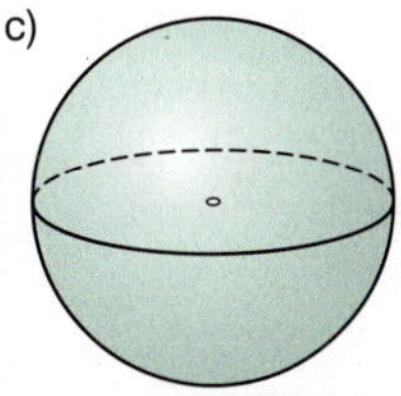

$V\ 288\,\pi\text{ cm}^3$
$O = ?$

d)
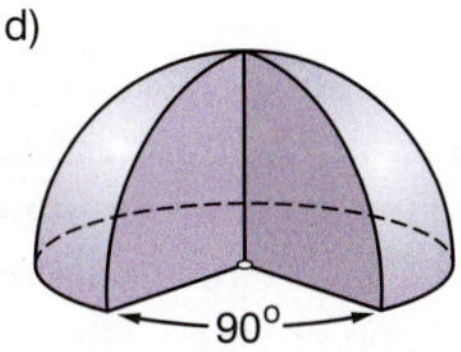

$V = 256\text{ cm}^3$
$r = ?$

Übungen

6 a) Die Äquatorlänge beträgt ungefähr 40 000 km. Berechne daraus das Volumen und die Oberfläche der Erde.
b) Die Erde hat nicht exakte Kugelform, sie ist an den Polen etwas abgeflacht. Wird dadurch das Volumen größer oder kleiner? Begründe.
c) Die Erdoberfläche ist nicht glatt, sondern durch Berge und Täler zerklüftet. Was bedeutet dies für den Oberflächeninhalt? Begründe.

7 Auf dem Globus kannst du erkennen, dass der größte Teil der Erdoberfläche mit Wasser bedeckt ist, dies sind ungefähr 70 %. Wie groß ist die Landfläche auf der Erde?

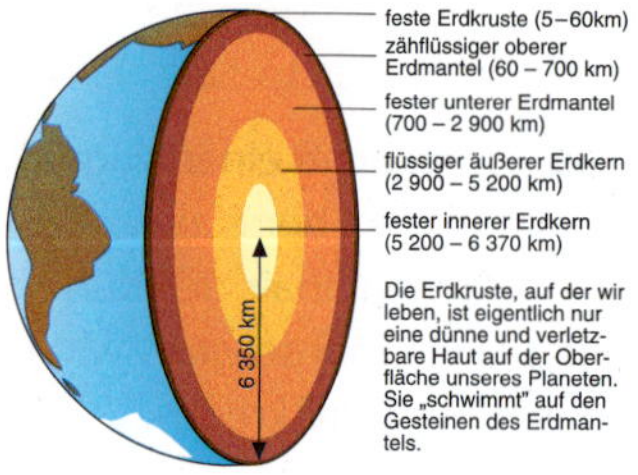

8 Die äußere feste Erdkruste ist im Durchschnitt etwa 24 km dick. Welchen prozentualen Anteil hat das Volumen dieser Kruste am Gesamtvolumen der Erde? Schätze und rechne.

Die Dichte von Eis beträgt ungefähr 0,9 g/cm³.

9 *Hagelkörner und Geschwindigkeiten*
a) Bei einem massiven Hagelsturm haben die größten Hagelkörner einen Durchmesser von 50 mm. Wie schwer ist ein solch extrem großes Hagelkorn?
b) Meteorologen haben eine Formel aufgestellt, mit der die Endgeschwindigkeit v (in m/s) eines Hagelkorns mit glatter Kugeloberfläche in Abhängigkeit vom Durchmesser d (in mm) berechnet werden kann: $V_E = \sqrt{\frac{4}{3} \cdot 13{,}9 \cdot d}$.

Bestimme damit die Geschwindigkeiten für große und kleine Hagelkörner. (Zeichne mit dem GTR den Funktionsgraphen).

Globe Arena, Stockholm

Mit einer Innenhöhe von bis zu 85 Metern ist die Globe Arena in Stockholm das größte kugelförmige Gebäude der Welt und eines der Wahrzeichen der Stadt. Hier fanden schon zwei Weltmeisterschaften im Eishockey statt, der Papst hielt eine Messe und der schwedische König feierte seinen 50. Geburtstag. Pro Jahr finden in der „Kugel" knapp 130 Veranstaltungen statt, die von mehr als einer Million Menschen besucht werden. Beim Basketball fasst die Halle 13 000 Zuschauer.

Eine Skizze ist hilfreich.

10 a) Wie groß sind das Volumen und der Oberflächeninhalt der Globe Arena in Stockholm ungefähr? Vergleiche mit den Maßen eurer Sporthalle.
b) Wie groß ist die zur Verfügung stehende Grundfläche der Innenarena, wenn man sie etwa in der Höhe von einem Viertel Durchmesser anlegt?

11 Das Atomium in Brüssel wurde zur Internationalen Weltausstellung (EXPO) 1958 als zweihundertmilliardenfache Vergrößerung eines Eisenmoleküls errichtet. Es blieb als einziges Bauwerk dieser Ausstellung erhalten. Die Gesamthöhe beträgt 102 m, die Kugeln haben einen Durchmesser von 18 m. Wie groß ist das Volumen einer „Atomkugel"?

Übungen

12 Bei Pyramide und Kegel haben wir die „Scheibenmethode“ schon kennengelernt.
Sie ist auch zur Herleitung der Formel für das Kugelvolumen geeignet.

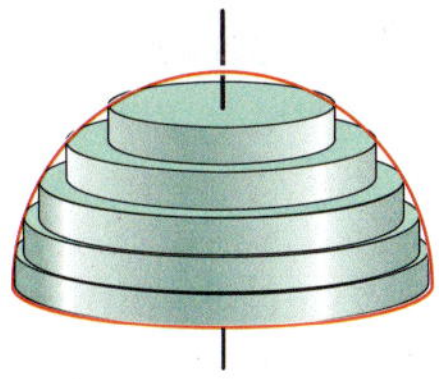

a) Erkläre, wie man mithilfe der Zylinderstufen näherungsweise das Volumen der Halbkugel erhält. Begründe, dass die Näherung mit größerer Anzahl der Scheiben immer genauer wird.
b) Berechne das Gesamtvolumen V_i der fünf Innenscheiben. Die Radien der Scheiben kannst du mit dem Satz des Pythagoras berechnen. Wie nahe kommst du schon an $\frac{2}{3}\pi r^3$?

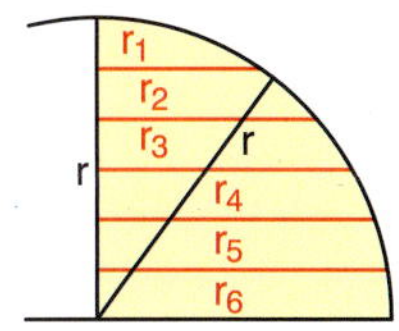

Wieder einmal hilft der Satz des Pythagoras.

13 Mithilfe des Prinzips von CAVALIERI (siehe Seite 175) lässt sich auf originelle Weise die Volumenformel für die Kugel begründen. Vielleicht habt ihr in der Mathematiksammlung das entsprechende Modell einer Halbkugel auf einem Zylinder mit herausnehmbarem Innenkegel.
Begründe mithilfe der Skizze, dass beide Körper in gleicher Höhe jeweils gleich große Querschnitte haben. Leite daraus die Volumenformel der Kugel her.

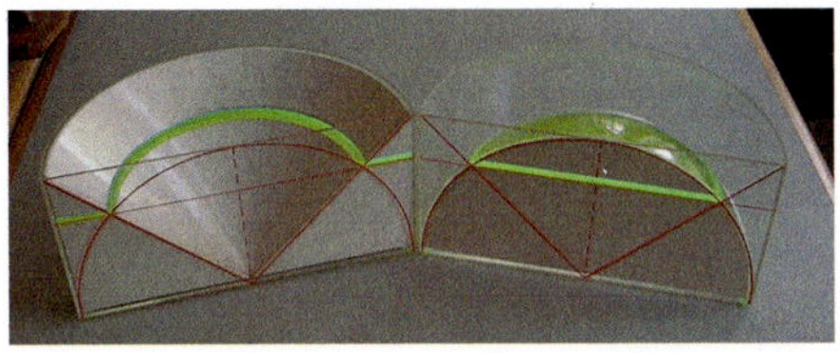

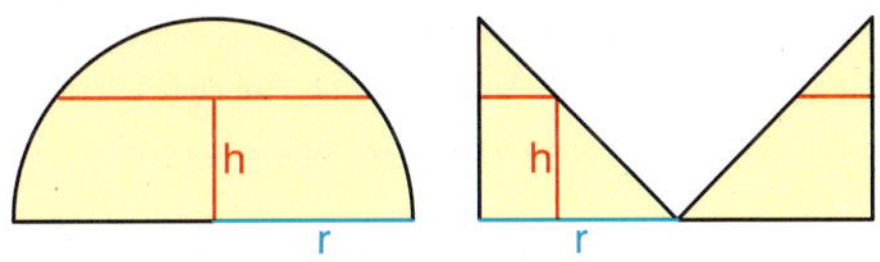

Die Querschnittsfläche beim Zylinderrest ist ein Kreisring, die bei der Halbkugel ein Kreis.

14 Die Flächen rotieren jeweils um die Achse, dabei entstehen Drehkörper.

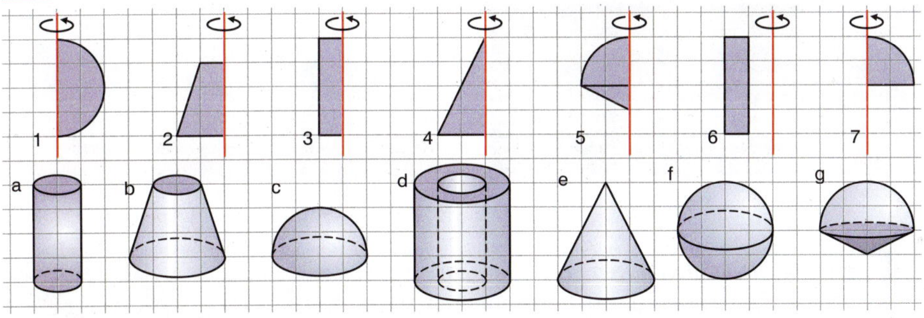

Drehkörper

a) Welcher Körper gehört zu welcher Fläche?
b) Ordne die Flächen nach ihrer Größe, dann die Körper einmal nach ihrem Volumen und einmal nach dem Inhalt ihrer Oberfläche. Vergleiche die Rangfolgen.

15 Auf dem Grabstein des ARCHIMEDES VON SYRAKUS findet sich das folgende Bild.
a) In welchem Verhältnis stehen die Flächeninhalte der drei Figuren?

b) Welche Körper entstehen, wenn die Figur um die Symmetrieachse (gemeinsame Höhe) rotiert?
Zeichne und berechne das Verhältnis der Volumina der drei Rotationskörper.
c) Wie ist das Verhältnis der Oberflächeninhalte der drei Rotationskörper?

Aufgaben

16 *Kugeltank*

Der neue Kugelöltank wartet über Ostern auf den unterirdischen Einbau. Er fasst 14000 Liter.

a) Warum wählt man bei solchen Tanks die Kugelform?

b) Vergleiche den Oberflächeninhalt des Kugeltanks mit dem eines rein quaderförmigen Tanks mit dem gleichen Volumen von 14000 l. Wähle dabei die Maße a, b, c so, dass die Oberfläche des Tanks möglichst klein wird.

Anregung zu einem fächerübergreifenden Projekt: Warum fliegt solch ein Ballon überhaupt? Mit dem Ballon werden 4–5 Personen mitgenommen, hängt die Zahl mit der Ballongröße zusammen? Wie stellt man die Ballonhülle her? Geschichte und Geschichten um den Ballonflug.

17 *Schätzen und Überschlagen*

Der abgebildete Heißluftballon fasst ungefähr 3400 m^3 Luft. Schätze mit dieser Information etwa den Materialverbrauch für die Hülle ab. Beschreibe dein Vorgehen. Vergleiche mit der Strategie deiner Nachbarn.

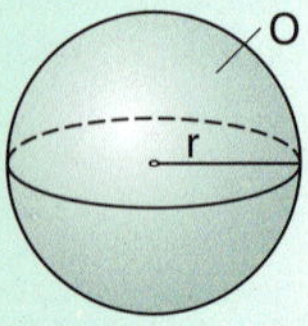

18 *Erstaunliche Entdeckungen beim Flächenvergleich*

a) Vergleiche die Größen der nebenstehenden Mantelfläche $M_{Zylinder}$ und der Kreisfläche A_{Kreis} mit dem Oberflächeninhalt der Kugel.

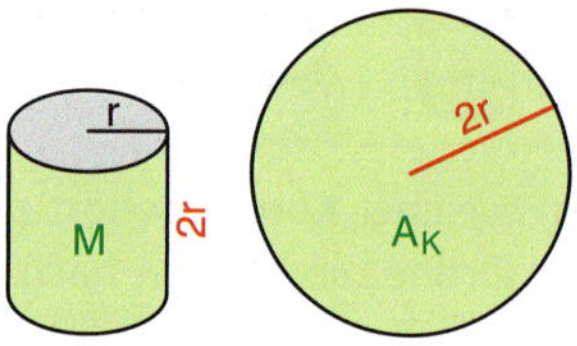

b) Kannst du in den folgenden Beispielen jeweils die Länge x so wählen, dass die angegebenen Flächen genauso groß sind wie die Kugeloberfläche?

Ansatz zu (3):
$2\pi r^2 + 2\pi r \cdot x = 4\pi r^2$

(1) (2) (3) (4)

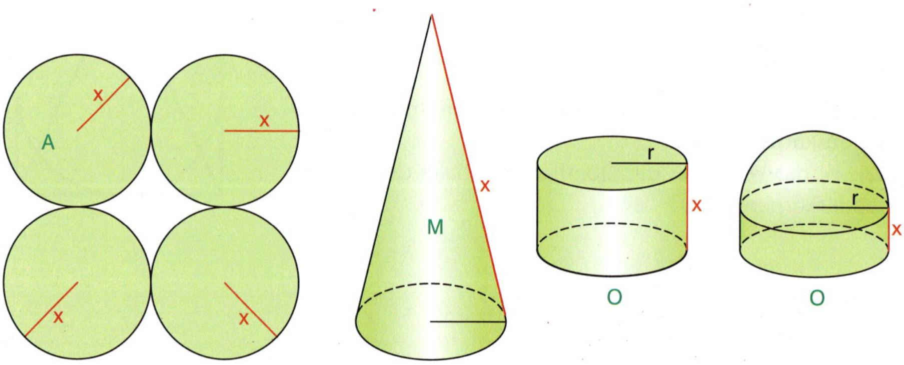

c) Finde selbst noch weitere solcher erstaunlichen Beispiele für Flächenvergleiche.

CHECK UP

1 a) Zeichne zu dem Schrägbild Grund-, Auf- und Seitenriss.

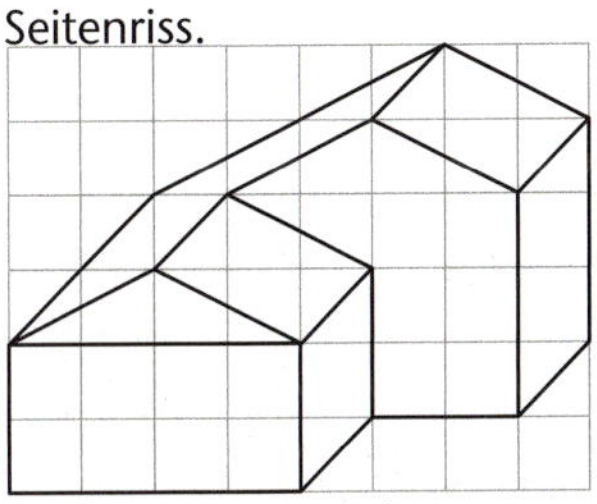

b) Zeichne zu dem gegebenen Grund- und Aufriss ein Schrägbild.

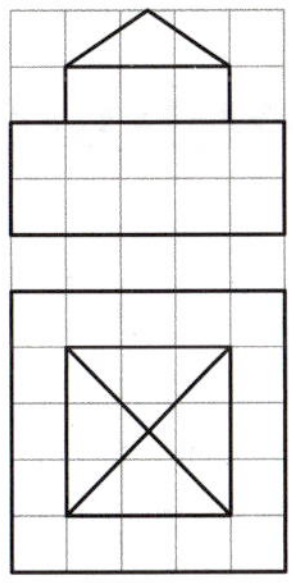

2 Die vier Seitenflächen einer Pyramide sind gleichseitige Dreiecke mit der Seitenlänge 12 cm. Zeichne Aufriss und Grundriss und berechne Volumen und Oberfläche der Pyramide.

3 a) Zeichne Schrägbilder der Drehkörper, die bei Rotation der gelben Flächen entstehen.
b) Berechne jeweils das Volumen der Drehkörper.

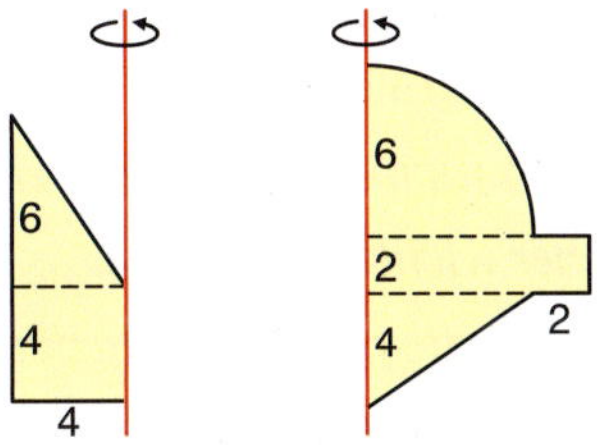

4 Schifffahrtsrinnen werden durch deutlich sichtbare Tonnen abgegrenzt. Damit diese Tonnen nicht untergehen, muss ihr Gewicht geringer sein als das Gewicht des Wassers, das sie verdrängen. Überprüfe dies für die abgebildete Spitztonne, deren Wand aus 6 mm dickem Stahl (Dichte 8 kg/dm³) ist.

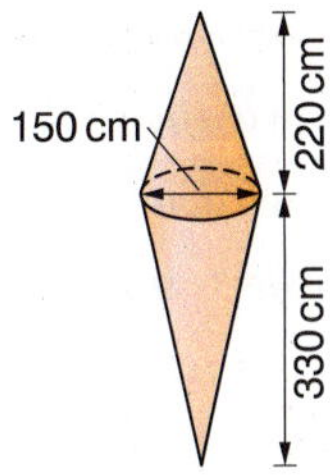

5 Frau Bechberger kauft im Garten-Center drei Pflanzenkübel aus Beton (Dichte 2,3 $\frac{\text{kg}}{\text{dm}^3}$). Kann sie diese auf einmal in Ihrem PKWKombi transportieren?

6 Die Sportverbände schreiben Mindest- und Höchstmaße für den Umfang der Bälle vor.

Fußball	Basketball	Handball
68–71 cm	75–78 cm	58–60 cm

a) Welche Grenzen lassen diese Werte jeweils für den Radius, den Oberflächeninhalt und das Volumen zu?
b) Gib den jeweils zulässigen Toleranzbereich auch in Prozenten an. Wähle dabei den Mittelwert der Grenzen als Grundwert.

7 Der Durchmesser des Mondes ist ungefähr ein Viertel von dem der Erde. Vergleiche Oberflächeninhalt und Volumen der beiden „Kugeln".

Darstellen und Berechnen von Körpern

Zeichnen von Körpern:

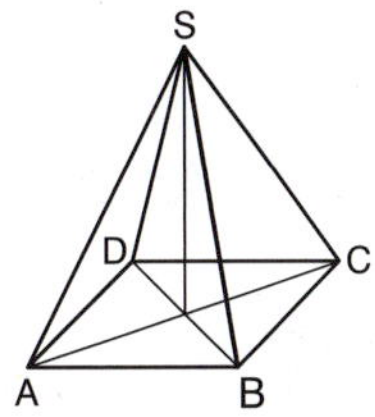

Schrägbild

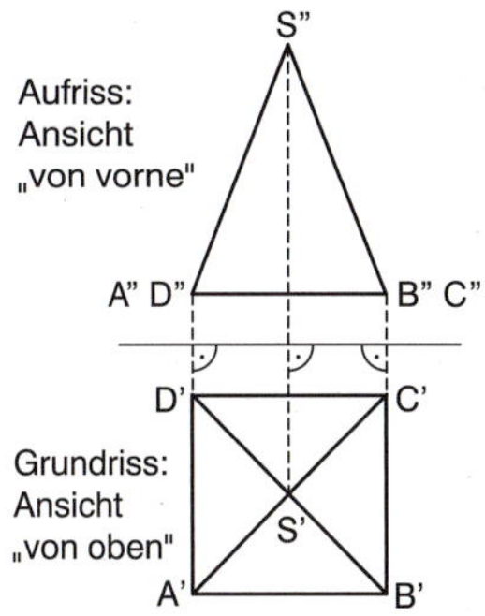

Berechnen von Körpern:

Pyramide:

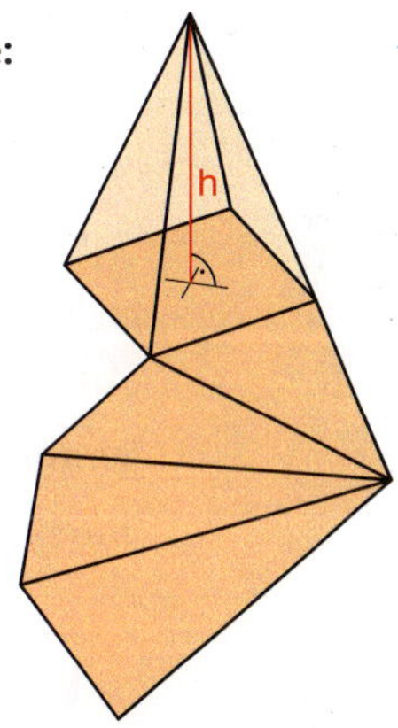

$V = \frac{1}{3} G \cdot h \qquad O = G + M$

Kegel:

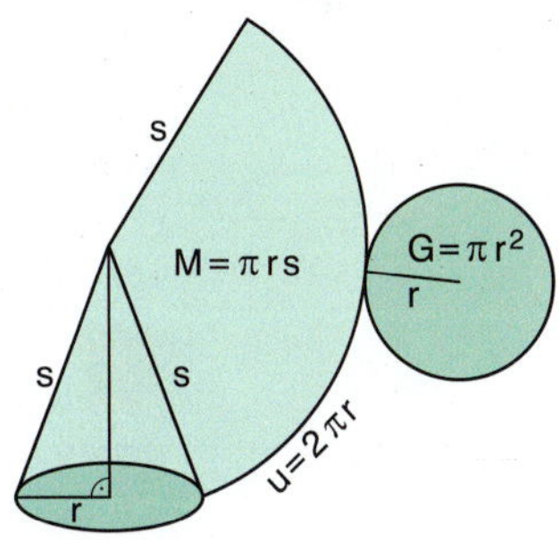

$V = \frac{1}{3} G \cdot h = \frac{1}{3} \pi r^2 \cdot h \qquad O = G + M = \pi r^2 + \pi r s$

Kugel:

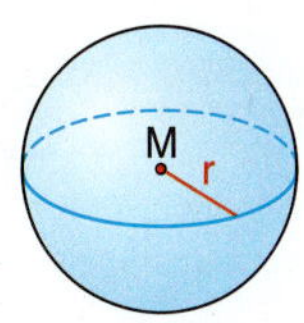

$V = \frac{4}{3} \pi \cdot r^3 \qquad O = 4 \cdot \pi \cdot r^2$

7 Statistik und-Wahrscheinlichkeitsrechnung

7.1 Analyse von graphischen Darstellungen

Was dich erwartet

Statistiken werden oft in Politik und Wirtschaft benutzt, um Aussagen zu untermauern oder zu „beweisen". Graphisch aufbereitete Daten eignen sich dazu besonders, denn „ein Bild sagt mehr als tausend Worte". Aber Vorsicht: Nicht immer ist der Eindruck, der erweckt wird, den Tatsachen entsprechend. Manchmal liegt der Verdacht der Manipulation nahe. Bei Statistiken und insbesondere bei Diagrammen ist es daher wichtig zu wissen,

- *wer der Auftraggeber für die jeweilige Erhebung ist,*
- *wer die Erhebung durchgeführt hat und mit welchen Methoden,*
- *ob die Erhebung repräsentativ ist,*
- *und natürlich auch, wie die Daten graphisch aufbereitet wurden.*

An einigen Beispielen wird in diesem Lernabschnitt verdeutlicht, wie man Diagramme richtig analysiert und so weitgehend vor Manipulationen und Fehlinterpretationen geschützt ist.

Aufgaben

1 *Irreführendes Diagramm*

a) Das Diagramm zeigt die Entwicklung des Gewinns des Caterers *Ready-Meal* von 2002 bis 2008.
Das Diagramm beinhaltet zwei grobe Fehler.
Was würdest du kritisieren?

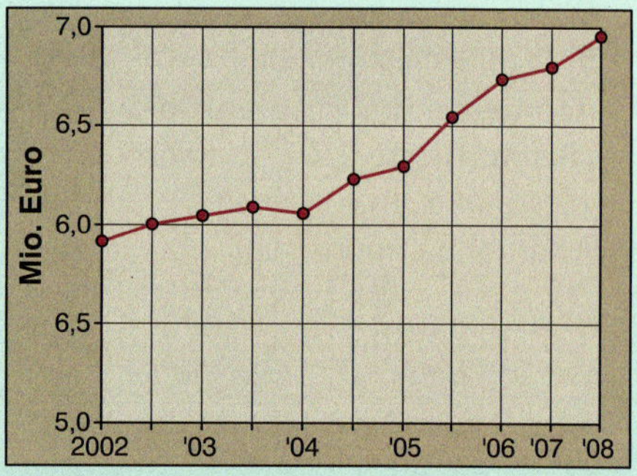

2 *Bei Diagrammen und Statistiken genau hinschauen*

Zu Beginn des Jahres 2007 startete die Polizei ein Programm zum härteren Durchgreifen gegen Raser. Das Diagramm zeigt die Anzahl der Unfälle vor und nach der Durchführung des Programms.
Wieso ist das Diagramm irreführend?

Härteres Durchgreifen der Polizei zeigt Wirkung

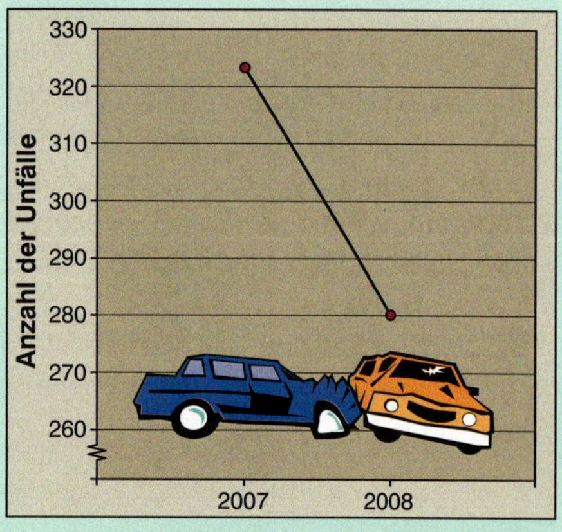

Basiswissen

Diagramme, Schaubilder, Piktogramme
werden sehr häufig dazu verwendet, Daten übersichtlich darzustellen und um Zusammenhänge und Folgerungen aus den Daten abzuleiten bzw. zu begründen. Graphische Darstellung von Daten dienen jedoch häufig auch dazu, bestimmte Aspekte stark zu betonen oder falsche Zusammenhänge vorzutäuschen.

Hier sind einige Regeln, die man grundsätzlich immer beherzigen sollte, wenn man auf Statistiken trifft:

- Wenn du graphische Darstellungen betrachtest, dann achte stets auf
  - die Art des Diagramms,
    (eignet es sich überhaupt für den dargestellten Sachverhalt),
  - die Größen, die dargestellt sind,
  - die vorliegende Skalierung (gibt es Sprünge oder Verzerrungen),
  - die Größe, Form und Farbe der Graphik.
- Überprüfe, ob irgendwelche Daten nicht berücksichtigt wurden.
- Finde heraus, wer die Statistik in Auftrag gegeben hat, wie die Daten erhoben wurden und was miteinander verglichen wird.
- Stammen die Daten von einer Befragung? Wenn ja, welche Fragen wurden von wem gestellt, und wer wertete diese Fragen in wessen Auftrag aus?
- Welche Schlussfolgerungen werden gezogen? Werden diese durch die graphische Darstellung unterstützt?
- Welche Informationen kannst du zusätzlich aus der Graphik ablesen?

Beispiele

A Wieso gibt das nebenstehende Piktogramm einen falschen Eindruck wieder?

Lösung:
Die zweite Tasse ist zwar doppelt so hoch, aber auch doppelt so breit. Erfahrungsgemäß orientiert sich das Auge an Flächen. Die Fläche der zweiten Tasse ist viermal so groß wie die der ersten.

Aus der Zeitung:
Täglicher Umsatz im Kaffeegeschäft verdoppelt.

B Analysiere die nebenstehende Graphik. Verwende dabei die im Basiswissen empfohlenen Regeln.

Lösung:
Fragen zur Graphik: Es handelt sich um ein Liniendiagramm. Dargestellt ist die Anzahl der neu ausgestellten Motorradführerscheine in Abhängigkeit von dem jeweiligen Kalenderjahr. Auf der senkrechten Achse ist die Null nicht dargestellt. Das Liniendiagramm eignet sich gut zur Darstellung des Zusammenhangs und des Trends. Das Fehlen der Null auf der senkrechten Achse täuscht einen dramatischeren Rückgang der neu erworbenen Motorradführerscheine vor, als er tatsächlich ist.

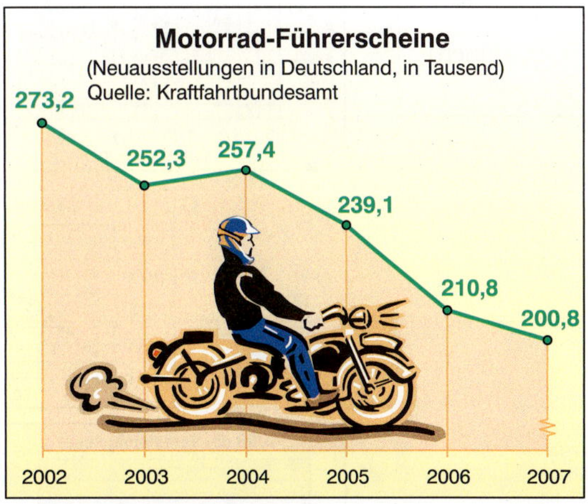

Allgemeine Fragen: Die Daten wurden vom Kraftfahrtbundesamt erhoben. Die Graphik wurde vom *Spiegel* für einen Artikel aufbereitet, in dem unter anderem behauptet wird, dass die Zahl der Führerscheinbewerber drastisch sinkt.
Eigene Ergänzung: Tatsächlich ist die Zahl der Neuerwerbungen eines Motorradführerscheines von 2002 auf 2007 um 26,7 % gesunken.

Beispiele

C Alle folgenden Graphiken und Diagramme können irreführend sein, obwohl sie seriös aussehen. Was könnte man kritisieren?

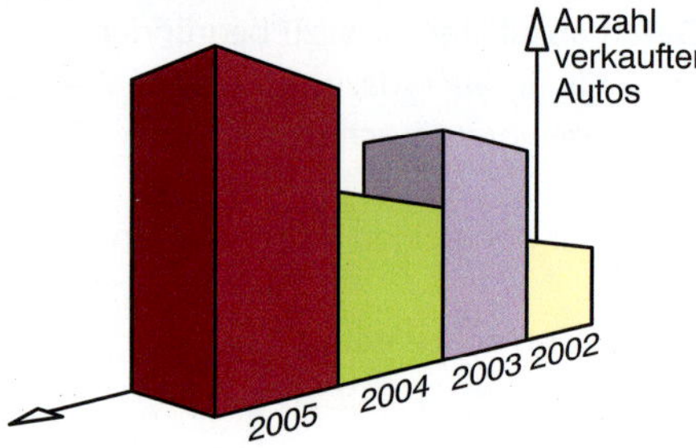

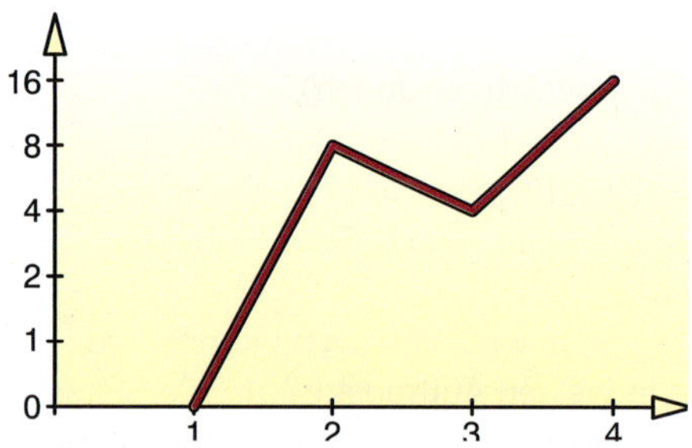

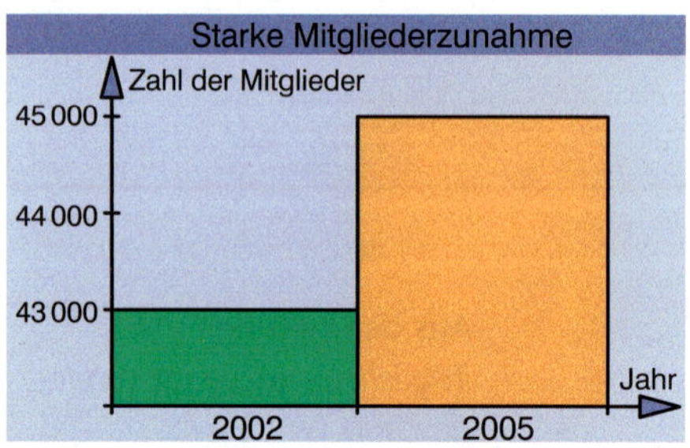

Lösung:

a)
- Es gibt keine Skala an der senkrechten Achse,
- wegen der Perspektive scheinen die Umsätze in 2005 erheblich größer als im Jahr 2002.

b)
- Obwohl beide Achsen die Null enthalten, entsteht ein falscher Eindruck, da die Skala auf der senkrechten Achse nicht in gleichen Schritten eingeteilt ist. So entsteht der Eindruck, dass die größte Änderung zwischen 1 und 2 ist. Die Änderung zwischen 3 und 4 beträgt aber 12.
- Die Achsen sind nicht beschriftet. Daher weiß man nicht, was dargestellt ist.

c)
- Im Diagramm sieht es so aus, als wenn sich die Mitgliederzahlen verdreifacht hätten. Dies kommt von der fehlenden 0 auf der senkrechten Achse.

Übungen

Informiere dich, lies nach im „Zum Erinnern und Wiederholen".

3 Es gibt viele verschiedene Diagrammarten. Alle im Folgenden genannten sind dir bereits entweder in Mathematik, in einem anderen Fach oder in den Medien begegnet.

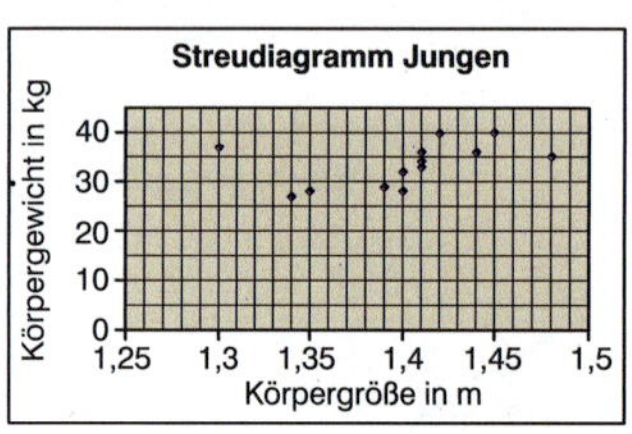

A

B

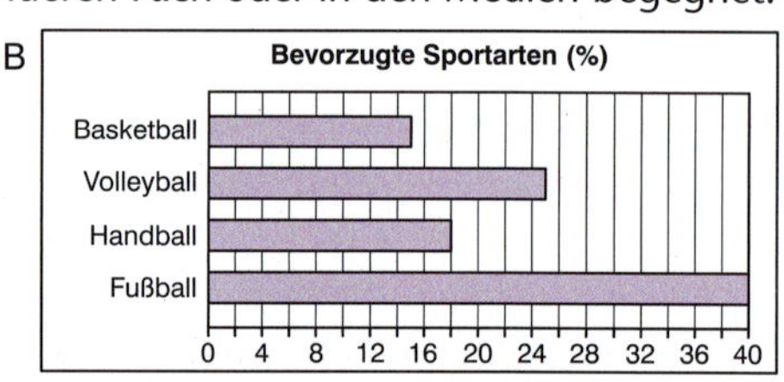

C

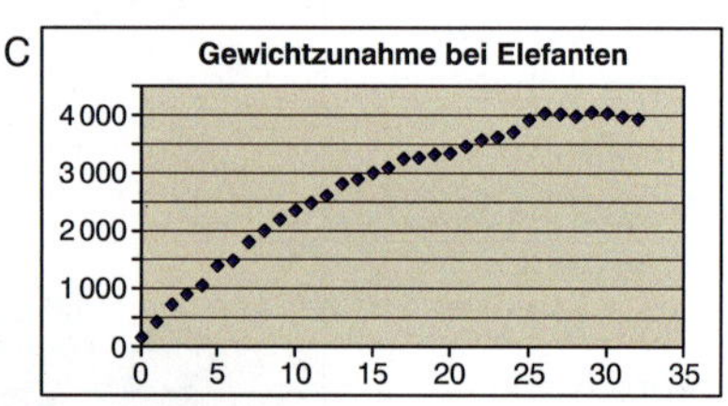

D

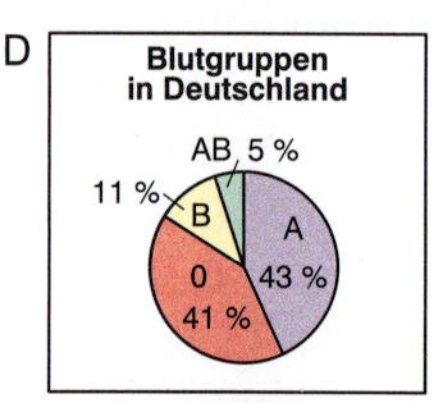

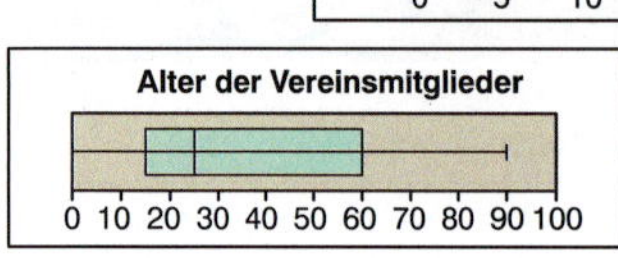

E

F

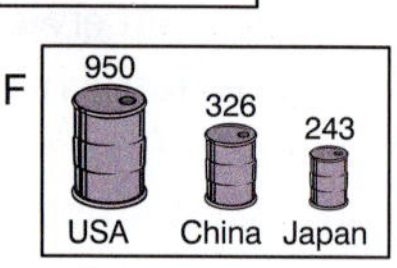

a) Ordne jedem Diagramm den entsprechenden Fachbegriff zu: Liniendiagramm, Streudiagramm, Balkendiagramm, Piktogramm, Kreisdiagramm, Boxplot.
b) Fertige für jede Diagrammart einen „Steckbrief" an: Was wird dargestellt, was kann man leicht ablesen, wann wird das entsprechende Diagramm verwendet?

Übungen

4 Fertige zu dem ersten und dem dritten Diagramm in Beispiel C ein weniger irreführendes an. Du musst dich nicht an die im Beispiel gemachten Vorschläge halten. Fällt dir zu einem der Beispiele vielleicht auch ein attraktives, aber die Daten korrekt repräsentierendes Piktogramm ein?

5 *Aus einem amerikanischen Buch über Statistik*
In den beiden Diagrammen ist dasselbe dargestellt – und die Diagramme sehen dennoch sehr unterschiedlich aus.

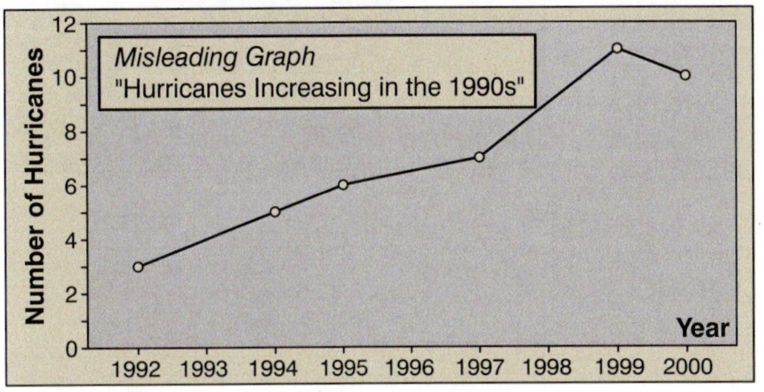

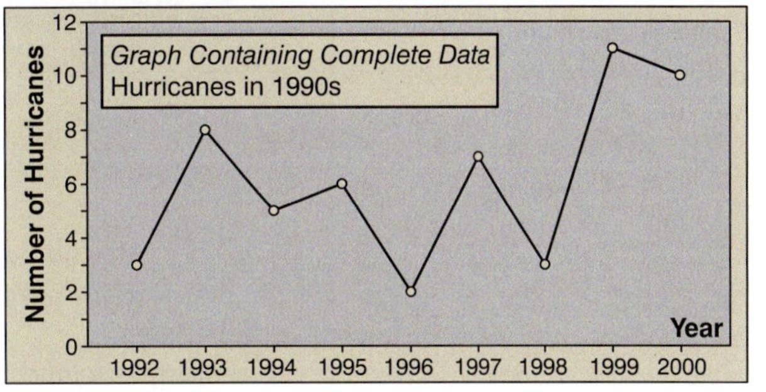

a) Zwei Meteorologen äußern verschiedene Meinungen über die Entwicklung der Hurrican-Aktivität in den USA. Schreibe jeweils einen kurzen Artikel für die Zeitung und unterstütze diesen durch eines der beiden Diagramme. Welchen „Trick" macht sich der „Autor" des linken Diagramms zunutze, um seine Argumentation zu unterstützen?
b) Welcher Meinung neigst du auf Grund der Datenlage zu?

6 Der Zeitungsreporter Hans Dampf möchte einen Artikel schreiben über die großen Unterschiede der durchschnittlichen Leistungen, die Schülerinnen und Schüler der achten Klassen an verschiedenen Schulen der Region bei einem landesweiten Test erzielt haben.

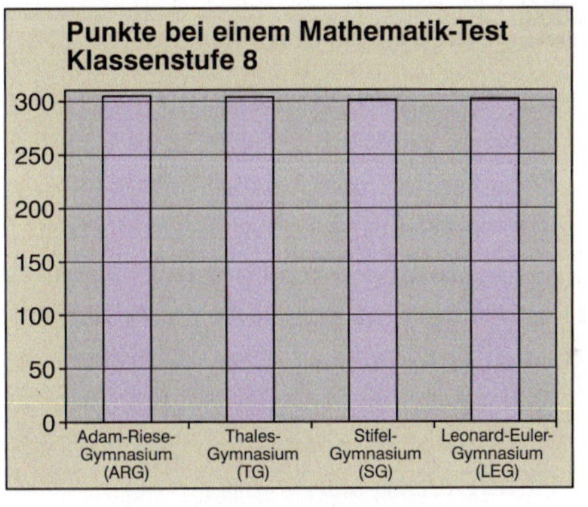

Auf Anfrage erhält er die Ergebnisse der betreffenden Schulen und erstellt ein Diagramm. Er ist von der Darstellung enttäuscht: „Dies ist kein Aufmacher für meinen Artikel!"

Dennoch möchte er gerne bei seiner „Sensationsmeldung" bleiben. Er verwendet das nebenstehende Diagramm.
Dazu schreibt er:

> ***Große Leistungsunterschiede in Schulen der Region***
> *Beste Schule doppelt so gut wie schwächste.*

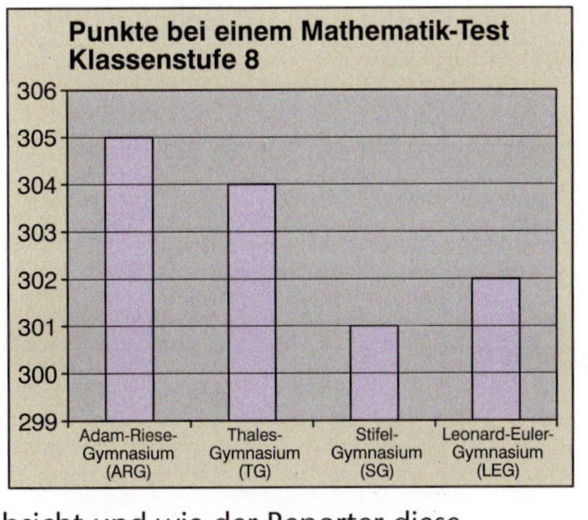

Natürlich durchschaust du die Manipulationsabsicht und wie der Reporter diese umsetzt.

Übungen

7 Was ist an den beiden folgenden Diagrammen/Piktogrammen irreführend?

a)

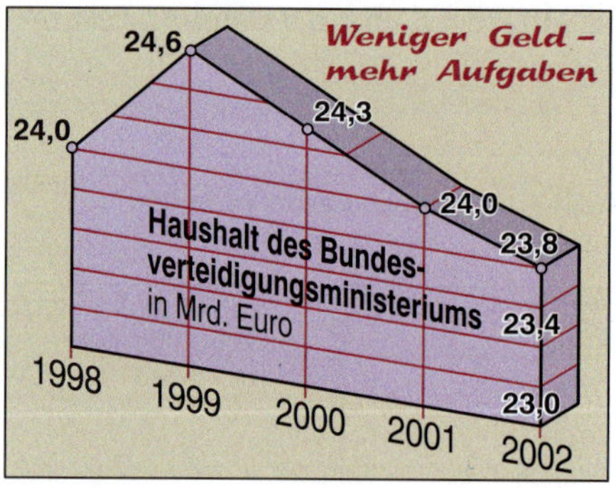

b)

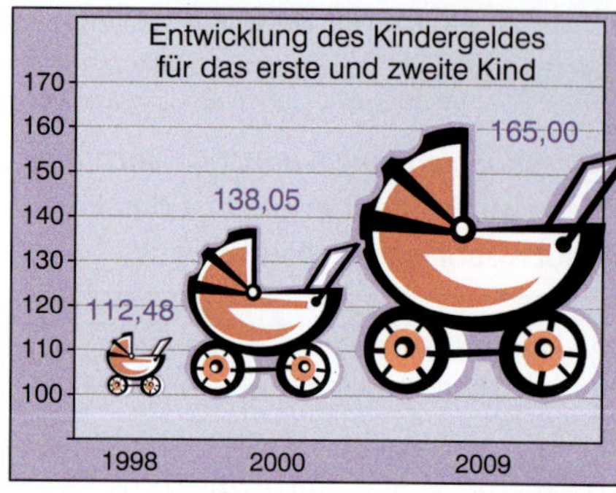

8 Aus der Festschrift der Firma *F&S* (Frucht und Saft) anlässlich ihres 25-jährigen Bestehens:

In den vergangenen Jahren sechs Jahren konnten wir alle 24 Monate den Umsatz um 50 % steigern.

Die Geschäftsleitung war stolz auf den Geschäftserfolg, weniger jedoch auf das Diagramm in der Festschrift. Was hättet ihr besser gemacht?

Wissenswertes über Piktogramme

Piktogramme

Piktogramme veranschaulichen Daten und Beziehungen zwischen den Daten durch vereinfachte figürliche Abbildungen von Personen oder Gegenständen. Dabei sollen die Symbole in engem, manchmal ironisierendem Zusammenhang mit den konkreten Sachverhalten stehen. Ein Vergleich ist über die Größenproportionen oder die unterschiedliche Anzahl gleich großer Symbole möglich. **Achtung!** Das Auge orientiert sich erfahrungsgemäß bei der Wahrnehmung eines Eindrucks an der Größe der Flächen oder (bei dreidimensionalen Darstellungen) dem Volumen der Figuren, Gegenstände usw., nicht aber an der Höhe. Daher müssen die Flächen bzw. die Volumina proportional zu den Häufigkeiten sein.

9 *Mitarbeiterzahlen bei der Firma „Boss" weltweit*

Gibt das Piktogramm die Daten richtig wieder? Begründe.

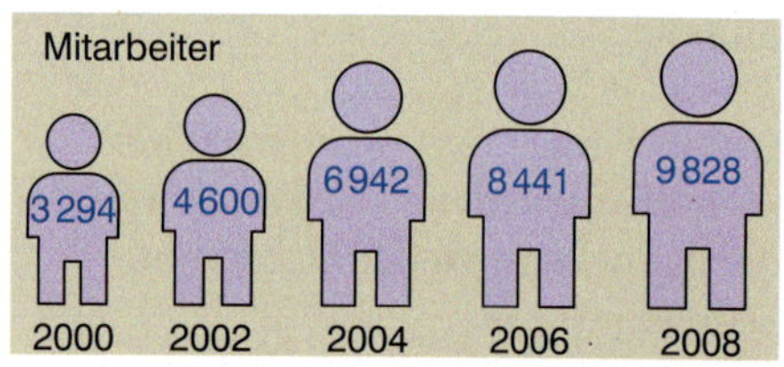

Boxplots, häufig gebraucht, dennoch wenig bekannt. Informiere dich auf Seite 253 über Boxplots.

10 Interpretiere die Boxplots. Was ist dargestellt? Welche Quelle wurde benutzt? Welche Schlüsse kann man ziehen?

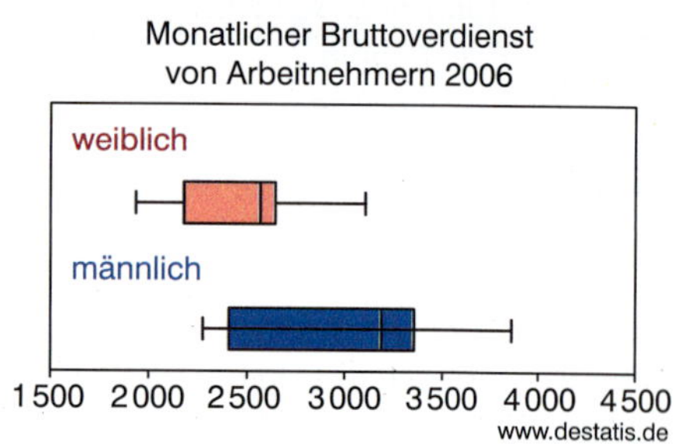

Achtung: Statistik

In den Medien wird man geradezu überflutet mit Diagrammen. Dabei geht es denjenigen, die diese Diagramme und Daten veröffentlichen, nicht nur um Vermittlung von Information, sondern auch darum, unsere Meinung, Einstellungen und unser Handeln zu beeinflussen. Daher ist stets Vorsicht geboten, wenn wir Diagramme und Daten interpretieren.

Projekt

Studiere die angegebene Checkliste und diskutiere mit deinen Mitschülerinnen und -schülern die Punkte, die dir unklar oder gar widersprüchlich erscheinen. Ergänze oder korrigiere diese Liste nötigenfalls.

Vergleiche diese Checkliste mit dem Basiswissen auf Seite 179. Was ist hier neu?

Eine Checkliste für Diagramme und Piktogramme

10 Fragen, bevor man mit dem Interpretieren beginnt:

1. Ist die Botschaft des Diagramms klar?
2. Ist der *Gegenstand oder Zweck* klar und eindeutig?
3. Ist eine *Quelle,* von der die Daten stammen, mit der Abbildung oder im begleitenden Text angegeben?
4. Stammen die Daten von einer *zuverlässigen, glaubhaften Quelle?*
5. Ist die Abbildung so *klar beschriftet,* dass sie keine Unklarheiten hinterlässt?
6. *Beginnen die Achsen bei 0* oder nicht?
7. Sind die Achsen *gleichmäßig skaliert?*
8. Gibt es irgendwelche Zahlen *auf den Achsen, die fehlen?*
9. Ist bei Daten aus der Finanzwelt die *Inflationsrate berücksichtig?*
10. Könnte die Abbildung durch Farbgebung, Form und Fläche das Auge täuschen?

Finde in den Zeitungen der letzten Wochen Beispiele für den schlechten Gebrauch von Diagrammen und Bildern.
- Finde heraus, was deiner Meinung nach falsch gemacht wurde.
- Zeichne ein weniger irreführendes Diagramm bzw. Bild.
- Stelle mit deinen Mitschülern möglichst viele Beispiele zusammen.
- Arrangiert eine Ausstellung in der Schule.

Ausstellung
„Statistik, aber seriös"

Die Welt der Energie

Auf den beiden nächsten Seiten siehst du einen Ausschnitt aus zwei Seiten der Ausgabe der *ZEIT* vom 23. 10. 2008. Verwirrend oder nicht?
- Du kannst auf den ersten Blick erkennen, welche Art von Diagrammen verwendet werden.
- Findest du auch Diagramme, die eventuell irreführend sein können?
- Welche Aussagen kann man aus den Diagrammen „ableiten"? Verfasse einen entsprechenden Text, der in der *ZEIT* die Diagramme begleiten könnte.
- Diskutiert eure Ergebnisse und die sich daraus ergebenden Konsequenzen in der Gesellschaftslehre.

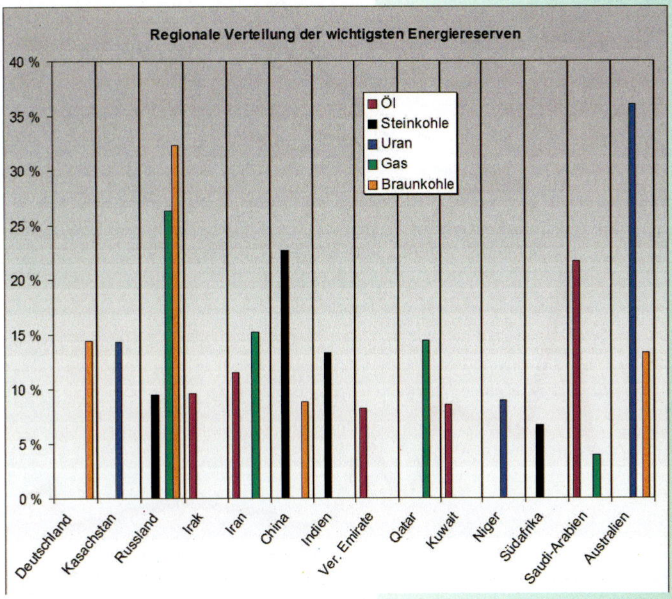

Die Bedeutung der grünen Energie

Anteil alternativer Ressourcen am Energieverbrauch in ausgewählten europäischen Ländern (in %)

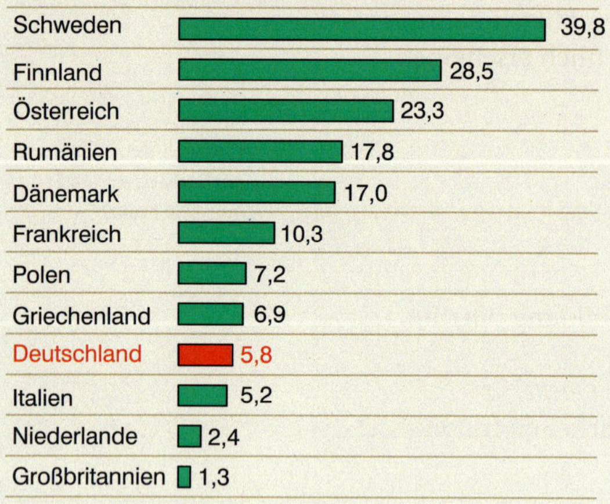

Woher der Strom stammt

Anteile der einzelnen Ressourcen an der weltweiten Stromerzeugung (in %)

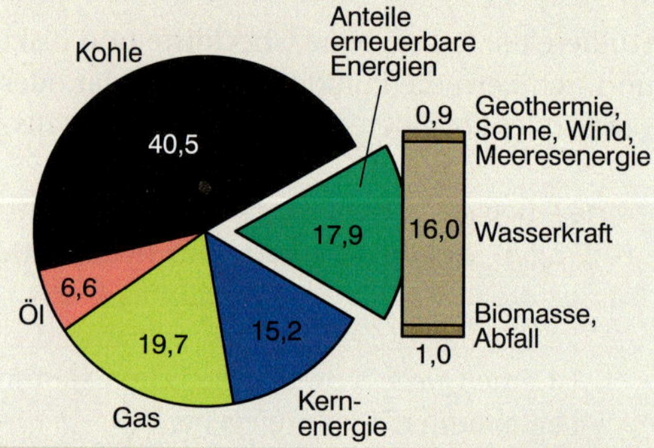

Woher die Energie stammt

Anteile der einzelnen Ressourcen am weltweiten Energieverbrauch (2008) (in %)

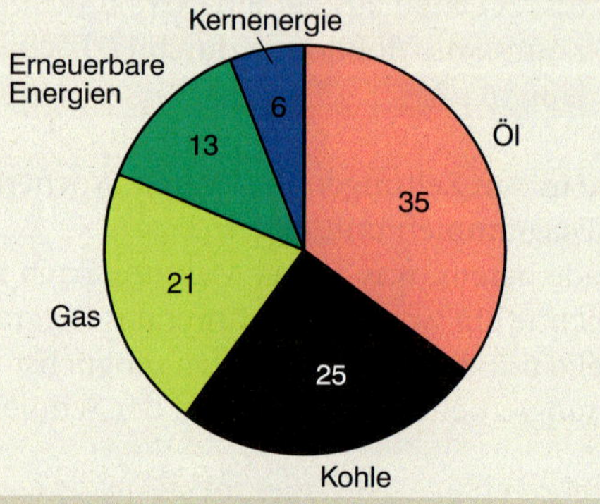

Wachsender Energiehunger

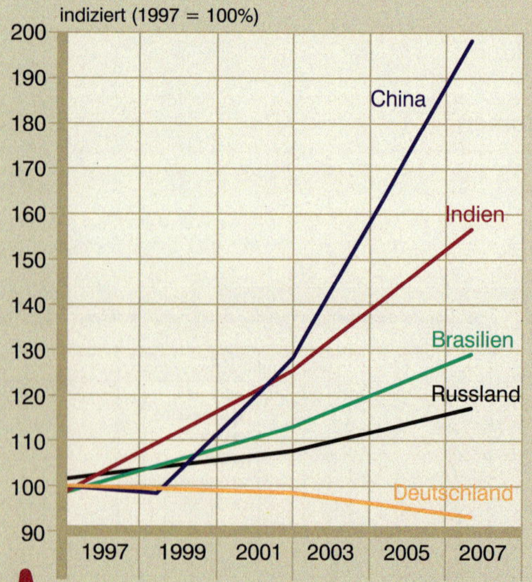

Verschwender USA

Anteile am weltweiten Primärenergieverbrauch, am Welt-Bruttosozialprodukt und an der Weltbevölkerung (in %)

	Primär-energie (2008)	Welt-Brutto-sozialprodukt (2006)	Welt-bevölkerung (2007)
USA	21,3	22,4	4,5
China	16,8	10,3	19,9
Russland	16,8	10,3	19,9
Japan	4,7	7,1	1,9
Indien	3,6	4,8	17,1
Deutschland	2,8	4,6	1,2

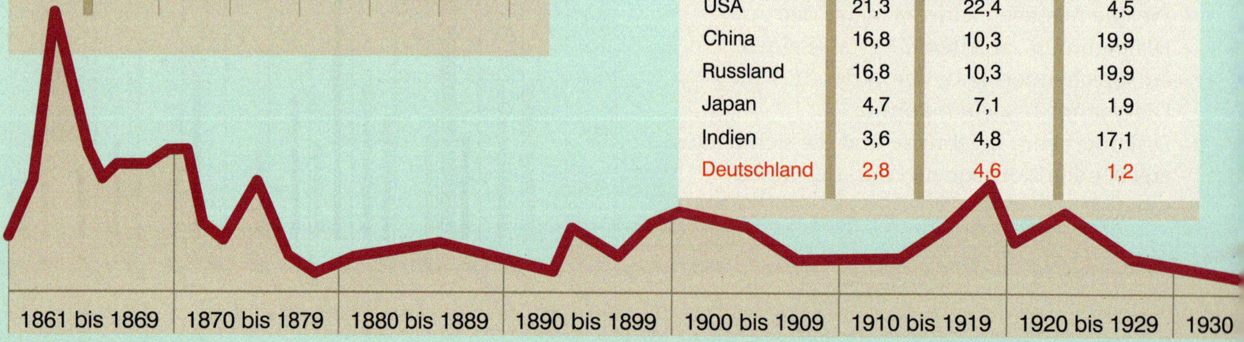

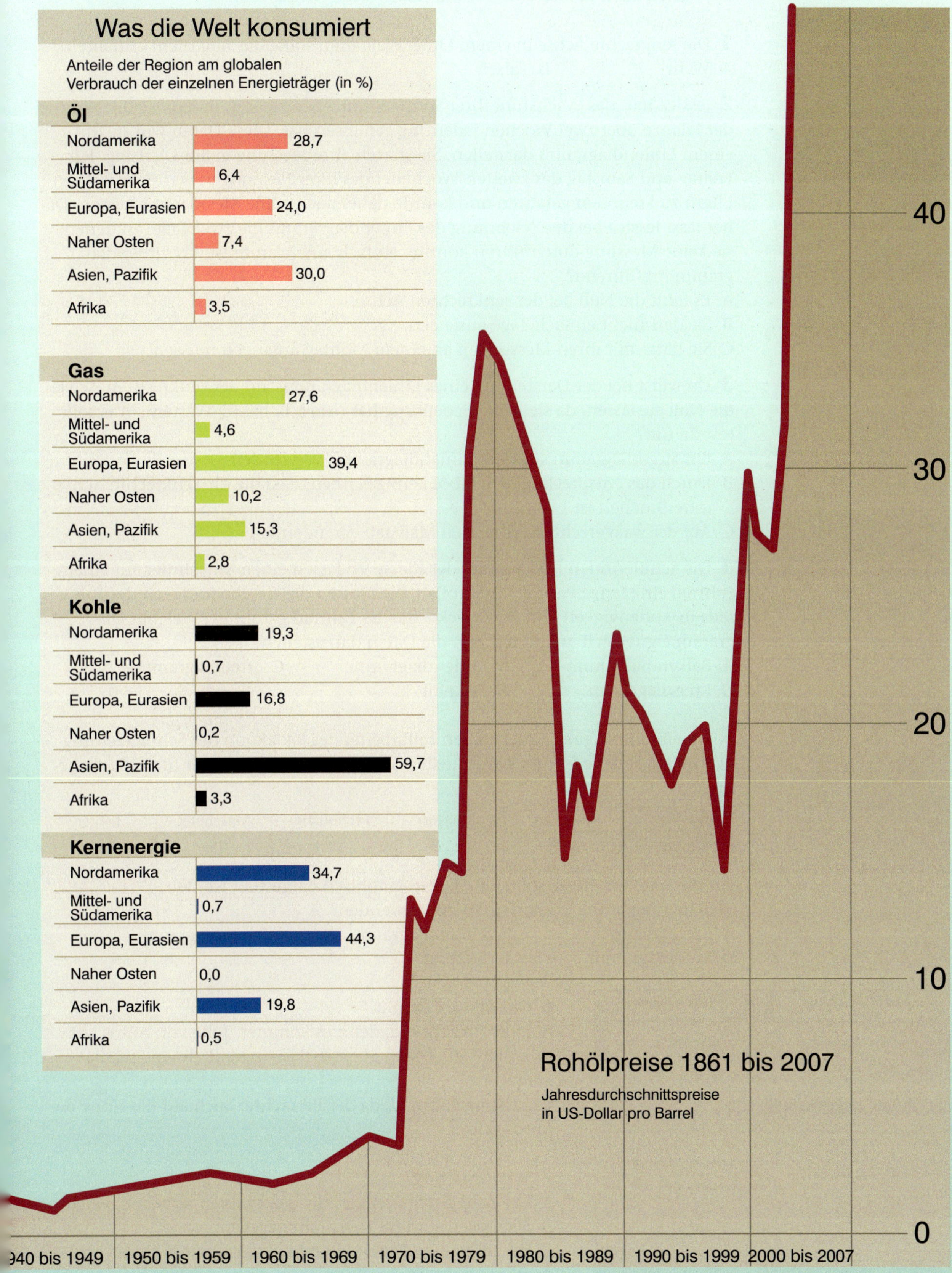
Was die Welt konsumiert
Anteile der Region am globalen Verbrauch der einzelnen Energieträger (in %)
Öl
Nordamerika 28,7
Mittel- und Südamerika 6,4
Europa, Eurasien 24,0
Naher Osten 7,4
Asien, Pazifik 30,0
Afrika 3,5
Gas
Nordamerika 27,6
Mittel- und Südamerika 4,6
Europa, Eurasien 39,4
Naher Osten 10,2
Asien, Pazifik 15,3
Afrika 2,8
Kohle
Nordamerika 19,3
Mittel- und Südamerika 0,7
Europa, Eurasien 16,8
Naher Osten 0,2
Asien, Pazifik 59,7
Afrika 3,3
Kernenergie
Nordamerika 34,7
Mittel- und Südamerika 0,7
Europa, Eurasien 44,3
Naher Osten 0,0
Asien, Pazifik 19,8
Afrika 0,5
Rohölpreise 1861 bis 2007
Jahresdurchschnittspreise in US-Dollar pro Barrel
40
30
20
10
0
940 bis 1949
1950 bis 1959
1960 bis 1969
1970 bis 1979
1980 bis 1989
1990 bis 1999
2000 bis 2007

Aufgaben

11 *Ein Quiz – Was ist richtig?*
Es können auch mehrere der Auswahlantworten richtig sein.

1 Die senkrechte Achse in einem Liniendiagramm sollte die Null nicht enthalten.
A Wahr **B** Falsch

2 Jessica hat das Wachstum ihrer Sonnenblume beobachtet, indem sie die Höhe der Pflanze über zwei Wochen jeden Tag gemessen hat. Diese Daten will sie mit einem Liniendiagramm darstellen. Sie startete ihre Messungen am Dienstag. Für Freitag und Samstag des zweiten Wochenendes ihrer Messungen war sie mit ihren Eltern zu Freunden gefahren und konnte daher auch keine Messdaten erheben. Daher lässt Jessica bei der Zeichnung des Liniendiagramms die zwei Tage, an denen sie keine Messung durchführen konnte, einfach aus. Warum ist das Liniendiagramm irreführend?
A Es fehlt die Null bei der senkrechten Achse.
B Sie darf nicht einfach Tage auslassen.
C Sie hätte mit ihren Messungen an einem Montag anfangen müssen.

3 Du willst bei der Darstellung eines Liniendiagramms auf der senkrechten Achse die Null auslassen, da sie keine Bedeutung hat (wie z. B. bei IQ-Werten). Was solltest du tun?
A Ein Streudiagramm statt des Liniendiagramms verwenden.
B Durch das entsprechende Symbol kennzeichnen, dass die die senkrechte Achse unterbrochen ist.
C Auf der waagerechten Achse den Maßstab verändern.

4 Die Schülerinnen und Schüler der Klasse 9b lassen einen Mitschüler auf einem Fahrrad eine lange Rampe hinabrollen. Sie messen die Geschwindigkeit des Fahrrads in Abhängigkeit von der Strecke, die das Fahrrad gerollt ist. Welches Diagramm eignet sich am besten, um die Daten darzustellen?
A Balkendiagramm **B** Liniendiagramm **C** Streudiagramm
D Kreisdiagramm **E** Boxplot

5 Bei einer Befragung untersuchen Mitarbeiter der Redaktion der Schülerzeitung *Durchblick,* welche Informationsquellen Schülerinnen und Schüler für Referate benutzen.

Infoquelle	Internet	Lexikon	Fachbücher	Mitschüler	Lehrer
Nennung	81 %	23 %	47 %	9 %	15 %

Für die Schülerzeitung sollen die Daten graphisch dargestellt werden.
Welche Diagramme dürfen sie nicht verwenden?
A Balkendiagramm **B** Liniendiagramm **C** Streudiagramm
D Kreisdiagramm **E** Boxplot

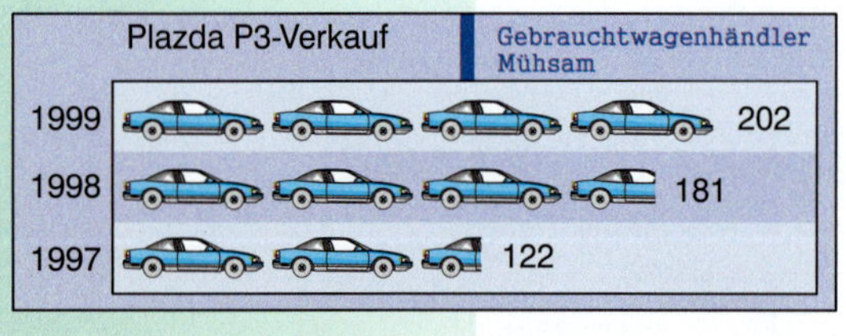

6 Das Piktogramm …
A … ist irreführend, denn es kommen Teile von Autos vor.
B … stellt die Daten gut dar, da es eigentlich ein Stabdiagramm ist.
C … ist irreführend, da der Betrachter auch auf die Höhe der Autos achtet.

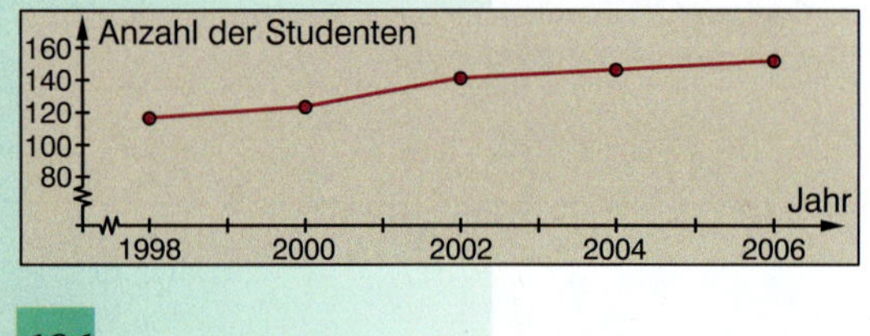

7 Was ist richtig?
A Die Zahl der Studenten, die das Examen bestehen, wächst.
B Die Daten sind für jedes Jahr gegeben.
C Die fehlenden Daten können das Diagramm stark verändern.

7.2 Chancen und Risiken bei Glücksspielen oder: Womit ist auf lange Sicht zu rechnen?

Was dich erwartet

Wahrscheinlichkeiten sind nur die eine Seite der „Medaille". Mit den Wahrscheinlichkeiten verbinden sich aber auch die Folgen, die das Eintreten bestimmter Ereignisse nach sich zieht. Erst das Zusammenspiel von Eintrittswahrscheinlichkeiten und Folgen ermöglicht es uns, rationale Entscheidungen zu treffen.
Besonders einsichtig ist dies beim Lotto. Die Wahrscheinlichkeit für einen Sechser ist mit etwa 1 zu 14 Millionen winzig klein; allein der hohe Gewinn bei einem Sechser, d. h. die Spekulation auf das, was man zu erwarten hat, bewegt die Lottospieler, jedes Wochenende und manches Mal auch noch am Mittwoch zu tippen.
Und selbstverständlich ist es für eine Versicherung nicht nur wichtig zu wissen, wie groß die Wahrscheinlichkeit dafür ist, dass z. B. bei einem Autounfall ein Totalschaden eintritt, sondern natürlich auch, wie hoch die Entschädigungssumme in diesem Fall ist.
Wir werden in diesem Lernabschnitt ein Konzept entwickeln, mit dem man sowohl Wahrscheinlichkeiten, mit denen Ereignisse eintreten, als auch die sich ergebenden Folgen in Betracht ziehen kann.

Aufgaben

1 Bei einer Werbeaktion bietet eine Firma vier Glücksspiele A, B, C und D an, unter denen sich jeder Kunde für eines entscheiden kann. Laut der Werbung gewinnt man bei Spiel A einen Gutschein von 50 € mit einer Wahrscheinlichkeit von $\frac{1}{2}$, bei Spiel B mit einer Wahrscheinlichkeit von $\frac{1}{4}$ einen Gutschein im Wert von 85 €. Die Gewinnwahrscheinlichkeit bei Spiel C beträgt $\frac{1}{8}$, der Gewinn ist ein Gutschein im Wert von 155 €. Bei Spiel D ist die Gewinnwahrscheinlichkeit $\frac{1}{16}$, der Gutschein, den man gewinnt, hat einen Wert von 303 €.

a) Welches Spiel sollte man spielen? Auf diese Fragen gibt es mit unterschiedlichen Argumenten verschiedene Antworten.
b) Bei welchem Spiel ist der zu erwartende Gewinn deiner Ansicht nach am größten? Begründe.
c) Man kann die Informationen für jedes Spiel in einer Tabelle zusammenstellen. Für Spiel A könnte die Tabelle wie folgt aussehen:

Wert des Gewinns	Wahrscheinlichkeit
50 €	0,5
0 €	0,5

Spielt man Spiel A sehr oft, z. B. 100-mal, dann gewinnt man bei ungefähr 50 Spielen, bei 50 Spielen „verliert" man. Der mittlere Gewinn ist dann also:

$$\frac{1}{100} \cdot (50\text{ €} \cdot 50 + 0\text{ €} \cdot 50) = 50\text{ €} \cdot 0{,}5 + 0\text{ €} \cdot 0{,}5 = 25\text{ €}$$

Wir nennen den errechneten Wert auch den Erwartungswert für den Gewinn. Berechne den Erwartungswert für alle vier Spiele. Bewerte rückblickend deine Antwort aus Aufgabenteil b).
d) Aus welchen Gründen könnten sich Kunden für das Spiel D entscheiden, auch wenn der „mittlere" Gewinn vergleichsweise gering ist?

Wer spielt, gewinnt!

Jeder hat seine Chance.

Wählen Sie Spiel

A: 50 €
B: 85 €
C: 155 €
D: 303 €

Aufgaben

2 *Ein Glücksspiel mit Münzen.*

Ein Glücksspiel mit vier Münzen
Gespielt wird gegen die Spielbank
- Einsatz: 2 €
- Die vier Münzen werden geworfen.
- Erscheint genau dreimal „Zahl", dann werden dem Spieler 7 € ausgezahlt (Gewinn 5 €), ansonsten verliert der Spieler seinen Einsatz an die Bank.

a) Was meinst du, handelt es sich um ein faires Spiel? Diskutiere zunächst mit deinen Mitschülerinnen und Mitschülern, was unter einem „fairen Spiel" zu verstehen ist.

häufiges Nachspielen des Zufallsversuches

b) Führt man eine Reihe von „Probespielen" durch, so erhält man einen ersten Eindruck davon, wie „riskant" das Glücksspiel ist. Spiele mit deinem Banknachbarn probeweise 20 Spiele und protokolliere die Ergebnisse. So könnte dein Protokoll aussehen. Diskutiert eure Ergebnisse.

Gewinn ist „Auszahlung minus Einsatz".

Negativer Gewinn bedeutet Verlust.

Spiel	Ereignis	Gewinn
1	3-mal „Zahl"	5 €
2	4-mal „Zahl"	−2 €
3	1-mal „Zahl"	−2 €
…	…	…
Summe	–	■

Gewinn bei 20 Spielen

c) Tragt alle Protokolle zusammen, ermittelt die Summe der Gewinne bei allen Spielen und berechnet damit den mittleren Gewinn pro Spiel.

d) *Nicht spielen, sondern nachdenken*
Schätze mit einem Baumdiagramm die Summe aller Gewinne bei 3200 Spielen. Ergänze dazu das unvollständige Baumdiagramm in deinem Heft. An welchen Pfaden musst du 5 € Gewinn notieren?
Nun kannst du den mittleren Gewinn pro Spiel „theoretisch" berechnen.
Ist das Spiel fair?

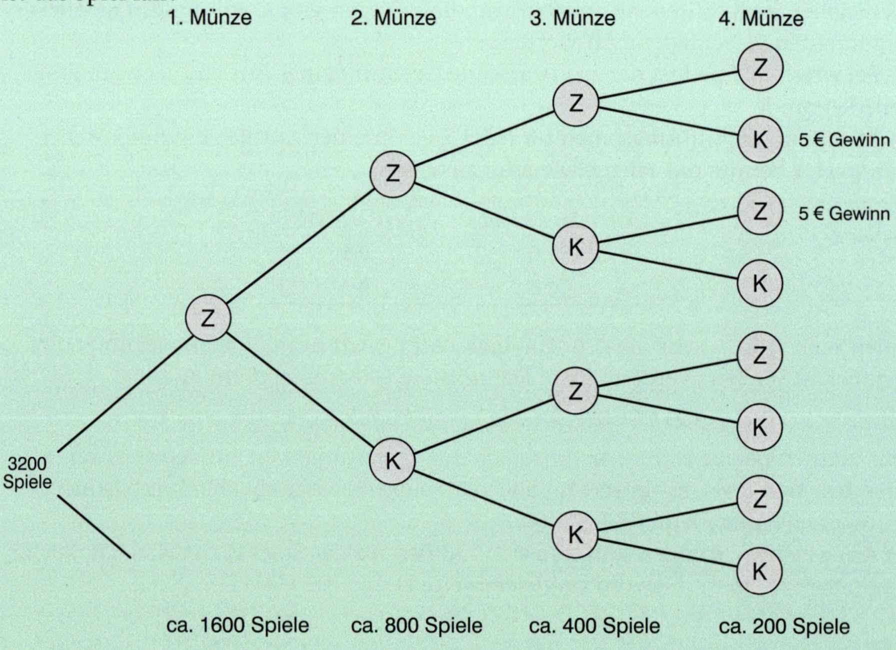

Tipp:
Alle Pfade mit genau dreimal Z (Zahl) führen zu einer Auszahlung von 5 €.
Bei etwa wie vielen der 3200 Spiele wird gewonnen?

Basiswissen

Hilfreiche „Vokabeln"

Manchmal kann man sich besser verständigen, wenn man die richtigen Begriffe verwendet.
Spielst du z. B. *Monopoly*, dann kommt es auf die Augensumme an, bei anderen Spielen auf den Unterschied der beiden Augenzahlen. Wir nennen die Größe, auf die es uns ankommt, **Zufallsvariable.**
Die beiden folgenden Tabellen stellen die **Wahrscheinlichkeitsverteilung** verschiedener Zufallsvariablen beim zweimaligen Würfeln dar.

Zufallsvariable Augensumme X	p
2	$\frac{1}{36}$
3	$\frac{2}{36}$
4	$\frac{3}{36}$
5	$\frac{4}{36}$
6	$\frac{5}{36}$
7	$\frac{6}{36}$
8	$\frac{5}{36}$
9	$\frac{4}{36}$
10	$\frac{3}{36}$
11	$\frac{2}{36}$
12	$\frac{1}{36}$
Summe	1

Zufallsvariable : Unterschied X der beiden Augenzahlen	p
0	$\frac{6}{36}$
1	$\frac{10}{36}$
2	$\frac{8}{36}$
3	$\frac{6}{36}$
4	$\frac{4}{36}$
5	$\frac{2}{36}$
Summe	1

Spiel mit zwei Würfeln: Einsatz 1 €
Gewinnplan:

zwei Sechsen:	Auszahlung 9 €	(Gewinn 8 €)
Sechs und Eins:	Auszahlung 5 €	(Gewinn 4 €)
Augensumme 8:	Auszahlung 2 €	(Gewinn 1 €)
sonst: Verlust des Einsatzes 1€		(Gewinn −1 €)

Wahrscheinlichkeitsverteilung:

Zufallsvariable: Gewinn X	Wahrscheinlichkeit p	x · p
8 €	$\frac{1}{36}$	$8\,€ \cdot \frac{1}{36}$
4 €	$\frac{2}{36}$	$4\,€ \cdot \frac{2}{36}$
1 €	$\frac{5}{36}$	$1\,€ \cdot \frac{5}{36}$
−1 €	$\frac{28}{36}$	$-1\,€ \cdot \frac{28}{36}$
Summe	1	$-\frac{7}{36}\,€$

Womit kann man auf lange Sicht im Mittel rechnen?

Spielt man häufig, z. B. 360-mal, dann wird man in etwa 10-mal 8 € , 20-mal 4 €, 50-mal 1 € gewinnen und 280-mal 1 € verlieren.
Der mittlere Gewinn pro Spiel, man nennt ihn auch den **Erwartungswert des Gewinns,** beträgt:

$$\frac{1}{360} \cdot (10 \cdot 8\,€ + 20 \cdot 4\,€ + 50 \cdot 1\,€ - 280 \cdot 1\,€) = -0{,}194\,€$$

Der Spieler muss also auf lange Sicht mit einem „Gewinn" von −0,194 € pro Spiel rechnen.
Den Wert, bei dem sich bei sehr häufiger Versuchswiederholung der Mittelwert des Gewinns einpendelt, kann man auch mit der Wahrscheinlichkeitsverteilung berechnen:

$$8\,€ \cdot \frac{1}{36} + 4\,€ \cdot \frac{2}{36} + 1\,€ \cdot \frac{5}{36} + (-1\,€) \cdot \frac{28}{36} = -\frac{7}{36}\,€ \approx -0{,}194\,€$$

Beispiele

A Aus einem Lexikon für Glücksspiele: *Wenn die Gewinnwahrscheinlichkeit, einen 20-$-„Pot" zu gewinnen, bei 25 % liegt, wird man im Mittel 5 $ gewinnen.*
Wie ist das zu verstehen?

Gewinn X	p	x · p
20 $	0,25	5 $
0 $	0,75	0 $
Summe	1	5 $

$20\,\$ \cdot 0{,}25 + 0\,\$ \cdot 0{,}75 = 5\,\$$
Der Gewinn pro Spiel beträgt im Mittel 5 $.

Beispiele

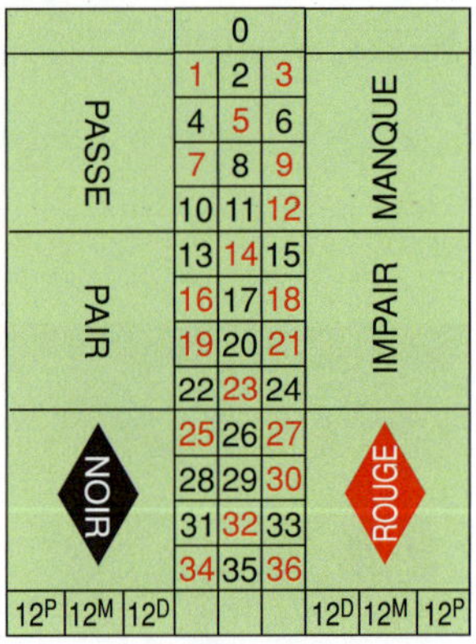

B Ein Roulette-Spieler setzt 10 € auf eine Zahl (z. B. die 5). Mit welchem mittleren Gewinn G pro Spiel kann er rechnen, wenn die „Auszahlung 35 : 1" ist? Dies bedeutet, dass man bei einem Einsatz von 10 € einen Gewinn von 350 € machen kann.
Lösung: Wahrscheinlichkeitsverteilung

Zahl 5 kommt	Gewinn	Wahrscheinlichkeit p
ja	350 €	$\frac{1}{37}$
nein	–10 €	$\frac{36}{37}$

$G = 350 \cdot \frac{1}{37} + (-10) \cdot \frac{36}{37} \approx -0{,}27$
Auf lange Sicht verliert der Spieler pro Spiel 0,27 € an die Bank.

C *Rubbellose: Einsatz 1 €*
Gewinne und Gewinnwahrscheinlichkeiten:

Gewinn	Wahrscheinlichkeit p
1 €	$\frac{1}{10}$
2 €	$\frac{1}{15}$
5 €	$\frac{1}{200}$
10 €	$\frac{1}{400}$
100 €	$\frac{1}{2000}$
1000 €	$\frac{1}{20000}$
Summe	0,175
–1 €	0,825

Berechne den mittleren Gewinn G pro Los.
Wie groß sind die Einnahmen der Lotterie, wenn 100 000 Lose verkauft werden?
Lösung:
Die Summe aller Gewinnwahrscheinlichkeiten beträgt 0,175.
Mit einer Wahrscheinlichkeit von 0,825 verliert man 1 €.

Gewinn pro Spiel

$$G = 1\,€ \cdot \left(\frac{1}{10}\right) + 2\,€ \cdot \left(\frac{1}{15}\right) + 5\,€ \cdot \left(\frac{1}{200}\right) + 10\,€ \cdot \left(\frac{1}{400}\right) + 100\,€ \cdot \left(\frac{1}{2000}\right) + 1000\,€ \cdot \left(\frac{1}{20\,000}\right) + (-1\,€) \cdot 0{,}825 = -0{,}442\,€$$

Bei 100 000 verkauften Losen beträgt der Gewinn aus der Lotterie in etwa 100 000 · 0,4417 € = 442 €.

Glücksspiele

Bei Glücksspielen hängen Gewinn oder Verlust ausschließlich vom Zufall und nicht von dem Geschick der Spieler ab. Roulette, Black Jack und viele Würfelspiele (z. B. Craps) sind Beispiele für Glücksspiele. Bei Roulette, Craps oder Black Jack spielt man gegen die Bank. Die Bank ist durch die Spielregeln im Vorteil, sodass der Spieler auf lange Sicht gegen die Bank fast sicher verliert.

Spielsucht
Viele Menschen sind spielsüchtig. Nach einem Verlust wollen sie diesen wieder ausgleichen, nach einem Gewinn sind sie häufig gierig auf weitere, wenn möglich noch höhere Gewinne. Bei den meisten spielsüchtigen Menschen sind die in Aussicht stehenden hohen Gewinne verantwortlich für die Sucht. Sie verspielen häufig einen großen Teil ihres Einkommens oder verschulden sich sogar, um ihre Sucht zu finanzieren. Viele Familien geraten in Existenznöte. Selbsthilfegruppen unterstützen Spielsüchtige, damit sie von ihrer Sucht loskommen.

Gewinnwahrscheinlichkeit, Einsatz, Gewinne
Bei einem klugen Umgang mit Glücksspielen sollte der Spieler in der Lage sein, die Wahrscheinlichkeiten realistisch einzuschätzen, mit denen bestimmte Ergebnisse und damit Gewinne und Verluste eintreten, kurz man sollte den mittleren Gewinn pro Spiel berechnen oder abschätzen können. Und dabei ist die wichtige Erkenntnis eines Profis zu beachten: **„Glück hat auf Dauer niemand."**

Übungen

3 Mit welchem Gewinn pro Spiel kann ein Spieler rechnen, wenn er beim Roulette häufig spielt und dabei stets 10 € auf „Rouge" setzt? Gewinnregel: Kommt Rouge, dann ist die Auszahlung 1 : 1 (10 € Gewinn). Vergleiche dein Ergebnis mit dem mittleren Gewinn pro Spiel im Beispiel B.

4 An dem Glücksrad kannst du ohne eigenen Einsatz 2 €, 5 € und 10 € gewinnen. Wie viel gewinnt man auf lange Sicht im Mittel pro Spiel?

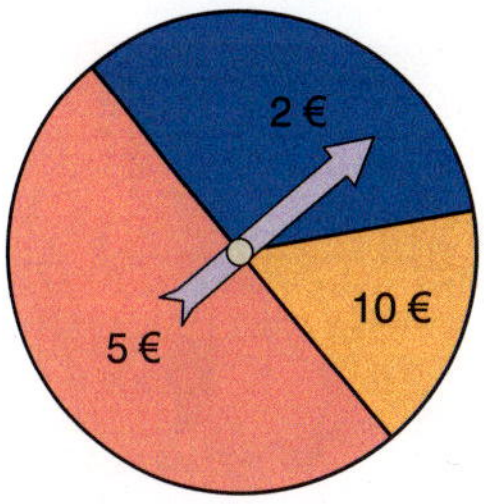

Tipp: Ergänze die Tabelle. Du erhältst die Wahrscheinlichkeitsverteilung, mit der du den gesuchten Wert berechnen kannst.

Zufallsvariable X (Gewinn)	2 €	5 €	10 €
Wahrscheinlichkeit p	$\frac{1}{3}$	$\frac{1}{2}$	■
Produkte	$2 \cdot \frac{1}{3}$	■	■

5 Der Wert, mit dem man auf lange Sicht im Mittel rechnen muss, tritt nicht notwendig als Ergebnis des Zufallsversuches auf. Begründe diese Behauptung am Beispiel des Würfelns mit einem Würfel (Zufallsvariable X: Augenzahl).

6 Die Wahrscheinlichkeiten für Gewinne und Verluste bei einem Glücksspiel sind in der folgenden Tabelle dargestellt.

Gewinn	290 €	90 €	–10 €
Wahrscheinlichkeit p	$\frac{1}{200}$	$\frac{1}{20}$	$\frac{189}{200}$

Überprüfe, ob die Daten in der Tabelle stimmen können. Berechne den mittleren Gewinn pro Spiel.

7 *Das Wetter spielt eine Rolle.*
Laut Statistik macht eine Autowaschanlage an Regentagen einen Verlust von 120 € und sonst einen Gewinn von 450 €. Im Schnitt regnet es an 10 % der Tage. Berechne die Gewinnerwartung pro Tag.

8 *Reparaturen während der Garantiezeit*
Für ein bestimmtes Modell eines Mofas ist die Reparaturstatistik in der Tabelle festgehalten. So kann man z. B. ablesen, dass es offensichtlich Mofas gibt, die in der Garantiezeit dreimal in die Werkstatt müssen. Dies passiert aber nur bei 3 % der Mofas. Der Hersteller rechnet mit Kosten in Höhe von 110 € pro Reparatur.

Anzahl der Reparaturen	Wahrscheinlichkeit
0	0,68
1	0,18
2	0,10
3	0,03
4	0,01

a) Wie viele Reparaturen fallen im Mittel pro Mofa an?
b) Mit welchen Reparaturkosten in der Garantiezeit muss der Hersteller pro Mofa im Mittel rechnen?

9 *Jedes Los gewinnt!*
Bei einem Schulfest rechnet die Klasse 9 a mit dem Verkauf von 2000 Losen. Es gibt einen 1. Preis (Wert 75 €), zehn 2. Preise (Wert je 25 €) und zwanzig 3. Preise (Wert je 5 €). Dazu gibt es noch 500 Trostpreise, die im Einkauf 1,50 € kosten.
a) Die 9 a ist sich sicher, alle 2000 Lose an den Mann zubringen. Wie teuer müsste ein Los sein, damit der mittlere Gewinn pro Spiel gleich 0 ist? In diesem Fall wären die Einnahmen gleich den ausgezahlten Gewinnen.
b) Ein Los wird für 2 € verkauft. Mit welchem Erlös kann die 9 a rechnen?

Aufgaben

10 Die Kunden der Sparkasse *Hochtal* wurden befragt, wie viele Kreditkarten sie besitzen. Die nebenstehende Statistik gibt das Ergebnis der Befragung wieder. Wie viele Kreditkarten hat ein Kunde der Sparkasse *Hochtal* im Schnitt? Benutze die Statistik.
x: Anzahl der Kreditkarten, die ein Kunde besitzt.
p: Anteil der Kunden, die x Kreditkarten besitzen.

x	p
0	0,48
1	0,21
2	0,17
3	0,08
4	0,06

11 Laura nimmt an einem Quiz in einer Fernsehshow teil. Sie hat bereits 500 € gewonnen. Beantwortet sie die nächste Frage richtig, dann gewinnt sie 2500 €, ansonsten verliert sie die gewonnenen 500 €.
Die Frage ist eine Multiple-Choice-Frage. Sie muss unter vier Antworten die richtige herausfinden. Laura hat nicht die geringste Ahnung, welche Antwort richtig ist. Sollte sie einfach raten oder lieber aufhören?
Vielleicht hilft die Berechnung der mittleren Gewinnerwartung bei der Beantwortung dieser Frage – oder nicht.

12 *Etwas zum Ausprobieren*
Bei diesem Experiment muss jedes Mitglied deiner Gruppe eine Reise simulieren. Du benötigst einen Würfel, um dein nächstes Ziel durch den Zufall zu bestimmen.
Spiel: Angenommen, es gibt 6 Städte 1 bis 6. Jedes Gruppenmitglied wählt eine andere Stadt als Start. Schreibe die Nummer der Stadt auf. Wirf einen Würfel. Die Augenzahl gibt die Nummer der nächsten Stadt an. Wenn du eine Stadt „erwürfelst", die du bereits besucht hast, dann ist deine Reise zu Ende. Ansonsten schreibe die Nummer der Stadt auf und würfele weiter. Wiederhole das Spiel mehrfach.
Auswertung: Wie viele verschiedene Städte besuchen die Mitglieder deiner Gruppe im Mittel? Vergleicht euer Ergebnis mit dem anderer Gruppen.
Theorie: Stelle die Situation dar, indem du das angefangene Baumdiagramm vervollständigst. Du kannst mit dem Baumdiagramm die mittlere Zahl der besuchten Städte berechnen.

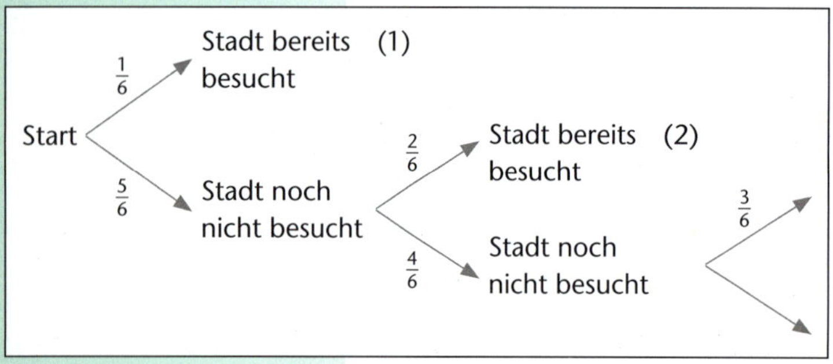

LSF-Versicherung

Unser neues Premium-Angebot:

Leistungs-Secure-Fahrradversicherung

Bei jedem polizeilich gemeldeten Diebstahl erstatten wir 800,– €.

13 *Ein einfaches Modell zur Berechnung der Versicherungsprämie*
Angenommen, du bist Mathematiker bei einer Versicherungsgesellschaft. Du erhältst den Auftrag, die Prämie für eine Leistungs-Secure-Fahrradversicherung (LSF) zu berechnen. Bekannt ist dir lediglich aus einer Polizeistatistik, dass auf 1000 Fahrräder im Mittel 52,6 Diebstähle pro Jahr kommen.
a) Welche Prämie schlägst du der Geschäftsführung vor? Begründe.
b) Was hältst du von einer solchen „LSF"- Versicherung?

14 *Aus der Werbung*
Welche Aussagen werden gemacht?
Worum geht es in diesen Aussagen?
Was hältst du von dieser Werbung?

7.3 Zufallsschwankungen und ungewöhnliche Ereignisse

Was dich erwartet

Die Seitenwahl vor dem Fußballspiel erfolgt durch einen Münzwurf des Schiedsrichters. Dies wird von beiden Mannschaften akzeptiert, weil bei einem fairen Münzwurf die Wahrscheinlichkeit für Kopf oder Zahl jeweils $\frac{1}{2}$ ist. Die Erfahrung zeigt, dass sich bei den 34 Spielen einer Saison Glück und Pech in etwa ausgleichen. Dennoch kann es passieren, dass man z.B. in 28 von 34 Fällen die Wahl verliert, aber dies hält man zu Recht für sehr unwahrscheinlich. Für viele Anwendungen der Stochastik ist es von großer Bedeutung, dass man bei längeren Versuchsserien die Wahrscheinlichkeiten für große Abweichungen von dem erwarteten Mittelwert berechnen oder zumindest abschätzen kann. Insbesondere bei Experimenten, die durch einen mehrfachen Münzwurf simuliert werden können, gibt es einfache Regeln für solche Abschätzungen, die dann auch als Entscheidungshilfen bei einfachen Testverfahren herangezogen werden können.

Aufgaben

1 *Ungewöhnliche Ereignisse*
a) In der städtischen Klinik kommen viele Kinder zur Welt, selbstverständlich wird eine fortlaufende Statistik erstellt. Was hältst du für wahrscheinlicher:
A: von 10 Neugeborenen sind mindestens 7 Mädchen?
B: von 20 Neugeborenen sind mindestens 14 Mädchen?
Begründe deine Entscheidung.
b) Wie groß sind deiner Meinung nach die Wahrscheinlichkeiten für die Ereignisse A und B? Entwirf jeweils ein Simulationsexperiment und führe es aus.

Die Wahrscheinlichkeit für eine Mädchengeburt ist in etwa $\frac{1}{2}$.
Längere Versuchsserien kannst du in Teamarbeit mit passenden Zufallsgeräten, mit Zufallszahlen aus dem Telefonbuch oder auf dem Computer simulieren.

2 *Testen und entscheiden*
Bevorzugen junge weibliche Meerkatzen Puppen als Spielzeug? Diese Frage wird mit einem Experiment untersucht. Einer jungen Meerkatze werden Stoffpuppen und Stoffbälle in bunter Mischung, aber gleicher Anzahl vorgelegt. Man protokolliert, welche dieser Spielzeuge die Meerkatze bei den ersten Versuchen auswählt.

Verhaltensforscher von der City University London boten einer Gruppe von Meerkatzen verschiedenes Spielzeug an und beobachteten, wie sich die Affenmännchen auf Autos und Bälle stürzten, die Weibchen aber zu Puppen und Töpfen griffen. Aus: Spiegel 21, 2004

a) Wie würdest du die Eingangsfrage nach dem nebenstehenden Versuchsprotokoll beantworten? Hast du noch Zweifel?

b) Das protokollierte Ergebnis könnte ja auch rein zufällig so ausgefallen sein, obwohl die Wahrscheinlichkeit für das Greifen einer Puppe jedes Mal gerade $\frac{1}{2}$ beträgt. Statistiker haben berechnet, dass die Wahrscheinlichkeit für dieses Ereignis (8-, 9- oder 10-mal wird eine Stoffpuppe ausgewählt) 5,5 % beträgt. Hilft dir diese Wahrscheinlichkeit bei deiner Entscheidung?

Aufgaben

Zufallsexperiment „25-facher Münzwurf“
KKZKZZZZZZKZZ
ZZKZKZKKKZKK
Ergebnis: 11-mal Kopf, also k = 11

3 *Münzwürfe mit dem Computer*

a) Eine ideale Münze wird 25-mal hintereinander geworfen, die Anzahl k für das Ergebnis „Kopf“ wird notiert. Welche Anzahl k erwartest du? Kann es vorkommen, dass bei diesem Zufallsexperiment k = 5 oder k = 23 ist? Wie sieht deiner Meinung nach die Häufigkeitsverteilung aus, wenn man das Experiment 100-mal wiederholt?

b) Mithilfe von Zufallszahlen wurde das Zufallsexperiment 100-mal auf dem Computer simuliert, man erhält die folgende Dokumentation:

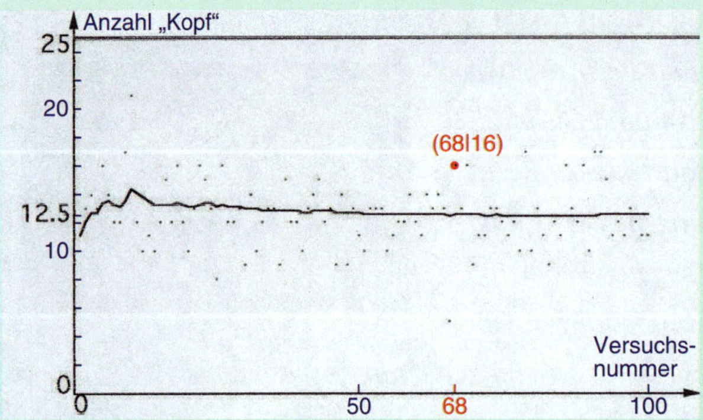

k	5	6	7	8	9	10	11	12	13
H	1	0	0	1	6	10	14	21	21
k	14	15	16	17	18	19	20	21	
H	8	5	8	4	0	0	0	1	

(k: Anzahl Kopf, H: Häufigkeit für k)
Beschreibe und erkläre das nebenstehende Ergebnisprotokoll und die Tabelle.

c) Bei 25 Münzwürfen erwartet man ungefähr 12- bis 13-mal Kopf. Bei unserer Simulation trifft dies in 42 % der Fälle zu. Gib auch die Prozentsätze für die größeren Intervalle [1; 14], [10; 15], [9; 16] usw. an (sie sind alle symmetrisch zu 12,5). In welchem dieser Intervalle liegen etwa 68 % bzw. 95 % der Simulationsergebnisse?

d) Zeichne ein Häufigkeitsdiagramm (Histogramm) zur Tabelle. Wie verändert sich deiner Meinung nach die Gestalt des Histogramms, wenn man 1000 Simulationen

Basiswissen

n-facher Münzwurf als Modell für Zufallsexperimente

Viele Zufallsexperimente lassen sich durch einen mehrfachen (n-fachen) Münzwurf modellieren, dabei sind die einzelnen Würfe unabhängig voneinander, d.h. bei jedem Wurf gilt: p (Erfolg) = p (Misserfolg) = $\frac{1}{2}$.

Erwartungswert

Die mittlere Anzahl der erwarteten Erfolge (Erwartungswert) bei häufiger Wiederholung des n-fachen Münzwurfs ist $p \cdot n = \frac{1}{2} \cdot n$.

Zufallsschwankungen um den Erwartungswert

Bei realen Durchführungen schwanken die Werte für die Anzahl der Erfolge zufällig um den Erwartungswert. Kleine Abweichungen kommen relativ häufig vor, große Abweichungen sind selten. Aus vielen Simulationen und theoretischen Überlegungen gewinnt man nützliche Regeln für den Schwankungsbereich:

68 %-Intervall

Bei etwa 68 % der Durchführungen eines n-fachen Münzwurfs liegt die Anzahl der Erfolge im Intervall $\left[\frac{1}{2}n - \frac{1}{2}\sqrt{n};\ \frac{1}{2}n + \frac{1}{2}\sqrt{n}\right]$.

Beide Regeln sind Faustregeln für hinreichend große n.

95 %-Intervall

Bei etwa 95 % der Durchführungen eines n-fachen Münzwurfs liegt die Anzahl der Erfolge im Intervall $\left[\frac{1}{2}n - \sqrt{n};\ \frac{1}{2}n + \sqrt{n}\right]$.

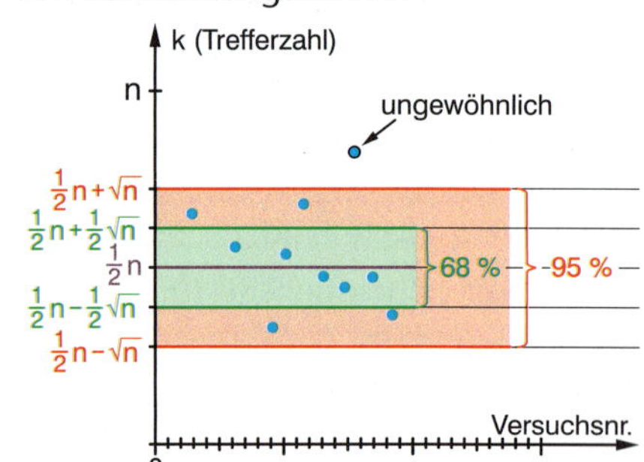

Beispiele

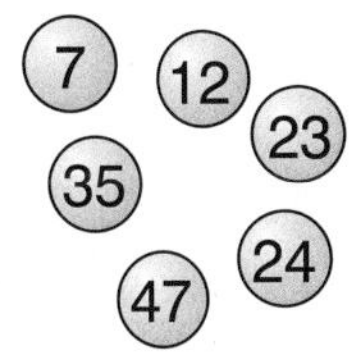

A Die Wahrscheinlichkeit, dass beim Lotto „6 aus 49" an einem Wochenende zwei Kugeln mit benachbarten Zahlen gezogen werden, beträgt in etwa $\frac{1}{2}$. Schätze die Wahrscheinlichkeit dafür, dass dies in einem Jahr in weniger als 18 Wochen vorkommt.

Lösung:

Man erwartet in 52 Wochen etwa 26 „Erfolge". Abweichungen von diesem Erwartungswert um mehr als $\sqrt{52} \approx 7$ treten nur in etwa 5 % der Fälle ein, davon entfällt aber etwa die Hälfte auf große Abweichungen nach oben (das Ereignis tritt in 34 oder mehr Wochen ein). Man kann die gesuchte Wahrscheinlichkeit also mit etwa 2,5 % abschätzen.

Übungen

4 Was meinst du? Ist diese Zeitungsmeldung eine Sensation?

In unserer Stadt kamen im November 1 234 Kinder zur Welt, davon waren 739 Jungen.

p (Geburt eines Jungen) ≈ $\frac{1}{2}$

5 a) Welche Länge hat das 95%-Intervall beim 50-fachen (100-fachen) Münzwurf?
b) Der französische Naturforscher Buffon hat mit großer Geduld 4 040 Münzwürfe durchgeführt, dabei notierte er 2 048-mal Kopf. Liegt das Ergebnis im 95%-Intervall?

G. L. BUFFON (1707–1788)

6 Die folgenden Bilder dokumentieren die Ergebnisse (Anzahl k von „Kopf") von 100 Computersimulationen des 64-fachen Münzwurfs.

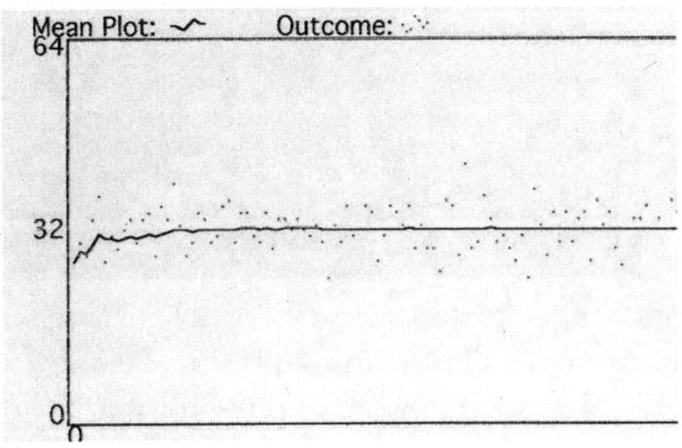

Ergebnisprotokoll der 100 Simulationen

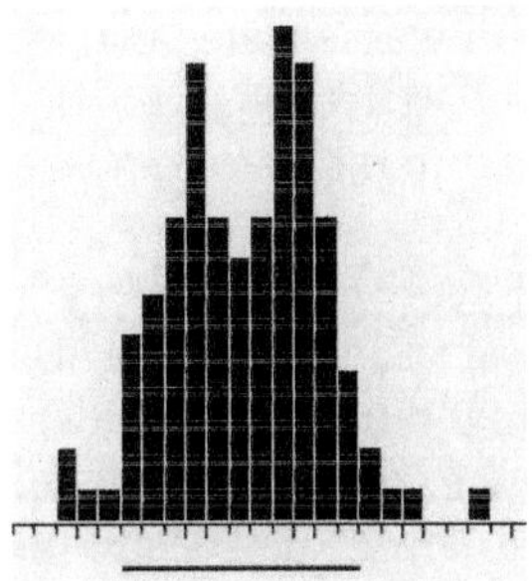

Häufigkeitsverteilung (Histogramm)

k	H	k	H	k	H
24	2	31	8	38	2
25	1	32	7	39	1
26	1	33	8	40	1
27	5	34	13	41	0
28	6	35	12	42	0
29	8	36	8	43	1
30	12	37	4		

Häufigkeitstabelle

a) Überprüfe, ob die Faustregeln zum 68 %- und 95 %-Intervall passen.
b) In welchem Bereich liegen bei der angegebenen Computersimulation die relativen Häufigkeiten für „Kopf"?
c) Skizziere ein „typisches" Ergebnisprotokoll und ein Histogramm für die Simulationen des 100-fachen Münzwurfs. Wie sähe ein „ungewöhnliches" Ergebnisprotokoll aus?

7 Wie oft muss man eine Münze werfen, damit die relative Häufigkeit für Kopf mit etwa 95 %iger Wahrscheinlichkeit im Intervall [0,4; 0,6] ([0,45; 0,55], [0,495; 0,505]) liegt?

8 a) Erkläre mit deinen eigenen Worten, was man unter einem 90 %-Intervall für die Häufigkeiten (relativen Häufigkeiten) von „Kopf" bei einem n-fachen Münzwurf versteht.
b) Ist das 90 %-Intervall jeweils kürzer oder länger als das 95 %-Intervall? Begründe. Vergleiche auch mit dem 68 %-Intervall.

9 *Zum Nachdenken*
Wahr oder falsch? Begründe.
a) Bei 100 Simulationen des 100-fachen Münzwurfs liegen höchstens bei fünf Simulationen die Häufigkeiten für „Kopf" außerhalb des Intervalls [30; 70].
b) Beim n-fachen Münzwurf wird das 95 %-Intervall der relativen Häufigkeit für „Kopf" bei größer werdender Zahl n immer kleiner.
c) Beim 25-fachen Münzwurf kann es vorkommen, dass 24-mal das Ergebnis „Kopf" eintritt.
d) Die Wahrscheinlichkeit, beim 100-fachen Münzwurf genau 50-mal „Kopf" zu erhalten, ist kleiner als $\frac{1}{2}$.

Aufgaben

„Eins-durch-Wurzel-n-Gesetz"

10 In manchen Statistikbüchern findet man das so genannte „$\frac{1}{\sqrt{n}}$-Gesetz":
Die Wahrscheinlichkeit, dass bei n Münzwürfen die relative Häufigkeit für Kopf im Intervall $\left[0{,}5-\frac{1}{\sqrt{n}};\,0{,}5+\frac{1}{\sqrt{n}}\right]$ liegt, beträgt ungefähr 95 %.

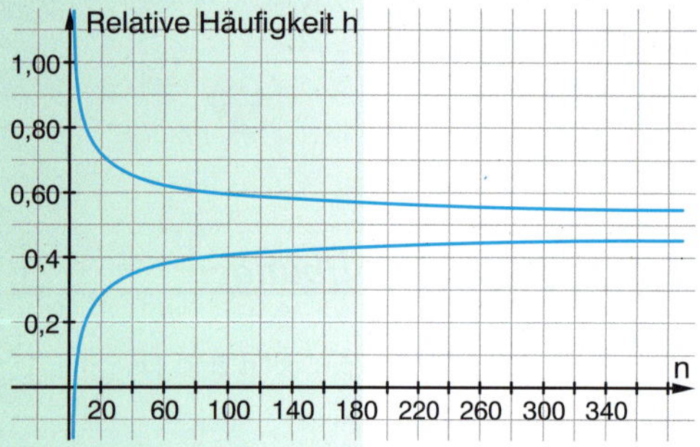

a) Erkläre, wie man dieses Gesetz mithilfe der Faustregel zum 95 %-Intervall aus dem Basiswissen Seite 194 herleiten kann.

b) Eine gute Veranschaulichung des „$\frac{1}{\sqrt{n}}$-Gesetzes" lässt sich mithilfe zweier Funktionsgraphen formulieren:
Beim n-fachen Münzwurf liegt die relative Häufigkeit für „Kopf" in dem sogenannten 95 %-Trichter. Interpretiere das Bild.

c) Erstelle mithilfe eines Funktionenplotters dein eigenes Trichter-Bild für n-Werte bis 2000. Trage in dieses Bild einen Punkt ein, der die Zeitungsmeldung aus Aufgabe 4 repräsentiert. Interpretiere die Lage des Punktes.

Testen von Hypothesen oder welche Ereignisse sind mit dem Zufall vereinbar?

11 *Bevorzugen Delphine links bzw. rechts?*
Will man dies überprüfen, dann muss man sich ein Experiment ausdenken, mit dem man wiederholt beobachten kann, ob Delphine eine Seite bevorzugen. Man beobachtet z. B. 50-mal, ob ein Delphin durch den linken oder rechten Ring springt.

Zufallshypothese p = 0,5

Angenommen, keine Seite wird bevorzugt. Dann erwartet man, dass der Delphin etwa 25-mal durch je einen der beiden Ringe springt.
Natürlich rechnet man mit Abweichungen von dem Erwartungswert 25. Welche sind mit der Annahme, dass Delphine keine Seite bevorzugen, noch vereinbar?
Nach der Regel über die Zufallsschwankungen fällt die Häufigkeit, mit welcher der Delphin die rechte Seite wählt, mit einer Wahrscheinlichkeit von 95 % in den Bereich $[25-\sqrt{50};\,25+\sqrt{50}] = [18;\,32]$. Abweichungen von mehr als sieben vom Erwartungswert treten nur mit einer Wahrscheinlichkeit von 5 % auf. Dies deutet darauf hin, dass Delphine eine Seite bevorzugen, man kann dann mit hinreichender Sicherheit die Zufallshypothese „verwerfen".
Welche der folgenden Beobachtungen führen zum Verwerfen der Zufallshypothese?
A: LLRRRRRRRL B: Bei 35 Sprüngen 11-mal R C: Bei 100 Sprüngen 59-mal R

Statistiker berechnen die Wahrscheinlichkeit, mit der ein beobachtetes Ereignis zufällig eintritt. Ist diese Wahrscheinlichkeit klein (z. B. 5 % oder gar nur 1 %), dann sagen sie, dass dieses Ereignis **signifikant** (auf dem 5 %-Niveau bzw. auf dem 1 %-Niveau) ist.

12 *Multiple-Choice-Test*
Die Kenntnisse eines Kandidaten in seinem Spezialgebiet werden überprüft. Man legt ihm einen Fragebogen mit 40 Aufgaben vor. In jeder Aufgabe werden zwei Antworten angeboten, von denen jeweils eine richtig und eine falsch ist. Der Kandidat kreuzt bei 35 (5) Aufgaben die richtige Lösung an. Kann man die Hypothese H: „Der Kandidat hat keine Ahnung, er hat nur geraten" auf dem 5 %-Niveau verwerfen?

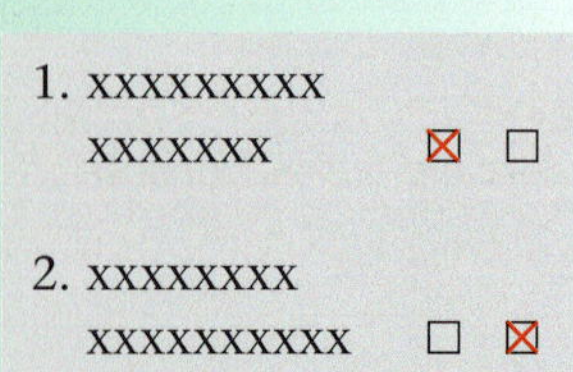

13 *Der absolute Schokoladenschmecker*
Gibt es in eurer Klasse einen „Geschmacksexperten", der nur durch eine Geschmacksprobe mit großer Sicherheit die Vollmilchschokolade der Firma A von der Firma B unterscheiden kann?
Entwirf einen geeigneten Schnelltest (genaue Festlegung des Verfahrens und der Entscheidungsregeln) und führe ihn zur „Qualifikation eines Experten" aus.

CHECK UP

Statistik und Wahrscheinlichkeitsrechnung

1 Untersuche die beiden Graphiken kritisch.

a) China ist es gelungen, das Bevölkerungswachstum zu bremsen.

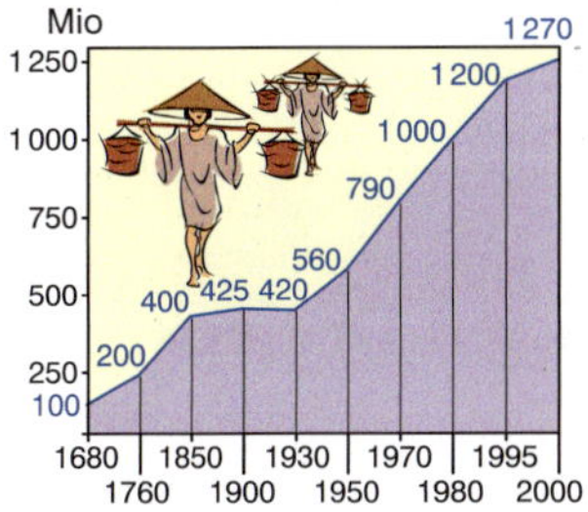

b) When asked to describe their ancestry, more Americans trace their roots to Europe than anywhere else in the world.

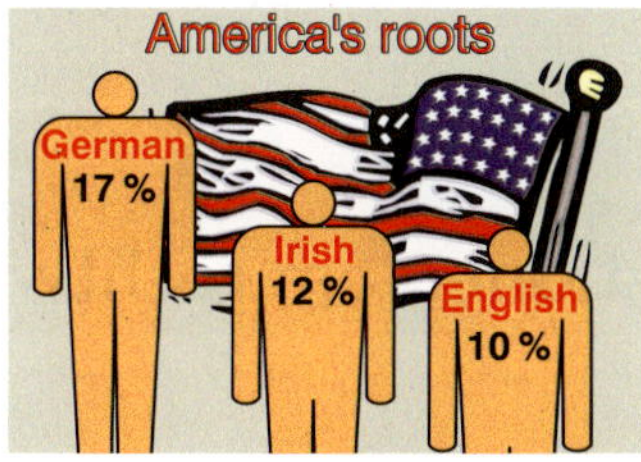

2 Die Wahrscheinlichkeitsverteilung stellt den „Gewinnplan" eines Glückspieles in mathematischer Form dar.

Gewinn	p
9 €	0,05
4 €	0,15
−2 €	0,8

a) Beschreibe dieses Spiel mit den spieltypischen Begriffen: Einsatz, Auszahlung, Gewinn, Gewinnwahrscheinlichkeit.

b) Ein Spieler spielt dieses Spiel 100-mal. Mit welchem Gewinn/Verlust muss er rechnen?

3 Mit welchem Gewinn kann man bei diesem Glücksspiel auf lange Sicht pro Spiel rechnen?

Gewinn	p
1000 €	0,001
100 €	0,01
10 €	0,1
−5 €	0,889

4 a) Was versteht man unter einem fairen Glücksspiel?

b) Handelt es sich um ein faires Gewinnspiel?

Einsatz: 10 €

Gewinnplan (mathematisch ausgedrückt):

1000 € Gewinn mit $p = \frac{1}{1000}$

500 € Gewinn mit $p = \frac{1}{500}$

100 € Gewinn mit $p = \frac{2}{100}$

25 € Gewinn mit $p = \frac{15}{100}$

5 Ein Zauberer in einem Zirkus behauptet, er habe übersinnliche Wahrnehmungsfähigkeiten. Zum Beweis wird 25-mal eine Karte aus einem Kartenspiel gezogen, wieder zurückgesteckt, gut gemischt usw. Der Zauberer sagt jedes Mal die Farbe der Karte vorher (rot oder schwarz). Angenommen, der Zauberer verfügt über keinen Trick oder gar übersinnliche Fähigkeiten.

a) Ermittle unter dieser Annahme, mit welcher Zahl richtiger Vorhersagen man rechnen kann.

b) Wie groß ist die Wahrscheinlichkeit, dass die Zahl der richtigen Vorhersagen um mindestens fünf von dem Erwartungswert abweicht? Verwende das $\sqrt{n}$-Gesetz.

c) Könnte man zweifelsfrei sagen, dass es kein Zufall sein kann, wenn die Zahl der richtigen Vorhersagen um mehr als sieben vom Erwartungswert abweicht?

Regeln bei der Analyse von Statistiken

Achte stets auf

- die Art des Diagramms (eignet es sich überhaupt für den dargestellten Sachverhalt?),
- die Größen, die dargestellt sind, und die vorliegende Skalierung (gibt es Sprünge oder Verzerrungen?),
- die Größe, Form und Farbe der Graphik.

Überprüfe, ob irgendwelche Daten nicht berücksichtigt wurden.

Finde heraus,

- wer die Statistik in Auftrag gegeben hat,
- wie die Daten erhoben wurden,
- was miteinander verglichen wird.

Stammen die Daten von einer Befragung? Wenn ja, welche Fragen wurden von wem gestellt, und wer wertete diese Fragen in wessen Auftrag aus?

Welche Schlussfolgerungen wurden gezogen? Werden diese durch die Darstellung unterstützt?

Welche Informationen kannst du zusätzlich aus der Graphik ablesen?

Womit ist auf lange Sicht bei einem Glücksspiel zu rechnen?

Wahrscheinlichkeitsverteilung

Gewinn	p
9 €	0,05
4 €	0,15
−2 €	0,8

Gewinnerwartung auf lange Sicht:

$9\,€ \cdot 0{,}05 + 4\,€ \cdot 0{,}15 + (-2)\,€ \cdot 0{,}8 = -0{,}55\,€$

Der Spieler verliert bei diesem Spiel auf lange Sicht pro Spiel im Mittel 0,55 €.

Zufallschwankungen und ungewöhnliche Ereignisse

Anwendbar bei mehrstufigen Zufallsversuchen, bei denen es um zwei verschiedene Ergebnisse (Treffer oder Fehlschlag) geht und die Wahrscheinlichkeit für einen Treffer 50 % beträgt.

„Erwartete" Zahl von Treffern: $\frac{1}{2}n$

Schätzung der Wahrscheinlichkeit von Abweichungen vom Erwartungswert mit den $\sqrt{n}$-Faustregeln:

Abw. um mehr als $0{,}5 \cdot \sqrt{n}$: $p < 32\,\%$

Abw. um mehr als $\sqrt{n}$: $p < 5\,\%$

8 Trigonometrie

8.1 Winkelfunktionen am rechtwinkligen Dreieck

Was dich erwartet

Mithilfe von Dreiecken konnten wir bisher eine Reihe von theoretischen und angewandten Problemen lösen, zunächst überwiegend mit Konstruktionen. Mithilfe der Strahlensätze und der Satzgruppe des Pythagoras konnten wir geometrische Probleme auch rechnerisch lösen. Allerdings geben diese Sätze nur Beziehungen zwischen Streckenlängen an, bei Problemen mit gegebenen Streckenlängen und Winkelgrößen mussten wir dann meist wieder auf Konstruktionen zurückgreifen. In diesem Lernabschnitt wirst du nun Möglichkeiten kennenlernen, auch solche Probleme rechnerisch zu behandeln.

Aufgaben

1 Steigung und Gefälle spielen im Alltag in vielen Situationen eine wichtige Rolle, sie werden meist in Prozent, manchmal auch in Winkelgrad angegeben. Welche Angabe vermittelt dir die bessere Vorstellung?

Auf Bergetappen überwinden Radrennfahrer Pässe mit bis zu 18 % Steigung.

Skiabfahrten der schweren Kategorie weisen 22° bis 29° Gefälle auf.

Adler legen im Gleitflug mit einem Gleitwinkel von 3,4° lange Strecken zurück.

Pistenraupen können Hänge bis 55 % Steigung bewältigen.

a) Was versteht man unter der Steigung einer Strecke in Grad bzw. in Prozent?
b) Im nebenstehenden Diagramm wird der Winkel bei 0 von 0° bis 60° in 5°-Schritten vergrößert.
Berechne für jeden Winkel die Steigung in Prozent und fülle die Tabelle aus.

0°	5°	10°	15°	20°	■
0 %	■	■	27 %	■	■

c) Zeichne den Graphen der Zuordnung Steigungswinkel α → Steigung in %.
d) Wie verläuft der Graph im Winkelbereich von 60° bis 90° weiter? Skizziere und beschreibe mit Worten.

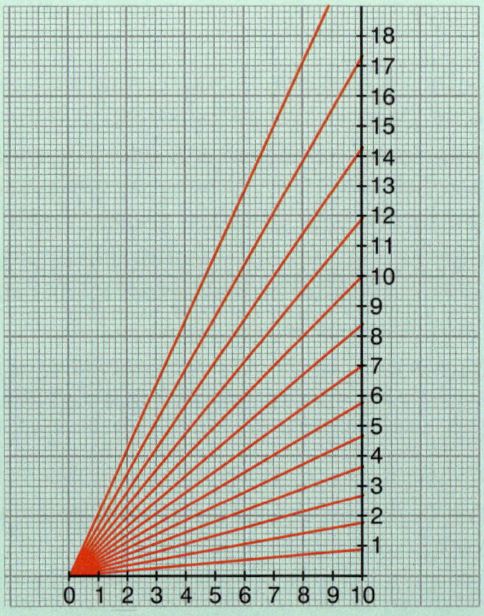

Aufgaben

2 a) Herr Müller will an seinem Haus einen Geräteschuppen mit Pultdach anbauen. Das Dach soll 50 cm überstehen und die gleiche Neigung (36°) wie das Hausdach aufweisen. Für die Schräge will er die vorhandenen Balken von 3,5 m Länge verwenden. Bestimme die Längen a und b der für die Dachkonstruktion notwendigen Stützbalken.

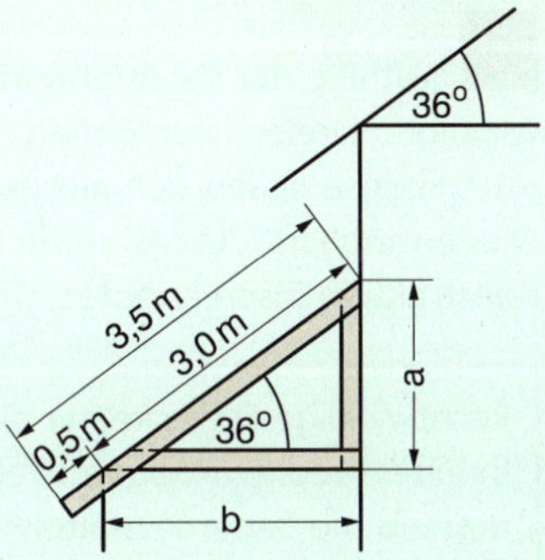

b) Kannst du mit deinen Ergebnissen aus a) nun auch die Längen der Stützbalken berechnen, wenn an Stelle der 3,5 m langen Balken solche von 4,5 m (5,5 m) Länge verwendet werden? Beschreibe dein Vorgehen.

3 *Seitenverhältnisse und Winkel am rechtwinkligen Dreieck*

a) Zeichne ein rechtwinkliges Dreieck mit dem spitzen Winkel $\alpha = 30°$ (60°). Miss möglichst genau die Seitenlängen a, b und c und berechne die Seitenverhältnisse a:b, a:c und b:c. Vergleiche deine Ergebnisse mit denen deiner Nachbarn. Was stellt ihr fest? Gibt es dafür eine Erklärung?

b) Welche der folgenden rechtwinkligen Dreiecke sind ähnlich zu dem roten Dreieck? Begründe deine Entscheidung.

	Kathete a	Kathete b	Hypotenuse c	Verhältnis a:c
Dreieck 1	5,1 cm	■	10,2 cm	■
Dreieck 2	3,6 cm	■	■	0,5
Dreieck 3	■	$2{,}5\sqrt{3}$ cm	5 cm	■
Dreieck 4	3 cm	4 cm	■	■

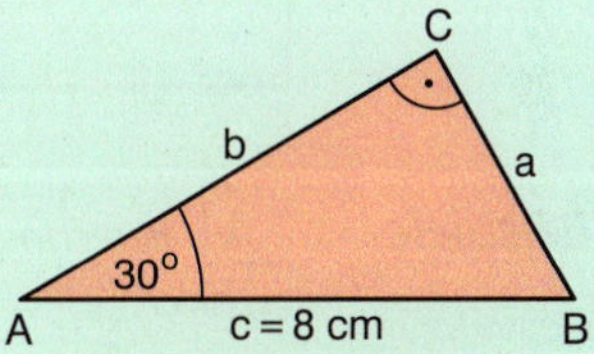

c) Berechne (ohne Konstruktion) die Höhe in dem nebenstehenden Parallelogramm.

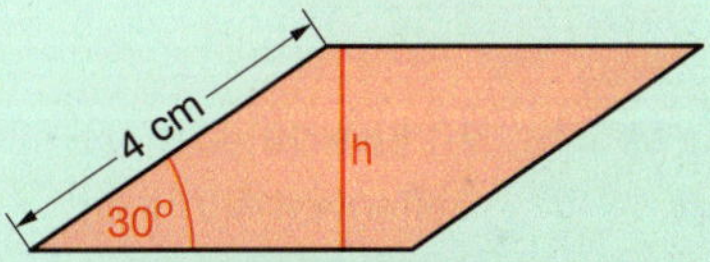

d) Wie groß ist der Winkel α bei einem rechtwinkligen Dreieck mit dem Seitenverhältnis $a:c = 1:\sqrt{2}$?

4 *Entdecken von Sinus und Kosinus mit Taschenrechner und DGS*

a) Sicher hast du auf deinem Taschenrechner schon die Tasten sin und cos gesehen. Dahinter verbergen sich die „Sinusfunktion" $\alpha \to \sin(\alpha)$ und die „Kosinusfunktion" $\alpha \to \cos(\alpha)$, die jeweils jedem Winkel α eine reelle Zahl zuordnen. Erstelle mit dem Taschenrechner Tabellen dieser Funktionen für $0° < \alpha < 90°$. Zeichne die zugehörigen Graphen und beschreibe sie.

b) Konstruiere mit dem DGS einen Viertelkreis um O(0|0) mit dem Radius 10 cm und lege einen Punkt P auf dem Viertelkreis fest. Konstruiere den Punkt X als Schnittpunkt des Lotes von P auf die x-Achse. Das Dreieck OXP ist ein rechtwinkliges Dreieck. Bewege P auf dem Viertelkreis und beobachte, wie sich dabei mit dem Winkel α die zugehörigen Kathetenlängen des rechtwinkligen Dreiecks ändern. Kannst du einen Zusammenhang mit den in a) tabellierten Sinus- und Kosinuswerten entdecken? Formuliere deine Vermutung und überprüfe mit den Messwerten des DGS.

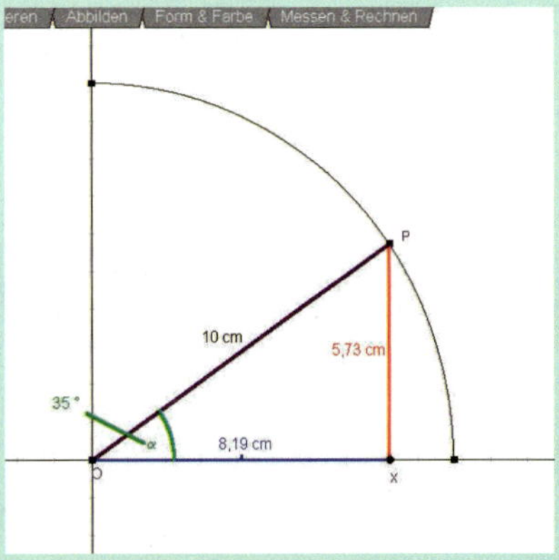

c) Gilt deine Vermutung auch dann noch, wenn du das DGS-Experiment mit einem Viertelkreis mit anderem Radius wiederholst?

Basiswissen

Mithilfe der trigonometrischen Funktionen lassen sich Seitenlängen am rechtwinkligen Dreieck berechnen, wenn ein spitzer Winkel und eine Seitenlänge bekannt sind. Ebenso lassen sich aus gegebenen Seitenlängen die Winkel berechnen.
Dies ermöglicht die rechnerische Lösung von Problemen, die man bisher nur durch Konstruktion lösen konnte.

Rechtwinklige Dreiecke mit gleich großen spitzen Winkeln sind ähnlich zueinander.
In einem rechtwinkligen Dreieck sind deshalb die Seitenverhältnisse eindeutig durch einen der beiden spitzen Winkel festgelegt.
Die so genannten Winkelfunktionen Tangens, Sinus und Kosinus ordnen jedem spitzen Winkel am rechtwinkligen Dreieck ein entsprechendes Seitenverhältnis zu.

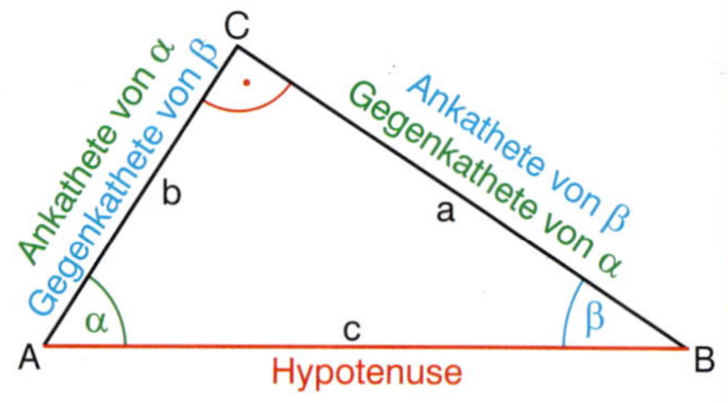

$\alpha \rightarrow \tan(\alpha) = \frac{a}{b}$	Der **Tangens** eines Winkels ist das Verhältnis von Gegenkathete zur Ankathete.	$\beta \rightarrow \tan(\beta) = \frac{b}{a}$
$\alpha \rightarrow \sin(\alpha) = \frac{a}{c}$	Der **Sinus** eines Winkels ist das Verhältnis von Gegenkathete zur Hypotenuse.	$\beta \rightarrow \sin(\beta) = \frac{b}{c}$
$\alpha \rightarrow \cos(\alpha) = \frac{b}{c}$	Der **Kosinus** eines Winkels ist das Verhältnis von Ankathete zur Hypotenuse.	$\beta \rightarrow \cos(\beta) = \frac{a}{c}$

Beispiele

Achtung: Der Taschenrechner kann Winkel im Gradmaß (DEG) oder im Bogenmaß (RAD) bearbeiten. Achte auf die passende Einstellung.

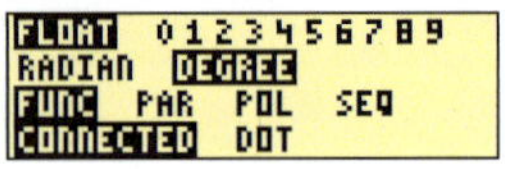

A *Berechnung von Näherungswerten mit dem Taschenrechner*

a) Berechne sin(37°), cos(37°) und tan(37°).

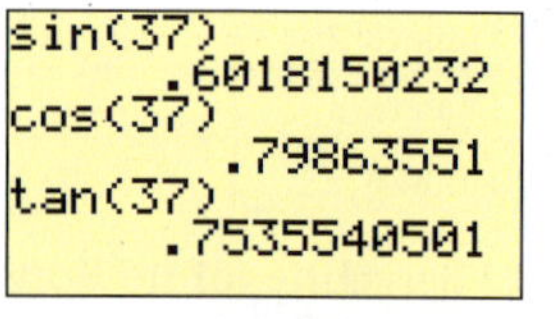

b) Berechne zu den Seitenverhältnissen die zugehörigen Winkelgrößen.

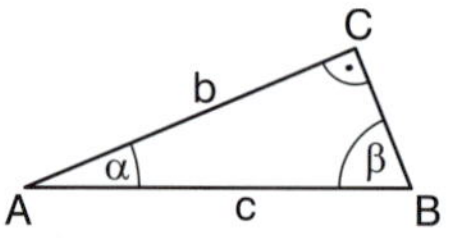

a = 1,5 cm
b = 3,6 cm
c = 3,9 cm

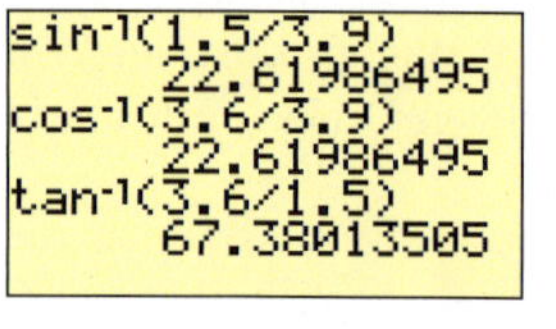

B Berechne alle Seiten in dem rechtwinkligen Dreieck mit $\alpha = 44°$, b = 4,5 cm.
Lösung: Mithilfe der bekannten Tangens- und Sinuswerte (Taschenrechner) lassen sich die fehlenden Seitenlängen berechnen.

$\tan(44°) = \frac{a}{4,5}$ damit $a = 4,5 \cdot \tan(44°)$ $a \approx 4,35$ cm

$\cos(44°) = \frac{4,5}{c}$ damit $c = \frac{4,5}{\cos(44°)} \approx 6,26$ cm

Probe mit Pythagoras: $4,35^2 + 4,5^2 = 39,1725$ ($\approx 6,26^2$)

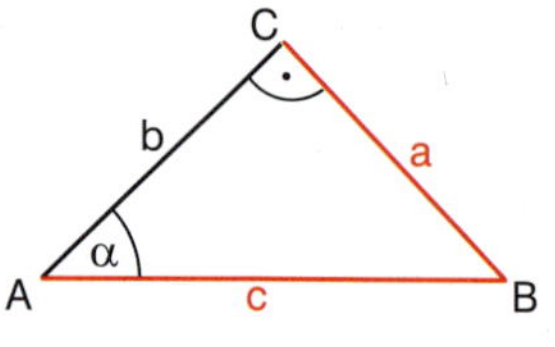

C Wie groß ist der Winkel zwischen Raum- und Flächendiagonale im Würfel?
Lösung: Die Raumdiagonale $\overline{BH}$ ist die Hypotenuse des rechtwinkligen Dreiecks BHD, sie hat die Länge $a\sqrt{3}$.
Die Kante $\overline{DH}$ (Länge a) ist die Gegenkathete zu dem Winkel α, die Flächendiagonale $\overline{BD}$ (Länge $a\sqrt{2}$) die Ankathete.

Es gilt $\sin(\alpha) = \frac{a}{a\sqrt{3}} = \frac{1}{\sqrt{3}}$.

Der Taschenrechner liefert $\alpha = \sin^{-1}\left(\frac{1}{\sqrt{3}}\right) \approx 35,26°$.

Die gleiche Lösung erhalten wir auch mit dem Ansatz $\tan(\alpha) = \frac{a}{a\sqrt{2}} = \frac{1}{\sqrt{2}}$

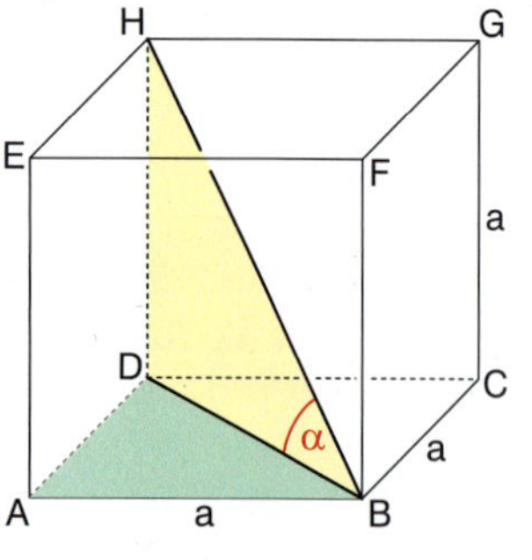

Beispiele

D Nach dem Sicherheitshinweis soll eine Leiter in einem Winkel von etwa 15° an die Wand angestellt werden. Welchen Abstand von der Wand sollte danach eine 4 m lange Leiter am Boden aufweisen?

Lösung:

In der Skizze erkennen wir ein rechtwinkliges Dreieck.

Es gilt: $\sin(15°) = \frac{d}{4} \Rightarrow d = 4 \cdot \sin(15°)$

Der Taschenrechner liefert $\sin(15°) \approx 0{,}2588$. Damit ist $d \approx 1{,}04$ m. Der Abstand sollte also etwa 1 m betragen.

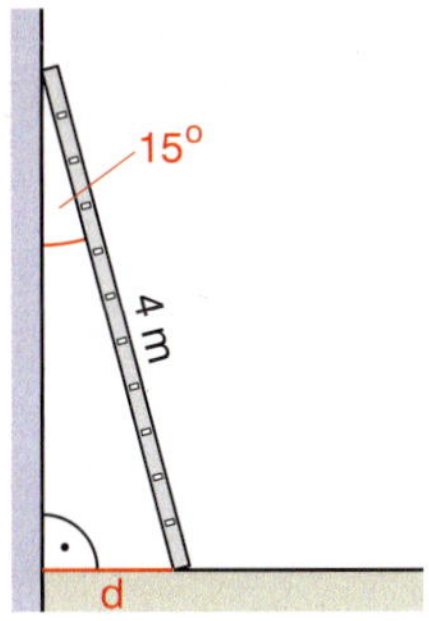

Übungen

Wie viele Nachkommastellen gibt dein Rechner aus?

5 *Schätzen und Rechnen*

a) Gib jeweils einen Schätzwert für tan, sin, cos zu den folgenden Winkelgrößen an: $\alpha = 5°$, $\beta = 32°$, $\gamma = 60°$, $\delta = 85°$. Berechne dann mit dem Taschenrechner.

b) Schätze die zugehörigen Winkelgrößen und überprüfe mit dem Taschenrechner: $\tan(\alpha) = 0{,}75$; $\sin(\beta) = 0{,}49$; $\cos(\gamma) = 0{,}49$; $\tan(\delta) = 3{,}45$; $\sin(\varepsilon) = 0{,}1$; $\cos(\varphi) = 0{,}9$

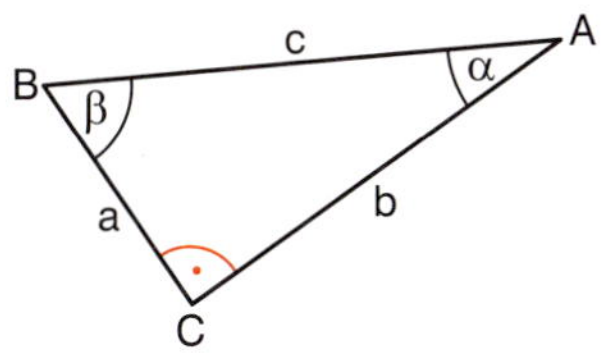

6 *Training: Lösungsansätze finden*

Schreibe jeweils eine Gleichung auf, mit der du die gesuchte Größe in dem rechtwinkligen Dreieck finden kannst.

Vergleiche mit deinen Nachbarn.

a) $\alpha = 20°$ und $c = 3{,}5$ cm $a = ?$
b) $\beta = 76°$ und $a = 7$ cm $b = ?$
c) $a = 6$ cm und $c = 12$ cm $\beta = ?$
d) $\beta = 16°$ und $c = 8$ cm $a = ?$
e) $\alpha = 49{,}5°$ und $a = 9$ cm $b = ?$
f) $c = 6$ cm und $a = 5$ cm $b = ?$
g) $a = 7$ cm und $b = 12$ cm $\alpha = ?$
h) $a = 7$ cm und $b = 12$ cm $\beta = ?$

7 *Training: Dreiecke berechnen*

Von einem rechtwinkligen Dreieck ($\gamma = 90°$, vergleiche Übung 6) sind zwei Größen gegeben. Berechne jeweils die übrigen Winkel und Seiten.

a) $c = 12{,}5$ cm; $\alpha = 37{,}56°$
b) $a = 5{,}4$ cm; $b = 3{,}9$ cm
c) $b = 6{,}5$ cm; $\beta = 54{,}2°$
d) $b = 3{,}5$ cm; $c = 9{,}4$ cm
e) $c = 10{,}2$ cm; $\beta = 40°$
f) $c = 10$ cm; $a = 6$ cm

8 Berechne die gesuchten Größen.

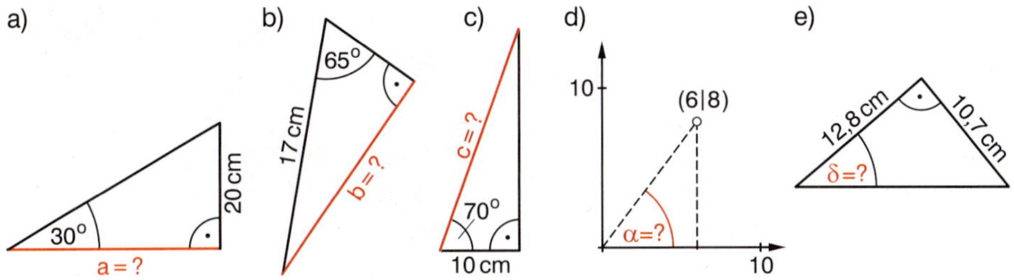

9 *Ohne Worte*

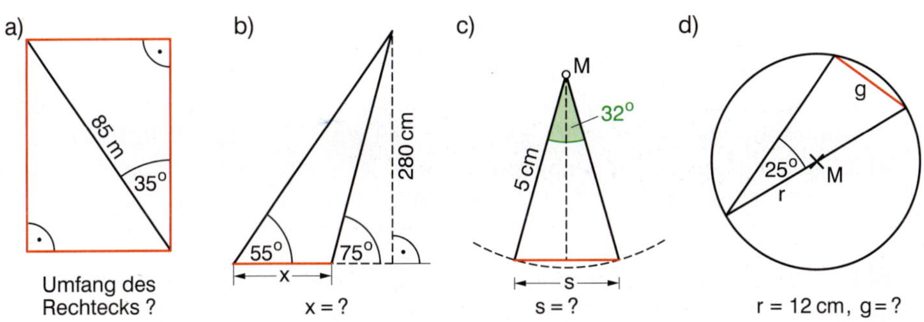

Übungen

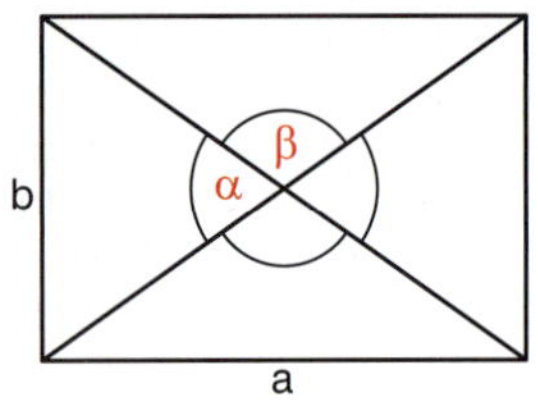

10 Berechne die Winkel, unter denen sich die Diagonalen eines Rechtecks mit den Seitenlängen a und b schneiden.
a) a = 4 cm, b = 3 cm b) a = 5 cm, b = 4 cm c) a = 10 cm, b = 5 cm

11 Die Diagonalen eines Rechtecks mit der Seitenlänge a = 12 cm schneiden sich unter einem Winkel von 35°. Wie lang ist die Seite b?

12 Wie groß ist der Winkel α, den die Raumdiagonale des Quaders mit der Flächendiagonale einschließt?
a) a = 8 cm, b = 4 cm, c = 3 cm
b) a = 8 cm, b = 5 cm, c = 4 cm

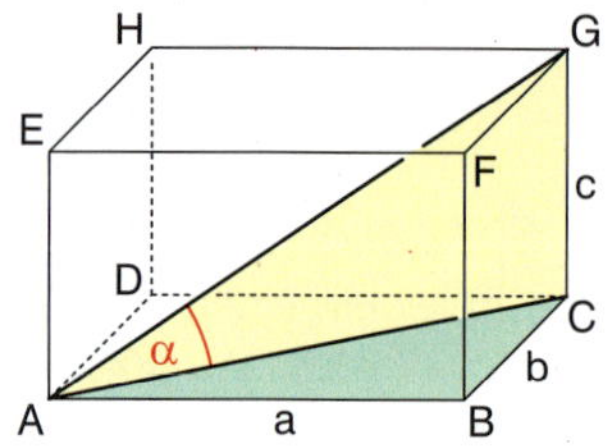

13 Bestimme einen Quader, bei dem der Winkel zwischen Flächen- und Raumdiagonale 30° beträgt.

Flächeninhaltsformeln ohne Höhe

14 a) Ein Dreieck mit den Seitenlängen b = 4 cm und c = 6 cm und dem eingeschlossenen Winkel $\alpha = 42°$ lässt sich eindeutig konstruieren. Kannst du mit diesen Angaben den Flächeninhalt A des Dreiecks berechnen, ohne die Höhe h zu messen? Beschreibe dein Vorgehen. b) In der Formelsammlung findet man drei Formeln für den Flächeninhalt A eines spitzwinkligen Dreiecks:
$A = \frac{1}{2} c \cdot b \cdot \sin(\alpha) = \frac{1}{2} c \cdot a \cdot \sin(\beta) = \frac{1}{2} a \cdot b \cdot \sin(\gamma)$.
Begründe diese Formeln. Vergleiche mit deiner Lösung aus a).

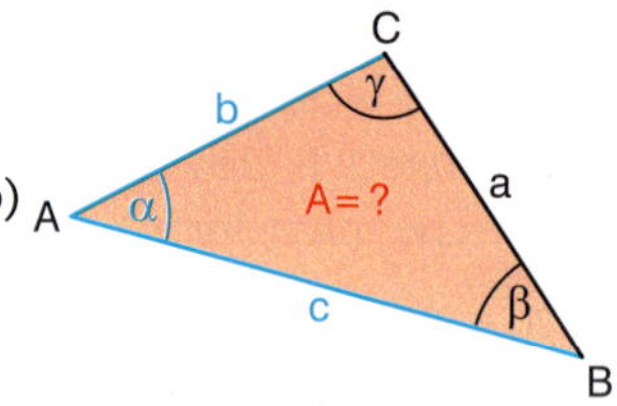

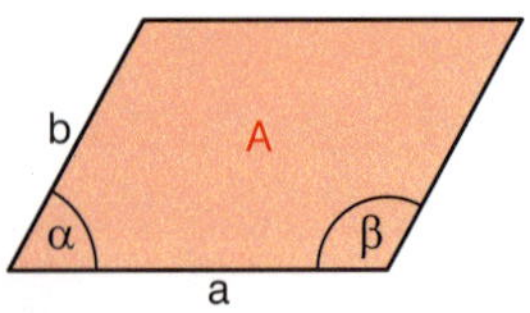

15 Berechne den Flächeninhalt des Parallelogramms.
a) a = 4,2 cm, b = 3,5 cm, $\alpha = 69°$ b) a = 5 cm, b = 4 cm, $\alpha = 132°$
Kannst du auch hier eine Formel finden?

16 Ein Parallelogramm mit den Seitenlängen a und b hat den Flächeninhalt A. Konstruiere das Parallelogramm.
a) a = 2,5 cm, b = 3,5 cm, A = 15 cm^2
b) a = 4 cm, b = 4 cm, A = 8 cm^2

Findest du verschiedene Lösungswege? Beschreibe.

17 a) In den Giebel mit 38° Dachneigung wird das trapezförmige Fenster eingepasst. Wie viel Glas wird für das Fenster benötigt?
b) Um wie viel Prozent wird die Glasfläche kleiner, wenn die Dachneigung nur 28° beträgt?

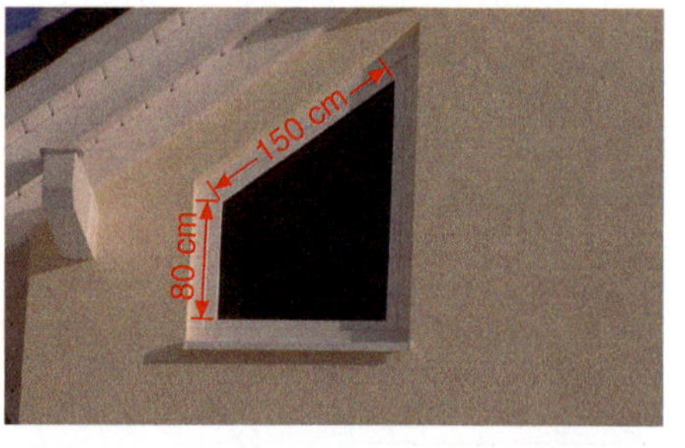

Steigungen

Im Zusammenhang mit Steigungen und Steigungswinkeln sind die trigonometrischen Funktionen ein nützliches Werkzeug. So können Steigung oder Gefälle von Straßen aus den Höhenlinien einer Karte berechnet werden. Beim Gleitflug von Drachen- oder Segelfliegern spielt der Gleitwinkel oder die Gleitzahl eine wichtige Rolle. Aus der Höhenänderung und der Geschwindigkeit von Flugzeugen kann der Steigungswinkel bei Start- und Landevorgängen berechnet werden.

18 Die Straße steigt auf einer Länge von 130 m an. Welcher Höhenunterschied wird überwunden und unter welchem Winkel steigt die Straße an?

19 *Höhenlinien*
Auf einer Karte im Maßstab 1 : 50 000 sind Höhenlinien eingetragen. Unter welchem Winkel steigt die Straße von A nach B an, wenn der Abstand der benachbarten Höhenlinien dort mit 8 mm gemessen wurde?

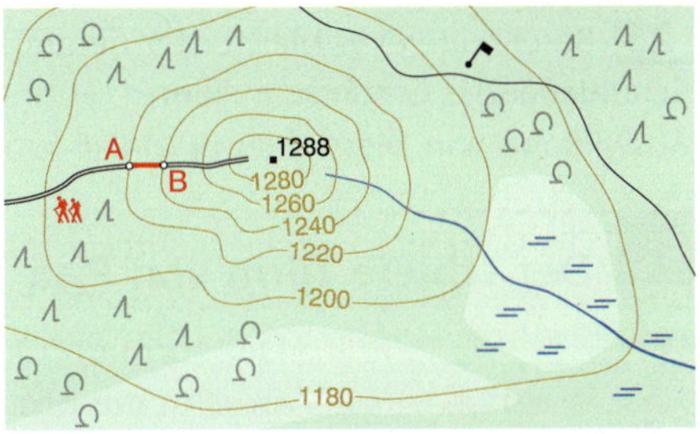

Übungen

Eine Höhenlinie verbindet gleich hohe Punkte einer Geländefläche. Die Zahl an der Höhenlinie bedeutet die Höhe (in Metern) über NN. Aus der Dichte der Höhenlinien kann der Kartenleser die Steigung ablesen: je enger, desto steiler – je weiter, desto flacher.

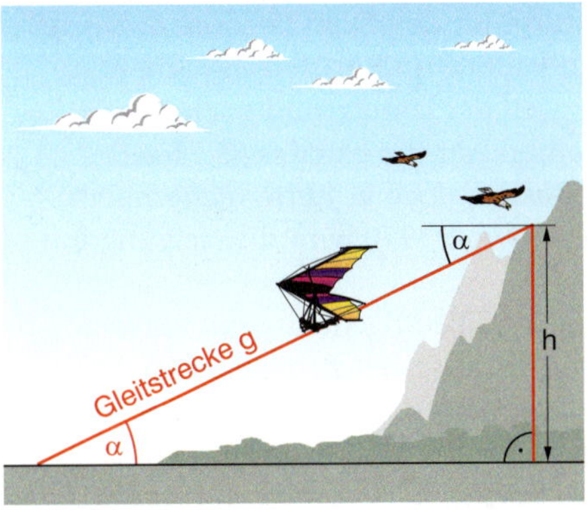

20 a) Ein Drachenflieger gleitet ohne Aufwind in einem Gleitwinkel α von ungefähr 8° zu Tal. Welche Flugweite (horizontale Entfernung) erreicht er, wenn er aus einer Höhe h von 85 m startet?
b) Aus welcher Höhe müsste er starten, wenn er mit einem Gleitwinkel von 7° die gleiche Flugweite erreichen will?
c) Welche Gleitstrecke hat er in beiden Fällen zurückgelegt?

21 Ein Flugzeug fliegt mit einer Geschwindigkeit von v = 300 km/h die Landebahn an. Die Flugrichtung bildet dabei mit der Horizontalen konstant einen Winkel von $\alpha = 8°$.
a) Um wie viel m sinkt das Flugzeug dabei pro Minute?
b) Welche „Geschwindigkeit über Grund" V_G hat dabei das Flugzeug?

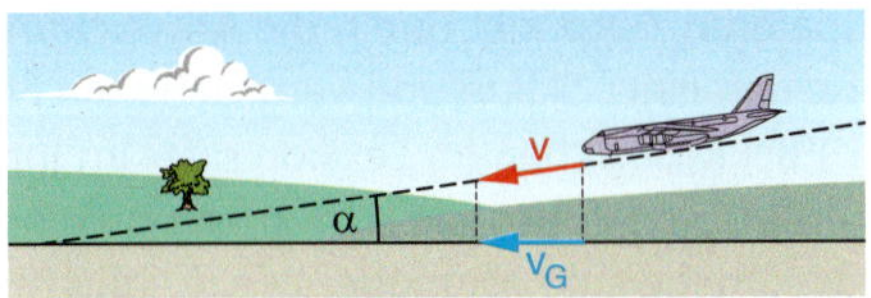

22 *Gleitwinkel bei Vögeln*
Vögel sind unterschiedlich gute Gleitflieger. Ihre Gleitflugfähigkeit wird durch die so genannte Gleitzahl bewertet, diese ist als Verhältnis zwischen Höhenverlust und horizontal gemessener Flugstrecke definiert.
a) Berechne für die Vogelarten jeweils den Gleitwinkel.
b) Welche Flugweite erreichen die Vögel beim Start ihres Gleitfluges aus 80 m Höhe?

	Gleitzahl
Kondor	1 : 34
Bussard	1 : 15
Möwe	1 : 14
Taube	1 : 9
Spatz	1 : 6

Messungen mit Höhen- und Tiefenwinkeln

Mithilfe spezieller Messgeräte (z. B. Theodolit) kann ein Beobachter Höhen- oder Tiefenwinkel bestimmen. Zusammen mit bekannten Längen lassen sich damit nicht unmittelbar messbare Höhen oder Entfernungen mit trigonometrischen Ansätzen berechnen.

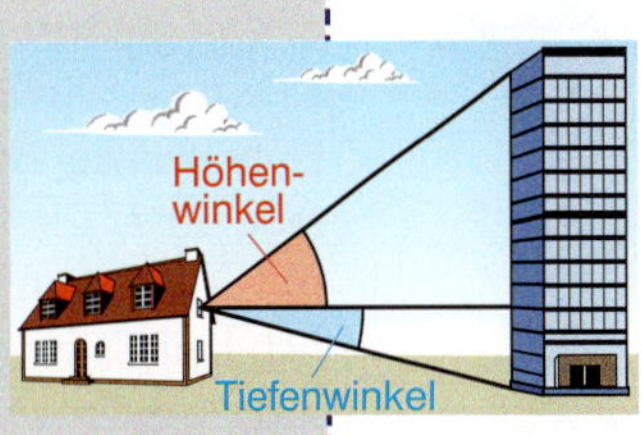

23 Aus einem Fenster im 1. Stock eines Wohnhauses (Höhe 4,80 m) erblickt man die Spitze eines Bürohauses unter dem Höhenwinkel von 36,2° und die Basis unter dem Tiefenwinkel von 4,4°. Wie hoch ist das Bürohaus und wie weit sind Wohnhaus und Bürohaus voneinander entfernt?

24 Von der Aussichtsplattform eines Leuchtturms (Höhe 92 m über NN) erscheint ein Segelschiff unter einem Tiefenwinkel von 32°. Wie weit ist das Schiff von dem Leuchtturm entfernt?

Übungen

25 Beschreibe eine Methode, wie du mithilfe von Trigonometrie die Höhe eures Schulgebäudes bestimmen kannst. Führe die Messungen aus. Überlege dir auch die Auswirkung von Messfehlern (Winkel- und Längenmessung).

Der schiefe Turm von Pisa

Der Turm von Pisa hat in jeder Hinsicht eine bewegte Geschichte hinter sich: Im 12. Jahrhundert wurde mit seinem Bau als Glockenturm für den Dom begonnen. Doch schon fünf Jahre nach Baubeginn mussten die Arbeiten abgebrochen werden, weil der Untergrund nachgab wie Pudding. Nach 200 Jahren war der Bau des 55 Meter hohen Turms abgeschlossen, doch er hörte nicht auf zu sinken. In einem Lexikon von 1970 wird die Neigung mit 5,46° angegeben.
Von 1999 bis 2001 konnten Bauingenieure mit aufwendigen Maßnahmen den Turm soweit zurückkippen, dass nun keine Einsturzgefahr mehr droht. Die Neigung wurde um ca. 40 cm verringert, so dass die Turmspitze „nur“ noch 4,10 m vom Lot absteht.

26 a) In dem Text oben wird die Neigung des Turms einmal als Winkel (1970), zum späteren Zeitpunkt durch die Abweichung vom Lot angegeben. Verdeutliche die Angaben an einer Skizze und vergleiche die Neigungen zu den angegebenen Zeitpunkten.
b) Bei Recherchen im Lexikon oder im Internet findet man unterschiedliche Angaben zur „Höhe“ des Turms, sie schwanken zwischen 54 m und 58 m. Wie lässt sich dies erklären? Beschreibe eine Methode, wie du durch eigene Messungen und Berechnungen die wahre Höhe des Turmes bestimmen könntest.

Berechnungsgesetz von Snellius:

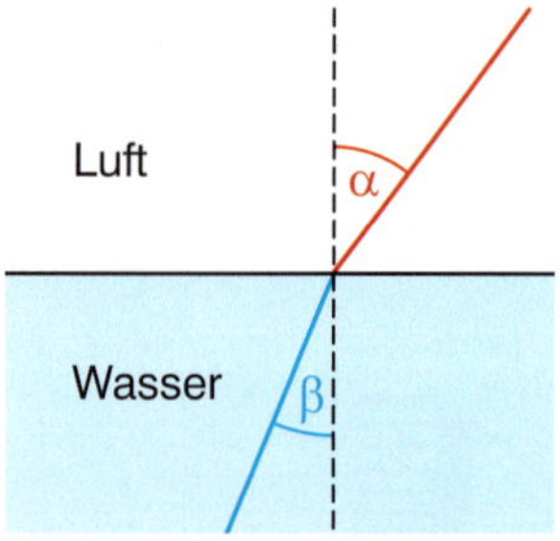

$\frac{\sin(\alpha)}{\sin(\beta)} \approx 1{,}5$

Anwendungen in Physik, Geographie und Astronomie

27 Beim Übergang von Luft in Wasser wird der Lichtstrahl gebrochen. Der Zusammenhang zwischen Einfallswinkel und Brechungswinkel wird durch das Snelliussche Brechungsgesetz beschrieben.
a) Wie groß ist der Brechungswinkel bei einem Einfallswinkel von 45°? Für welchen Einfallswinkel ist der Brechungswinkel gerade 30°?
b) Für welchen Einfallswinkel ergänzen sich Einfalls- und Brechungswinkel auf 90°?

Informiere dich über die Bedeutung der Breitenkreise auf der Erdkugel.

28 Die geografische Breite der Wendekreise beträgt $\varphi = 23{,}45°$, die der Polarkreise 66,55°. Berechne jeweils Radius und Umfang dieser speziellen Breitenkreise.

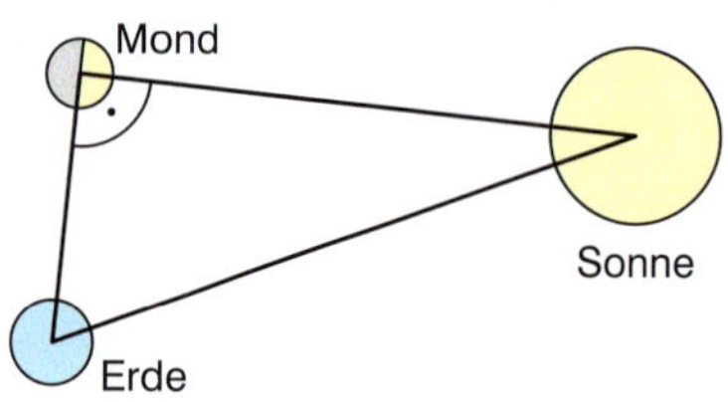

29 Wenn bei Sonnenuntergang der Halbmond zu sehen ist, so bilden Erde, Sonne und Mond in etwa ein rechtwinkliges Dreieck. Den Winkel Sonne – Erde – Mond misst man mit 89,86°. Mithilfe der bekannten Entfernung Erde – Mond (384 400 km) kann man die Entfernung Erde – Sonne berechnen. Wie wirkt sich ein Fehler von 0,2° bei der Winkelmessung aus?

Die trigonometrische Scheibe

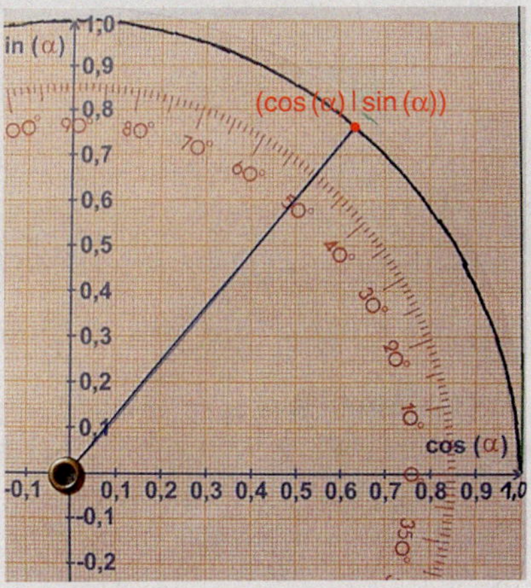

Bauanleitung:
Koordinatenkreuz auf Millimeterpapier zeichnen, Skalierung der Achsen im ersten Quadranten von 0 bis 1, Winkelskala einzeichnen.
Auf durchsichtiger Folie einen Kreis mit Radius 10 cm ausschneiden und mit Folienstift einen Radius einzeichnen. Kreis mit Druckknopf im Koordinatenursprung um Mittelpunkt drehbar befestigen.

„Gebrauchsanleitung“:
Radius auf gesuchten Winkel α einstellen. Der Endpunkt kennzeichnet einen Punkt auf dem Viertelkreis. Der x-Wert des Punktes ist cos(α), der y-Wert ist sin(α).

Übungen

Sinus und Kosinus ohne Taschenrechner

Du kannst eine virtuelle Version auch mit dem DGS konstruieren (vgl. Aufgabe 4, Seite 199).

30 a) Begründe die Funktionsweise der trigonometrischen Scheibe.
b) Lies einige Sinus- und Kosinuswerte ab und vergleiche mit den Taschenrechnerwerten. In welchen Winkelbereichen kannst du genauer, in welchen nur ungenau ablesen?

31 Mit einer erweiterten trigonometrischen Scheibe kannst du Tangenswerte auf der Tangente am Einheitskreis in (1 | 0) ablesen. Begründe das Verfahren mithilfe der Definition des Tangens am rechtwinkligen Dreieck. Welche Schwierigkeiten ergeben sich für Winkel nahe an 90°? (Vergleiche mit der Abbildung in Aufgabe 1 b).

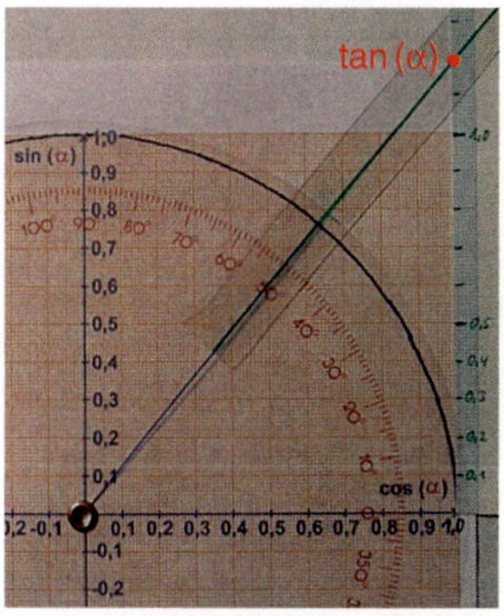

32 In manchen Lehrbüchern werden die trigonometrischen Funktionen auch mithilfe des Einheitskreises definiert. Mit der trigonometrischen Scheibe kannst du diese Definitionen selbst finden.

33 *Zusammenhänge zwischen den Winkelfunktionen*
a) Begründe mithilfe der Definitionen am rechtwinkligen Dreieck oder an der trigonometrischen Scheibe.
Warum ist bei (3) $\alpha \neq 90°$ gefordert?
b) Ein Zusammenhang wird auch als „trigonometrischer Pythagoras“ bezeichnet. Warum?

(1) $\sin^2(\alpha) + \cos^2(\alpha) = 1$
(2) $\cos(\alpha) = \sin(90° - \alpha)$
(3) $\tan(\alpha) = \frac{\sin(\alpha)}{\cos(\alpha)}, \alpha \neq 90°$

34 Kannst du voraussagen, was der Taschenrechner bei den folgenden Eingaben zeigt? Überprüfe und begründe.
a) $\tan(90°)$ b) $\sin(43°) - \cos(47°)$ c) $\sin^{-1}(0,5)$ d) $\tan^{-1}(10^6)$

35 Einige Werte der Winkelfunktionen lassen sich exakt bestimmen. Begründe die Werte in der Tabelle, indem du den Satz des Pythagoras auf geeignete rechtwinklige Teildreiecke im Quadrat oder im gleichseitigen Dreieck anwendest.

	0°	30°	45°	60°	90°
sin	0	$\frac{1}{2}$	$\frac{1}{2}\sqrt{2}$	$\frac{1}{2}\sqrt{3}$	1
cos	1	$\frac{1}{2}\sqrt{3}$	$\frac{1}{2}\sqrt{2}$	$\frac{1}{2}$	0
tan	0	$\frac{1}{3}\sqrt{3}$	1	$\sqrt{3}$	–

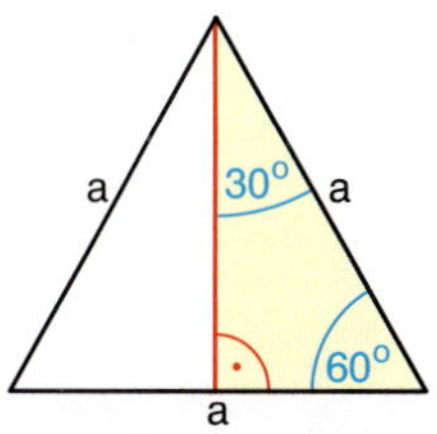

36 Kai hat sich eine Methode ausgedacht, wie er aus den exakten Werten der Tabelle weitere Werte berechnen kann. Er zeigt einige Beispiele:

$\sin(22,5°) = \frac{\frac{1}{2}\sqrt{2}}{2} = \frac{1}{4}\sqrt{2}$ $\tan(22,5°) = \frac{1}{2}$ $\cos(75°) = \frac{1}{2}\sqrt{3} + \frac{1}{2}\sqrt{2}$

Durchschaust du sein System? Was hältst du davon? Begründe deine Stellungnahme.

Überprüfe die Werte mit dem Taschenrechner.

Aufgaben

Suche im Internet nach Informationen über den Bau der Pyramiden. Verwende dabei auch das Suchwort „seqt" (= Rücksprung).

37 *Wie bauten die Ägypter ihre Pyramiden?*

Die Cheops-Pyramide ist die größte der weltberühmten Pyramiden von Gizeh. Mit ihrer Höhe von beinahe 150 m überragt sie deutlich den Kölner Dom. Die Cheops-Pyramide wurde aus großen Kalksteinquadern gebaut und dann nach außen mit Kalksteinplatten verkleidet. Wenn man an die Verkleidungssteine ein Geodreieck anlegt, dann kommt man auf allen vier Seiten auf einen Steigungswinkel von ungefähr 51°. Wie konnten die Ägypter die Neigung mit solcher Genauigkeit einhalten, obwohl sie noch kein Winkelmaß kannten? Formuliere eine Anweisung, nach der die Pyramidenbauer möglicherweise vorgegangen sind.

ARCHIMEDES von Syrakus (287-212 v. Chr.) gilt als einer der größten Mathematiker der Antike.

38 *Ein Näherungsverfahren für π mithilfe trigonometrischer Formeln*

Als Erster berechnete ARCHIMEDES die Kreiszahl π systematisch, indem er den Kreis zwischen regelmäßige Vielecke einzwängte. Er entwickelte hierzu die Methode der Eckenverdopplung, wobei er mit der Berechnung der Umfänge des einbeschriebenen und umbeschriebenen Sechsecks begann und bis zum 96-Eck fortschritt. Diese Methode ist noch lange Zeit nach ARCHIMEDES von großer Bedeutung geblieben.

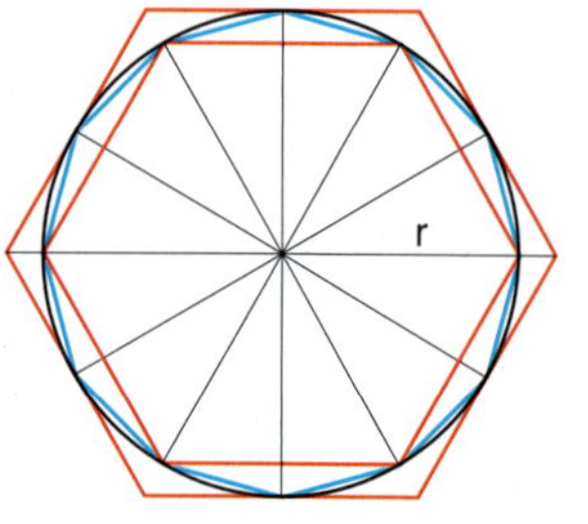

a) Verdeutliche anschaulich, dass diese Methode bei einem Kreis mit dem Radius r = 0,5 zu immer besseren Näherungswerten von π führt.

b) ARCHIMEDES führte sein Verfahren bis zum 96-Eck durch und fand so die Abschätzung $3\frac{10}{71} < \pi < 3\frac{1}{7}$. Liefert der Mittelwert der beiden Grenzen einen genaueren Wert?

Leider verfügte ARCHIMEDES noch nicht über die trigonometrischen Funktionen, sonst wären ihm die Berechnungen wesentlich leichter gefallen.

c) Begründe mithilfe deiner trigonometrischen Kenntnisse die folgenden Formeln für den Umfang U(n) des einbeschriebenen und den Umfang O(n) des umbeschriebenen regelmäßigen n-Ecks:

$U(n) = n \cdot \sin\left(\frac{180°}{n}\right)$ $\qquad$ $O(n) = n \cdot \tan\left(\frac{180°}{n}\right)$

d) Stelle deinen Taschenrechner auf möglichst viele Nachkommastellen ein und berechne U(n) und O(n) für n = 6, 12, 100, 1 000, 10 000. Auf wie viele Nachkommastellen hast du damit den Wert von π eingeschachtelt?

39 *Problemlösen mit und ohne Trigonometrie*

Wie groß ist α + β?

Zwei Lösungsansätze sind skizziert. Es gibt sicher noch andere.

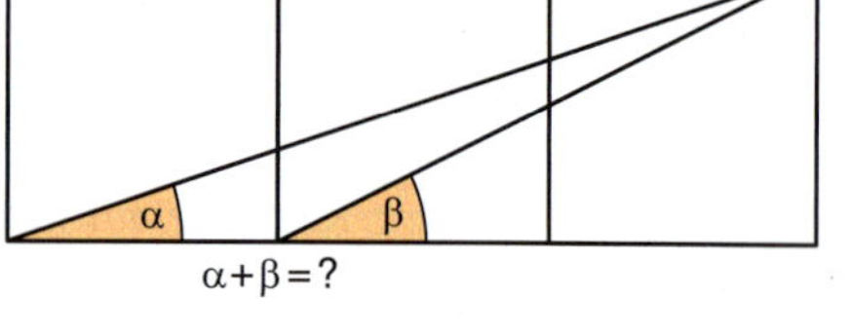

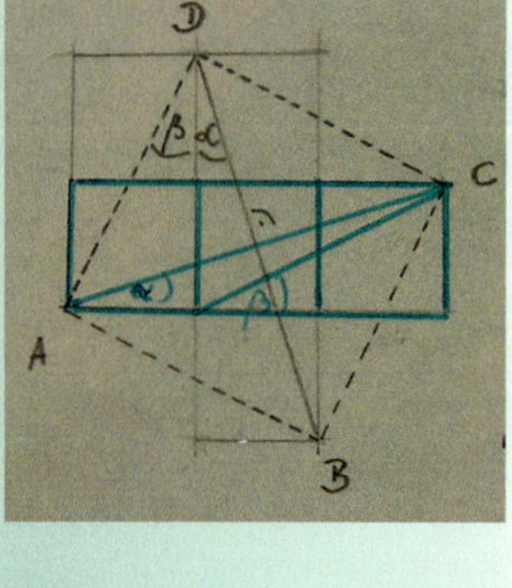

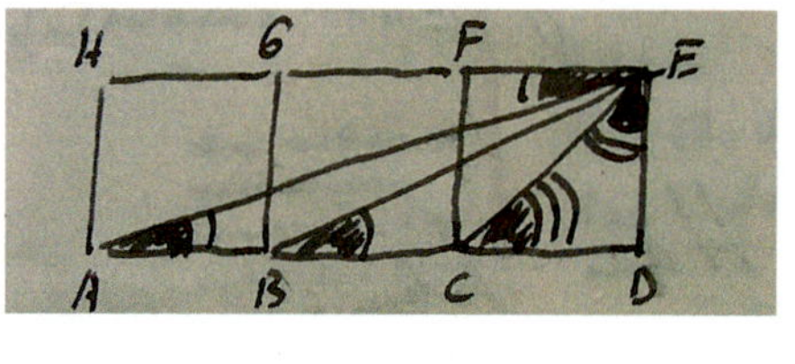

8.2 Trigonometrie am beliebigen Dreieck

Was dich erwartet

Mithilfe der Kongruenzsätze konnten wir bei Messungen im Gelände unzugängliche Streckenlängen und unbekannte Winkelgrößen bestimmen. Dabei waren wir allerdings auf Konstruktionen angewiesen. Wie wir im letzten Lernabschnitt gesehen haben, können wir mit den trigonometrischen Funktionen solche Größen beim rechtwinkligen Dreieck auch berechnen. In diesem Lernabschnitt werden wir mit dem Sinussatz und dem Kosinussatz nun auch Berechnungen an beliebigen Dreiecken durchführen können. Auf dieser Grundlage können wir uns dann auch mit gebräuchlichen Methoden der Landvermessung in der Praxis vertraut machen.

Aufgaben

1 *Winkelfunktionen für stumpfe Winkel*

a) Am rechtwinkligen Dreieck sind die beiden anderen Winkel immer spitze Winkel. Deswegen haben wir bisher Sinus, Kosinus und Tangens nur für spitze Winkel definiert und berechnet. Dein Taschenrechner liefert aber auch Werte für stumpfe Winkel. Lege mithilfe des Taschenrechners eine Tabelle an. Vergleiche mit einer entsprechenden Tabelle für die spitzen Winkel 15°, 30°, …, 90°.
Erkennst du Zusammenhänge? Formuliere deine Vermutungen und überprüfe sie für andere Paare von stumpfen und spitzen Winkeln.

α	sin(α)	cos(α)	tan(α)
105°	■	■	■
120°	■	– 0,5	■
135°	■	■	– 1
150°	0,5	■	■
165°	■	■	■
180°	■	■	■

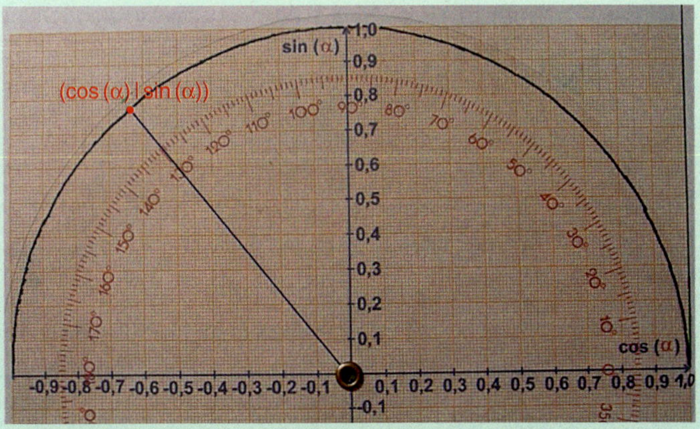

b) Erweitere die trigonometrische Scheibe (Seite 205) vom Viertelkreis auf einen Halbkreis. Kannst du damit die Taschenrechnerwerte für stumpfe Winkel erklären?
c) Zeichne die Graphen von Sinus, Kosinus und Tangens für den Definitionsbereich von 0° bis 180°. Bestätige damit die beobachteten Zusammenhänge.

2 In einem Waldpark soll ein gradliniger Verbindungsweg von der Hütte H zu dem Grillplatz G angelegt werden. In welchen Winkeln zu den beiden Waldwegen muss man die Schneise schlagen und wie lang wird der Verbindungsweg?
a) Löse die Aufgabe durch Konstruktion und Messen.
b) Suche in deiner Formelsammlung den „Kosinussatz“. Löse mit seiner Hilfe die Aufgabe rechnerisch. Vergleiche mit deiner zeichnerischen Lösung.

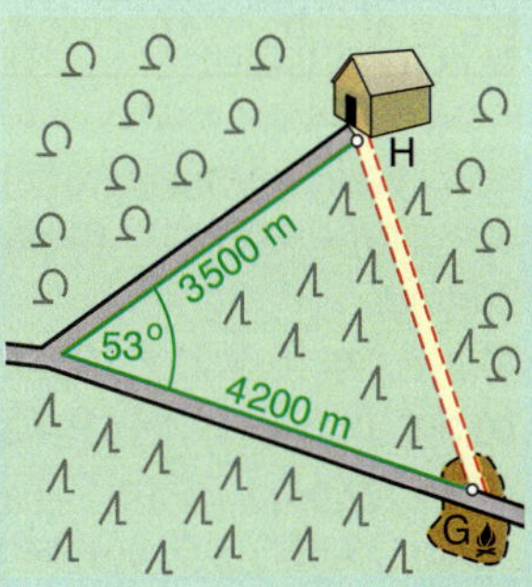

Aufgaben

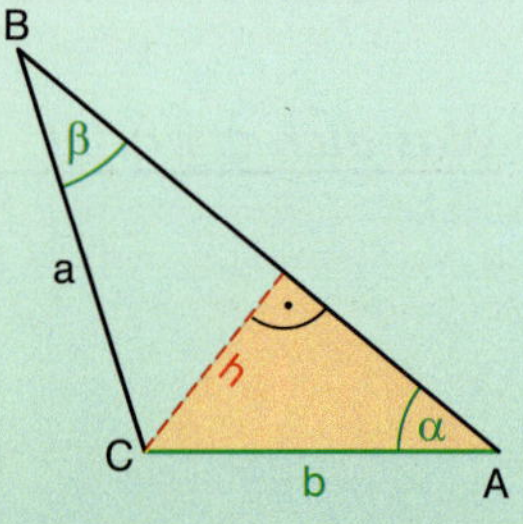

3 Von B nach C soll ein Straßentunnel gebaut werden. Die Länge $\overline{CA}$ und die beiden Winkel α und β sind aus kartografischen Messungen bekannt.
a) Bestimme durch eine maßstabsgetreue Konstruktion die Länge des Tunnels.
b) Die nebenstehende Skizze mit der eingezeichneten Höhe als Hilfslinie ermöglicht auch eine Berechnung der Länge mithilfe der Sinuswerte der beiden Winkel.

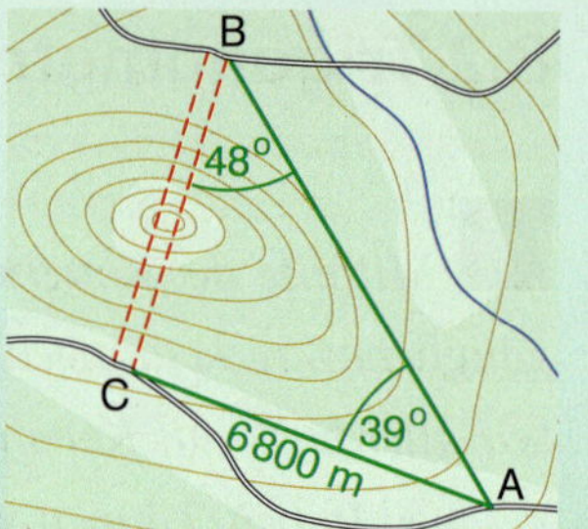

Basiswissen

Dreiecksberechnungen an beliebigen (nicht rechtwinkligen) Dreiecken

Sinus und Kosinus für stumpfe Winkel

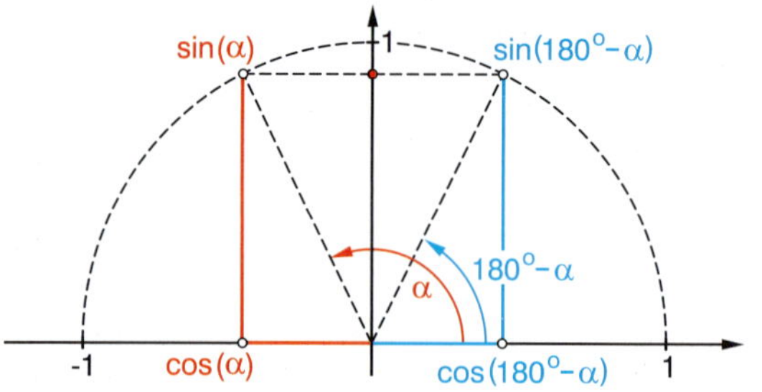

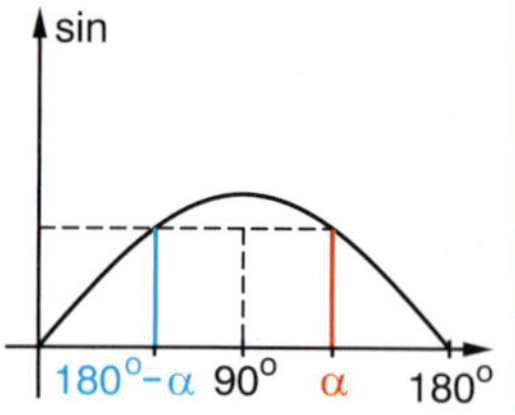

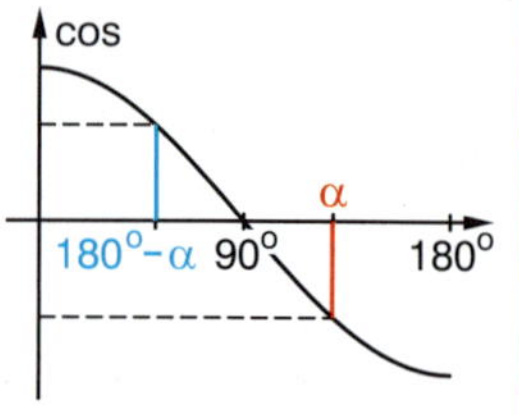

Für 90° < α < 180° gilt:
$\sin(\alpha) > 0$ und $\sin(\alpha) = \sin(180° - \alpha)$
$\cos(\alpha) < 0$ und $\cos(\alpha) = -\cos(180° - \alpha)$

Sinussatz
In jedem beliebigen Dreieck ist das Verhältnis zweier Seitenlängen gleich dem Verhältnis der Sinuswerte der gegenüberliegenden Winkel.

$\frac{a}{b} = \frac{\sin(\alpha)}{\sin(\beta)};\quad \frac{a}{c} = \frac{\sin(\alpha)}{\sin(\gamma)};\quad \frac{b}{c} = \frac{\sin(\beta)}{\sin(\gamma)}$

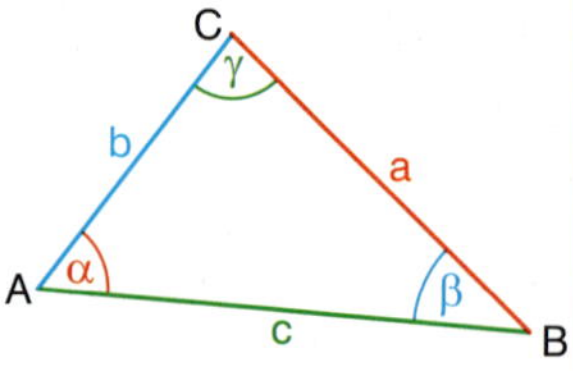

Die Beweise dieser Sätze werden in den Übungen 8, 12, 13, Seite 209 ff. angesprochen.

Kosinussatz
Wenn bei einem beliebigen Dreieck zwei Seitenlängen und die Größe des eingeschlossenen Winkels gegeben sind, so lässt sich die dritte Seitenlänge berechnen.

$a^2 = b^2 + c^2 - 2bc \cdot \cos(\alpha)$
$b^2 = a^2 + c^2 - 2ac \cdot \cos(\beta)$
$c^2 = a^2 + b^2 - 2ab \cdot \cos(\gamma)$

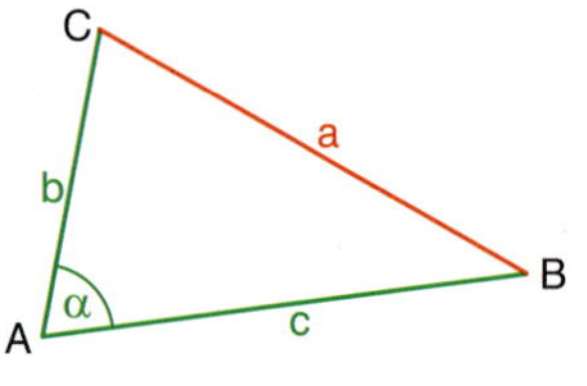

Beispiele

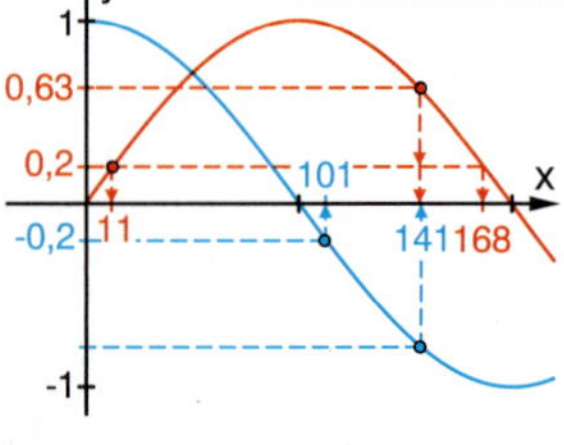

A Welche Winkelgrößen sind durch die folgenden Angaben bestimmt?
a) $\cos(\alpha) = -0{,}2$ b) $\sin(\beta) = 0{,}2$ c) $\sin(\gamma) = 0{,}63$ und $\cos(\gamma) < 0$

Lösung:
a) $\alpha = \cos^{-1}(-0{,}2) \approx 101{,}54°$
b) $\sin^{-1}(0{,}2) \approx 11{,}54° \Rightarrow \beta \approx 11{,}54°$ oder $\beta \approx 180° - 11{,}54° \approx 168{,}46°$
c) $\sin^{-1}(0{,}63) \approx 39{,}05° \Rightarrow \gamma \approx 39{,}05°$ oder $\gamma \approx 180° - 39{,}05° \approx 140{,}95°$
$\cos(39{,}05°) > 0$, $\cos(140{,}95°) < 0$, also $\gamma = 140{,}95°$

Beispiele

B Wie groß ist der Umfang des Grundstücks?

Lösung: Winkel β ist 84° groß (Winkelsumme im Dreieck).
Mit dem Sinussatz lässt sich die Seite $\overline{BC}$ berechnen:

$\frac{\sin(40°)}{\sin(84°)} = \frac{\overline{BC}}{250\text{ m}} \Rightarrow \overline{BC} = \frac{\sin(40°)\cdot 250\text{ m}}{\sin(84°)} \Rightarrow \overline{BC} \approx 161{,}6\text{ m}$

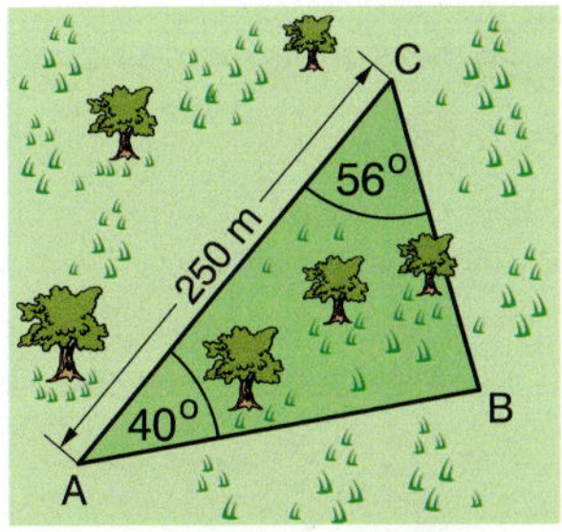

Die Seite $\overline{AB}$ berechnen wir mit dem Kosinussatz:

$\overline{AB}^2 = (250\text{ m})^2 + (161{,}6\text{ m})^2 - 2\cdot 250\text{ m}\cdot 161{,}6\text{ m}\cdot\cos(56°)$

$\approx 43\,432\text{ m}^2$

$\overline{AB} \approx 208{,}4\text{ m}$

Der Umfang beträgt etwa 620 m.

C Wie groß ist der Winkel γ in dem Dreieck ABC mit a = 4, b = 5, c = 6? Schätze zunächst ohne Zeichnung und berechne dann.

Schätzen: Es gilt $a^2 + b^2 = 41 > 36 = c^2$, also ist $\gamma < 90°$. Andererseits ist der Unterschied nicht allzu groß, γ ist wohl nicht weit weg von 90°. Schätzung: 80°.

Rechnen: Wir berechnen die Winkelgröße γ mit dem Kosinussatz: $c^2 = a^2 + b^2 - 2ab\cdot\cos(\gamma)$

Einsetzen der gegebenen Längen: $36 = 16 + 25 - 40\cdot\cos(\gamma)$

Auflösen nach $\cos(\gamma) = \frac{5}{40} = 0{,}125 \Rightarrow \gamma = \cos^{-1}(0{,}125) \approx 82{,}8°$

Übungen

4 Bestimme die zugehörigen Winkelgrößen α (0° < α < 180°). In welchem Fall gibt es mehrere Lösungen?

a) $\sin(\alpha) = 0{,}71$ b) $\cos(\alpha) = 0{,}71$ c) $\cos(\alpha) = -0{,}5$ d) $\cos(\alpha) = -0{,}72$
e) $\sin(\alpha) = 0{,}4$ und $\cos(\alpha) > 0$ f) $\sin(\alpha) = 0{,}2$ und $\cos(\alpha) < 0$ g) $\sin(\alpha) = -\cos(\alpha)$

5 *Umkehrfunktionen*

a) Zeichne die Graphen der Umkehrfunktionen von Sinus und Kosinus im Bereich 0° < α < 90°.

b) Existieren auch im Bereich 0° < α < 180° die Umkehrfunktionen von Sinus und Kosinus? Begründe.

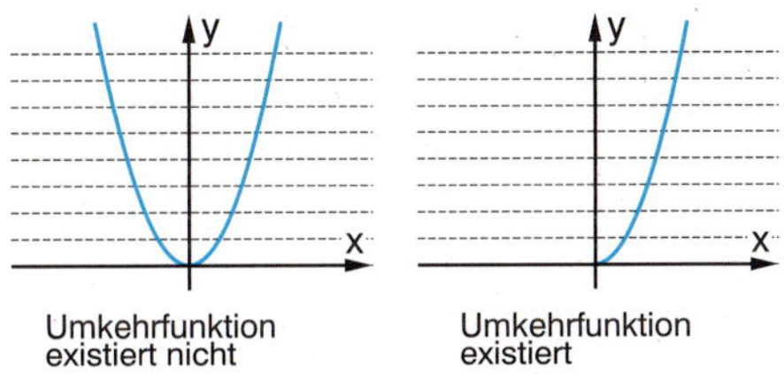

Zur Erinnerung: „Horizontalentest"

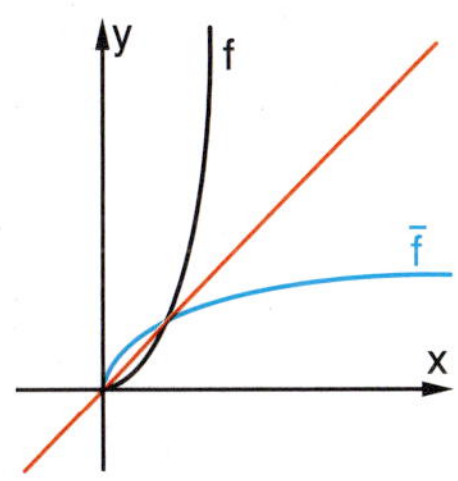

Umkehrfunktion

6 *Konstruieren und Rechnen*

Von dem Dreieck ABC sind jeweils drei Größen gegeben. Berechne die fehlenden Größen. Konstruiere zur Kontrolle der Rechnung.

a) a = 5 cm, b = 6 cm, γ = 110° b) b = 4 cm, β = 62°, γ = 70°
c) a = 8 cm, c = 6 cm, α = 95° d) a = 4,2 cm, c = 6 cm, β = 35°
e) c = 4,1 cm, α = 34,2°, γ = 41° f) a = 4,5 cm, b = 6 cm, c = 5 cm

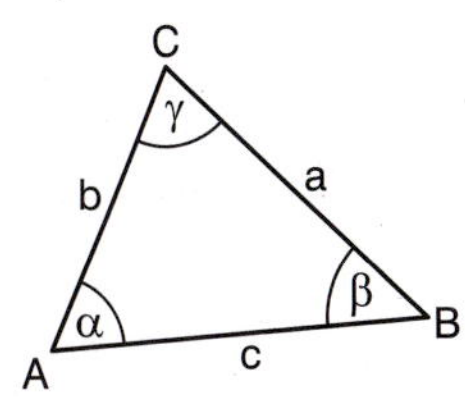

7 *Zum Nachdenken*

a) *„Der Satz des Pythagoras ist ein Spezialfall des Kosinussatzes."* Was hältst du davon?

b) Kann man den Kosinussatz auch als *Verallgemeinerung des Satzes von Pythagoras* bezeichnen? Begründe.

8 Im vorigen Lernabschnitt hast du neue Formeln für den Flächeninhalt eines spitzwinkligen Dreiecks bewiesen:

Ein Beweis für den Sinussatz

$A = \frac{1}{2}c\cdot b\cdot\sin(\alpha) = \frac{1}{2}a\cdot b\cdot\sin(\gamma) = \frac{1}{2}a\cdot c\cdot\sin(\beta)$

a) Zeige, dass die Flächenformeln auch für ein stumpfwinkliges Dreieck gelten.

b) Mit den neuen Flächenformeln kannst du den Sinussatz beweisen. Schreibe den Beweis ausführlich auf.

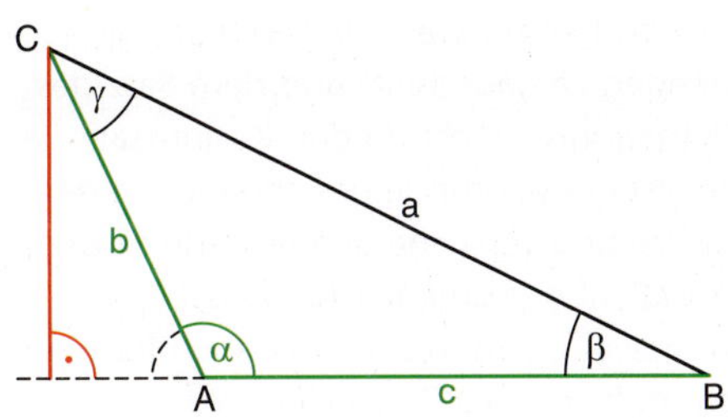

Übungen

Messen und Rechnen I

Streckenlängen und Winkel werden mit dem Theodoliten bestimmt.

9 *Bestimmen von unzugänglichen Streckenlängen*

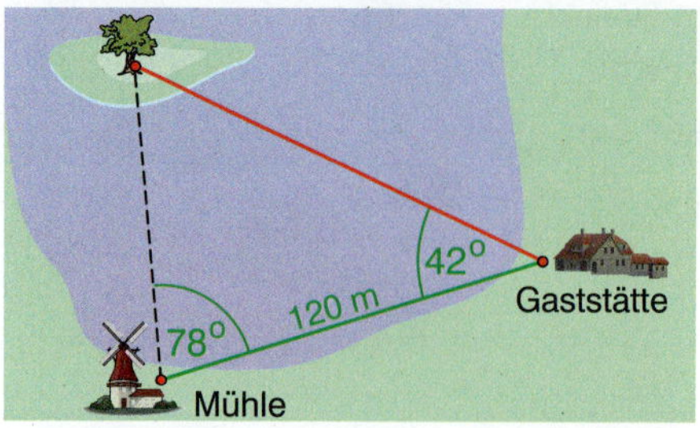

a) Wie weit ist die Insel von der Gaststätte am Ufer entfernt?

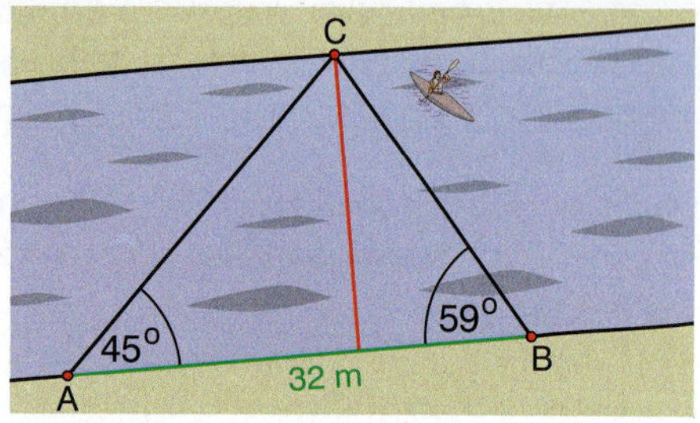

b) Wie breit ist der Kanal?

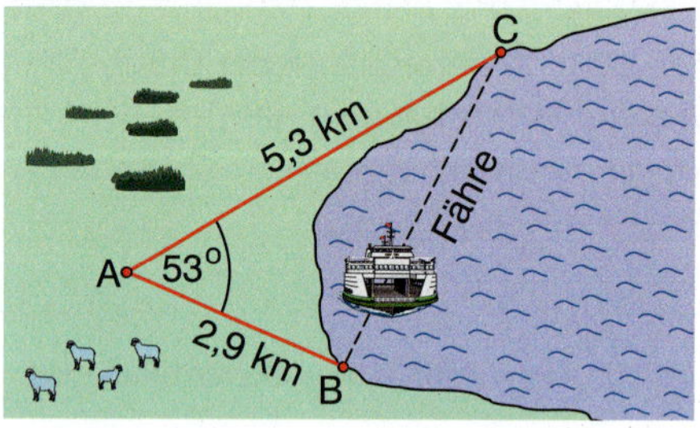

c) Welche Strecke legt die Fähre zurück?

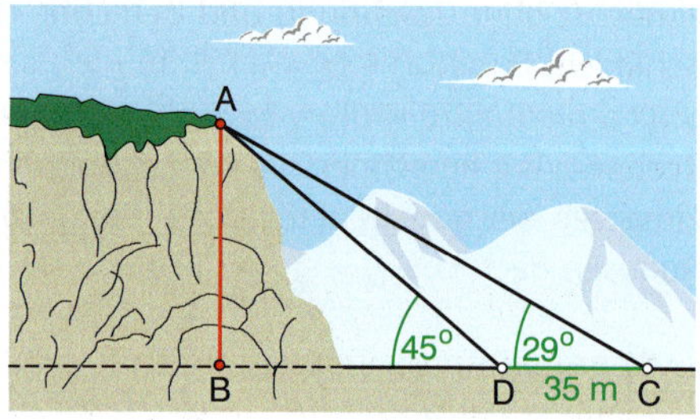

d) Wie hoch ist die Felswand?

Kongruenzsätze und passende Berechnungen

10 a) Mit welchem Satz der Trigonometrie kann man die dritte Seite direkt berechnen? Führe Konstruktion und Berechnung an einem selbstgewählten Beispiel aus.

Kongruenzsatz SWS

Ein Dreieck ist eindeutig konstruierbar, wenn zwei Seitenlängen und die Größe des von ihnen eingeschlossenen Winkels gegeben sind.

b) Schau in der Formelsammlung nach, wie die Kongruenzsätze WSW und SSW lauten. Beschreibe für jeden dieser Fälle eine Strategie, wie man die fehlenden Seitenlängen berechnen kann. Führe die Konstruktion und die Berechnung jeweils an einem selbst gewählten Beispiel aus.

11 a) Konstruiere ein Dreieck mit $a = 4$ cm, $c = 5$ cm und $\alpha = 45°$. Begründe, warum du in diesem Falle zwei verschiedene Lösungen erhältst.
b) Berechne den Winkel γ mit dem Sinussatz. Kommst du damit auch zu zwei verschiedenen Lösungen? Begründe.
c) Warum liefern Konstruktion und Berechnung für $\alpha = 45°$, $a = 5$ cm und $c = 4$ cm jeweils eine eindeutige Lösung?

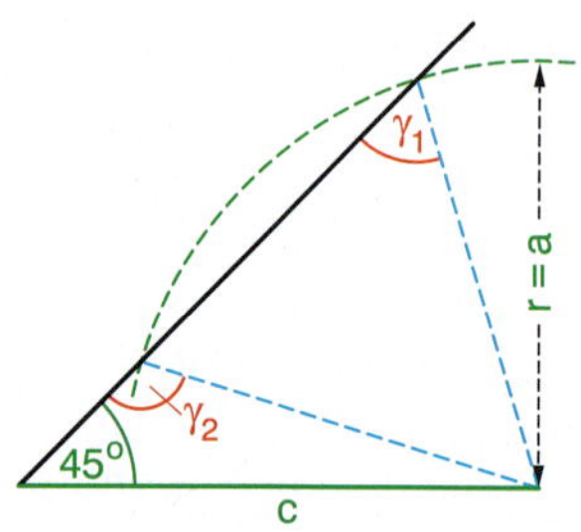

$\sin^2(\gamma) + \cos^2(\gamma) = 1$

12b

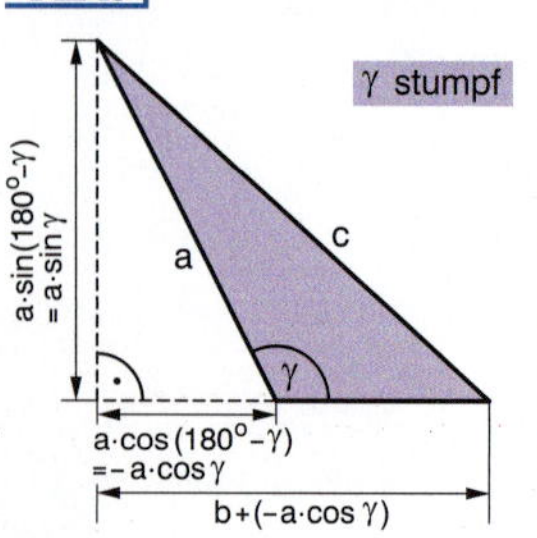

12 *Beweis des Kosinussatzes*

a) Mithilfe der nebenstehenden Skizze, deinen Kenntnissen aus dem vorangehenden Lernabschnitt und dem Satz des Pythagoras kannst du den Kosinussatz beweisen. Begründe die Angaben in der Skizze und versuche den Beweis mit dem Ansatz $c^2 = (a\sin(\gamma))^2 + (b - a\cos(\gamma))^2$.
b) Beweise den Kosinussatz auch für ein stumpfwinkliges Dreieck ($\gamma > 90°$).

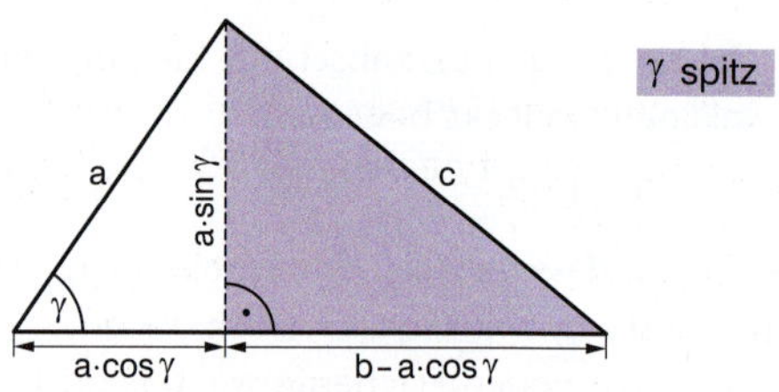

Übungen

13 In einem älteren Lehrbuch findet man eine Formel, mit der man die Länge einer Sehne am Kreis mithilfe des zugehörigen Umfangswinkels berechnen kann:
$a = 2r \cdot \sin(\alpha)$ $b = 2r \cdot \sin(\beta)$ $c = 2r \cdot \sin(\gamma)$
(Sehnenformel).
Aus den drei Sehnenformeln kannst du direkt den Sinussatz herleiten.
Schreibe die einzelnen Schritte der Herleitung auf.

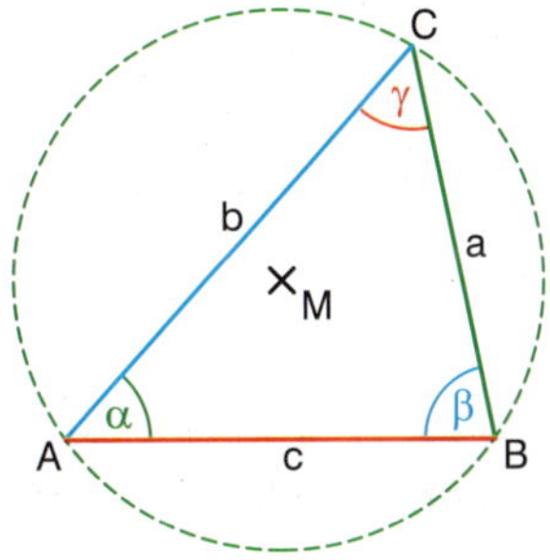

Zu „Sehne", „Umfangswinkel" und auch „Sehnenformel" schau in der Formelsammlung nach.

Messen und Rechnen II

14 Schon im Altertum bestimmte man durch Dreieckskonstruktion die Entfernung eines Schiffes, das auf den Hafen B zusteuerte. Von den Enden einer Standlinie $\overline{AB}$ (Länge bekannt oder messbar) visierte man das Schiff an und bestimmte die Winkel α und β zwischen Standlinie und Visierlinien. Beschreibe ein Verfahren, mit dem man die Entfernung des Schiffes zum Hafen berechnen kann (Skizze, Rechenschritte). Rechne mit $\overline{AB} = 520$ m, $\alpha = 86°$ und $\beta = 62°$.

Strategie für **14** – **16**
(1) Planskizze zeichnen
(2) Dreieck(e) suchen, in dem gegebene und gesuchte Größen vorkommen
(3) Mithilfe geeigneter Sätze die gesuchten Größen aus den gegebenen berechnen

15 a) Ingemar wohnt 320 m westlich von Anna entfernt. Beide sehen einen Ballon in östlicher Richtung, Ingemar unter einem Höhenwinkel von $\alpha = 39°$, Anna unter einem Höhenwinkel von $\beta = 54°$. In welcher Höhe befindet sich die Gondel des Ballons?
b) Ein gleichmäßiger Wind mit einer Geschwindigkeit von 4 km/h treibt den Ballon ohne Höhenverlust in Richtung Osten. Unter welchem Höhenwinkel sieht Anna den Ballon 10 Minuten später?

16 Die Krabbenkutter Albert und Berta befinden sich um 15.00 Uhr in den Positionen A und B und steuern bei dichtem Nebel mit jeweils konstanter Geschwindigkeit (Albert 24 Seemeilen/Stunde, Berta 26 sm/h) die eingezeichneten Kurse. Sind sie auf Kollisionskurs?

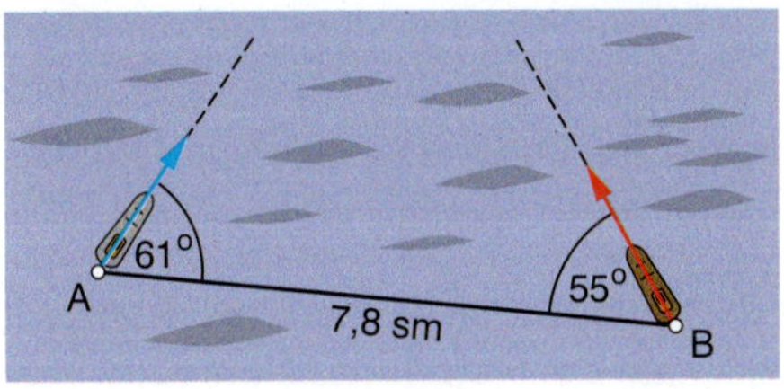

17 In einem Koordinatensystem sind die Ecken A, B und C eines Dreiecks gegeben. Berechne die Winkel und den Flächeninhalt der Dreiecke.
a) A(0|0); B(3|0); C(1|2)
b) A(1|2); B(5|1); C(4|4)
c) A(−2|−2); B(3|−1); C(−1|−2)
Vergleiche deinen Lösungsweg mit deinen Mitschülern.

Berechnungen an Vielecken

18 a) In einem Parallelogramm ABCD sind die Seitenlängen $\overline{AB} = 6$ cm, $\overline{AD} = 4$ cm und die Winkelgröße ∢BAD = 40° gegeben. Wie lang sind die beiden Diagonalen und in welchem Winkel schneiden sie sich?
b) Im Parallelogramm ABCD sind die Seitenlängen $\overline{AB} = 7$ cm, $\overline{AD} = 5$ cm und die Diagonale $\overline{AC} = 9$ cm gegeben. Wie groß sind die Innenwinkel des Parallelogramms?

19 In einem Viereck ABCD sind jeweils 5 Größen gegeben. Berechne die fehlenden Seiten und Winkel und den Flächeninhalt.
a) $a = 5$ cm, $b = 4$ cm, $d = 4{,}2$ cm, $\alpha = 80°$, $\beta = 75°$
b) $a = 4$ cm, $d = 3{,}5$ cm, $\alpha = \beta = 60°$, $\gamma = 120°$
c) $a = b = 6$ cm, $d = 3$ cm, $\alpha = 100°$, $\beta = 40°$
Überprüfe durch Konstruktion.

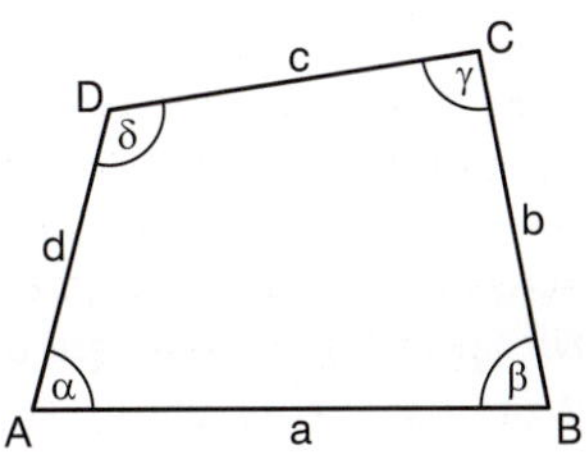

Bei der Laserweitenmessung wird mittels Quarzkristallschwingungen die Laufzeit bestimmt, die ein Laserlichtimpuls vom Start- zum Zielpunkt benötigt. Ein solcher „Lichtblitz" legt in einer Sekunde ungefähr 300 000 km zurück (Lichtgeschwindigkeit).

Laserweitenmessung

Bei den großen Leichtathletikwettbewerben werden heute die Weitenmessungen beim Sprung oder beim Diskuswerfen mit elektronischen Verfahren ausgeführt. Dabei kommen Laservermessungsgeräte (Tachymeter) zum Einsatz.

Ein Diskuskampfrichter: *Wir können die Weiten mit diesen neuen Laserausrüstungen wesentlich schneller, genauer und sicherer bestimmen. Da gibt es keine durchhängenden Messbänder und missverständliche Zurufe mehr. Wenige Sekunden nach der Messung liegt das Messergebnis zentimetergenau in digitaler Form vor und kann auf der Anzeigetafel mit der aktuellen Rangposition des Werfers angezeigt werden.*

Laser-Triangulationsprinzip

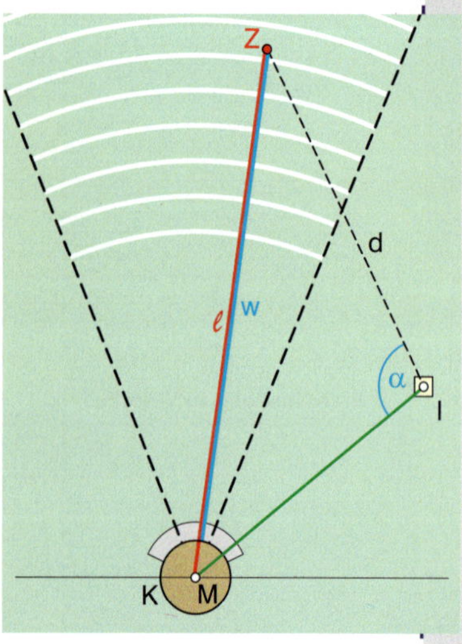

Vor Beginn des Wettkampfes wird der automatisierte Tachymeter an einem festen Ort I in der Nähe des Wurfkreises K aufgestellt. Dann werden der Mittelpunkt M des Wurfkreises und mittels Laserdistanzmessung die Entfernung $\overline{MI}$ zum Instrumentenmittelpunkt bestimmt. Schon kann der Wettkampf beginnen: Der Diskus fliegt durch die Luft und geht im markierten Sektor nieder. An der Aufschlagstelle steckt der Kampfrichter die Zielmarke Z in den Boden. Der Wettkampfvermesser richtet das Fernrohr grob aus und drückt auf die Start-Taste. Nun sucht die Automatik den Zielmarkenmittelpunkt, löst die millimetergenaue Laserstrahl-Messung der Strecke d zwischen Instrument und Zielmarke aus und bestimmt den Horizontalwinkel α zwischen Wurfkreis-Mittelpunkt und Ziel. Die Software berechnet daraus nach dem Kosinussatz die Distanz l, zieht den Radius r des Wurfkreises ab und rundet auf den Zentimeter.

Wenige Sekunden nach dem Druck der Starttaste erscheint die gültige Weite auf den Bildschirmen der Kampfrichter ohne jeglichen manuellen Zwischenschritt. Ihre Tastendruckbestätigung genügt zur automatischen Übertragung der Weite auf Ranglisten, Stadion-Anzeigetafel und Fernsehbildschirm.

Übungen

20 Erstelle mithilfe einer Tabellenkalkulation ein „Programm", das die oben beschriebene Rechnung nach Eingabe der Messwerte d und α in der Tabelle ausführt und die Wurfweite ausgibt (Radius des Wurfkreises r = 1,25 m, $\overline{MI}$ = 20 m).
Berechne damit die Wurfweiten w für die Messungen.
Für Spezialisten: Erweitere die Tabelle so, dass auch der jeweilige Rang der gemessenen Weite angegeben wird.

Messung d	45,346 m	56,25 m	62,451 m	53,172 m
Messung α	82,32°	76,56°	76,48°	100,91°

Projekt

Vermessen und Rechnen im Gelände

Die Trigonometrie stellt Funktionen und Formeln bereit, die Beziehungen zwischen den Seitenlängen und den Winkelgrößen geometrischer Figuren ausdrücken. Sie wird seit Jahrhunderten als unentbehrliches mathematisches Werkzeug in der Landvermessung (Geodäsie), der Astronomie, im Bauwesen und in der Navigation eingesetzt. Die dabei entwickelten Verfahren spielen auch im Zeitalter von GPS und Laser eine wichtige Rolle, z. B. bei der Rekonstruktion archäologischer Ausgrabungen, beim Brücken- und Tunnelbau oder auch bei Weitenmessungen bei großen Wettkämpfen im Sport.

Expertengruppen zur Vorbereitung der Exkursion

Gruppe A
Trigonometrische Messverfahren

Ziel A: Zusammenstellen und Beschreiben von typischen Messverfahren der Trigonometrie in einer „Messbroschüre".
Quellen: Neue Wege (Lernabschnitte 8.1 und 8.2 dieses Kapitels, die Kapitel zu Pythagoras und den Strahlensätzen in diesem Band oder auch die Anwendung der Kongruenzsätze).
Internet: Stichworte: Trigonometrie, Geodäsie, Triangulation, Nivellement.

„Vorwärtseinschneiden"
Zur Bestimmung einer unzugänglichen Strecke $\overline{PQ}$ werden von zwei Punkten A und B mit dem Abstand x die Winkel α, β, γ und δ gemessen.

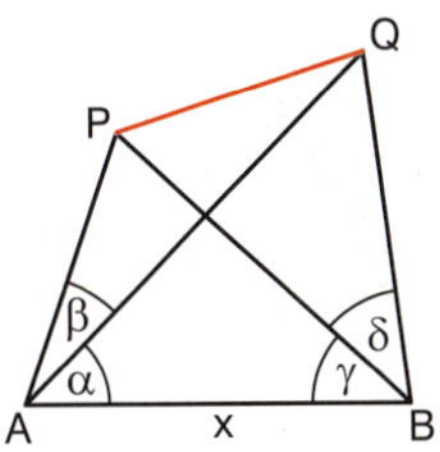

„Rückwärtseinschneiden"
Zur Bestimmung der Entfernung eines Punktes P von den Punkten A, B und C werden die Entfernungen x und y sowie die drei Winkel α, β und γ ermittelt.

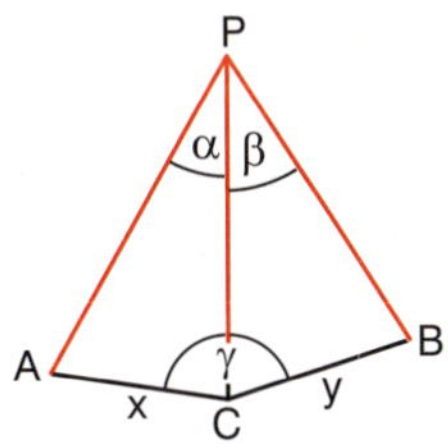

Gruppe B
Messgeräte zur Trigonometrie

Ziel B: Beschaffen oder Herstellen von Messgeräten zur Längen- und Winkelmessung (Messstäbe, Bandmaß, Laser-Entfernungsmesser, Theodolit, ...), Beschreiben der Handhabung und Bauanleitungen.
Einfache Theodoliten findet man in der Lehrmittelsammlung der Schule, Modelle lassen sich selbst herstellen (Anleitungen u. a. im Internet).

Profi-Theodolit

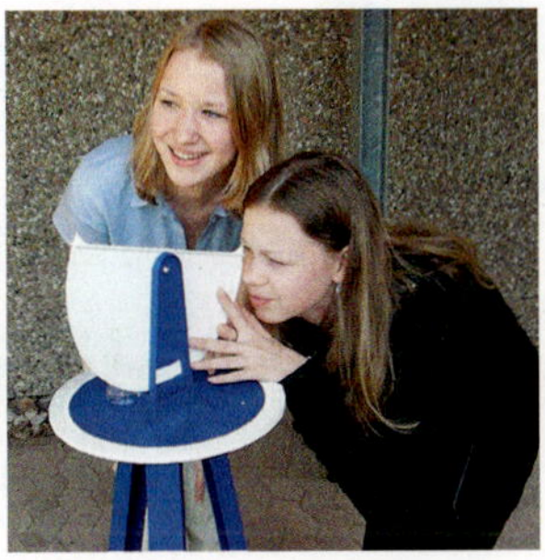
Schul-Theodolit

Modell

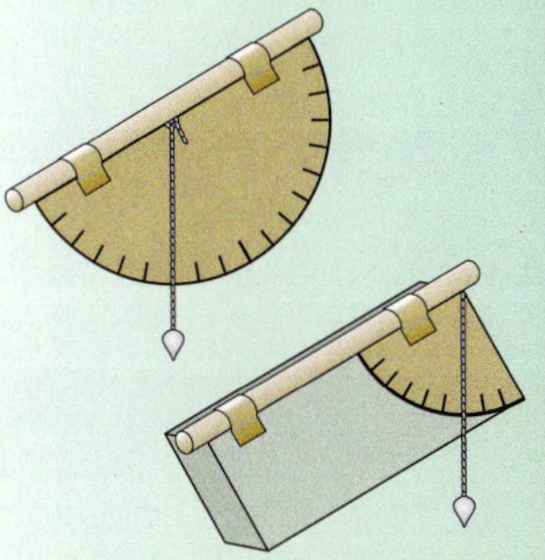
einfache Modelle

Projekt

Gruppe C
Moderne Anwendungen der Trigonometrie

Ziel C: Zusammenstellen einer Informationsbroschüre mit ausgewählten Beispielen
Quellen: Internet, Erkundungen bei Vermessungsbüro, Katasteramt, Ingenieurbüro

Fortschritte im Vermessungswesen: Die Feldarbeit des Geometers hat sich von einer Handarbeit – Einrichten von Basislinien, der Durchführung von Nivellements, dem Messen mit Maßbändern und Aufzeichnen der Standorte von Hand – zur Bedienung von kompakten elektronischen Totalstationen und Computern entwickelt.

Einmessung des „Auges von London“ – eines über 130 m hohen Riesenrades

Gruppe D
Landvermessung und Navigation früher

Ziel D: Darstellen und Beschreiben historischer Messverfahren und Geräte zur trigonometrischen Landvermessung und Navigation
Quellen: Naturwissenschaftliches Museum, Internet

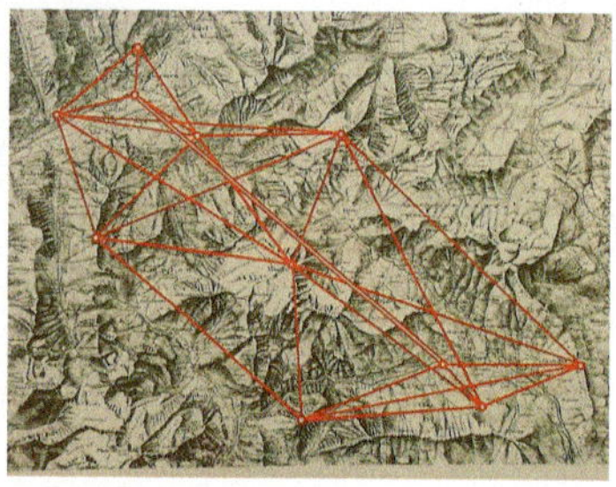

Ausführung
Exkursion

Die Exkursion führt zu geeigneten Orten in der Umgebung, z. B. markanten Gebäuden, Brücken, einem See oder Fluss. Interessant ist auch die eigene Vermessung und Berechnung von bekannten Größen und dabei der anschließende Genauigkeitsvergleich.

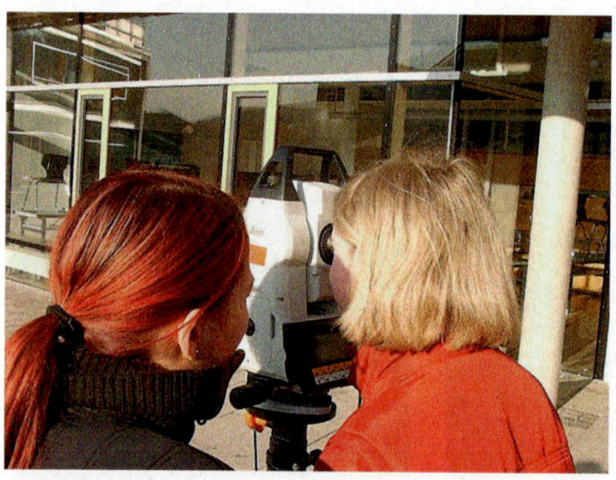

Auch hier lohnt sich das arbeitsteilige Vorgehen in verschieden Gruppen, z. B.

Organisieren

Messen

Rechnen (Excel)

Dokumentieren

Präsentation

Zur Präsentation des Projekts eignet sich eine Ausstellung in der Schule und deren Dokumentation auf der Homepage der Schule.

8.3 Sinusfunktionen und ihre Graphen

Was dich erwartet

Aus dem Alltag sind sie dir vertraut: Die grafischen Darstellungen von periodischen Vorgängen, insbesondere von Schwingungen. Sie erscheinen auf den Monitoren im Tonstudio, bei der Darstellung von Ebbe und Flut und bei der Aufzeichnung von Wechselspannungen am Oszilloskop im Physiksaal.

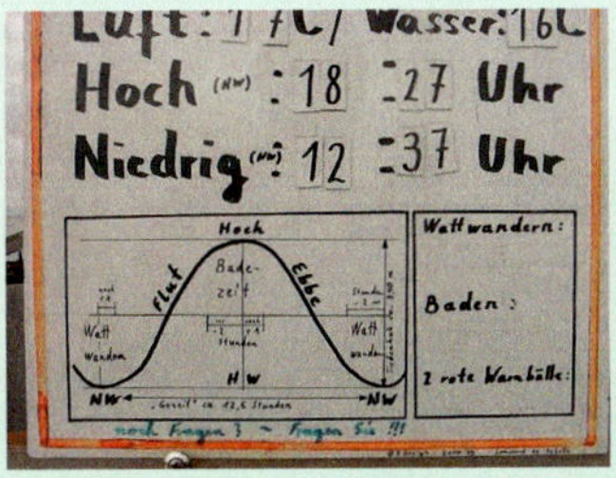

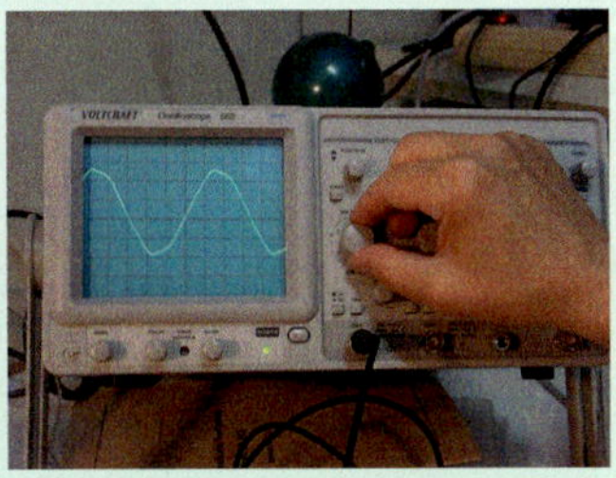

Die den Schwingungen zugrunde liegenden Gesetzmäßigkeiten lassen sich oft in Gleichungen festhalten, in denen Sinusfunktionen vorkommen. Mit den Graphen von Sinusfunktionen werden wir uns in diesem Abschnitt ausführlicher befassen.

Aufgaben

1 *Die Sinusfunktionen für beliebige Winkel*
Im ersten Lernabschnitt haben wir die Sinuswerte an der trigonometrischen Scheibe schnell ablesen können (Seite 205). Für die Winkel zwischen 0° und 90° genügte dabei der Ausschnitt des ersten Quadranten. Mithilfe der vollen trigonometrischen Scheibe kann man die Erweiterung des Definitionsbereichs der Sinusfunktion auf beliebige Winkel zwischen 0° und 360° verstehen. Erkläre damit die in der Tabelle eingetragenen Werte und fülle die Tabelle in deinem Heft vollständig aus.

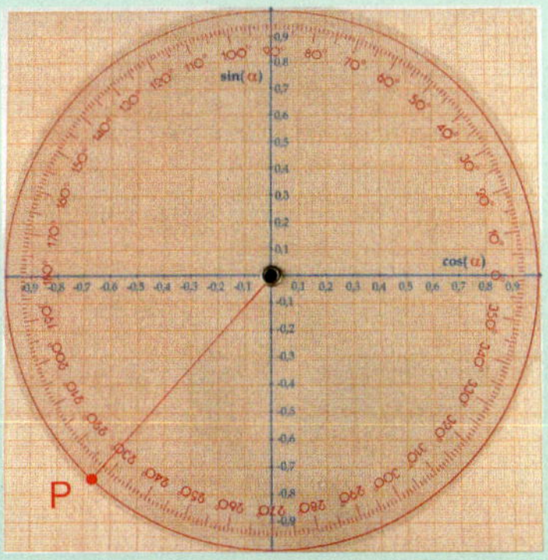

α	0°	30°	45°	60°	90°	120°	135°	150°	180°	210°	225°	240°	270°	300°	315°	330°	360°
sin(α)	0	0,5	0,707	0,866	1	■	■	0,5	■	■	−0,707	■	−1	−0,866	■	■	0

Skizziere mithilfe der Tabelle den Graphen der Sinusfunktion im Definitionsbreich von 0° bis 360° in deinem Heft.

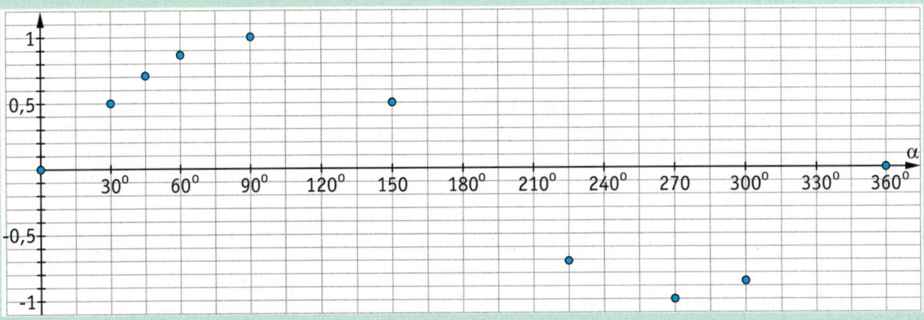

Aufgaben

2 *Winkelmaß und Bogenmaß*

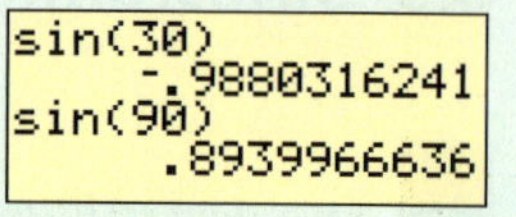

Der Taschenrechner spielt verrückt: Siehe die Anzeige oben rechts. Wie kann das passieren?

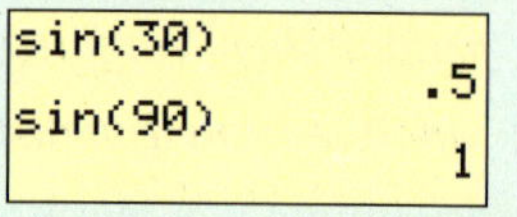

Das Rätsel ist schnell gelöst. Der Taschenrechner ist auf den Modus **Bogenmaß** eingestellt. Wenn man auf **Grad** umstellt, rechnet der Taschenrechner wie gewohnt.

Information aus einer Anleitung zum Taschenrechner:

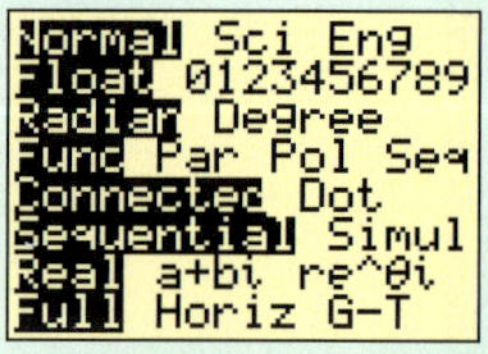

Informiere dich auch in deiner Formelsammlung über „Bogenmaß".

Winkel im Bogenmaß
Dem Winkel α in Grad entspricht die Länge des zugehörigen Bogens am Einheitskreis.

Umrechnungsformel:
Winkel im Bogenmaß = Winkel im Gradmaß $\cdot \frac{\pi}{180°}$

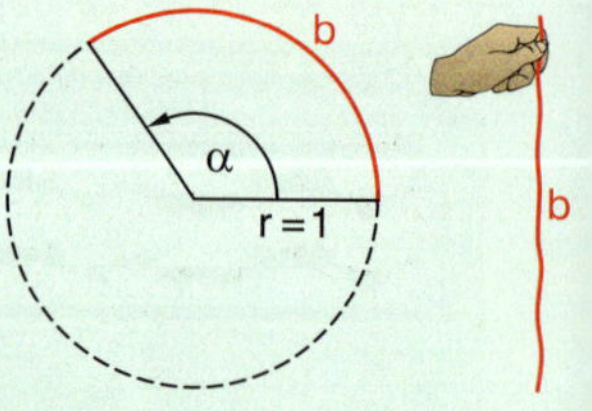

Was muss man im Bogenmaß jeweils eingeben, um die Sinuswerte 0,5 (0,8660; 1) zu erhalten? Probiere mit deinem Taschenrechner aus und begründe.

3 *Schatten einer Kreisbewegung*

Auf einer Kreisscheibe ist am Rand ein Korken fest angebracht. Die Kreisscheibe dreht sich gleichmäßig (eine Umdrehung in 10 Sekunden). Mit einem parallelen Lichtbündel wird die Bewegung des Korkens auf eine senkrechte Wand projiziert.

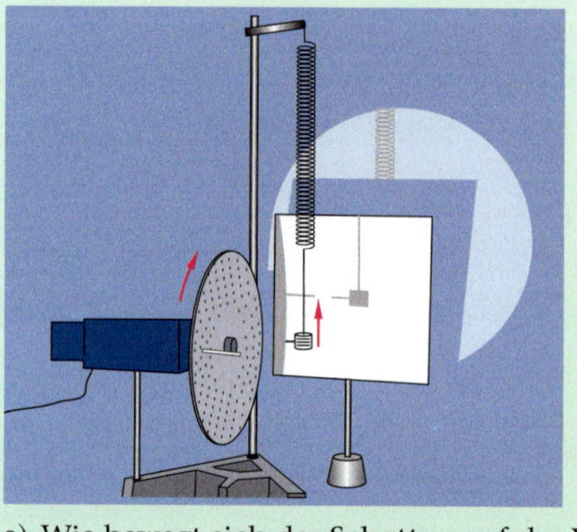

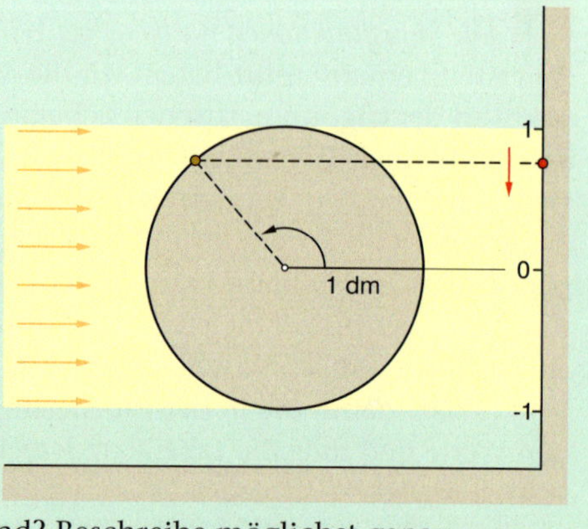

a) Wie bewegt sich der Schatten auf der Wand? Beschreibe möglichst genau.
b) Die Bewegung des Korkschattens soll als Graph im Koordinatensystem beschrieben werden. Auf der x-Achse ist die Zeit aufgetragen, auf der y-Achse der Abstand des Korkens von der „Mittellage 0". Zwei Graphen stehen zur Auswahl.

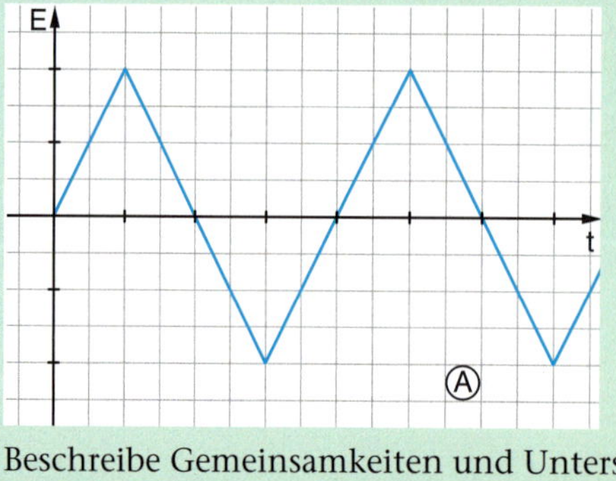

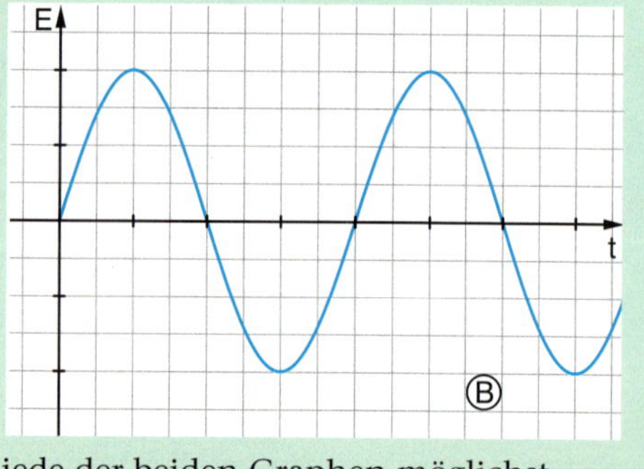

Beschreibe Gemeinsamkeiten und Unterschiede der beiden Graphen möglichst genau.
Welcher Graph gehört zu der Schattenbewegung? Begründe deine Auswahl.

Basiswissen

Mithilfe des Einheitskreises kann die Sinusfunktion für beliebige Winkel definiert werden.

Die Sinusfunktion im Bereich $0° \leq \alpha \leq 360°$

Der Punkt P bewegt sich auf dem Einheitskreis entgegen dem Uhrzeigersinn. Die Lage des Punktes auf dem Kreis kann einmal durch den Winkel α, zum anderen durch die Koordinaten $P(u|v)$ angegeben werden. Er startet bei $\alpha = 0°$ bzw. $P(1|0)$.
Im ersten Quadranten entspricht die Ordinate v dem Sinus von α. Dies übernehmen wir bei der weiteren Bewegung des Punktes P über Winkel von 90° hinaus.
Beim einmaligen Durchlaufen des Einheitskreises lässt sich der Graph der Sinusfunktion für $0° \leq \alpha \leq 360°$ konstruieren.

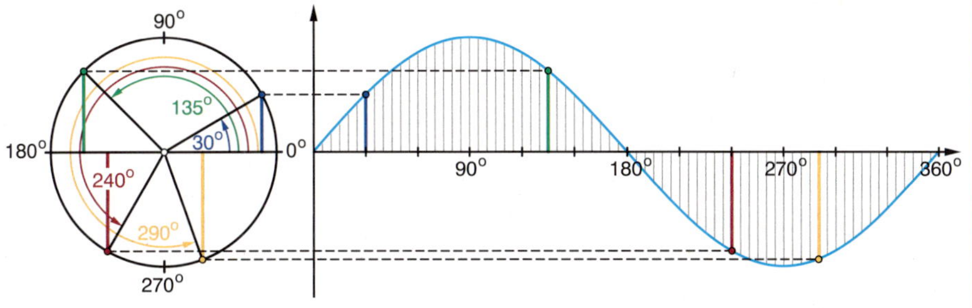

Einheitskreis: Kreis mit Radius 1 und Mittelpunkt im Ursprung des Koordinatensystems

Die Sinusfunktion für beliebige Winkel

Man kann den Einheitskreis in Richtung positiver und negativer Winkel beliebig oft durchlaufen. Wir erweitern deshalb die Sinusfunktion über den Bereich $0° \leq \alpha \leq 360°$ hinaus in beiden Richtungen und setzen auch den Graphen nach beiden Seiten beliebig weit fort.

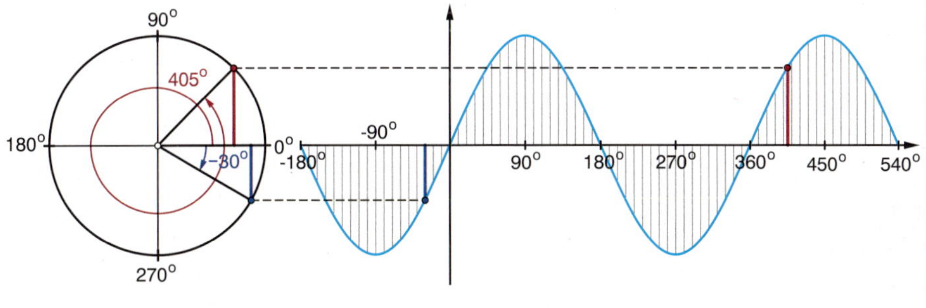

Beispiele

A Der Taschenrechner gibt an: $\sin(30°) = 0{,}5$. Welche weiteren Winkel haben diesen Sinuswert?

Nach jeweils 360° wiederholen sich die Sinuswerte, also haben z. B. die Winkel 390°, 750° oder −330° den Sinuswert 0,5. Das sind aber noch nicht alle Winkel. Am Graphen sieht man, dass jeder Sinusbogen symmetrisch zu einer Achse durch den Hochpunkt ist. Daher haben auch z. B. die Winkel 150°, 510° oder −210° den Sinuswert 0,5.

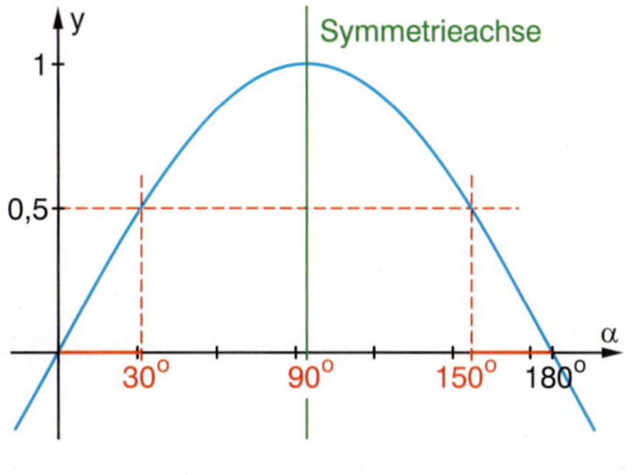

Übungen

4 Welches Vorzeichen haben die Sinuswerte zu den folgenden Winkeln? Begründe mithilfe des Graphen im Basiswissen auf der vorhergehenden Seite.
72° 319° 125° 200° 271° −135° −87° 615° −365°

5 Es ist $\sin(54°) \approx 0{,}809$. Bestimme fünf weitere Winkel, die den gleichen Sinuswert haben.

6 Bestimme alle Lösungen der Gleichung für α zwischen 0° und 360°.
a) $\sin(\alpha) = 0$ b) $\sin(\alpha) = -0{,}5$ c) $\sin(\alpha) = -0{,}827$ d) $\sin(\alpha) = -0{,}835$

7 Bestimme alle Lösungen der Gleichung für α zwischen −180° und 180°.
a) $\sin(\alpha) = 0{,}811$ b) $\sin(\alpha) = -1{,}347$ c) $\sin(\alpha) = 0{,}395$

8 Fasse die Winkel mit den gleichen Sinuswerten zusammen. Es gibt insgesamt nur drei verschiedene Werte.
15° 45° −15° 315° 390° 405° −675° 1035° −330° −345° 345°

9 *Schätzen mithilfe von Graphen*
Dorothee soll die Gleichung $\sin(\alpha) = 0{,}2$ lösen, hat aber gerade keinen Taschenrechner zur Hand. Sie erinnert sich jedoch an den Graphen und antwortet: „Das ist knapp unter 30° und dann alle 360° wieder". Welche Lösungen hat sie vergessen?

10 Der Graph der Funktion $x \to \sin(x)$ bildet eine endlose Kurve, die verschiedene Symmetrien aufweist. Welche Symmetrien erkennst du? Versuche, sie mit den Symmetrien am Einheitskreis zu erklären.

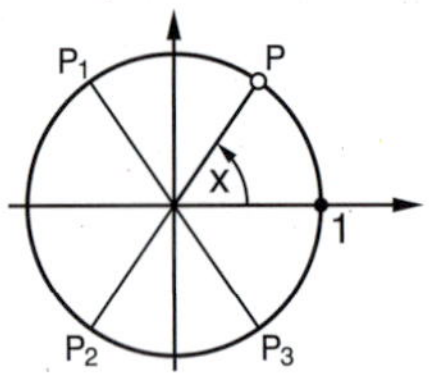

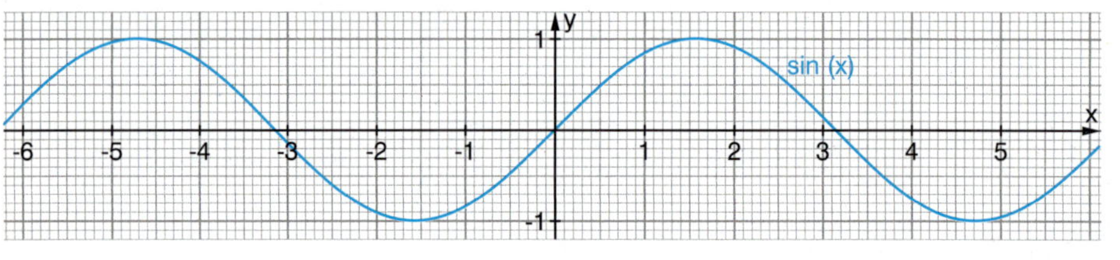

Basiswissen

Bei der Sinusfunktion werden Winkelgrößen reelle Zahlen zugeordnet. Wenn man die Winkel im Bogenmaß angibt, so erhält man auch hier wie bei den linearen und quadratischen Funktionen eine Funktion mit der Definitionsmenge ℝ.

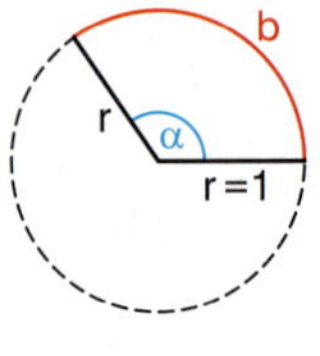

Bogenmaß
Ein Winkel α kann im Einheitskreis durch die Länge des Bogens x gemessen werden. Mit der Verhältnisgleichung $\frac{x}{2\pi} = \frac{\alpha}{360}$ kann man Winkel vom Gradmaß ins Bogenmaß umrechnen und umgekehrt.

Graph der Sinusfunktion mit Winkeln im Bogenmaß

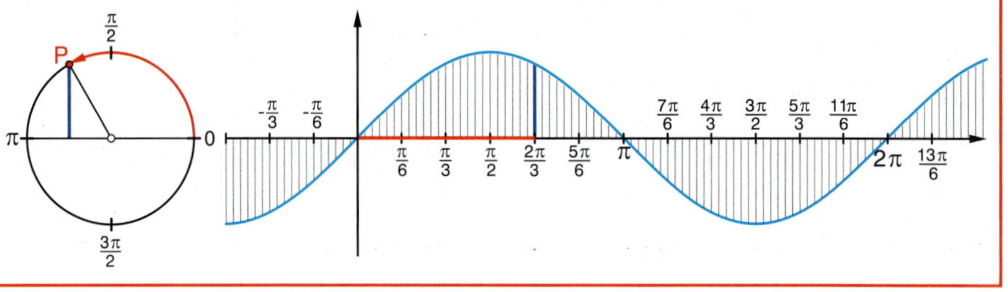

B Begründe, dass die Sinusfunktion $x \to \sin(x)$ eine periodische Funktion ist, und gib die Periodenlänge an.
Lösung: Am Einheitskreis ist der Punkt $P(u|v)$ nach einer Drehung um 2π wieder in der gleichen Lage angekommen. Es gilt deshalb $\sin(x + 2\pi) = \sin(x)$. Dies gilt auch bei einer Drehung um 4π, 6π, 8π usw. 2π ist der kürzeste Abstand dieser Wiederholung, deshalb ist die Periodenlänge 2π.

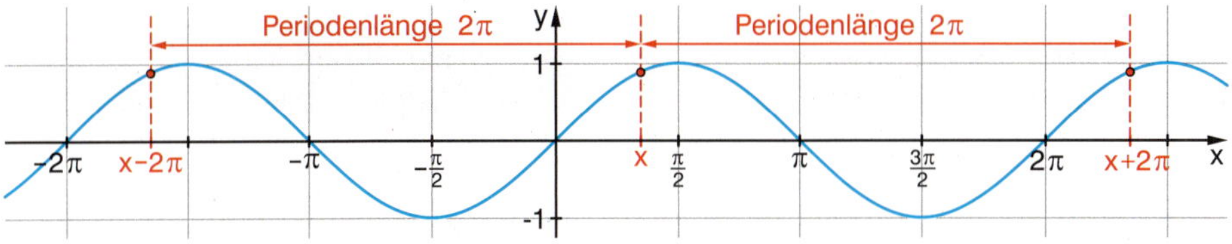

Beispiele

Funktionen, bei denen sich die Funktionswerte in festen Abständen wiederholen, heißen **„periodische Funktionen"**. Der kürzeste dieser Abstände heißt **„Periodenlänge"**.

Übungen

11 Gib die Winkel im Bogenmaß auf drei Dezimalen gerundet an.
a) 150° b) −80° c) −240° d) 320° e) −450° f) 5°

12 Übertrage die folgende Tabelle in dein Heft und fülle sie vollständig aus.

x	$\frac{\pi}{6}$	$\frac{\pi}{4}$	$\frac{\pi}{3}$	$\frac{\pi}{2}$	$\frac{2\pi}{3}$	π	$\frac{4\pi}{3}$	$\frac{3\pi}{2}$	$\frac{5\pi}{3}$	2π	3π
sin(x)	■	■	$\frac{\sqrt{3}}{2}$	■	■	■	■	■	■	■	■

13 Frida löst die Gleichung $\sin(x) = 0{,}8$ mit der nebenstehenden Taschenrechnereingabe. Ist dies eine Lösung der Gleichung? Gibt es noch andere Lösungen?

```
sin⁻¹(0.8)
         .927295218
```

14 *Funktionensteckbrief*
Erstelle zur Sinusfunktion einen Steckbrief, der möglichst viele Eigenschaften auflistet.

15 Begründe, dass $\sin(-x) = -\sin(x)$.

16 Bestimme jeweils alle Lösungen der Gleichung im Intervall $[0; \pi]$.
a) $\sin x = 0{,}4$ b) $\sin x = -0{,}2$ c) $\sin x = 1$

17 Bestimme jeweils alle Lösungen der Gleichung $\sin(x) = 0{,}7$ im Intervall $A = [0; \pi]$, $B = [0; 2\pi]$ und $C = [-\pi; \pi]$

18 Das Riesenrad dreht sich gleichmäßig, in vier Minuten macht es eine volle Umdrehung. In einem „Höhengraphen" ist die jeweilige Höhe h der Gondel (über dem Boden) zu verschiedenen Zeitpunkten t aufgetragen.
a) Zeichne den Graphen in dein Heft und trage auf den Achsen die t- und h-Werte für die gekennzeichneten Punkte ein.
b) Der Verlauf des Graphen gleicht dem Graphen der Sinusfunktion. Begründe das.
c) Worin unterscheidet sich der Graph von dem bisher bekannten Sinusgraphen? Wie könnte die Funktionsgleichung für diesen Graphen aussehen? Probiere mit dem GTR.

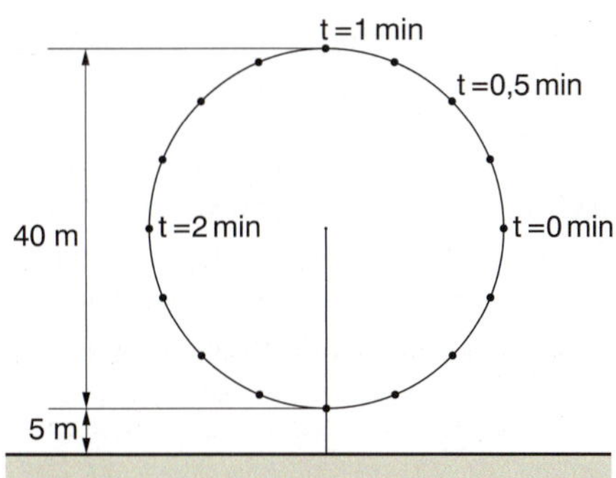

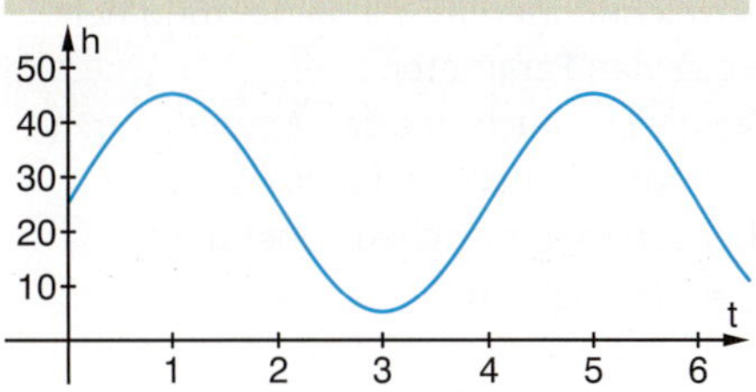

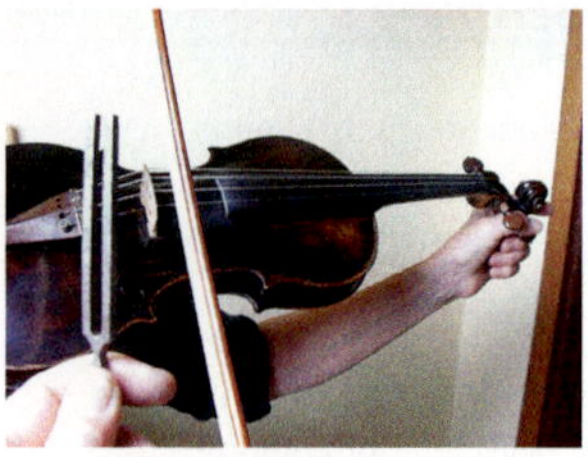

Der Ton
Der einfachste Ton, den das Ohr kennt, ist ein Ton von sinusförmigem Schwingungsverlauf, der so genannte Sinuston.

Die Frequenz
Die Frequenz (f) gibt die Anzahl der Schwingungen pro Sekunde an und bestimmt die Tonhöhe eines Klangs, je höher die Frequenz desto höher der Ton. Die Einheit ist Hertz.

Stimmgabel

Musiker benutzen oft eine Stimmgabel, um ihre Instrumente genau zu stimmen. Die Stimmgabel kann so hergestellt werden, dass sie einen gewünschten Ton erzeugt (je größer die Gabel, umso tiefer ist der Ton).

Versuch: Eine berußte Glasplatte wird auf den OH-Projektor gelegt. Dann wird eine Stimmgabel angeschlagen und vorsichtig mit der Spitze des einen Schenkels auf die Glasplatte aufgesetzt und darauf ein Stück entlanggezogen. Die sinusförmige Schwingung der Gabel wird sichtbar.

Die Standardstimmgabel ist so gebaut, dass sie einen A-Ton mit einer Frequenz von 440 Hz erzeugt, d.h. die Gabel führt in der Sekunde 440 Schwingungen durch. In dem Bild ist diese Schwingung gegenüber der uns schon bekannten normalen Sinusschwingung aufgetragen.

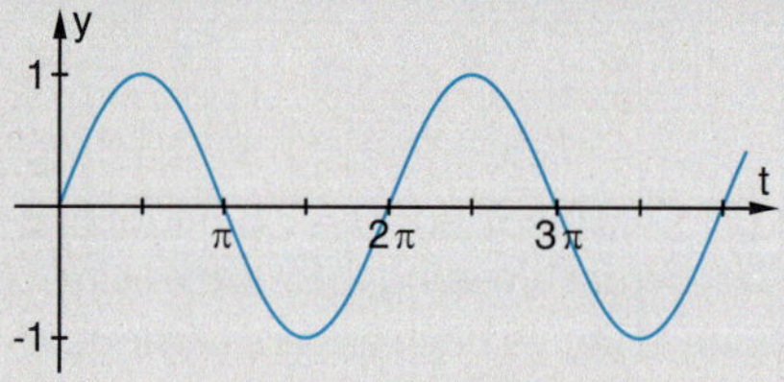

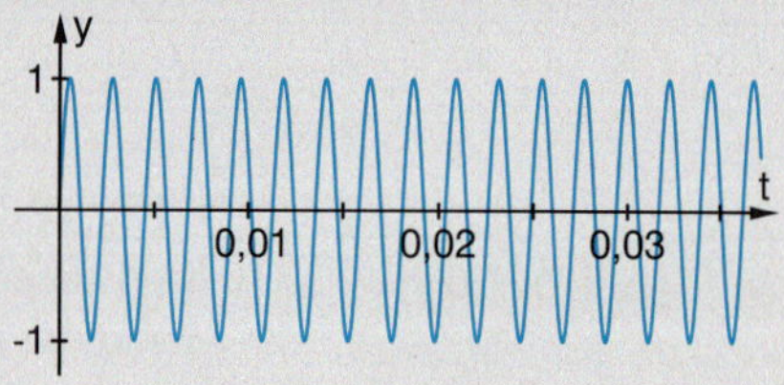

Übungen

Funktionenlabor 1:
Verwende im Funktionenlabor einen Funktionenplotter (CD zu Band 7 oder Internet) oder deinen GTR

19 *„Ziehharmonika"*
Zeichne die Graphen von

$y = \sin(x)$, $y = \sin(2x)$,
$y = \sin(3x)$, $y = \sin(5x)$,
$y = \sin(0{,}5x)$, $y = \sin(0{,}2x)$

und vergleiche sie untereinander und jeweils mit dem Graphen von $y = \sin(x)$.

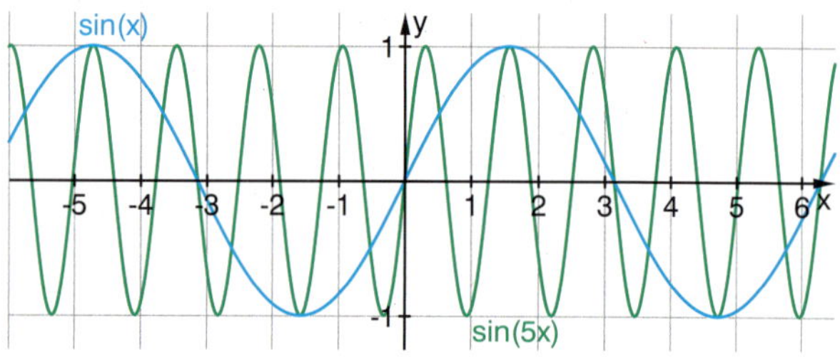

Was beobachtest du? Formuliere einen kurzen Text, der die Wirkung des Parameters b auf den Graphen der Funktion $y = \sin(bx)$ beschreibt.

Strategie
Zwei Parameter „festhalten", für den anderen verschiedene Werte einsetzen („variieren") und die Auswirkungen auf den Graphen am GTR beobachten. Vermutungen („Hypothesen") durch gezielte weitere Experimente überprüfen.

20 *Funktionenlabor 2 „Was passiert, wenn?"*
Untersuche den Einfluss der Parameter a, c und d auf den Graphen der Funktion $y = a \cdot \sin(x - c) + d$. Schreibe einen möglichst übersichtlichen Bericht über deine Beobachtungen. Finde passende Bezeichnungen für die Bedeutung der einzelnen Parameter.
Vergleiche auch mit den Auswirkungen der entsprechenden Parameter bei den quadratischen Funktionen $y = a(x - c)^2 + d$.

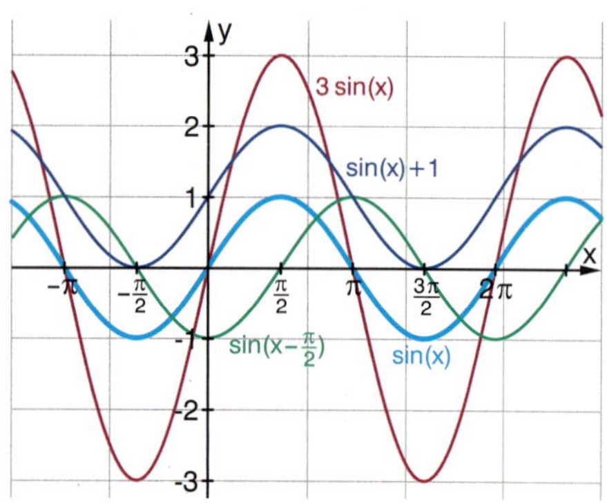

Basiswissen

Wie bei den linearen oder quadratischen Funktionen kann man auch bei den Sinusfunktionen bereits aus der Gleichung viele Informationen über die Lage und Form des zugehörigen Graphen erhalten.

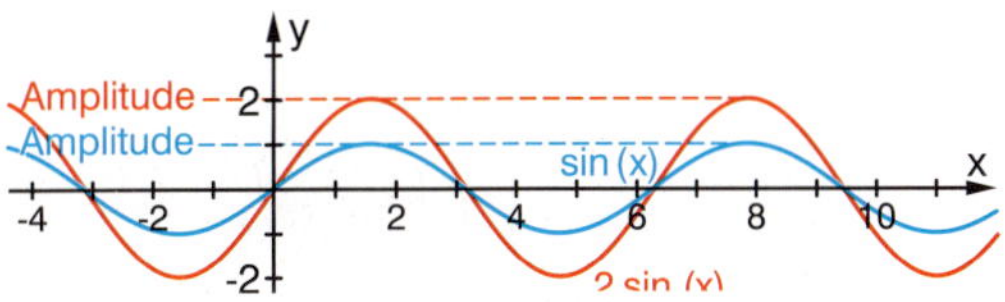

$f(x) = a \cdot \sin(x) \quad (a > 0)$
Der Parameter a streckt oder staucht den Graphen in y-Richtung. Damit wird die **Amplitude** der Sinusschwingung verändert.

a ist die Amplitude. Die Amplitude ist der maximale Ausschlag der „Schwingung" nach oben oder nach unten.

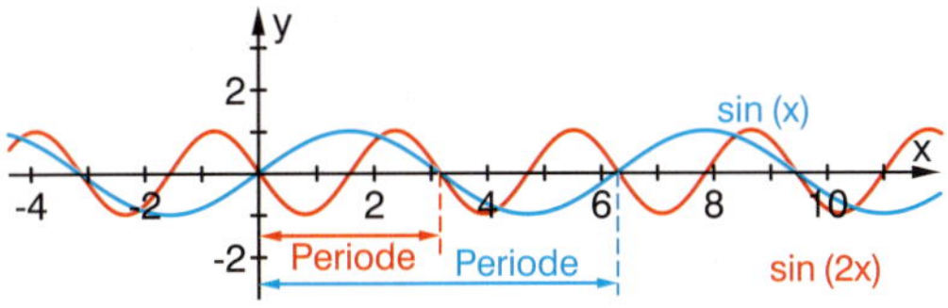

$f(x) = \sin(b \cdot x)$
Der Parameter b streckt oder staucht den Graphen in x-Richtung. Dadurch wird die **Periodenlänge** bzw. die **Frequenz** der Sinusschwingung verändert. Je größer b, desto kleiner die Periodenlänge und desto größer die Frequenz.

Die Periodenlänge beträgt $\frac{2\pi}{b}$
Die Frequenz gibt die Anzahl der Perioden pro Einheit an.
Sie beträgt $\frac{b}{2\pi}$.

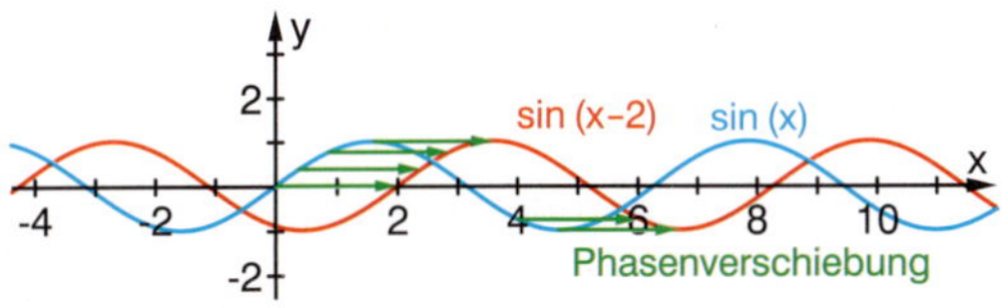

$f(x) = \sin(x - c)$
Der Parameter c verschiebt den Graphen in x-Richtung. Damit wird die **Phase** der Sinusschwingung verändert.

Die Phase bestimmt die Verschiebung des normalen Sinusgraphen auf der x-Achse.

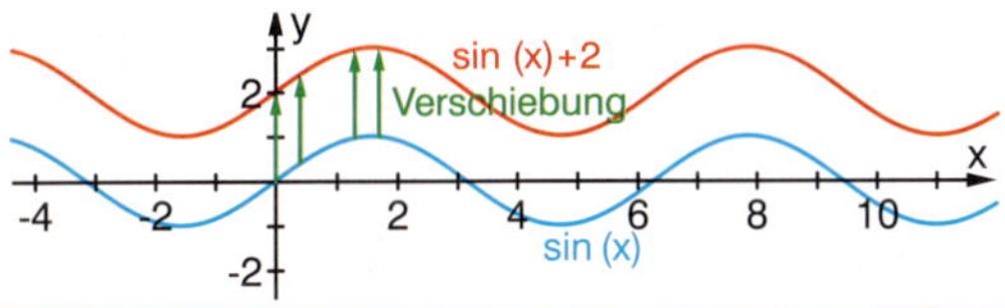

$f(x) = \sin(x) + d$
Der Parameter d verschiebt den Graphen in y-Richtung. Die Amplitude wird nicht verändert.

Beispiele

C Lies aus der Gleichung so viele Informationen wie möglich ab:

$f(x) = 2\sin\left(x - \frac{\pi}{6}\right) + 0{,}5$

Lösung: Der Graph der Sinusfunktion ist um den Faktor 2 in y-Richtung gestreckt und um 0,5 nach oben verschoben.
Die Funktionswerte liegen zwischen $-1{,}5$ und $2{,}5$. Der Graph ist um $\frac{\pi}{6}$ nach rechts verschoben.

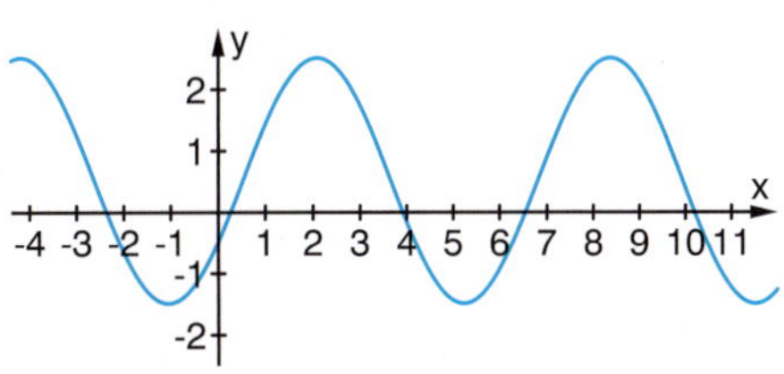

Amplitude 2
Periodenlänge 2π
Frequenz $\frac{1}{2\pi}$
Phasenverschiebung $\frac{\pi}{6}$

D Bestimme die Gleichung einer Sinusfunktion, deren Graph durch (0|0) verläuft, deren y-Werte zwischen –2 und 2 schwanken, und die ihre Nullstellen bei $0, \frac{\pi}{3}, \frac{2\pi}{3}, \pi, \ldots$ hat.

Lösung:
Der Graph ist in y-Richtung um den Faktor 2 gestreckt. Die Nullstellen liegen dreimal so dicht beieinander wie bei der Standard-Sinus-Funktion.
Es gibt zwei Möglichkeiten:
$y = 2\sin(3x)$ oder $y = -2\sin(3x)$.
Der zweite Graph entsteht aus dem ersten durch Spiegelung an der x-Achse.

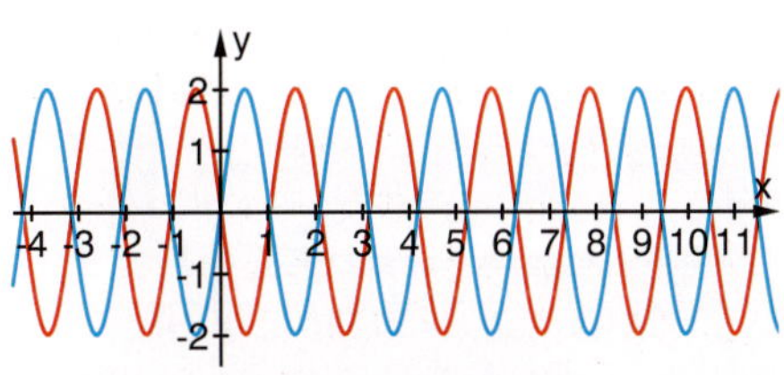

Übungen

Bei den Aufgaben auf dieser Seite solltest du den GTR nur zur Überprüfung deiner Ergebnisse einsetzen.

21 Skizziere in einem Koordinatensystem die Graphen zusammen mit $y = \sin(x)$:
a) $y = 3\sin(x)$ b) $y = \sin(3x)$ c) $y = \sin(x) + 3$ d) $y = \sin(x - 3)$

22 Bestimme zu folgenden Graphen eine Funktionsgleichung. Gibt es verschiedene Möglichkeiten? (Fenstereinstellung: $x_{min} = 0$, $x_{max} = 4\pi$, $y_{min} = -2$, $y_{max} = 2$)

a) 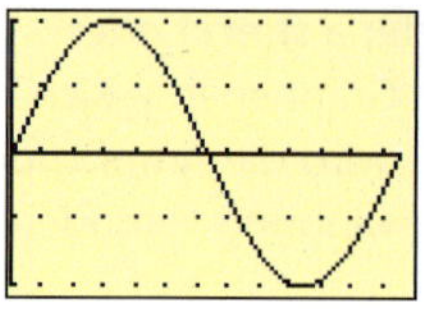
b) 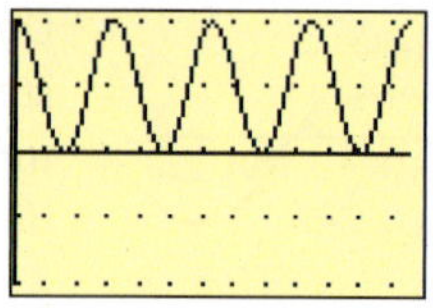
c) 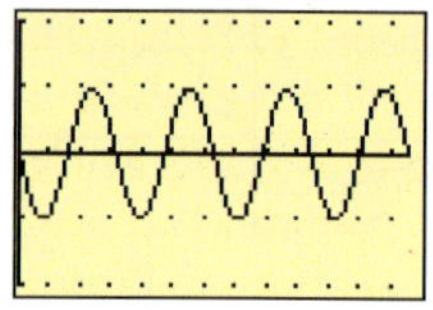

23 Schreibe je eine Funktionsgleichung zu den folgenden Graphen.

a) 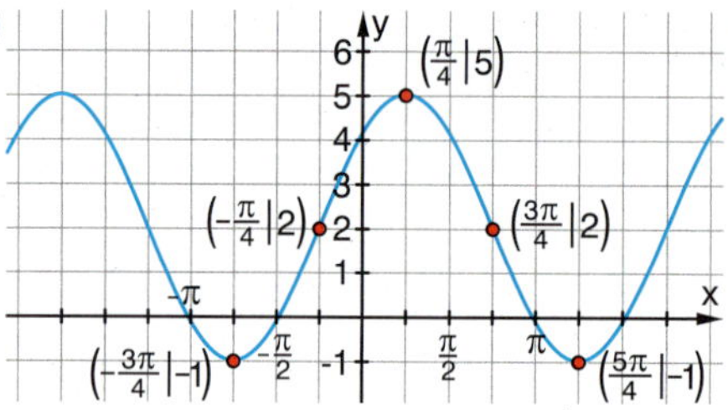

b) 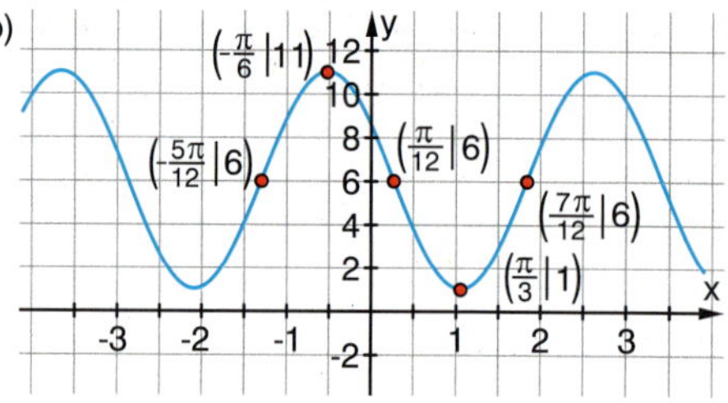

24 *Steckbriefe trigonometrischer Funktionen*
Zeichne die Graphen. Gib auch jeweils eine Funktionsgleichung an.

Graph durch $(\frac{\pi}{4}|0)$, y-Werte zwischen -3 und 3, erste Nullstelle rechts von $\frac{\pi}{4}$ liegt bei $\frac{\pi}{2}$, positive y-Werte zwischen $\frac{\pi}{4}$ und $\frac{\pi}{2}$.

Graph durch $(0|0)$, y-Werte zwischen 0 und 4, erste positive Nullstelle bei 2π.

Periode $\frac{\pi}{3}$, y-Werte zwischen $-1{,}5$ und $1{,}5$, Maximum auf der y-Achse.

Periode 3π, erste negative Nullstelle bei $-\frac{\pi}{6}$, y-Werte zwischen 1 und 3.

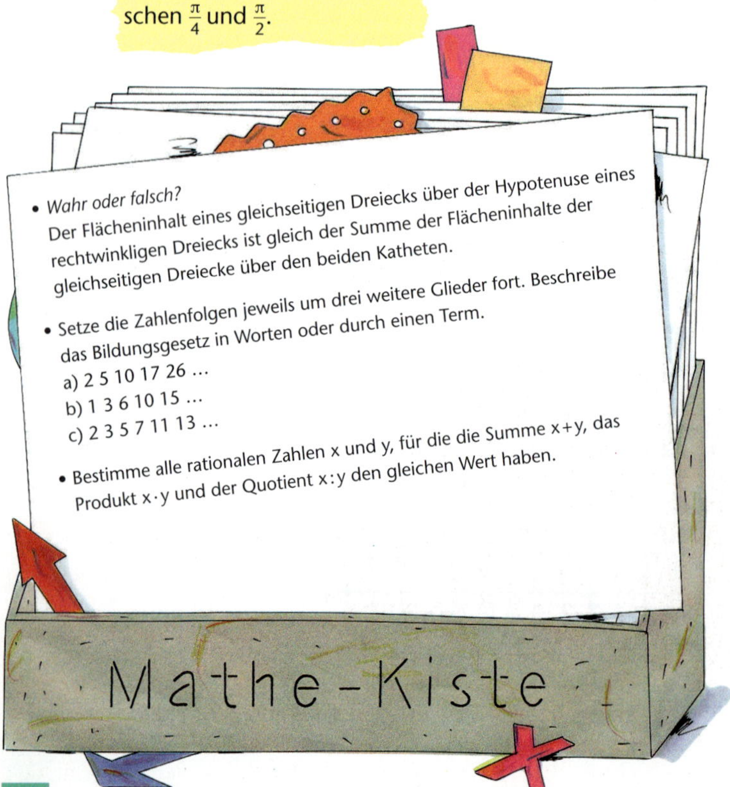

25 Zeichne mit dem GTR den Graphen der Funktion $y = \cos(x)$ im Intervall $[-3\pi; 3\pi]$. Begründe, dass man die Kosinusfunktion durch eine geeignete Verschiebung der Sinusfunktion darstellen kann.

26 Welche der folgenden Aussagen sind wahr? Begründe.
a) Die Amplitude a einer Sinusschwingung kann mit der Formel berechnet werden: $a = \frac{\text{maximaler Wert} - \text{minimaler Wert}}{2}$
b) Die Frequenz einer Sinusschwingung ist proportional zur Periodenlänge.
c) Die Phase einer Sinusschwingung verändert die Frequenz.
d) Die Veränderung der Amplitude der Sinusfunktion hat keinen Einfluss auf die Lage der Achsenschnittpunkte.

Projekt

Mit dem GTR Bewegungen untersuchen

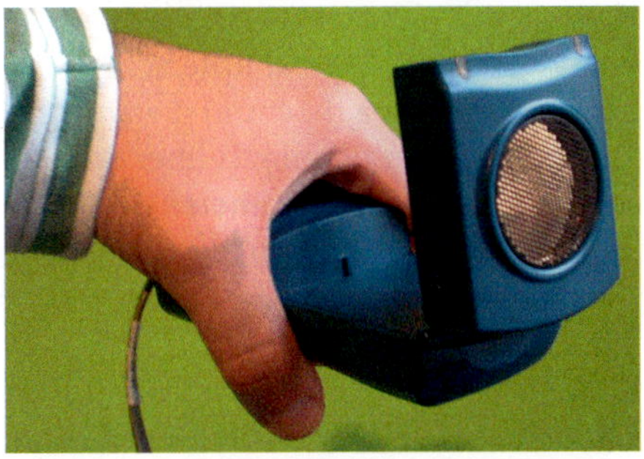

Mithilfe eines Ultraschallsensors, der an den GTR angeschlossen wird, kannst du den Abstand zu einer Wand oder dem Boden messen. Das funktioniert so: Der Sensor sendet ein Signal, welches von der Wand reflektiert und vom Sensor wieder empfangen wird. Aus der Zeitdifferenz zwischen Aussendung und Empfang des Signals berechnet der angeschlossene Taschenrechner die Entfernung zwischen Wand und Sensor. Wichtig dabei: Um die Distanz korrekt zu bestimmen, muss der Sensor stets senkrecht zur Wand oder zum Hindernis ausgerichtet sein. In unserem Experiment sendete der Sensor das Signal 15 Sekunden lang aus. Der Abstand (Distanz d in Metern) wird dann auf dem Taschenrechner (x-Achse: Zeit, y-Achse: Distanz) dargestellt.

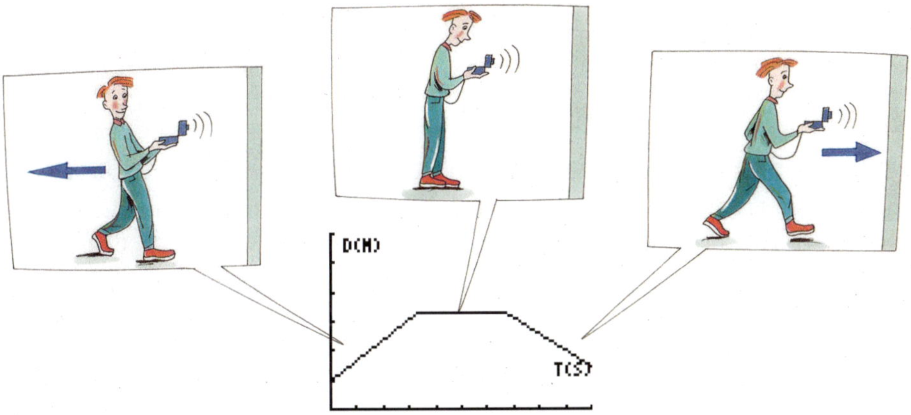

Immer schön im Kreis herum – Die Kreisbewegung führt zu Sinuskurven

Jonas richtet den Sensor auf die Wand und bewegt ihn dann mit gleichbleibender Geschwindigkeit entlang des am Boden liegenden Rings. Dabei achtet er darauf, dass der Sensor immer zur Wand zeigt.

a) Welche der folgenden Graphen zeigt anschließend der GTR? Begründe.

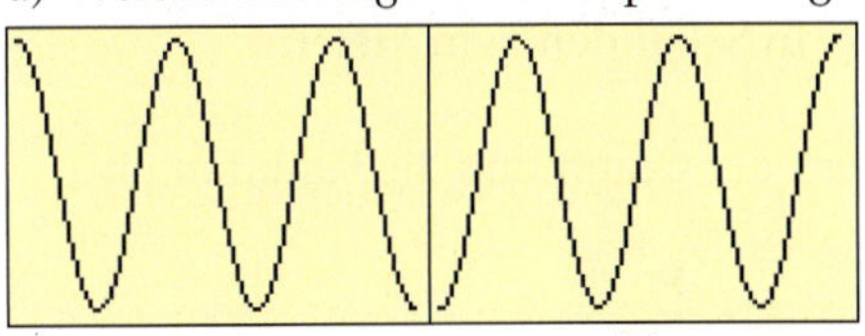

(1) (2)

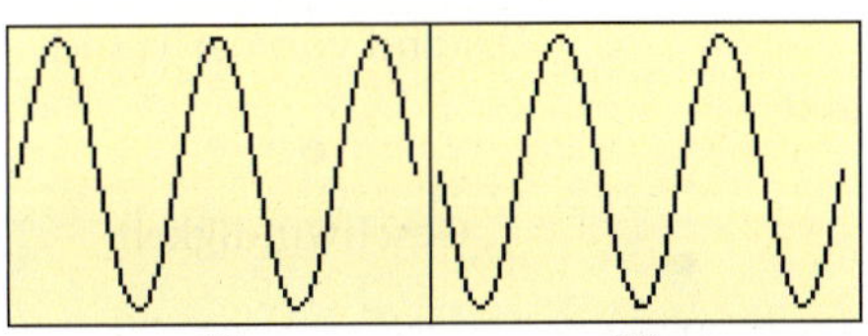

(3) (4)

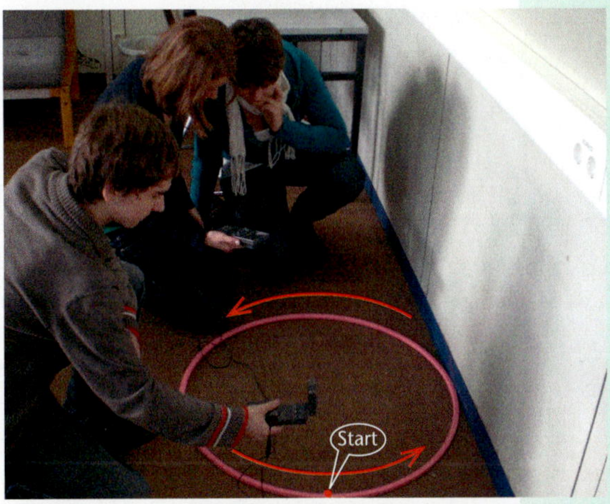

b) Zum Nachdenken: Wie lassen sich mit dem gleichen Experiment auch die anderen Graphen erzeugen?

Amplitude a
Frequenz b
Phasenverschiebung c
Verschiebung in Richtung y-Achse d

c) Du weißt schon, dass man die Sinuskurven dadurch verändern kann, dass man in der Funktionsgleichung $f(x) = a \cdot \sin(bx - c) + d$ unterschiedliche Zahlen für a, b, c und d wählt. Informiere dich nochmals über den Einfluss dieser vier Parameter auf den Graphen und gib die passenden Parameter für die nebenstehenden Kurven an.

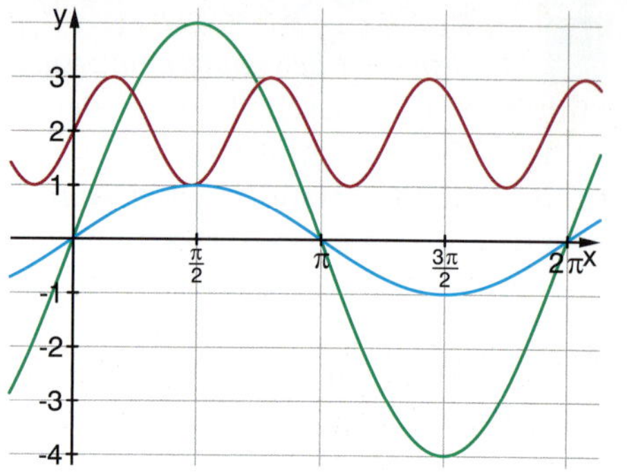

Drei unterschiedliche Sinuskurven durch Variation von a, b, c und d.

Weitere Forschungsaufträge zum Experiment:

Größer oder kleiner?
Welchen Einfluss auf den Graphen der Sinusfunktion hat es, wenn der Sensor auf einem Kreis geführt wird, der kleiner oder größer als der Ring ist? Welcher Parameter wird damit verändert?

Eine Frage der Geschwindigkeit
Was geschieht mit dem Graphen, wenn der Sensor schneller oder langsamer um den Ring geführt wird? Welcher Parameter wird dann verändert?

Eine Frage der Distanz
Wie wirken sich verschieden große Abstände zur Wand in den Bewegungsgraphen aus? Durch welchen Parameter lässt sich diese Veränderung beschreiben?

d) Fasst eure Ergebnisse zusammen und schreibt einen Bericht, in dem ihr erklärt, was in dem Experiment mit dem Ultraschallsensor jeweils verändert werden muss, um a, b, c und d zu verändern?.

Erstaunlich gute Übereinstimmung
Mit ruhiger Hand und ein wenig Übung erhält man sehr aussagekräftige Graphen:

Bewegungsgraph

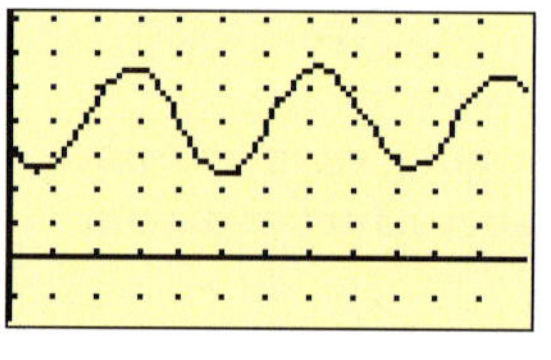

… zusammen mit passender Funktion

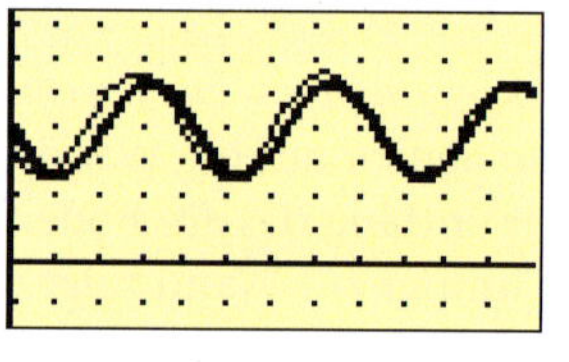

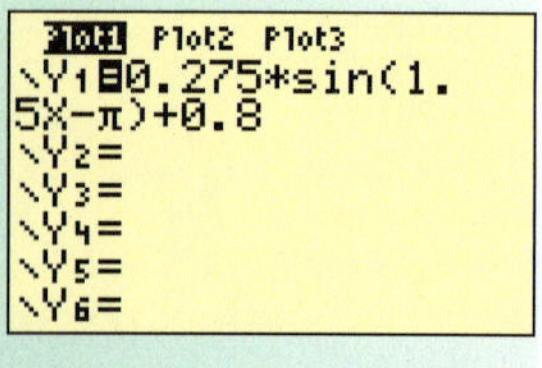

Die passende Funktion haben wir verraten (x in Sekunden, y in Metern).

e) Welche der folgenden Informationen liefern der Graph und die Funktion über das Experiment?

Zahl der Umläufe

Größe des Kreises

Abstand von der Wand

Startpunkt

Drehrichtung

Geschwindigkeit

Zeitdauer der Aufnahme

8.4 Modellieren periodischer Vorgänge

Was dich erwartet

Es gibt viele Vorgänge, die nach einer bestimmten Zeitspanne immer wieder in der gleichen Art ablaufen. Dabei kann es sich um ganz kurze Vorgänge wie den Takt bei einem Computer oder längere wie den Herzschlag oder gar den Ablauf der Jahreszeiten handeln.

Langzeitphoto der Mitternachtssonne in Norwegen

Solche Vorgänge lassen sich durch Graphen modellieren, mit denen wesentliche Eigenschaften erfasst und erläutert werden können. Viele der periodischen Vorgänge können durch Sinusfunktionen modelliert werden, häufig lässt sich dabei auch die passende Funktionsgleichung finden.

Aufgaben

1 *Das Elektrokardiogramm – EKG*

Ähnlich wie bei Nervenzellen entstehen auch in Herzmuskelzellen elektrische Impulse. Diese Impulse steuern den Herzschlag. Die Erregung beginnt im Sinusknoten, einem ca. 2 mm großen Bereich im rechten Vorhof des Herzens, und wird von dort aus weitergeleitet. Der Sinusknoten wird auch als Schrittmacher bezeichnet, da er das Herz mit einer bestimmten Frequenz antreibt. Die elektrischen Impulse werden mithilfe von Elektroden an bestimmten Stellen der Haut aufgenommen und können mit einem hochempfindlichen Messgerät aufgezeichnet werden. Es entsteht eine Kurve mit typischen Zacken. Veränderungen der Zacken hinsichtlich Zeitdauer, Höhe des Ausschlags und Form weisen auf mögliche Krankheiten wie z. B. Herzinfarkt oder Herzrhythmusstörungen hin.

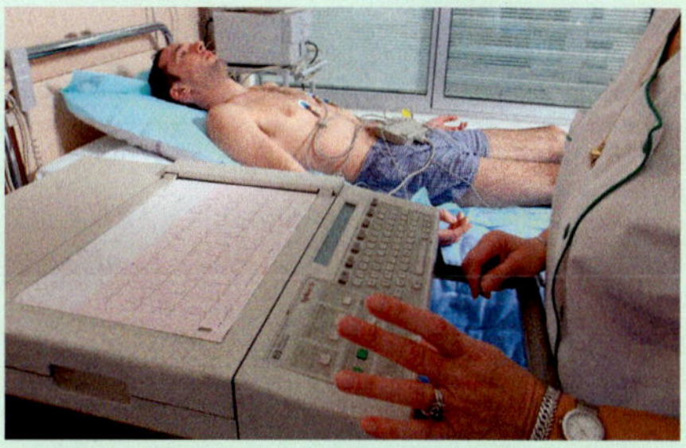

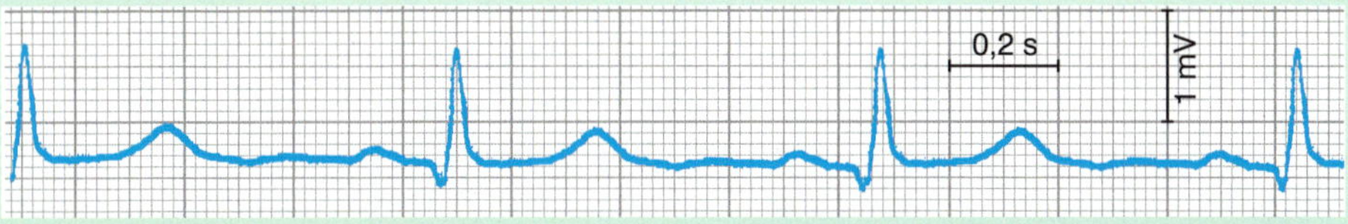

Die Grafik zeigt einen Ausschnitt eines EKGs. Man hat die auffallenden und charakteristischen Spannungshöhen (bzw. -tiefen) des EKGs mit Buchstaben bezeichnet. Beschreibe die Kurve möglichst genau. Vergleiche dabei auch mit einer normalen Sinusschwingung.
Warum wiederholt sich der Ablauf immer wieder? Wie lange dauert einer der immer wiederkehrenden Abschnitte?
Mit welcher „Frequenz" schlägt das Herz dieses Patienten?
Wie würden sich wohl Herzrhythmusstörungen im EKG auswirken?

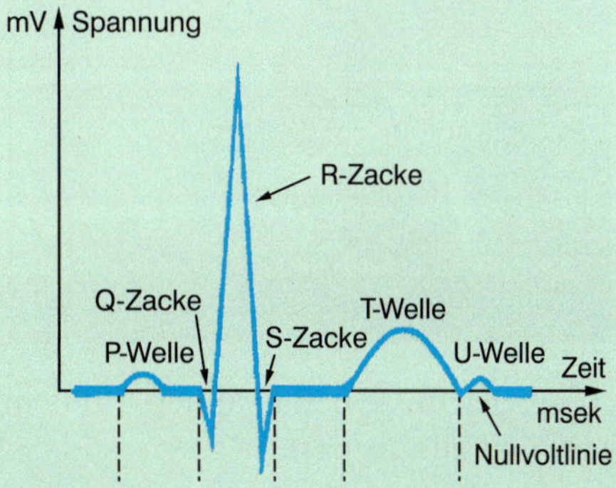

Recherchiere im Internet. Hier findest du weitere Graphen und Informationen unter dem Suchwort EKG.

Datum	Sonnen-aufgang	Sonnen-unter-gang
1.1.	8:27	16:24
12.1.	8:23	16:38
26.1.	8:09	17:01
7.2.	7:51	17:22
21.2.	7:25	17:47
5.3.	6:59	18:09
17.3.	6:33	18:29
23.3.	6:19	18:39
29.3.	6:09	18:49
8.4.	5:43	19:06
20.4.	5:17	19:26
4.5.	4:50	19:49
20.5.	4:25	20:13
3.6.	4:10	20:30
15.6.	4:05	20:40
7.7.	4:14	20:39
20.7.	4:29	20:27
8.8.	4:56	19:58
20.8.	5:15	19:35
1.9.	5:34	19:09
11.9.	5:50	18:47
18.9.	6:01	18:31
29.9.	6:18	18:06
7.10.	6:31	17:47
17.10.	6:48	17:26
27.10.	7:05	17:06
8.11.	7:26	16:44
19.11.	7:44	16:30
2.12.	8:05	16:17
16.12.	8:21	16:14
31.12.	8:27	16:23

2 Bestimmt hast du schon beobachtet, dass sich die Zeiten für den Sonnenauf- und -untergang im Laufe eines Jahres verschieben. Damit ändert sich natürlich auch die Tageslänge. In vielen Kalendern kannst du die Zeiten finden. In der Tabelle sind die Zeiten für das Jahr 2003 in Deutschland (Kassel) angegeben.

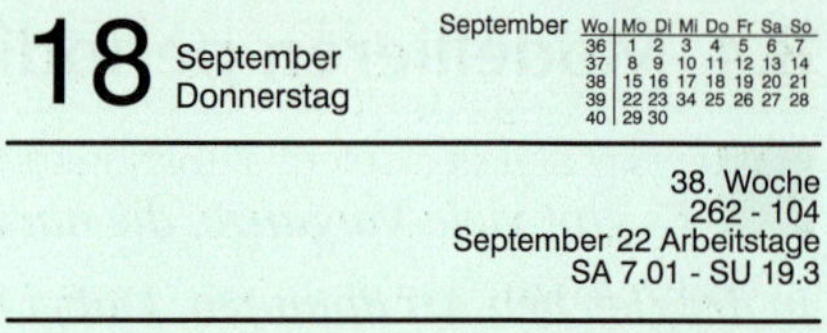

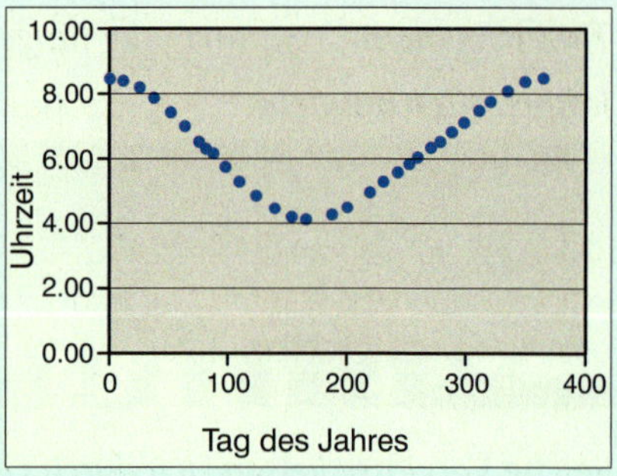

a) Der Graph stellt die Sonnenaufgangszeiten dar. Erkläre, was auf den Achsen dargestellt ist. Warum sind die Punkte nicht durch eine Linie verbunden?

b) Ein Astronom hat die Funktionsgleichung $a(t) = 2{,}19 \cdot \cos\left(\frac{2\pi}{365{,}25}t\right) + 6{,}27$ angegeben. Zeichne den Graphen mit deinem GTR oder Funktionenplotter. Prüfe, wie gut die Übereinstimmung mit den Daten aus der Tabelle ist. Erkläre, wie du die Gleichung in etwa mithilfe des Graphen finden kannst. (Genauere Informationen über das Aufstellen der Gleichung und die Abweichungsfehler findest du im Internet unter dem Suchwort „Zeitgleichung".)

c) Modelliere entsprechend die Daten für den Sonnenuntergang und die Tageslänge.

3 *Die Sinusfunktion und das Fahrradventil*

Wie verändert sich die Höhe h des Ventils am Hinterrad in Abhängigkeit von dem zurückgelegten Weg x?

a) Finde einen passenden Funktionsgraphen zu $h = h(x)$.

Über die Wertetabelle zum Graphen

Du kannst die Bewegung des Rades durch das Abrollen einer CD auf einem Lineal nachspielen. Das Ventil wird durch einen roten Punkt auf dem Rand der CD markiert; zu den zurückgelegten Wegstrecken x wird die jeweils erreichte Höhe h(x) gemessen. Das Übertragen der Messwerte in ein Streudiagramm führt dann zum Funktionsgraphen

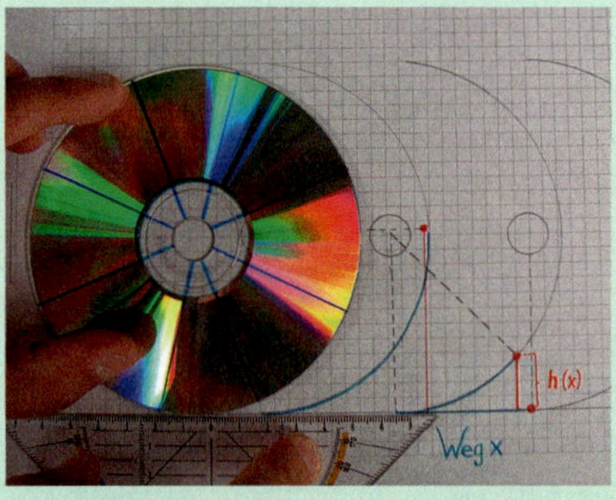

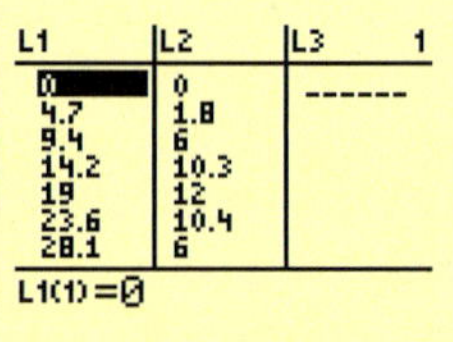

Wertetabelle auf dem GTR zu den ersten Messwerten

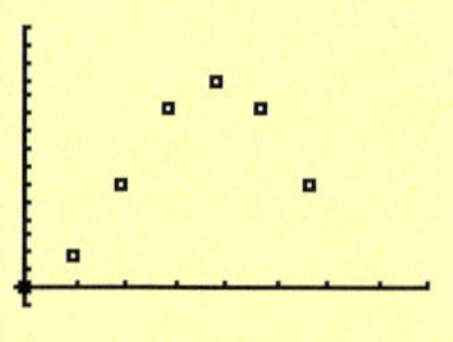

Streudiagramm zur Tabelle auf dem GTR

b) Vergleiche deinen Graphen mit dem Graphen zu $h(x) = r \cdot \sin\left(\frac{x}{r} - \frac{\pi}{2}\right)$ ($r = 6$ cm für die CD).

Basiswissen

Viele Vorgänge in der Natur oder in der Technik verlaufen **periodisch**. Häufig lassen sie sich durch Sinusfunktionen beschreiben.

Das Problem
Du befindest dich in der Gondel A des Riesenrades, das sich gerade zu drehen beginnt. Es dreht sich gleichmäßig und benötigt 2 Minuten für eine Umdrehung.

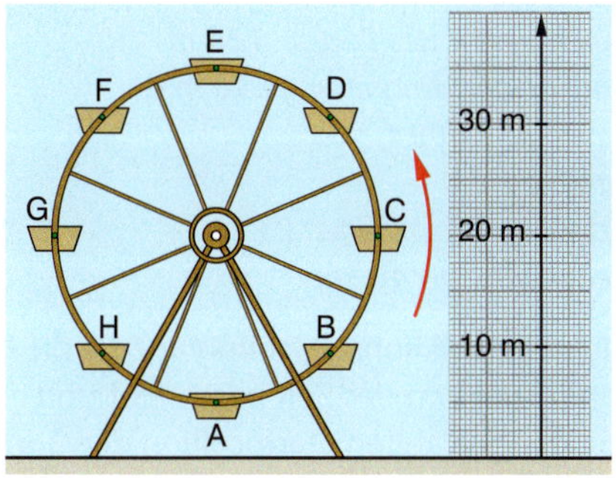

Modellierung
Die Höhe h der Gondel über dem Boden soll in Abhängigkeit von der Zeit t beschrieben werden.

1. Schritt: Erstelle eine Tabelle (Messwerte).

t in s	0	10	20	30	40	50	60	70	80	90	100	110	120	130	140	150
h in m	5	7	12,5	20	27,5	33	35	33	27,5	20	12,5	7	5	7	12,5	20

2. Schritt:
Übertrage die Tabelle in ein Streudiagramm im Koordinatensystem (GTR).

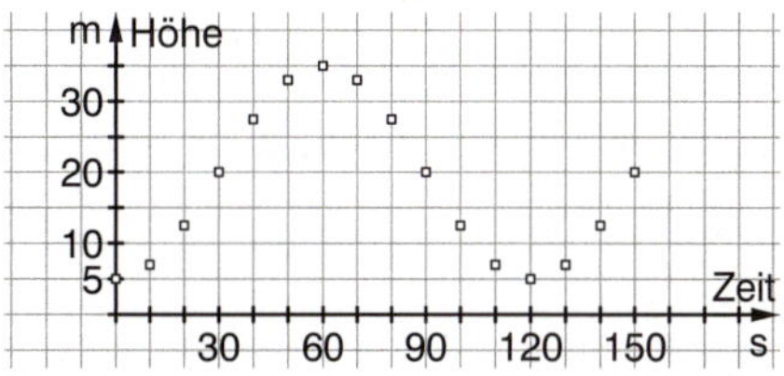

3. Schritt:
Wähle ein passendes mathematisches Modell.

Das Diagramm legt eine Modelierung mit einer Sinusfunktion nahe:
$h(t) = a \cdot \sin(bt - c) + d$

4. Schritt:
Finde die Amplitude a.

$a = \frac{\text{Maximum} - \text{Minimum}}{2} = \frac{35-5}{2} = 15$

5. Schritt:
Finde b, die Frequenz.

Das Riesenrad macht eine volle Umdrehung 2π in 120 s.
Es dreht sich in 1 s um $\frac{2\pi}{120}$. Also $b = \frac{2\pi}{120}$.

6. Schritt:
Finde c, die horizontale Verschiebung.

Die Sinuskurve ist um $\frac{\pi}{2}$ verschoben:
$c = \frac{\pi}{2}$

7. Schritt:
Finde d, die vertikale Verschiebung.

$d = \frac{\text{Maximum} + \text{Minimum}}{2} = \frac{35+5}{2} = 20$

Die Sinuskurve lässt sich als Ausgleichskurve zu dem Streudiagramm auch mit dem GTR ermitteln (trigonometrische Regression).

8. Schritt:
Einsetzen der Werte in die Gleichung.

$h(t) = 15 \cdot \sin\left(\frac{2\pi}{120} \cdot t - \frac{\pi}{2}\right) + 20$

Modellüberprüfung
Einzeichnen des Funktionsgraphen in das Streudiagramm.

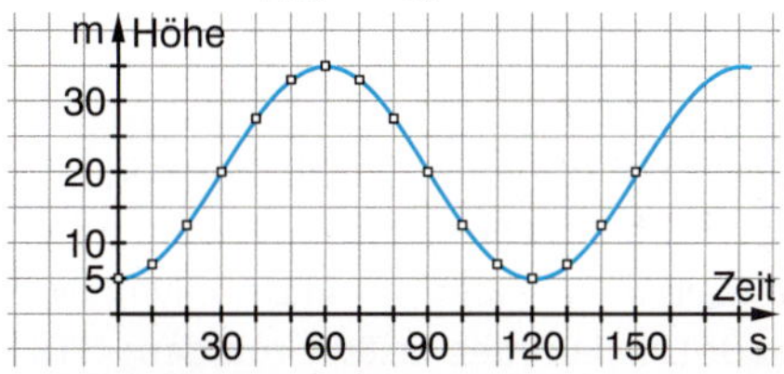

Bei vielen Problemen wird die Situation durch eine Ausgangstabelle beschrieben. Beim Riesenrad könnte die Modellierung auch ohne die beiden ersten Schritte (Tabelle und Streudiagramm) direkt mit den Daten des Riesenrades erfolgen.

Übungen

4 Das London Eye ist eines der größten Riesenräder auf der Welt. Es liegt direkt an der Themse und ist schon von weitem sichtbar. Im März 2000 wurde es erstmals für die Besucher freigegeben.

Maximale Höhe: 135 m
Durchmesser des Rades: 120 m
Dauer einer Umdrehung: 30 min
Gewicht: 1600 t
Kabinen: 32
Sitzplätze pro Kabine: 25
Sichtweite: bis 40 km

Gib eine Funktionsgleichung an, die die Höhe einer Gondel über dem Boden in Abhängigkeit von der Zeit beschreibt und zeichne den Graphen. Wie hängt der Graph von der gewählten Startposition der Gondel ab?

Ebbe und Flut ...

Im Sechs-Stunden-Rhythmus zeigt die Nordsee ihre zwei Gesichter, das periodische Steigen (Flut) und Fallen (Ebbe) des Wasserspiegels. Der Wasserstand schwankt zwischen Hochwasser und Niedrigwasser, die Differenz wird als Tidenhub, das arithmetische Mittel als Mittelwasser bezeichnet. Hauptursache der Gezeiten ist die Anziehungskraft des Mondes. In ähnlicher Weise wirkt die Anziehungskraft der Sonne; sie ist aber wegen der großen Entfernung nur halb so groß.
Bei Voll- und Neumond addieren sich die Wirkungen von Sonne und Mond (Springflut), bei Halbmond heben sie sich z. T. auf (Nippflut). Infolge der verschiedenen Meerestiefen, der Verteilung von Wasser und Land, der Erdrotation und der Trägheit des Wassers treten zahlreiche Abweichungen auf.

5 Johannes hat während seines Urlaubs an der Küste über einen Tag lang den Wasserstand abgelesen. Er hat folgende Werte registriert:

Uhrzeit	8	9	10	12	13	15	16	17	19	21
Pegel in m	3,7	2,7	1,6	0,8	0,8	2,1	3,1	3,6	4,3	3,0

Für GTR-Experten: Schau nach, ob sich auf deinem GTR der Befehl SinReg zu finden ist. Mit diesem kannst du ähnlich wie bei der linearen Regression (Ausgleichsgerade) eine sinusförmige Ausgleichskurve finden. Informiere dich im Handbuch deines Rechners.

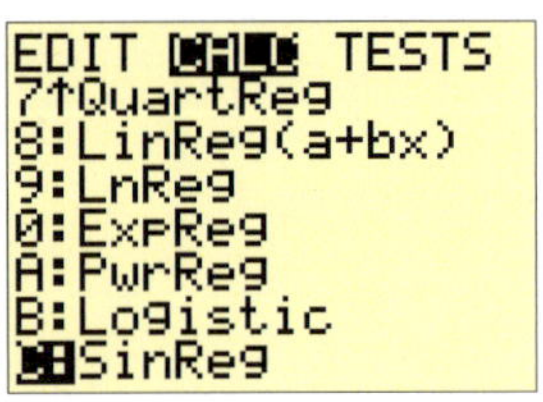

a) Übertrage die Messwerte in ein Diagramm. Versuche eine „Ausgleichskurve" durch die Punkte zu zeichnen.
b) Bestimme die Gleichung einer Sinusfunktion, die die Ausgleichskurve möglichst gut beschreibt. Berechne mithilfe der Funktion die Pegelstände zu den vollen Stunden, zu denen Johannes nicht gemessen hat. Erkläre mögliche Gründe für die Abweichungen der Messwerte von der Kurve.

6 *Mittlere Lufttemperatur in Lillehammer*
Die unten stehende Tabelle zeigt die durchschnittlichen Monatstemperaturen in °Celsius in einem Jahr in der Olympiastadt Lillehammer. Erstelle mit dem GTR ein Streudiagramm zur Tabelle und finde eine passende Funktionsgleichung. Zeichne zur Probe den Graphen in das Streudiagramm.

Jan	Feb	Mär	Apr	Mai	Jun	Jul	Aug	Sep	Okt	Nov	Dez
−5,7	−3,7	1,7	8,0	14,7	19,8	21,8	19,6	14,2	7,0	0,6	−2,9

Übungen

7 *Mitternachtssonne*

In den nördlichen Breiten gibt es um den Sommeranfang (21. Juni) herum Tage, an denen die Sonne nicht untergeht. Die Regionen, in denen dieses Phänomen auftritt, werden oft als „Land der Mitternachtssonne" bezeichnet.
In der Tabelle sind die Sonnenstandswinkel (Winkel über dem Horizont – „Altitude") in einer nordwestlichen Region von Kanada (Arctic Bay) für den 21. Juni 2005 angegeben.

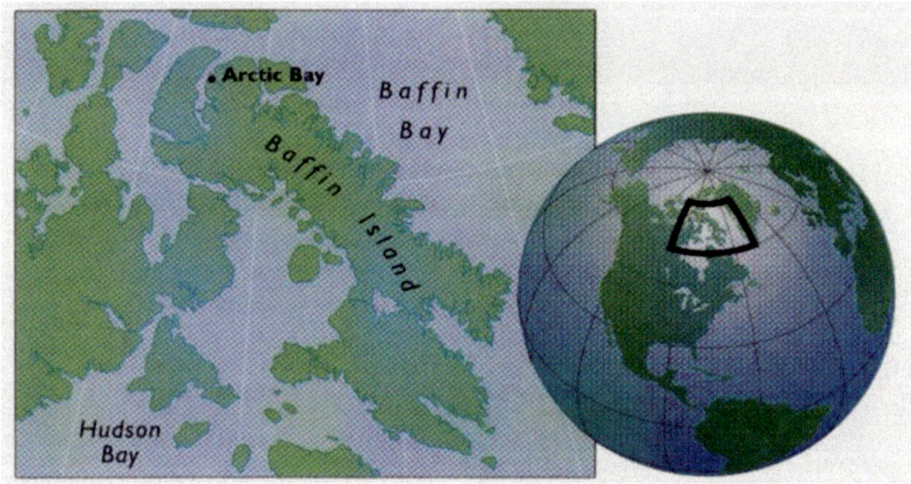

Time	Altitude
midnight	6.8°
1:00 A.M.	6.5°
2:00 A.M.	7.4°
3:00 A.M.	9.2°
4:00 A.M.	11.9°
5:00 A.M.	15.4°
6:00 A.M.	19.4°
7:00 A.M.	23.7°
8:00 A.M.	28.0°
9:00 A.M.	32.2°
10:00 A.M.	35.8°
11:00 A.M.	38.6°
noon	40.2°
1:00 P.M.	40.5°
2:00 P.M.	39.4°
3:00 P.M.	37.1°
4:00 P.M.	33.8°
5:00 P.M.	29.8°
6:00 P.M.	25.5°
7:00 P.M.	21.1°
8:00 P.M.	17.0°
9:00 P.M.	13.3°
10:00 P.M.	10.2°
11:00 P.M.	8.0°

a) Zeichne ein Streudiagramm zur Tabelle.
b) Finde eine Funktionsgleichung, die den Sonnenstand an diesem Tag modelliert. Vergleiche den Graphen mit dem Streudiagramm der Tabelle.

8 *Tageslichtdauer*

Für einen bestimmten Ort auf der Erde hängt die Dauer des Tageslichts von der Jahreszeit ab, nur am Äquator beträgt sie immer 12 Stunden. In den beiden Graphen ist die Tageslichtdauer während eines Jahres für zwei Orte nördlich des Äquators dargestellt (Bonn 50° nördliche Breite, Kairo 30° nördliche Breite). Die Orte auf Breitengraden südlich des Äquators zeigen das gleiche Bild sechs Monate später wie der Ort mit entsprechendem Breitengrad auf der nördlichen Hemisphäre.

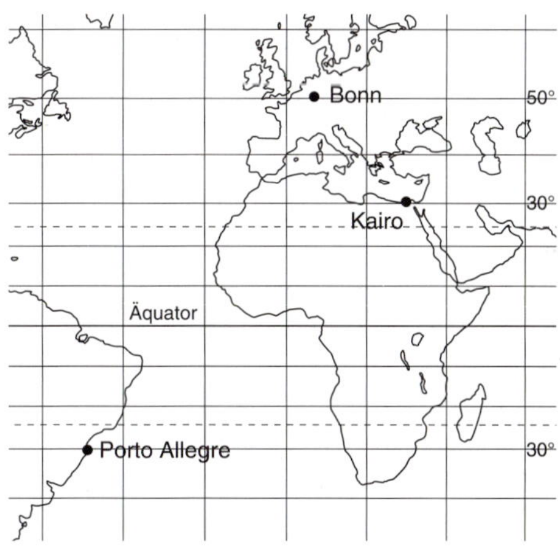

a) Welche Punkte haben die beiden Graphen gemeinsam?
Was bedeuten diese Punkte in der gegebenen Situation?

b) Die Funktion $y = 4\sin\left(\frac{2\pi}{365}\cdot t - \frac{4\pi}{9}\right) + 12$ beschreibt die Stundenanzahl des Tageslichts als Funktion der Zeit t (Tag des Jahres) für Bonn. Verwende diese Funktion, um eine Funktion für die Tageslichtdauer in Kairo aufzustellen.

c) Beschreibe, wie man die Graphen transformieren muss, um die Tageslichtdauer in entsprechenden südlichen Breitengraden anzugeben. Gib eine Funktion für die Tageslichtdauer über das Jahr in Porto Allegre/Brasilien (30° südliche Breite) an.

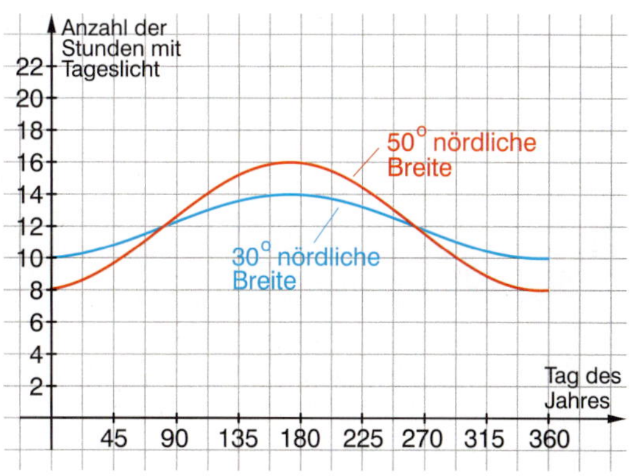

Projekt

Sinuskurven selbst herstellen

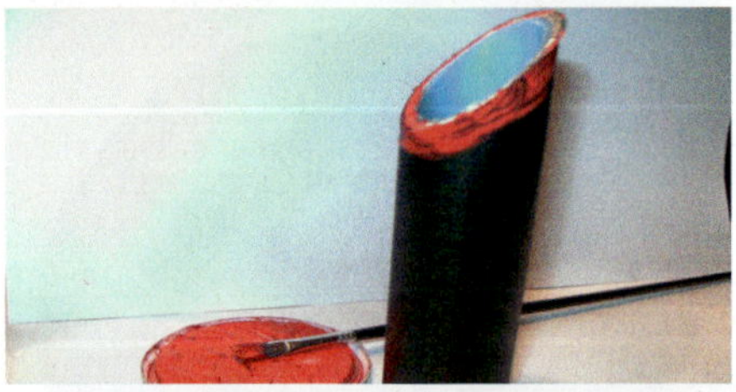

Aus Kunststoffrohren lassen sich Sinuskurven ganz ohne rechnen erstellen.

Material	Hinweise
Kunststoffrohre mit verschiedenen Durchmessern	Typische Rohrstärken sind 16 mm, 32 mm und 50 mm. Reststücke gibt es bestimmt bei Sanitärbetrieben oder beim Hausmeister.
Gehrungssäge	Damit können die Rohre sehr exakt unter verschiedenen Winkeln schräg abgeschnitten werden (siehe Foto).
Pinsel und Fingermalfarbe	zum Einpinseln der Rohre

Durchführung

Bestreiche den Zylinder entlang des schrägen Randes mit Fingermalfarbe. Lege den eingefärbten Zylinder auf ein Blatt Papier und rolle ihn mehrfach ab – fertig!

Forschungsaufträge

Was verraten unterschiedliche Rollkurven über die abgeschnittenen Zylinder?
Auf dem Bild seht ihr drei Sinuskurven, die durch das Abrollen unterschiedlicher Rohrstücke entstanden sind. Beschreibt die Unterschiede.

Untersucht den Einfluss von Rohrdurchmesser und Winkel, in dem die Rohre abgeschnitten wurden, auf den Kurvenverlauf. Fasst eure Ergebnisse zusammen und stellt sie vor.

$f(x) = a \cdot \sin(bx - c) + d$

Kurve gegeben – Funktion gesucht
Welche Sinuskurve ist durch das Abrollen deines Zylinders entstanden? Überlege zuerst, wie du möglichst geschickt ein passendes Koordinatensystem über deine Sinuskurve legen kannst. Bestimme nun eine ausreichende Zahl von Wertepaaren. Bei der Bestimmung der passenden Funktion lohnt sich auch der Einsatz des GTR – ein Beispiel:

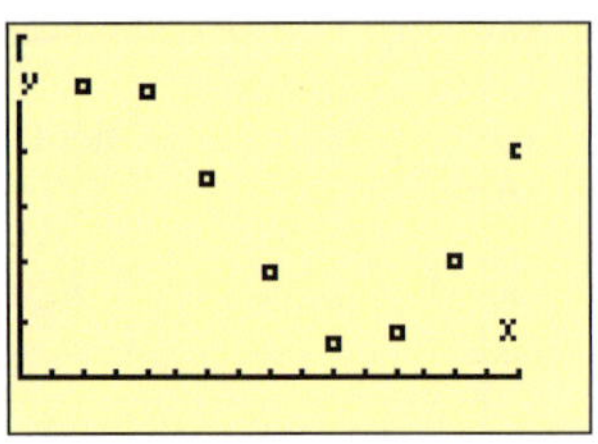

Dateneingabe

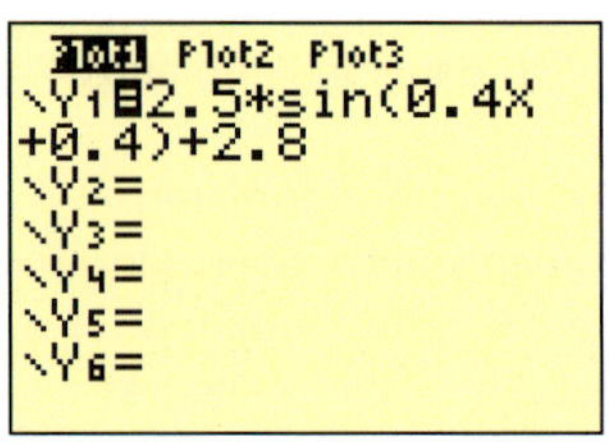

Eingabe der Funktionsgleichung

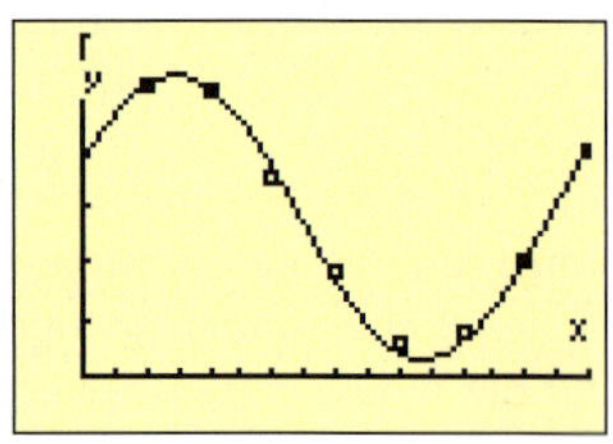

passt!

CHECK UP

Trigonometrie

1 Von einem rechtwinkligen Dreieck ($\gamma = 90°$) sind zwei Größen gegeben. Berechne jeweils die übrigen Winkel und Seiten.
a) $c = 4$ cm; $\alpha = 52{,}5°$ b) $a = 5{,}3$ cm; $b = 3{,}8$ cm
c) $b = 6$ cm; $\beta = 57{,}2°$ d) $b = 3{,}5$ cm; $c = 9{,}2$ cm

2 Zeichne die Geraden im Koordinatensystem und bestimme die Steigungswinkel rechnerisch und durch Messen.
g_1: $y = 3x + 1$ g_2: $y = 0{,}2x - 1$
g_3: $2x - 3y = 9$ g_4: $3x - 2y = 4$

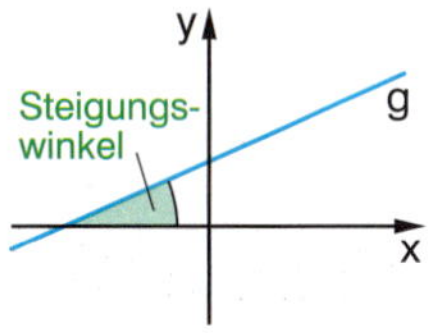

3 Ein Ziegeldach sollte einen Neigungswinkel von mindestens 30° haben. (Warum?) Wie lang müssen die Balken eines Satteldachs bei einem 9,5 m breiten Haus mindestens sein?

4 Wie hoch ist der Gipfel des niedrigeren Berges?

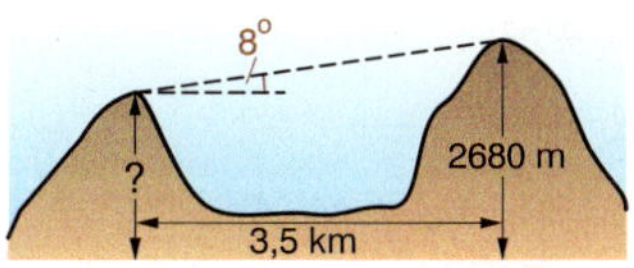

5 Welche der angegebenen Winkel haben den gleichen Sinuswert?

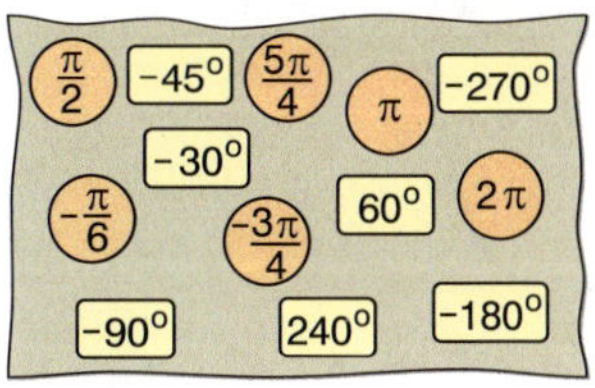

6 a) Gib im Bereich von –10 bis 10 alle Intervalle an, in denen der Graph der Sinusfunktion fällt bzw. steigt.
b) Beschreibe mit deinen Worten, was es bedeutet: „Die Sinusfunktion ist periodisch".

7 Gib die Lösungen der Gleichungen im Intervall $[-4\pi; 4\pi]$ an.
a) $\sin(x) = 0{,}23$ b) $\sin(x) = -0{,}9$ c) $\sin(x) = 1$
d) $\sin(x) = -1$ e) $\sin(x) = \sin(-x)$ f) $\sin(x) = -\sin(-x)$

8 Bestimme die Parameter a, b, c und d für den Graphen der Sinusfunktion $y = a \cdot \sin(bx - c) + d$. Prüfe mit dem GTR.

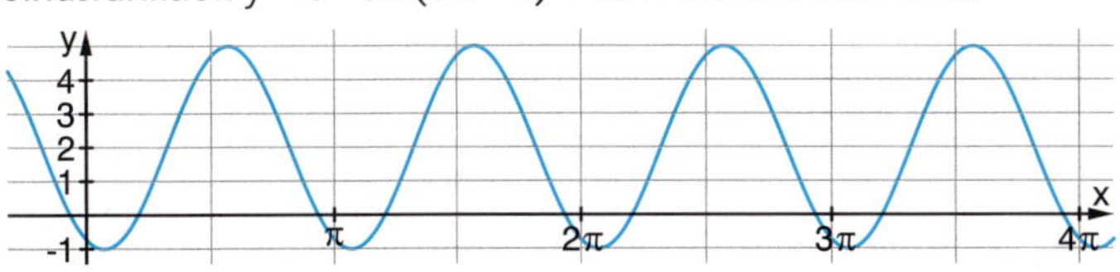

9 Zeichne die Graphen der Funktionen im Intervall $[-3\pi; 3\pi]$. Gib jeweils die Amplitude, die Periodenlänge, die Verschiebung in x- und y-Richtung und die Koordinaten der Nullstellen, Minima und Maxima an.
a) $y = 3 \cdot \sin(2x)$ b) $y = \sin\left(x + \frac{\pi}{3}\right) + 1$ c) $y = -2 \cdot \sin\left(1{,}5x + \frac{\pi}{3}\right)$

10 Gib einige Situationen/Vorgänge an, die mithilfe einer passenden Sinusfunktion modelliert werden können. Gib jeweils die Bedeutung der Amplitude und der Periodenlänge im Sachzusammenhang an.

Definitionen am rechtwinkligen Dreieck:

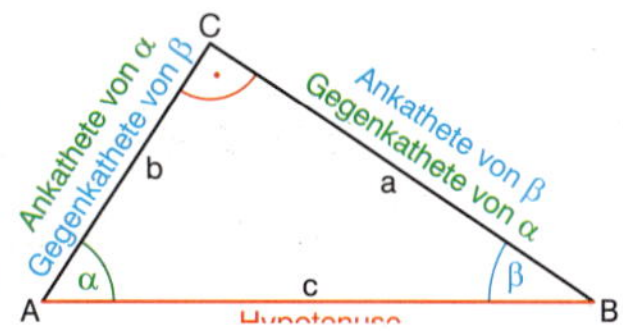

$\sin(\alpha) = \frac{a}{c}$

$\cos(\alpha) = \frac{b}{c}$

$\tan(\alpha) = \frac{a}{b}$

Graph der Sinusfunktion
$\alpha \rightarrow \sin(\alpha)$ mithilfe des Einheitskreises

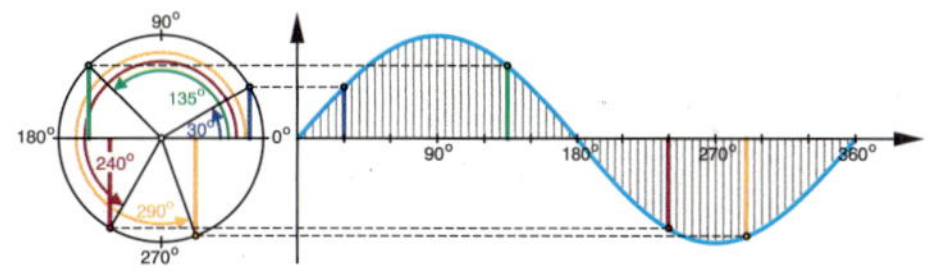

Bogenmaß:

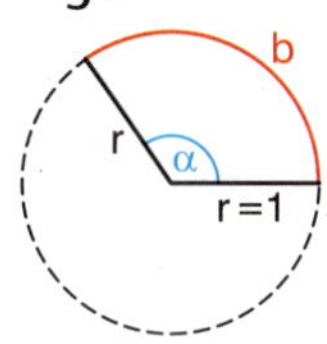

Umrechnungsformel:
Winkel im Bogenmaß =
Winkel im Gradmaß $\cdot \frac{\pi}{180°}$

Graph der Sinusfunktion
$x \rightarrow \sin(x)$ (x im Bogenmaß)

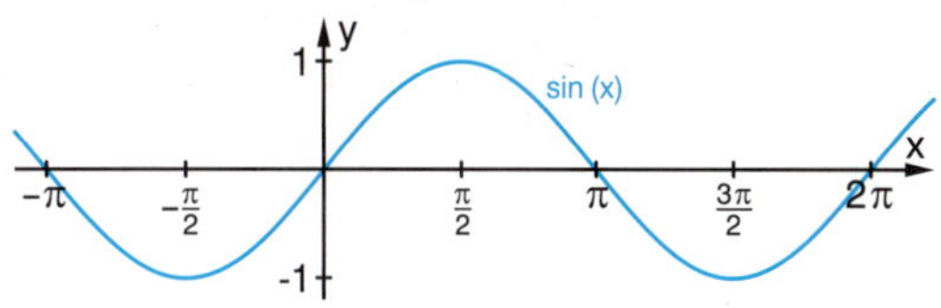

Transformationen der Sinusfunktion:
$y = a \cdot \sin(b(x - c)) + d$

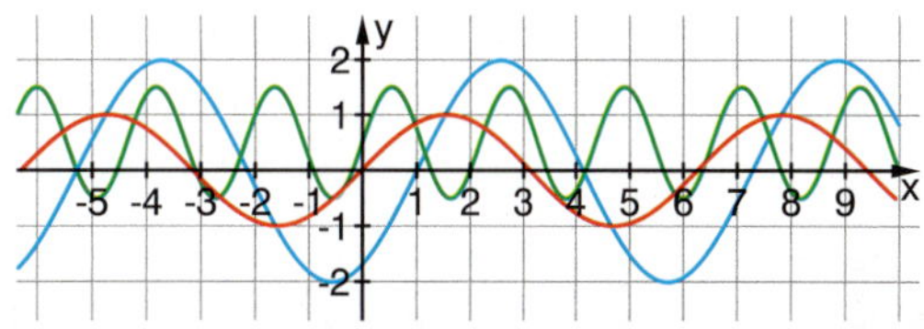

a verändert die Amplitude
b verändert die Periodenlänge/Frequenz
c verschiebt den Graphen in x-Richtung
d verschiebt den Graphen in y-Richtung

Zum Erinnern und Wiederholen

Schneller Zugriff zum Basiswissen aus den vorhergehenden Schuljahren

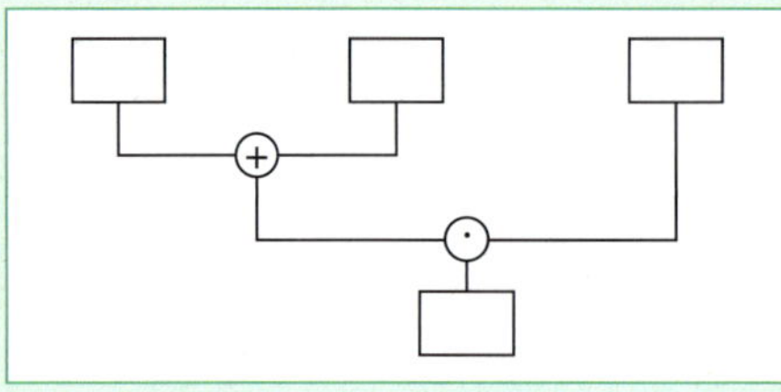

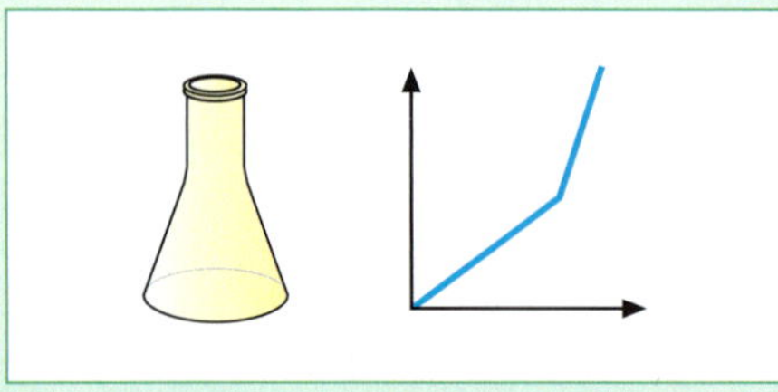

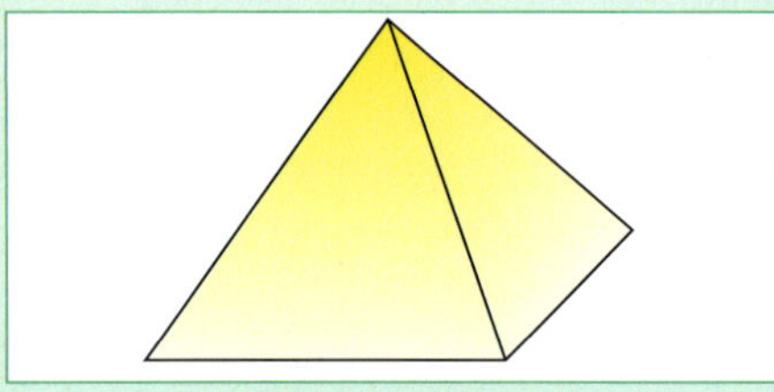

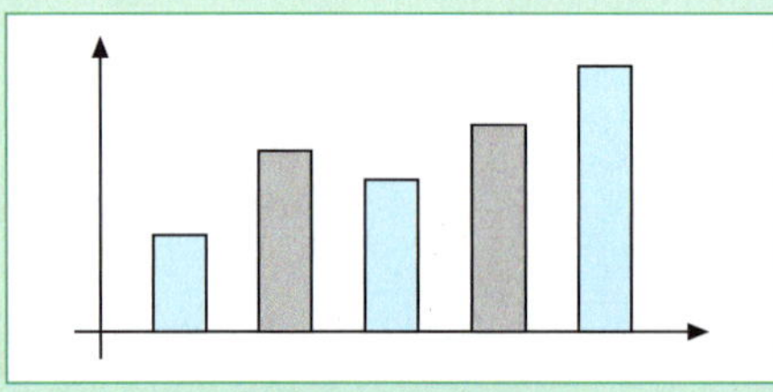

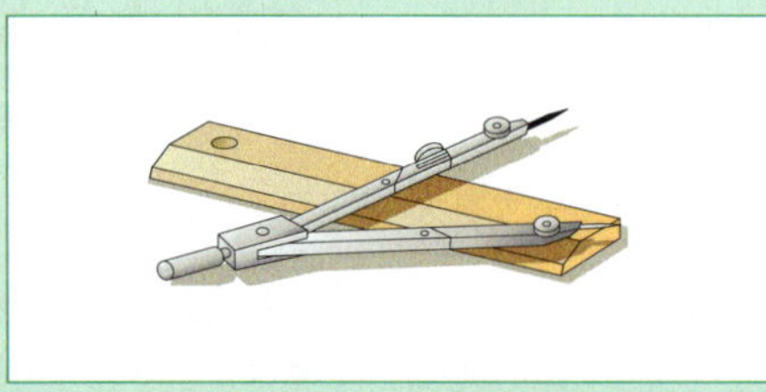

Arithmetik – Regeln und Gesetze

Beim Berechnen von Rechenausdrücken musst du, wie im Straßenverkehr, Vorfahrtsregeln beachten. Dadurch kannst du manchmal auch Rechenvorteile erlangen und somit geschickt rechnen.

Rechne von links nach rechts, dann machst du nichts falsch.

$$\begin{aligned} & 37{,}7 - 18{,}2 + 12{,}8 \\ = {} & 19{,}5 + 12{,}8 \\ = {} & 32{,}3 \end{aligned}$$

Nur Strichrechnungen

Rechne von links nach rechts, dann machst du nichts falsch.

$$\begin{aligned} & 36 : 4 \cdot 2 \\ = {} & 9 \cdot 2 \\ = {} & 18 \end{aligned}$$

Nur Punktrechnungen

Punktrechnungen werden vor Strichrechnungen ausgeführt.

$$\begin{aligned} & 13{,}4 + 6 \cdot 9 \\ = {} & 13{,}4 + 54 \\ = {} & 67{,}4 \end{aligned}$$

Punkt- vor Strichrechnung

Was in Klammern steht, wird zuerst ausgerechnet.

$$\begin{aligned} & 8 \cdot (25{,}75 - 16{,}75) \\ = {} & 8 \cdot 9 \\ = {} & 72 \end{aligned}$$

Klammern zuerst

Beim Addieren darfst du die Reihenfolge der Summanden vertauschen.

$$\frac{1}{6} + \frac{2}{3} = \frac{2}{3} + \frac{1}{6}$$

Beim Multiplizieren darfst du die Reihenfolge der Faktoren vertauschen.

$$\frac{1}{8} \cdot \frac{2}{3} = \frac{2}{3} \cdot \frac{1}{8}$$

Kommutativgesetz (Vertauschungsgesetz)

Beim Addieren darfst du die Reihenfolge, in der du addierst, selbst festlegen.

$$\begin{aligned} & 37 + 16{,}4 + 23{,}6 \\ = {} & 37 + 40 \\ = {} & 77 \end{aligned}$$

Beim Multiplizieren darfst du die Reihenfolge, in der du multiplizierst, selbst festlegen.

$$\begin{aligned} & 13{,}1 \cdot 20 \cdot 5 \\ = {} & 13{,}1 \cdot 100 \\ = {} & 1310 \end{aligned}$$

Assoziativgesetz (Verbindungsgesetz)

Du kannst eine Summe mit einer Zahl multiplizieren, indem du jeden Summanden mit der Zahl multiplizierst und die Produkte addierst.

$$\begin{aligned} & (10 + 7) \cdot 6 \\ = {} & 10 \cdot 6 + 7 \cdot 6 \\ = {} & 60 + 42 \\ = {} & 102 \end{aligned}$$

Distributivgesetz (Verteilungsgesetz)

Ausmultiplizieren

Es geht auch umgekehrt.

$$\begin{aligned} & 43 \cdot 356 + 57 \cdot 356 \\ = {} & (43 + 57) \cdot 356 \\ = {} & 100 \cdot 356 \\ = {} & 35\,600 \end{aligned}$$

Ausklammern

Arithmetik – reelle Zahlen

Wenn a eine Quadratzahl ist, dann ist die Gleichung $x^2 = a$ leicht lösbar.

$x^2 = 1{,}44$
$x_1 = 1{,}2 \qquad x_2 = -1{,}2$

Wurzeln

Wenn a keine Quadratzahl ist, dann kann man die beiden Lösungen der Gleichung $x^2 = a$ mithilfe des Wurzelzeichens schreiben.
Ist a größer oder gleich 0, dann ist $\sqrt{a}$ die positive Zahl, die mit sich selbst multipliziert (quadriert) a ergibt.

$x^2 = 2$
$x_1 = \sqrt{2} \qquad x_2 = -\sqrt{2}$

$(\sqrt{a})^2 = a$
$(\sqrt{2})^2 = 2$

Wenn a eine positive Zahl ist, dann hat die Gleichung $x^2 = a$ zwei Lösungen:
1. $x = \sqrt{a}$ ist eine Lösung, denn $(\sqrt{a})^2 = a$.
2. $x = -\sqrt{a}$ ist eine Lösung, denn $(-\sqrt{a})^2 = a$.

Summen und Wurzeln
Für $x \geq 0$ gilt das *Distributivgesetz*:
$a\sqrt{x} + b\sqrt{x} = (a + b)\sqrt{x}$

$2\sqrt{7} + 8\sqrt{7} = (2 + 8)\sqrt{7} = 10\sqrt{7}$

Rechnen mit Wurzeln

Produkte und Wurzeln
$\sqrt{x} \cdot \sqrt{y} = \sqrt{x \cdot y}$

$\sqrt{2} \cdot \sqrt{8} = \sqrt{2 \cdot 8} = \sqrt{16} = 4$

Anwendung der „Produktregel“ – teilweises Wurzelziehen durch Faktorisieren
Für $y \geq 0$ gilt:
$\sqrt{9y} = \sqrt{9} \cdot \sqrt{y} = 3 \cdot \sqrt{y}$

$\sqrt{8} = \sqrt{4 \cdot 2} = \sqrt{4} \cdot \sqrt{2} = 2\sqrt{2}$

Quotienten und Wurzeln
Für $x \geq 0$ und $y > 0$ gilt:

$$\frac{\sqrt{x}}{\sqrt{y}} = \sqrt{\frac{x}{y}}$$

$$\frac{\sqrt{18}}{\sqrt{2}} = \sqrt{\frac{18}{2}} = \sqrt{9} = 3$$

Das **Heronverfahren** zur näherungsweisen Bestimmung von $\sqrt{a}$.

Iteration: $x_{n+1} = 0{,}5\left(x_n + \frac{a}{x_n}\right)$

Startwert: $x_0 = a$

B6 | =0,5*(B5+B2/B5)

	A	B
1		
2	Wurzel aus	28
3		
4	Iterationsschritt	Näherungswert
5	0	5,00000000000000
6	1	5,30000000000000
7	2	5,29150943396226
8	3	5,29150262213357
9	4	5,29150262212918
10	5	5,29150262212918
11	6	5,29150262212918
12	7	5,29150262212918
13	8	5,29150262212918
14		

---

reelle Zahlen

reelle Zahlen: rationale Zahlen und irrationale Zahlen
irrationale Zahlen: $\sqrt{2}$; $\sqrt{17}$; 0,1010010001… sind nicht abbrechende, nicht periodische Zahlen.
rationale Zahlen: Bruchzahlen

Größen – Übersichten über die Einheiten

Längen

Umrechnungszahl 10

$1\ \text{km} = 1000\ \text{m}$ · 1000

$1\ \text{m} = 10\ \text{dm}$ · 10

$1\ \text{dm} = 10\ \text{cm}$ · 10

$1\ \text{cm} = 10\ \text{mm}$

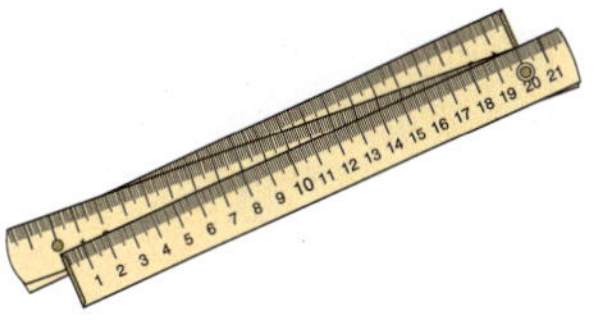

Flächeninhalte

Umrechnungszahl 100

$1\ \text{ha} = 100\ \text{a}$ · 100

$1\ \text{a} = 100\ \text{m}^2$ · 100

$1\ \text{m}^2 = 100\ \text{dm}^2$ · 100

$1\ \text{dm}^2 = 100\ \text{cm}^2$ · 100

$1\ \text{cm}^2 = 100\ \text{mm}^2$

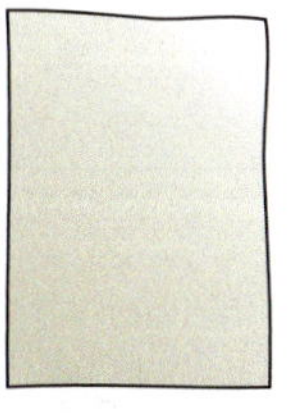

Rauminhalte
Volumina

Umrechnungszahl 1000

$1\ \text{m}^3 = 1000\ \text{dm}^3$ · 1000

$1\ \text{dm}^3 = 1000\ \text{cm}^3$ · 1000

$1\ \text{cm}^3 = 1000\ \text{mm}^3$

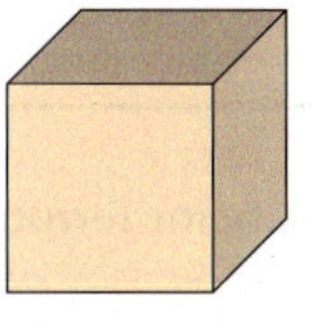

Das Volumen von Flüssigkeiten wird in Litern gemessen.

$1\ \text{l} = 1\ \text{dm}^3$ $\quad$ $1\ \text{ml} = 1\ \text{cm}^3$

Gewichte

Umrechnungszahl 1000

$1\ \text{t} = 1000\ \text{kg}$ · 1000

$1\ \text{kg} = 1000\ \text{g}$ · 1000

$1\ \text{g} = 1000\ \text{mg}$

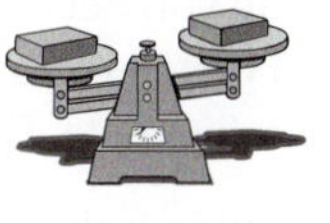

Zeitspannen

Umrechnungszahl 24 und 60

$1\ \text{Tag} = 24\ \text{h}$ · 24

$1\ \text{h} = 60\ \text{min}$ · 60

$1\ \text{min} = 60\ \text{s}$

Algebra – Terme 1

Terme aufstellen

Der Flächeninhalt kann durch unterschiedlich aussehende Terme beschrieben werden.

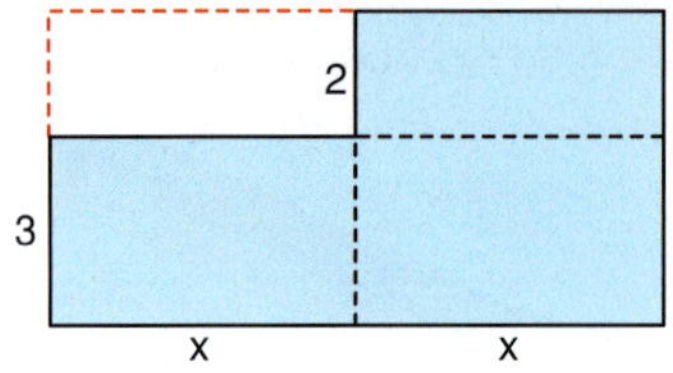

Bei jeder Einsetzung für die Variable x erhalten wir mit jedem Term den gleichen Wert.

x	$x \cdot 3 + x \cdot 5$	$2x \cdot 5 - 2 \cdot x$	$2x \cdot 3 + x \cdot 2$
3	24	24	24
4,5	36	36	36
6	48	48	48

Rechnen mit Termen

Mit Termen können wir nach den gleichen Gesetzen rechnen wie mit Zahlen:

Kommutativgesetz

bei der Addition

$a + b = b + a$

bei der Multiplikation

$a \cdot b = b \cdot a$

Assoziativgesetz

bei der Addition

$(a + b) + c = a + (b + c)$

bei der Multiplikation

$(a \cdot b) \cdot c = a \cdot (b \cdot c)$

Distributivgesetz

$a \cdot (b + c) = a \cdot b + a \cdot c$

$\frac{b+c}{a} = \frac{b}{a} + \frac{c}{a}\ (a \neq 0)$

$a \cdot (b - c) = a \cdot b - a \cdot c$

$\frac{b-c}{a} = \frac{b}{a} - \frac{c}{a}\ (a \neq 0)$

Termumformungen

Ziele beim Termumformen:

Terme als gleichwertig erkennen: $3x + 2x$ $\quad 5x$

Terme vereinfachen: $a + b + a + b$ $\quad 2(a + b)$

Mithilfe von Rechenregeln können wir Terme in gleichwertige Terme umformen. Dabei gelten die gleichen Gesetze wie beim Rechnen mit Zahlen (Kommutativgesetz, Assoziativgesetz, Distributivgesetz).

Strategien beim Termumformen

Strategien beim Termumformen:

Ordnen und Zusammenfassen	$6x - 2 - 3x + 5 = 3x + 3$
Ausmultiplizieren und Zusammenfassen	$3(a + 2) - 5 = 3a + 6 - 5 = 3a + 1$
Ordnen und Ausklammern	$5x - 2x + 3 = 3x + 3 = 3(x + 1)$

Algebra – Terme 2

Klammerregeln bei Addition und Subtraktion

$a + (b + c) = a + b + c$
$a + (b - c) = a + b - c$

Auflösen von „Plusklammern": Klammer einfach weglassen.

$a - (b + c) = a - b - c$
$a - (b - c) = a - b + c$

Auflösen von „Minusklammern": Rechenzeichen in der Klammer umkehren – Klammer weglassen

---

Addieren und Subtrahieren von Produkten

$4ab + 7ac - 5ac + 3ab + 6bc$

In dem Term werden Produkte addiert und subtrahiert.

Vereinfachen des Terms:

$4\,ab + 7\,ac - 5\,ac + 3\,ab + 6bc =$

Gleichartige Produkte werden gekennzeichnet

$4\,ab + 3\,ab + 7\,ac - 5\,ac + 6bc =$

$7\,ab + 2\,ac + 6bc$

und dann zusammengefasst.

Vereinfachen von Produkten

$2 \cdot 7 \cdot 5 \cdot 0{,}1 = (2 \cdot 5) \cdot (0{,}1 \cdot 7) = 10 \cdot 0{,}7 = 7$
$7a \cdot 5b = 35ab$
$2 \cdot x \cdot y \cdot 3 \cdot x = 6 \cdot x \cdot x \cdot y = 6x^2y$

Reihenfolge der Faktoren alphabetisch

In Produkten mit mehreren Faktoren kann man beliebig vertauschen und klammern.

Anwenden des Distributivgesetzes: Ausmultiplizieren und Ausklammern

Ausmultiplizieren

Eine Summe wird mit einem Faktor multipliziert.

$x \cdot (y + 2 + x)$

Jeder Summand in der Klammer wird mit dem Faktor multipliziert, die entstehenden Produkte werden dann addiert.

$x \cdot (y + 2 + x) = x \cdot y + 2x + x^2$

Ausklammern

Mehrere Produkte werden addiert.

$a \cdot b + a \cdot c + 3 \cdot a$

In jedem dieser Produkte kommt der gleiche Faktor a vor. Dann kann der Faktor a ausgeklammert werden.

$a \cdot b + a \cdot c + 3 \cdot a = a \cdot (b + c + 3)$

Produkte von Summen – Summe von Produkten

$(a + b) \cdot (c + d) = a \cdot c + a \cdot d + b \cdot c + b \cdot d$

$(3x - 4) \cdot (2 + 0{,}5x) = 1{,}5x^2 + 4x - 8$

	2	0,5 x
3 x	6 x	$1{,}5x^2$
4	–8	–2 x

Binomische Formeln

Binomische Formeln

$(a + b)^2 = a^2 + 2ab + b^2$
$(a - b)^2 = a^2 - 2ab + b^2$
$(a + b) \cdot (a - b) = a^2 - b^2$.

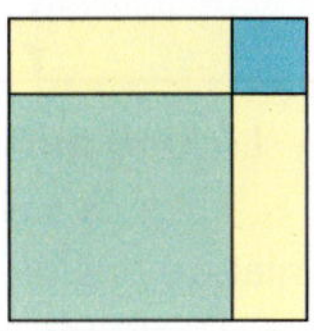

Algebra – Gleichungen aufstellen und lösen

Das Problem

Um einen Packwürfel zu verschnüren, braucht man 3 m Schnur, 20 cm davon für den Knoten. Wie lang ist die Seite des Würfels?

„Übersetzen“ in mathematische Sprache

Gleichung aufstellen

1. Variable (Unbekannte) festlegen

   x bezeichnet die Seitenlänge des Würfels (in cm)

2. Übersetzen der Problemstellung in passende Terme

   Die Schnur umspannt 8 Seitenlängen x. Es kommen noch 20 cm für den Knoten hinzu. Also:

   $l(x) = 8 \cdot x + 20$

   Die Länge der Schnur ist 300 cm:

   $l(x) = 300$

3. Gleichung aufstellen

   $8 \cdot x + 20 = 300$

Gleichung lösen

Probieren

$8 \cdot 10 + 20 = 100$
zu klein

$8 \cdot 40 + 20 = 340$
zu groß

$8 \cdot 30 + 20 = 260$
zu klein

$8 \cdot 35 + 20 = 300$
passt!

Tabelle

x	l(x)
5	60
10	100
15	140
20	180
25	220
30	260
35	300
40	340

Graph

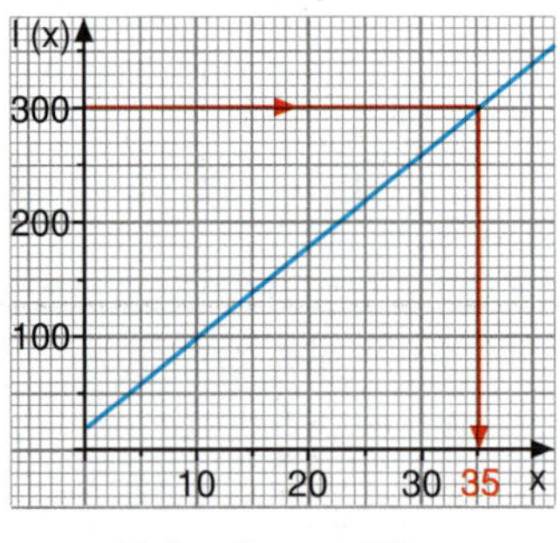

$l(x) = 8 \cdot x + 20$

Äquivalenzumformungen

$8x + 20 = 300 \quad | -20 \quad -20$

$8x = 280 \quad | :8 \quad = :8$

$x = 35$

Lösung aufschreiben

$x = 35$

Die Seitenlänge des Würfels beträgt 35 cm.

Einsetzprobe

Einsetzen der Lösung in die Gleichung:

Linke Seite der Gleichung:
$8 \cdot 35 + 20 = 300$

Rechte Seite der Gleichung: 300 Stimmt!

Problemprobe

3 m Schnur: Passt!

Algebra – lineare Gleichungssysteme

Lineares Gleichungssystem

Lineares Gleichungssystem

(1) $3x + 4y = 20$
(2) $-4x + 2y = -12$

Gesucht: Wertepaar $(x|y)$, das beide Gleichungen löst.

Lösungsverfahren:

Lösungsverfahren

Erster Schritt: Auflösen der Gleichung nach y.

(1) $y = -\frac{3}{4}x + 5$

(2) $y = 2x - 6$

Damit erhalten wir zwei Funktionsgleichungen:

(1) $y(x) = -\frac{3}{4}x + 5$

(2) $y(x) = 2x - 6$

Lösung mit Tabelle:

Lösung mit Tabelle

x	$y_1(x)$	$y_2(x)$
−1	$5\frac{3}{4}$	−8
0	5	−6
1	$4\frac{1}{4}$	−4
2	$3\frac{1}{2}$	−2
3	$2\frac{3}{4}$	0
4	2	2
5	$1\frac{1}{4}$	4

Grafische Lösung:

Grafische Lösung

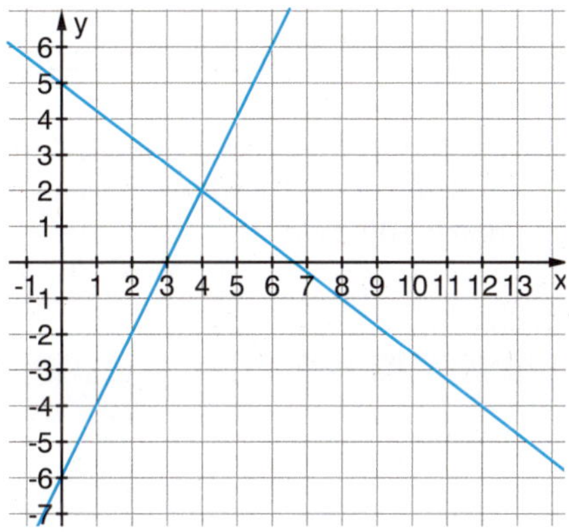

Rechnerische Lösung: Gleichsetzungsverfahren

Gleichsetzungsverfahren

$$-\frac{3}{4}x + 5 = 2x - 6 \qquad | -2x - 5$$
$$-\frac{11}{4}x = -11 \qquad | : \left(-\frac{11}{4}\right)$$
$$x = 4$$

Berechnung von y:

$$y = 2 \cdot 4 - 6 = 2$$

Die **Lösung** ist **(4|2).**

Probe:

Probe

$3 \cdot 4 + 4 \cdot 2 = 20$ stimmt
$-4 \cdot 4 + 2 \cdot 2 = -12$ stimmt

Lösung mit Tabelle:

Lösen mit dem GTR

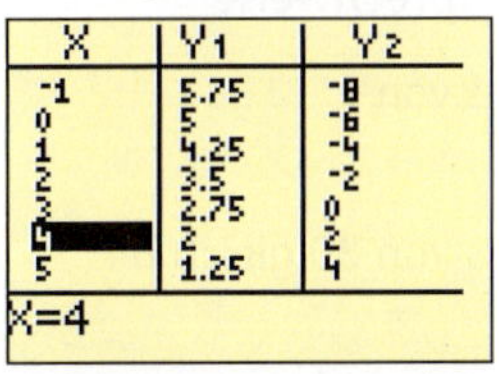

X	Y1	Y2
-1	5.75	-8
0	5	-6
1	4.25	-4
2	3.5	-2
3	2.75	0
4	2	2
5	1.25	4

X=4

Grafische Lösung

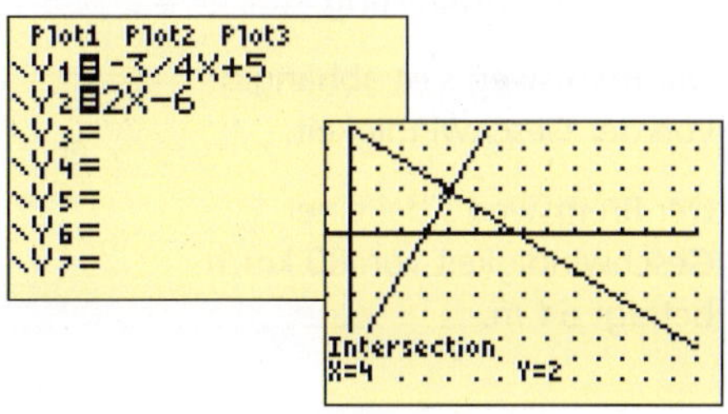

Funktionen – Zuordnung, Graph, Tabelle, Rechenvorschrift

Zuordnung

In vielen Situationen des Alltags besteht zwischen Größen ein Zusammenhang.
- Aktienkurse verändern sich minütlich. Jedem Zeitpunkt an einem Tag an der Börse kann man den jeweiligen DAX zuordnen.
- Das Volumen eines Würfels hängt von dessen Kantenlänge ab. Man kann somit jeder Kantenlänge das Volumen des entsprechenden Würfels zuordnen.
- Der Umfang eines Rechtecks hängt von der Länge und Breite ab. Der jeweiligen Länge und Breite wird der Umfang zugeordnet.

Zuordnung kann man auf verschiedene Arten darstellen:
- mit einer Tabelle
- mit einem Graphen
- mit Worten
- mit einer Rechenvorschrift

Zuordnung: Geschwindigkeit → Bremsweg

Text: Den Bremsweg s eines Autos auf trockener Straße errechnet man, indem man die Geschwindigkeit v mit sich selbst multipliziert und das Ergebnis durch 100 dividiert.

Tabelle

Tabelle:

Geschwindigkeit v (in km/h)		Bremsweg s (in m)
v	$v \cdot v$	$\frac{v \cdot v}{100}$
10	100	1
20	400	4
50	2 500	25
100	10 000	100
200	40 000	400

Graph

Graph:

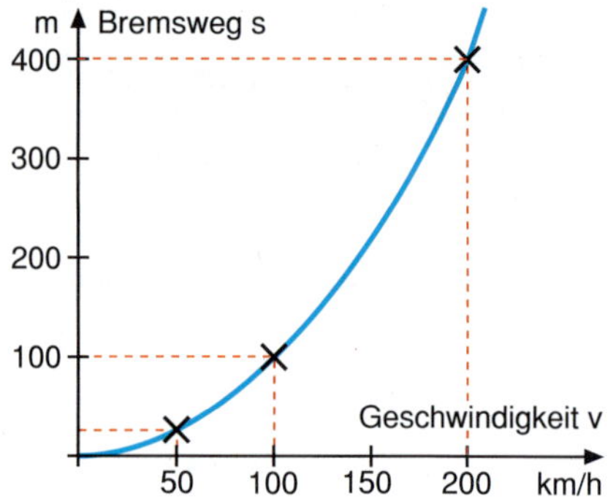

Rechenvorschrift

Rechenvorschrift: $s = \frac{v \cdot v}{100}$

Formulierungen

„lange" Formulierung	kurz	Sprechweise
Der Bremsweg s ist abhängig von der Geschwindigkeit.	s(v)	s von v
Der Bremsweg s bei einer Geschwindigkeit von 80 km/h beträgt 64 m.	s(80) = 64	s von 80 gleich 64

Funktionen – Graphen lesen, zeichnen und beschreiben

Zuordnungen lassen sich durch Graphen darstellen.

Graphen lesen

- Achte zunächst auf die Beschriftung der Achsen. Dann weißt du schon, worum es geht.
- Jeder Punkt auf dem Graphen gibt dir eine Information, die aus zwei Werten besteht. Wenn das Fahrzeug 3 Minuten gefahren ist, hat es eine Geschwindigkeit von 30 km/h. **Kurzschreibweise** für das **Wertepaar:** (3 min | 30 km/h)

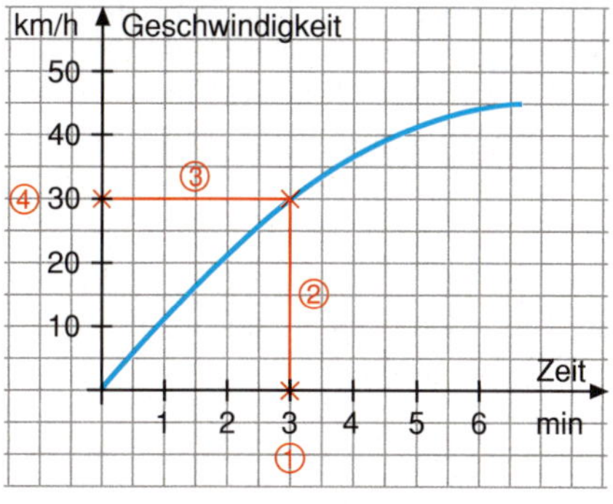

Geschwindigkeit-Zeit-Diagramm

Informationen lassen sich grafisch veranschaulichen.

Graphen zeichnen

1. *Festlegen, was dargestellt werden soll.* Welche Größe wird auf welcher Achse aufgetragen?
2. *Festlegen des Bildausschnittes.* Welche Bereiche werden auf den Achsen dargestellt?
3. *Festlegen des Maßstabes.* (z. B. 1 cm auf der Achse entspricht …)
4. *Eintragen der Wertepaare aus Tabelle.*

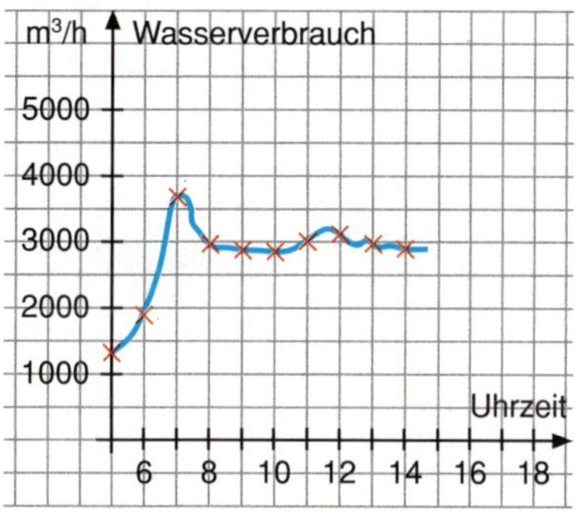

Wie kann man über Graphen sprechen? Man benötigt geeignete Begriffe, um einen Graphen beschreiben zu können.

Graphen beschreiben

Vokabular zum Beschreiben eines Graphen

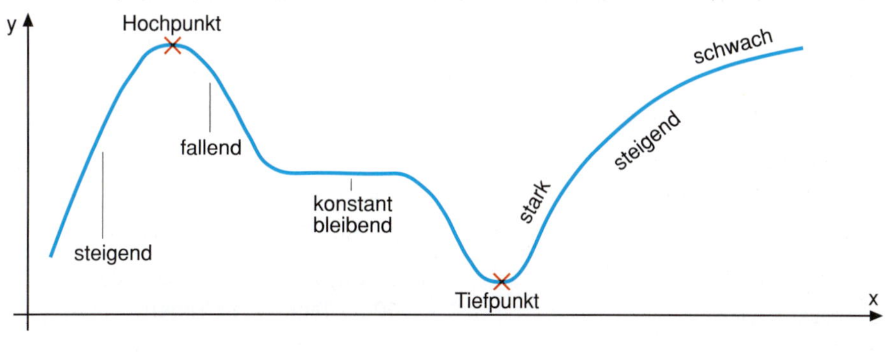

Funktionen – proportionale, antiproportionale Zuordnungen

proportionale Zuordnung

Proportionale Zuordnung x → y

Verdoppelt sich x, dann verdoppelt sich y usw.

Tabelle

Graph

Menge (in g)	Preis (in €)
100	1,10
200	2,20
300	3,30
50	0,55
1	0,011
x	0,011 · x

·3 :2 / ·3 :2

Rechenvorschrift

Rechenvorschrift: $P(x) = 0{,}011\,x$

100 g Wurst kosten 1,10 €

Menge in Gramm → Preis in €

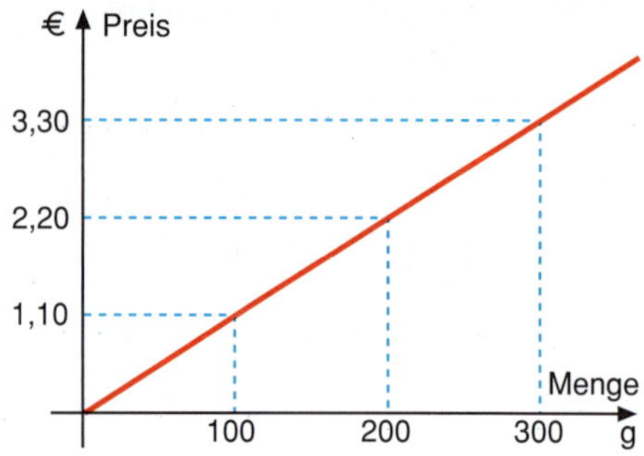

Der Graph ist eine Ursprungsgerade.

antiproportionale Zuordnung

Antiproportionale Zuordnung x → y

Verdoppelt sich x, dann halbiert sich y usw.

Tabelle

Graph

Geschwindigkeit v (in km/h)	Fahrtzeit t für 120 km (in h)
20	6
40	3
60	2
10	12
5	24
1	120
v	120/v

· 2 :4 / : 2 · 4

Rechenvorschrift

Rechenvorschrift: $t(v) = 120/v$

Für eine Strecke von 120 km benötigt man bei 20 km/h durchschnittlicher Geschwindigkeit 6 Stunden

durchschnittl. Geschwindigk. v → Zeit t für eine bestimmte Strecke

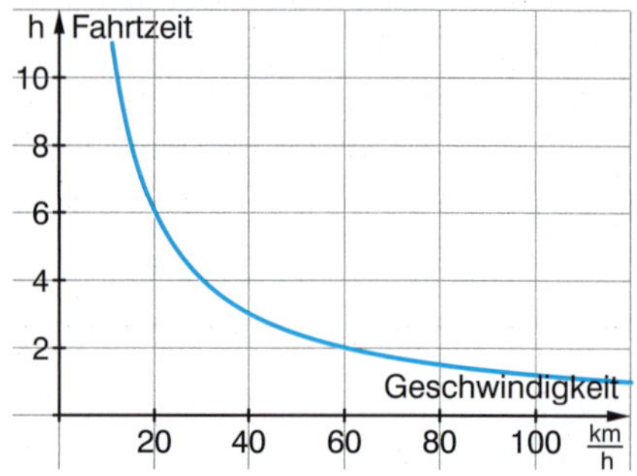

Rechnen im Dreisatz

3 kg Spargel kosten 18 €. Wie viel kosten 11 kg?

1) **3 kg** Spargel kosten **18 €**.

2) **1 kg** Spargel kostet:
18 € : 3 = **6 €**

3) **11 kg** Spargel kosten:
11 · 6 € = **66 €**

: 3	3 kg	18 €	: 3
· 11	1 kg	6 €	· 11
	11 kg	66 €	

Für zwei Ponys reicht ein Futtervorrat 30 Tage. Wie lange reicht er für fünf Ponys?

1) **2 Ponys** verbrauchen das Futter in **30 Tagen**.

2) **1 Pony** verbraucht den Vorrat in
2 · 30 Tagen = **60 Tagen**.

3) **5 Ponys** verbrauchen den Vorrat in
60 : 5 Tagen = **12 Tagen**.

: 2	2 Ponys	30 Tage	· 2
· 5	1 Pony	60 Tage	: 5
	5 Ponys	12 Tage	

Funktionen – Prozent- und Zinsrechnung

Anteile

Anteile kann man auf verschiedene Arten angeben.
Wie viel des Kreises ist rot gefärbt?

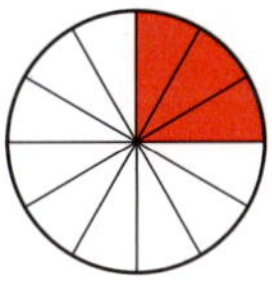

als Bruchteil	$\frac{3}{12}$
als „Anteil“	3 von 12
mit Worten	jeder Vierte
als Prozent	25 %

Anteile, die man sich merken sollte:

$\frac{1}{10} = 10\,\%$ $\frac{1}{5} = 20\,\%$ $\frac{1}{4} = 25\,\%$ $\frac{1}{3} = 33{,}3\,\%$ $\frac{1}{2} = 50\,\%$ $\frac{2}{3} = 66{,}6\,\%$ $\frac{3}{4} = 75\,\%$

Umrechnen in Prozent

Erweitern auf den Nenner 100

$\frac{1}{4} = \frac{25}{100} = 25\,\%$

Dezimalzahldarstellung berechnen

$1 : 4 = 0{,}25 = 25\,\%$

Prozentsatz p % gesucht

Wie viel Prozent sind 32 von 80?

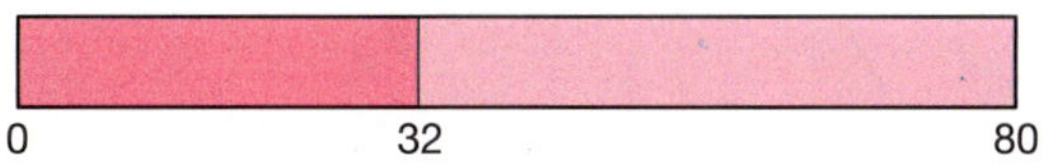

Anteil 32 von 80

$\frac{32}{80} = 0{,}4 = 40\,\%$

Prozentsatz p % = 40 %

Prozentwert P gesucht

35 % von 600?

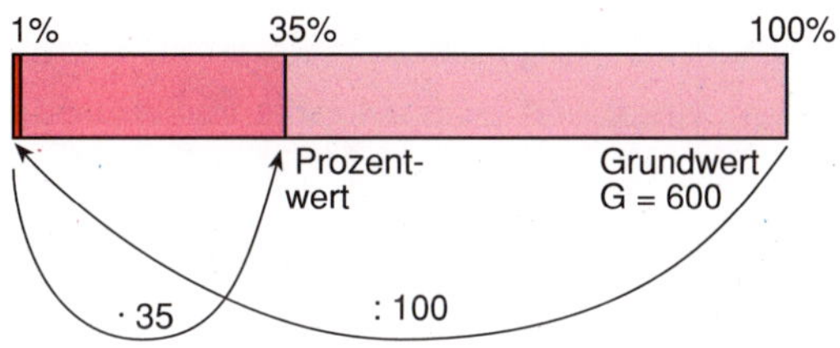

$600 \cdot \frac{35}{100} = 210$

Prozentwert P = 210

$600 \xrightarrow{\frac{35}{100}} 210$

Grundwert G gesucht

60 % entspricht 180.

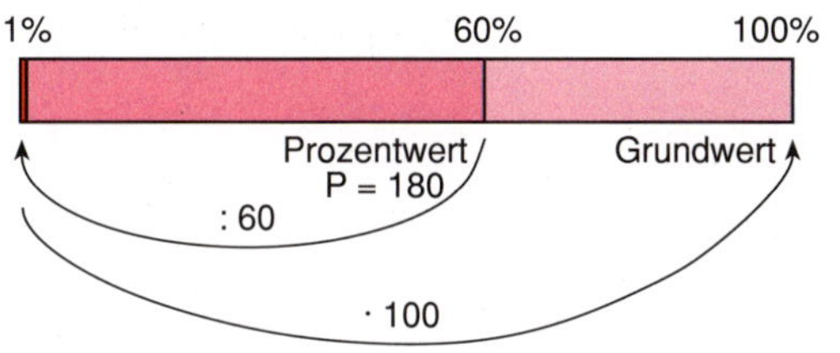

$180 \cdot \frac{100}{60} = 300$

Grundwert G = 300

$180 \xrightarrow{\frac{100}{60}} 300$

Änderung in Prozent

Wie man schnell und richtig rechnet:

2 500 € **zuzüglich** 15 %:

$2\,500\,€ \xrightarrow{\cdot\,1{,}15} 2\,875\,€$

820 € **abzüglich** 5 %:

$820\,€ \xrightarrow{\cdot\,0{,}95} 779\,€$

Der Verkaufspreis von 399 € liegt um 65 % über dem Einkaufspreis. Wie hoch war der EK?

$399\,€ \xrightarrow{:\,1{,}65} 221{,}82\,€$

Zinsrechnung ist Prozentrechnung

Prozentrechnung		Zinsrechnung	
Grundwert	G	Kapital	K
Prozentsatz	p %	Zinssatz	p %
Prozentwert	P	Zinsen	Z

Wie viel Zinsen erhält man für 320 € bei einem Zinssatz von 4 %?

K = 320 €
P % = 4 % = 0,04
$Z = 320 \cdot 0{,}04 = 12{,}80\,€$

Funktionen – lineare Funktionen

lineare Funktion

Funktionsgleichung: $y = 1{,}5x + 2$ $\qquad$ $y = mx + b$

Wertetabelle:

x	−1	0	1	2	3	…
y	0,5	2	3,5	5	6,5	…

x-Werte: +1, +1, +1, +1; y-Werte: +1,5, +1,5, +1,5

x	0	1	2
y	b	2	…

x-Werte: +1, +1; y-Werte: +m, +m

Graph:

Steigungsdreieck

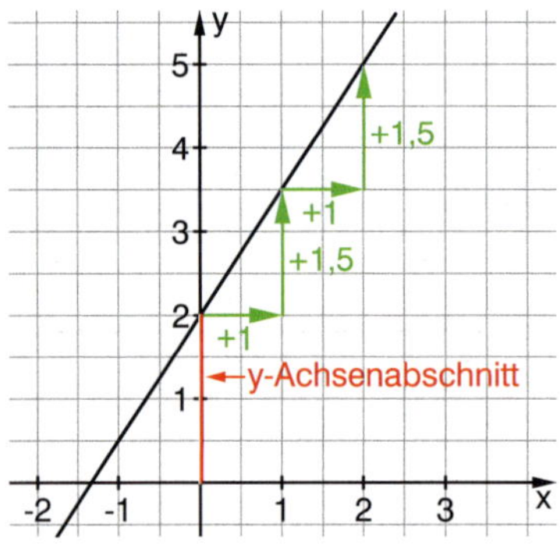

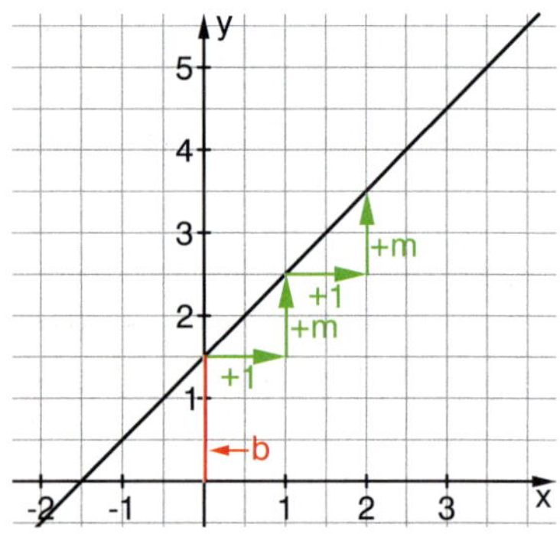

Geradengleichung zu zwei gegebenen Punkten

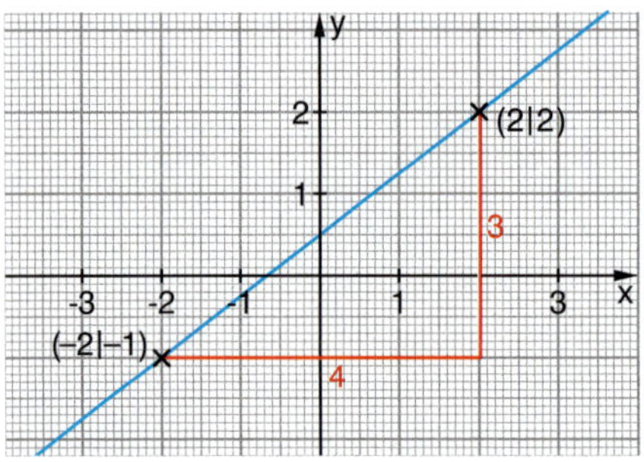

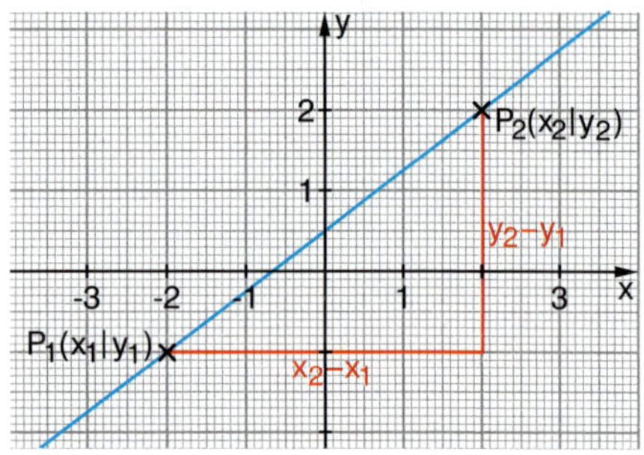

$m = \frac{2-(-1)}{2-(-2)} = \frac{3}{4}$

$y = \frac{3}{4}x + b$

$P_1(-2|-1)$: $\quad -1 = \frac{3}{4} \cdot (-2) + b$

$b = \frac{1}{2}$

$y = \frac{3}{4}x + \frac{1}{2}$

1. Steigung m mithilfe der beiden Punkte berechnen
$m = \frac{y_2 - y_1}{x_2 - x_1}$

2. Die Koordinaten eines Punktes (z. B. P_1) in die Gleichung $y = mx + b$ einsetzen. Die Gleichung nach b auflösen.

3. Funktionsgleichung aufschreiben.

Modellieren mit linearen Funktionen

Was willst du herausfinden?
→ Daten sammeln, Variable festlegen
→ Annahmen, Zusammenhänge formulieren, Vereinfachungen vornehmen
→ grafische mathematische Lösung
→ Ergebnis formulieren
→ Überprüfung des Ergebnisses
→ Was willst du herausfinden?

Geometrie – ebene Figuren und Körper

Grundformen ebener geometrischer Figuren (Flächen)

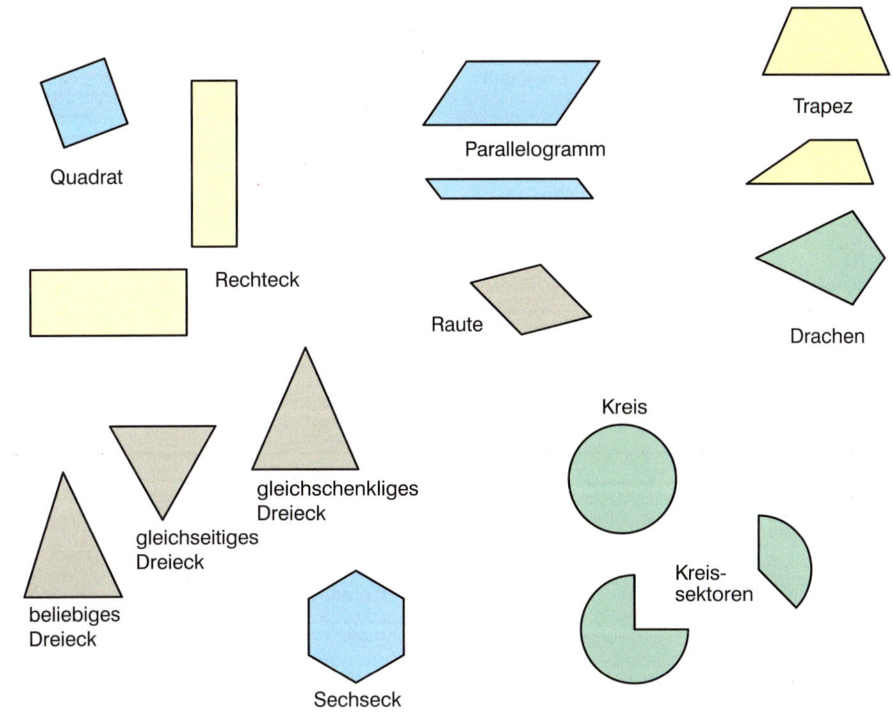

ebene Figuren

Grundformen geometrischer Körper

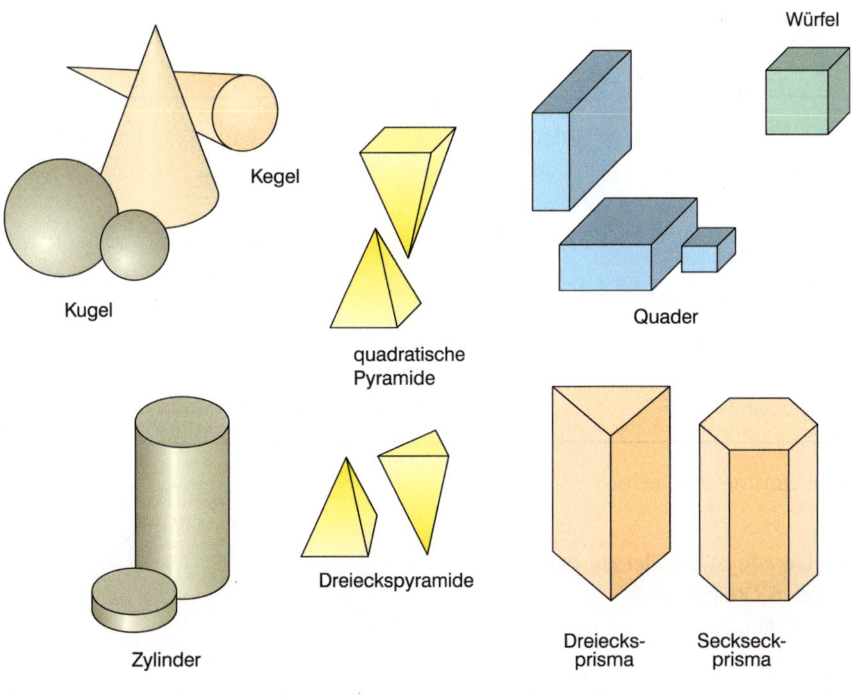

Körper

Geometrie – Winkel und Winkelsätze

Winkel
Winkeltypen

Winkel

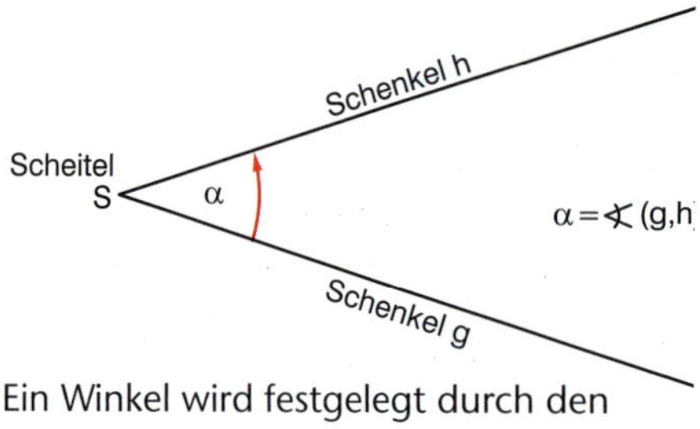

Ein Winkel wird festgelegt durch den **Scheitel S** und die beiden **Schenkel g und h.**

Winkel werden in Typen eingeteilt:

Spitzer W.
$0° < \alpha < 90°$

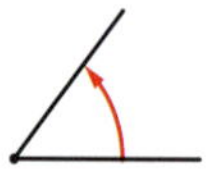

Rechter W.
$\alpha = 90°$

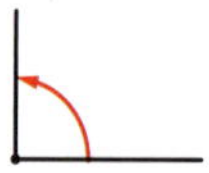

Stumpfer W.
$90° < \alpha < 180°$

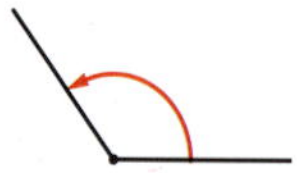

Gestreckter W.
$\alpha = 180°$

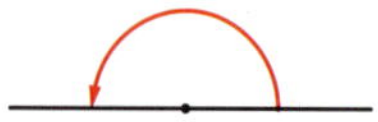

Überstumpfer W.
$180° < \alpha < 360°$

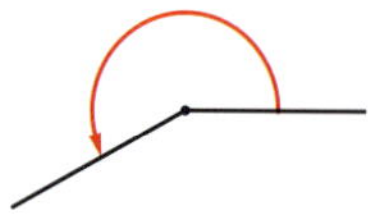

Bezeichnungen

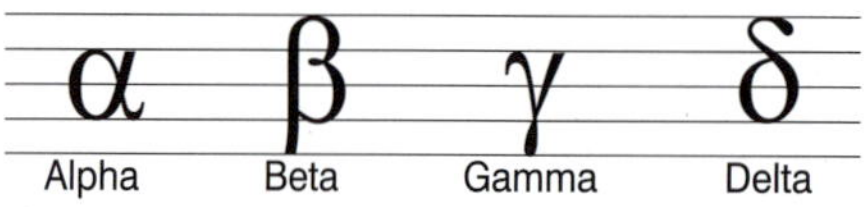

Winkel und Winkelgrößen werden mit griechischen Buchstaben bezeichnet.

Nebenwinkel
Scheitelwinkel
Wechselwinkel
Stufenwinkel

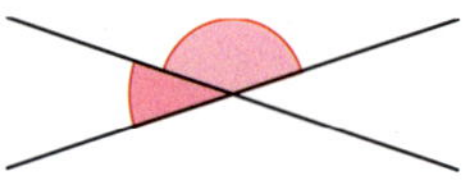

Nebenwinkel ergänzen sich zu 180°.

Scheitelwinkel sind gleich groß.

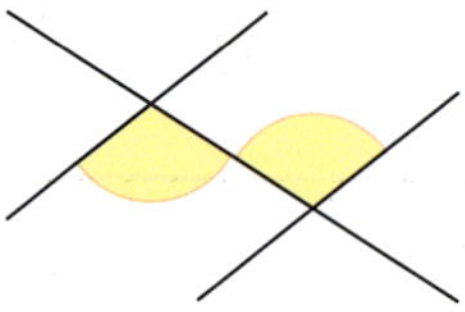

Wechselwinkel sind gleich groß.

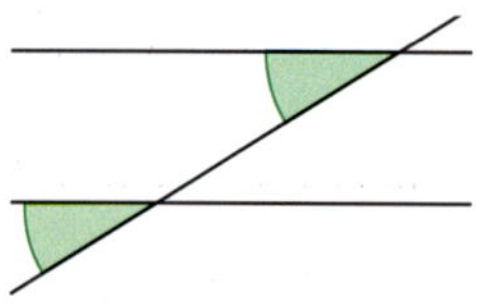

Stufenwinkel sind gleich groß.

Stufen- und Wechselwinkel an Doppelkreuzungen

Sind an einer Doppelkreuzung Stufen- und Wechselwinkel gleich groß, so sind die Geraden parallel. Sind sie es nicht, so sind die Geraden nicht parallel.

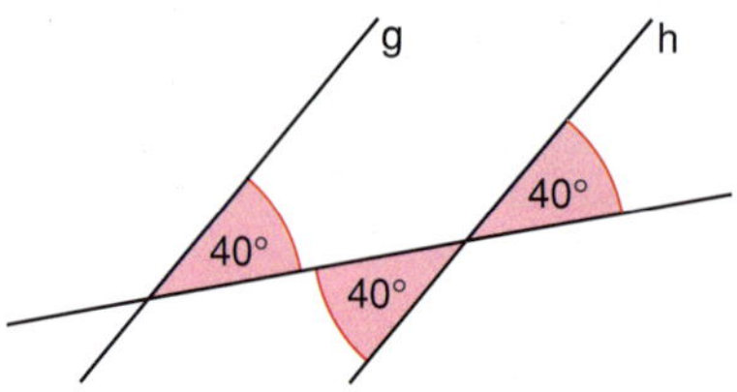

g und h sind parallel.

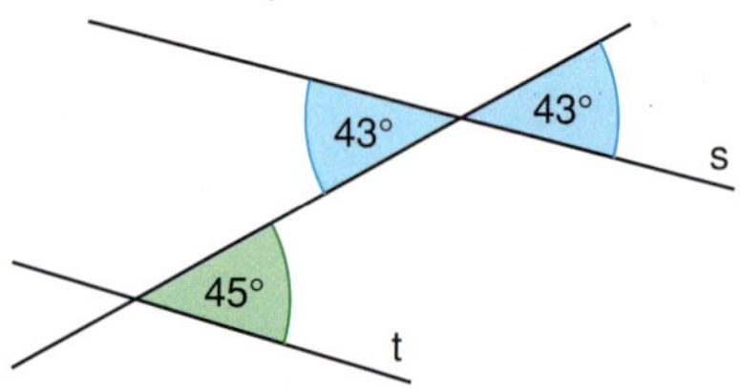

s und t sind nicht parallel.

Winkelsumme im Dreieck

Die Winkelsumme im Dreieck beträgt 180°.

Beweis:
Die blaue Gerade ist parallel zur gegenüberliegenden Dreiecksseite.
Also ist ω_1 Wechselwinkel zu α und ω_2 Wechselwinkel zu β.
Da $\omega_1 + \omega_2 + \gamma = 180°$, gilt also auch: $\alpha + \beta + \gamma = 180°$.

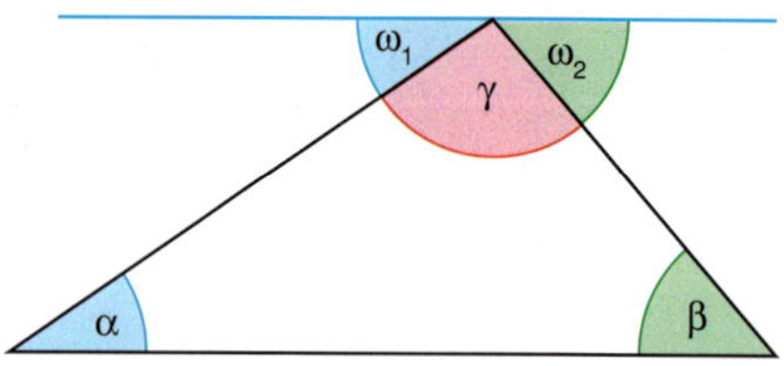

Geometrie – Konstruktionen an Dreiecken

Punkte, die von zwei Punkten A und B gleich weit entfernt sind, liegen auf der Mittelsenkrechten der Strecke $\overline{AB}$.
Die drei Mittelsenkrechten der Dreiecksseiten schneiden sich in einem Punkt, dem Mittelpunkt des **Umkreises.**

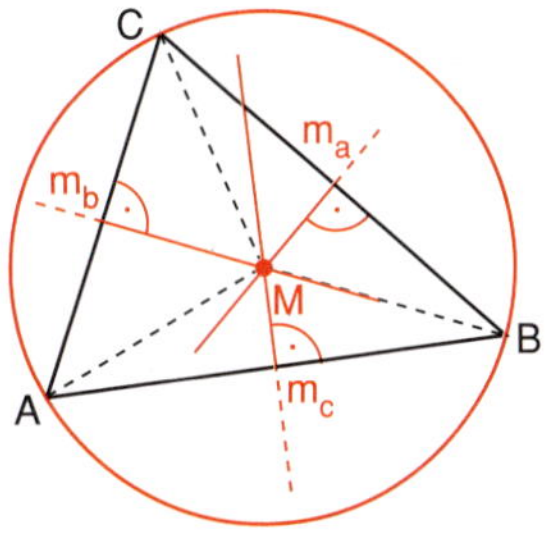

Punkte, die auf der Winkelhalbierenden eines Winkels liegen, haben von beiden Schenkeln des Winkels den gleichen Abstand.
Im Dreieck schneiden sich die drei Winkelhalbierenden der Dreieckswinkel in einem Punkt, dem Mittelpunkt des **Inkreises.**

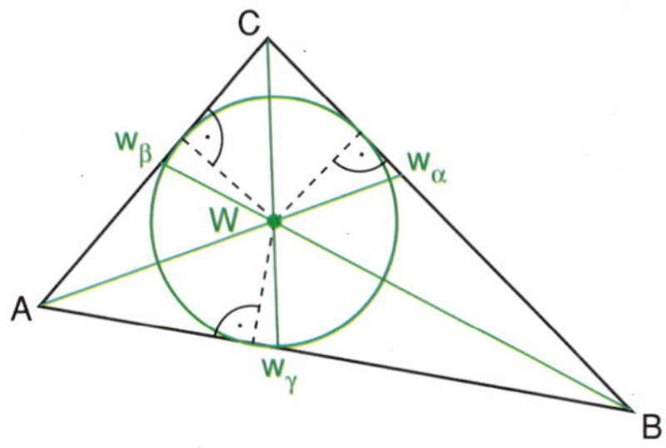

Umkreismittelpunkt

Inkreismittelpunkt

Im Dreieck schneiden sich die drei Höhen in einem Punkt, dem **Höhenschnittpunkt H.**

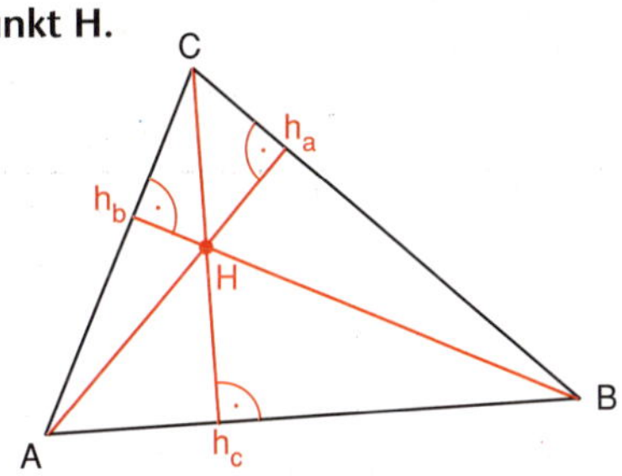

Im Dreieck schneiden sich die drei Seitenhalbierenden in einem Punkt, dem **Schwerpunkt S.**

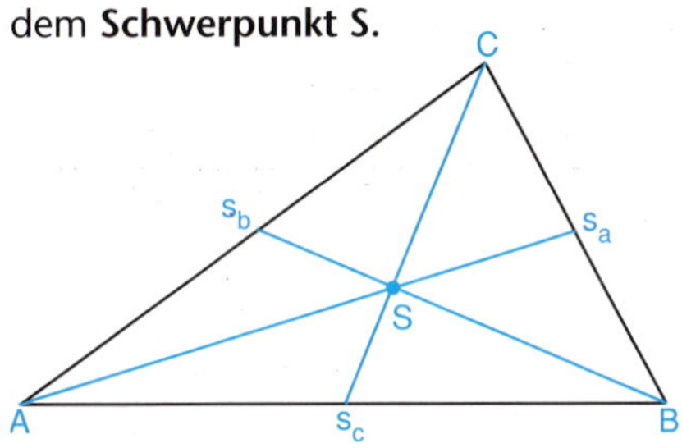

Höhenschnitttpunkt

Schwerpunkt

Figuren, die nach Größe und Form vollständig übereinstimmen, nennt man deckungsgleich oder kongruent. Mithilfe einiger gegebener Größen kann man sie eindeutig konstruieren. Bei Dreiecken genügt hierfür die Angabe von drei geeigneten Größen.

Kongruenzsätze

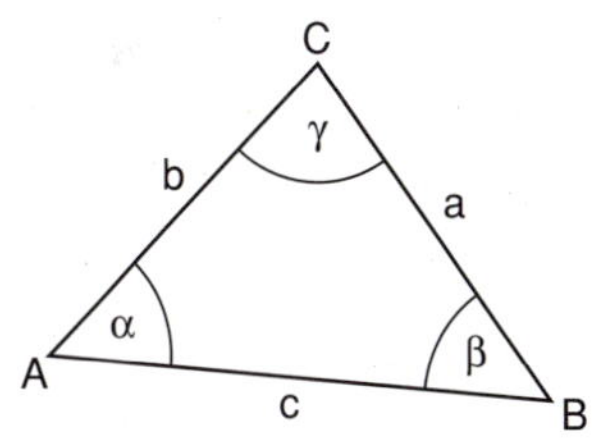

Bezeichnungen am Dreieck

Ein Dreieck ABC ist eindeutig konstruierbar, wenn

SSS die drei Seitenlängen gegeben sind.

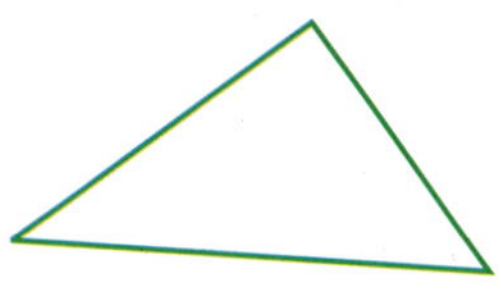

SWS zwei Seitenlängen und das Maß des eingeschlossenen Winkels gegeben sind.

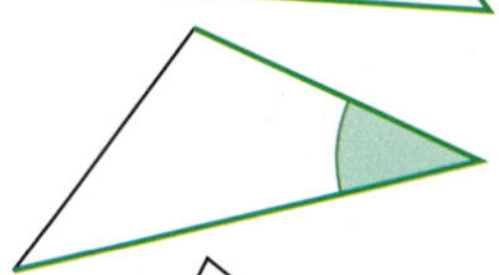

WSW eine Seitenlänge und die Größe der beiden anliegenden Winkel gegeben sind.

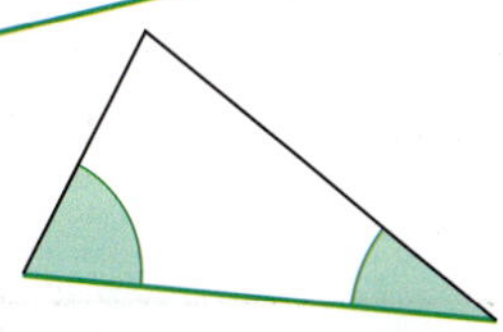

SSW Ein Dreieck ist eindeutig konstruierbar, wenn zwei Seitenlängen und der der längeren Seite gegenüberliegende Winkel gegeben sind.

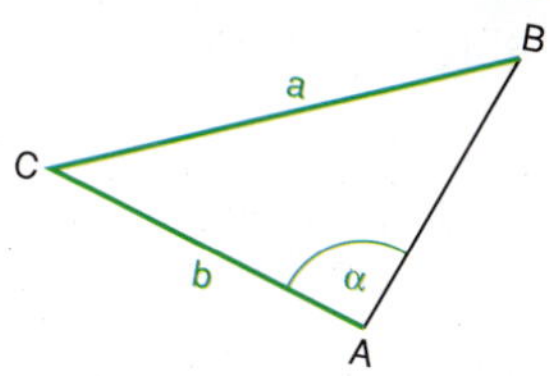

Geometrie – Haus der Vierecke

Vierecke lassen sich nach verschiedenen Kriterien ordnen. Diagramme schaffen Übersicht in der Vielfalt.

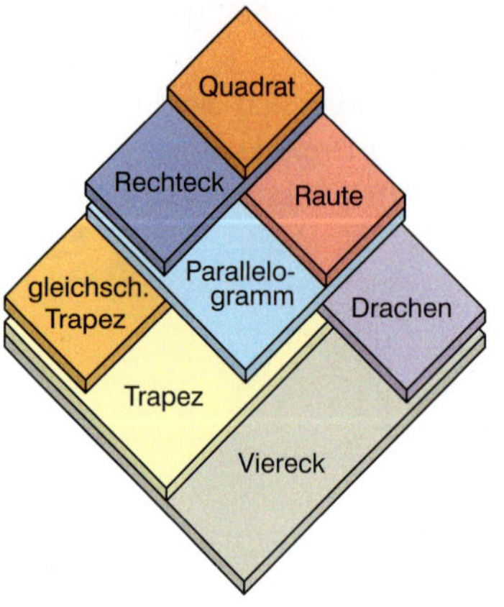

Anschauliches „Mengendiagramm"

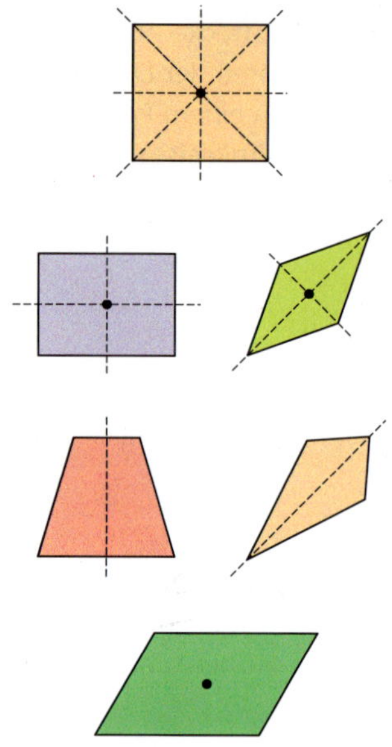

Anzahl und Lage von Symmetrien

das Haus der Vierecke

Das Haus der Vierecke in einem Ordnungsdiagramm

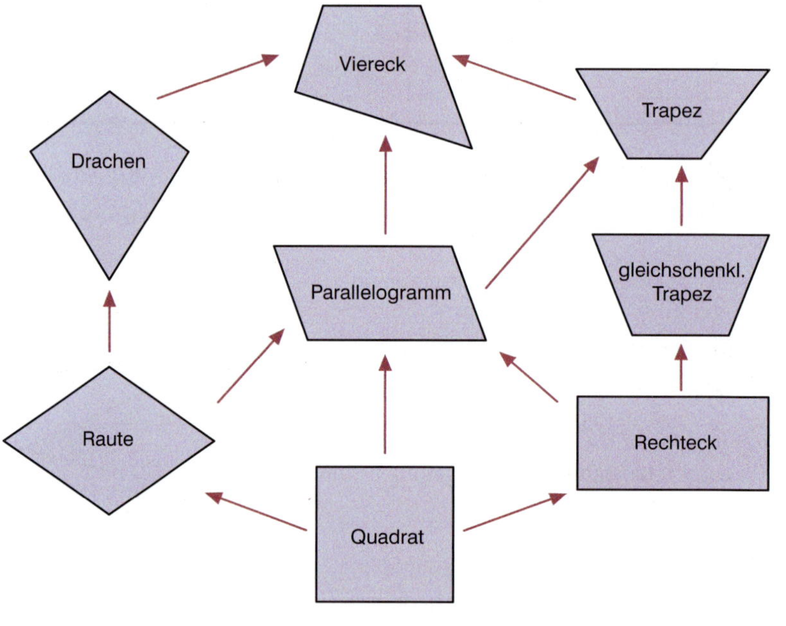

gute Definition

Eine „gute Definition"

- … legt einen Begriff präzise fest und dient der klaren Verständigung,
- … enthält nur Worte, die allgemein verständlich oder bereits klar definiert sind,
- … enthält nicht mehr Informationen als unbedingt notwendig,
- … erweist sich als nützlich bei der Ordnung und Unterscheidung von Begriffen.

Geometrie – Tangenten und Winkel am Kreis

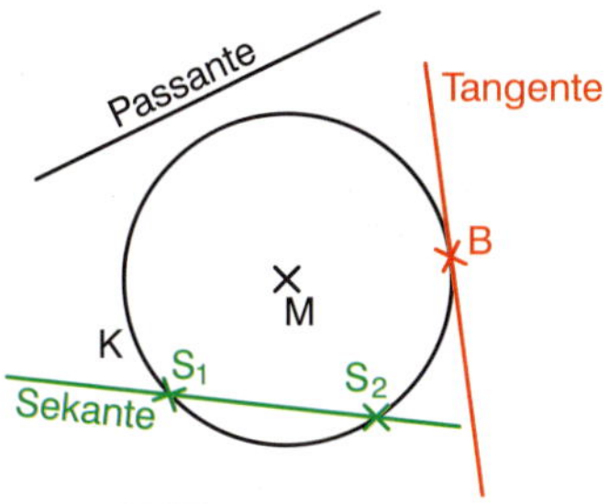

$\overline{S_1S_2}$ heißt Sehne.

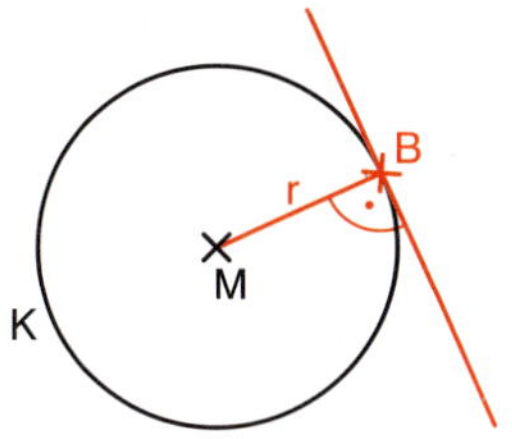

Die Tangente steht im Berührpunkt B senkrecht zum Radius MB.

Passante
Sekante
Sehne
Tangente

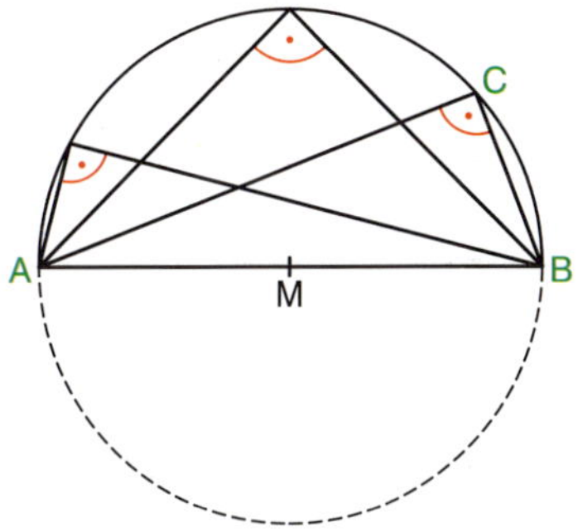

Satz des Thales
Wenn bei einem Dreieck ABC die Ecke C auf dem Kreis mit dem Durchmesser AB liegt, dann hat das Dreieck bei C einen rechten Winkel.

Es gilt auch die **Umkehrung**
Wenn ein Dreieck ABC bei C einen rechten Winkel hat, dann liegt C auf dem Kreis mit dem Durchmesser AB.

Satz des Thales

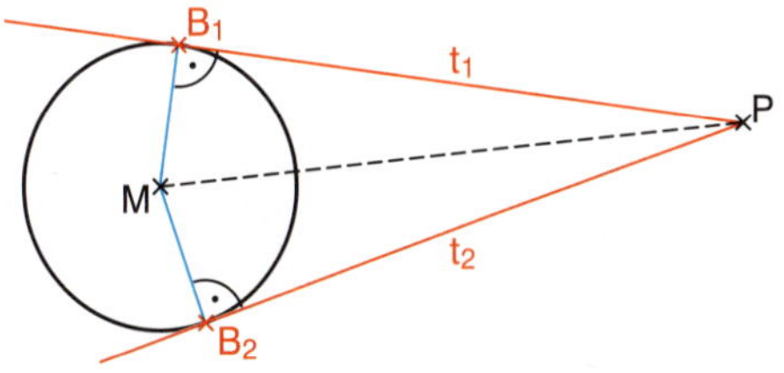

1) Zeichne die Strecke $\overline{MP}$.
2) Konstruiere den Thaleskreis über $\overline{MP}$.
3) Markiere die beiden Schnittpunkte B_1 und B_2 der beiden Kreise.
4) Die Geraden PB_1 und PB_2 sind senkrecht zu den Radien $\overline{MB_1}$ und $\overline{MB_2}$.
Sie sind die Tangenten an den Kreis.

Tangentenkonstruktion

Umfangswinkelsatz

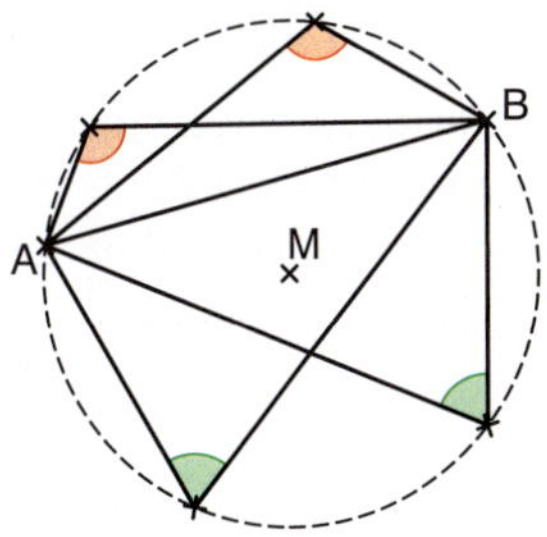

Die zu einer Kreissehne gehörigen Umfangswinkel auf derselben Seite der Sehne sind gleich groß.

Umfangs-Mittelpunktswinkelsatz

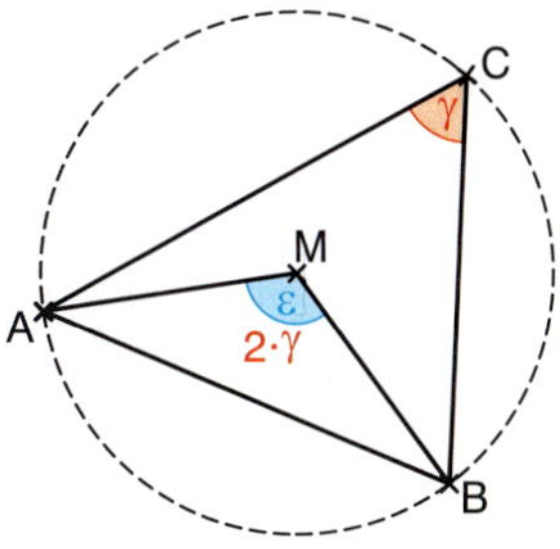

Jeder Umfangswinkel zur Sehne $\overline{AB}$, dessen Scheitel auf derselben Seite von $\overline{AB}$ liegt, ist halb so groß wie der zugehörige Mittelpunktswinkel.

Umfangswinkelsatz

Mittelpunktswinkelsatz

Geometrie – Flächenberechnungen

Flächeninhalte

Strategien zur Flächenumwandlung

Durch Zerlegen und Ergänzen lassen sich Vielecke in flächengleiche Rechtecke umwandeln:

Dreieck

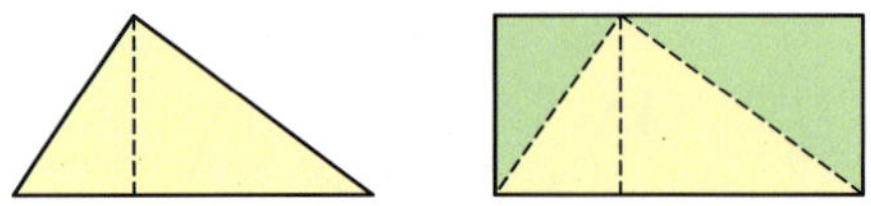

Parallelogramm

Trapez

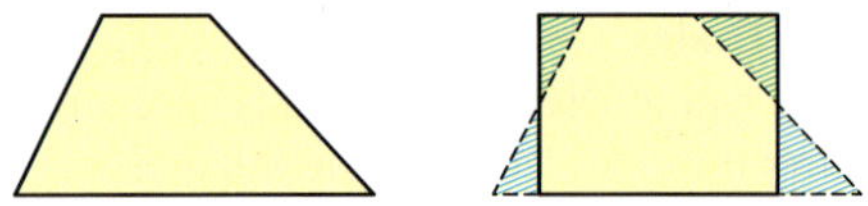

Formeln für Flächeninhalte

Mithilfe der Flächeninhaltsformel für Rechtecke $A = a \cdot b$ und der nebenstehenden Flächenumwandlung gewinnt man die Formeln für andere Flächen.

Dreieck
$A = \frac{1}{2} g \cdot h_g$

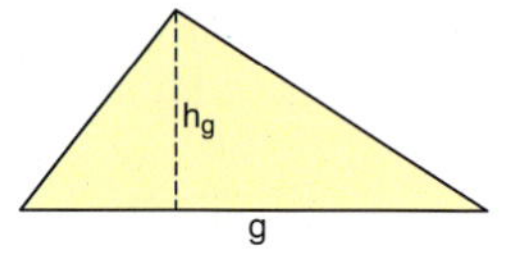

Parallelogramm
$A = g \cdot h$

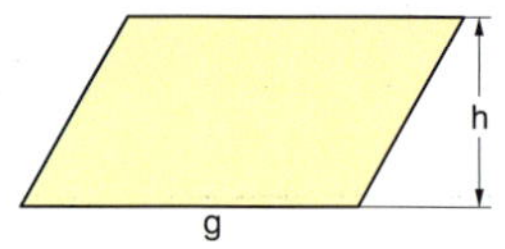

Trapez
$A = \frac{1}{2}(a + c) \cdot h$

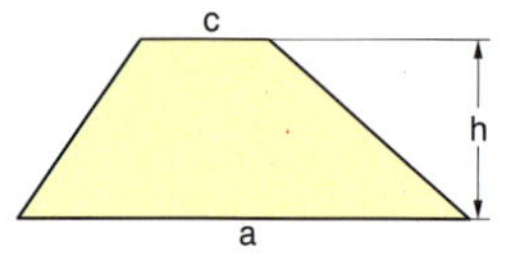

Kreisumfang und Kreisfläche:

Kreisumfang

Kreisfläche

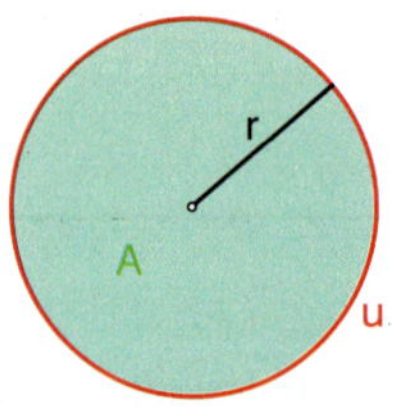

Kreisumfang
$u = 2 \cdot \pi \cdot r = \pi \cdot d$

Kreisfläche
$A = \pi \cdot r^2$

Kreiszahl π

π (sprich Pi) ist der griechische Buchstabe für p.
Näherungsweise gilt: $\pi = 3{,}14$
Auf dem Taschenrechner findest du mit der Taste π einen genaueren Näherungswert. $\pi = 3{,}14159265359...$

Kreisausschnitt:

Kreisausschnitt

Bogenlänge

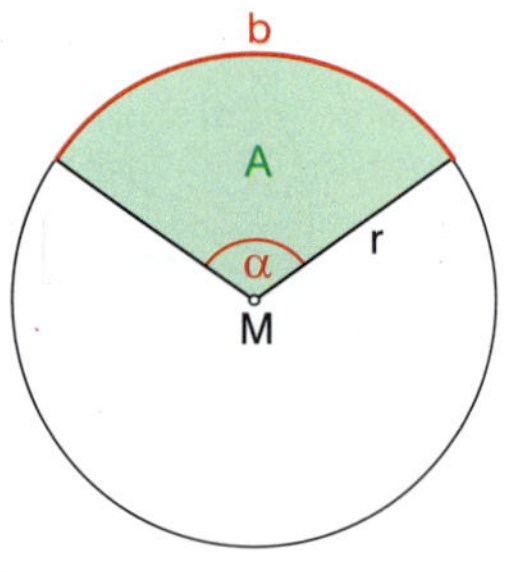

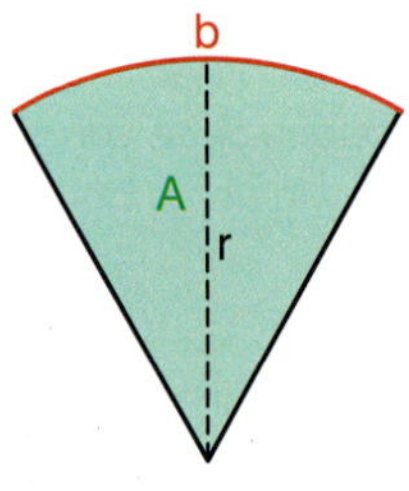

Mit Proportionalitätsüberlegungen gewinnt man Formeln für die Bogenlänge und den Flächeninhalt eines Kreisausschnitts.

Bogenlänge
$b = \frac{\alpha}{180°} \cdot \pi \cdot r$

Flächeninhalt
$A = \frac{\alpha}{360°} \cdot \pi \cdot r^2$

Zusammenhang zwischen Bogenlänge und Flächeninhalt des Kreisausschnitts:

$A = \frac{1}{2} \cdot b \cdot r$

Geometrie – Prisma und Zylinder

Prismen sind Körper

- die ein Vieleck als Grundfläche haben und
- deren Seitenkanten
  - auf der Grundfläche senkrecht stehen und
  - gleich lang sind.

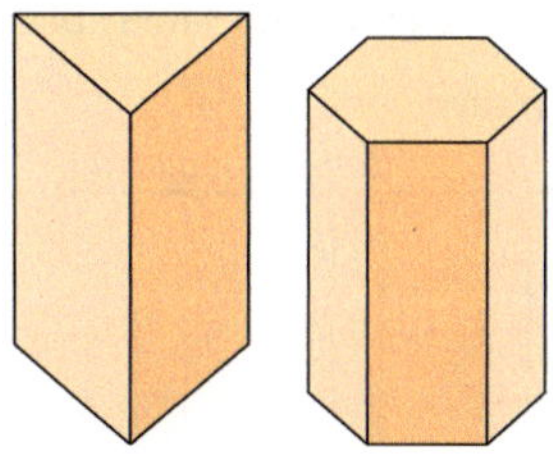

Berechnung von Volumen und Oberfläche von Prismen

Prisma

Volumen:

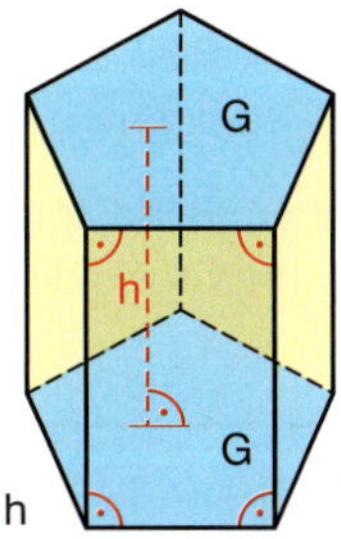

$V = G \cdot h$

Volumen = Grundfläche · Höhe

Oberfläche:

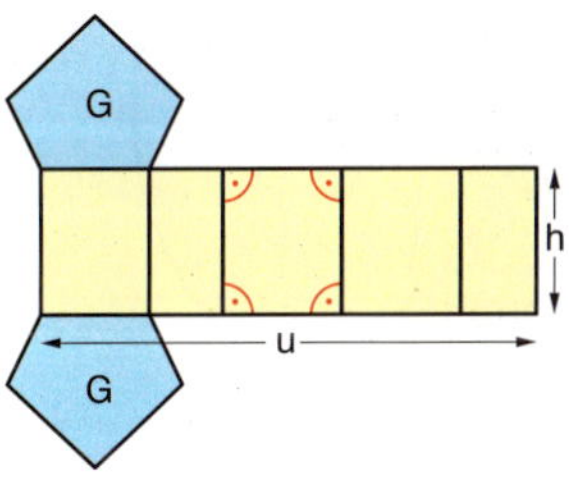

$O = 2G + M$
$M = u \cdot h$

Oberfläche = 2 · Grundfläche + Mantel

Berechnung von Vielecken

1. Zerlegen in einfache Teilflächen.
2. Berechnen der Inhalte der Teilflächen.
3. Addieren der Teilflächeninhalte.

Flächeninhalt von Vielecken:

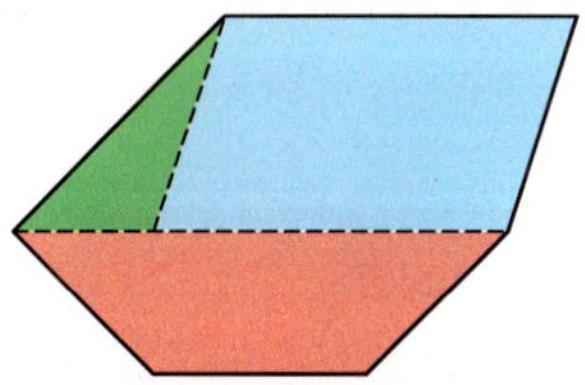

$A_{Vieleck} = A_{Dreieck} + A_{Parallelogramm} + A_{Trapez}$

Volumen eines Vieleckprismas:

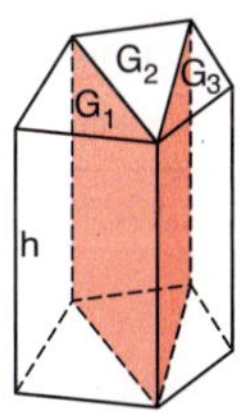

$V = (G_1 + G_2 + G_3) \cdot h$
$= G \cdot h$

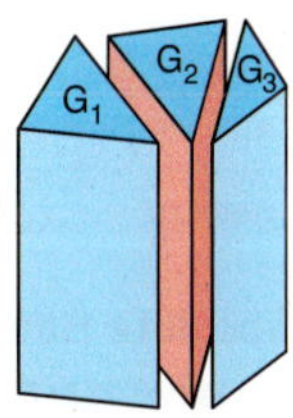

Zylinder

Volumen und Oberfläche eines Zylinders

Das Volumen eines Zylinders berechnet sich wie das des Prismas als Produkt aus Grundflächeninhalt und Höhe:

$V = G \cdot h = \pi \cdot r^2 \cdot h$

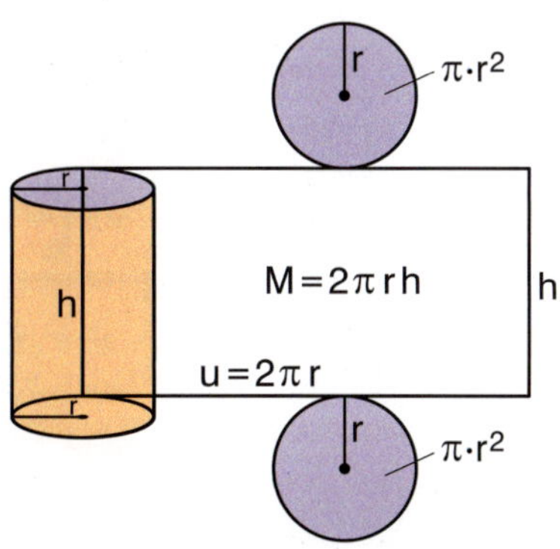

Die Oberfläche eines Zylinders besteht aus zwei Kreisflächen und der Mantelfläche, die sich zu einem Rechteck abwickeln lässt. Für den Flächeninhalt der Oberfläche gilt:

$O = 2 \cdot G + M = 2 \cdot \pi \cdot r^2 + 2\pi \cdot r \cdot h$

Daten – Diagramme

Diagramme: Daten „auf einen Blick“

Stabdiagramm
Bilddiagramm

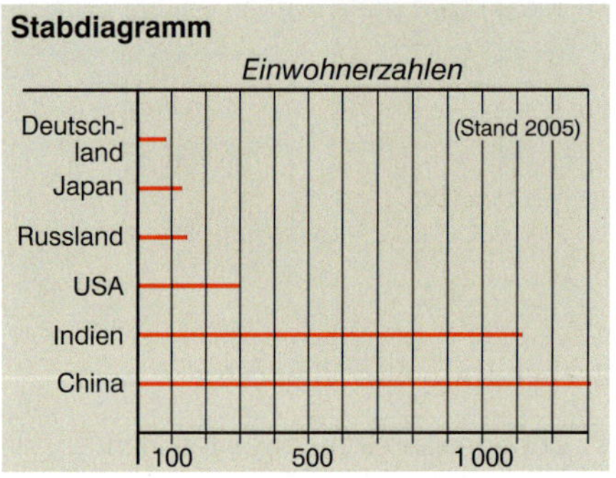

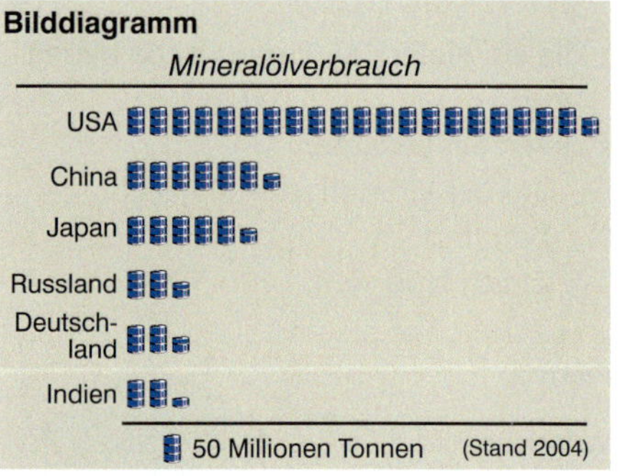

In einem Stabdiagramm entspricht die Länge des Striches der Größe der Zahl.

In einem Bilddiagramm stellt die Anzahl oder die Größe des Zeichens die Zahl dar.

Prozentzahlen lassen sich besonders gut im **Kreisdiagramm** vergleichen.

Kreisdiagramm

Wie kommen Schülerinnen und Schüler der 6 b zur Schule?

	Anzahl	Anteil	Prozent
zu Fuß	12	12/25	48 %
Fahrrad	4	4/25	16 %
Auto	3	3/25	12 %
Bus	6	6/25	24 %
gesamt	25	25/25	100 %

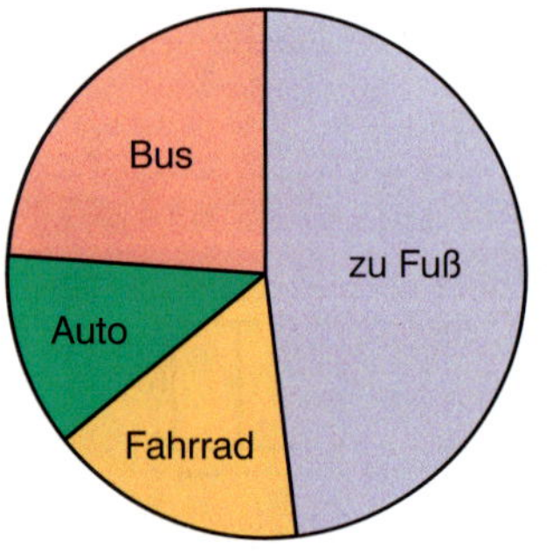

Kreisdiagramm

absolute Häufigkeit
relative Häufigkeit

absolute Häufigkeit: Anzahl
relative Häufigkeit: Anteil (Prozent)

Für das **Kreisdiagramm** werden die Winkel berechnet.
1 % entspricht einem Winkel von $\frac{360°}{100} = 3{,}6°$.

Die zeitliche Entwicklung von Daten wird oft in einem **Liniendiagramm** übersichtlich dargestellt.

Liniendiagramm

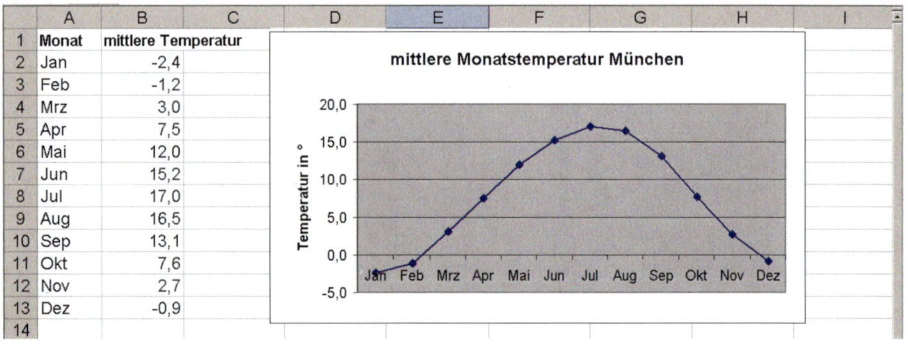

Diagrammtyp:

Tabellenkalkulation

In der Tabellenkalkulation können die Diagramme zu den Tabellen mit dem Diagrammassistent leicht erstellt werden.

Daten – Mittelwerte und Boxplot

Mittelwerte und Boxplots ermöglichen einen schnellen Vergleich von Datenlisten. Wenn du z. B. wissen möchtest, wie lange du im Mittel für bestimmte Kopfrechenaufgaben brauchst, so misst du die Zeiten einige Male und notierst die Werte.

Ergebnisliste: 15 s 20 s 15 s 10 s 25 s 45 s 35 s 15 s 25 s

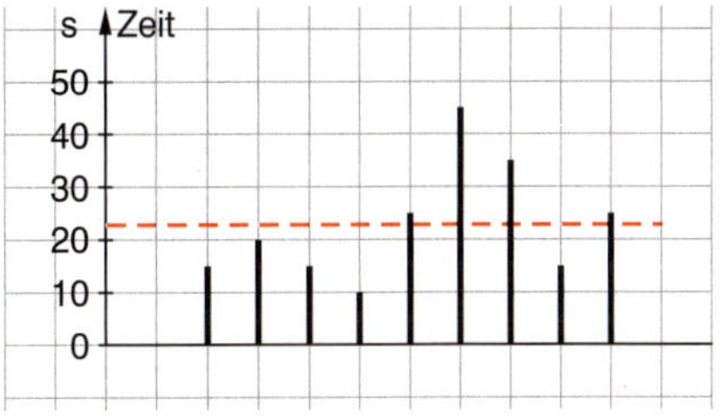

Um den **Durchschnitt** der Werte zu berechnen, musst zu zunächst die Summe der Werte bilden. Dividiere die Summe dann durch die Anzahl der Werte. Das Ergebnis nennt man auch arithmetisches Mittel. Im Diagramm gibt die gestrichelte Linie den Durchschnitt an.

Durchschnitt
arithmetisches Mittel

$$\frac{15\,s + 20\,s + 15\,s + 10\,s + 25\,s + 45\,s + 35\,s + 15\,s + 25\,s}{9} \approx \frac{205\,s}{9} \approx 22\tfrac{7}{9}\,s \approx 22{,}8\,s \text{ (gerundet)}$$

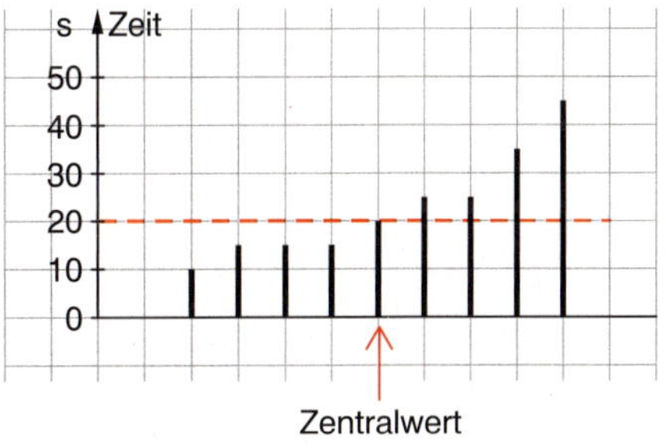

Wenn du die Werte der Größe nach ordnest, erkennst du, welcher Wert genau in der Mitte steht. Es ist der **Zentralwert**. Es stehen gleich viele Werte vor dem Zentralwert wie hinter dem Zentralwert.

Zentralwert
Median

10 s 15 s 15 s 15 s	20 s	25 s 25 s 35 s 45 s
	↑ Zentralwert	

Mit dem Boxplot kann man große Datenmengen auf einen Blick darstellen. Drei Freunde haben im Experiment ihre Reaktionszeiten (in Hundertstelsekunden) mehrmals gemessen.

Boxplot

Ricarda	24	28	20	32	28	22	34	26	22	28	25	32
Sabrina	27	30	25	28	30	32	25	24	30	25	27	31
Florian	24	29	34	28	39	32	25	28	24	26	38	25

Die Daten von Ricarda im Boxplot

Boxplot lesen

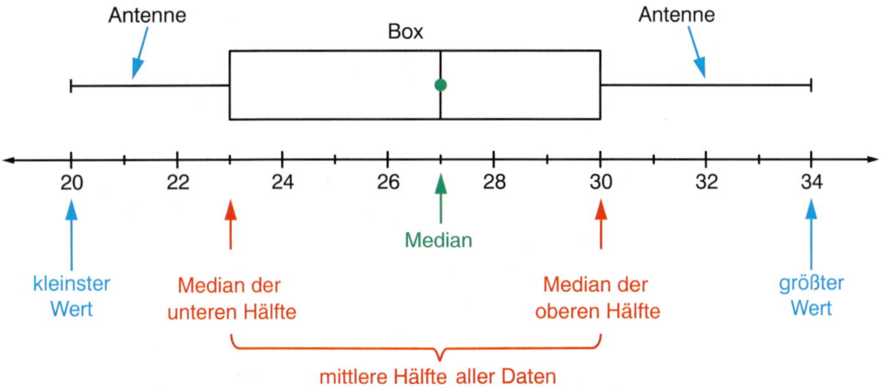

1. Daten der Größe nach ordnen
2. Median bestimmen
3. Daten in obere und untere Hälfte teilen
4. Mediane der oberen und der unteren Hälfte bestimmen

Mit dem GTR kannst du die drei Boxplots zu der obigen Tabelle erzeugen.

Boxplot erstellen

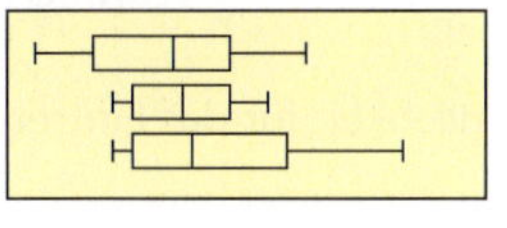

Zufall – Zufallsexperimente und Wahrscheinlichkeit

	Die wichtigsten Begriffe	Beispiele
Zufallsexperiment	Ein Experiment, bei dem verschiedene Ergebnisse eintreten können	Würfeln Werfen eines Basketballs auf den Korb
Ergebnismenge	Zusammenfassung aller möglichen Ergebnisse	{1, 2, 3, 4, 5, 6} {3-Punkte-Wurf, 2-Punkte-Wurf, 1-Punkt-Wurf, kein Treffer}
Ereignis	Zusammenfassung einiger Ergebnisse (Teilmenge der Ergebnismenge)	gerade Zahlen {2, 4, 6} Treffer {3-P; 2-P; 1-P}
Wahrscheinlichkeit	Eine Zahl zwischen 0 und 1 (0 % und 100 %), die angibt, wie wahrscheinlich ein Ergebnis (Ereignis) eintritt	Die Wahrscheinlichkeit kann je nach Situation „empirisch“ oder „theoretisch“ ermittelt werden.

relative Häufigkeit

Wiederholt man ein Zufallsexperiment, so kann man die relative Häufigkeit berechnen, mit der ein bestimmtes Ergebnis (Ereignis) eintritt.
Experiment: jeweils 24-maliges Werfen eines Basketballs auf den Korb

	3 Punkte	2 Punkte	1 Punkt
Häufigkeit	2	14	8
relative Häufigkeit	$\frac{2}{24}$	$\frac{14}{24}$	$\frac{8}{24}$

„empirische Wahrscheinlichkeit“

Die relative Häufigkeit ist ein Schätzwert für die Wahrscheinlichkeit, mit der das betreffende Ergebnis eintritt. Statt Schätzwert sagen wir auch „empirische Wahrscheinlichkeit“ (empirisch: aus einem Experiment gewonnen).
Die relative Häufigkeit ist ein guter Schätzwert für die Wahrscheinlichkeit, wenn das Zufallsexperiment sehr häufig wiederholt wurde.

Laplace-Experiment

Bei einer Reihe von Zufallsexperimenten kann man annehmen, dass jedes einzelne Ergebnis mit der gleichen Wahrscheinlichkeit auftritt. In diesen Fällen kann man die Wahrscheinlichkeit für das Eintreten eines Ergebnisses theoretisch, d. h. ohne Experiment, bestimmen.

Münze

Würfel

Glücksrad

Urne

theoretische Wahrscheinlichkeit

	Münze	Würfel	Glücksrad	Urne
Ergebnismenge	{Z, W}	{1, 2, 3, 4, 5, 6}	{0, 1, ..., 9}	{1, 2, ..., 49}
Anzahl der Ergebnisse	2	6	10	49
Wahrscheinlichkeit für jedes Ergebnis	$\frac{1}{2}$	$\frac{1}{6}$	$\frac{1}{10}$	$\frac{1}{49}$

Wahrscheinlichkeit für das Eintreten eines Ereignisses:

Laplace-Formel

$$p = \frac{\text{Anzahl der günstigen Ergebnisse}}{\text{Anzahl der möglichen Ergebnisse}}$$

Zufall – Baumdiagramme bei mehrstufigen Zufallsexperimenten

Bei vielen Problemen ist es hilfreich, sich mit einer Grafik einen Überblick zu verschaffen. Als besonders wirkungsvoll haben sich Baumdiagramme erwiesen.

Baumdiagramme

Mit einem Baumdiagramm kann man alle möglichen Ergebnisse eines **mehrstufigen** Zufallsversuches übersichtlich darstellen.

mehrstufiger Zufallsversuch

Eine Münze wird zweimal geworfen. Das Baumdiagramm stellt alle möglichen Ergebnisse dieses Zufallsexperimentes dar.

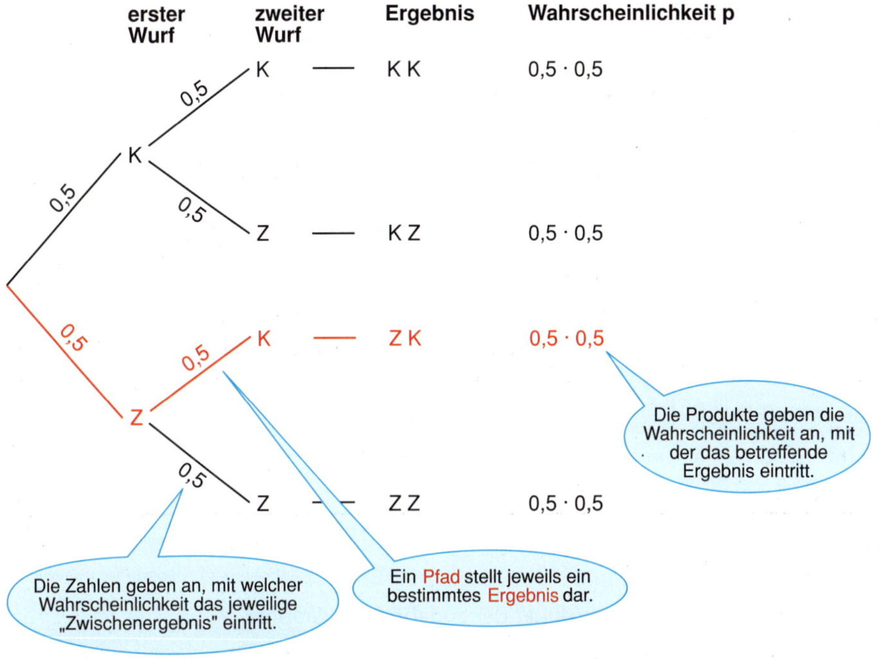

Baumdiagramm

Rechenregel:
Die Wahrscheinlichkeit eines Ergebnisses ist das Produkt der Wahrscheinlichkeiten entlang des jeweiligen Pfades.

Produktregel

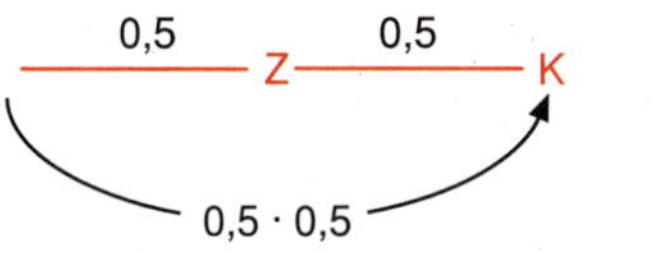

p(Z K) = 0,5 · 0,5 = 0,25

Summenregel:
Wird ein Ereignis durch mehrere Pfade im Baumdiagramm (Ergebnisse) beschrieben, so berechnet man dessen Wahrscheinlichkeit als Summe der einzelnen Pfadwahrscheinlichkeiten

Summenregel

Ereignis E:
In beiden Münzwürfen gleiches Bild
p(E) = p(ZZ) + p(KK)
= 0,5 · 0,5 + 0,5 · 0,5
= 0,25 + 0,25
= 0,5

Werkzeuge – Funktionsgraphen erstellen und Gleichungen lösen mit dem GTR

Grafiken mit dem Grafikrechner

Grafik erstellen

Mit wenigen Tastendrücken kannst du Gleichungen nicht nur mit Hilfe einer Tabelle, sondern auch graphisch lösen. Wie musst du vorgehen, wenn du z. B die Gleichung $2x + 2 = 8 - x$ lösen willst?

1. Terme eingeben

$y_1(x) = 2x + 2$
$y_2(x) = 8 - x$

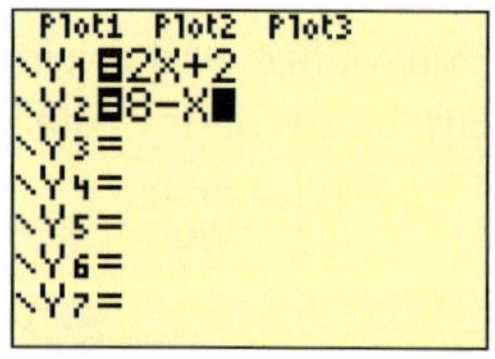

2. Zeichenbereich festlegen

Wähle Teile der x-Achse und der y-Achse aus.

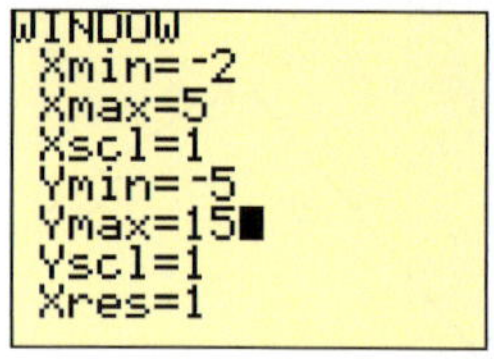

3. Grafik anzeigen

4. Lösung der Gleichung: x-Wert des Schnittpunktes ablesen oder mit TRACE finden

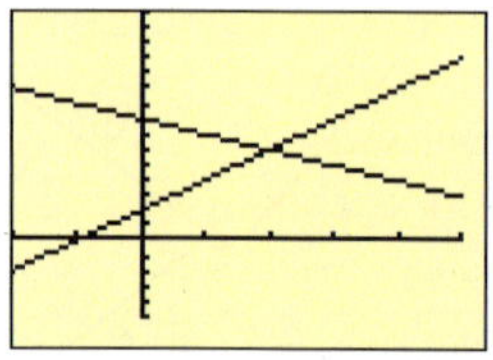

Du kannst mit dem grafikfähigen Taschenrechner (GTR) Gleichungen lösen.

Gleichung lösen

Eine Gleichung lösen heißt
- mit Grafik: Finde einen Schnittpunkt der zugehörigen Graphen. Die x-Koordinate ist dann Lösung der Gleichung.
- mit Tabelle: Finde einen x-Wert mit übereinstimmendem Tabelleneintrag.

Mit *y1 = linke Seite* und *y2 = rechte Seite* erhält man dann manchmal

(a) – sofort die genaue Lösung

$2x - 4 = 5 - x$

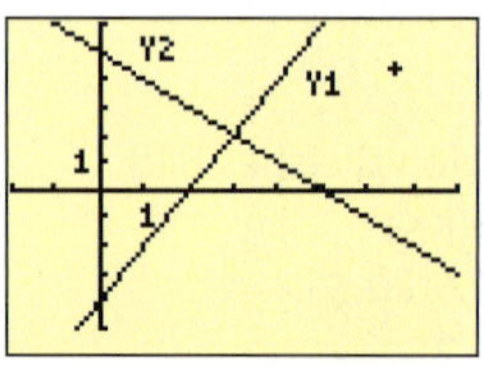

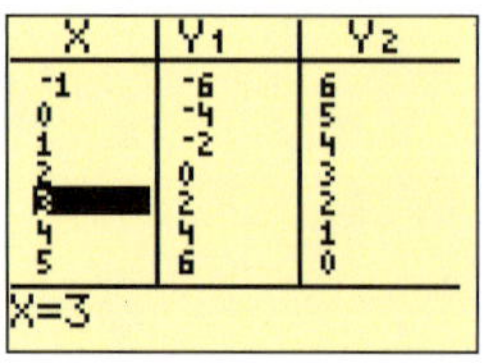

X	Y1	Y2
-1	-6	6
0	-4	5
1	-2	4
2	0	3
3	2	2
4	4	1
5	6	0

X=3

(b) – nach wiederholtem Zoomen bzw. Verfeinern der Tabelle die genaue Lösung

$3x - 2 = 5 - 2x$

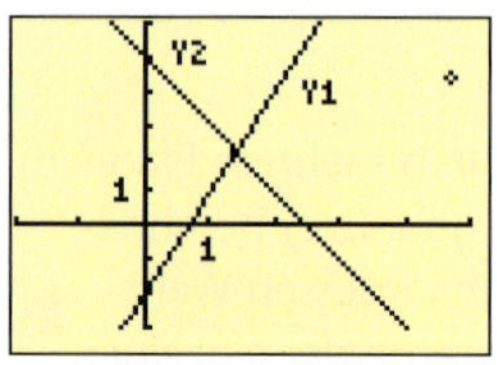

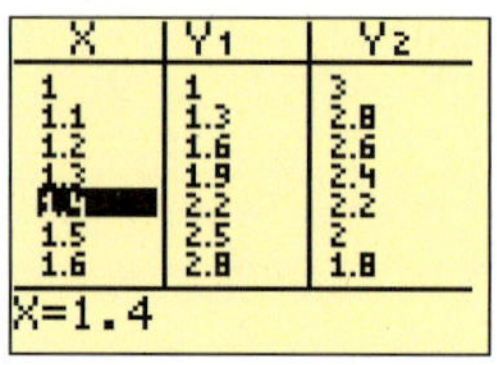

X	Y1	Y2
1	1	3
1.1	1.3	2.8
1.2	1.6	2.6
1.3	1.9	2.4
1.4	2.2	2.2
1.5	2.5	2
1.6	2.8	1.8

X=1.4

Werkzeuge – Tabellenkalkulation

Beim Start der Tabellenkalkulation öffnet sich ein leeres Tabellenblatt, eine Tabelle mit in Zeilen und Spalten angeordneten einzelnen Zellen.
In jede beliebige Zelle ist eine Eingabe möglich. Eingegeben werden können Zahlen, Texte und auch Formeln zur Berechnung von Werten mit den Zahlen anderer Zellen.

Tabelle

Zeilen 1, 2, 3, ...
Spalten A, B, C,...
Zellen A1, E3,..

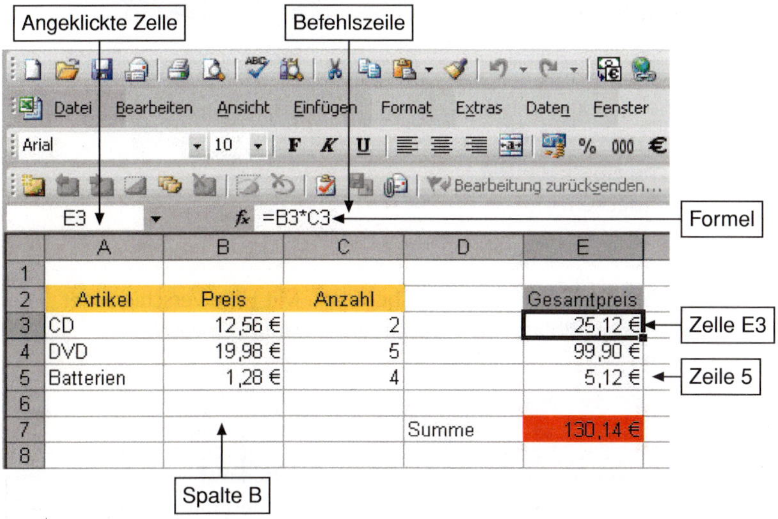

Die Rechenoperation für die Formel kann in die Befehlszeile oder auch direkt in die Zelle eingegeben werden, sie muss zur Kennzeichnung als Formel auf jeden Fall mit dem Gleichheitszeichen beginnen.

Eingabe von Formeln

In dem Tabellenblatt ist in Zelle E3 die Formel **=B3*C3** geschrieben. Damit wird automatisch der Preis für eine CD mit der Anzahl der gekauften CDs multipliziert, es wird dann der Gesamtpreis für alle gekauften CDs in die Zelle geschrieben.

Die Tabellenkalkulation stellt auch viele wiederkehrende Formeln fertig zur Verfügung. In der Zelle E7 ist der Befehl **=SUMME(E3;E4;E5)** eingegeben. Damit werden die in den Zellen E3 bis E5 angegebenen Gesamtpreise für die gekauften Artikel aufsummiert.

= **B3*C3**

Zu geeigneten Tabellen lassen sich mit der Tabellenkalkulation auch übersichtliche Diagramme erstellen. Nach dem Markieren der passenden Spalten (oder Zeilen) werden zuerst der Diagramm-Assistent und dann die gewünschte Diagrammart aufgerufen; das Diagramm wird dann automatisch erstellt.

Diagramme

	A	B	C
1	Partei	Stimmenanteile	
2	CDU/CSU	35%	
3	SPD	34%	
4	FDP	10%	
5	Grüne	8%	
6	Die Linke	9%	
7	Sonstige	4%	

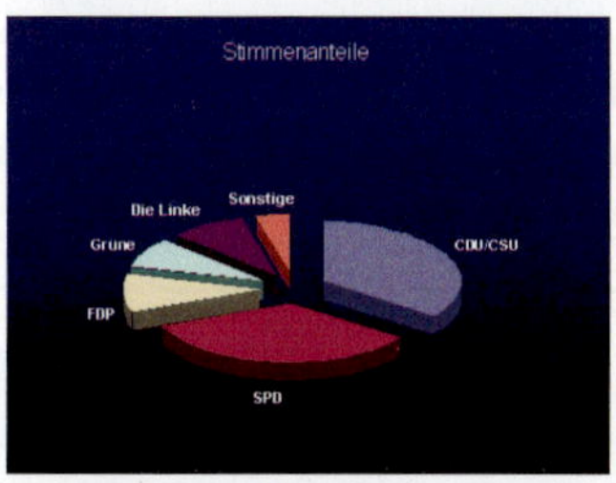

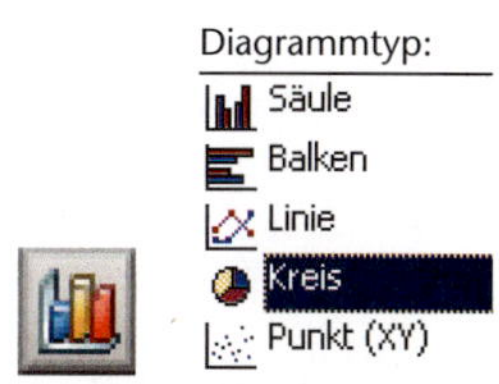

Diagramm-Assistent

Wie bei der Textverarbeitung kannst du auch in der Tabellenkalkulation einzelne Zellen oder das Tabellenblatt formatieren. Damit ist gemeint, dass du z. B. die Spalten- oder Zeilenbreite, die Größe oder Farbe der Zellen, Schriftart und Schriftgröße der Einträge in den Zellen und vieles andere einstellen bzw. verändern kannst.

Formatierung

Jede Tabellenkalkulation bietet eine Hilfefunktion. Nutze sie.

Hilfefunktion

Werkzeuge – Dynamische Geometriesysteme

DGS

DGS = „Dynamische Geometrie-Systeme“ sind Werkzeuge, mit denen du am Computer geometrische Konstruktionen ausführen kannst.[1] Die konstruierten Figuren sind mit dem **Zugmodus** nachträglich noch in Lage und Form veränderbar. Mit der Frage **„Was passiert wenn ...“** und dem gezielten Experimentieren beim Ziehen der Figuren lassen sich wichtige geometrische Eigenschaften und Zusammenhänge entdecken.

Zugmodus

Experimentieren und Entdecken „Was passiert, wenn ...?“

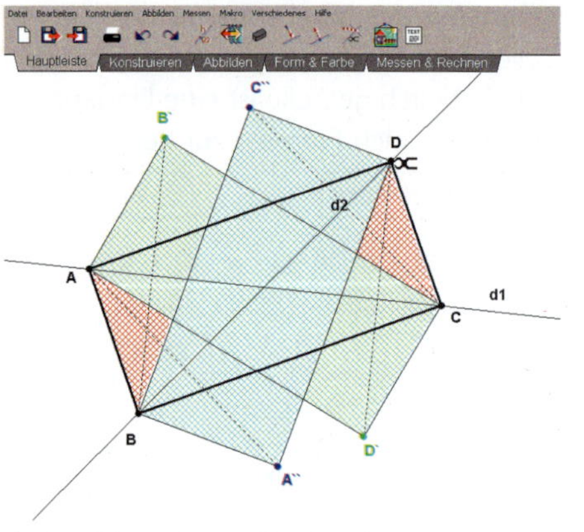

Nach dem Start des DGS erscheint ein leeres Zeichenblatt. Mit Hilfe verschiedener Menüs lässt sich auf dem Zeichenblatt konstruieren, abbilden und messen.

Hauptleiste

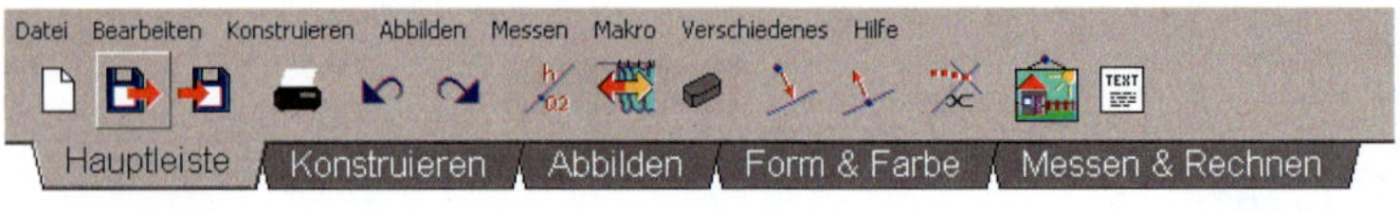

Dieses Menü musst du aktivieren, wenn du z. B. ein neues Zeichenblatt erstellen willst, wenn du deine Zeichnung speichern oder drucken willst oder ein Zeichenobjekt mit dem „Radiergummi“ löschen willst.

Konstruieren

Strecke zwischen zwei Punkten

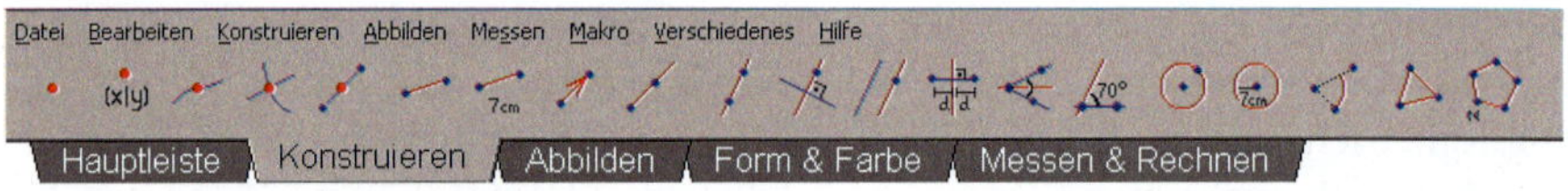

Hier findest du alle wichtigen Befehle zum Konstruieren auf dem Zeichenblatt. Wenn die Maus auf ein bestimmtes Icon zeigt, so wird der Konstruktionsbefehl beschrieben, zusätzliches Drücken der F1-Taste liefert eine ausführliche Beschreibung. Nach dem Aktivieren des Icons kann die Konstruktion durchgeführt werden.

Abbilden

Achsenspiegelung

Hier findest du alle Abbildungen, die du kennst. Wenn du z. B. eine Figur an einer vorgegebenen Achse spiegeln willst, so musst du das Icon aktivieren, dann die Figur anklicken und anschließend die Achse.

Messen & Rechnen

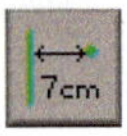

Abstand messen

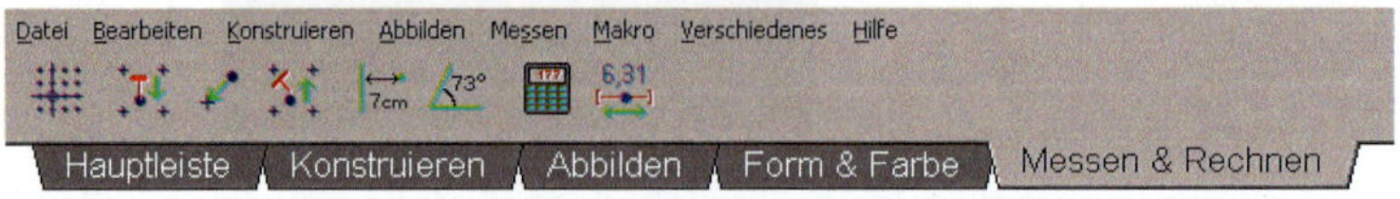

Hier kannst du Abstände und Winkel in deiner Zeichnung messen. Nach dem Anklicken des Icons müssen die zu messenden Objekte angegeben werden.

1 Die hier gezeigten Menus sind dem DGS *Euklid DynaGeo* entnommen. Andere DGS wie z. B. *GeoGebra, GEONExT, Zirkel und Lineal, Cabri-Géomètre, Cinderella, Geometer's Sketchpad* weisen in anderer Anordnung im Wesentlichen die gleichen Icons auf.

Lösungen zu den Check-ups

Lösungen zu Seite 46

1 a) Mit $S_{A;1,5}$ wird die zentrische Streckung mit Streckzentrum A und Streckfaktor k = 1,5 bezeichnet. In b) ist die zentrische Streckung ausgeführt.

b)

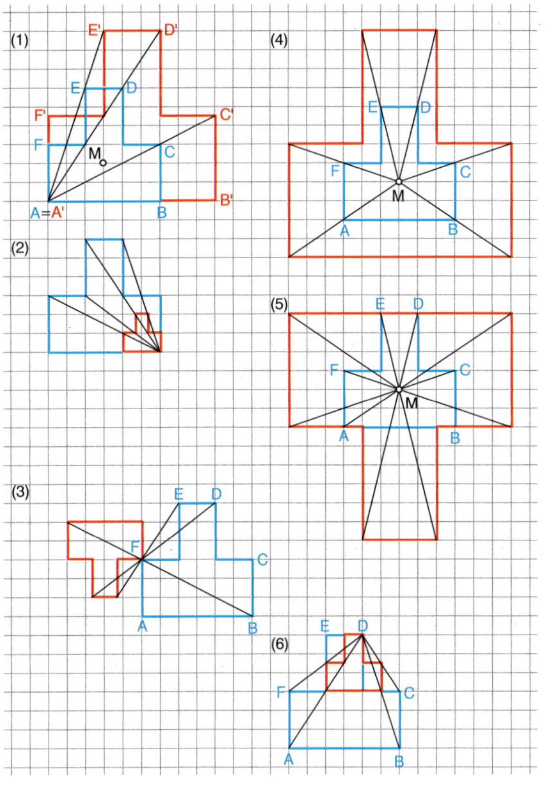

2

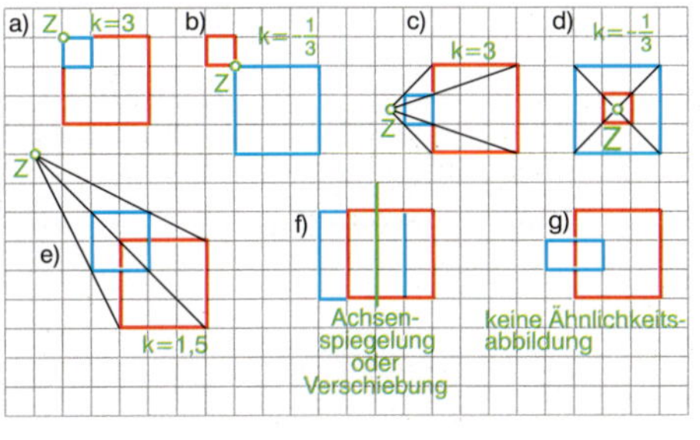

3

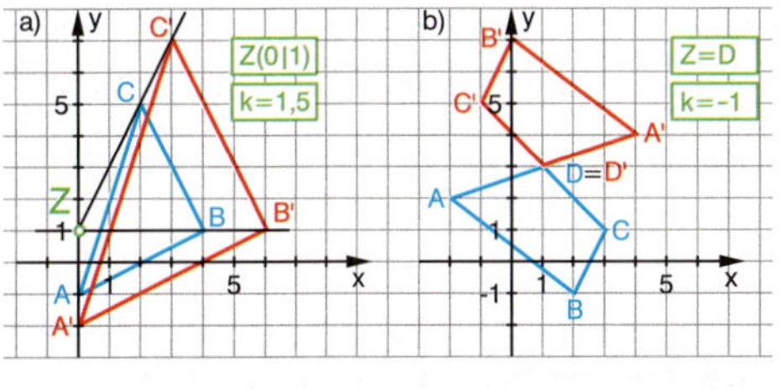

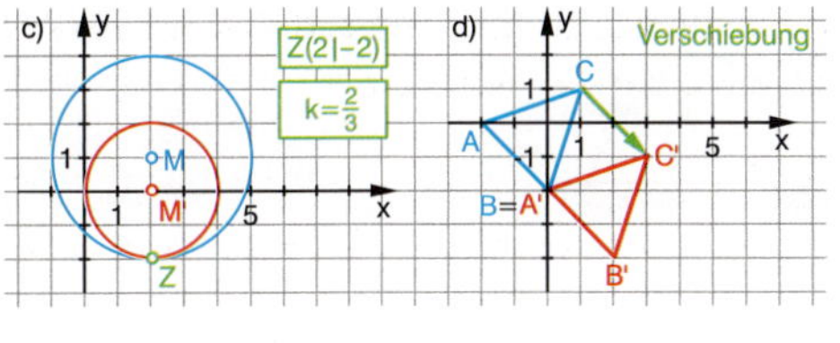

4

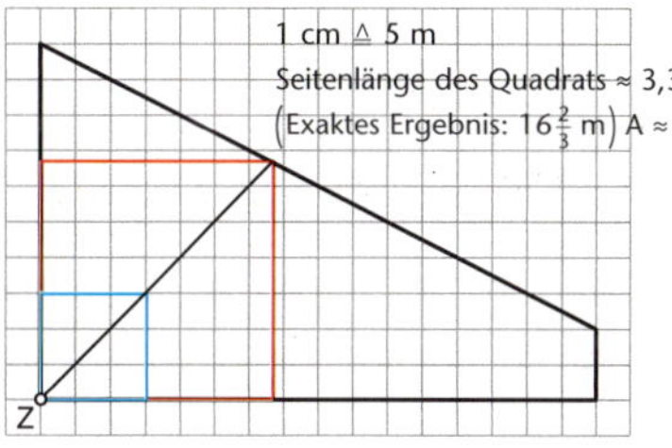

5 a) ①, ② und ④ richtig, ③ falsch. b) ①, ② und ③ richtig, ④ falsch.

Lösungen zu Seite 47

6 a) Falsch, Gegenbeispiel:

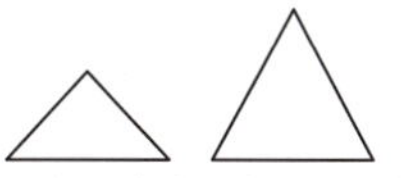

gleichschenklig, jedoch nicht ähnlich!

b) Richtig, dies folgt aus den Eigenschaften der zentrischen Streckung.

c) Falsch, Gegenbeispiel:

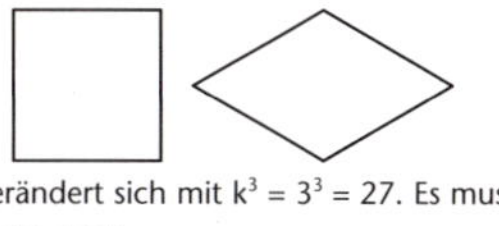

d) Falsch, sein Volumen verändert sich mit $k^3 = 3^3 = 27$. Es muss heißen „Das Volumen ver27-facht sich."

e) Richtig

7 a) $\frac{15}{3+9} = \frac{x}{9} \Rightarrow x = 11{,}25$ b) $\frac{6}{x} = \frac{10+6}{20} \Rightarrow x = 7{,}5$

c) $\frac{x_1}{3} = \frac{4}{21} \Rightarrow x_1 = \frac{4}{7}$ $\frac{x_2}{18} = \frac{4}{21} \Rightarrow x_2 = 3\frac{3}{7}$

8 a) $\frac{x}{180} = \frac{68}{85} \Rightarrow x = 144$ m b) $\frac{x}{250} = \frac{350}{100} \Rightarrow x = 875$ m

c) $\frac{1{,}2}{0{,}5} = \frac{x}{4} \Rightarrow x = 9{,}6$ m

9 Vergleiche Seite 37 Nummer 22

10 a) $120\ g \cdot (25)^3 = 1\,875$ kg b) $800\ cm : 25 = 32$ cm

11 Stufe 1: $27\ cm \cdot 27\ cm = 729\ cm^2$

Stufe 2: $729\ cm^2 + 4 \cdot (9\ cm)^2 = 1\,053\ cm^2$

Stufe 3: $1\,053\ cm^2 + 12 \cdot (3\ cm)^2 = 1\,161\ cm^2$

Lösungen zu Seite 84

1 (1) quadratische Funktion $f(x) = x^2 - 2$ (2) lineare Funktion $f(x) = -3x - 2$

(3) quadratische Funktion $f(x) = (x-1)^2$ (4) antiproportionale Funktion $f(x) = \frac{12}{x}$

2 a) lineare Funktion: Gerade; quadratische Funktion: Parabel mit Maximum (Minimum), symmetrisch

lineare Funktion: konstante Steigung; quadratische Funktion: Steigung ändert sich gleichmäßig.

b) lineare Funktion: $f(x) = mx + b$; quadratische Funktion: $f(x) = ax^2 + bx + c$

c)

x	2x−1	$(x-2)^2-4$
−4	−9	32
−3	−7	21
−2	−5	12
−1	−3	5
0	−1	0
1	1	−3
2	3	−4
3	5	−3
4	7	0

Bei der linearen Funktion ändert sich der Funktionswert um 2, bei der quadratischen Funktion zunächst um −11, dann um −9, −7, −5 usw.

3

a) Nullstellen $x_1 = 2$, $x_2 = -3$ Parabel nach oben geöffnet „normal"

b) Scheitelpunkt S(−2|−4) nach oben geöffnet „normal"

c) Scheitelpunkt S(0|3) nach oben geöffnet „normal"

d) Schnittpunkt mit y-Achse (0|5) nach unten geöffnet „normal"

e) Nullstellen $x_1 = 0$, $x_2 = 1$ nach oben geöffnet gestreckt (a = 3)

f) Scheitelpunkt = Nullstelle S(0|0) nach unten geöffnet gestaucht (a = −0,5)

4 a) $S(0|5)$ Maximum b) $S(7|0)$ Minimum
c) $S(-2|-5)$ Minimum

5 a) $f(x) = -(x-4)^2$ b) $f(x) = (x+5)^2 - 2$ c) $f(x) = -x^2 + 2$

6 $S(100|5) \Rightarrow f(x) = a(x-100)^2 + 5$
Zudem $f(0) = 40 \Rightarrow 40 = a(0-100)^2 + 5$
$35 = a \cdot 100^2 \Rightarrow a = \frac{35}{10000}$
$f(x) = \frac{35}{10000}(x-100)^2 + 5$

Lösungen zu Seite 85

7 a) Mit Faktor 4 gestreckt, b) Mit Faktor 0,2 gestaucht,
c) An der x-Achse gespiegelt, gestreckt (Faktor −2), d) Um 3 nach unten verschoben,
e) Gespiegelt an x-Achse, gestreckt (Faktor −3), um 1 nach oben verschoben. f) Gestaucht $\left(\text{Faktor } \frac{1}{4}\right)$,

8 a) $f(x) = x^2 + 4x - 2$
$= \underbrace{x^2 + 4x + 4} - 4 - 2$
$= (x+2)^2 - 6$
$S(-2|-6)$
b) $f(x) = x^2 - 4$
$S(0|-4)$
c) $f(x) = x^2 - 5x - 6 = \underbrace{x^2 - 5x + \left(\frac{5}{2}\right)^2} - \left(\frac{5}{2}\right)^2 - 6$
$= \left(x - \frac{5}{2}\right)^2 - \frac{49}{4}$ $S\left(\frac{5}{2}\middle|-\frac{49}{4}\right)$
d) Nullstellen $x_1 = -2$, $x_2 = 6$
Scheitelpunkt $(2|y_S)$
$y_S = (2+2)(2-6) = -16$
$S(2|-16)$
e) $x_1 = 0$, $x_2 = 10$
Scheitelpunkt $(5|y_S)$
$y_S = -0{,}2 \cdot 5(5-10) = 5$
$S(5|5)$
f) $S(0|0)$

9 $S(50|30) \Rightarrow f(x) = a(x-50)^2 + 30$
$P(100|0) \Rightarrow f(100) = a(100-50)^2 + 30 = 0$
$a \cdot 50^2 = -30$
$a = -\frac{30}{2500}$
$f(x) = -\frac{30}{2500}(x-50)^2 + 30$

10 a) Der Scheitelpunkt liegt in der Mitte zwischen den Nullstellen.
$x_S = \frac{1}{2}(x_1 + x_2)$
$f(x_S) = a\left(\frac{1}{2}(x_1 + x_2) - x_1\right)\left(\frac{1}{2}(x_1 + x_2) - x_2\right)$
$= a\left(\frac{1}{2}(x_2 - x_1)\right)\left(\frac{1}{2}(x_1 - x_2)\right) = -\frac{1}{4}a(x_1 - x_2)^2$
$S\left(\frac{1}{2}(x_1 + x_2)\middle|-\frac{1}{4}a(x_1 - x_2)^2\right)$
b) Nicht jede Parabel besitzt eine Nullstelle, aber jede Parabel besitzt einen Scheitelpunkt.

11 a) $a = 0{,}5$ $b = 2$ $c = -6$ $L = \{-6; 2\}$ b) $L = \{1; 5\}$ c) $L = \{\}$

12 a) $x_{1/2} = \frac{-2 \pm \sqrt{4 + 32}}{2}$
$x_1 = -4$; $x_2 = 2$
$L = \{-4; 2\}$
b) $4x^2 - 8 = 20$ | +8
$4x^2 = 28$ | :4
$x^2 = 7$
$L = \{-\sqrt{7}; \sqrt{7}\}$
c) $3x^2 - x = 0$
$x(3x-1) = 0$
$L = \left\{0; \frac{1}{3}\right\}$
d) $5x^2 - 5x = 0$
$5x(x-1) = 0$
$L = \{0; 1\}$
e) $9x^2 + 16x + 12 = 0$
$x_{1/2} = \frac{-16 \pm \sqrt{256 - 432}}{18}$
$L = \{\}$
f) $3x^2 = 2x - 1$ | $-2x^2$
$x^2 = -1$
$L = \{\}$

13 a) b) c)

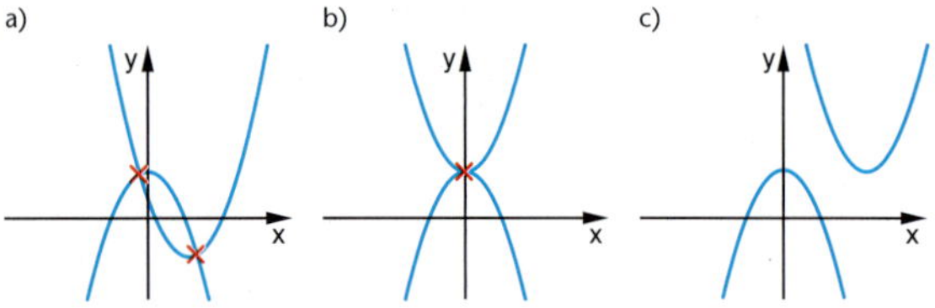

14 $40x - 2x^2 = x^2 - 5x + 150$
$3x^2 - 45x + 150 = 0$ $a = 3$; $b = -45$; $c = 150$
$x_{1/2} = \frac{45 \pm \sqrt{45^2 - 4 \cdot 3 \cdot 150}}{2 \cdot 3} = \frac{45 \pm \sqrt{225}}{6} = \frac{45 \pm 15}{6}$
$x_1 = 10$; $x_2 = 5$
Berechnung der y-Werte: $40 \cdot 10 - 2 \cdot 10^2 = 200$
$40 \cdot 5 - 2 \cdot 5^2 = 150$
Schnittpunkte: $(5|150)$; $(10|200)$

15
- $h(0) = -\frac{1}{200}(0-40)^2 + 10 = 2$ **Abwurfhöhe?**
- $S(40|10)$ **Scheitelpunkt?** (max. Höhe)
- $h(70) = -\frac{1}{200}(70-40)^2 + 10 = 5{,}5$ **Höhe bei w = 70 m?**
- $h(w) = 0 = -\frac{1}{200}(w-40)^2 + 10$ **Wurfweite?**
  $-10 = -\frac{1}{200}(w-40)^2$
  $2000 = (w-40)^2$
  $w_1 = 40 + \sqrt{2000} \approx 84{,}7$ (Weite) $(w_2 = 40 - \sqrt{2000} \approx -4{,}7)$
- $h(w) = 8$ **Wo ist der Speer 8 m hoch?**
  $8 = -\frac{1}{200}(w-40)^2 + 10$
  $-2 = -\frac{1}{200}(w-40)^2$
  $400 = (w-40)^2$
  $w_1 = 40 + \sqrt{400} = 60$ $w_2 = 40 - \sqrt{400} = 20$

Lösungen zu Seite 105

1 a) $D = \{x | x \le 3\}$ b) $D = \{x | x \ge -3\}$ c) $D = \left\{x \middle| x \ge \frac{5}{3}\right\}$
d) $D = \{x | x \ge 4\}$ e) $D = \mathbb{R}$ f) $D = \{x | x \le -1 \text{ oder } x \ge 1\}$

2 a) Verschiebung um 3 nach oben b) Verschiebung um 3 nach links c) Streckung Faktor 3
d) Verschiebung um 1 nach rechts, um 4 nach unten e) Spiegelung an x-Achse, Streckung Faktor −2 f) Verschiebung um 4 nach links Streckung a = 2

3 a) Konzentrische Kreise um F mit Radius 1 (2; 3; ...) cm: Punkte, die von F die Entfernung 1 (2; 3; ...) cm haben. Parallelen in Abstand 1 (2; 3; ...) cm von h: Punkte, die von h den Abstand 1 (2; 3; ...) cm haben.
b) Zur Konstruktion siehe z. B. Seite 94, Beispiel A.

4 a)

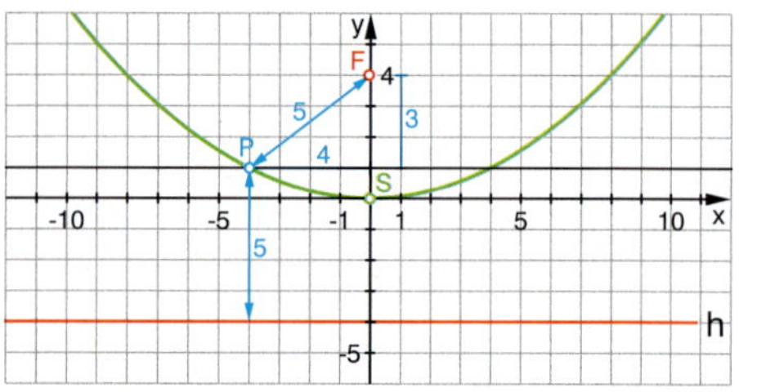

b) Scheitelpunkt $S(0|0) \Rightarrow f(x) = ax^2$. Weiterer Punkt $P(-4|1) \Rightarrow f(x) = \frac{1}{16}x^2$.

5 a) $f(x) = a(x+2)^2 + 2$
$f(8) = 4 \Rightarrow a = \frac{2}{100}$
$f(x) = \frac{2}{100}(x+2)^2 + 2$
b) $f(x) = a(x-2)(x-8)$
$f(4) = 6 \Rightarrow a = -\frac{3}{4}$
$f(x) = -\frac{3}{4} = (x-2)(x-8)$
c) $f(-2) = -4$ $-4 = 4a - 2b + c$
$f(4) = 14$ $14 = 16 + 4b + c$ $f(x) = ax^2 + bx + c$
$f(0) = -3$ $-3 = c$
$f(x) = \frac{5}{8}x^2 + \frac{7}{4}x - 3$

6 $f(x) = 0{,}000375x^2 - 0{,}0249x + 6{,}35$

7 a)

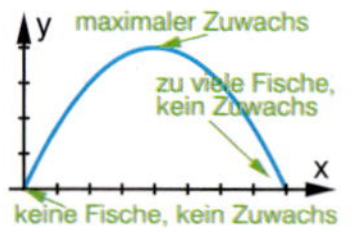

b) $m(x) = a \cdot x(x - 1000)$
$m(500) = 600 = a \cdot (500 - 1000) \cdot 500$
$a = -\frac{6}{2500}$
$m(x) = -\frac{6}{2500} \cdot x(x - 1000)$

Lösungen zu Seite 132

1 Einige Gründe sind
- Die Aussage ist einfach
- Der Satz verbindet Geometrie und Algebra
- Der Satz lässt sich zur Konstruktion rechter Winkel verwenden
- Mithilfe des Satzes lassen sich viele Anwendungsprobleme (z. B. Entfernungsmessung) lösen
- Der Satz ist auf ungeheuer viele Arten beweisbar.
  Die Beweise sind z. T. einfach und anschaulich.

2 a) $x \approx 8,5$ cm b) $x \approx 5,8$ cm c) $x \approx 5,3$ cm

3 a) $z \approx 21,4$ cm b) $y \approx 6,9$ cm c) $x \approx 8,7$ cm

4 a) spitzwinklig, da $4^2 + 4^2 > 5^2$; $a = 3$ cm oder $b = 3$ cm
b) stumpfwinklig, da $10^2 + 15^2 < 13^2$; $p = 12$ cm
c) stumpfwinklig, da $9^2 + 11^2 < 15^2$; $z = 12$ cm

5 a) Berechne die Seitenlängen des Vierecks: $\overline{AB} = \overline{BC} = \sqrt{20}$, $\overline{CD} = \overline{DA} = 2$
Da je zwei benachbarte Seiten gleich lang sind, handelt es sich um ein Drachenviereck.
b) $\overline{AB} = \overline{BC} = \overline{CD} = \overline{DA} = \sqrt{10}$ Diagonalen: $\overline{AC} = \sqrt{20}$, $\overline{BD} = \sqrt{20}$
Da die Diagonalen gleich lang sind, handelt es sich um ein Quadrat.
Oder: Da $\overline{AB}^2 + \overline{BC}^2 = \overline{AC}^2$, liegt bei B ein rechter Winkel vor. $\Rightarrow$ Quadrat

6 Hier musst Du die Länge der Streckenstücke bestimmen und addieren.
Die Streckenstücke sind alle Hypotenusen von rechtwinkligen Dreiecken.
$\overline{AC} \approx 583$ m; $\overline{CD} \approx 316$ m; $\overline{DB} \approx 447$ m
Das U-Boot muss ungefähr 1 346 m zurücklegen.

7 a) $d(A, B) = \sqrt{125}$ LE $\approx 11,2$ LE $d(B, C) = \sqrt{100}$ LE $= 10$ LE
$d(A, C) = \sqrt{25}$ LE $= 5$ LE
$(\sqrt{25})^2 + (\sqrt{100})^2 = (\sqrt{125})^2$
Die drei Seitenlängen erfüllen den Satz des Pythagoras;
das Dreieck ist rechtwinklig.
b) Zu zeigen ist $\overline{AD} = \overline{BD} = \overline{CD} = r$
Mithilfe der Abstandsformel erhält man für die drei Längen jeweils $\sqrt{31,25}$ LE.
D ist also Mittelpunkt des Umkreises mit $r \approx 5,6$ LE.

Lösungen zu Seite 133

8 a) (1) Satz des Pythagoras
(2) 3. binomische Formel
(3) $\overline{MA} = \overline{MB} = \overline{MC} = r$
b) Wenn das Dreieck ABC nicht rechtwinklig wäre,
läge der Punkt C nicht auf dem Thaleskreis über $\overline{AB}$.

9 Das gleichseitige Dreieck mit der Seite $a\sqrt{2}$ hat den Flächeninhalt $A_4 = \frac{1}{2}\sqrt{3}\,a^2$.
Der Flächeninhalt der rechtwinkligen Seitenflächen beträgt $A_1 = A_2 = A_3 = \frac{1}{2}a^2$.
Daraus folgt $A_1^2 + A_2^2 + A_3^2 = A_4^2$.

10 Planskizze:

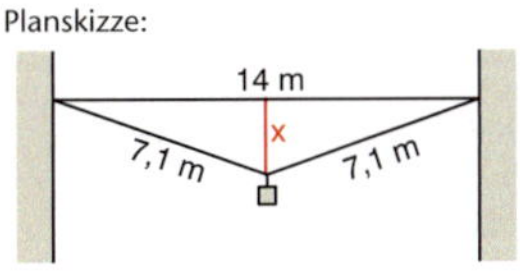

Die Lampe hängt ca. 1,2 m durch.

11 Planskizze:

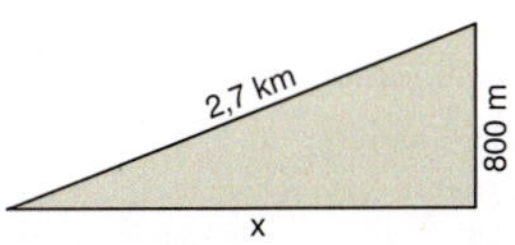

$x \approx 2579$ m
Die Steigung beträgt $\frac{800}{2579} \approx 31\,\%$

12 Planskizze:

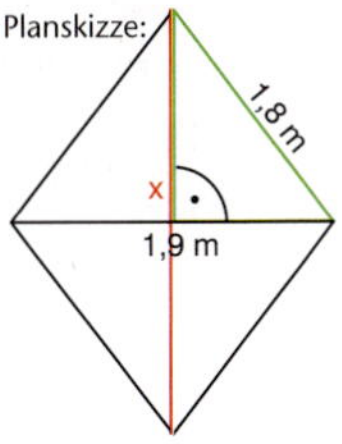

Mithilfe des grünen Dreiecks lässt sich $\frac{x}{2} \approx 1,53$ m bestimmen.
Die Höhe der Raute beträgt ca. 3,1 m.

13 Planskizze:

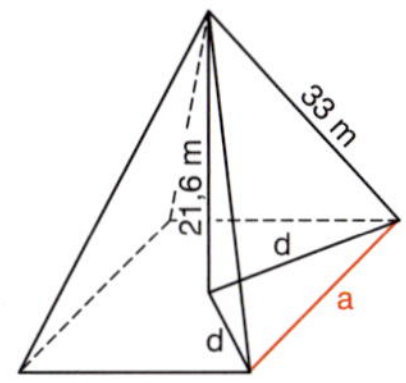

$d \approx 24,9$ m
$a = \sqrt{2d^2} \approx 35,3$ m
Die Grundfläche beträgt ca. 1 245 m²

14 Planskizze:

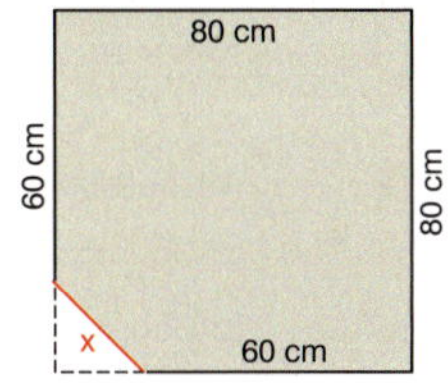

$x = \sqrt{2 \cdot 20^2}$ cm $\approx 28,3$ cm.
Die Angabe im Prospekt ist falsch.
Der Flächeninhalt der Arbeitsplatte beträgt
$(80\text{ cm} \cdot 80\text{ cm}) - \frac{1}{2} \cdot (20\text{ cm} \cdot 20\text{ cm})$
$= 6200\text{ cm}^2 = 0,62\text{ m}^2$

15 Planskizze:

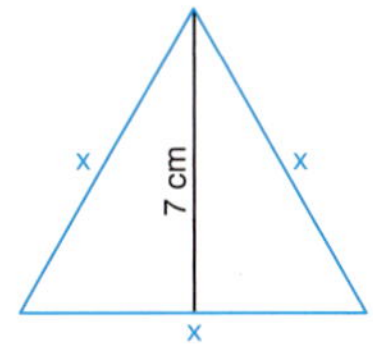

$x^2 = \left(\frac{x}{2}\right)^2 + 7^2$
$x \approx 8,1$ cm
Der Flächeninhalt beträgt ca. 28,3 cm².

Lösungen zu Seite 156

1 a) 64 b) 81 c) 4 d) 1 e) 1 f) $\frac{1}{4} = 0,25$
g) 1 h) 0 i) $\frac{1}{64}$ k) $\frac{1}{81}$

2 a) −32 b) 64 c) −64 d) 1

3 gerader Exponent → Anzahl der Faktoren ist gerade. Sind diese negativ, dann ist das Produkt positiv.
andere Begründung: Potenzen mit geradem Exponenten kann man schreiben als a^{2n}. → $a^{2n} = (a^2)^n$
Da a^2 positiv ist, gleichgültig ob a negativ oder positiv ist, ist $(a^2)^n$ auch stets positiv und damit alle Potenzen a^{2n}.

4 $0^{-n} = \frac{1}{0^n}$; durch 0 darf man nicht dividieren. Daher ist 0^{-n} nicht definiert.

5 $(4^{1/2})^2 = 4^{1/2 \cdot 2} = 4^1 = 4$
Sinnvoll ist es, $4^{1/2}$ als $\sqrt{4}$ zu definieren.

6 a) $K_{12} = 3500 \cdot (1 + 0,032)^{12} = 5107,69$
b) $K_0 = 4800,31/(1 + 0,025)^{10} = 3750$
c) $K_{-8} = 10676,55 \cdot (1 + 0,03)^{-8} = 8500$
Alle Ergebnisse sind in Euro.

7 Verdopplungszeit: 14,2 Jahre

8 a) $6800000 \cdot (1,024)^{25} \approx 12300000$
b) $6800000 \cdot (1,024)^{-25} \approx 3760000$

9 a) a^7 b) x^8y^4 c) r^7 d) c^3 e) b^3c^4 f) 1 g) z^6

10 a) $1/x^3$ b) a^2/b^5 c) r^6s^2 d) y^2/x^3

11 a) $z^0 = 1$ b) $x^{-3} = 1/x^3$ c) $k^{-4} = 1/k^4$ d) $a^{-1}b^{-1} = 1/(ab)$
e) a^2 f) $9x^8$ g) $b^6/b^2 = b^4$ h) $r^{10}/r^6 = r^4$

12 a) x^{12} b) $8x^{12}$ c) $10x^7$ d) $12x^5$
e) $(2x^4)^3 = 8x^{12}$ f) $(5x^3)^{-2} = 1/(25x^6)$

Lösungen zu Seite 157

13 a) In beiden Diagrammen beträgt die Population zu Anfang 500. Im linken Diagramm ist in etwa ein konstanter Zuwachs (ca. 250 pro Jahr) zu beobachten; es kann sich nicht um ein exponentielles Wachstum handeln.
b) Die Daten im rechten Diagramm können gut durch ein exponentielles Modell mit einem jährlichen Wachstum von 20 % beschrieben werden ($A(t) = 500 \cdot 1{,}2^t$).

14 $6000\text{ €} \cdot (1{,}02) \cdot (1{,}0275) \cdot (1{,}035) \cdot (1{,}0425) \cdot (1{,}05) \approx 7124{,}25\text{ €}$

15 $K_{neu} = 450\,000\text{ €} \cdot (1 - 0{,}12)^{-5} = 852\,706\text{ €}$

16 a) $5{,}7 \cdot 10^7$ b) $2{,}05 \cdot 10^{-6}$ c) $-2{,}6 \cdot 10^6$ d) $1{,}006 \cdot 10^4$
e) $9{,}9 \cdot 10^{-4}$ f) $2{,}5 \cdot 10^1$

17 a) 74 000 b) 0,000 0049 c) 350 d) 4 000 000 000
e) 0,000 092 f) 11,1

18 a) $0{,}000\,430\text{ m} = 4{,}3 \cdot 10^{-7}\text{ m}$ b) $1{,}2 \cdot 10^{10}\text{ Byte} = 12\,000\,000\,000\text{ Byte}$
c) $0{,}000\,23\text{ m} = 2{,}3 \cdot 10^{-5}\text{ m}$ d) $5000\text{ €} = 5 \cdot 10^3\text{ €}$

19 $1{,}3\text{ Gigacent} = 1{,}3 \cdot 10^9\text{ Cent} = 1{,}3 \cdot 10^7\text{ €}$ = 13 Millionen Euro, könnte sein.

20 a) $6 \cdot 10^{13}$ b) $13 \cdot 10^8 = 1{,}3 \cdot 10^9$ c) $24 \cdot 10^2 = 2{,}4 \cdot 10^3$ d) $1{,}6 \cdot 10^2$

21 29 Milliarden $\cdot (1{,}15)^{12} \approx$ 155 Milliarden.

Lösungen zu Seite 177

1 a) b)

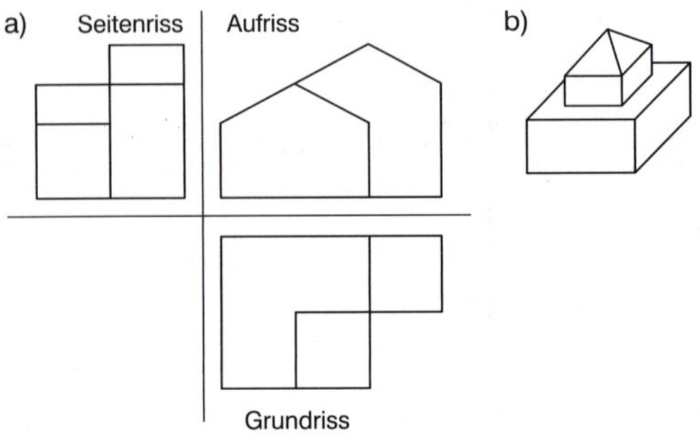

2

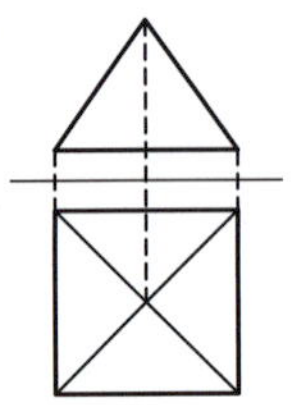

Höhe einer Seitenfläche:
$h_S = \sqrt{108}\text{ cm} \approx 10{,}4\text{ cm}$
Höhe Pyramide:
$h_P = \sqrt{72}\text{ cm} \approx 8{,}5\text{ cm}$
$V \approx 407{,}3\text{ cm}^3$
$O \approx 393{,}4\text{ cm}^2$

3 a)

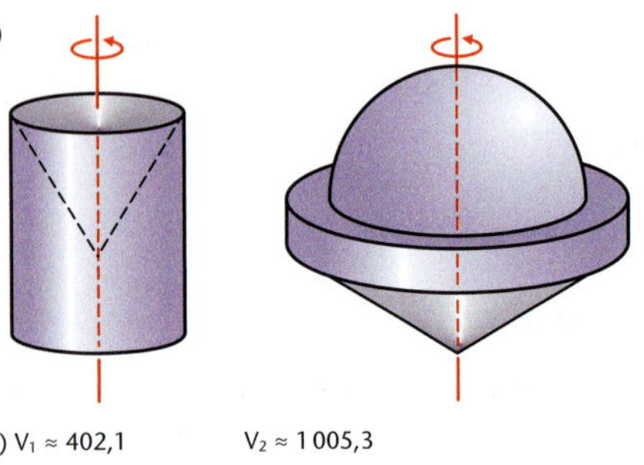

b) $V_1 \approx 402{,}1$ $V_2 \approx 1005{,}3$

4 Das Volumen des Stahls wird hier näherungsweise als „Oberfläche x 6 mm" berechnet.
Seitenlinien: $s_1 = \sqrt{54025}\text{ cm} \approx 232{,}4\text{ cm}$; $s_2 = \sqrt{114525}\text{ cm} \approx 338{,}4\text{ cm}$
Oberfläche der Spitztonne: $O = \pi r(s_1 + s_2) \approx 134\,592{,}9\text{ cm}^2$
Volumen des Stahls, näherungsweise: $V \approx O \cdot 0{,}6\text{ cm} \approx 80\,701{,}8\text{ cm}^3 \approx 80{,}7\text{ dm}^3$
Gewicht der Spitztonne: $V \cdot 8\text{ kg/dm}^3 \approx 645{,}6\text{ kg}$
Volumen der Spitztonne: $V_{ST} \approx 3\,239\,767\text{ cm}^3 \approx 3\,240\text{ dm}^3$
Das vom Volumen der Tonne verdrängte Wasser wiegt ungefähr 3 240 kg; also schwimmt die Spitztonne.

5

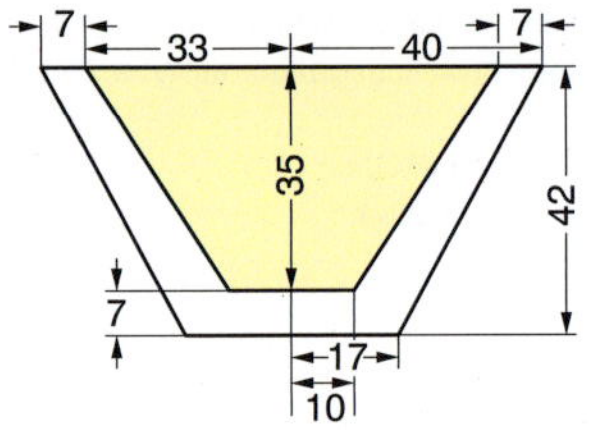

$V_a \approx 112\,990{,}5\text{ cm}^3 \approx 113{,}0\text{ dm}^3$
$V_i \approx 55\,674{,}3\text{ cm}^3 \approx 55{,}7\text{ dm}^3$

Gewicht des Betons:
$G = (V_a - V_i) \cdot 2{,}3\text{ kg/dm}^3 \approx 131{,}8\text{ kg}$

Drei Pflanzenkübel wiegen etwa 396 kg. Nach dem Fahrzeugschein können 485 kg zugeladen werden; rechnet man bei der Fahrerin mit einem Gewicht von etwa 70 kg, so ist der Transport also möglich.

6

	Fußball	Basketball	Handball
Radius in cm	10,82<r<11,30 +/– 2,2 %	11,94<r<12,41 +/– 1,9 %	9,23<r<9,55 +/– 1,7 %
Oberfläche in cm²	1472<O<1605 +/– 4,3 %	1790<O<1937 +/– 3,9 %	1071<O<1146 +/– 3,4 %
Volumen in cm³	5310<V<6044 +/– 6,5 %	7124<V<8014 +/– 5,9 %	3295<V<3648 +/– 5,1 %

7 $r_M = \frac{1}{4} r_E$ $O_M/O_E = \frac{1}{16}$ $V_M/V_E = \frac{1}{64}$

Lösungen zu Seite 197

1 a) Den gleichbreiten Abschnitten auf der Rechtsachse entsprechen nicht gleichgroße Zeiträume, diese reichen von 5 Jahren (1995–2000) bis zu 80 Jahren (1680–1760). Dadurch wird der falsche Eindruck erweckt, das Bevölkerungswachstum sei in den letzten 5 Jahren geringer als in den Zeitabschnitten davor ausgefallen.
b) Zwar sind die Höhen der Figuren in etwa proportional zu den angegebenen Prozentsätzen, dennoch werden die Anteile für „Irish" und „English" zu stark dargestellt, da die entsprechenden Flächen diese überproportional betonen.

2 a) Es könnte sich um eine Lotterie mit einem Einsatz von 2 € handeln, der mit einer Wahrscheinlichkeit von 80 % verlorengeht. Die Wahrscheinlichkeit für einen Gewinn von 9 € (Auszahlung 11 €) beträgt 5 %, die für einen Gewinn von 4 € (Auszahlung 6 €) 15 %.
b) $100 \cdot (9 \cdot 0{,}05 + 4 \cdot 0{,}15 - 2 \cdot 0{,}8) = 100 \cdot (-0{,}55) = -55$. Der Spieler muss mit einem Verlust von ca. 55 € rechnen.

3 $0{,}001 \cdot 1000 + 0{,}01 \cdot 100 + 0{,}1 \cdot 10 - 0{,}889 \cdot 5 = -1{,}445$.
Pro Spiel ist mit einem Verlust von 1,45 € zu rechnen.

4 a) Ein Spiel gilt als fair, wenn der auf lange Sicht zu erwartende Verlust 0 € beträgt.
b) $0{,}001 \cdot 1000 + 0{,}002 \cdot 500 + 0{,}02 \cdot 100 + 0{,}15 \cdot 25 - 0{,}827 \cdot 10 = -0{,}52$.
Das Spiel ist nicht fair, der auf lange Sicht zu erwartende Verlust beträgt 0,52 € pro Spiel.

5 a) Es ist mit $0{,}5 \cdot 25 = 12{,}5$ richtigen Vorhersagen zu rechnen.
b) Eine Abweichung vom Erwartungswert 12,5 um mehr als $\sqrt{25} = 5$ kommt mit einer Wahrscheinlichkeit von unter 5 % vor.
c) Auch wenn eine Abweichung um mehr als sieben vom Erwartungswert unwahrscheinlich ist, so ist sie nicht unmöglich.

Lösungen zu Seite 231

1 a) $a \approx 3{,}17\text{ cm}$, $b \approx 2{,}44\text{ cm}$, $\beta \approx 37{,}5°$
b) $\alpha \approx 54{,}36°$, $\beta \approx 35{,}64°$, $c \approx 6{,}52\text{ cm}$
c) $c \approx 7{,}14\text{ cm}$, $a \approx 3{,}87\text{ cm}$, $\alpha \approx 32{,}8°$
d) $a \approx 8{,}51\text{ cm}$, $\alpha = 67{,}64°$, $\beta = 22{,}36°$

2 $g_1 : \alpha \approx 71{,}57°$ $g_2 : \alpha \approx 11{,}31°$ $g_3 : \alpha \approx 33{,}69°$ $g_4 : \alpha \approx 56{,}31°$

3 Die Balken müssen mindestens 5,49 m (+ Überstand) lang sein.

4 Für die Höhendifferenz d zwischen den beiden Bergen gilt:
$\tan(8°) = \frac{d}{3500}$ oder $d = 3500 \cdot \tan(8°) \approx 492$.
Damit ist der niedrigere Berg 2680 m – 492 m = 2188 m hoch.

5
$\sin(\pi) = \sin(2\pi) = \sin(-180°) = 0$

$\sin(-30°) = \sin\left(-\frac{\pi}{6}\right) = 0{,}5$

$\sin\left(\frac{-3\pi}{4}\right) = \sin\left(\frac{5\pi}{4}\right) = \sin(-45^0) = -\frac{1}{2}\sqrt{2}$

$\sin\left(\frac{\pi}{2}\right) = \sin(-270°) = 1$

6 a) fallend: $\left[-10; -\frac{5\pi}{2}\right], \left[-\frac{-3\pi}{2}; -\frac{\pi}{2}\right], \left[\frac{\pi}{2}; \frac{3\pi}{2}\right], \left[\frac{5\pi}{2}; 10\right]$
steigend: $\left[-\frac{5\pi}{2}; -\frac{3\pi}{2}\right], \left[-\frac{\pi}{2}; \frac{\pi}{2}\right], \left[\frac{3\pi}{2}; \frac{5\pi}{2}\right]$
b) Die Funktionswerte der Sinusfunktion wiederholen sich im Abstand von 2π.

7 a) {**0,232**; 0,232 – 4π; 0,232 – 2π; 0,232 + 2π; **2,91**; 2,91 – 4π; 2,91 – 2π; 2,91 + 2π}
b) {–**1,12**; –1,12 – 2π; –1,12 + 2π; –1,12 + 4π; –**2,02**; –2,02 – 2π; –2,02 + 2π; –2,02 + 4π}

c) $\left\{-\frac{7\pi}{2}; -\frac{3\pi}{2}; \frac{\pi}{2}; \frac{5\pi}{2}\right\}$ d) $\left\{-\frac{5\pi}{2}; -\frac{\pi}{2}; \frac{3\pi}{2}; \frac{7\pi}{2}\right\}$
e) $\{-4\pi; -3\pi; -2\pi; -\pi; 0; \pi; 2\pi; 3\pi; 4\pi\}$
f) Die Funktionen sind für alle x im Intervall gleich.

8 a = 3; b = c = d = 2

9 a) Amplitude: 3; Periodenlänge: π; Verschiebung in x-Richtung: 0; Verschiebung in y-Richtung: 0; Nullstellen: …; $-\frac{3\pi}{2}$; $-\pi$; $-\frac{\pi}{2}$; 0; $\frac{\pi}{2}$; π; $\frac{3\pi}{2}$; … (Vielfache von $\frac{\pi}{2}$); Minima bei …; $-\frac{5\pi}{4}$; $-\frac{\pi}{4}$; $\frac{3\pi}{4}$; $\frac{7\pi}{4}$; …; Maxima bei …; $-\frac{7\pi}{4}$; $-\frac{3\pi}{4}$; $\frac{\pi}{4}$; $\frac{5\pi}{4}$; …
b) a) Amplitude: 1; Periodenlänge: 2π; Verschiebung in x-Richtung: $-\frac{\pi}{3}$; Verschiebung in y-Richtung: 1; Nullstellen und Minima: …; $-\frac{5\pi}{6}$; $\frac{7\pi}{6}$; …; Maxima: …; $-\frac{11\pi}{6}$; $\frac{\pi}{6}$; $\frac{13\pi}{6}$; …
c) Amplitude: 2; Periodenlänge: $\frac{4\pi}{3} \approx 4{,}19$; Verschiebung in x-Richtung: $\frac{\pi}{3} \approx 1{,}05$; Verschiebung in y-Richtung: 0; Nullstellen: …; –5,59; –3,49; –1,4; 0,7; 2,79; …; Minima: –6,63; –2,44; 1,75; 5,93; …; Maxima: –4,54; –0,35; 3,84; …

10 Höhe einer Gondel im Riesenrad (Radius des Riesenrades; Dauer einer Umdrehung); akustische Schwingung (Lautstärke, Schwingungsdauer); Gezeiten (max. Abweichung von NN, Zeit zwischen zwei Ebben).

Stichwortverzeichnis

Fotoverzeichnis

akg-images, Berlin: 78, 111.4 (Erich Lessing), 120.1 (Orsi Battaglini); Artografika: 193.2 (Klaus-Peter Wolf/imagebroker); Astrofoto, Sörth: 142.1 (B. Koch); Avenue Images, Hamburg: 198.3 (Index Stock/John Warden); Bildagentur Huber, Garmisch-Partenkirchen: 35 (Bernhart); Bilderbox, A-Thening: 91 (Erwin Wodicka); bpk, Berlin: 140; Corbis, Düsseldorf: 89.1 (TH-Foto), 137.2, 155.1 (Matthias Kulka), 171.2 (Dallas & John Heaton), 174.1 (Jim Reed), 198.1 (Tim de Waele), 198.2 (Ben Blankenburg), 228.4 (Sygma); Deutsche Forschungsanstalt für Luft- und Raumfahrt, Oberpfaffenhofen: 172.1; Deutsches Museum, München: 147.1, 154.1; elance-media, US-Mountain View: 87.1; F1Online, Frankfurt: 146.2; FAN & MROSS: 196.1; Fotostudio Druwe & Polastri, Cremlingen: 90.1; Haff, Pfronten: 29.1; J. Heitzer, Mönchengladbach: 113.1; IFA-Bilderteam: 174.3 (K. Welsh); Institut für Biomechanik an der Deutschen Sporthochschule Köln: 101.2; Kässbohrer Geländefahrzeug AG, Laupheim: 198.4; kes-online: 228.1; E. Kuhnert: 163 (1–4); laif, Köln: 225.2 (REA); Leica Geosystems, München: 213.1, 214 (1-6); mauritius images, Mittenwald: 8.1 (Lindner), 37.2 (Image State), 48.2 (Palais), 57.1 (Plomer), 58.1 (Mallaun), 68.2 (Oechslein), 80 (Pöhlmann), 97.2 (v. d. Ropp), 98.1 (fact), 101.3 (Thonig), 102.1 (Röder), 103.2 (Wendler), 125.3 (Eastep), 146.1 (Phototake), 149.1 (imagebroker/Christian Reister), 151.1 (Wolfgang Weinhäuptl), 155.3 (Power Stock), 168.1 (age fotostock), 177.3 (R. Mayer), 174.2 (Great Shots), 228.2 (Vidler); Max-Planck-Institut für Radioastronomie: 155.5; NASA, US-Houston: 153.1; Norddeich Radio: 155.6; onboardmag.com: 99.2; Kerstin Peuser, Roetgen-Rott: 108.1, 109.2, 109.3, 113.2, 122.1, 124.1, 125.1, 125.2, 125.4, 126 (alle), 127 (alle), 130 (1,3,4,5), 131 (alle), 133.2; picture-alliance/dpa, Frankfurt: 16.1 (WHA/united archives), 44.3 (Frank Leonhardt/dpa-Fotoreport), 53.2 (Gerd Rebenich), 57.2 (Paul Buck/epa/AFP), 168.3 (Peer Körner/dpa-Bildarchiv), 176.3 (F. Hoogervorst/dpa Bilderdienste), 193.1 (dpa-Sportreport), 203.1 (Carsten Braun/OKAPIA), 206.1, 206.2 (akg-images); Pressefoto Lothar Kucharz: 171.1; Reinhard-Tierfoto, Heiligkreuzsteinach: 45.1; Michael Rüsing, Essen: 96 (alle), 97 (3-7); Klaus-Peter Schrage: 130.4, 188.1; SUPERbild, München: 219.1 (Eric Bach); Sven Simon, Mülheim: 101.1, 103.1; Tierbildarchiv Angermayer, Holzkirchen: 141.1 (Pfletschinger); TopicMedia Service, Ottorbrunn: 45.2 (Dannegger), 45.3 (Hosking), 149.2 (FLPA); Transglobe Agency, Ambuschowa: 155.4; Universität Marburg: 155.2; VISUM, Hamburg: 176.2 (Andreas Salomon-Prym); Thomas Vogt, Hargesheim: 8.3, 8.4, 9.1, 30.3, 47.1, 216.1, 230 (alle); H. von Graefe, Helmstedt: 86.1; E. Wagner: 158.1, 159.1, 162 (alle)

Alle übrigen Fotos: G. Schmidt, Stromberg

Es war nicht in allen Fällen möglich, die Inhaber der Bildrechte ausfindig zu machen und um Abdruckgenehmigung zu bitten. Berechtigte Ansprüche werden selbstverständlich im Rahmen der üblichen Konditionen abgegolten.